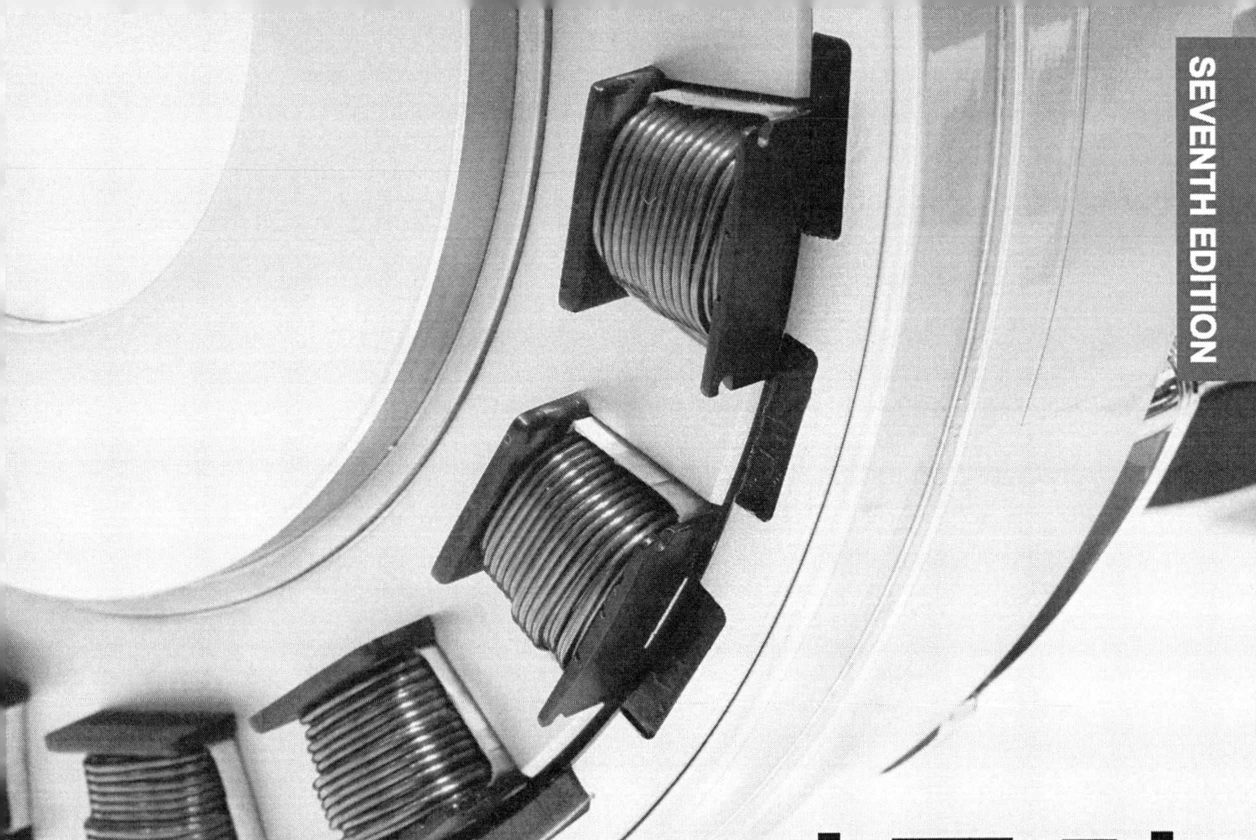

SEVENTH EDITION

자동차 전자공학의 이해

공학적 접근법

WILLIAN B. RIBBENS 저
안현식·이 석·이형철·강연식 역

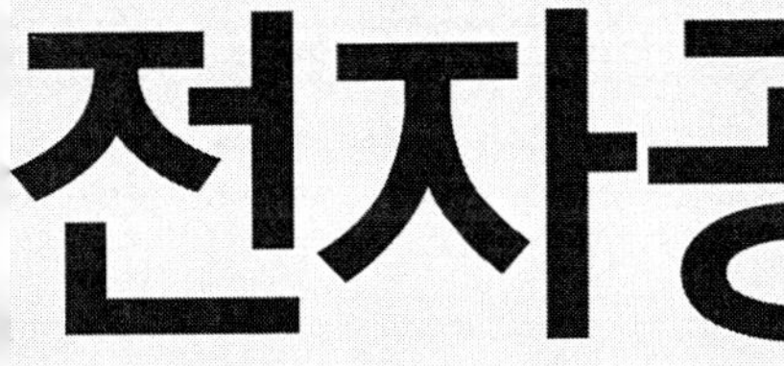

ELSEVIER

홍릉과학출판사

ISBN : 9780080970974
Translated Edition ISBN : 9791156004103
Publication Date in Korea : 30 December 2015

Translated by HongReung Publishing Co.
Printed in Korea

자동차 전자공학의 이해 제7판
공학적 접근법

인 쇄 : 2015년 12월 20일 초판 1쇄
발 행 : 2015년 12월 30일 초판 1쇄

지은이 : WILLIAN B. RIBBENS
발행인 : 안현식, 이석, 이형철, 강연식
발행처 : 홍릉과학출판사

서울시 강북구 인수봉로 50길 10
• 전화 : 02-999-2274~5 • 팩스 : 02-905-6729
• http://www.hongpub.co.kr
• e-mail: hongpub@hongpub.co.kr

ISBN : 979-1-5600-410-3 93560

정가 35,000원

파본이나 잘못된 책은 교환하여 드립니다.

서 문

이 책은 이전 판에 대한 여러 서평가들의 의견을 반영하여 크게 개정한 것이고, 최신 자동차의 전자 요소/서브시스템 및 시스템에 대한 해석적 모델과 양적 성능 분석에 초점을 맞추고 있다. 그러나 이전 판의 자동차 전자 시스템에 대한 정성적인 설명은 그대로 유지되거나 어떤 경우에는 더 확장되었다.

이 책을 쓸 때의 목적은 물리학 및 수학에 대한 정식 교육을 받지 않은 독자들이 자동차 전자 시스템의 기능 동작을 이해할 수 있도록 하는 것이었다. 과학적 배경지식이 부족한 독자는 본문의 수학적인 부분은 생략하고 그 수학적 내용 앞뒤의 정성적 논의와 설명 부분에 집중하기 바란다.

이 책에 소개된 수학적 모델과 성능 분석들이 과학, 공학 및 수학에 배경지식이 있는 독자들에게 매우 유익하기를 바란다. 또, 자동차 산업에 종사하는 엔지니어에게도 전자 서브시스템과 요소들에 대한 구체적인 논의가 도움이 될 것이다.

이전 판에서 첫 장은 자동차의 기본적인 기능 구성요소를 소개했지만 이 책에서는 생략되었고, 대신 새로운 장에서 자동차 요소 및 서브시스템(엔진, 동력 전달 계통, 제동, 현가 등)에 대하여 필요한 만큼 간략히 설명한다.

이 책에는 이전 판에서 구체적으로 다루어지지 않은 일부 주제들이 포함되어 있다. 하이브리드/전기자동차에 응용되는 전자 모터의 이론, 자동차 산업에서 점차 중요해지는 텔레매틱스(GPS 내비게이션 시스템 관련 이론을 포함) 등이 그것이다. 더구나, 배기가스 제어 시스템에 관련된 문제에 대한 온 보드 진단 이론이 이 책의 여러 판 중에서 처음으로 소개된다.

이 책을 쓴 목적은 자동차에 대한 전자 응용의 근본적인 면을 강조하기 위한 것이다. 만약 이 목적이 달성된다면, 미래 자동차에서 사용될 완전히 새로운 자동차 전자 기술과 같이 지속적으로 발전하는 기술들을 이해할 수 있을 것이다.

서 론

이 책은 승용차와 소형 트럭에서의 전자 응용에 관한 여러 가지 문제를 다룬다. 일부 기술들은 대형 트럭 및 다른 차량들에서도 볼 수 있다.

1950년대 말 자동차에서 중요한 전자응용은 진공관을 이용한 라디오 방송 수신기뿐이었다. 그러나 최초의 트랜지스터에서부터 최근의 고성능 집적 회로에 이르기까지 고체전자공학의 발전은 (이 책에서 논의될) 매우 복잡한 전자 시스템을 이용하여 자동차 제어 및 계측 문제를 해결할 수 있도록 하였다.

이 책은 배경 지식이나 경험에 따라 독자가 원하는 부분에서 시작할 수 있도록 구성되어 있다. 처음 두 장에서 이 책에서 필요한 수준의 선형 시스템 이론을 복습한다.

새로 추가한 첫 번째 및 두 번째 장은 선형 시스템 이론의 여러 가지 개괄적인 면을 소개한다. 첫 번째 장에서는 연속 시간(아날로그) 이론에 대하여 설명하고, 두 번째 장에서는 이산 시간(디지털) 시스템 이론에 대하여 논의한다. 많은 독자들에게 깊은 이론은 불필요할 것이므로, 이 두 장에서 시스템 이론을 매우 상세하게 다루지는 않는다. 선형 시스템 이론을 대략적으로 복습하고 이 책에 나오는 여러 가지 기호들을 소개한다.

3장에서는 고체전자공학의 기본(예를 들면, 다이오드 및 여러 가지 트랜지스터)과 자동차 전자 시스템의 기본 구성에 필요한 회로에 대하여 논의한다. 4장에서는 마이크로프로세서/마이크로컨트롤러와 자동차 전자 시스템에서의 응용을 위한 여러 가지 특성에 대해 알아본다. 5장에서는 엔진 전자 제어의 기본이 소개되고, 6장에서는 자동차 전자 제어 및 계측 시스템에서 아마도 가장 중요한 요소인 센서 및 액추에이터에 대하여 살펴본다. 나머지 장에서는 제어 및 계측 목적으로 전자 기술을 응용하는 특정 차량 시스템들에 대하여 논의한다. 앞으로 다루어질 자동차 요소/시스템에는 자동차 운동 제어뿐만 아니라 엔진, 동력 전달 계통, 현가, 조향, 제동, 계측, 텔레매틱스 및 진단 등이 있다. 모든 수학적 모델 및 성능 해석은 첫 번째와 두 번째 장에서 소개된 이론 및 방법에 의해 수행되며 컴퓨터 시뮬레이션도 함께 활용된다.

모델링과 성능 해석이 수행되는 대부분의 전자 시스템/요소들에 대해서는 각각 특정한 예제들이 소개된다. 이 예제들은 양산 자동차 시스템의 해석에서 볼 수 있는 지루하고 복잡한 수학적 내용(비선형성 등)없이 단순화된 모델과 선형 시스템 이론에 기초하여 설명된다.

또한, 이 책에 소개된 예제들은 많은 양산 자동차에서 볼 수 있는 대표적인 요소나 시스템들이다. 지적재산권 문제로 양산 자동차의 구체적인 사항은 밝힐 수 없다. 더구나, 양산 자동차에서 전자 기술은 지속적으로 발전하고 있으므로 이 책에 설명된 현재 자동차 전자 시스템에 대한 구체적인 논의가 다음 모델 연도에는 하찮은 것이 될지도 모른다.

이 책의 각 장 마다 다양한 자동차 요소 및 시스템에 관련된 많은 변수와 파라미터들이 있다. 여기서 사용된 기호는 로마 문자 및 그리스 문자이나 이 기호들이 책 전체에서 공통적인 의미로 사용된 것은 아니다. 각 기호가 사용된 절에서 각각 정의된다.

세계적인 자동차 산업체들이 필연적으로 MKS 단위를 사용하지만, 이 책에서 각 변수의 단위 및 차원은 이전 판과 동일하게 영국식을 따른다. 물론, 영국식으로부터 MKS 단위로의 변환은 쉽게 구할 수 있다. 더구나, 미국의 독자 중 물리학에 상대적으로 지식이 부족하다면 MKS 단위보다는 영국식에 더 친밀할 것이다. 과학적 상식이 있는 독자의 경우 단위 변환을 쉽게 할 수 있을 것이다.

차 례

제1장 제어 및 계측의 시스템적 접근 방법 1

개요 ······ 2
시스템의 개념 ······ 2
선형 시스템 이론: 연속적 시간 ······ 6
시스템의 정상상태 주파수응답 ······ 16
모델의 상태변수 표현 ······ 18
제어 이론 ······ 21
제어 시스템의 안정성 ······ 30
폐루프 리밋 사이클 제어 ······ 35
계측 ······ 37
기본적인 측정 시스템 ······ 41
필터링 ······ 47

제2장 이산 시간 시스템 이론 53

디지털 서브시스템 ······ 58
정현파 주파수 응답 ······ 60
이산 시간 제어 시스템 ······ 68
폐루프 제어 ······ 72
이산 시간 제어 시스템의 예 ······ 77
요약 ······ 83

제3장 전자공학의 기초 85

반도체 소자 ······ 86
정류 회로 ······ 92
집적 회로 ······ 106
연산 증폭기에서 궤환의 사용 ······ 108

가산 모드 증폭기(Summing Mode Amplifier) 111
디지털 회로 119
이진법 120
논리 회로(조합) 121
기억 장치를 포함한 논리 회로(순차) 127
동기 계수기(Synchronous Counter) 128
집적 회로(Integrated Circuits) 132
마이크로프로세서(The Microprocessor) 132

제4장 마이크로컴퓨터 계측 및 제어 135

마이크로컴퓨터의 기본 136
마이크로컴퓨터 작업 139
마이크로컴퓨터의 동작 140
CPU 레지스터 143
읽기 명령 149
마이크로컴퓨터의 사용 예제 155
프로그램 언어 157
마이크로컴퓨터 하드웨어 163
자동차 시스템에서의 마이크로컴퓨터 응용프로그램 174
마이크로컴퓨터의 계측 응용 177
제어 시스템에서의 마이크로컴퓨터 180

제5장 엔진 전자 제어의 기초 187

엔진 전자 제어의 동기 188
배기가스 188
연비 189

차 례

연방 정부의 시험 절차 ······ 190
엔진 전자 제어 시스템의 개념 ······ 194
엔진 성능 용어의 정의 ······ 203
배기 촉매 변환장치 ······ 216
전자 연료 제어 시스템 ······ 219
흡기 매니폴드 압력 분석 ······ 228
공회전 속도 제어 ······ 234
전자 점화 ······ 239

제6장 센서와 액추에이터 243

자동차 제어 시스템에 적용되는 센서와 액추에이터 ······ 244
스로틀 각도 센서 ······ 277
온도 센서 ······ 280
일반적인 냉각수 센서 ······ 280
피드백 제어를 위한 센서 ······ 281
노크 센서 ······ 288
차량 엔진 액추에이터 ······ 291
가변 밸브 타이밍 ······ 299
전기 모터 액추에이터 ······ 304
스텝모터 ······ 317

제7장 디지털 파워트레인 제어 시스템 321

개요 ······ 322
디지털 엔진 제어 ······ 322
디지털 엔진 제어 특성 ······ 324
연료 제어를 위한 제어 모드 ······ 328

이산 시간 공회전 속도 제어 343
EGR 제어 348
가변 밸브 타이밍 제어 350
전자 점화 제어 357
통합 엔진 제어 시스템 367
제어 모드 요약 370

제8장 자동차 움직임 제어 395

순항 제어 시스템 396
순항 제어 전자장치 415
잠김 방지 제동 시스템 425
전자 현가 시스템 436
전자조향제어 463
4륜 조향 466
요약 474

제9장 차량 계측과 텔레매틱스 475

현대적 차량 계측 477
입력과 출력 신호 변환 480
컴퓨터 기반 계측의 장점 487
표시장치 487
LED 491
LCD 493
VFD 497
연료량 측정 508
냉각수 온도 측정 514

오일 압력 측정 515
차속 측정 518
High-Speed Digital Communications(CAN) 519
트립 컴퓨터 525
텔레매틱스 528
GPS 내비게이션 529
GPS 시스템 구조 534
차량 진단 537

제10장 진단과 탑승자 보호 539

전자 제어 시스템의 진단 540
서비스 베이 진단 장치 543
온보드 진단 543
모델 기반 센서고장 검출 545
진단 오류 코드 549
온보드 진단(OBD II) 563
모델 기반 실화 감지 시스템 564
차량진단 분야의 전문가 시스템 576
탑승자 보호 시스템 582

용어 사전 / 589
퀴즈 / 595
찾아보기 / 615

제 1 장 제어 및 계측의 시스템적 접근 방법

개요 2

시스템의 개념 2

- 블록선도를 통한 시스템의 표현 3
- 아날로그(연속 시간) 시스템 5

선형 시스템 이론: 연속적 시간 6

- 1차 시스템 9
- 2차 시스템 12

시스템의 정상상태 주파수응답 16

모델의 상태변수 표현 18

제어 이론 21

- 개루프 제어 21
- 폐루프 제어 22

제어 시스템의 안정성 30

- 근궤적법 30
- 제어 시스템 안정성의 강건성 33

폐루프 리밋 사이클 제어 35

계측 37

- 측정 38
- 측정에 관련된 주제들 38
- 계통 오차 39

기본적인 측정 시스템 41

- 센서 42
- 랜덤 오차 43
- 신호처리 46

필터링 47

- 필터 설계 기법 48

개요

이 책은 전자 시스템의 관점에서 차량에 적용된 전자 시스템의 응용에 대하여 논의한다. 어떤 의미로는 차량 전자 시스템을 시스템 관점에서 접근하는 것은 기능에 따라 이 분야를 전자 시스템의 구성 부품들로 분류하는 한 방법이다. 이 장에서는 시스템과 서브시스템의 개념과 이러한 시스템이 어떻게 상호작용을 하는가에 대하여 설명함으로써 이러한 논의의 기반을 다질 것이다. 독자가 차량 전자 시스템의 상대적인 장점과 한계를 이해할 수 있도록 시스템 성능의 특성을 파악하는 방법을 설명할 것이다. 또한 시스템이 무엇인지 일반적으로 설명하고 전자 시스템이 무엇인지에 대하여 보다 정확하게 설명할 것이다. 추가로 차량 전자 시스템의 구조와 정량적인 성능 분석 기법과 같은 기본적인 개념이 논의될 것이다. (차량 시스템을 포함한) 전자 시스템의 일반적인 분야에는 제어, 계측, 통신의 세 개의 주요 기능적 분야가 있다.

이 장에서는 아날로그 또는 연속 시간과 디지털 또는 이산 시간으로 분류되는 전자 시스템의 두 종류에 대하여 설명할 것이다. 대개 한 시스템을 아날로그 또는 디지털 방식 중 하나로 구현하는 것이 이론적으로 가능하다. 하지만 아날로그보다 우수한 성능과 더불어 저렴한 비용 때문에 새로운 시스템을 디지털 방식으로 구현하는 경우가 더 많다.

시스템의 개념

시스템은 특정한 기능을 수행하기 위하여 같이 동작하는 요소들의 집합이다. 일상생활에서 다양한 시스템을 발견할 수 있는데, 인간의 뼈를 골격 시스템이라고 하는 것도 하나의 예이다. 인구가 많은 지역을 연결하는 고속도로의 집합을 프리웨이 시스템이라고도 한다.

전자 시스템은 특정한 기능을 할 수 있도록 상호 연결된 전자 및 전기 부품의 집합으로 구성되어 있다는 점에서 위의 사례와 유사하다. 전자 시스템의 구성품에는 스위치와 커넥터와 같은 표준 전기 부품뿐만 아니라 트랜지스터, 정류기, 저항, 축전기 등이 포함된다. 이들 모든 구성품은 개별적인 전선이나 인쇄회로기판을 이용하여 서로 연결되어 있다. 또한, 많은 차량 전자 시스템은 차량에 관련된 기계 시스템과 결합하기 위한 **센서**와 **액추에이터**와 같은 특별한 부품을 사용한다. 시스템은 흔히 서브시스템으로 나누어지기도 하는데, 서브시스템도 많은 수의 개별 부품으로 구성된다.

전자 시스템을 다양한 수준으로 추상화하여 묘사할 수 있는데 가장 낮은 수준으로는 설명을 위한 그림이나 회로도가 있으며 가장 높은 수준에서는 블록선도를 사용할 수 있다. 이 장의 목적에서는 높은 수준의 추상화가 바람직한데, 이 수준에서는 기능적인 서브시스템을 입력과 출력, 그리고 이들 간의 관계를 기준으로 특성을 묘사한다. 많은 경우에는 시스템 설계자 또는 정비담당자만이 시스템의 상세한 회로도와 내부 작동 원리에 관심을 갖는다. 특히, 차량 전자 시스템의 넓은 범위를 모두 다루기 위한 실제적인 방법은 우리의 논의를 시스템 수준의 추상화로 국한하는 것이다. 동일한 기능을 수행하지만 서로 다르게 구성된 회로가 많다는 것을 독자들은 명심하여야 한다.

블록선도를 통한 시스템의 표현

블록선도는 전자 시스템을 우리 논의에 적합한 추상화 레벨로 표현할 수 있다. 전자 시스템의 응용이 (a) 제어(control), (b) 측정(measurement), (c) 통신

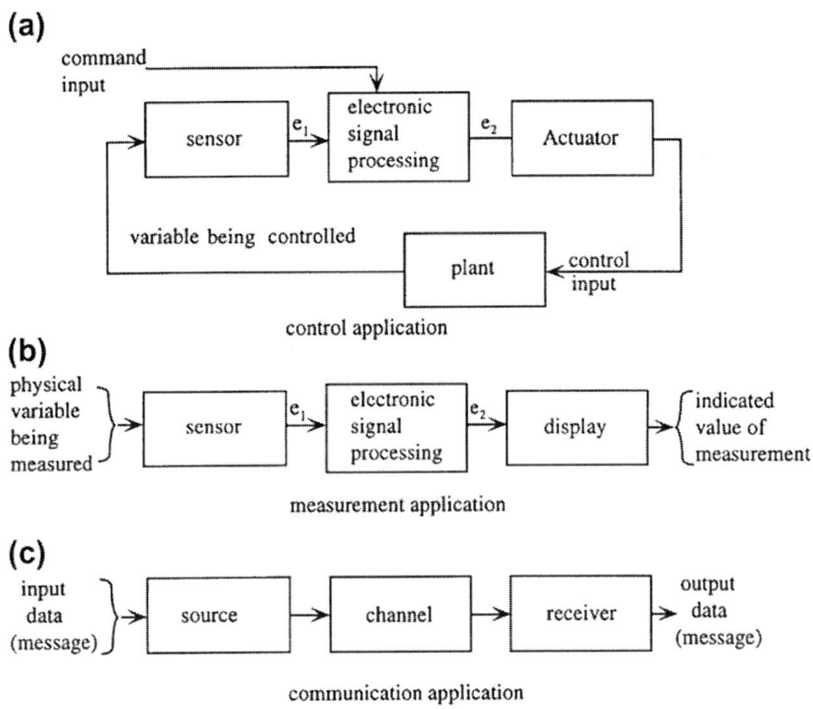

그림 1.1
전자 시스템의 블록선도

(communication) 중 어떤 것인지에 따라 그림 1.1에 보인 세 가지 블록선도 형식 중 하나를 사용하게 된다. 시스템을 설계하는 사람은 주요 구성 부분이 블록으로 표현된 블록선도로 흔히 작업을 시작한다.

블록선도에서 기능적 구성품이나 서브시스템을 적절한 이름을 붙인 블록으로 표시한다. 각 블록의 입출력도 같이 표시되는데, 전자 시스템에서 전체 시스템의 입출력을 제외하면 이들 입출력은 대개 전자적 신호이다. 이 방법의 장점 중 하나는 서브시스템의 작동을 입력과 출력 사이의 함수 관계로 묘사할 수 있다는 것이다. 이러한 수준의 블록선도에서는 개개의 트랜지스터와 부품들의 작동을 설명할 필요가 없다.

기존 시스템의 성능 분석이나 새로운 시스템의 설계에서 시스템 또는 서브시스템을 물리적 구성에 따라 유도된 수학적 모델로 표현할 수 있다. 대개 이런 모델은 구성 부품에 대한 이미 알려진 모델, 즉 기본적 물리학에 기초하여 유도된다. 이 장에서는 먼저 선형적인 수학적 모델로 표현할 수 있는 구성 부품, 서브시스템, 시스템 블록을 고려하고 후반부에 비선형적인 특성을 다루는 방법을 설명한다.

입력 $x(t)$, 출력 $y(t)$를 갖고 선형적 모델로 표현될 수 있는 블록의 모델은 다음과 같은 미분방정식의 형태를 갖는다.

$$a_o y + a_1 \frac{\mathrm{d}y}{\mathrm{d}t} + \ldots + a_n \frac{\mathrm{d}^n y}{\mathrm{d}t^n} = b_o x + b_1 \frac{\mathrm{d}x}{\mathrm{d}t} + \ldots + b_m \frac{\mathrm{d}^m x}{\mathrm{d}t^m} \tag{1}$$

흔히 $n \geq m$이고 이러한 시스템이나 구성 부품을 n차라고 한다. 이 블록을 해석한다는 것은 무작위한 (하지만 물리적으로 실현 가능한) 입력 $x(t)$에 대한 출력 $y(t)$를 계산하는 것이다. 차량 시스템에서 이러한 블록의 성능은 주로 특정한 물리적으로 의미 있는 입력에 대한 응답과 관련되어 있는데, 이러한 분석이 이 장에서 다루어진다.

그림 1.1(a)는 제어에 사용되는 전자 시스템의 구조 또는 구성을 나타낸다. 이런 시스템에서 **플랜트(plant)**라고 불리는 물리적 서브시스템의 제어를 위해서 액추에이터(actuator)를 통하여 어떤 물리적 변수(들)을 통제한다. 액추에이터는 하나의 에너지 변환 장치인데, 전기적인 입력을 받아서 플랜트를 변화시키는 데 필요한 물리적 형태(예: 기계적 에너지)로 변환한다. 따라서 액추에이터는 전기적인 입력을 받아서 기계, 공압, 유압, 화학 등의 출력을 생성하고 제어되는 플랜트는 액추에이터 출력의 변화에 따라 변화한다. 제어값은 시스템 운영자(즉, 차량의 운전자)의 명령(command input)과 센서(sensor)에 의해 측정된 변수(들)의 측정값에

기초한 전자적 신호처리(electronic signal processing)에 의하여 생성된다.

전자 제어 시스템에서 센서의 출력은 항상 전기적인 신호(그림 1.1의 e_1)이다. 운전자의 명령 입력은 제어하려는 플랜트의 물리적 변수가 가져야 하는 값이다. 전자적 신호처리는 액추에이터를 구동하는 전기적 신호(그림 1.1의 e_2)를 생성한다. 신호처리는 센서에 의해 측정된 변수와 관련하여 플랜트를 제어할 수 있도록 설계된다. 이러한 제어 시스템의 작동에 대해서는 이 장의 후반부에서 설명될 것이다. 이 시점에서 우리는 제어 시스템의 구조에만 초점을 맞추고 부가적인 설명은 이 장의 후반부로 미루기로 하자.

제어 시스템이 센서와 전자적 신호처리를 사용한다는 점에서 (계측이라고도 알려진) 전자식 측정 시스템의 구조는 제어 시스템 구조와 유사하다. 하지만 액추에이터 대신에 측정 시스템은 표시장치(display)를 사용한다. 디스플레이는 운전자에게 수치적인 값을 제시할 수 있는 전기-기계 또는 전자-광학적 장치이다. 차량의 전자 측정에서 디스플레이는 숫자 대신에 어떤 미리 정해진 메시지를 표시하기도 한다. 그림 1.1(b)에 그 구조가 나타나 있는데, 제어와 계측 시스템 모두 전자적 신호처리뿐만 아니라 하나 이상의 센서(sensor)를 사용한다.

그림 1.1(c)는 통신 시스템의 블록선도를 보여주는데, 이 시스템에서 데이터 또는 메시지가 통신 채널을 통해서 소스(source, 송신기)로부터 수신기(receiver)로 전송된다. 이 구조는 충분히 일반적이어서 차량 외부와의 통신뿐만 아니라 차량 라디오부터 다수의 전자 시스템을 연결하는 디지털 버스까지 포함하는 모든 통신 시스템에 적용될 수 있다. 이 장의 후반부에서 통신 시스템을 자세히 다룬다.

아날로그(연속 시간) 시스템

요즈음의 차량에서는 디지털 전자 시스템이 거의 모든 아날로그 시스템을 대체하였다. 디지털 시스템이 이산 시간 모델로 표현되는 것에 반해 아날로그 시스템은 식 (1)과 같은 형태를 갖는 연속 시간 모델로 표현된다. 대개 차량 전자 시스템에는 연속 시간 모델로 가장 잘 표현될 수 있는 부품들(센서와 액추에이터)과 이산 시간 모델로 잘 표현될 수 있는 전자 부품이 사용된다. 하지만 디지털 전자 부품도 상응하는 연속 시간 모델로 표현될 수 있고, 이 연속 시간 모델은 또 쉽게 이산 시간으로 변환될 수 있다. 결과적으로 우리의 논의를 연속 시간 시스템 이론에 대한 간략한 개관으로 시작하도록 하고, 이산 시간 시스템의 이론은 다음 장에서 살피기로 한다.

선형 시스템 이론: 연속적 시간

특정한 입력에 대해서 식 (1)의 미분방정식의 해를 구함으로써 연속적 시간 블록(즉, 부품 및 시스템)의 성능을 구할 수 있다. 이 방정식을 푸는 간단한 방법은 각 항의 라플라스 변환을 취하는 것이다. 입력 $x(t)$의 라플라스 변환을 $X(s)$로 표현하는데 ($X(s) = \mathscr{L}[x(t)]$) 이는 시간 영역의 함수의 다음과 같은 선형 적분 변환으로 정의된다.

$$X(s) = \int_{o}^{\infty} e^{-st} x(t) \mathrm{d}t + x(t)\big|_{t=0} \tag{2}$$

여기서,

$$j = \sqrt{-1} \tag{3}$$

이다. 이와 유사하게 블록 출력의 라플라스 변환을 $Y(s)$로 나타내면 아래와 같다.

$$Y(s) = \int_{o}^{\infty} e^{-st} y(t) \mathrm{d}t + y(t)\big|_{t=0} \tag{4}$$

주어진 연속 시간 블록의 미분방정식 모델에는 입력과 출력의 시간 미분항이 포함되어 있다. 한 변수(예: 입력)의 m차 시간 미분의 라플라스 변환은

$$\int_{o}^{\infty} e^{-st} \frac{\mathrm{d}^m x}{\mathrm{d}t^m} \mathrm{d}t = s^m X(s) \qquad m = 1, 2 \ldots \tag{5}$$

이다.

단순화를 위해 아래와 같이 입력과 출력의 초기 조건이 모두 0이라고 가정하면

$$x(t)\,\big|_{t=0} = 0, \quad y(t)\,\big|_{t=0} = 0$$

미분방정식(식 (1))의 라플라스 변환은 다음과 같다.

$$\left[a_0 + a_1 s + a_2 s^2 \cdots a_n s^n\right] Y(s) = \left[b_0 + b_1 s + \cdots b_m s^m\right] X(s) \tag{6}$$

연속적 시간 시스템의 해석을 위해 각 블록의 전달함수($H(s)$)를 아래와 같이 정의한다.

$$\begin{aligned} H(s) &= \frac{Y(s)}{X(s)} \\ &= \frac{b_0 + b_1 s + \cdots b_m s^m}{a_0 + a_1 s + \cdots a_n s^n} \end{aligned} \tag{7}$$

전달함수의 개념은 연속적 시간 영역에서 선형 시스템을 분석하는 데 매우 유용하다. 이는 그림 1.2에 보인 것과 같은 K개의 블록이 연속적으로 연결되어 있는 시스템의 전달함수가 개별 블록의 전달함수를 곱한 것으로 표시될 수 있기 때문이다.

즉, k번째 블록의 전달함수를 $H_k(s)$로, 전체 시스템의 전달함수를 $H(s)$로 표시하면 다음과 같이 표현된다.

$$H(s) = \prod_{k=1}^{K} H_k(s) \tag{8}$$

전달함수의 또 하나의 매우 유용한 표현 방식은 분모와 분자 다항식의 근을 이용하는 것이다. 분자 다항식($P_N(s)$)의 근 z_j가 아래 방정식을 만족하는 m개의 해라고 한다면

$$P_N(s) = b_0 + b_1 s + \cdots b_m s^m = 0 \tag{9}$$

여기서,

$$P_N(z_j) = 0 \qquad j = 1, 2, \ldots, m$$

z_j는 전달함수의 영점이라고 불린다. 이와 비슷하게 분모 다항식($P_D(s)$)의 근 p_i가 아래 방정식을 만족하는 n개의 해라면

$$P_D(s) = a_0 + a_1 s + \cdots a_n s^n = 0 \tag{10}$$

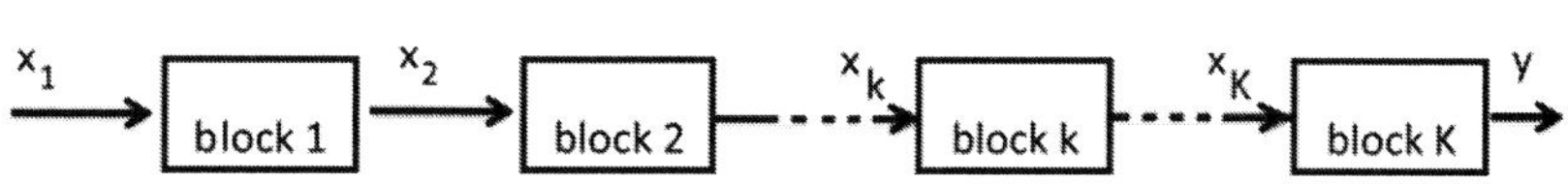

그림 1.2
연속된 블록으로 구성된 시스템

여기서,

$$P_D(p_i) = 0 \qquad i = 1, 2, \ldots, n$$

p_i는 전달함수의 극점이라고 한다. 안정적인 시스템은 모든 극점과 영점이 음의 실수부를 갖거나 (즉, $\sigma < 0$) 또는 같은 얘기이지만 안정된 시스템의 모든 극점과 영점이 복소수 s 평면의 2, 3 사분면에 위치한다. 임의의 입력에 대한 블록의 동적 응답은 바로 블록의 극점과 영점에 의하여 결정된다.

극점과 영점으로 표현된 $H(s)$의 다른 형태는 다음과 같다.

$$H(s) = \frac{\prod_{j=1}^{m} (s - z_j)}{\prod_{i=1}^{n} (s - p_i)} \tag{11}$$

주어진 입력에 대한 연속 시간 블록의 시간 영역에서의 응답을 $Y(s)$의 역 라플라스 변환으로 구할 수 있다. 이 역 라플라스 변환을 계산하는 한 가지 방법은 복소수 해석의 잔류 정리를 이용하는 것이다. 블록의 출력 $Y(s)$는 아래와 같다.

$$Y(s) = H(s)X(s) \tag{12}$$

잔류 정리는 곱 $H(s)X(s)$의 극점과 영점으로 출력을 표시하고, 이는 입력의 극점과 영점뿐만 아니라 $H(s)$의 극점과 영점을 포함한다.

$$Y(s) = \frac{\prod_{j=1}^{m} (s - z_j)}{\prod_{i=1}^{n} (s - p_i)} \tag{13}$$

모든 극점이 서로 다른 근이라고 가정하면(i.e., $p_j \neq p_k$ unless $j = k$), 시간 영역의 출력은 다음과 같이 주어진다.

$$y(t) = \sum_{k=1}^{N} (s - p_k)H(s)X(s)\Big|_{s \to p_k} e^{p_k t} \tag{14}$$

이 식을 계산하는 과정에서 $s = p_k$에 위치한 극점은 $(s - p_k)$ 항에 의해 약분된다. 즉, 각각의 극점이 하나의 지수항을 출력에 추가하는 것이다.

시간 영역의 출력을 계산하는 위의 식은 실질적으로 아래와 같이 표시되는

$Y(s)$의 역 라플라스 변환이다.

$$y(t) = \mathscr{L}^{-1}[Y(s)] \tag{15}$$

역 라플라스 변환을 계산하는 위의 식은 **잔류 정리**(residue theorem)로 알려져 있다.

한 시스템의 전달함수 $H(s)$의 역 라플라스 변환은 임펄스 응답인데, 아래와 같이 $H(s)$의 역 라플라스 변환인 $h(t)$로 표시된다.

$$h(t) = \mathscr{L}^{-1}[H(s)] \tag{16}$$

이는 단위 임펄스 입력에 대한 선형 시스템의 응답이다. 선형 시스템의 출력을 임펄스 응답으로부터 구할 수 있는데 다음과 같은 **컨볼루션 정리**를 사용한다.

$$y(t) = \int_{-\infty}^{\infty} h(\tau)\, x\,(t-\tau)\mathrm{d}\tau \tag{17}$$

현실적으로 실현가능한 안정된 시스템에서 음의 매개변수에 대한 임펄스 응답은 0이다. 즉,

$$h(\tau) = 0 \qquad \tau \leq 0 \tag{18}$$

또한, 블록의 성능을 평가하기 위한 중요한 입력 중 하나는 단위 스텝 입력이다.

$$\begin{aligned} x(t) &= 0 \qquad & t < 0 \\ &= 1 \qquad & t \geq 0 \end{aligned}$$

이 스텝 입력의 라플라스 변환은 다음과 같이 쉽게 정의된다.

$$x(s) = \frac{1}{s}$$

즉, 이 스텝 입력이 $H(s)X(s)$의 곱에 $s = 0$에 위치한 하나의 극점을 포함시키는 것이다.

1차 시스템

이 유형에 해당하는 해석의 사례로 다음과 같이 표현된 1차 블록의 스텝 응답을

고려하자.

$$a_0 y + a_1 \frac{dy}{dt} = b_0 x \tag{19}$$

이 블록의 전달함수는

$$H(s) = \frac{b_0}{a_0 + a_1 s} = \frac{\frac{b_0}{a_1}}{s + \frac{a_0}{a_1}} \tag{20}$$

이고, 하나의 극점이 $p = -\frac{a_0}{a_1}$에 존재한다.

스텝 입력에 대한 블록 출력은 $s = 0$와 $s = -\frac{a_0}{a_1}$에서 폴을 갖는다. 단위 스텝 입력에 대한 이 블록의 시간응답은 다음과 같다.

$$y(t) = \frac{b_0}{a_1}\left[1 - \exp\left(-\frac{a_0 t}{a_1}\right)\right] \tag{21}$$

흔히 1차 시스템의 스텝 응답을 아래에 정의된 폴의 역수 τ를 이용하여 특성을 파악한다. 즉,

$$\tau = \frac{a_1}{a_0}$$

이 매개변수는 시간(초)의 단위를 가지며 시스템의 1차 시정수라고 불린다. 우리의 예제로 돌아가자면 $b_0 = 3$, $a_0 = 0.5$, $a_1 = 1.0$인 1차 시스템의 단위 스텝 응답이 그림 1.3에 나타나 있다. 2차 시스템은 두 개의 폴을 갖는데, 둘 다 음의 실수이거나 음의 실수 부분을 갖는 켤레 복소수이다. 후자의 경우 스텝 응답은 지수적으로 감소하는 진폭을 갖는 삼각함수의 형태를 갖는다. 2차 시스템의 스텝 응답에 관한 예제가 이 장의 후반에 다루어진다. 2차 이상의 시스템에 대해서는 응답을 직관적으로 그리고 단순하게 묘사하기 어렵다. 이러한 고차 시스템을 이 책의 후반부에서 다루게 될 것이다.

모든 선형 연속 시간 차량시스템(실직적인 형태가 전자적이나 기계적인 것과 관계없이)의 동적 응답을 위에서 언급한 절차를 통해서 얻을 수 있다. 즉, 식 (1)의 형태를 갖는 시스템의 수학적 모델을 도출하는 것이다. 어떤 변수를 모델에서 사용하는가에 따라 최초의 수식에 특정 변수의 시간 적분 항을 포함할 수도

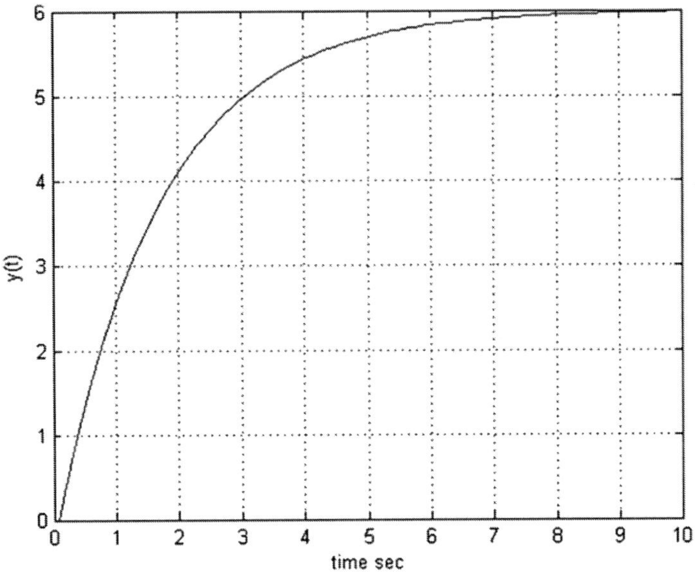

그림 1.3

1차 시스템의 단위 스텝 응답

있다. 이 경우 모든 항을 시간에 대해 미분함으로써 식 (1)과 같은 형태를 얻을 수 있다. 다른 방법으로는 라플라스 변환을 취하는 두 번째 단계에서 한 변수의 적분, 즉

$$\int_0^t x(t')\,\mathrm{d}t'$$

의(초기 조건이 0이라고 가정한) 라플라스 변환을 사용할 수 있다. 적분 항의 라플라스 변환은 다음과 같다.

$$\int_0^\infty e^{-st}\left(\int_0^t x(t')\mathrm{d}t'\right)\,\mathrm{d}t = \frac{X(s)}{s} \tag{22}$$

해석 절차의 다음 단계는 시스템의 블록에 대하여 전달함수를 구하는 것이다. 전체 시스템의 전달함수는 직렬로 연결된 각 블록의 전달함수를 곱하여 얻을 수 있다. 물론, 모든 차량 시스템이 이같이 단순한 직렬 구성을 갖고 있지는 않다. 오히려 자동 제어 시스템은 어떤 블록의 출력을 이전 블록의 입력으로 연결하는 구성을 갖고 있다.

다행히도 컴퓨터 시뮬레이션 프로그램(MATLAB/SIMULINK 같은)을 사용할 수 있는데 이를 이용하여 시스템 분석을 위해 필요한 실질적인 입력에 대한 시스템 미분방정식의 해를 찾을 수 있다. 하지만 시스템의 모든 블록을 최대한 정확하게 모델링해야 한다. 시스템 성능 분석을 위한 컴퓨터 시뮬레이션의 장점은 이들 프로그램들이 비선형성을 다룰 수 있다는 것이다. 나중에 나오는 예제를 통해서 알게 되겠지만 컴퓨터 시뮬레이션을 이용하여 특정한 핵심 변수를 변화시켜서 주어진 시스템의 구성을 최적화할 수 있다. 하지만 궁극적으로 컴퓨터 시뮬레이션을 통한 설계와 분석의 가치는 각 구성 부분을 얼마나 정확하게 모델링하였느냐에 달려 있다. 컴퓨터 시뮬레이션을 이용한 시스템 설계와 분석을 위하여 이 책의 나머지 부분에서는 시뮬레이션을 통한 차량 부품과 전자 시스템 블록의 모델링과 성능 해석을 다루고 있다.

2차 시스템

2차 연속 시간 선형 시스템의 사례로 그림 1.4에 보인 스프링/질량/댐퍼 시스템을 고려할 수 있다. 이 예제는 차량의 바퀴 하나(즉, 1/4 자동차)를 극도로 단순화한 근사 모델이다. 이 그림에서 질량(M_u)은 바퀴, 타이어, 브레이크가 결합된 질량(unsprung mass)을 나타낸다. 이 질량은 스프링 상수 K인 스프링과 댐핑 계수 D인 댐퍼(shock absorber)에 의하여 기준 프레임 M_s에 연결되어 있다. 시간에 따라 변화하는 힘 $F(t)$가 질량 M_u에 수직 방향으로 작용하고, $F = 0$일 때의 위치에 대한 M_u의 상대적인 변위를 $y(t)$라고 표시한다.

외력 $F(t)$에 대한 동적 응답 $y(t)$의 모델을 구하기 위하여 y 방향 힘의 합을 0으로 놓으면 다음과 같다.

$$F - M_u\ddot{y} - D\dot{y} - Ky = 0 \tag{23}$$

여기서,

$$\dot{y} = \frac{\mathrm{d}y}{\mathrm{d}t}$$

$$\ddot{y} = \frac{\mathrm{d}^2y}{\mathrm{d}t^2}$$

좌변의 둘째 항은 질량 M_u의 가속에 관계된 관성력이다. 세 번째 항은 점성 댐퍼로 인한 힘이며, 마지막 항은 스프링의 변위로 인한 힘이다. 여기서 그리고 앞으로 이 책 전체에서 한 변수 위의 점(dot)은 시간에 대한 미분을 나타내는 데

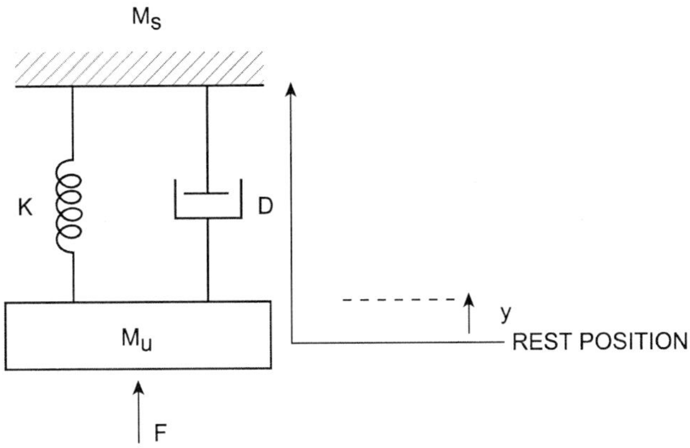

그림 1.4
2차 시스템의 구성 사례

사용될 것이다. 이 미분방정식은 식 (1)의 표준 모델과 유사한 형태로 나타낼 수 있다.

$$M_u\ddot{y} + D\dot{y} + Ky = F \tag{24}$$

이와 같은 2차 블록을 나타낼 때 M_u로 전체 식을 나누고 다음과 같은 매개변수를 도입하여 식을 정리하기도 한다.

$$\omega_0 = \sqrt{\frac{K}{M_u}} = \text{natural frequency}$$
$$\zeta = \frac{D}{2\omega_0 M_u} = \text{damping ratio}$$

그러면 미분방정식은 다음의 형태를 갖는다.

$$\ddot{y} + 2\zeta\omega_0\dot{y} + \omega_0^2 y = \frac{F}{M_u} \tag{25}$$

이 미분방정식의 해는 앞에서 설명한 라플라스 변환을 이용하면 가장 쉽게 얻어질 수 있다. 편리를 위해 시스템이 초기 상태에 정지하고 있었다고 가정하면 (즉, $F(0) = 0, \delta y(0) = 0$) 미분방정식의 라플라스 변환은

$$\left(s^2 + 2\zeta\omega_0 s + \omega_0^2\right)Y(s) = \frac{F(s)}{M_u} \tag{26}$$

이며, 전달함수는 다음과 같다.

$$H(s) = \frac{Y(s)}{F(s)} = \frac{1/M_u}{s^2 + 2\zeta\omega_0 s + \omega_0^2} \tag{27}$$

임의의 입력 $F(t)$에 대한 이 2차 시스템의 응답을 구하기 위해서는 우선 $F(s)$를 구하고 $y(t)$를 구하기 위해 역 라플라스 변환을 취하는 것이다. 하지만 실제적으로는 이러한 미분방정식의 해를 구하기 위해서 컴퓨터 시뮬레이션을 사용한다. 이러한 시뮬레이션 도구를 이용하면 비선형이거나 임의의 2차 시스템의 응답을 분석할 수 있다.

MATLAB/SIMULINK를 완전히 설명하는 것은 이 책의 목적 밖의 주제이고 대개 사용자 매뉴얼에 잘 설명되어 있다. 오히려 2차 시스템의 동적 해석이 여기서의 목표이다. MATLAB/SIMULINK의 시간영역 해석을 위해서 미분방정식을 아래와 같이 다시 정리하는 것이 좋을 듯하다.

$$\ddot{y} = F(t) - \frac{D\dot{y}}{M_u} - \frac{Ky}{M_u}$$

SIMULINK와 같은 시뮬레이션 프로그램은 방정식을 풀기 위한 연산들이 올바른 순서로 실행되도록 표준 블록을 사용하여 전체 시스템의 블록 선도를 구성한다. 미분방정식을 풀기 위해서 가장 중요한 연산 중의 하나는 시간에 대한 적분이다. 입력의 시간 적분을 담당하는 블록은 SIMULINK에서 다음과 같이 표시된다.

$$\boxed{\frac{1}{s}}$$

즉, 시간 적분의 전달함수 $\frac{1}{s}$이 이 표준 블록의 표시로 사용되고 있다. 다양한 블록의 입출력을 표시하기 위하여 블록의 왼쪽에 입력을, 오른쪽에 출력을 표시한다.

상수 K를 곱하는 것은

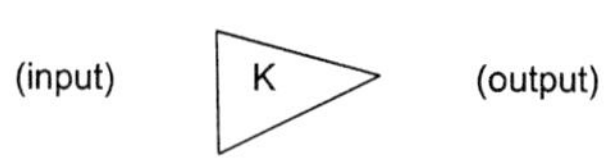

로 표시되고, 둘 이상의 변수의 합(또는 차이)은 다음의 블록으로 표현된다.

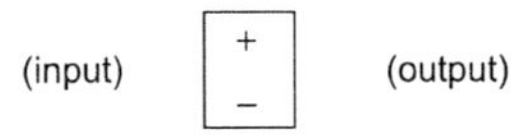

블록에 표시된 ± 표시의 개수는 연산에 사용되는 변수의 개수이며 적절한 부호를 선정하여야 한다. 다양한 시스템의 입력(예: $f(t)$)이 SIMULINK의 라이브러리에 제공되어 있는데 여기에는 스텝, 사인 함수, 신호 발생기, 랜덤 프로세스 등이 포함되며 SIMULINK 블록을 이용하여 파일에 저장된 사용자가 만든 입력 함수를 사용할 수도 있다. SIMULINK 블록선도를 이해하기 위하여 다음의 관계를 알아두면 도움이 될 수 있다.

$$\dot{y} = \int \ddot{y}\,dt$$
$$y = \int \dot{y}\,dt$$

이 관계가 그림 1.5에 보인 MATLAB/SIMULINK 블록선도에 함축되어 있다.

이 그림은 예로 들었던 2차 시스템의 단위 스텝 응답을 구하기 위한 블록선도이다. 그림에서 입력 $F(t)$는 단위 스텝이며, 합을 구하는 블록의 출력은 $\ddot{y}$이다. 이 블록의 입력은 위의 2차 미분방정식의 우변에 있는 항들이다. 첫 적분 블록의 출력은 $\dot{y}$이고, 두 번째 적분 출력은 y이다. 첫 번째 곱셈(게인) 블록은 상수 D/M_u를 곱하고, 두 번째 것은 상수 K/M_u이다. “To Workspace”로 표시된 블록은 시뮬레이션 결과에 의해 생성되는 파일이다. 아래 쪽의 두 번째 파일 “To Workspace 1”은 출력 y와 동기화된 시간 파일을 생성한다.

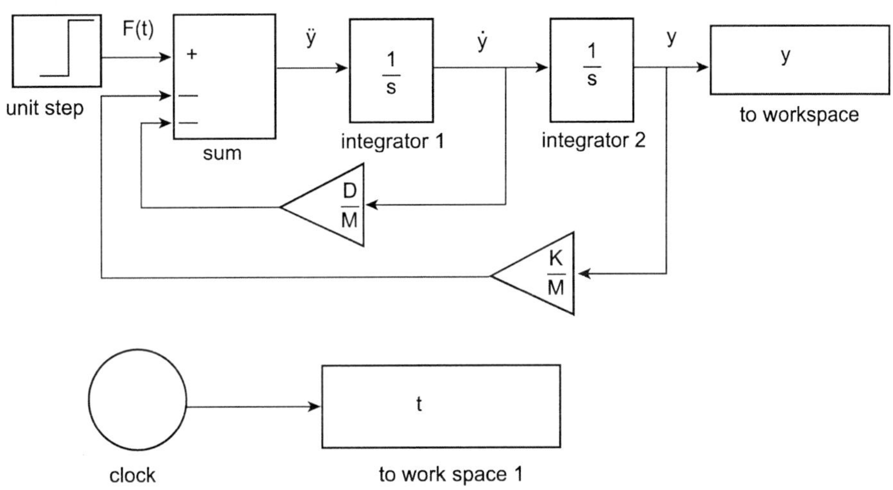

그림 1.5
MATLAB/SIMULINK 2차 시스템

좀 더 SIMULINK 모델을 설명하기 위하여 다음과 같은 매개변수의 값을 임의로 선정하였다.

$$
\begin{aligned}
M_u &= 1.7 \\
K &= 50 \\
\mathrm{D} &= 5.83
\end{aligned}
$$

입력은 $t = 0.5\mathrm{s}$에 발생하는 단위 스텝 입력이다. 즉,

$$
\begin{aligned}
F(t) &= 0 \quad t \le .5 \\
&= 1 \quad t \ge .5
\end{aligned}
$$

그림 1.6은 스텝 입력에 대한 질량 M_u의 운동을 나타내는 $y(t)$의 그래프이다.

이 책의 후반부에서 실제 사용되는 물리적 디바이스를 보다 더 정확하게 나타내는 모델을 이용하여 차량 시스템의 동적 응답 사례를 제시할 것이다.

시스템의 정상상태 주파수응답

시스템의 성능을 해석하는 데 있어서 또 하나의 중요한 입력은 정현파 함수이다. 이 경우 입력은 $x(t) = A\cos(\omega t) + B\sin(\omega t)$의 형태를 취하는데, 여기서 A

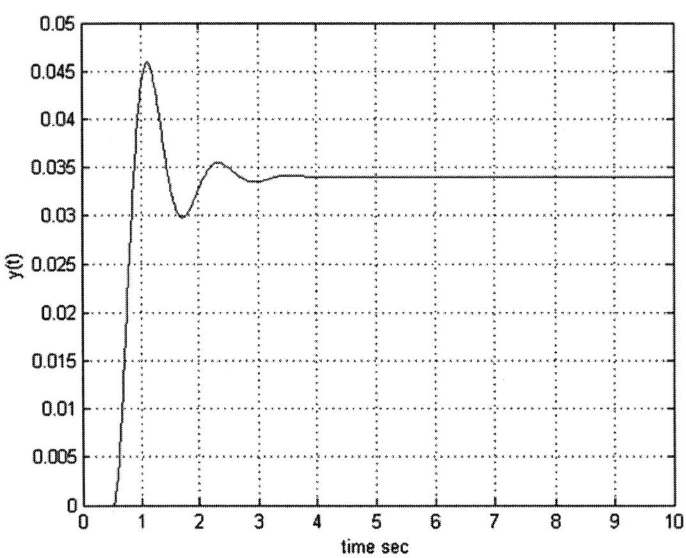

그림 1.6

2차 시스템의 단위 스텝 응답

와 B는 시스템의 특정한 응답을 평가하기 위해서 조절될 수 있다(둘 중 하나를 0으로 만드는 것을 포함). 주파수 응답의 계산을 쉽게 해주는 복소수 해석의 중요한 항등식이 있는데 다음과 같다.

$$e^{j\omega t} = \cos(\omega t) + j\sin(\omega t) \tag{28}$$

이 식은 다음과 같은 관계로도 표현될 수 있다.

$$\begin{aligned} \cos(\omega t) &= \mathrm{Re}[e^{j\omega t}] \\ \sin(\omega t) &= \mathrm{Im}[e^{j\omega t}] \end{aligned} \tag{29}$$

여기서 Re( )와 Im( )는 인수의 실수부와 허수부를 각각 지칭하며, $\omega = 2\pi f$(f는 주파수, Hz)이다.

안정적인 선형 시스템에서는 사인 입력에 대한 응답이 과도 응답과 정상상태 정현파 출력 응답, 두 부분으로 구성되어 있다. 과도 응답은 사인 입력이 가해지는 처음 부분에 대한 시스템의 동적 출력이다. 과도 응답이 감쇠하여 사라지는 구간 후에는 정상상태 사인 출력(steady-state sinusoidal(SSS) output)만이 남게 된다. 아래의 입력에 대한 시스템 해석의 목표가 바로 SSS 응답이다.

$$x(t) = \mathrm{Re}[Xe^{j\omega t}]$$

모든 과도 응답이 사라진 후의 SSS 주파수 응답은 다음의 형식을 갖는다.

$$y(t) = \mathrm{Re}[Y(j\omega)e^{j\omega t}]$$

정상상태 사인 주파수 응답을 $H(j\omega)$로 나타내는데

$$H(j\omega) = \frac{Y(j\omega)}{X(j\omega)} \tag{30}$$

로 정의된다. 이 SSS는 $j\omega$의 복소 함수이다. 이것은 복소수 주파수 평면 또는 s 평면의 허수축에 따른 전달함수와 동일하다. 따라서 전달함수의 s를 $j\omega$로 대체하면 SSS를 얻을 수 있다.

$$H(j\omega) = H(s)\Big|_{s=j\omega} \tag{31}$$

이것은 복소수 값을 갖는 함수이기 때문에 절댓값 또는 크기 ($|H(j\omega)|$)와 위

상각 ϕ로 표현할 수 있다.

$$H(j\omega) = |H(j\omega)|\, e^{j\phi(\omega)} \tag{32}$$

$H(j\omega)$의 크기는 사인 입력에 대한 SSS 응답의 진폭의 비이다. 위상각 $\phi(\omega)$는 입력 사인에 대한 출력의 위상이다.

SSS는 넓은 주파수 대역의 입력에 대한 시스템 응답의 충실성을 평가하는 데 유용하다. 이상적으로는 입력 신호의 주파수와 상관없이 일정한 진폭과 위상각을 가져야 한다. 실제 물리적으로 구현 가능한 블록은 주파수 ω에 따라 변화하는 응답을 보인다. 시스템 설계자들은 흔히 요구되는 어떤 주파수 대역에 한하여 만족할 만한 성능을 내도록 설계 파라미터를 선정할 수 있다. 이러한 만족스러운 성능을 달성할 수 있는 주파수의 범위를 "대역폭"이라고 한다. 스텝 응답의 계산을 위해 사용되었던 동일한 컴퓨터 시뮬레이션 소프트웨어가 SSS 주파수 응답을 계산하고 결과를 그래프로 나타낼 수 있다. 대개 "보드(Bode)" 선도를 이용하는데, 크기와 위상각이 다음과 같은 방식으로 표현된다.

$$\text{magnitude}: \; 20\log|H(j\omega)| \text{vs.} \log(\omega)$$
$$\text{phase}: \; \phi(\omega) \text{vs.} \log(\omega)$$

이 보드 선도도 시뮬레이션 소프트웨어를 이용하여 생성될 수 있다.

모델의 상태변수 표현

(차량 시스템과 같은) 물리적인 시스템을 모델링하는 과정에서 N개의 변수에 대하여 1차 미분방정식 여러 개를 사용하는 것이 가능한 경우가 흔히 있다. 이 변수들은 아래와 같이 표현되고

$$x_n\,; \quad n = 1, 2, \cdots, N$$

미분방정식은 다음과 같이 표현될 수 있다.

$$\dot{x}_m = \sum_{n=1}^{N} A_{mn} x_n + \sum_{k=1}^{K} B_{mk} u_k \tag{33}$$

여기서 A_{mn}과 B_{mk}는 주어진 물리적 시스템에 따른 상수이다. 위 형식의 독립적

인 방정식 N개가 주어진다면 알려진 입력에 대하여 각 독립 변수의 유일해를 찾을 수 있다. 모델의 이런 유형에 대해서 방정식을 행렬 형식으로 나타낼 수 있다.

$$\begin{aligned}\dot{x}_1 &= A_{11}x_1 + \cdots + A_{1N}x_N + B_{11}u_1 + \cdots + B_{1K}u_K \\ &\vdots \\ \dot{x}_N &= A_{N1}x_1 + \cdots + A_{NN}x_N + B_{N1}u_1 + \cdots + B_{NK}u_K\end{aligned} \tag{34}$$

N 차원 벡터 x를 아래와 같이 정의한다.

$$x = [x_1 x_2 \cdots x_N]^T$$

이 방식에서 변수 x_n을 상태변수라고 한다. 유사하게 입력을 K차원 벡터로 나타낼 수 있다.

$$u = [u_1 \cdots u_K]^T$$

위의 방정식을 널리 사용되는 "상태변수 모델" 형식으로 나타내면

$$\dot{x} = Ax + Bu \tag{35}$$

이고, 여기서 실제 존재하는 물리적인 시스템에 대해서

$$\begin{aligned}&x \in R^N \\ &u \in R^K \\ &A \in R^{N \times N} \\ &B \in R^{N \times K}\end{aligned}$$

이다.

시스템의 출력 변수는 다음과 같다.

$$y_j = \sum_{n=1}^{N} C_{jn}x_n + \sum_{k=1}^{K} D_{jk}u_k \quad j = 1, 2 \cdots J \tag{36}$$

여기서 입력 변수가 여러 출력에 영향을 미칠 수 있는 가능성이 식 (36) 우변의 두 번째 항으로 표현되어 있다. 출력에 관한 식도 역시 출력 벡터를 이용하여 행렬 형식으로 표현될 수 있다.

$$y = [y_1 y_2 \cdots y_J]^T$$
$$y = Cx + Du \tag{37}$$

여기서,

$$y \in R^J$$
$$C \in R^{J \times N}$$
$$D \in R^{J \times K}$$

상태 변수 형식으로 표현된 시스템의 전체 모델은 다음과 같다.

$$\begin{aligned} \dot{x} &= Ax + Bu \\ y &= Cx + Du \end{aligned} \tag{38}$$

이 일련의 방정식은 라플라스 변환을 이용하여 해를 구할 수 있다. 여기서 초기 조건이 모두 0이라고 가정하자 ($_n(0) = 0\ \forall n$(*for all* n)). N개의 1차 미분방정식은 복소수 변수 s에 대한 N개의 대수 방정식으로 변환된다:

$$\begin{aligned} sx(s) &= Ax(s) + Bu(s) \\ y(s) &= Cx(s) + Du(s) \end{aligned} \tag{39}$$

첫 번째 방정식을 정리하면

$$(sI - A)x(s) = Bu(s) \tag{40}$$

여기서 I는 N차원의 항등 행렬(즉, 모든 대각선 요소가 1이고 그 외는 모두 0)이고, $I \in R^{N \times N}$이다.

이 방정식은 $(sI - A)$ 행렬의 역, 즉 $(sI - A)^{-1}$을 양변에 곱해서 $x(s)$를 구할 수 있다.

$$x(s) = (sI - A)^{-1} Bu(s) \tag{41}$$

출력 $y(s)$는

$$\begin{aligned} y(s) &= C(sI - A)^{-1} Bu(s) + Du(s) \\ &= H(s)u(s) \end{aligned}$$

이다. 위의 식은 실질적으로 변수 y_j에 대한 J개의 식이다:

$$y_j(s) = \sum_{k=1}^{K} H_{jk}(s)\, u_k(s) \quad j = 1, 2, \ldots, J \tag{42}$$

임의의 입력 u_k 하나에 대한 출력 y_j는 전달함수 $H_{jk}(s)$를 이용하여 아래와 같이 표현될 수 있다.

$$y_j = H_{jk}(s) u_k(s) \quad k = 1, 2, \ldots, K$$

이에 대응하는 시간영역 변수 $y_j(t)$를 역 라플라스 변환 또는 잔류 정리를 이용하여 구할 수 있다. 상태 변수를 이용한 표현은 이 책에서 차량 전자 시스템을 설명할 때 사용된다.

제어 이론

현대적인 차량에서 전자 제어 시스템은 여러 분야에 적용되고 있다. 여기서는 책의 후반부에 나오는 선형 제어 시스템을 설명하고 이해하기에 유용한 일반적인 이론에 대하여 논의한다.

제어 시스템은 크게 두 부류, 즉 개루프(open-loop or feedforward), 폐루프(closed-loop or feedback) 시스템으로 구분할 수 있다. 추후에 보게 되겠지만 각각의 부류에 해당하는 많은 사례를 차량에서 찾아볼 수 있다. 개루프 시스템의 구조가 그림 1.7에 나타나 있다.

개루프 제어

개루프 시스템은 전자 제어기를 사용하는데, 이 제어기는 액추에이터로 보내지는 출력을 내보낸다. 액추에이터는 제어하려는 플랜트를 통제하는 역할을 맡는데 플랜트 제어 변수의 값과 입력된 명령 사이의 관계에 따라 이 역할을 수행한다. 연료 제어의 특정 모드에서 이와 같은 개루프 제어를 사용하는데, 이 외에도 많은 사례를 차량의 전자 시스템에서 찾아 볼 수 있다. 이러한 사례들이 갖는 개루프 제어의 공통점은 실제의 출력과 원하는 값을 비교하지 않는다는 것이다.

그림 1.7의 개루프 제어 시스템에서 제어 입력(control input)이 전자 제어기로 보내지는데 제어기는 입력에 따라 제어 연산을 수행하여 (그림 1.7에 i로 표시한) 전기적 신호를 생성한다. 이 전기적 신호는 액추에이터의 입력이 되어 제어 입력(그림 1.7의 u)을 생성시킨다. 그리고 이 제어 입력이 플랜트의 출력이 원하

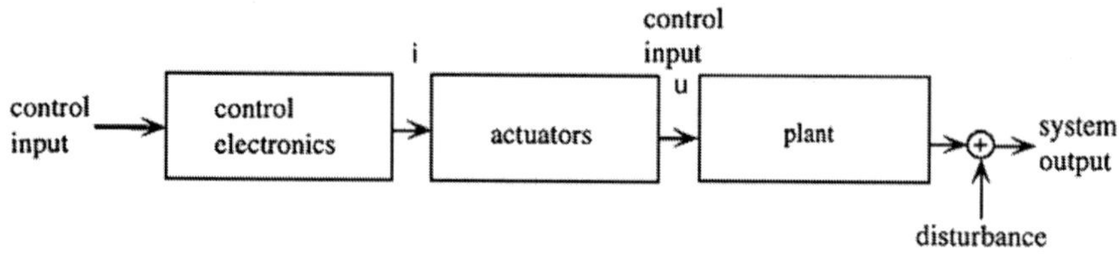

그림 1.7
개루프 제어 시스템의 구성

는 값을 유지하도록 플랜트를 통제한다. 이러한 유형의 제어를 개루프 제어라고 하는데, 그 이유는 시스템의 출력(system output)과 입력 명령의 비교가 이루어지지 않기 때문이다.

플랜트의 작동은 (단순한 전기 모터일 수도 있는) 액추에이터에 의해 직접적으로 통제된다. 제6장에서 차량 전자 제어 시스템에 사용되는 다양한 액추에이터에 대하여 다루고 있다. 시스템의 출력은 플랜트의 일부가 아닌 작동 환경으로부터 초래되는 외란(disturbance)에 의해 영향을 받을 수도 있다. 추후에 논의되겠지만 차량 전자 시스템에서는 많은 유형의 외란이 발생할 수 있다.

개루프 제어의 주된 단점은 제어기나 플랜트에 발생할 수 있는 변화나 외란, 환경 변화 등에 대하여 스스로 보정할 수 없다는 점이다. 시스템의 실제 출력을 우리가 원하는 값에 비교하여 제어하는 폐루프 제어 시스템으로 이러한 단점을 극복할 수 있다. 물론 이러한 시스템에서는 플랜트의 출력을 측정해야 하고 이는 계측이 필요함을 의미한다. 계측에 대해서는 이 장의 후반부에서 논의한다.

폐루프 제어

전자 피드백 제어 시스템의 (매우 복잡한 시스템을 위해서 확장될 수 있는) 가장 단순한 형태를 그림 1.8과 같이 블록선도로 나타내었다. 이 구성에서 제어 시스템은 플랜트라고 불리는 시스템 또는 서브시스템의 출력 y를 통제하려는 것이다. 대개 제어 시스템의 목표는 출력을 흔히 기준입력이라고 불리는 시스템 입력 x와 일치시키려는 것이다. 출력과 기준입력과의 차이(오차 $\in$)가 0이 아니면 오차를 0에 가깝게 만들도록 하는 변수 u를 제어기(controller) 또는 보상기(compensator)가 생성한다. 센서를 통해 플랜트의 출력을 측정한 결과가 입력에 되먹임 되기 때문에 그림 1.8의 구성을 피드백 제어 시스템이라고 한다. 시스템의 신호 흐름을 보면 입력 쪽으로 향하는 경로가 루프를 구성한다(폐루프). 센서는 주로 전기적 출력을 사용하는데 여기서는 센서 출력을 y_s로 나타내었다.

제어변수 u가 플랜트의 출력을 변화시키기 위해서는 액추에이터가 필요한데,

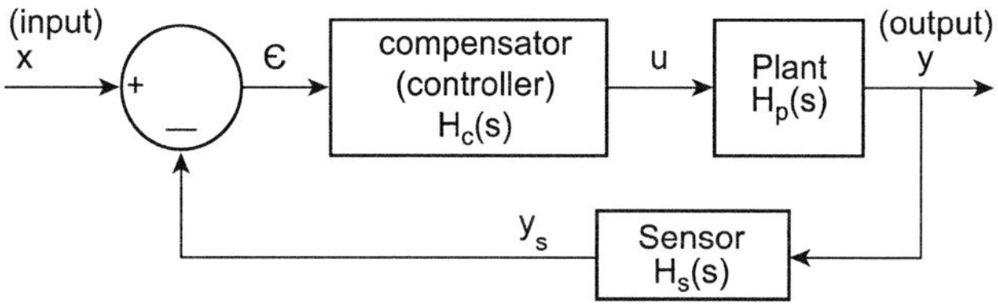

그림 1.8

페루프 피드백 제어 시스템의 구성

이 액추에이터는 전기적 입력을 받고 플랜트의 상태를 변화시키는 역할을 한다. 흔히 이 부분은 전기-기계적인 특성을 갖게 된다. 이 전기적인 입력에 대한 플랜트의 응답을 대개 개루프 응답이라고 한다.

지금 우리 논의의 목적은 피드백 제어 시스템의 동적 성능을 분석할 수 있는 모델을 개발하는 것이다. 제어 시스템의 성능은 시스템 구성요소의 동역학적 특성에 영향을 받는다. 대개 제어 시스템 설계자는 제어기 또는 보상기의 적절한 설계를 통해 어떤 한 기준에 대하여 제어 시스템의 성능을 최적화할 수 있다. 뒤에서 설명되겠지만 현대적인 차량용 전자 제어 시스템에서 제어기는 마이크로프로세서 또는 마이크로컨트롤러를 이용하여 구현된다. 이러한 경우에 마이크로컨트롤러에서 수행되는 프로그램에 의하여 제어기의 작동이 결정된다. 하지만 여기서는 전체 페루프 제어 시스템을 연속시간 시스템으로 간주하는 것이 보다 유용하다. 다음 장에서 이산 시간 모델과 디지털 제어 기법을 다룰 것이다.

다양한 구성품에 대한 모델이 알려져 있고 각각 전달함수로 표현될 수 있다고 가정하자. 이런 모델은 다음과 같이 표현될 수 있다.

$$\text{error } \in \; = x - y_s \tag{43}$$

$$\text{plant } y(s) = H_p(s)u(s) \tag{44}$$

$$\text{compensator } u(s) = H_c(s)\in(s) \tag{45}$$

$$\text{sensor } y_S(s) = H_S(s)y(s) \tag{46}$$

구성요소들의 모델을 결합하면 페루프 시스템의 모델을 다음과 같이 표현할 수 있다.

$$y(s) = \left(\frac{H_p(s)H_c(s)}{1 + H_s(s)H_p(s)H_c(s)}\right)x(s) \tag{47}$$

(일반성을 잃지 않으면서) 편의를 위해서 센서의 전달함수가 1이라고 가정하면 ($H_s(s) = 1$), 페루프 전달함수 $H_{c\ell}(s)$의 가장 잘 알려진 다음의 형태를 얻을

수 있다.

$$H_{c\ell}(s) = \frac{y(s)}{x(s)}$$

$$H_{c\ell}(s) = \frac{H_p(s)H_c(s)}{1 + H_p(s)H_c(s)} \tag{48}$$

많은 종류의 보상기 구성이 있지만 널리 사용되는 세 가지 종류는 다음과 같다.

1. 비례 (P) 제어기 $u = K_p \in$
2. 비례-적분 (PI) 제어기 $u = K_p \in + K_I \int \in \mathrm{d}t$
3. 비례-적분-미분 (PID) 제어기

$$u = K_p \in + K_I \int \in \mathrm{d}t + K_D \frac{\mathrm{d}\in}{\mathrm{d}t}$$

이 세 가지 유형의 전달함수는

1. P: $H_c(s) = K_p$
2. PI: $H_c(s) = K_p + \dfrac{K_I}{s}$
3. PID: $H_c(s) = K_p + \dfrac{K_I}{s} + K_D s$

이고, 여기서 K_p는 비례 게인, K_I는 적분 게인, K_D는 미분 게인이다.

페루프 시스템의 동적 응답은 보상기의 제어 유형에 영향을 받는다. 일반적으로 보상기 또는 제어기는 다음과 같은 기준을 만족시키기 위하여 오차 신호를 기준으로 연산한다.

1. 과도 응답 특성
2. 정상상태 오차
3. 외란 차단
4. 시간에 따른 플랜트 특성의 변화 또는 온도와 같은 환경 변수의 변화에 대한 민감도

이 외에도 한정된 입력에 대하여 출력도 한정적이어야 하기 때문에 폐루프 시스템이 안정적인 것도 필요하다. 대조적으로, 불안정한 시스템의 출력은 입력과 관계없이 지속적으로 증가하는데, 이러한 현상은 구성요소 중 하나가 어떤 (대

개 비선형적인) 한계에 다다를 때까지 지속된다. 이 경우 한계에 다다른 이런 시스템의 출력이 포화되었다고 한다.

먼저 과도 응답에 대한 기준을 고려해 보자. 대부분의 폐루프 시스템의 과도 응답은 단위 스텝 입력에 대한 응답으로 가장 잘 나타낼 수 있다. 시스템이 안정적이라면 다양한 보상 전달함수에 대하여 스텝 응답의 특성이 알려져 있다. 일례로 비례 제어기($H_c(s) = K_p$)는 비례 게인 K_p에 반비례하는 정상상태 오차를 가지고 있다.

또한, 아래와 같은 전달함수를 비례적분 제어기는

$$H_c(s) = K_p + \frac{K_I}{s} \tag{49}$$

안정적이라면 정상상태 오차가 없다. 즉,

$$\lim_{t\to\infty} \in(t) = 0.$$

하지만 상당히 큰 적분 게인 K_I를 가진 적분 항은 비례 제어기에 비해서 폐루프 시스템의 안정도를 감소시킨다.

미분 항을 추가하면 PID 제어기가 되는데, PI 제어기에 비해서 어떤 면에서 보다 우수한 과도 응답을 보인다. 많은 경우에 미분 항이 응답 초기의 출력 변화율$\left(\frac{dy}{dt}\Big|_{t=0}\right)$을 증가시킨다. 하지만 이러한 특성은 미분 게인 K_D에 따라 최종 목표값을 초과하는 오버슈트를 나타내기도 한다. 이러한 제어기 종류의 상대적인 장점은 다른 시스템 기준뿐만 아니라 특정 응용에 따라 달라질 수 있다.

보상기의 과도 응답에 대한 영향을 2차 시스템(그림 1.4)을 가지고 살펴보기로 한다. 이미 언급했던 이 2차 시스템은 스프링과 댐퍼에 의해 병렬로 연결된 질량으로 구성되어 있다(매우 단순화된 현가 시스템 모델). 이 질량에 힘 $F(t)$가 작용하여 질량의 수직 위치 $y(t)$를 변화시킨다. 이미 앞에서 보인 것처럼 이 시스템의 전달함수를

$$\frac{y(s)}{F(s)} = \frac{1/M_u}{s^2 + 2\zeta\omega_0 s + \omega_0^2} \tag{50}$$

로 표시할 수 있고 여기서 매개변수 ω_0와 ζ는 2차 시스템을 설명할 때 이미 정의한 바와 같다. 액추에이터가 생성하는 힘에 의해 목표 위치 x로 수직 위치를 제어하려는 폐루프 제어 시스템을 구성할 수 있다. 액추에이터의 모델을

$$F = K_a u$$

로 표시할 수 있는데, 여기서 K_a는 액추에이터의 상수이고, u는 보상기의 제어 신호이다. 우선 다음과 같은 모델을 갖는 비례 제어기를 고려한다.

$$u = K_p \in$$

여기서,

$$\begin{aligned} \in &= \text{error} \\ &= x - y \end{aligned}$$

이 플랜트의 개루프 전달함수 $H_p(s) = y(s)/u(s)$는 다음과 같다.

$$H_p = \frac{K_a/M_u}{s^2 + 2\zeta\omega_0 s + \omega_0^2} \tag{51}$$

폐루프 시스템의 성능을 보다 잘 이해하기 위해서는 개루프 응답을 고려하는 것이 도움이 된다. 2차 시스템을 플랜트로 사용하고 $K_a = 50$, $K_p = 53.3$, $M_u = 1.7$, $D = 17.6$이라고 가정하면 단위 스텝에 대한 응답은 그림 1.9와 같다.

폐루프 전달함수는 다음과 같다.

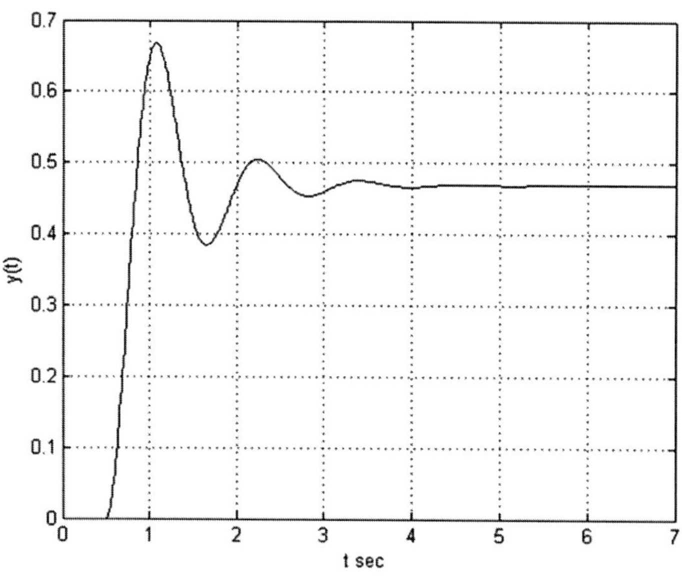

그림 1.9

폐루프 시스템의 단위 스텝 응답

$$H_{c\ell} = \frac{y(s)}{x(s)} \tag{52}$$

$$= \frac{K_p H_p(s)}{1 + K_p H_p(s)} \tag{53}$$

$$= \frac{K_a K_p}{M_u \left[s^2 + 2\zeta\omega_0^2 + \omega_0^2 + \frac{K_a K_p}{M_u} \right]} \tag{54}$$

앞 예제의 매개변수를 이용하면 MATLAB/SIMULINK 시뮬레이션을 통하여 스텝 응답을 평가할 수 있다. 그림 1.10에 두 가지 비례 게인을 이용하여 단위 스텝 입력 명령에 따른 응답을 나타내었다. 이 예제는 전자식 현가시스템을 가진 차량의 높이를 변화시키라는 명령에 따른 응답을 나타낸 것이라고 생각할 수도 있다.

이 그래프를 살펴보면 0.5초에 주어진 단위 응답에 대한 오차가 비례 게인에 반비례하는 것을 알 수 있다. 하지만 비례 게인이 10일 때의 오버슈트가 비례 게인 5일 때보다 큰 것을 보면 비례 게인의 증가가 폐루프 시스템의 댐핑을 감소시킨다는 것을 알 수 있다.

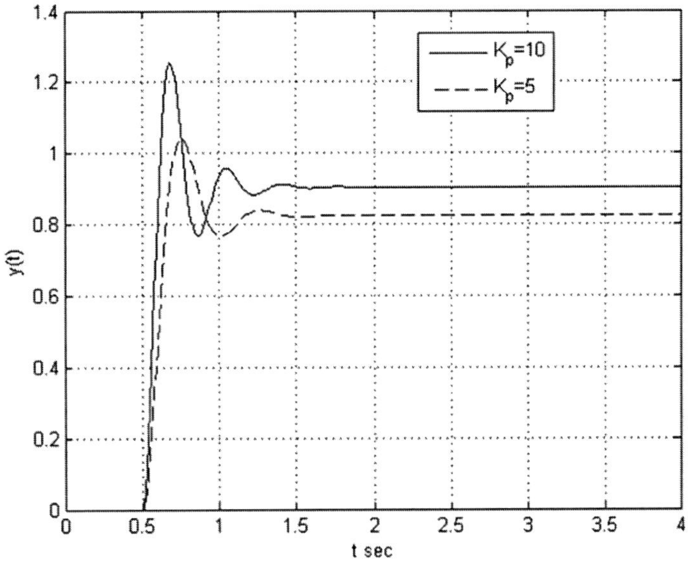

그림 1.10

비례 피드백 제어 시스템의 응답

다음으로 비례적분 제어기의 스텝 응답을 고려해 보자. 앞의 예제에 적분 항 ($K_I \int \in \mathrm{d}t$)이 추가되었고, 이 시스템의 폐루프 전달함수는 다음과 같다.

$$H_{c\ell}(s) = \frac{K_a(K_p s + K_I)/M_u}{(s^2 + 2\zeta\omega_0 s + \omega_0^2)s + (K_p s + K_I)\ \dfrac{K_a}{M_u}} \tag{55}$$

2차 시스템의 동일한 매개변수 값을 이용하여 0.5초에 가해진 단위 스텝에 대한 응답을 MATLAB/SIMULINK를 이용하여 구할 수 있다. 일반적으로 적분 항이 추가되면 제어기가 정상상태 오차를 0에 가까이 가게 한다. 그림 1.11에 $K_p = 5$, $K_I = 15$일 때의 단위 스텝 응답을 나타내었다. 약 25% 정도의 오버슈트를 보이고 있는데, 이는 같은 비례 게인을 사용한 비례 제어기의 오버슈트(약 12.5%)보다 더 큰 것을 알 수 있다. 하지만 정상상태 오차는 앞에서 언급한 것과 같이 점근적으로 0에 근접한다.

아래와 같은 미분 항을 추가하면 제어 시스템의 동적 응답을 보다 더 개선할 수 있는데,

$$K_D \frac{\mathrm{d}\in}{\mathrm{d}t}$$

이를 포함하면 보상기의 전달함수는 다음과 같다.

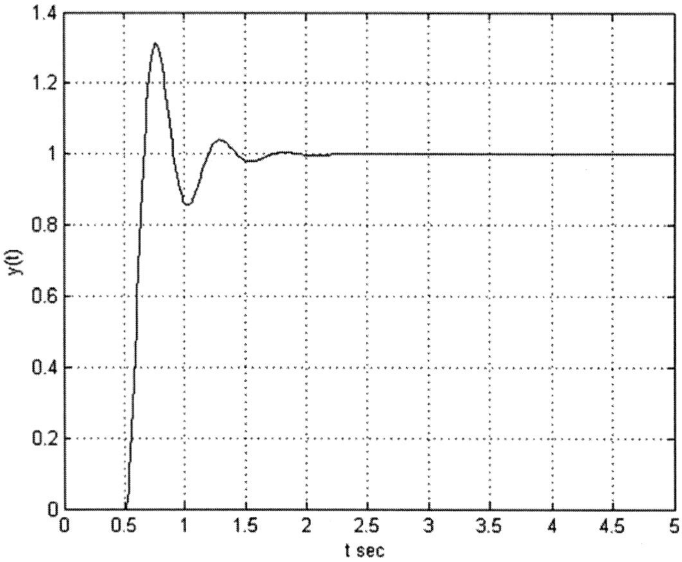

그림 1.11
비례적분 피드백 제어 시스템의 응답

$$H_c(s) = K_p + \frac{K_I}{s} + K_D s \quad (56)$$

그림 1.12는 동일한 2차 시스템에 PID 제어기를 적용했을 때 0.5초에 가해진 단위 스텝에 대한 응답이다. 여기서 $K_p = 5$, $K_I = 15$, $K_D = 0.5$이다.

이 시스템은 비례적분 폐루프 시스템과 같이 정상상태 오차가 0인 성질을 갖고 있다. 하지만 동적인 입력에 대하여 오버슈트가 거의 없으며 매우 빠른 응답을 보인다. 이 예제는 PID 제어가 매우 우수한 동적 응답을 제공할 수 있다는 잠재력을 보여준다.

제어 시스템을 설계하는 데 있어서 제어기의 종류뿐만 아니라 게인의 선택이 중요한 경우가 많다. 어떤 게인 값들은 개루프 응답이나 다른 게인으로 얻은 응답에 비해 훨씬 열악한 응답을 초래하기도 한다. 극단적인 경우에는, 다음 절에서 논의되겠지만, 잘못 설계된 제어기는 폐루프 시스템을 불안정하게 만들기도 한다.

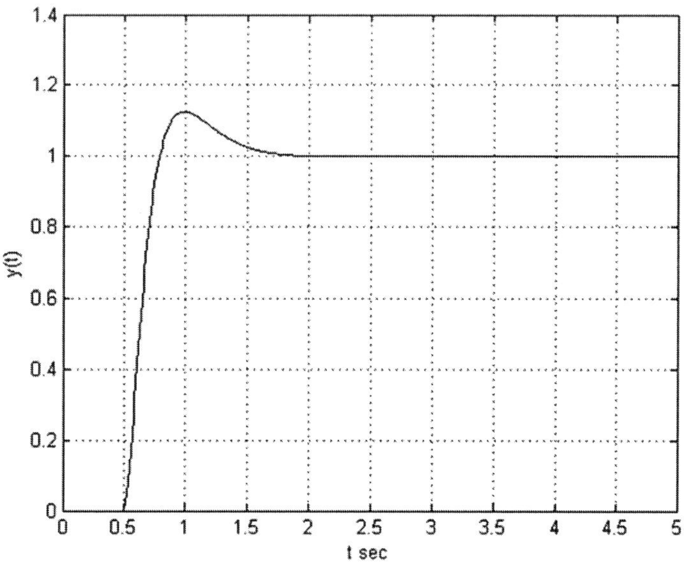

그림 1.12
PID 피드백 제어 시스템의 응답

제어 시스템의 안정성

제어 시스템의 실용성에 관련하여 가장 중요한 요소 중 하나는 안정성이다. 간단히 말하자면 한정된 입력에 대하여 한정된 출력이 나온다면 제어 시스템이 안정적이라고 할 수 있다. 이 의미는 결국 시스템이 스스로 발산하지 않는다는 것이다. 대개의 경우 어떤 물리적인 한계에 도달할 때까지 불안정적인 시스템 출력의 크기가 계속 증가한다.

폐루프 제어 시스템이 안정적이기 위해서 제어되는 플랜트 자체가 꼭 안정적이어야 하지는 않다. 사실 많은 현대적인 전투기(예: F-16)와 같은 사례와 같이 제어 시스템이 불안정적인 플랜트를 안정화시킬 수 있다. 그러나 차량용 응용에서 불안정한 플랜트를 안정화시키는 응용은 드문 편이다.

현대적인 제어기법을 이용하면 다양한 방법을 통하여 시스템 설계자가 제어 시스템의 안정성을 평가할 수 있다. 상대적으로 강건한 선형 수학 모델이 있다면 상업적인 소프트웨어를 이용하여 제어 시스템의 안정성을 빠르게 평가할 수 있기도 하다. 안정성을 평가하는 모든 기법을 여기서 다루는 것은 이 책의 범위를 넘는 것이어서 근궤적법(root locus technique)이라는 중요한 기법 중 하나를 다룬다. 모든 제어 시스템 응용에서, 특히 차량시스템에서 시스템이 안정성에 대하여 어느 정도 여유를 갖는 것이 중요한데, 이는 차량이 사용되면서 시간에 따른 시스템 변수의 변화가 있더라도 시스템이 안정적이기 위하여 필요하다. 변수의 변화에 대한 제어 시스템의 강건성을 평가하는 기법의 하나로 게인과 위상 여유(gain and phase margin)라는 방법이 있고, 이 절에서 소개된다.

근궤적법

근궤적법을 간단히 살펴보면 시스템의 매개변수가 변화함에 따라 폐루프 전달함수의 극점이 어떻게 변화하는지를 그래프에 나타낸 것이다. 플랜트의 개루프 전달함수가 $H_p(s)$이고, 제어기와 센서의 전달함수가 각각 $H_c(s)$, $H_s(s)$일 때 (센서는 $H_s(s) = 1$인 이상적인 센서로 가정), 폐루프 전달함수가 다음과 같이 표현된다고 밝힌 바 있다.

$$H_{cl} = \frac{H_c(s)H_p(s)}{1 + H_c(s)H_p(s)} \tag{57}$$

이 전달함수의 극점은 아래 방정식의 복소수 s 평면에 위치한 근이다.

$$1 + H_c(s)H_p(s) = 0 \tag{58}$$

매개변수 K가 시스템의 안정성에 미치는 영향을 평가하기 위해서는 위의 방정식을 아래의 형태로 변환시켜야 한다.

$$1 + K\,G(s) = 0 \tag{59}$$

이 형식은 페루프 시스템의 특성방정식으로 알려져 있다. 이 시스템의 근궤적은 복소수 s 평면 위에서 이 방정식의 근이 매개변수 K의 변화에 따라 움직이는 궤적이다. 이 형태로 표현되면 MATLAB의 rlocus[$G(s)$] 함수에 의해서 근궤적을 쉽게 얻을 수 있다. 실제로는 $G(s)$를 분자다항식 $N(s)$와 분모다항식 $D(s)$의 비로 표시하는 것이 편리하다. 즉,

$$1 + K\,N(s)/D(s) = 0 \tag{60}$$

또는

$$D(s) + K\,N(s) = 0$$

MATLAB의 근궤적 함수는 이 방정식의 근을 찾고 이를 복소수 평면 위에 표시한다. 시스템이 안정적이기 위해서는 모든 근이 복소수 평면의 왼쪽에 위치하여야 한다. 하나 이상의 근이 허수축에 있다면 시스템이 한계적으로 안정적인데, 이러한 상황은 차량의 안정성이나 탑승자의 안전에 위협이 될 수 있기 때문에 차량에서 절대로 일어나서는 안 되는 것이다.

근궤적을 사용하는 사례로 그림 1.4에 나타난 2차 시스템 플랜트(식 (51))와 PID 제어기를 고려하자. 이 제어기의 전달함수는

$$H_c(s) = K_p + \frac{K_I}{s} + K_D s \tag{61}$$

이고, 이를 정리하면 다음과 같다.

$$H_c(s) = \frac{K_p}{s}\left(\frac{K_D}{K_p}s^2 + s + \frac{K_I}{K_p}\right) \tag{62}$$

식 (60)의 매개변수 K가 위 식의 K_p라고 하면, K_I/K_p와 K_D/K_p를 고정시킨 상태에서 K_p를 변화시키면서 페루프의 안정성을 검증할 수 있다. 이 시스템에서 근궤적을 위해 필요한 $G(s)$가 다음과 같이 표현된다.

$$G(s) = \frac{\left[\left(\frac{K_D}{K_p}s^2 + s + \frac{K_I}{K_p}\right)\right]}{s(s^2 + 2\zeta\omega_0 s + \omega_0^2)} \frac{K_a}{M_u} \tag{63}$$

아래와 같이 고정된 비에 대하여 매개변수 K_p의 변화에 따른 근궤적이 그림 1.13에 나타나 있다.

$$\frac{K_D}{K_p} = 0.5$$

$$\frac{K_I}{K_p} = 1.5$$

이 예제의 폐루프 전달함수는 s에 대한 3차 함수이고 특성 방정식이 세 근을 갖는다. 그림에서 실선으로 표시된 곡선이 근궤적을 나타내는데 x로 표시된 곳이 $K_p = 0$를 나타낸다. 게인이 증가함에 따라 근의 위치가 실선을 따라 움직이는 것을 볼 수 있다. 이 선도에서 원점으로부터 뻗어 나오는 점선 형태의 직선은 동일한 감쇠비를 갖는 극점의 궤적이고 원점을 중심으로 한 점선의 동심원은 같은 크기를 갖는 극점을 나타낸다. 이 그림에서 어떠한 값의 K_p에 대해서도 모든 극점이 복소수 s 평면의 좌측에 존재하는 것을 볼 수 있고, 이는 시스템이 안정

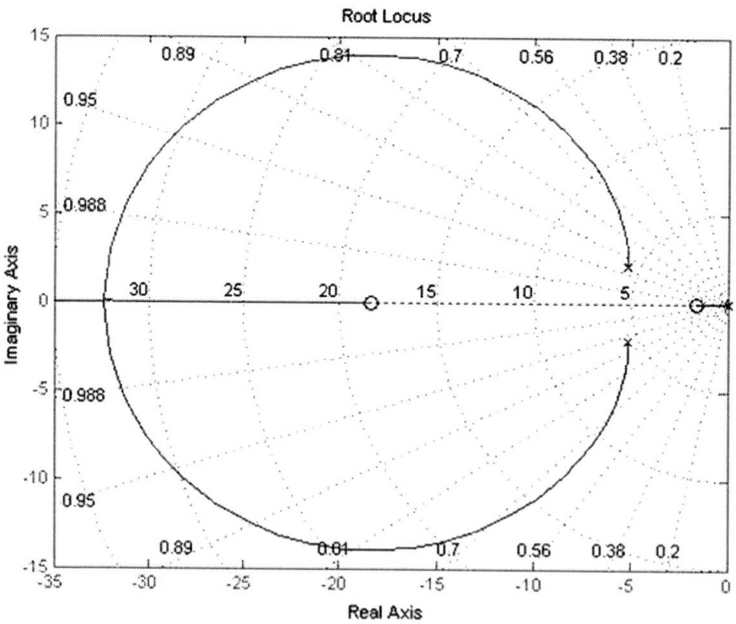

그림 1.13

PID 제어 시스템 예제의 근궤적 선도

적이라는 것을 의미한다. 적절한 게인을 선택함으로써 이 시스템의 폐루프 동적 응답을 어느 한도 내에서 조정할 수 있다.

폐루프 시스템의 성능 요구 조건이 극점을 복소수 평면의 특정 부분에 위치시켜야 한다는 것을 포함하고 있다면 근궤적법을 이용하여 쉽게 제어기를 설계할 수 있다. 예를 들자면 감쇠비 또는 스텝응답 오버슈트가 규정되어 있다면 이런 요구를 만족시킬 수 있는 위치에 폐루프 시스템의 극점을 배치할 수 있다.

이 절의 앞부분에서 설명한 것처럼 근궤적법 외에도 선형 폐루프 시스템의 안정성을 검증하기 위한 기법이 많이 존재한다. 이러한 모든 기법을 여기서 다루는 것은 이 책의 범위를 벗어나는 것이고 자세한 내용을 위해서는 다른 뛰어난 교재를 참조하기를 바란다.

제어 시스템 안정성의 강건성

폐루프 시스템의 안정성에 대한 또 하나의 중요한 주제는 시스템 매개변수 변화에 대하여 안정성이 얼마나 확고하게 보장될 수 있느냐 하는 것이다. 이런 매개변수의 변화는 실제로 발생할 수밖에 없는데, 이는 설계 또는 성능 분석을 위해 사용된 선형 모델이 실제 시스템의 비선형 모델을 작동 조건 주변으로 선형화하여 근사한 것에 불과하기 때문이다. 작동 조건이 변하면 실제 모델을 선형화한 근사 모델의 매개변수가 바뀌어야 한다. 한 작동 조건에 대하여 설계되고 최적화된 제어기를 사용한 폐루프 시스템은 그 작동 조건 부근에서는 안정적이지만 다른 작동 조건에서는 더 이상 안정적이지 않을 수 있다. 폐루프 시스템의 상대적 안정성을 평가하는 중요한 방법 중 하나는 정상상태 사인파 입력에 대하여 특성 방정식을 평가하는 것에 기초를 두고 있다. 주어진 제어기 게인에 대해서 특성 방정식은 다음과 같이 표현될 수 있다.

$$1 + L(s) = 0 \tag{64}$$

여기서,

$$L(s) = H_c(s)\,H_p(s) \tag{65}$$

이고, $L(s)$를 루프 게인이라고 한다. 정상상태 사인파 입력에 대하여 특성 방정식을 다음과 같이 쓸 수 있다.

$$1 + L(j\omega) = 0 \tag{66}$$

시스템은 다음 식이 만족되면 불안정해진다.

$$L(j\omega) = -1 \tag{67}$$

또는

$$|L(j\omega)| = 1$$

그리고

$$\angle\ L(j\omega) = 180°$$

즉, 크기와 위상 조건이 모두 만족되면 폐루프 시스템이 불안정해진다.

폐루프 시스템의 상대적인 안정성을 두 개의 주파수, 게인 교차 주파수(ω_G)와 위상 교차 주파수(ω_p)를 이용해서 밝힐 수 있는데, 이 주파수는 다음 조건을 만족시킨다.

$$\begin{aligned} \log|L(j\omega_G)| &= 0 \\ \angle\ L(j\omega_p) &= 180° \end{aligned} \tag{68}$$

폐루프 시스템의 상대적 안정성을 두 가지 변수로 나타낼 수 있다: 1) 게인 여유(GM)와 2) 위상 여유(PM)이며, 게인 여유는 다음과 같이 정의된다.

$$\mathrm{GM} = -20\log_{10}\left|L(j\omega_p)\right| \tag{69}$$

이는 위상 교차 주파수에서 크기 $L(j\omega_p)$가 1이 되기 위하여 시스템에 더해져야 하는 게인을 데시벨(dB)로 나타낸 것이다. 위상 여유는 다음과 같다.

$$\mathrm{PM} = \angle\ L(j\omega_G) - 180° \tag{70}$$

루프 게인 $L(j\omega)$의 보드 선도를 이용하면 폐루프 시스템의 게인과 위상 여유를 쉽게 구할 수 있다. PID 제어기로 제어되는 2차 시스템의 사례를 이용하여 게인과 위상 여유를 설명하고자 한다. 여기서 게인을 무작위로 선정해서 $K_p = 10$, $K_I = 15$, $K_D = 0.5$를 택하였고, 이 예제의 보드 선도가 그림 1.14에 나타나 있다.

이 예제에서 게인 교차(즉 루프 게인 = 0 dB)가 약 2 rad/s에서 발생한다. 위상이 −110° 이하로 내려가지 않기 때문에 위상 교차는 없다. 이 시스템은 무한대의 게인 여유를 가지며 위상 여유는 약 −80°이다. 이러한 게인과 위상 여유를 가진 시스템은 매우 안정적이며 시스템의 매개변수가 상대적으로 크게 변동되더라도 안정적일 것이다.

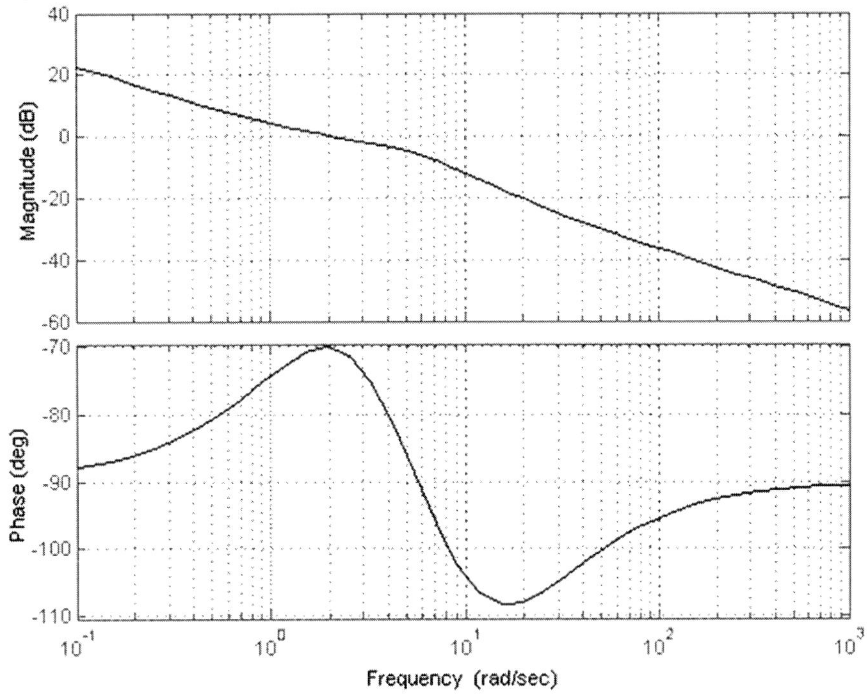

그림 1.14

PID 제어 시스템 예제의 보드 선도

페루프 리밋 사이클 제어

차량에 사용되는 또 다른 제어 방식은 리밋 사이클 제어이다. 이 방식은 피드백 제어의 한 형태로 시스템의 출력을 지속적으로 관찰하다가 출력이 정해놓은 한도를 넘어설 때만 반응하는 방식이다. 비선형 또는 복잡한 전달함수를 갖는 플랜트를 제어하기 위하여 리밋 사이클 제어기가 흔히 사용된다.

리밋 사이클 제어는 오차가 상하 한계를 벗어날 때에만 작동한다. 이러한 제어기의 사례는 그림 1.15와 같은 온도 제어 오븐이다. 오븐 내부의 온도를 가열 코일(electrical heating coil)에 전기가 공급되는 시간으로 제어한다. 오븐의 온도는 온도 센서(프로브, temperature probe)를 이용하여 측정하고 여기서 나온 전기적 신호가 제어 입력과 비교되어 오차 신호를 만든다. 제어 로직은 오차 신호(error signal)에 근거해서 다음 두 조건 중 하나가 만족되는지를 판단한다.

1. 오븐 온도가 최저 온도 입력 이하

2. 오븐 온도가 최고 온도 입력 이상

1번 조건이 만족되면 제어 로직(control logic)은 릴레이 접점(relay contacts)을 닫아서 가열 코일을 활성화시킨다. 이로써 오븐 온도가 상한선에 도달할 때까지 온도가 증가한다. 온도가 증가하여 상한선에 도달하면 2번 조건이 만족되며, 이 때 제어 로직은 릴레이의 접점이 떨어지게 하여 가열 코일이 꺼지게 한다. 그러면 오븐은 천천히 식어서 조건 1을 만족시키게 되고 이러한 사이클이 반복된다. 오븐의 온도는 상한과 하한 사이에서 변화하는데, 시간에 따른 온도의 변화를 그림 1.16에 보였다.

온도 변화의 폭을 **디퍼렌셜**이라고도 하는데, 제어기에 설정된 최고와 최저 온도의 차이를 줄임으로써 이를 감소시킬 수 있다. 상한과 하한이 가까워지면 온도 설정값에 좀 더 가깝게 온도를 유지하기 위해서 온도가 더 빨리 상승과 하강을 반복하게 된다(주파수가 증가). 결과적으로 리밋 사이클 제어기는 시스템이 입력된 명령에 가까운 평균값을 유지하도록 하지만 원하는 값의 아래위로 왕복하게 한다. 이런 제어 방식은 단순하고, 저렴하며, 적용이 쉽기 때문에 널리 사용되고 있다. 중요한 차량 전자 제어 시스템 중 하나인 연료 제어도, 적어도 부분적으로, 리밋 사이클 제어를 사용하고 있다(제5장 참조).

리밋 사이클 제어 시스템은 선형적이지 않으며 따라서 위에서 설명한 선형 시

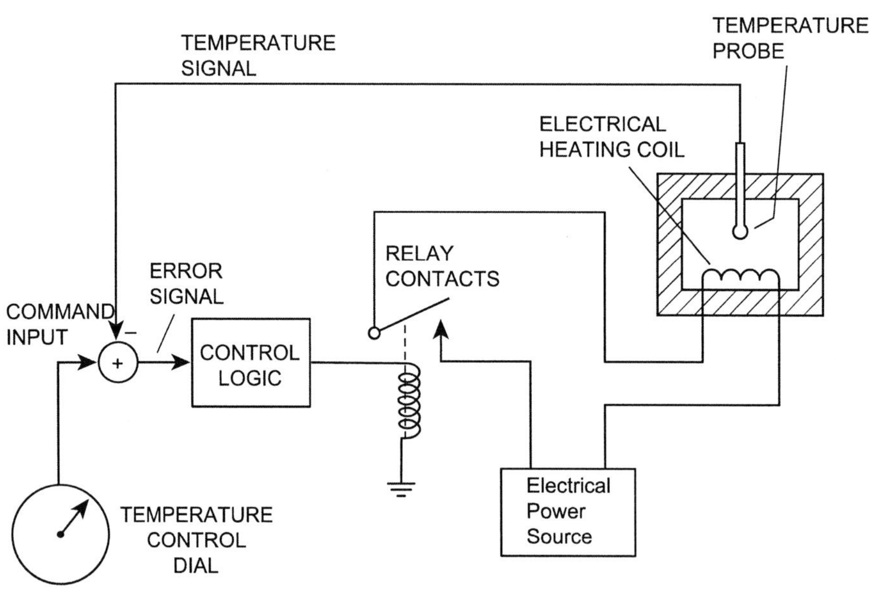

그림 1.15
리밋 사이클 제어의 사례

스템 기법을 이용한 해석에 적합하지 않다. 오히려 리밋 사이클 제어 시스템의 성능을 분석하기에는 시뮬레이션이 보다 적합하다.

계측

계측기(또는 계측 시스템)는 어떤 특정한 물리량을 측정하는 장치이다. 차량 계측은 전통적으로 기계, 공압, 유압, 전기 또는 이들의 조합이었다. 하지만 현대적인 차량 계측은 대부분 전자적이다. 이러한 전자적 계측 시스템은 다음과 같은 다양한 물리량을 측정하는 데 사용되고 있다.

1. 차량 속도
2. 총 이동 거리
3. 엔진 회전속도 (rpm)
4. 연료량, 연료 소모율
5. 오일 압력
6. 엔진 냉각수 온도
7. 알터네이터 충전 전류
8. 타이어 압력
9. 현재 연료량으로 주행 가능 거리

중요한 변수의 측정값을 운전자에게 제공하는 것 외에도 이러한 측정은 다양

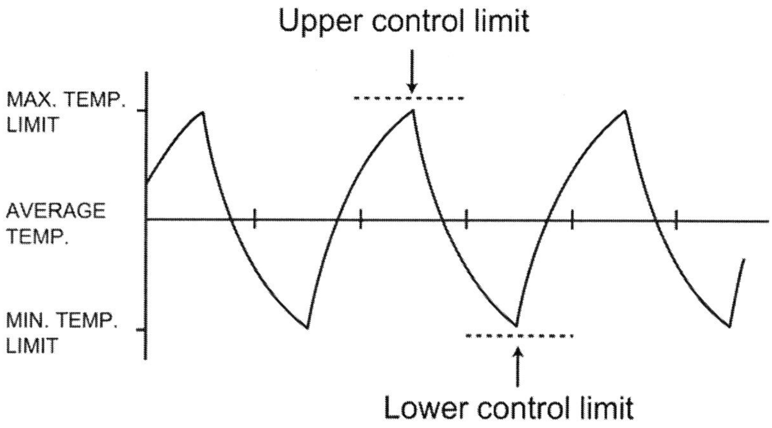

그림 1.16
리밋 사이클 제어 시스템의 응답

한 시스템에서 발생하는 문제의 원인을 파악하는 데 도움이 된다. 차량의 전형적인 디지털 전자 시스템은 특정 변수의 측정값이 허용된 구간 내에 존재하는지를 평가한다. 한 변수의 값이 구간 밖으로 벗어나면 경고 또는 오류 메시지가 저장된다. 이 변수가 차량의 정상적이 작동에 영향을 미칠 수 있다면 경고 메시지(예: “check engine”)가 운전자에게 표시된다. 계측이 고장 진단에 사용되는 사례는 제10장에서 자세히 다룬다.

계측을 이해하기 위하여 측정의 정의를 다시 살펴보는 것이 도움이 될 것이다. 전기적이든 기계적이든 차량 계측 시스템은 한 물리량을 측정하고 측정 결과를 수치로 표현하여 운전자(또는 정비담당자)에게 제공한다.

측정

측정이란, 어떤 물리량의 표준 크기에 대하여 알려지지 않은 크기의 동일한 물리량을 수치적으로 비교하는 것이다. 이런 의미에서 측정의 결과는 일반적으로 사용된 표준 크기의 몇 배가 되는지를 나타내는 수치이다. 하지만 간단한 메시지를 표시하는 장치를 사용하기도 하는데, 엔진 오일 압력이나 냉각수 온도를 측정하기는 하지만 그 결과를 표시하지 않는 것이 한 사례이다. 대신 오일 압력이 너무 낮거나 냉각수 온도가 너무 높을 때 전자 계측 시스템이 경고등을 켜서 운전자의 주의를 촉구한다.

측정에 관련된 주제들

계측기를 사용한 측정에 관해서 다음과 같은 중요한 문제들이 존재한다.

1. 표준
2. 정밀도
3. 보정
4. 정확도
5. 오차
6. 신뢰도

각 주제들은 계측 성능에 중요한 영향을 미친다.

계측기에 의해 측정된 물리적 변수의 **표준**(standard) 크기를 미국의 경우 국립표준기술원(National Institute of Standards and Technology)이 관리한다. 이러한 표준이 되는 크기와 물리적 변수 사이의 기본적인 관계가 각 물리적 양의 단위를 결정한다. 요즈음의 차량은 MKS(meter, kilogram, sec) 시스템으로 알려진 메트릭 표준을 흔히 사용하는데 간혹 영국식 단위(예: mph)가 사용되기도 한다.

계측기의 **정밀도**(precision)는 표시장치로부터 읽을 수 있는 유효숫자의 자리수와 관련되어 있다. 더 많은 유효숫자의 자리수를 표시할수록 계측기의 정밀도가 높다고 한다.

보정(calibration)은 계측된 값이 측정하는 물리량의 참값에 부합하도록 계측기의 매개변수를 설정하는 행위이다.

측정의 **정확도**(accuracy)는 측정된 값이 측정하는 물리량의 참값에 얼마나 가까운가를 의미한다. 참값과 측정값의 차이로 오차를 정의하는데, 결국 정확도와 오차는 서로 반비례 관계에 있다. 책의 후반부에 언급되겠지만 차량에 사용되는 전자 시스템이 요구하는 정확도는 응용에 따라 달라진다. 일반적으로 운전자에게 정보를 전달하는 것이 주목적인 계측기(예: 연료계)는 낮은 정확도를 갖는 반면 엔진 제어 또는 진단을 위한 응용에서는 더 높은 정확도를 요구한다.

측정에서 발생하는 오차를 일반적으로 **계통적**(systematic) 또는 랜덤한 것인가로 분류한다. 계통 오차는 계측기의 알려진 변동이나 불완전성에 기인한 것으로, 원한다면 보정이 가능하다. 계통 오차의 원인은 다양한데, 빠르게 변화하는 변수에 대한 동적 응답성능에 한계가 있다든지, 보정 과정에서 온도 변화가 있었다든지, 센서가 측정하는 변수에 영향을 미친다든지 등을 포함한다. 일반적인 측정에서 계측기의 거의 모든 부품들이 온도 변화에 영향을 받을 수 있기 때문에 계측기 설계 과정에서 보정 중 온도 변화에 대한 영향을 최소화하려는 노력이 필요하다. 하지만 대개의 차량용 계기는 높은 정확도를 요구하지 않기 때문에 보정 과정의 온도 변화는 무시할 수 있다. 랜덤 오차는 측정된 값의 랜덤한 변동이다. 랜덤 오차의 대부분은 다양한 요소에서 생성되는 노이즈에 기인한다.

계통 오차

계통 오차의 한 사례는 **로딩**(loading) 오차인데 이는 측정 과정에서 계측기가 측정 대상의 에너지를 흡수하는 것 때문에 발생한다. 이렇게 흡수하는 에너지가 무시할 수 없는 정도라면 이 에너지의 변화가 측정하려는 변수에 변화를 가져온다. 가능한 범위 내에서 이러한 로딩 효과를 최소화하도록 계측기를 설계하는 것이 필요하다. 로딩 오차의 개념을 설명하기 위해서 그림 1.17에 보인 단순한 전기적 측정 사례를 살펴보자. 저항값이 R_m인 전압계 M이 저항 R에 걸리는 전압을 측정한다. 올바른 전압 v_c는 다음과 같다.

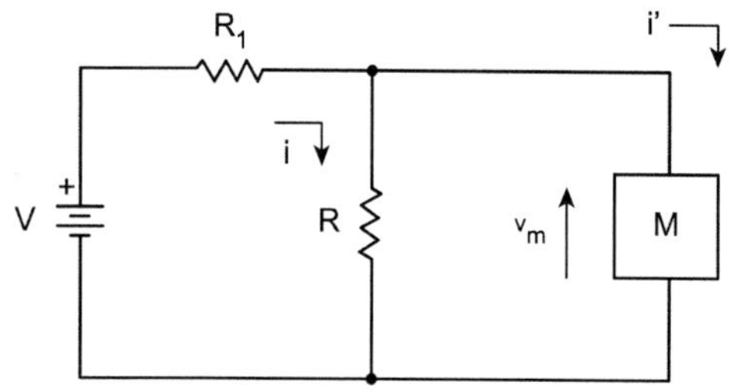

그림 1.17
전압 측정의 로딩 오차

$$V_c = V\left(\frac{R}{R+R_1}\right) \tag{71}$$

그러나 측정된 전압 V_m은

$$V_m = V\left(\frac{R_p}{R_p+R_1}\right) \tag{72}$$

이고, 여기서 R_p는 저항 R과 R_m의 병렬 연결로 인한 저항값이다. 즉,

$$R_p = \frac{RR_m}{R+R_m} \tag{73}$$

R_m을 최대한 크게 함으로써 로딩을 최소화할 수 있다. R_m이 무한대의 저항에 가까이 가면 R_p는 R에 가까워지고, V_m은 정확한 전압에 근접할 것이다. 이와 같이 측정 대상인 시스템에서 추출되는 에너지를 최소화하면 로딩을 최소화할 수 있다. 요즘 사용되는 대부분의 계측기에는 로딩 현상이 거의 없다.

계통 오차의 또 다른 중요한 원인은 계측기의 동적 응답 성능이다. 그림 1.18에 나타낸 것과 같이 모든 계측기는 빠르게 변화하는 입력에 대해 한정된 응답 속도를 갖고 있다. 이 그림에서 어떤 순간에 계측기의 입력이 갑자기 변화했고 계측기가 반응하기 시작했지만 순식간에 변화하여 새 값을 출력하는 것이 불가능한 것을 보여준다. 어느 정도의 과도기가 지나면 측정값이 참값에 접근한다(계측기가 정확하게 보정되었다는 가정 하에). 빠르게 변화하는 입력에 대한 계측기의 동적응답의 변화속도는 계측기의 대역폭에 반비례한다.

차량에서 사용하는 많은 계측기의 대역폭은 측정값의 빠른 변동을 피하기 위해 의도적으로 축소되어 있다. 예를 들면, 연료량을 측정하는 센서는 작은 부표를 사용해서 연료 표면의 높이를 측정한다. 차량이 움직임에 따라 연료가 탱크

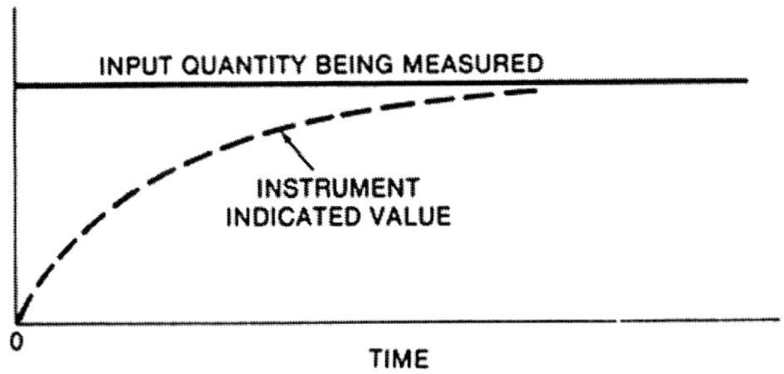

그림 1.18
계측기의 동적 응답 오차

안에서 출렁거리고 이로 인해 센서값이 평균값 주위로 랜덤하게 변동한다. 이러한 변동이 계기판에 그대로 표시된다면 연료량이 빠르게 변화할 것이다. 이를 피하기 위하여 저역 통과 필터 기능을 하는 신호처리를 사용하면 연료량의 빠른 변화는 제거하고 평균값만 표시할 수 있다.

계측 시스템의 **신뢰성**은 열악한 환경에서도 필요한 순간에 언제나, 그리고 일정한 기간 동안 의도된 기능을 정확하고 지속적으로 수행할 수 있는 능력을 의미한다. 설계 여유를 반영하고 우수한 품질의 부품을 사용함으로써 시스템이 의도된 환경 조건에서 신뢰성 있게 작동할 수 있어야 한다.

기본적인 측정 시스템

전자 계측 시스템의 기본적인 블록선도가 그림 1.1b에 나타나 있는데, 세 가지 요소, 즉 센서, 신호처리, 표시장치로 구성되어 있다. 특히, 차량에 사용된 모든 전자 측정 시스템이 이런 구조를 갖고 있는데, 이는 측정하려는 물리량과 표시장치의 종류와도 상관이 없고 신호처리가 디지털 또는 아날로그 방식인지와도 관계가 없다.

이 세 가지 요소들의 특성을 고려하면 차량용 전자 계측 시스템을 보다 잘 이해할 수 있다. 대부분의 차량용 전자 시스템이 아날로그 보다는 디지털 방식으로 구현된다는 점을 다시 한 번 상기할 필요가 있고, 이런 디지털 전자 시스템의 모델링과 분석이 이산 시간 축에서 이루어진다. 이 같은 모델링과 분석이 제2장에서 자세히 다루어진다. 아날로그 센서도 제법 사용되기 때문에 이 장에서는 모든 변수를 연속 시간 모델로 표현하였다.

센서

센서는 측정하려는 변수의 형식으로부터 전기적 신호로 에너지를 변환하는 장치이다. 이상적인 아날로그 센서는 아래 식과 같이 측정하려는 물리량 q에 비례하는 출력 전압을 생성하는데, 여기서 K_s는 센서 보정 상수이다.

$$V_s = K_s q \tag{74}$$

구체적인 설명을 위해 차량에 사용되는 스로틀 위치 센서를 고려하자. 측정하려는 양은 스로틀이 닫혀 있는 상태에 대한 스로틀 판의 각도(θ)이다. 스로틀 각도가 0에서 θ_{max}까지, 출력 전압은 0에서 5 V까지라고 가정하면 센서 보정 상수 K_s는

$$K_s = \frac{5}{\theta_{max}}$$

이다. 한편 센서 출력이 디지털일 수도 있는데, 이 경우는 디지털 신호처리를 바로 적용할 수 있다. 이런 센서의 출력은 2진법을 이용하여 수치를 전기적으로 대체하는 형식을 갖는다. 그림 1.19에 나타낸 것과 같이 N개의 출력이 있고 각각 0 또는 1을 표현할 수 있다. 이런 방식으로 2^N개의 값을 표시할 수 있다. 차량에서 N은 8~16 정도의 값을 갖는데, 이는 256~65536개의 수치를 의미한다. 디지털 계측은 이산 시간 시스템에 속하는데, 이를 다음 장에서 자세히 다룬다.

물론 모든 시스템이나 시스템 구성요소처럼 센서도 오차를 가지고 있다. 계통 오차의 원인으로는 로딩, 한정된 동적 응답 성능, 보정 편차, 비선형 특성 등을 들 수 있다. 계측기의 전자적 신호처리를 이용하면 이러한 오차를 보상할 수 있다. 센서가 한정된 대역폭을 갖고 있다면 빠르게 변화하는 입력을 측정할 때 오차를 발생시킨다. 그림 1.20a가 센서에 가해진 사각파형 입력을 보여주고, 그림 1.20b에 센서의 대역폭이 너무 작을 때 나타나는 센서의 응답을 표시하였다. 센서 출력이 입력의 순간적인 변화에 반응하지 못하고 점진적으로, 그리고 천천히

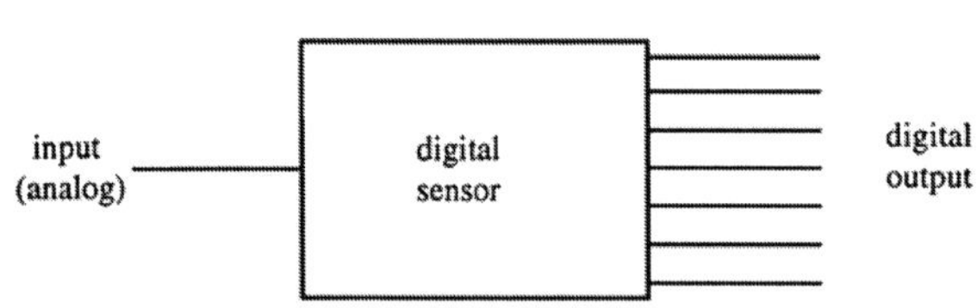

그림 1.19
아날로그 입력 디지털 출력 센서

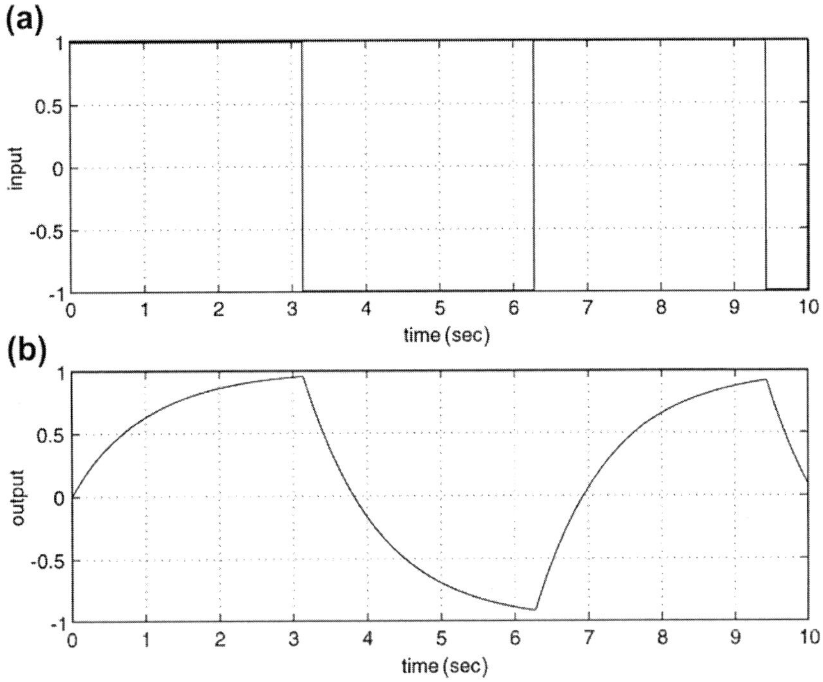

그림 1.20
사각파형 입력에 대한 계기의 동적 응답 오차

변화된 값에 접근하는 것을 보여준다.

이상적인 센서는 그림 1.21a에 보인 것과 같이 **선형적인 특성**을 갖고 있다. 하지만 센서 출력 전압은 측정하려는 양의 비선형 함수인 경우($V_o(q)$가 비선형)가 많다. 신호처리를 이용하여 이러한 출력을 선형화할 수 있는데, 마치 센서가 선형 특성을 갖고 있는 것(그림 1.21b의 점선)처럼 보일 수 있다. 때때로 선형화하지 않고도 비선형 센서로도 충분한 경우가 있는데, 이런 경우는 센서의 작동 범위가 전체 특성 중에서 거의 선형적인 영역에 국한되었을 때이다. 또한, 디지털 신호처리를 이용하면 단순한 계산으로 센서의 비선형성을 "수정"해서 측정 변수의 정확한 값을 얻을 수 있다. 이런 신호처리는 센서 출력으로 얻은 데이터를 이용해서 적절한 계산을 수행함으로써 비선형성을 보정한다. 이러한 보정 계산은 디지털 계측기를 사용할 때 매우 적절한데, 이에 대해서는 다음 장에서 논의한다.

랜덤 오차

랜덤 센서 오차는 외부의 노이즈 원천(측정하려는 양의 랜덤 변동)이나 내부 노이즈 원천 때문에 발생할 수 있다. 센서 내부의 랜덤 오차는 주로 내부의 전기적

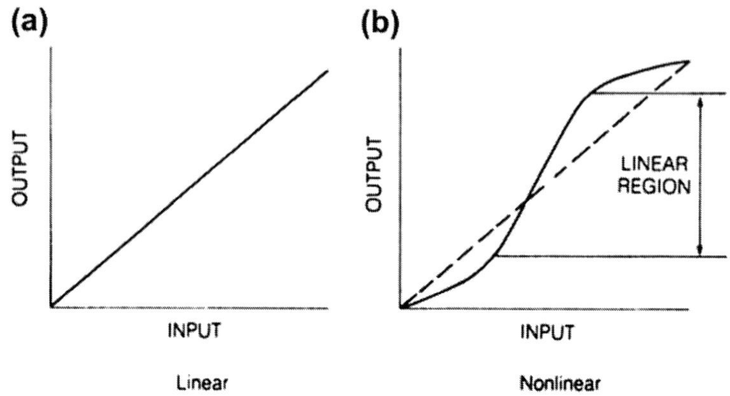

그림 1.21
비선형 센서의 선형화

노이즈 때문에 발생한다. 내부 전기적 노이즈는 열에 의한 분자 진동(열 노이즈) 또는 반도체 내부의 랜덤한 전자의 운동(산탄 노이즈)으로 인하여 발생할 수 있다. 어떤 경우에는 측정하려는 변수가 아닌 다른 변수에 반응하기도 한다. 예를 들자면 압력을 측정하는 센서의 출력 전압이 전기 노이즈로 인한 랜덤 오차가 포함되기도 한다.

전기 노이즈는 랜덤 프로세스인데 통계적으로만 모델링될 수 있다. 흔히 센서의 전기적 노이즈 전압 V_n은 본질적으로 정상 랜덤 프로세스인데, 이는 통계적 특성이 시간에 따라 변하지 않는다는 것을 의미한다. 차량용 전자 센서에서 찾아볼 수 있는 대부분의 노이즈 근원에 대하여 크기에 대한 통계적 특성을 가우시안 확률밀도함수로 다음과 같이 표시할 수 있는데,

$$p(v_n) = \frac{1}{\sigma\sqrt{2\pi}} e^{-\frac{1}{2}\left(\frac{v_n}{\sigma}\right)^2} \tag{75}$$

여기서, σ는 V_n의 표준편차이다.

스펙트럼에 대한 통계적 특성은 파워스펙트럼 밀도 $W(f)$로 표현된다. 노이즈 근원에 대하여 파워스펙트럼 밀도는 주파수 f에 따른 단위 대역의 파워 분포를 모델한 것이다. 파워스펙트럼 밀도는 $v_n(t)$의 샘플 $v_T(t)$로부터 결정될 수 있는데, $v_T(t)$는 다음과 같으며

$$\begin{aligned} v_T(t) &= v_n(t) \qquad && 0 \le t \le T \\ &= 0 && \text{elsewhere} \end{aligned} \tag{76}$$

$v_T(t)$의 스펙트럼은 자신의 푸리에 변환 $V_T(j\omega)$으로 다음과 같이 정의된다.

$$V_T(j\omega) = \int_{-\infty}^{\infty} e^{-j\omega t} v_T(t) \mathrm{d}t \tag{77}$$

파워스펙트럼 밀도는

$$W(f) = \lim_{T \to \infty} \left(\frac{\left| V_T(j2\pi f)^2 \right|}{T} \right) \tag{78}$$

으로 (충분히 정확하게) 주어지며, 여기서 $f = \omega/2\pi$이다.

실제로 사용되는 모든 센서는 한정된 동적 응답 성능을 갖고 있다. 센서 노이즈의 근원에 따라 그림 1.22와 같은 센서 노이즈 모델을 생각할 수 있다. 여기서 노이즈가 측정하려는 변수와 관련이 있다고(즉, 프로세스 노이즈) 가정한다.

그림에서 $H_s(j\omega)$는 센서의 정상상태 사인파 주파수 응답인데, 이는 랜덤프로세스인 노이즈에 대한 동적 응답을 나타낸다. 이 주파수 응답을 앞에서 논의한 선형 시스템의 모델링을 이용하여 구할 수 있다. 화이트 노이즈 (백색 잡음) 근원은 일정한 파워스펙트럼 밀도를 가진 이상적인 노이즈의 근원이다. 즉,

$$W_w(f) = W_o \qquad \forall f \tag{79}$$

v_n의 파워스펙트럼 밀도(즉, $W_n(f)$)는 다음과 같이 주어진다.

$$W_n(f) = W_o \left| H_s(j\, 2\pi f) \right|^2 \tag{80}$$

이 노이즈 모델에서 기본적인 노이즈 근원의 크기(W_o)는 노이즈의 물리적 근원에 따라 달라진다. 예를 들자면 절대 온도 T_o의 저항 R에서 발생하는 노이즈(열잡음)의 파워스펙트럼 밀도는

$$W_o = 4kT_oR$$

이며, 여기서 k는 볼츠만 상수이다.

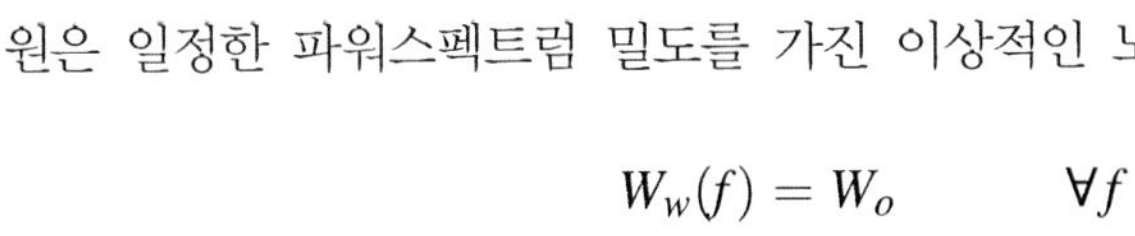

그림 1.22
센서 노이즈 모델

반도체 접합부에 흐르는 전류로 인해 발생되는 전자적 노이즈를 위한 유사한 모델도 존재한다.

센서 출력 노이즈의 크기 또는 진폭을 나타내기 위하여 진폭의 평균평방근(rms) $\tilde{v}_n$을 사용하는데, 이는 다음과 같이 주어진다.

$$\begin{aligned}\tilde{v}_n &= \left[\int_o^\infty W_n(f)\mathrm{d}f\right]^{\frac{1}{2}} \\ &= \left[W_0 \int_o^\infty \left|H_s(j2\pi f)^2\right| df\right]^{\frac{1}{2}}\end{aligned} \tag{81}$$

따라서 그림 1.22와 같은 노이즈 모델을 가진 센서의 노이즈 크기는 센서 대역폭에 비례한다.

한편, 출력 저항을 포함한 센서 구성의 모든 부분에서 노이즈가 생성될 수 있다. 특히, 센서 출력의 파워스펙트럼 밀도가 센서 대역폭이나 측정하려는 변수의 스펙트럼에 비하여 넓은 대역폭을 가질 수 있다. 이 경우 노이즈의 크기를 신호처리를 통하여 감소시킬 수 있다. 이러한 신호처리는 필터 형태를 취하는데, 다음 섹션에서 언급하지만 센서 출력의 신호 성분은 그대로 둔 채 노이즈의 크기를 줄일 수 있도록 필터를 설계할 수 있다. 이러한 필터링은 신호대 잡음비를 개선하는데, 이는 모든 측정에서 항상 바람직한 것이다.

측정이 쓸모 있으려면 전자 계측 시스템은 어떤 방법으로든 측정의 결과를 사용자에게 제시하여야 한다. 이는 수치를 사용자에게 제공하는 표시장치를 통하여 이루어진다. 전자 시스템과 같이 표시장치도 아날로그 또는 디지털일 수 있다. 두 종류 모두 제9장에서 자세히 다룬다. 앞서 언급한 것과 같이 차량 응용에서는 표시한다는 의미가 단지 특정 변수가 허용 범위를 벗어났다는 것을 알리는 경고(램프)인 경우가 많다.

차량용 표시장치는 센서가 측정한 것을 시각적으로 표시하는 역할을 담당한다. 액추에이터는 전기적 입력을 기계적 움직임과 같은 행동으로 변환한다. 디스플레이는 센서와 마찬가지로 에너지를 변환하는 장치이다. 디스플레이도 대역폭, 동적 범위, 보정 특성을 갖고, 그래서 센서와 동일한 종류의 오차를 갖는다. 신호처리 기법을 창의적으로 사용하면 표시장치의 많은 단점들을 없애거나 축소시킬 수 있다.

신호처리

먼저 정의한 것처럼 신호처리는 센서에서 디스플레이로 전송된 신호에 행해지는 연산을 의미한다. 신호처리를 통하여 센서 신호가 디스플레이를 구동하기에 적합한 전기적 신호로 변환된다. 또한, 신호처리를 통해서 측정의 정확도, 신뢰도, 가독성을 향상시킬 수 있다. 비선형인 센서가 선형인 것처럼 보이게 할 수도 있으며 센서의 주파수 응답을 부드럽게 만들 수도 있다. mile/h를 km/h로 변환하는 것 같은 단위 환산도 신호처리로 수행할 수 있으며 표시 포맷을 변경하거나 랜덤 오차의 영향을 줄이도록 신호를 변환할 수도 있다.

디지털이나 아날로그 두 가지 방식으로 신호처리를 구현할 수 있다. 차량 전자 시스템이 모두 디지털 계측으로 진행되는 추세에 따라 이러한 신호처리가 대부분 디지털 컴퓨터를 이용하여 구현된다.

필터링

계측을 위한 신호처리의 가장 중요한 부분 중 하나가 필터링이다. 이미 설명된 것과 같이 필터링은 신호대 잡음비를 향상시킬 수 있는데, 이를 통하여 측정의 정확도를 제고할 수 있다. 다음 섹션에서는 계측에 사용되는 필터의 종류와 설계방법에 대하여 논의한다.

전기적인 센서 출력의 신호처리는 산술연산, 적분, 미분과 필터링을 포함하는 많은 종류의 연산을 수행할 수 있다. 현대적인 차량용 전자 시스템에는 많이 사용되지 않지만 연속 시간 모델을 사용하여 최적의 신호처리를 찾기 위한 필터를 설계할 수 있다. 그런 후에 연속 시간 연산을 이산 시간 모델로 변환하여 디지털 시스템으로 구현할 수 있다.

이 과정을 이해하기 위하여 아마도 연속 시간 필터(예: 아날로그 센서를 위해 개발된 필터)의 설계 과정을 고려하는 것이 도움이 될 것이다. 즉, 아날로그 필터의 설계가 그 사례가 될 수 있다. 필터는 일반적으로 필터의 통과대역과 저지대역에 따라 분류된다. 통과대역은 상대적으로 낮은 감쇠(예: 0 dB) 특성을 갖는 주파수 대역이며, 저지대역은 상대적으로 큰 감쇠(예: 몇 십 dB)를 갖는 주파수 대역이다.

필터의 특성은 필터의 전달함수($H(s)$) 또는 정상상태 사인 주파수 응답($H(j\omega)$)으로 파악할 수 있다. 예를 들면, 저역통과 필터는 0부터 차단주파수(ω_p)에 이르는 통과대역을 가지고 있는데, 차단주파수는 다음과 같이 정의된다.

$$|H(j\omega_p)|^2 = \frac{1}{2}|H(j0)|^2 \tag{82}$$

저역통과 필터는 저지대역의 하한 주파수인 $\omega_s(\omega_s > \omega_p)$보다 높은 주파수에서 상대적으로 큰 감쇠를 갖고 있다. 고역통과 필터는 저역통과 필터와 유사하며 단지 통과대역과 저지대역의 위치가 바뀐 것이다. 대역통과 필터는 한 쌍의 코너 주파수 (ω_{p1}, ω_{p2}) 사이가 통과대역이 되고 두 개의 저지대역이 아래와 같이 정의된다.

Passband	$\omega_{p1} \leq \omega \leq \omega_{p2}$
Stopbands	$\omega < \omega_{s1}$ and $\omega > \omega_{s2}$

대역저지 필터는 주파수 ω_1과 ω_2 사이에 하나의 저지대역이 있고 두 개의 통과대역이 저지대역 밖에 설정되어 있다.

Passbands	$\omega < \omega_{p1}$ $\omega > \omega_{p2}$
Stopband	$\omega_{s2} < \omega < \omega_{s2}$

모든 실질적인, 구현 가능한 필터는 통과 대역과 그에 인접한 저지대역 사이에 천이 영역이 있고, 이 천이 영역의 기울기는 필터 전달함수의 차수에 의해 결정된다.

필터 설계 기법

필터 설계의 기본은 정규화된 주파수($\Omega = \omega/\omega_c$)의 함수인 저역통과 원형함수인데, 여기서 ω_c는 통과대역의 코너 주파수이다. 다른 세 종류의 필터는 선형 변환을 통해 얻을 수 있다.

필터가 유도된 함수 $F(\Omega)$에 의해 필터가 설계되고 분류된다. 예를 들면, 버터워스 필터는

$$F(\Omega) = \frac{1}{1 + \Omega^{2n}} \tag{83}$$

에 의해 유도되는데, 여기서 n은 필터의 차수이다. 버터워스 필터는 통과대역이 매우 평탄한 특성을 갖는다. 이 함수는 구하려는 필터의 사인파형 주파수 응답 크기의 제곱이다. 즉,

$$F(\Omega) = |H(j\,\Omega)|^2 \tag{84}$$

$$= H(S)H(-S)\Big|_{S=j\frac{\omega}{\omega_c}} \tag{85}$$

여기서 S는 정규화된 주파수이다. 전달함수 $H(s)$를 찾기 위해서 $\Omega^2 \rightarrow -S^2$를 대입하고 얻어진 식을 인수분해하여 분자와 분모 다항식의 근을 구한다. 버터워스 필터의 경우에는 이 근들이 정규화된 복소수 S 평면의 반지름 1인 원 안쪽에 존재한다. 근은 균등한 간격을 가지고 배치되어 있으며 n이 홀수일 때 $S = -1$에 위치한 중근을 제외하면 켤레 복소수의 근이다. S 평면의 좌측에 있는 분모의 근($S = P_m$에 위치한 폴)을 찾아서 다음과 같이 전달함수를 설정한다.

$$H(S) = \frac{1}{\prod_{m=1}^{n}(S - P_m)} \tag{86}$$

예를 들면 3차($n = 3$) 버터워스 저역통과 필터의 원형은

$$H(S) = \frac{1}{(S+1)(S^2+S+1)} \tag{87}$$

이고, S에 s/ω_c를 대입하여 전달함수를 구한다.

3차 버터워스 필터의 크기와 위상이 그림 1.23에 주어져 있다.

20 log $|H(j1)|^2$이

$$H(j\Omega)\big|_{\Omega=1} = \frac{1}{\sqrt{2}}$$

에 상응하다는 것에 유의하면 정규화된 주파수 $\Omega = 1$이 이 필터의 코너 주파수임을 알 수 있다. 통과대역에서 저지대역으로 떨어지는 경사도는 필터의 차수 n이 증가함에 따라 같이 증가한다. 통과대역으로부터 시작되는 천이 영역의 기울기는 -20n dB/decade이다.

다른 중요한 필터의 종류는 정규화된 주파수의 함수로 표현된 다항식에 의하여 분류될 수 있다. 가장 널리 사용되는 두 종류는 체비셰프와 카우어 필터이다. 체비셰프 필터의 원형은 다음 다항식으로부터 유도된다.

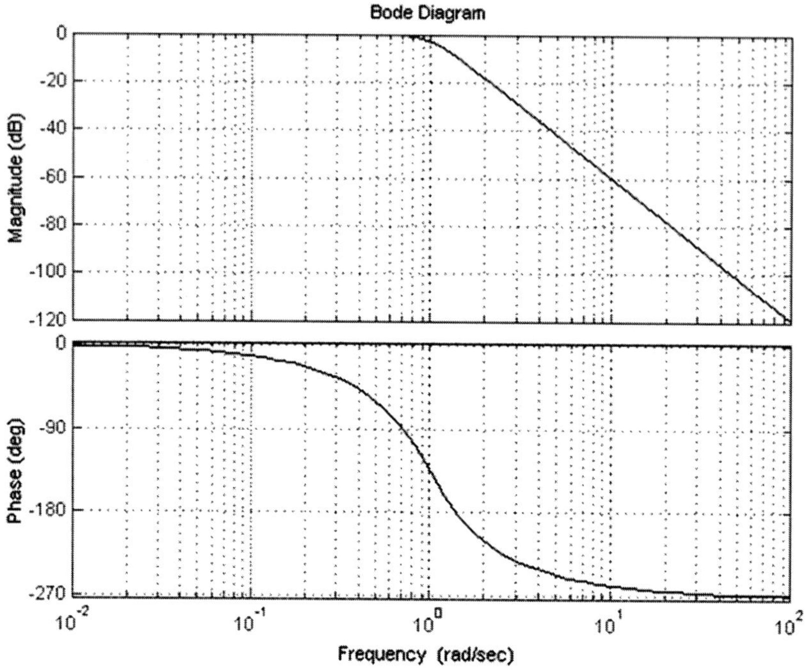

그림 1.23

3차 버터워스 필터의 크기와 위상

$$F(\Omega^2) = \in^2 C_n^2(\Omega) \tag{88}$$

여기서,

$$\begin{aligned} C_n(\Omega) &= \cos(n \cos^{-1}(\Omega)) \quad |\omega \le 1| \\ &= \cosh(n \cosh^{-1}(\Omega)) \quad |\omega > 1| \end{aligned}$$

여기서 ∈은 통과대역의 리플에 의해 결정되는 매개변수이다. 카우어 필터의 원형은 Ω의 자코비 타원함수로부터 유도되는데, 이 책의 주제를 벗어난다. 하지만 모든 표준적인 필터설계 참고문헌에 설계 변수에 대한 표가 주어져 있다. 또한 MATLAB 등 여러 디자인 소프트웨어를 사용하면 쉽게 필터를 설계할 수 있다.

고역통과 필터를 설계하기 위해서는 S 대신에 $1/S$를 정규화된 원형함수에 대입하면 된다. 이와 유사하게 S에 대한 선형 변환을 이용하여 대역통과 또는 대역저지 필터를 설계할 수 있는데, 이런 변환은 ω_1과 ω_2의 상대적인 값에 따라 달라진다. 다행히도 MATLAB과 같은 소프트웨어가 논의된 필터의 전달함수를 계산하는 기능을 제공한다.

위의 논의로부터 신호대 잡음비를 극대화하기 위하여 주어진 변수의 측정을 위해 특화된 필터를 설계할 수 있다는 점을 알 수 있다. 이런 최적 설계는 측정하려는 변수의 스펙트럼에 대한 이미 알려진 정보에 기초한다. 일반적으로 이러한 스펙트럼을 정확히 파악한다는 것은 가능하지도, 필요하지도 않다. 하지만 이 신호 스펙트럼의 상한과 하한을 찾을 수 있는 경우가 많다. 이 경우에 신호처리 필터의 통과대역이 신호 스펙트럼을 포함하도록 설계할 수 있다. 또한, 최적화된 필터의 저지대역을 이용하여 노이즈를 억제할 수 있다.

차량 전자 계측 시스템에서 센서가 기계적인 변수를 측정하는 일이 흔하다. 관련된 기계 시스템의 동적 모델이 매우 정확하게 알려진 경우가 많아서 신호 스펙트럼의 범위를 매우 정교하게 추정할 수 있다. 따라서 신호처리 필터를 쉽게 최적화할 수 있다.

이 장에서는 책의 후반부에서 적용할 수 있는 연속 시간 시스템의 기본 원리를 다루었다. 모든 차량 전자 시스템에서 이러한 이론이 적용된 사례를 찾아볼 수 있다. 하지만 현대적인 차량 전자 시스템은 디지털 방식이고 이산 시간 방법을 이용해서 모델링되고 분석된다. 따라서 다음 장에서 이산 시간 시스템의 모델링, 분석, 설계의 기본 원리를 다룬다.

제 2 장

이산 시간 시스템 이론

디지털 서브시스템 58
정현파 주파수 응답 60
이산 시간 제어 시스템 68
폐루프 제어 72
이산 시간 제어 시스템의 예 77
요약 83

이전 장에서 설명한 것과 같이, 자동차 전자 제어 및 계측 시스템(사실상 모든 다른 전기 시스템과 마찬가지로)에서 적어도 일부 구성요소나 서브시스템은 디지털 전자 기술로 구현된다. 디지털 제어기 및 신호 처리 서브시스템은 시스템 구동을 위한 프로그램이 내장되어 있는 한 개 또는 다수의 마이크로프로세서 또는 마이크로컨트롤러를 활용하는데, 이러한 시스템들은 근본적으로 이산 시간 시스템이다.

그러나 자동차 전자 시스템은 아날로그 또는 연속 시간 요소들도 포함한다(예를 들면, 센서 및 액추에이터). 디지털 서브시스템이 특정 동작을 수행하기 위해서는 각 이산 시간에서(t_k, $k = 1, 2, \cdots$), 연속 시간 입력 및 출력에 대한 수치 값을 가져야 하며, 이산 시간 간격($k = i$와 $k = i + 1$ 사이)이 충분히 커서 이 시간내에 디지털 시스템이 필요한 모든 동작을 수행하고 출력을 생성할 수 있어야 한다.

반드시 필요한 것은 아니지만, 대부분의 이산 시간 시스템은 입력/출력을 나타내기 위해 주기적인 시간을 사용한다 즉, k번째 이산 시간은 아래와 같이 주어진다.

$$t_k = kT_s \quad k = 1, 2, 3, \ldots$$

여기서, T_s는 샘플 주기이다. 임베디드 디지털 시스템과 아날로그 제어 대상을 포함하는 이산 시간 시스템의 구성을 그림 2.1에 나타내었다.

이 그림에서, 소스(source)는 센서 출력과 같이 연속시간 전기 신호 $v(t)$를 가진다. A/D 변환기는 각 이산 시간, 즉 “샘플 주기” t_k 마다 샘플이라는 불리는 연속적인 수치 값을 생성한다.

$$v_k = v(t_k)$$

이러한 샘플은 반드시 디지털 시스템의 입력이 될 수 있는 형태이어야 한다. 샘플주기 t_k에서 디지털 시스템의 입력은 x_k로 표현되는데, 이것은 v_k의 디지털(N bit) 수치 값이다. 즉, 샘플된 변수 v_k는 이진수 x_k가 된다. 디지털 시스템은 입력 샘플 x_n과 관련된(수행되는 동작에 따라 이전 샘플들을 포함하여) 출력 y_n을 생성한다. 여기서 제어 대상(destination component)은 원하는 출력값을 나타내는 표시장치일 수도 있고, 연속 시간 전기 신호 $y(t)$를 요구하는 액추에이터일 수도 있다. 여기서 제어대상(표시장치 또는 액추에이터)은 연속 시간 입력을 요구한다고 가정하고, 실제로 이 연속 시간 전기 신호는 출력 y_n을 D/A 변환기를

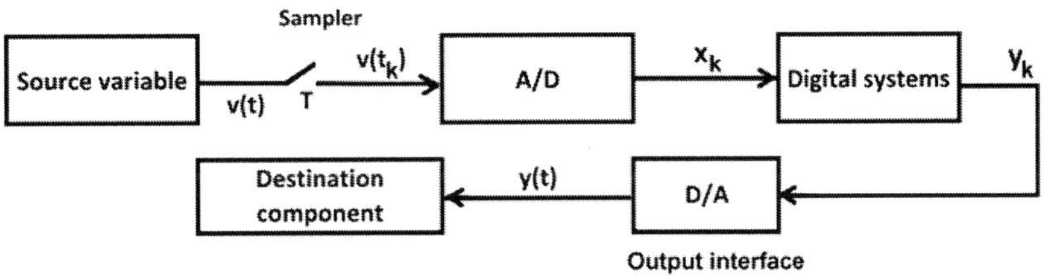

그림 2.1
이산 시간 시스템 구성

통과시킴으로써 얻을 수 있다. 이와 같이 다수의 샘플링 동작을 가지며 구분적으로 연속인 시스템을 샘플 데이터 시스템(sampled data system) 또는 이산 시간 시스템으로 부른다.

이러한 시스템의 설계나 성능 분석을 위해서는 연속 시간 및 이산 시간 시스템이 혼합된 시스템에 대한 적절한 모델을 개발하는 것이 중요하다. 이를 위해서 처음에는 선형 시불변(linear time-invariant) 시스템에 대해서만 설명하겠지만, 특정 자동차 시스템과 관련된 뒷 장에서는 그 시스템을 설명하기 위하여 필요한 비선형성도 다룰 것이다.

이전 장에서 본 것과 같이, 선형 시불변 연속 시간 시스템은 상수 계수를 갖는 n차 미분방정식으로 주어진다. 선형 시불변 이산 시간 시스템은 차분방정식 형태를 갖는데, 이산 시간 시스템의 출력 y_n을 계산하기 위해 일반적으로 사용되는 모델은 다음과 같은 재귀 모델(recursive model) 형태이다.

$$y_n = \sum_{k=0}^{K} a_k x_{n-k} - \sum_{\ell=1}^{L} b_\ell y_{n-\ell} \tag{1}$$

이러한 시스템의 동적응답은 계수 a_k와 b_ℓ에 의해 결정된다.

연속 시간 시스템은 입력과 출력의 라플라스 변환으로부터 얻어지는 전달함수($H(s)$)로부터 특징을 파악할 수 있는데, 이와 유사한 과정이 이산 시간 디지털 시스템의 성능 분석 또는 설계를 수행할 때에도 필요하다.

연속 시간 시스템에서의 라플라스 변환과 유사하게 이산 시간 시스템에서 시퀀스 x_n의 변환은 다음과 같이 정의되는 **z**-변환 $X(z)$이다.

$$X(\mathrm{z}) = \mathscr{Z}(x_n) \tag{2}$$

$$X(z) = \sum_{n=-\infty}^{\infty} x_n z^{-n}$$

시퀀스 x_n을 다음과 같이 정의하면,

$$\begin{aligned} x_n &= c^n \qquad n \geq 0 \\ &= 0 \qquad n \leq 0 \end{aligned} \tag{3}$$

z-변환은 다음과 같다.

$$\begin{aligned} X(z) &= \sum_{n=0}^{\infty} c^n z^{-n} \\ &= \sum_{n=0}^{\infty} (cz^{-1})^n \end{aligned} \tag{4}$$

여기서, z는 라플라스 변환에서 s와 유사한 복소 변수이다. 만약 $|cz^{-1}| \leq 1$, 즉 $|z| \geq |c|$이면 위 기하급수는 다음 식에 수렴한다.

$$X(z) = \frac{1}{1 - cz^{-1}} \quad |z| \geq |c| \tag{5}$$

이산 시간 디지털 시스템의 분석에서 중요한 **z**-변환의 몇 가지 기본적인 성질을 증명 없이 요약하면 다음과 같다.

1. 선형성(linearity):

$$\mathscr{Z}[ax_n + by_n] = aX(z) + bY(z) \tag{6}$$

2. 시간 이동성(time shift):

$$\mathscr{Z}[x_{n+k}] = z^k X(z) \tag{7}$$

3. 컨벌루션(convolution): 다음 식으로 주어지는 시퀀스 w_n에 대하여,

$$w_n = \sum_{k=-\infty}^{\infty} x_k y_{n-k} = \sum_{k=-\infty}^{\infty} x_{n-k} y_k \tag{8}$$

z-변환식은 $W(z) = X(z)Y(z)$이다.

연속 시간 시스템에서 라플라스 역 변환을 구할 때와 유사하게 $\mathscr{Z}^{-1}[X(z)]$로 나타내는 **z**-역변환은 복소 z-평면에서 다음 적분으로 구해진다.

$$x_n = \frac{1}{2\pi j} \oint_C X(z) z^n \frac{dz}{z} \tag{9}$$

여기서 폐곡선 C는 급수가 수렴하는 복소 z-평면의 부분에서 선택된다.

$Y(z)$은 모든 요소가 유한한(bounded) 시퀀스 y_n의 **z**-변환으로 가정한다. 이 경우에(자동차 전자 시스템에서 실제적으로 의미 있는 경우), 복소 z-평면내 단위 원(unit circle, $|z| = 1$)이 $Y(z)$의 수렴 영역 경계가 된다. $Y(z)$의 모든 극점들은 단위 원 내부에 위치하게 되면, $Y(z)$는 $|z| > 1$에서 '해석적(analytic)'이 된다. $Y(z)$의 **z**-역변환은 다음과 같이 단방향 시퀀스 $\{y_n\}$이고,

$$y_n = 0 \quad n < 0$$

여기서 폐곡선 C는 단위 원이다(즉, $C \to |z| = 1$).

실제로, **z**-함수(예를 들면, $Y(z)$)의 역 변환은 일반적으로 극점 z_k에 대하여 $Y(z)$를 부분분수 전개하여 계산된다.

$$\begin{aligned} Y(z) &= \sum_{j=1}^{n} \frac{a_j}{z - z_j} \\ &= \sum_{j=1}^{n} \frac{a_j z^{-1}}{1 - z_j z^{-1}} \end{aligned} \tag{10}$$

여기서 $|z| > |z_j|$ 조건이 성립할 때, 각 항들은 다음과 같이 테일러 급수의 형태로 다시 쓸 수 있다.

$$\frac{a_j z^{-1}}{1 - z_j z^{-1}} = a_j \sum_{m=0}^{\infty} z_j^m z^{-(m+1)} \quad j = 1, 2 \cdots, n \tag{11}$$

합의 지수 m을 $k - 1$로 대체하면, $k = 1$에서 급수 합이 시작하게 되고, $Y(z)$와 동일한 형태의 부분분수 전개식이 얻어진다. 또, 같은 지수 승을 정리하면 다음과 같이 $Y(z)$ 식이 구해진다.

$$Y(z) = \sum_{k=1}^{\infty} \left[\sum_{j=1}^{n} (a_j z_j^{k-1}) \right] z^{-k} \tag{12}$$

z의 같은 지수 승을 비교하면, $Y(z)$의 역 변환은 다음의 시퀀스 $\{y_k\}$이다.

$$y_k = \sum_{j=1}^{n} a_j z_j^{k-1} \tag{13}$$

디지털 서브시스템

완전한 샘플 데이터 시스템에 대한 논의를 진행하기 전에, 그림 2.1과 같이 디지털 서브시스템의 기본 특성들을 논의하는 것이 필요할 것이다. 이 요소들에 대해서 다시, 선형 시불변성(linear time-invariance)을 가정하면, 이미 설명한 바와 같이 다음의 재귀 형태 모델로 표현되는 것이 일반적이다.

$$y_n = \sum_{k=0}^{K} a_k x_{n-k} - \sum_{k=1}^{L} b_k y_{n-k} \tag{14}$$

이러한 서브시스템은 시스템에서 어떤 특정 기능에 관계없이 일반적으로 디지털 필터라 불린다. 우선, 필터의 디지털 전달함수를 결정함으로써 디지털 필터의 설계 및 분석을 진행할 수 있는데, 전달함수는 위 모델의 **z**-변환으로부터 직접 계산할 수 있다.

$$Y(z) = \mathscr{Z}(y_n) = \sum_{n=-\infty}^{\infty} y_n z^{-n} \tag{15}$$

$$= \sum_{n=-\infty}^{\infty} \left[\sum_{k=0}^{K} a_k x_{n-k} - \sum_{k=1}^{L} b_k y_{n-k} \right] z^{-n} \tag{16}$$

시프트 특성을 이용하면 다음과 같이 정리되며,

$$Y(z) = \left[\sum_{k=0}^{K} a_k z^{-k} \right] X(z) - \left[\sum_{k=1}^{L} b_k z^{-k} \right] Y(z) \tag{17}$$

다시 다음과 같이 쓸 수 있다.

$$Y(z) = H(z)X(z) \tag{18}$$

여기서 $H(z)$는 디지털 필터의 전달함수이고, 다음과 같다.

$$H(z) = \frac{Y(z)}{X(z)} \tag{19}$$

$$= \frac{\sum_{k=0}^{K} a_k z^{-k}}{1 + \sum_{k=1}^{L} b_k z^{-k}} \tag{20}$$

이 장의 뒷부분에 소개할 설계 과정에 따라 디지털 전달함수의 계산이 가능하며, 디지털 필터의 계수는 전달함수에서 z^{-1}의 각 지수승 계수로부터 얻을 수 있다.

연속 시간 필터의 경우처럼, 디지털 필터에서도 단위 임펄스가 입력으로 인가되었을 때의 응답이 임펄스 응답이 된다. 임펄스 입력에 대한 **z**-변환은 $X(z) = 1$이므로, 출력은 $Y(z) = H(z)$이다. $H(z)$의 **z**-역변환은 시퀀스 $\{h_n\}$이므로, 각 원소들은 다음과 같다.

$$h_n = \frac{1}{2\pi j} \oint_C H(z) z^n \frac{dz}{z} \tag{21}$$

여기서 폐곡선 C는 단위 원 $|z| = 1$이다. 필터가 실제 구현 가능 하려면 출력 y_n을 생성하기 위해 현재나 과거의 입력이 아닌 미래의 입력은 사용하지 말아야 하는데, 이것을 필터가 'causal'이라고 한다. 즉, $h_n = 0$, $n \leq 0$이다. 또, 다음 특성을 갖는 필터는 '안정(stable)'이라고 한다.

$$\lim_{n \to \infty} h_n = 0,$$

전달함수에서 모든 k에 대해 $b_k = 0$인 필터는 출력 y_n을 얻기 위해 이전에 계산된 출력이 필요 없기 때문에 비재귀(non-recursive)라 부른다. 이러한 필터는 다음과 같이 유한한 임펄스 응답(FIR)을 가진다.

$$\begin{aligned} h_n &= a_n & 0 \leq n \leq K \\ &= 0 & \text{elsewhere} \end{aligned}$$

재귀 필터는 최소 한 개의 0이 아닌 b_k의 계수를 가지며, 이러한 필터는 무한한 임펄스 응답을 가진다(IIR).

정현파 주파수 응답

시스템 성능을 평가하기 위해 가장 중요한 입력 중에 하나는 정현파이다. 디지털 필터의 주파수 응답을 이해하기 위해서는, 특정 주기 T로 샘플된 정현파(주파수 ω) 신호의 **z**-변환이 필요하다. 입력 시퀀스 x_n은 다음과 같이 주어진다.

$$\begin{aligned} x_n &= \sin(\Omega n) \qquad & n \geq 0 \\ &= 0 \qquad & n < 0 \end{aligned}$$

여기서, $\Omega = \omega T$이고, 정현파는 다음과 같이 다시 쓸 수 있다.

$$\sin(\Omega n) = [e^{j\Omega n} - e^{-j\Omega n}]/2j$$

이 함수의 **z**-변환은 다음과 같고,

$$X(z) = \frac{1}{2j}\left[\sum_{n=0}^{\infty}(Ae^{j\Omega}z^{-1})^n - \sum_{n=0}^{\infty}(Ae^{-j\Omega}z^{-1})^n\right] \qquad (22)$$

$|z| \geq A$이라 가정하면, 위 식에서 두 급수는 수렴하므로 $X(z)$는 다음과 같이 정리된다.

$$\begin{aligned} X(z) &= \frac{A}{2j}\left[\frac{1}{(1 - Ae^{j\Omega}z^{-1})} - \frac{1}{(1 - Ae^{-j\Omega}z^{-1})}\right] \\ &= \frac{A\sin(\Omega)z^{-1}}{(1 - Ae^{j\Omega}z^{-1})(1 - Ae^{-j\Omega}z^{-1})} \end{aligned} \qquad (23)$$

필터 출력 $Y(z)$는 다음과 같고,

$$\begin{aligned} Y(z) &= H(z)X(z) \\ &= \frac{A\sin(\Omega)z^{-1}H(z)}{(1 - Ae^{j\Omega}z^{-1})(1 - Ae^{-j\Omega}z^{-1})} \end{aligned} \qquad (24)$$

여기서 $H(z)$는 디지털 필터의 전달함수이다. 부분분수 전개(partial fraction expansion)를 이용하면, 필터의 출력은 다음과 같이 주어지게 된다.

$$Y(z) = \frac{AH(e^{j\Omega})}{2j(1 - e^{j\Omega}z^{-1})} - \frac{AH(e^{-j\Omega})}{2j(1 - e^{-j\Omega}z^{-1})} + \sum_{k=1}^{K}\frac{\alpha_k z^{-1}}{(1 - \beta_k z^{-1})} \qquad (25)$$

여기서 뒷부분의 급수는(극점 β_k를 포함) $H(z)$의 극점에 의한 것이다. 정상상태 정현파 주파수 응답은 $n \to \infty$일 때 $Y(z)$의 극한값에 대응되며, 디지털 필터의 동작은 필터 계수 a_k와 b_k에 의해 결정된다. 이러한 샘플 데이터 시스템의 목적을 달성하기 위해 필요한 필터의 계수를 결정하는 다양한 방법이 개발되었다. 이 책의 후반부에서 특정 자동차 서브시스템을 다루는 많은 예제가 소개될 것이다. 설계자는 요구되는 시스템 성능을 얻기 위한 필터 계수를 선택한다. $H(z)$의 극점과 연관된 항들은 $n \to \infty$일 때 모두 점근적으로 0에 접근한다. 식 (25)에서 처음 2개의 항은 디지털 필터의 정상상태 정현파 주파수 응답 $Y_{ss}(z)$를 나타내며, 이것은 다음과 같은 형태로 쓸 수 있다.

$$Y_{ss}(z) = A\left\{\frac{z^{-1}\sin(\Omega)[H(e^{j\Omega}) + H(e^{-j\Omega})] - j[1 - z^{-1}\cos(\Omega)[H(e^{j\Omega}) - H(e^{-j\Omega})]]}{2[1 - 2\cos(\Omega)z^{-1} + z^{-2}]}\right\} \tag{26}$$

$Y_{ss}(z)$의 **z**-역변환은 다음과 같이 구해지며,

$$\begin{aligned} y_n &= A\left\{\frac{[H(e^{j\Omega}) + H(e^{-j\Omega})]}{2}\sin(n\Omega) + \frac{[H(e^{j\Omega}) - H(e^{-j\Omega})]}{2j}\cos(n\Omega)\right\} \\ &= A\left|H(e^{j\Omega})\right|\sin[n\Omega + \phi(j\Omega)] \end{aligned} \tag{27}$$

여기서, $\phi = \angle H(e^{j\Omega})$이다. 전달함수 $H(z)$를 갖는 디지털 필터의 정상상태 정현파 주파수 응답은 $H(e^{j\Omega})$의 크기가 곱해지고, $\angle H(e^{j\Omega})$로 주어지는 위상 $\phi(j\Omega)$를 갖는 같은 주파수의 정현파이다. 따라서 단위 원 $z = e^{j\Omega}$에서 $H(z)$의 동작은 $-\pi \le \Omega \le \pi$에서의 주파수 응답 특징을 나타낸다. 여기서 Ω는 디지털 주파수이다.

이제 아날로그, 연속시간 요소들로 이루어진 시스템(예를 들면, 센서 및 액추에이터 또는 디스플레이)의 아날로그 신호를 디지털 필터링하는 것에 대해 생각해 본다. 이러한 과정은 그림 2.2에 나타낸 바와 같은데, 그림 2.1에서 아날로그 입력 $x(t)$를 디지털 필터링하여 아날로그 출력을 생성하는 단계를 나타내고 있다.

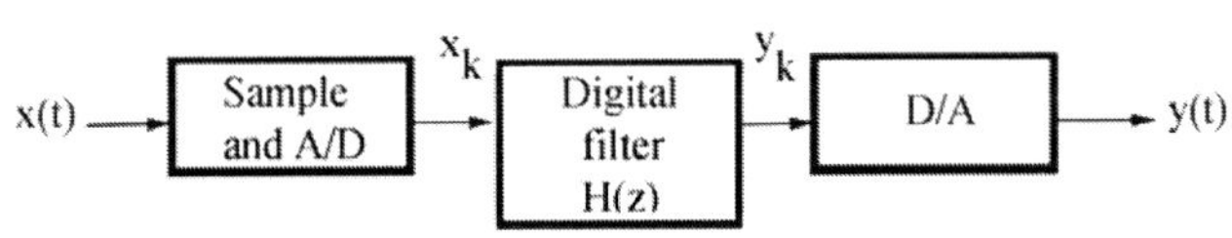

그림 2.2
아날로그 신호의 디지털 필터링

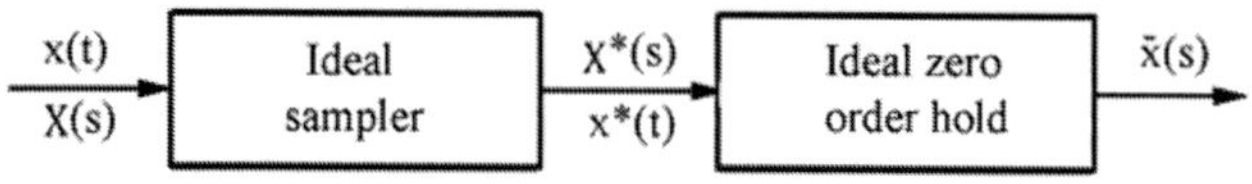

그림 2.3
이상적인 샘플로 구성

첫 번째 요소는 아날로그-디지털 변환기(analog-to-digital converter, A/D)라고 부른다. 이 A/D 변환기는 입력을 주기적으로(주기 T) 샘플하여 컴퓨터가 입력받을 수 있는 형태로 신호 x_k를 제공한다. 즉, A/D는 샘플신호 x_k를 양자화하고, 2진수 또는 컴퓨터가 사용할 수 있는 형태로 코드화하며, 컴퓨터는 프로그램에 의하여 필터 출력 y_k를 계산한다. 디지털-아날로그 변환기(digital-to-analog converter, D/A)라 불리는 마지막 요소는 컴퓨터(디지털 필터)로부터 출력을 받아 연속시간 신호를 생성하는 요소로서, 컴퓨터와 D/A 변환기의 성능이 허용하는 한 컴퓨터에서 계산된 t_k에서의 출력값과 최대한 근사한 아날로그 신호를 재구성하여 출력한다:

$$y_k \cong y(t_k)$$

이러한 근사화의 한계에 대해서는 이 책의 뒷부분에서 논의한다. 여기서 샘플된 아날로그 신호의 중요한 면을 설명할 필요가 있다. 샘플된 신호는 이산 시간 t_k에서의 아날로그 신호를 나타낼 뿐이므로 샘플링 과정 동안 정보의 손실이 있는 것은 분명하다. 정보의 손실은 보통 영차 홀드(zero-order hold, ZOH)인 신호 재구성 장치에 의해 다소 줄어든다. 이 장치는 기본적으로 최근 샘플된 값으로 출력 신호를 유지시킨다. 실제 샘플 데이터 시스템은 A/D 변환기를 포함하지만, 분석 목적을 위해 이 시스템을 그림 2.3과 같이 표현하는 것이 편리하다.

그림 2.3에서 샘플 및 홀드(sample and hold)의 출력은 다음과 같은 모델로 표현될 수 있다.

$$\begin{aligned}\bar{x}(t) &= x(0)[u(t) - u(t-T)] + x(T)[u(t-T) - u(t-2T)] \\ &\quad + x(2T)[u(t-2T) - u(t-3T)]\cdots\end{aligned} \tag{28}$$

여기서 $u(t)$는 단위 계단함수이다. $\bar{x}(t)$의 라플라스 변환 $\overline{X}(s)$는 다음과 같이 쓸 수 있다.

$$\overline{X}(s) = \frac{(1-e^{-Ts})}{s}\left[\sum_{n=0}^{\infty} x(nt)e^{-nTs}\right]$$
$$= \frac{(1-e^{-Ts})}{s}X^*(s) \quad (29)$$

첫 번째 요소는 ZOH의 전달함수이고, '스타변환'으로 불리는 두 번째 요소 $X^*(s)$는 다음과 같이 정의된다.

$$X^*(s) = \sum_{n=0}^{\infty} x(nt)e^{-nTs} \quad (30)$$

어느 변수의 스타변환은 z를 e^{sT}로 대체한 **z**-변환으로 다음과 같이 표현된다.

$$X^*(s) = X(z)\big|_{z=e^{sT}}$$

여기서 $X^*(s)$는 해석 목적으로 도입된 가상신호일 뿐이다. 스타변환을 이용하여 샘플 데이터 시스템을 모델링 할 때 근본적인 문제는 이상적인 샘플기(ideal sampler)가 입출력 간의 전달함수를 갖지 않는다는 것이다. $X^*(s)$의 라플라스 역변환 $x^*(t)$는 다음과 같다.

$$x^*(t) = x(0)\delta t + x(T)\delta(t-T) + \cdots x(nT)\delta(t-nT)\cdots \quad (31)$$

여기서 $\delta(t)$는 이상적인 임펄스 함수이고, $x^*(t)$의 표현식은 그림 2.3에 나타낸 이상적인 샘플기의 출력에 해당된다.

스타변환도 다음과 같이 유사한 형태로 쓰일 수 있으며,

$$X^*(s) = \frac{1}{T}\left[X(s) + X(s+j\omega_s) + \cdots X(s+jn\omega_s)\cdots\right.$$
$$\left. + X(s-j\omega_s) + X(s-2j\omega_s) + \cdots X(s-jn\omega_s) + \cdots + \frac{x(0)}{2}\right] \quad (32)$$

여기서, $\omega_s = 2\pi/T$이고, 라플라스 변환이 샘플 주파수로 주기적이라는 것을 알 수 있다.

$s = j\omega$에서 스타변환 $X^*(j\omega)$은 이상적인 샘플 신호의 스펙트럼이다. 이러한 스펙트럼은 입력 신호의 스펙트럼이 주기적으로 반복된다. 이론적으로, 원 신호는 다음 주파수 응답 $H(j\omega)$를 갖는 이상적인 저대역 통과 필터로 재구성될 수 있다.

$$H(j\omega) = 1 \qquad \frac{\omega_s}{2} < \omega < \frac{\omega_s}{2}$$
$$0 = 1 \qquad \text{elsewhere}$$

단, 입력 스펙트럼이 이상적인 필터 대역폭으로 제한된다고 가정한다. 어떤 신호가 이 주파수 대역을 초과하는 경우, 이론적으로 원 신호 스펙트럼의 반복된 중첩 때문에 오차 없이 재구성될 수 없다. 이러한 입력 스펙트럼의 제한에 대해 설명한 것을 샘플링 정리라고 하고, 이 제한을 초과할 때 발생하는 오차를 에일리어싱(aliasing) 오차라고 한다. 샘플링 정리는 샘플링 주파수($F_s = 1/T$)가 샘플되는 신호에서 가장 높은 주파수 요소의 최소 2배는 되어야 에일리어싱 오차를 피할 수 있다고 설명하고 있다.

우선 연속 시간(아날로그) 프로토타입을 이용하여 원하는 동작을 수행하도록 디지털 필터를 설계하기로 한다. 이 경우, 원하는 연속시간 선형 전달함수 $H(s)$를 알 수 있으며, 이에 대응하는 디지털 필터 전달함수 $H(z)$로 변환함으로써 필터링을 수행하는 데 필요한 필터 계수 a_k와 b_k를 구할 수 있다. $H(s)$로부터 대응되는 $H(z)$를 구하는 많은 방법들이 있으며, 소프트웨어를 이용하여 이러한 작업을 수행할 수도 있다. 예를 들어, MATLAB은 다양한 함수를 이용함으로써 원하는 특성(예를 들면, 샘플링 주파수, 필터 유형, 통과 대역폭 또는 정지 대역폭 등)을 갖는 필터의 계수를 직접 구할 수 있다. MATLAB 함수 BUTTER는 Butterworth 아날로그 프로토타입에 기반하여 식 (20)으로 주어진 디지털 전달함수 $H(z)$의 계수 a_k와 b_k를 출력한다. 입력으로는 필터 차수 n과 차단 주파수 ω_n이 있고, 여기서 $0 \le \omega_n \le 1$이며, $\omega_n = 1$은 $\frac{F_s}{2}$에 해당한다. 디지털 차단 주파수는 아날로그 차단 주파수 ω_c와 다음의 관계를 갖는다.

$$\Omega_c = \omega_c T \tag{33}$$

샘플링 주파수는 위에서 설명한 에일리어싱 오차를 피하기 위하여 가장 높은 입력주파수 ω_{max}가 다음 관계를 만족하도록 선정되어야 한다.

$$\omega_{\max} \le \frac{\pi}{T} \tag{34}$$

연속시간 등가 아날로그 필터로부터 디지털 필터의 전달함수를 구하기 위한 다양한 설계 과정들이 있다. 이 과정에서 샘플링 주파수 $F_s = 1/T$를 선택할 때 입력 아날로그 신호 $X(\omega)$의 스펙트럼 영향을 받는다. 에일리어싱 오차를 피하기 위해, 어떤 아날로그 주파수에 대해서 디지털 주파수는 반드시 $-\pi \le \Omega \le \pi$에 위치해야 한다. 한 가지 방법은 아날로그 주파수 대역 $0 \le \omega \le \infty$을 디지털 주파수 대역 $0 \le \Omega \le \pi$로 선형 일대일 매핑하여 사용하는 것이다. 이 변환은 다음과 같다.

$$\omega \tan\left(\frac{\Omega_c}{2}\right) = \tan\left(\frac{\Omega}{2}\right) \tag{35}$$

여기서 디지털 차단 주파수는 다음과 같다.

$$\Omega_c = \frac{2\pi f_c}{F_s} \tag{36}$$

또, f_c는 실제 원하는 차단 주파수(Hz)이고, F_s는 샘플링 주파수이다. 정규화된 아날로그 차단 주파수는 $\omega = 1$이다. 모든 아날로그 주파수가 요구되는 디지털 주파수 대역으로 매핑되므로 에일리어싱 오차를 피하게 된다.

아날로그에서 디지털 전달함수로의 변환은 선형 매핑 변환에서 $s = j\omega$를 $z = e^{j\Omega}$로 대체하여 구해짐을 알 수 있다. 즉,

$$s = j\cot\left(\frac{\Omega_c}{2}\right) \frac{\sin\left(\frac{\Omega}{2}\right)}{\cos\left(\frac{\Omega}{2}\right)} \Big|_{e^{j\Omega}=z} \tag{37}$$

$$= \cot\left(\frac{\omega_c}{2}\right) \left[\frac{e^{j\omega/2} - e^{-j\omega/2}}{e^{j\omega/2} + e^{j\omega/2}}\right] \Big|_{e^{j\Omega}=z} \tag{38}$$

$$= c\left(\frac{z-1}{z+1}\right) \tag{39}$$

여기서,

$$c = \cot\left(\frac{\Omega_c}{2}\right)$$

디지털 전달함수 $H(z)$는 아날로그 전달함수 $H^a(s)$에 의해 다음과 같이 주어진다:

$$H(z) = H^a(s)\Big|_{s=\frac{c(z-1)}{z+1}}$$

$$H(z) = H^a\left[\frac{c(z-1)}{z+1}\right] \tag{40}$$

이러한 선형 변환 방법으로 $H(z)$를 찾는 예제로서, 3차 버터워스 정규화 주파수 프로토타입을 고려한다. 이 프로토타입 버터워스 필터는 아래와 같은(제1장 참조) 아날로그 전달함수를 갖는다.

$$H_a(s) = \frac{1}{(s+1)(s^2+s+1)} \tag{41}$$

이때, 디지털 전달함수 $H(z)$는 다음과 같이 구해진다.

$$H(z) = \frac{(z+1)^3}{K_1(z+z_1)(z^2+\alpha z+\beta)} \tag{42}$$

여기서,

$$K_1 = (c+1)(c^2+c+1) \tag{43}$$

$$z_1 = \frac{(1-c)}{1+c} \tag{44}$$

$$\alpha = \frac{2(1-c^2)}{(c^2+c+1)} \tag{45}$$

$$\beta = \frac{(c^2-c+1)}{c^2+c+1} \tag{46}$$

이러한 디지털 필터에서 재귀 알고리즘의 계수들은 다음과 같이 $H(z)$의 식을 z^{-1}의 지수 승으로 이루어진 다항식으로 표현함으로써 구할 수 있다.

$$H(z) = \frac{1+3z^{-1}+3z^{-2}+z^{-3}}{K_1[1+(z_1+\alpha)z^{-1}+(\alpha z_1+\beta)z^{-2}+z_1\beta z^{-3}]} \tag{47}$$

이 예제에서 재귀 필터 방정식은 이전에 주어진 다음 디지털 전달함수 모델을 이용하여 계수들(a_k와 b_k)을 선정함으로써 구해진다.

$$H(z) = \frac{\sum_{k=0}^{K} a_k z^{-k}}{1 + \sum_{k=1}^{L} b_k z^{-k}} \tag{48}$$

여기서, $K = L = 3$이므로, 다음과 같이 쓸 수 있다.

$$\begin{aligned} y_{n-k} = \{&x_n + 3x_{n-1} + 3x_{n-2} + x_{n-3} \\ &- [(z_1 + \alpha)y_{n-1} + (\alpha z_1 + \beta)y_{n-2} + z_1\beta y_{n-3}]\}/K_1 \end{aligned} \tag{49}$$

이러한 유형의 디지털 필터 설계 예제로서, 제1장에서 소개된 3차 버터워스 필터의 디지털 버전을 구한다. 이 예제에서, 샘플 주파수가 $F_s = 10$ kHz이고, 코너 주파수는 $f_c = 2$ kHz이라 하면, 디지털 코너 주파수 ω는 다음과 같이 주어진다.

$$\Omega_c = \frac{2\pi f_c}{F_s} = 1.2566 \tag{50}$$

따라서 $H(z)$의 매개변수들은 다음과 같다.

$$\begin{aligned} c &= \cot\left(\frac{\Omega_c}{2}\right) = 1.3764 \\ K_1 &= (c+1)(c^2+c+1) = 10.149 \\ z_1 &= (1-c)/(c^2+c+1) = 0.1584 \\ \alpha &= 2(1-c^2)/(c^2+c+1) = -0.4189 \\ \beta &= (c^2-c+1)/(c^2+c+1) = 0.3554 \end{aligned} \tag{51}$$

이 예제의 디지털 정현파 주파수 응답($H(e^{j\Omega})$)은 그림 2.4에 주어진 것과 같다. 여기서 디지털 코너 주파수에서 응답의 크기의 제곱은 다음과 같다.

$$\left|H(e^{j\Omega_c})\right|^2 = \frac{1}{2} \tag{52}$$

이것은 그림 1.23에서, 정규화된 코너 주파수 1에 대한 아날로그 필터 응답에 해당한다.

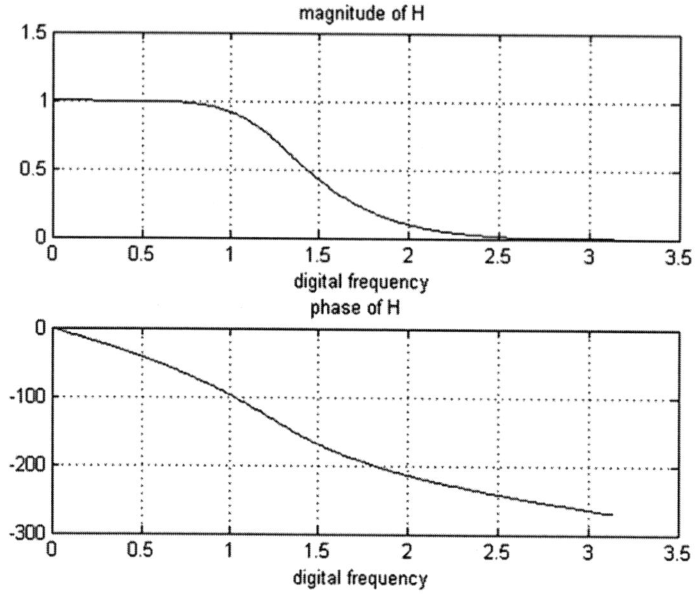

그림 2.4
3차 버터워스 필터의 디지털 정현파 주파수응답

이산 시간 제어 시스템

아날로그 신호(디스플레이 장치로 보내지는 출력 신호)의 디지털 필터링을 다루는 이 장 앞 절의 내용은 계측 시스템 설계에 적용된다.

제어 응용에서는, 디지털 "필터" 출력이 구동기로 보내져서 플랜트를 제어하도록 한다. 설계/분석 과정 동안, 플랜트 모델에 구동기의 동적 모델이 포함되어야 한다.

일반적으로 구동기는 연속 시간 전기적 입력신호를 필요로 하는 아날로그 장치이다. 이 경우, 디지털 컨트롤러(필터)의 출력은 D/A 변환기를 통하여 아날로그 형태로 변환되어야 한다. 해석적인 목적을 위하여, 이 디지털/아날로그 변환은 영차 홀드(ZOH)로 취급된다.

입력 샘플 동작과 아날로그/디지털의 변환 과정은 이미 앞에서 설명되었다. 이산 시간 디지털 제어 시스템의 출력에서 ZOH를 사용하여 디지털/아날로그 변환하는 것은 이상적인 모델을 이용하여 잘 설명된다. 이상적인 시스템과 실제시스템과의 편차는 설계에 의해 최소화될 수 있다. ZOH의 회로 구성은 제3장에 주어진다. ZOH는 실제로 크기 $\bar{u}_n$의 입력 펄스를 받는 아날로그 회로이다. 이

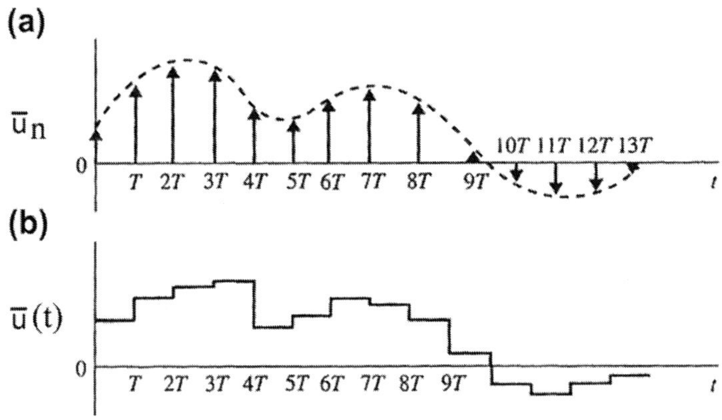

그림 2.5
샘플 신호 및 홀드 신호

펄스는 이상적인 임펄스로 모델링될 수 있으며, 실제로, 디지털 컨트롤러의 출력 시퀀스 $\{u_n\}$으로부터 D/A 변환기에 의해 생성된다. 이 펄스들은 시간 $t_n = nT$마다 생성되며, 여기서 T는 입력 샘플러의 주기이다. 디지털 필터 동작을 수행하는 동안의 작은 시간 지연을 제외하면, 이 출력 펄스는 A/D 변환기로 들어오는 입력 샘플과 동기화된다.

ZOH 출력 $\bar{u}(t)$에 대한 간단한 근사 모델은 다음과 같이 주어진다.

$$\bar{u}(t) = \bar{u}_n \qquad t_n \leq t < t_n + T \tag{53}$$

즉, 이상적인 ZOH는 시간 t_n마다 펄스를 받고(크기 $\bar{u}_n$), 한 샘플링 주기 동안 그 값($\bar{u}_n$)을 유지한다. 그림 2.5는 이 과정을 설명하는데, 변수 위의 바(bar)는 아날로그 신호를 나타낸다. 실제로, 전압 펄스 $\bar{u}_n$는 유한한 시간 폭과 크기 $\bar{u}_n = u_n$을 갖는데, 이때 u_n은 디지털시스템의 출력 값이다.

ZOH 출력은 연속적인 제어 신호 $u(t)$에 대응되는 구분적으로 연속인(piecewise continuous) 함수 $\bar{u}$(t)를 생성한다. 근사값의 정도($\bar{u}(t) \cong u(t)$)는 제4장에서 설명한 것처럼 시스템 동특성에 대한 샘플링 주기뿐 아니라 디지털 이산시간 시스템의 계산 정밀도(예를 들면, 디지털 데이터의 비트 수) 등에 의해 영향을 받는다.

제어 시스템 응용에서, ZOH 출력은 플랜트 액추에이터를 구동하고, 이것은 다시 플랜트 동특성을 구동하게 된다. 디지털 컨트롤러를 이용한 개루프 시스템의 구성을 그림 2.6에 나타내었다.

디지털 제어기(digital controller)의 모델은 다음과 같다.

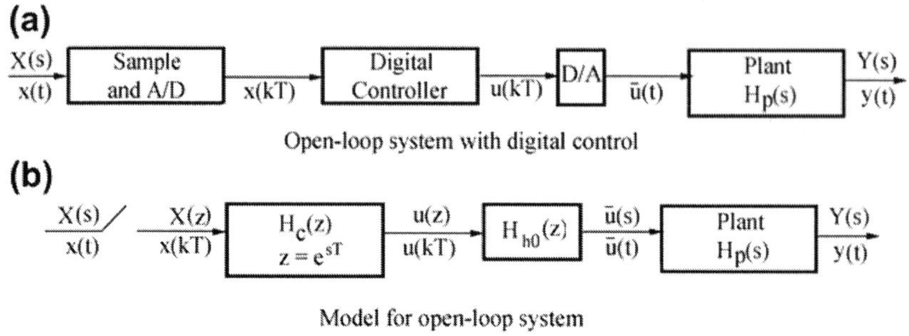

그림 2.6
개루프 이산 시간 제어 시스템

$$u(z) = H_c(z)X(z) \tag{54}$$

치환 $z = e^{st}$를 이용하여 스타 전달함수를 구하면, 이 모델은 다음과 같이 쓸 수 있으며,

$$u^*(s) = H^*(s)X^*(s) \tag{55}$$

A/D 및 D/A 변환기, 제어기와 플랜트(plant $H_p(s)$)로부터 다음과 같이 출력 $Y(s)$를 구할 수 있다.

$$Y(s) = H_p(s)\bar{u}(s) \tag{56}$$

$$= H_p(s)\left[\frac{1 - e^{-sT}}{s}\right]u^*(s) \tag{57}$$

출력의 **z**-변환 $Y(z)$는 다음과 같이 주어진다.

$$Y(z) = \mathscr{Z}\left[\frac{(1 - e^{-sT})}{s}H_p(s)\right]u(z) \tag{58}$$

$$= \mathscr{Z}\left[\frac{(1 - e^{-sT})}{s}H_p(s)\right]H_c(z)X(z) \tag{59}$$

$$= (1 - z^{-1})\mathscr{Z}\left[\frac{(H_p(s))}{s}\right]H_c(z)X(z) \tag{60}$$

식 (60)은 식 (59)로부터 **z**-변환의 시간 이동성(time shift property)을 이용하여 구할 수 있다. ZOH와 플랜트의 조합에 대한 **z**-변환을 펄스 전달함수(pulse transfer function)로 부르고, 일반적으로 표에서 찾을 수 있다. **z**-변환 표의 샘플은 이 장의 마지막 부분에 주어져 있다. 시간 t_k에서 시간 영역 시스템 출력은 $Y(z)$의 **z**-역변환을 계산함으로써 구할 수 있다:

$$y(kT) = \mathscr{Z}^{-1}[Y(z)] \tag{61}$$

디지털 제어기를 가진 개루프 시스템에 대한 분석 예로서, 다음 전달함수를 갖는 간단한 1차 플랜트를 고려한다.

$$H_p(s) = \frac{1}{s+1}$$

여기서 다음 차분 방정식을 갖는 PD 제어기를 가정하고,

$$u(kt) = K_p x(kT) + K_D\left\{\frac{x(kT) - x[(k-1)T]}{T}\right\} \tag{62}$$

$K_p = 1$, $(K_D / T) = 1$로 수치를 단순화함으로써 다음의 간단한 제어 알고리즘이 구해진다:

$$u(kT) = 2x(kT) - x[(k-1)T] \tag{63}$$

디지털 제어기 전달함수 $H_c(z)$는 시간 영역 모델의 **z**-변환을 수행함으로써 구할 수 있다.

$$\begin{aligned} H_c(z) &= 2 - z^{-1} \\ &= \frac{2z-1}{z} \end{aligned} \tag{64}$$

또, 플랜트와 ZOH 조합의 **z**-변환은 다음과 같이 주어지는데

$$\mathscr{Z}\left[\frac{1-e^{-Ts}}{s(s+1)}\right] = \frac{1-e^{-T}}{z-e^{-T}} \tag{65}$$

이는 이 장의 뒷부분에 주어진 변환표(표 2.1)에서 확인할 수 있다.

이 예제 시스템의 동적 응답 특성을 알아보기 위해 다음의 단위 계단함수를 고려한다.

$$\begin{aligned} x(t) &= 1 \qquad t \geq 0 \\ &= 0 \qquad t < 0 \end{aligned}$$

이 입력 $x(t)$에 대한 **z**-변환은

$$X(z) = \frac{z}{z-1} \tag{66}$$

와 같고, 제어기 출력 $u(z)$는 다음과 같이 주어진다.

$$\begin{aligned} u(z) &= \left(\frac{2z-1}{z}\right)\left(\frac{z}{z-1}\right) \\ &= \frac{2z-1}{z-1} \end{aligned} \tag{67}$$

또한, 출력 $Y(z)$는 다음과 같이 구해지고,

$$\begin{aligned} Y(z) &= \left(\frac{2z-1}{z}\right)\left(\frac{1-e^{-T}}{z-e^{-T}}\right)\frac{z}{z-1} \\ &= \frac{(2z-1)(1-e^{-T})}{(z-e^{-T})(z-1)} \end{aligned} \tag{68}$$

시간 영역 시스템 출력은 $z^{-1}[Y(\mathscr{Z})]$를 이용하여 다음과 같이 계산된다.

$$y_k = [1 + (1-2e^{-T})e^{-(k-1)T}]u(k-1) \tag{69}$$

연속 시간 출력은 시간 t_k에서 샘플링 포인트들을 모두 연결한 부드러운 (smooth) 곡선으로 나타난다. 다른 형태의 플랜트와 제어기를 포함한 또 다른 개루프 시스템의 동적 응답을 분석하는 것도 유사한 과정을 따라 수행할 수 있다.

샘플 데이터 시스템의 전달함수를 구하기 위해서는 특별한 테크닉이 필요하다. 왜냐하면, 이상적인 샘플러에 대한 전달함수가 존재하지 않기 때문이다. 이 전달함수 문제는 다음에 고려하는 폐루프 시스템에서도 역시 나타난다.

폐루프 제어

이제 그림 2.7에 나타낸 폐루프 시스템에 대한 모델을 우선 고려하기로 한다. 여기서 표현을 간단하게 하기 위해 ZOH, 제어기 및 플랜트를 하나의 전달함수 $H(s)$로 표시한다.

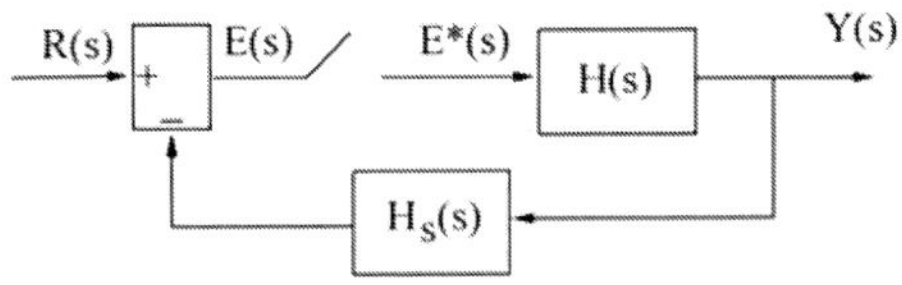

그림 2.7
페루프시스템의 단순화된 블록 다이어그램

이 그림에서, 기준 입력 $R(s)$는 시스템 출력 $Y(s)$에 대한 목표 값이다. 여기서 오차 신호 $E(s)$는 다음과 같이 주어지고

$$E(s) = R(s) - Y(s) \tag{70}$$

출력이 전달함수 $H_s(s)$를 갖는 센서를 통해 측정된다고 가정하면, 오차 신호는 다시 다음과 같이 표현된다.

$$E(s) = R(s) - H_s(s)Y(s) \tag{71}$$

결합된 플랜트에 대한 입력이 스타(즉, 샘플링)이기 때문에 시스템 출력은 다음과 같이 주어진다.

$$Y(s) = H(s)E^*(s) \tag{72}$$

이때, 오차는 다음과 같고

$$E^*(s) = R(s) - H(s)H_s(s)E^*(s) \tag{73}$$

스타 오차 $E^*(s)$는 다음과 같이 주어진다.

$$E^*(s) = \sum_{n=0}^{\infty} e(nT)e^{-nTs} \tag{74}$$

식 (73)의 양변에 스타 변환을 취하면 다음 식이 구해진다.

$$E^*(s) = R^*(s) - \overline{HH_s^*}(s)E^*(s) \tag{75}$$

여기서 바는 변환이 취해지기 전에 곱이 수행된 것을 나타낸다.
위 식에서 $E^*(s)$를 구하면 다음과 같다.

$$E^*(s) = \frac{R^*(s)}{1 + \overline{HH_s^*}(s)} \tag{76}$$

이 식에 대한 **z**-변환은 e^{Ts}를 z로 바꿈으로써 얻어지고,

$$E(z)=\frac{R(z)}{1+\overline{HH}_s(z)} \tag{77}$$

시스템 출력은 다음과 같이 구해진다.

$$\begin{aligned} Y(z) &= H(z)E(z) \\ &= \frac{H(z)R(z)}{1+\overline{HH}_s(z)} \end{aligned} \tag{78}$$

따라서 폐루프 전달함수 $H_{c\ell}(z)$는 다음과 같이 주어진다.

$$\begin{aligned} H_{c\ell} &= \frac{Y(z)}{R(z)} \\ &= \frac{H(z)}{1+\overline{HH}_s(z)} \end{aligned} \tag{79}$$

각 샘플링 순간에서 시간 영역 출력은 다음과 같이 $Y(z)$의 **z**-역변환에 의해 주어진다.

$$y(nT)=\mathscr{Z}^{-1}[Y(z)] \tag{80}$$

그러나 이 결과는 $t_n=nT$ 이외의 시간에서는 $Y(t)$에 대한 직접적인 정보를 주지 않는다. 모든 시간에서의 출력(즉, $y(t)$)은 원래 다음과 같은 아날로그 전달함수 모델로부터 구할 수 있다.

$$Y(s)=\frac{H(s)R^*(s)}{1+\overline{HH}_s^*(s)} \tag{81}$$

그러나 실제로, 이 아날로그 모델을 이용하여 분석하는 것이 어려우므로 일반적으로 디지털 전달함수 접근 방식을 사용한다.

이제 모든 주요 구성요소가 잘 나타나있는 그림 2.8의 폐루프 시스템 블록도를 고려한다.

이 그림에는, 모델링 된 각 구성요소에 대한 독립적인 변수와 그 스타 변환이 나타나 있다. 여기서 오차 $E(s)$는 다음과 같이 주어진다.

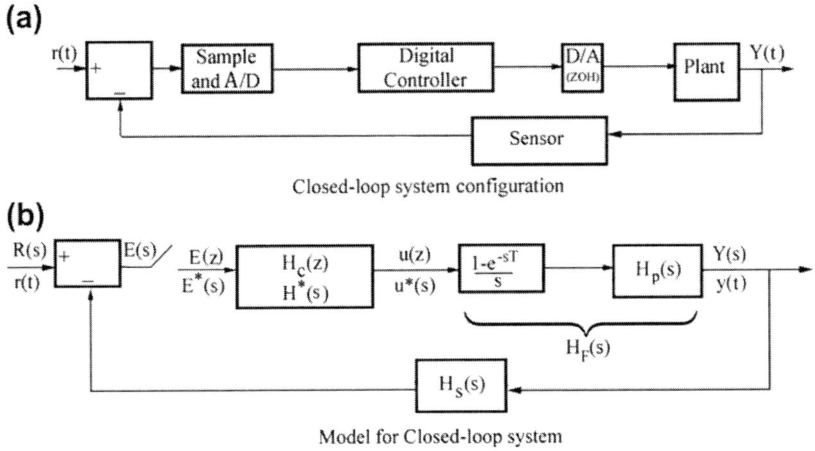

그림 2.8

이산 시간 폐루프 시스템

$$\begin{aligned} E(s) &= R(s) - H(s)H_s(s)H_c^*(s)E^*(s) \\ Y(s) &= H(s)H_c^*(s)E^*(s) \end{aligned} \tag{82}$$

첫 번째 식의 양변에 스타 변환을 취하면 다음 식이 얻어지고,

$$E^*(s) = R^*(s) - \overline{HH}_s^*(s)H_c(s)E^*(s) \tag{83}$$

$E^*(s)$는 다음과 같이 구해진다.

$$E^*(s) = \frac{R^*(s)}{1 + H_c(s)\overline{HH}_s^*(s)} \tag{84}$$

이 식에서, z-전달함수는 다음과 같이 구해지며:

$$E(z) = \frac{R(z)}{1 + H_c(z)\overline{HH}_s(z)} \tag{85}$$

출력은 다음과 같다.

$$Y(z) = \frac{H_c(z)H(z)R(z)}{1 + H_c(z)\overline{HH}_s(z)} \tag{86}$$

따라서 폐루프 전달함수 $H_{c\ell}(z)$는 다음과 같이 주어진다.

$$
\begin{aligned}
H_{c\ell}(z) &= \frac{Y(z)}{R(z)} \\
&= \frac{H_c(z)H(z)}{1+H_c(z)\overline{HH_s}(z)}
\end{aligned} \tag{87}
$$

연속 시간 모델(s의 함수)의 다양한 구성요소로부터 $H_{c\ell}(z)$를 결정하는 과정을 다음 절에서 설명하기로 한다.

연속 시간 모델을 이용하여 폐루프 제어 시스템을 개발하는 것이 일반적이다. 이 모델에 기반하여 앞 장에서 논의된 방법들(예를 들면, P, PI 및 PID 제어)을 이용하면 요구사항을 최대한 만족시킬 수 있는 아날로그 제어기 전달함수를 구할 수 있다. 앞 장에서 많은 방법들(예를 들면, 원하는 폐루프 극점을 위치시키기 위해 근 궤적 기법을 사용)이 논의되었다. 진상/지상 네트워크를 통한 위상 보상을 통하여 안정도 해석이 수행될 수 있다.

일단 최적화된 아날로그 제어기의 전달함수를 구하게 되면, 위에 주어진 방법에 의해 디지털 전달함수 $H(z)$를 구할 수 있다. 예를 들어, 디지털 제어기 시스템이 PID 제어 법칙인 경우, 시간 t_n에서 제어기 출력(즉, u_n)은 다음과 같이 오차 함수 ($\in_n$)(식 (92) 참조)에 의해 주어진다.

$$
u_n = K_p \in_n + \frac{K_D}{T}[\in_n - \in_{n-1}] + K_I T \sum_{k=1}^{K} \frac{\in_{n-k} + \in_{n-(k+1)}}{2} \tag{88}
$$

위의 세 번째 항은 오차의 적분에 대한 이산 시간 근사치를 나타낸다. 제어 전달함수는 제어 법칙에 **z**-변환을 적용하고, 시간 이동 속성을 활용함으로써 구할 수 있다. 위의 제어 법칙에서, 제어 변수 $u(z)$는 다음과 같으므로,

$$
u(z) = \left[K_p + \frac{K_D}{T}(1-z^{-1}) + K_I T \sum_{k=1}^{k} \frac{z^{-k} + z^{-(k+1)}}{2}\right] E(z) \tag{89}
$$

제어 전달함수 $H_c(z)$는 다음과 같이 주어진다.

$$
H_c(z) = \frac{u(z)}{E(z)} \tag{90}
$$

즉,

$$H_c(z) = K_p + \frac{K_D}{T}(1 - z^{-1}) + K_I T \sum_{k=1}^{L} \frac{z^{-k} + z^{-(k+1)}}{2} \tag{91}$$

여기서, $E(z) = \mathscr{Z}\{\in_k\}$이다.

이산 시간 제어 시스템의 예

이제 어떤 특정 예를 통하여 위의 이산 시간 제어 방법을 설명하려고 한다. 이 예제에서는, 이산 시간 시스템의 이론을 간단히 설명하기 위하여 소개되었던 가상의 스타 변환은 사용하지 않는다. 그림 2.9는 전달함수 $H_p(s)$의 플랜트와 이산 시간 디지털 제어 시스템에 대한 블록 선도이다.

이 시스템은 명령 입력 $x(t)$에 따라서 플랜트 출력 변수 $y(t)$를 제어한다. 오차 신호 $\in(t)$는 다음과 같고,

$$\in(t) = x(t) - y(t) \tag{92}$$

여기서, 센서는 이상적인 상태($H_s(s) = 1$)로 피드백 신호를 제공한다고 가정한다. 샘플링과 A/D 변환기는 시간 $t_k = kT$에서 $\in$의 이산 시간 샘플 값 $\in_k$를 제공한다.

$$\in_k = \in(t_k) \quad k = 1, 2, \ldots \tag{93}$$

여기서, T는 샘플링 주기이다. 디지털 제어는 원하는 제어 알고리즘에 따라 제어 신호 $\overline{u}_k$를 발생시킨다. 디지털 제어기는 $\overline{u}_k$가 ZOH로 보내져 전압 펄스가 출력되도록 하는 D/A 변환기를 가지고 있다고 가정한다. ZOH와 필터는 샘플 값 u_k를 구분적으로 연속인 시간 제어 신호 $\overline{u}(t)$로 변환시키고, 이 신호가 액추에이터를 통하여 플랜트를 동작시키도록 한다. 본 예제에서, 플랜트는 일차 극점 p_1, 구동기 상수 K_a인 전달함수 $H_p(s)$를 갖는 연속 시간 모델에 의해 표현된다:

$$H_p = \frac{K_a}{s(s + p_1)} \tag{94}$$

계산의 복잡성을 줄이기 위하여, 게인 K_p의 비례 제어기와 비교적 간단한 플랜트 모델을 가정한다. 그러나 다음의 과정은 제어기와 플랜트의 복잡성에 관계없이 적용된다.

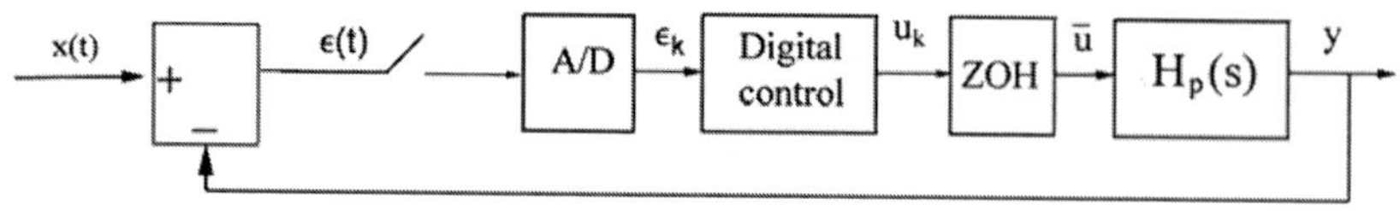

그림 2.9

이산 시간 폐루프 제어 시스템의 블록 다이어그램

이산 시간 시스템의 순방향 경로 전달함수 $H_F(s)$는 다음과 같이 주어진다.

$$H_F = K_p\left(\frac{1-e^{-Ts}}{s}\right)H_p(s) \tag{95}$$

이제 $H_F(z)$는 다음과 같이 주어진다.

$$H_F(z) = \mathscr{Z}\left\{K_p\left(\frac{1-e^{-Ts}}{s}\right)H_p(s)\right\} \tag{96}$$

$$= K_p(1-z^{-1})\mathscr{Z}\left[\frac{H_p(s)}{s}\right] \tag{97}$$

z-변환의 시간 이동 속성으로부터, $e^{-Ts} \rightarrow z^{-1}$이 된다.

$H_p(s)/s$의 **z**-변환을 구하기 위해서(변환 표를 사용하여), 다음과 같이 매개변수들을 정한다:

$$K_a = 4,500$$

$$P_1 = 351.2$$

$$T = 0.001s$$

$$K_p = 14.5$$

함수 $H_p(s)/s$의 **z**-변환을 얻기 위한 과정은 우선, 다음 형태의 부분분수 전개(partial fraction expansion)로 표현하는 것이다.

$$\frac{H_p(s)}{s} = \frac{\alpha_1}{s+p_1} + \frac{\alpha_2}{s+p_2} + \cdots \frac{\alpha_n}{s+p_n} \tag{98}$$

그러나 이 예제에서, 함수 $H_p(s)/s$는 $s = 0$에서 중근을 가진다. 일반적으로, $s = -s_r$에서 r개의 중근을 갖는 경우, $H_p(s)/s$의 부분분수 전개는 다음과 같다.

$$\frac{H_p(s)}{s} = \frac{A_r}{(s+s_r)^r} + \frac{A_{r-1}}{(s+s_r)^{r-1}} + \cdots \frac{A_1}{s+s_r} + \sum_{j=1}^{J} \frac{\alpha_j}{s+s_j} \tag{99}$$

여기서,

$$A_r = \left[(s+s_r)^r \frac{H_p(s)}{s}\right]\Big|_{s=-s_r} \tag{100}$$

$$A_{r-k} = \left[\frac{1}{(r-k)!}\frac{\mathrm{d}^k}{\mathrm{d}s^k}\left(\frac{H_p(s)}{s}\right)\right]\Big|_{s=-s_r} \tag{101}$$

이고, 극점 $s_j(j=1,\ 2,\ \cdots\ J)$는 단순극들이다.

각 항의 **z**-변환은 일단 샘플링 주기 T가 결정되면 변환표에서 구할 수 있다. 예를 들어, 단순 극점의 **z**-변환은 다음과 같이 주어진다.

$$\mathscr{Z}\left[\frac{\alpha_j}{s+s_j}\right] = \frac{\alpha_j z}{z-e^{-s_j T}} \tag{102}$$

또한, 표 2.1은 다중 극점과 관련된 항들의 **z**-변환을 제공한다.

다음과 같은 이산 시간 제어 시스템의 예제를 생각해 본다.

$$\frac{H_p(s)}{s} = \frac{K_\mathrm{a}}{s^2(s+p_1)} \tag{103}$$

이 함수의 부분분수 전개는 다음의 세 항으로 주어진다.

$$\frac{K_\mathrm{a}}{s^2(s+p_1)} = \frac{K_\mathrm{a}}{p_1 s^2} - \frac{K_\mathrm{a}}{p_1^2 s} + \frac{K_\mathrm{a}}{p_1^2(s+p_1)} \tag{104}$$

위의 각 항에 대한 **z**-변환은 이 장의 표 2.1을 사용하여 구할 수 있고, 각 항들이 결합하여 원하는 $H_F(z)$를 결정할 수 있다.

z-변환 $H_F(z)$는 다음과 같이 구해지고,

$$H_F(z) = \frac{0.029z+0.025}{z^2-1.697z+0.697} \tag{105}$$

폐루프 전달함수 $H_{c\ell}$은 다음과 같이 주어진다.

표 2.1 변환 표

		z–변환
1	Unit impulse δ	1
$\frac{1}{s}$	Unit step $u_s(t)$	$\frac{z}{z-1}$
$\frac{1}{1-e^{-Ts}}$	$\delta_r(t)=\sum_{n=0}^{\infty}\delta(t-nT)$	$\frac{z}{z-1}$
$\frac{1}{s^2}$	t	$\frac{Tz}{(z-1)^2}$
$\frac{1}{s^3}$	$\frac{t^2}{2}$	$\frac{T^2z(z+1)}{2(z-1)^3}$
$\frac{1}{s^{n+1}}$	$\frac{t^n}{n!}$	$\lim_{\alpha\to 0}\frac{(-1)^n}{n!}\frac{\partial^n}{\partial\alpha^n}\left[\frac{z}{z-e^{-\alpha T}}\right]$
$\frac{1}{s+\alpha}$	e^{-at}	$\frac{z}{z-e^{\alpha T}}$
$\frac{1}{(s+\alpha)^2}$	te^{-at}	$\frac{Tze^{-\alpha T}}{(z-e^{-\alpha T})^2}$
$\frac{\alpha}{s(s+\alpha)}$	$1-e^{-at}$	$\frac{(1-e^{-\alpha T})z}{(z-1)(z-e^{-\alpha T})}$
$\frac{\omega}{s^2+\omega^2}$	$\sin\omega t$	$\frac{z\sin\omega T}{z^2-2z\cos\omega T+1}$
$\frac{\omega}{(s+\alpha)^2+\omega^2}$	$e^{-at}\sin\omega t$	$\frac{ze^{\alpha T}\sin\omega T}{z^2-2ze^{-\alpha T}\cos\omega T+e^{-2\alpha T}}$
$\frac{s}{s^2+\omega^2}$	$\cos\omega t$	$\frac{z(z-\cos\omega T)}{z^2-2z\cos\omega T+1}$
$\frac{s+\alpha}{(s+a)^2+\omega^2}$	$e^{-at}\cos\omega t$	$\frac{z^2-ze^{-\alpha T}\cos\omega T)}{z^2-2ze^{-\alpha T}\cos\omega T+e^{-2\alpha T}}$

$$H_{c\ell}(z)=\frac{Y(z)}{X(z)} \tag{106}$$

$$H_{c\ell}(z)=\frac{H_F(z)}{1+H_F(z)} \tag{107}$$

$H_{c\ell}(z)$이 다음과 같이 결정되는 것은 독자가 확인하도록 남겨둔다.

$$H_{c\ell}(z)=\frac{0.029z+0.0257}{z^2-1.668z+0.7226} \tag{108}$$

폐루프 이산 시간 시스템의 동적 응답은 시스템의 단위 계단 응답에 의해 설명된다. 단위 계단 함수의 **z**-변환 $X(z)$는 다음과 같다.

$$X(z) = \frac{z}{z-1} \tag{109}$$

이때, 시스템 출력 $Y(z)$는 다음과 같고,

$$Y(z) = H_{c\ell}(z)X(z) \tag{110}$$

$$= \frac{z(0.029z + 0.0257)}{(z-1)(z^2 - 1.668z + 0.7226)} \tag{111}$$

$Y(z)$의 세 극점은 다음과 같이 구해진다.

$$\begin{aligned} z_1 &= 1 \\ z_2 &= 0.8340 - 0.1645i \\ z_3 &= 0.8340 + 0.1645i \end{aligned}$$

출력 시퀀스 $\{y_k\}$는 앞에서 설명한 것처럼 $Y(z)$의 부분분수 전개로 시작하는 과정을 사용하여 구할 수 있다.

$$Y(z) = \frac{\alpha_1}{z - z_1} + \frac{\alpha_2}{z - z_2} + \frac{\alpha_3}{z - z_3} \tag{112}$$

$$= \frac{\alpha_1 z^{-1}}{1 - z_1 z^{-1}} + \frac{\alpha_2 z^{-1}}{z - z_2 z^{-1}} + \frac{\alpha_3 z^{-1}}{z - z_3 z^{-1}} \tag{113}$$

여기서, $\alpha_1 = 1.0018$, $\alpha_2 = -0.4864 + 0.2658i$, $\alpha_3 = -0.4864 - 0.2658i$이다.

모든 극점이 다음 조건을 만족하므로, 각 부분분수는 복소 z-평면의 단위 원 외부에서 해석적이다.

$$|z_j| \leq 1 \quad j = 1, 2, 3 \ldots$$

따라서 예상대로 시퀀스 $\{y_k\} = 0$, $k < 0$이다. 부분분수는 z^{-1}의 곱 형태를 이용하여 테일러 급수로 다시 쓸 수 있다:

$$\frac{\alpha_j z^{-1}}{1 - z_j z^{-1}} = \alpha_j \sum_{m=0}^{\infty} z_j^m z^{-(m+1)} \tag{114}$$

$m + 1 = k$로 대체하고, $k = 1$로 시작하는 k를 통해 합산함으로써 부분분수

는 **z**-변환의 형식으로 쓸 수 있고, z^{-k}의 계수는 y_k가 된다. 출력 시퀀스 항들은 다음과 같이 주어진다.

$$y_k = \sum_{j=1}^{3} \alpha_j z_j^{k-1} \qquad j = 1, 2, 3, \ldots \tag{115}$$

출력 $y(t)$는 오직 샘플링 주기 t_k에서만 다음과 같이 주어진다:

$$y(t)\big|_{t=t_k} = y_k \tag{116}$$

그러므로 시스템 연속 시간 출력은 오직 이 샘플링 시간에서만 정확하게 주어진다. 그러나 만약 샘플링 주기 (T)가 충분히 짧다면, 이 샘플 값은 대부분의 실제 상황에서 충분히 정확하게 $y(t)$를 표현한다. 그러나 만약 샘플링 주기가 길어진다면, 샘플된 출력의 정확성은 떨어지게 된다. 이 점은 $T = 0.1$ s와 $T = 0.001$ s (1 ms)에서 출력 $y(t_k)$를 나타낸 그림 2.10으로부터 설명된다.

샘플링 주기가 1 ms인 경우의 출력은 대응되는 연속 시간 출력에 매우 근접하게 일치한다. 그러나 좀 더 긴 샘플링 주기에 대한 오차는 꽤 클 수 있다.

위와 동일한 과정이 플랜트나 제어기, 입력 $x(t)$의 복잡성에 관계없이 폐루프 전달함수와 동적 응답 시퀀스 $\{y_k\}$를 구하는 데 사용된다. 이산 시간 순방향 경

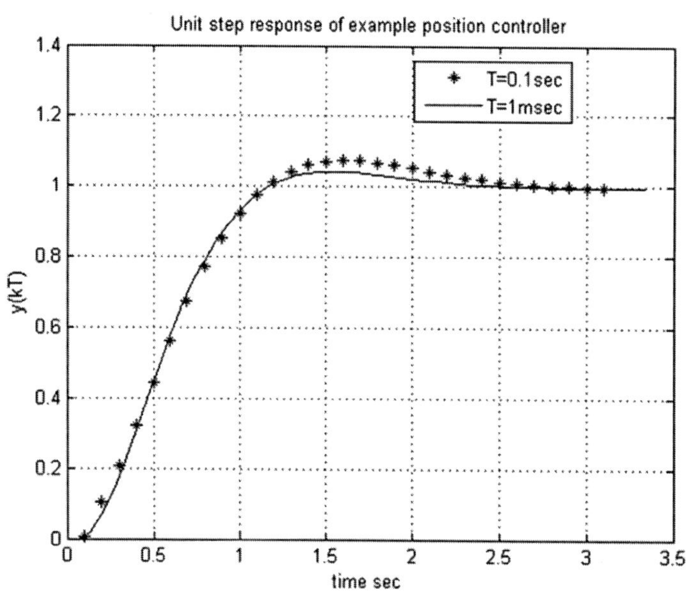

그림 2.10

이산 시간 폐루프 제어 시스템 예의 단위 계단 응답

로에 대한 **z**-변환은 일반적으로 **z**-변환 표(온라인으로도 가능)로부터 쉽게 구해진다. 페루프 전달함수가 구해지면, 주어진 입력 $X(z)$에 대한 출력 $Y(z)$는 다음과 같이 주어진다.

$$Y(z) = H_{c\ell}(z)X(z) \tag{117}$$

여기서 시퀀스 $\{y_k\}$는 $Y(z)$를 부분분수 모델로 전개함으로써 구할 수 있다. 부분분수 모델에서 각 항은 z^{-k}의 곱의 형태인 테일러 급수로 쓸 수 있다. 이때, 모든 z^{-k} 곱들의 계수는 연속 시간 시스템 출력 $y(t)$의 샘플 버전에 대응되는 시퀀스 $\{y_k\}$를 생성한다.

요약

이 장은 이산 시간 디지털 시스템에 대한 일반적인 시스템 이론을 제시했다. 자동차 전자 시스템에서의 여러 가지 응용들이 이 책 전반에 걸쳐 소개된다. 이 장에서 제시된 기본 과정이 각 예제 시스템에 적용될 것이다.

제 3 장 전자공학의 기초

반도체 소자 86
- 다이오드 90

정류 회로 92
- 트랜지스터 94
- 전계 효과 트랜지스터 103

집적 회로 106
- 연산 증폭기 107

연산 증폭기에서 궤환의 사용 108

가산 모드 증폭기 111
- 위상 고정 루프 111
- 샘플 및 영차 홀드 회로 114
  - 영차 홀드 회로 117

디지털 회로 119

이진법 120

논리 회로(조합) 121
- NOT 게이트 122
- AND 게이트 122
- OR 게이트 124
- 조합 논리 회로 124

기억 장치를 포함한 논리 회로(순차) 127
- RS 플립플롭(Flip-Flop) 127
- JK 플립플롭 127

동기 계수기 128
- 레지스터 회로 129
- 시프트 레지스터 130

집적 회로 132

마이크로프로세서 132

이 장은 전자공학에 대해 예비 지식이 부족한 독자들을 위한 것이다. 이 장에서는 자동차 전자 제어 시스템의 동작과 사용에 대하여 개괄적으로 설명하였으며, 이 내용을 이해하면 책 뒷부분에서의 설명도 쉽게 이해되도록 하였다. 이 장에서는 전자식 자동차 계측 및 제어 시스템에서 응용되고 있는 전자 장치와 회로들을 설명하기 위하여 반도체 소자, 아날로그 회로, 디지털 회로 및 집적 회로의 기초를 소개한다.

반도체 소자

전자회로를 구성하는 모든 능동회로 소자들(다이오드, 트랜지스터 등)은 이른바 반도체 물질로부터 제조된다. 순수한 형태의 반도체 물질은 좋은 도체도 아니고, 좋은 절연체도 아니다. 전류를 제어하는 물질의 기능은 전도율(conductivity)이라 불리는 성질에 의해 특징지어 진다. 반도체 물질에서 전류의 흐름에 대한 모델과 전기 전도율에 대한 설명은 이 장의 뒷부분에서 다룬다. 좋은 도체인 구리와 같은 금속은 비교적 높은 전도율을 가지고 있어서 낮은 인가전압에서도 전류가 흐른다. 반면에, 운모와 같은 절연체는 비교적 낮은 전도율을 가지고 있어 인가전압에 대하여 기본적으로 전류가 흐르지 않는다. 반도체 물질은 좋은 도체의 전도율과 좋은 절연체의 전도율 중간의 어떤 전도율을 가진다. 그러므로 이러한 반도체 물질로부터 만들어진 소자를 반도체 소자(semiconductor material) 또는 고체 상태 소자(solid-state devices)라고 부른다.

많은 종류의 반도체 소자가 있지만 자동차 전자 분야에서는 트랜지스터와 다이오드가 가장 중요하게 응용되는 소자라 할 수 있다. 더구나 이 소자들은 거의 모든 현대의 집적 회로를 구성하는 데 사용되는 기본 요소이므로, 반도체 소자에 대한 논의는 이 두 가지에 중점을 둘 것이다. 반도체 소자는 주로 물질의 전도율이 변하도록 불순물을 의도적으로 주입한 실리콘이나 게르마늄(갈륨 비화물 등 다른 물질도 있음)으로 만들어졌다.

반도체 물질에 주입할 특정한 불순물의 양을 정밀하게 제어하여 확산시킴으로써 순수한 반도체의 전도율은 예측 가능한 형태로 조정된다. 실리콘에 불순물을 주입하는 과정을 "도핑(doping)"이라고 부른다. 실리콘의 전기전도도를 변화시키는 불순물로서 붕소(B)와 인(P)이 흔히 사용된다. 붕소가 사용되면 반도체 물질은 소위 p형 반도체가 되고, 인이 사용되면 n형 반도체가 된다.

이 트랜지스터와 다이오드의 동작을 이해하기 위하여, n형과 p형 반도체 물질

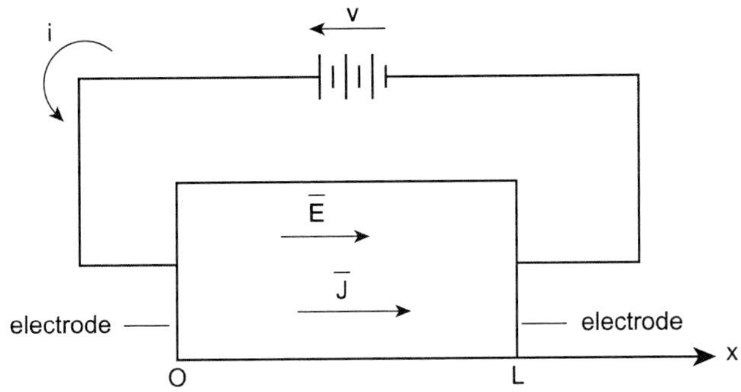

그림 3.1

반도체에서 전류 흐름 예

에서 전기전도율의 기본적인 물리적 메커니즘을 이해하는 것이 도움이 된다. 어떤 물질을 통한 전류의 흐름은 인가된 전기장에 대한 물질 내 전자의 이동에 의한 것이다. 전기장은 특정 구조의 외부 전극(electrode)에 전압을 인가하여 발생되며, 전기장 이론의 세부사항은 이 책의 범위를 벗어나지만 대략적으로, 전기장은 인가된 전압에 비례하여 변하고, 전압이 인가되는 전극 사이 거리에 반비례하여 변한다. 이와 같이 전기장에 의하여 이동하는 전자는 물질을 구성하는 개별원자로부터 나온다.

전도율을 기본적으로 이해하기 위해서는 그림 3.1과 같이 비교적 길고 얇은 반도체 판과 그 양단에 전압을 인가한 경우를 생각해 보는 것이 좋다.

이 그림에서, 전기장 세기는 x축 방향의 벡터 $\bar{\mathbf{E}}$이다. 이 책에서, 벡터는 전기장 세기 $\bar{\mathbf{E}}$처럼 어떤 기호 위에 막대를 그어 나타낸다. 전압 v는 한 쌍의 도통 전극(구리 등)에 인가된다. 비교적 길고 얇은 반도체 물질에 대해, 전기장 세기 E는 대략 다음과 같이 주어진다.

$$E = \frac{v}{L}$$

또한, 그림 3.1과 같이 전류 밀도 벡터 $\bar{\mathbf{J}}$도 x축 방향의 벡터이다. 전류 밀도 J의 크기는 단위 단면적당 전류이며 A_c가 $y-z$ 평면 내 어떤 판의 단면적일 때 다음과 같이 주어진다.

$$J = \frac{i}{A_c} \tag{1}$$

전류 밀도 벡터는 다음과 같이 전기장 강도에 비례하며,

$$\bar{\mathbf{J}} = \sigma \bar{\mathbf{E}} \tag{2}$$

여기서, σ는 물질의 전도율이다. 또한, 전도율의 역수는 물질의 저항률(resistivity) ρ이다:

$$\rho = \frac{1}{\sigma} \tag{3}$$

어떠한 물질에서 전자의 흐름은 "전자의 밴드 이론"에 기초하여 설명된다. 이 이론은 현대 원자 물리학의 주요 부분인데, 이 이론에 따르면, 물질을 구성하는 원자와 관련이 있는 전자의 에너지는 밴드로 불리는 특정 범위로 제한된다. 주어진 전자는 이 밴드 중 하나에서 에너지를 갖게 되고, 이 밴드들 밖에서는 전자가 에너지를 가질 수 없다. 각 밴드 내의 전자들은 이산적인 에너지 레벨만 가질 수 있고, 어떤 에너지 레벨은 하나의 전자만이 "점유"할 수 있다. 결과적으로, 어떤 원자의 각 밴드 안에 전자의 수는 "허용된" 에너지 레벨의 수로 제한된다. 전자는 인가된 전기장에 의해서만 움직이며, 전기장 세기에 의해 전자의 에너지가 변할 때 점유되지 않은 에너지 레벨이 있다면 전류의 흐름에 기여하게 된다.

원자의 낮은 에너지 밴드의 에너지 레벨 전부가 채워지면, 전자가 인가된 전기장에 의하여 이동할 수 있는 에너지 레벨이 없게 된다. 그러면, 낮은 대역의 전자는 인가된 전압에 의하여 전류의 흐름에 기여할 수 없다. 전도 대역으로 알려진 바깥 쪽 대역의 전자는 덜 단단하게 결합되어 있고 실리콘과 같은 물질에서는 그 대역에서의 에너지 레벨 수에 비하여 전자의 수가 매우 적다. 이 바깥 쪽 대역의 전자는 인접한 에너지 레벨로 이동이 가능하며, 인가된 전기장에 대하여 매우 자유롭게 움직인다. 이 전자들을 "자유전자(free electrons)"라고 부른다. 실리콘에 인 불순물을 도핑하는 것은 순수한 실리콘에 비해 자유전자의 과잉을 가져온다. 이와 같이 도핑된 물질은 "n형" 반도체라고 불리며 도핑되지 않은 실리콘보다 큰 전도율을 가진다.

가장 바깥쪽 다음으로 낮은 에너지 밴드는 물질(여기서는 실리콘)의 화학적 원자가와 연관되어 있기 때문에 "가전자대(valence band)"라고 불린다. 이 대역의 에너지 레벨은 거의 (완전하지는 않지만) 채워져 있다. 그러나 p형 불순물로 도핑된 반도체(붕소로 도핑된 실리콘)는 가전자대에 상대적으로 높은 에너지 레벨을 산출하며 이와 같이 도핑된 물질을 p형 반도체라고 부른다. 이 대역에 있는 전자는 전기장이 있을 때 도핑에 의해 만들어진 사용 가능한 에너지 레벨로 움직일 수 있어 전류의 흐름에 기여한다. 그러나 기능적으로 이 p형 물질은 마치 “정공(holes)”이라 불리는 양의 전하를 띤 입자를 과도하게 가진 것처럼 행동한다. 반도체에서의 전류 흐름에 대한 모델 및 반도체 소자에 대한 설명은 가상의 정공과 전기장에 대한 그 응답을 전류 흐름에 대한 기본으로 사용한다. 이러한 전하 캐리어를 설명하는 데 사용되는 용어들은 다음과 같다: n형 물질에서 전자는 “다수 캐리어”, 정공은 “소수 캐리어”라고 불리며, p형 물질에서는 그 반대이다.

반도체 물질을 도핑하는 것은 정공과 전자의 상대밀도를 변화시킨다. 그러나 도핑 농도에 관계없이 유지되는 밀도 사이의 기본 관계가 있다. 정공과 자유 전자의 농도가 동일한 실리콘과 같은 진성 반도체의 경우에, 그 농도는 $n_i = 1.5 \times 10^{10}/\text{cm}^3$로 나타내진다.

실리콘에 p형 또는 n형 불순물 중 하나로 도핑하는 것은 농도를 변화시킨다. 전자 밀도를 n, 정공 농도를 p라고 할 때, 열 평형 하에서 이러한 농도 사이의 관계를 표현하면 다음 식과 같다:

$$np = n_i^2 \tag{4}$$

반도체 전자 부품의 전기적 특성을 좌우하는 역할을 하는 반도체 물리학의 또 다른 기본적인 면이 있다. 전압 V가 반도체 물질의 판에 인가될 때마다 위에서 설명했듯이 전기장 강도 벡터 $\overline{\mathbf{E}}$로 표시되는 전기장을 만든다(본문에서 기호 위의 막대는 변수가 벡터임을 알려주는 표기이다).

반도체 물질에서, 외부 전위로 인한 전기장은 전자와 정공이 각각 평균 속도 벡터 $\overline{\mathbf{v}}_e$와 $\overline{\mathbf{v}}_h$로 움직이도록 한다. 이 속도는 다음과 같이 주어지며, 여기서 μ_e는 전자 드리프트 이동도이고, μ_h는 정공 드리프트 이동도이다.

$$\overline{\mathbf{v}}_e = \mu_e \overline{\mathbf{E}}$$
$$\overline{\mathbf{v}}_h = \mu_h \overline{\mathbf{E}}$$

이 평균 속도와 전자의 전하 $q(1.6 \times 10^{-19}$ coulomb)를 이용하면, 전자와 정공의 전류밀도 $\overline{\mathbf{J}}_e$와 $\overline{\mathbf{J}}_h$는 각각 다음과 같다.

$$\overline{\mathbf{J}}_e = nq\overline{\mathbf{v}}_e$$
$$\overline{\mathbf{J}}_h = pq\overline{\mathbf{v}}_h$$

이 관계는 이 책 본문에 나오는 다양한 구성요소의 모델에서 나타난다.

이 책 전반에 걸쳐, 전류의 흐름은 양에서 음으로 흐르는 기존의 전류 방향을 받아들이지만, 실제로 전류는 음에서 양으로의 전자 움직임에 의해 생성된다. 이러한 전류 흐름의 선택은 단지 표기 목적의 편리함 때문이고, 회로 분석이나 설계의 유효성에는 영향을 미치지 않는다.

다이오드

다이오드는 양극(p형 반도체)과 음극(n형 반도체)으로 불리는 두 개의 단자를 갖는 전기 소자이다. 다이오드는 양극과 음극 사이의 접합으로 형성된다. 실제로, pn접합은 접합부의 한쪽에 p형 불순물을, 다른 쪽에는 n형 불순물을 확산시킴으로써 형성된다.

다이오드 물질이 p형에서 n형 물질로 변하는 영역을 pn접합이라 부른다(또는 단순접합). 접합 영역은 상대적으로 짧지만, 다이오드 동작에 있어서 중요한 역할을 수행한다. 접합이 형성되면, 접합 부근의 전자는 n형에서 p형으로 이동한다. 동시에 그 영역의 정공은 p형에서 n형으로 이동한다. 이 이동은 공핍 영역(depletion region)으로 알려진 영역 상에서 양전하 도판트 이온을 n측에, 음전하 도판트 이온을 p측에 남겨, 차례로 전하 분포를 생성하여 두 영역 사이의 전위차를 발생시킨다.

평형상태에서, 이 전위는 더 이상의 전류의 흐름을 억제한다. 전위는 전류의 흐름에 대하여 어떤 장벽과 같기 때문에 접합 장벽 전위(junction barrier potential)라고 알려져 있다.

인가된 전압에 따라 다이오드를 통해 흐르는 전류는 전압의 크기뿐만 아니라 극성에도 의존한다. 그림 3.2는 접합의 p형(양극: anode)과 n형(음극: cathode) 측을 보여주는 pn 다이오드의 회로 기호를 그린 것이다. 만약 다이오드의 양극에 양의 전압, 음극에 음의 전압을 인가하면, "순방향 바이어스(forward biased)" 되었다고 한다. 반대 극성 시 다이오드는 "역방향 바이어스(reverse biased)" 되었다고 한다. 순방향 바이어스는 접합 장벽 전위를 감소시켜 전류의 흐름을 증가시키고, 역방향 바이어스는 접합 장벽 전위를 증가시켜 전류의 흐름을 억제한다.

순방향 바이어스된 다이오드에 흐르는 전류는 인가 전압 V에 따라 기하급수적으로 증가하는 반면, 역방향 바이어스된 경우의 전류는 매우 낮은 포화전류 I_s에 도달한다. 이 전류 흐름의 모델은 다음과 같다.

$$I = I_s(\exp(V/nV_T) - 1) \tag{5}$$

여기서, I_s와 n은 특정 다이오드의 매개변수이고, 열 전압이라 불리는 V_T는 다음

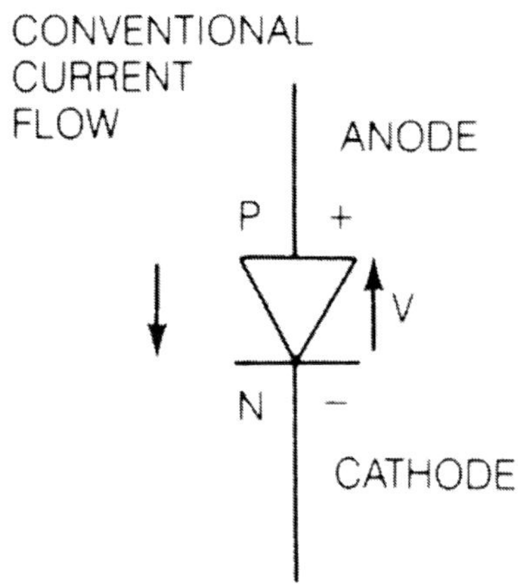

그림 3.2

p-n 다이오드에 대한 회로 기호

과 같으며,

$$V_T = kT/q$$

여기서, k는 볼츠만상수, T는 접합부 절대온도, q는 전자의 전하이다.

실내에서 $V_T \cong 26\,\mathrm{mV}$이고, 파라미터 n은 일반적으로 1~2정도이며, I_s는 수 μA이다. 그림 3.3은 다이오드 접합부 인가 전압대 전류의 흐름을 나타낸 것이다. 역방향 바이어스 전류는 매우 작아 나타내지 못했다.

비록 다이오드 전압 전류 특성에 대한 위의 모델은 실제 다이오드를 잘 표현하고 있으나(역방향 바이어스 전압이 항복 전압보다 작은 경우), 대부분의 회로 분석 또는 설계 목적을 위해서 이 정도의 정확성까지 필요하지는 않다. 자동차 전자 시스템 내 전기 소자를 이해하기 위해서는 pn 다이오드가 인가된 전압 극

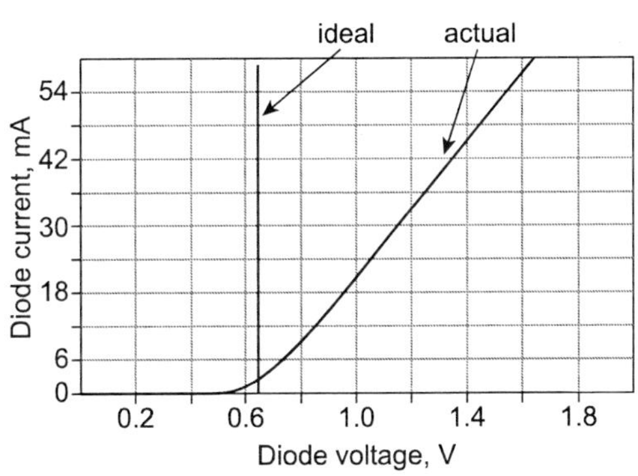

그림 3.3

다이오드의 전달 특성

성에 좌우되는 스위치로서 그림과 같은 이상적인 특성을 갖는다고 생각하면 충분하다. 즉, 역방향 바이어스에 대해 개방(open)되고, 순방향 바이어스에 대해 단락(closed)되는 스위치로 모델링할 수도 있다. 이 모델에서, 순방향 바이어스에서의 다이오드 전류는 연결된 외부 회로 구성요소에 의해 제한되며, 역방향 바이어스 전류는 0이 된다.

정류 회로

그림 3.4는 흔히 사용되는 다이오드 회로로서, 다이오드가 AC파형 한 사이클에서 양의 부분은 통과시키고 음의 부분은 억제함으로써 AC파형을 효과적으로 반으로 자르므로, 반파정류회로(half-wave rectifier circuit)라고 부른다.

점선으로 표시된 커패시터 없는 회로를 먼저 고려해 보자. 100 V의 첨두대 첨두(peak to peak) 크기(양으로 최대 50 V와 음으로 최대 50 V)를 갖는 정현파를 생각해 보자. 시간에 대한 입출력 전압 파형이 그림 3.5에 실선으로 그려져 있다. 그림에서 출력은 0 V 이하로 내려가지 않음을 알 수 있다. 입력 전압이 음이면 다이오드는 역방향 바이어스가 되고, 전류의 흐름을 막기 때문이다. 하지만 입력 전압이 양이면 다이오드는 순방향 바이어스가 되고, 전류가 흐르도록 한다. 만약 회로에서 다이오드가 거꾸로 연결되면 입력 전압이 음일 때 전류가 흐르고, 입력 전압이 양일 때 전류의 흐름을 막게 된다.

정류기 회로는 AC 전압을 DC 전압으로 바꾸는 데 사용된다(즉, 차량용 발전기와 함께 사용하여 배터리 충전하는 DC 전류를 제공하고 차량에 전력을 공급하기 위함). 커패시터를 사용하여 전하를 저장하고, 전압 변화를 억제함으로써 반파 정류기의 출력에서 리플이나 맥동을 줄여 전압 파형을 부드럽게 해준다.

그림 3.4의 입력 전압 V_{in}은 AC이고, 출력 전압 V_{out}은 그림 3.5에서 볼 수 있듯이, DC성분과 시변성분을 포함한다.

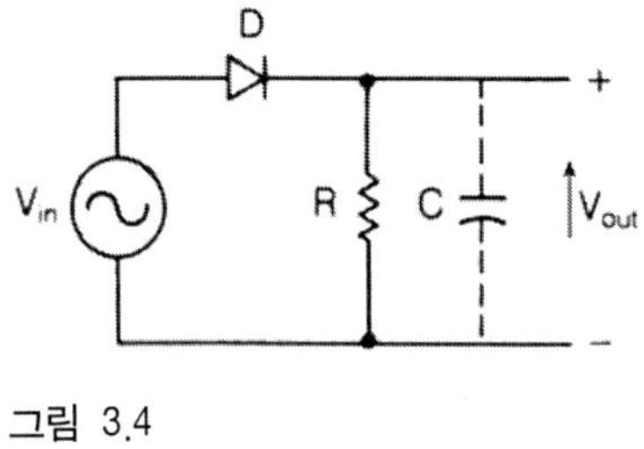

그림 3.4
정류 회로

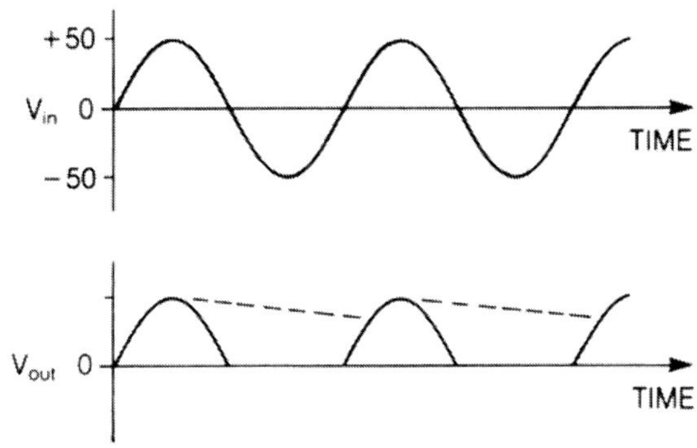

그림 3.5
정류기 파형

반파 정류기의 출력 전압은 그림 3.4에 점선으로 표시된 커패시터를 추가함으로써 부드러워질 수 있다. 부하 저항(R)과 커패시터(C)의 조합은 반파 정류기 다이오드의 출력 변동을 부드럽게 해주는 저역 통과 필터를 형성한다. 커패시터는 전하를 저장하는 성질 외에 시간에 대한 전압 변화를 억제하는 특성이 있기 때문에 V_{in}이 첨두 전압에서 내려갈 때 부하 저항으로 방전한다(전류를 공급한다). 또, 커패시터는 V_{in}이 다시 양의 최대 전압으로 돌아올 때 재충전되고 입력 전압에 의해 부하에 전류가 공급된다. 결과적으로 그림 3.5에서 첨두 사이의 점선으로 보여지듯이, 매우 부드러워지고 안정된 dc전압인 V_{out}이 얻어진다. 충분히 큰 용량을 갖는 커패시터를 선택하여 저역 통과 필터의 코너 주파수를 낮추고 리플 성분을 감쇠시킴으로써 출력 전압에서 리플의 진폭이 미미해질 수 있다(제1장 참조).

통신 시스템을 포함하여 많은 다이오드 응용이 있다. 종종, 정보 전달 신호의 캐리어 주파수를 변경하는 것이 바람직한데, 다이오드의 비선형 전달 특성은 "주파수 믹싱"으로 알려진 프로세스에 꼭 필요한 요소이다. 두 개 또는 그 이상의 신호가 다이오드를 통과할 때마다 구성요소의 주파수 합과 차를 포함하는 신

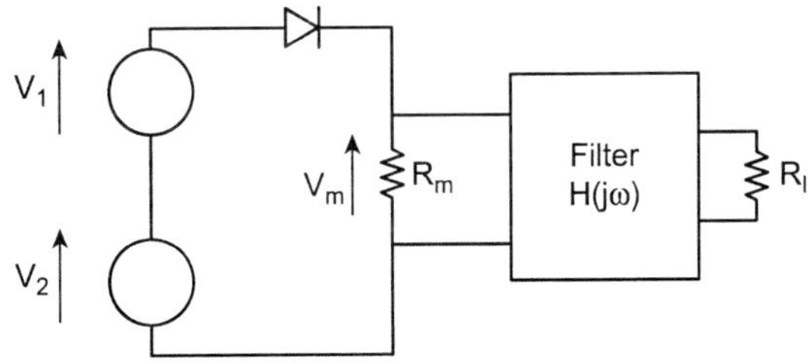

그림 3.6
주파수 믹싱 회로

호가 발생한다. 그림 3.6은 주파수 믹싱 개념의 간단한 예를 나타낸 것이다.

두 개의 전압원이 단자 전압 v_1, v_2를 가진다고 하자: $v_1(t) = V_1\sin(\omega_1 t)$, $v_2(t) = V_2\sin(\omega_2 t)$이다. 저항 R_m에 걸리는 전압을 다음과 같이 나타낼 수 있다.

$$v_m = \sum_{n=-\infty}^{\infty} \sum_{m=-\infty}^{\infty} C_{m,n}(V_1, V_2)\sin[(m\omega_1 + n\omega_2)t] \tag{6}$$

여기서, $C_{m,n}$은 R_m 및 V_1, V_2의 함수이고, m, n은 정수이다. 이 계수들의 크기는 상대적으로 작은 n과 m에 대해서 가장 크고 $n \to \pm\infty$, $m \to \pm\infty$일 때 점근적으로 0에 가까워진다. 대부분의 통신 응용에서, 주파수 믹싱 회로는 원하는 주파수 요소를 선택하는 데 사용된다. 필터 통과 대역은 원하는 주파수 요소를 포함하고 정지 대역은 원하지 않는 주파수 요소를 억제한다(제1장 참조).

트랜지스터

다이오드는 이득이 없고 에너지를 저장하지 못하기 때문에 정적 회로 소자라고도 한다. 반면에 트랜지스터는 증폭 기능이 있을 뿐 아니라, 신호 레벨을 변환할 수도 있으므로 능동 소자라고 한다. 트랜지스터는 세 단자 회로 소자로 전압 또는 전류를 제어하는 전류 증폭기처럼 동작한다. 트랜지스터에는 전류제어 또는 전압제어 여부에 따라 "바이폴라(bipolar)" 또는 "전계 효과(field effect)"로 구분되는 두 가지 종류가 있다. 일반적으로 바이폴라(n형과 p형 반도체로 구성된)에는 1) NPN, 2) PNP의 두 가지 종류가 있다.

물리적으로, NPN 트랜지스터 구조는 콜렉터(collector)와 에미터(emitter)라고 불리는 2개의 n형 조각 사이에 얇은 p형 물질(베이스: base)이 끼워져 구성되어 있다. PNP 트랜지스터는 p형의 에미터와 p형의 콜렉터 사이에 베이스로서 얇은 n형 물질을 가지고 있다.

바이폴라 트랜지스터는 신호를 증폭시키거나 다음의 세 가지 다른 회로 구성으로 바꿀 수 있다: 1) 에미터 접지, 2) 베이스 접지, 및 3) 콜렉터 접지. 바이폴라 형태의 회로도 기호는 그림 3.7a와 b를 이용한다. 콜렉터(I_c), 에미터(I_e), 및 베이스(I_b) 각 단자에서 일반적인 전류 흐름 방향은 이 회로도 도면과 같다.그림 3.8은 에미터 접지 NPN 증폭기의 회로 구성을 나타낸 것이며, 그 동작원리는 이 장의 뒷부분에서 설명한다.

증폭된 신호는 소스전압 v_s와 소스저항 R_s에 의해 표현된다. 부하저항 R_ℓ에 의해 양의 DC 전원 전압 V_{cc}와 콜렉터가 연결된다. 증폭 신호인 출력은 콜렉터

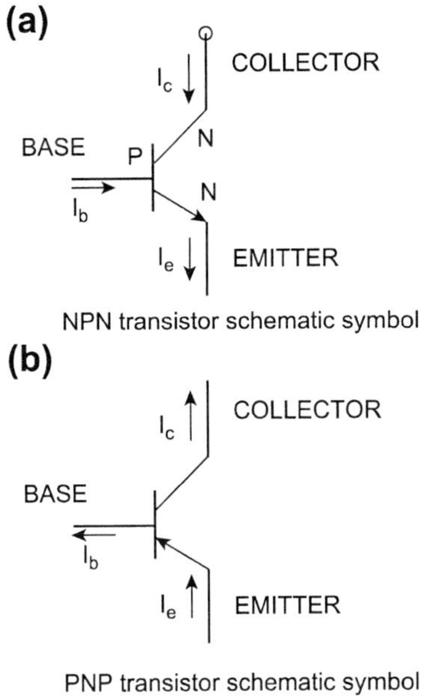

그림 3.7
트랜지스터 회로 기호

-R_ℓ 결합부분에서 구해지며, v_o로 표시된다. 선형증폭의 경우, 바이어스 저항 R_b를 통해 베이스에 DC 전류를 공급한다. 바이어스 전류의 목적은 트랜지스터의 증폭기 동작과 관련해 나중에 설명된다.

트랜지스터는 증폭소자로서 유용하다. 정상으로 동작하는 동안, 전류는 NPN 트랜지스터의 경우 베이스에서 에미터로 흐른다. 콜렉터-베이스 접합이 역방향 바이어스 되면 베이스에 전류가 흐르지 않을 때 콜렉터와 베이스 사이에는 단지 매우 적은 양의 전류만 흐른다.

트랜지스터의 베이스-에미터 접합은 다이오드처럼 동작한다. NPN 트랜지스

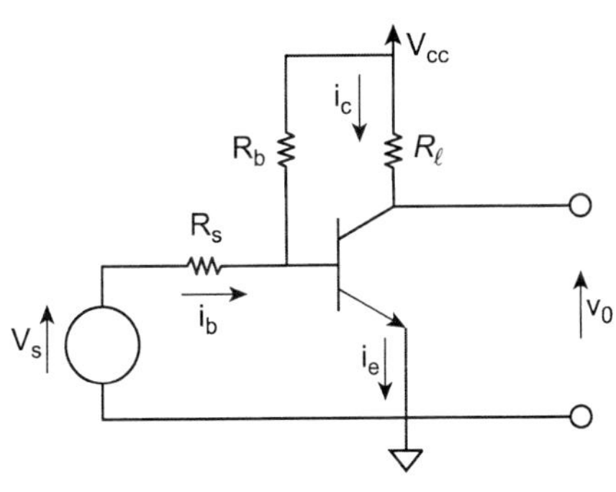

그림 3.8
NPN 트랜지스터 증폭기 회로

터의 정상 동작 하에서 전류는 베이스로 흘러 들어가고 에미터로 나온다. 그러나 에미터에서 베이스로, 즉 역방향으로는 흐르지 않는다. 트랜지스터의 회로 기호에서 에미터에 있는 화살표로 전류 흐름의 순방향을 나타낸다. 콜렉터-베이스 접합도 항상 다이오드처럼 동작하지만, 전원 전압은 항상 역방향으로 인가된다. 이 접합은 약간의 역방향 전류를 가지는데, 그 전류는 아주 작다($10^{-6} \sim 10^{-12}$ A). 따라서 극한 조건, 특히 온도가 아주 높은 조건 하에서 동작할 때를 제외하고는 무시할 수 있다. 일부 자동차 응용 분야에서는 극한 온도가 트랜지스터의 동작에 중요한 영향을 미치는 경우도 있다. 그런 응용 분야에는, 트랜지스터 동작을 자동으로 보상해 주는 회로소자가 포함된다.

에미터 접지 구성에서 NPN 바이폴라 접합 트랜지스터(BJT)의 동작은 그림 3.9를 참조하여 이해할 수 있다. 이 구성에서, 개별 구성요소 영역 — 콜렉터, 베이스, 그리고 에미터 — 은 두 접합에서 각각 매우 중요한 공핍 영역과 함께 나타나 있다. 전압 V_{ce}와 V_{be}는 에미터(접지)를 기준으로 콜렉터(+)와 베이스(+)의 전압이며, 여기서 $V_{ce} > V_{be}$이다. 이 전압들은 콜렉터-베이스 접합에는 역방향 바이어스이고, 베이스-에미터 접합에는 순방향 바이어스이다. 콜렉터와 에미터의 전기적 중성 부분은 n으로 표시하고, 베이스의 중성 부분은 p로 표시한다. 역방향 바이어스 콜렉터-베이스 전압은 V_{cb}로 표시되며, 다음과 같이 주어진다.

$$V_{cb} = V_{ce} - V_{be}$$

V_{ce}에서의 증가(V_{be}의 변화 없이)는 역방향 바이어스를 증가시켜 콜렉터-베이스 모두의 공핍영역을 증가시킨다. 에미터-베이스 접합(고정된 V_{bc}에 대해)의 공

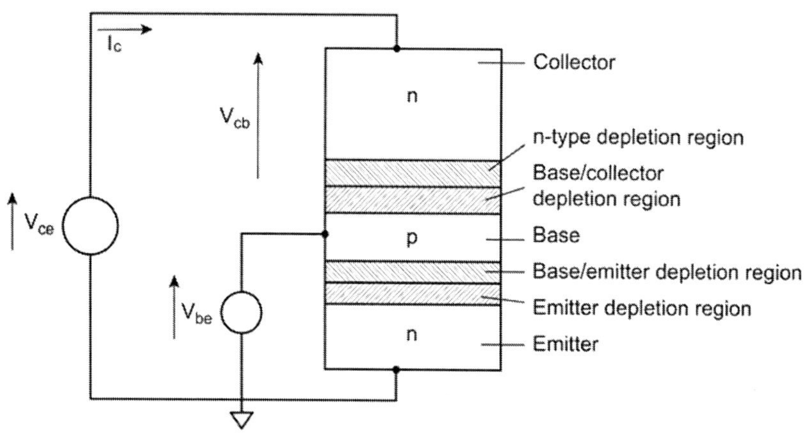

그림 3.9
NPN 에미터 접지 구성 및 전압

핍영역에서는 변화가 없다.

바이폴라 트랜지스터의 동작 특성은 특성 곡선으로 알려진 $I_c(V_{ce}, V_{be})$의 곡선의 집합으로 주어진다. 에미터 접지 구성에서 전형적인 소신호 NPN 트랜지스터(예를 들면, 2N4401)에 대한 특성 곡선은 그림 3.10과 같다. 이 곡선은 베이스 전류(μA 단위)를 파라미터로 나타낸다. 고정된 V_{be}에 대하여 $V_{ce}=0$에서 I_c가 증가하여 어느 포화지점을 지나게 되면, V_{CE}에 따라 I_c는 거의 선형적으로 변화한다. 접지된 에미터 바이폴라 트랜지스터에 대한 대신호 모델은 이른바 Early 모델에 의해 다음과 같이 주어진다:

$$I_c = I_s \exp\left(\frac{V_{be}}{V_T}\right)\left(1+\frac{V_{ce}}{V_A}\right) \tag{7}$$

$$\beta_F = \frac{\partial I_c}{\partial I_b}\bigg|_{V_{ce}}$$

$$\beta_F = \beta_{F_0}\left(1+\frac{V_{ce}}{V_A}\right)$$

여기서, I_s는 역방향 바이어스된 콜렉터-베이스 접합에서의 포화 전류, V_T는 열 전압 $= kT/q$, V_A는 이른바 Early전압(대략적인 범위는 15~150 V)이고, β_{F_0}은 바이어스가 0에서 공통 에미터 순방향 전류 이득이다:

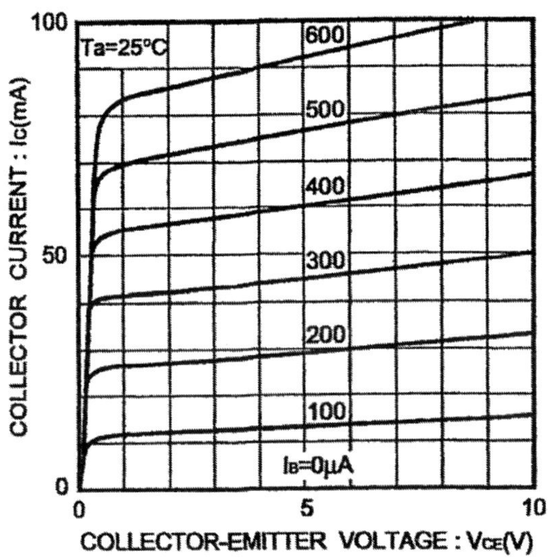

그림 3.10

에미터 접지 출력 특성

$$\beta_{F_0} = \frac{\partial I_c}{\partial I_b}\bigg|_{I_b = 0}$$

트랜지스터의 소신호 선형 모델은 그림 3.11과 같다. 이 모델은 선형 모드 동작의 성능 분석/설계에 가장 유용하다.

베이스-에미터 다이오드(base-emitter diode)는 다이오드 양단에 걸리는 전압이 순방향으로 V_d 이상 인가될 때까지 도통하지 않는다(트랜지스터 베이스 전류가 흐르지 않음). 만약 트랜지스터가 실리콘 트랜지스터이면 임계 전압 V_d는 실리콘 다이오드처럼 0.7 V이다. 즉, 베이스-에미터 전압 V_{BE}가 0.7 V를 넘지 않으면 콜렉터 전류 I_c도 0일 것이다. 이것을 가리켜 차단 조건 또는 트랜지스터가 스위치로 사용될 때 OFF 조건이라고 한다.

V_{BE}가 0.7 V 이상이 될 때, 다이오드가 도통되어 약간의 베이스 전류 I_b가 흐른다. 그림 3.10은 기본적으로 비선형이지만, 트랜지스터 전압/전류 특성이 선형 동작 영역을 갖고 있다는 것을 보여준다. $V_{CE} = 5$ V, $I_b = 300\ \mu$A와 같은 지점에서 베이스 전류의 변화는 매우 선형인 콜렉터 전류의 변화를 가져온다.

소위 공통 에미터 순방향 전류 이득은, h_{fe}로 표시되고, 다음과 같이 주어진다.

$$h_{fe} = \frac{\partial I_c}{\partial I_b}\bigg|_{V_{be}} \tag{8}$$

대문자로 전압/전류의 직류 성분을 나타내고, 소문자로 그 직류 성분의 변화

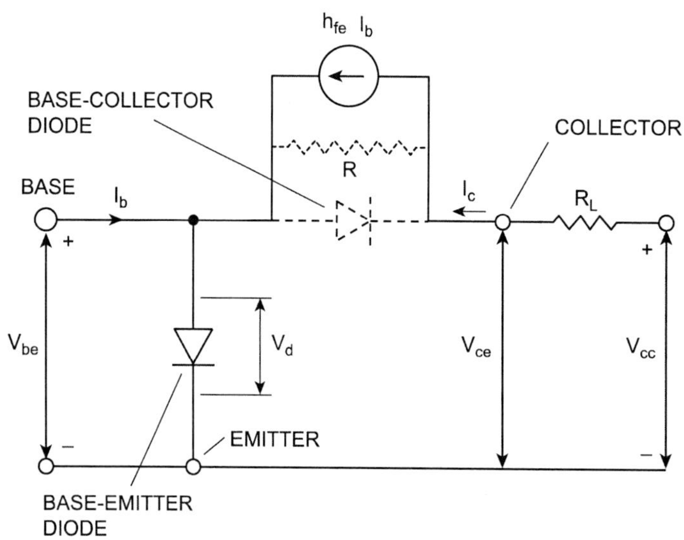

그림 3.11

NPN 트랜지스터의 전류 및 전압

(variation)를 나타내는 것이 선형 트랜지스터 회로 해석/설계에서 일반적이다. 예를 들어, 콜렉터 전류는 다음과 같이 모델링될 수 있다.

$$\begin{aligned} I_c(t) &= I_{co} + \delta I_c \\ &= I_{co} + i_c(t) \end{aligned} \tag{9}$$

마찬가지로, 베이스 전류 I_b는 아래와 같이 모델링될 수 있다.

$$\begin{aligned} I_b(t) &= I_{bo} + \delta I_b \\ &= I_{bo} + i_b(t) \end{aligned} \tag{10}$$

그림 3.11의 I_{bo}로 나타낸 직류 베이스 전류(베이스 바이어스 전류라고 불림)에서, 콜렉터 교류전류는 다음과 같이 주어진다.

$$i_c(t) = h_{\mathrm{fe}} i_b(t) \tag{11}$$

일반적으로 트랜지스터의 전류 이득(h_{fe})은 트랜지스터 형태에 따라 보통 10~200의 범위 내에 있지만, V_{ce}, I_b, I_c의 넓은 범위에 걸쳐 거의 일정하다. 콜렉터 전류는 그림 3.11에 모델의 콜렉터 회로에서 전류원으로 표시되어 있다. 트랜지스터가 전류를 도통하고 증폭하는 영역을 능동 영역이라고 부른다. 이것은 또한 콜렉터 전류가(근사적으로) 베이스 전류에 선형적으로 비례하기 때문에 선형 영역이라고도 한다. 콜렉터-베이스 다이오드와 병렬인 점선으로 표시된 저항은 역방향 바이어스된 접합에서 누설 전류를 표시하는데, 앞서 말한 것과 같이 보통 무시된다.

포화 조건이라고 불리는 세 번째 조건은 콜렉터-에미터 전압과 콜렉터 전류의 관계에 의해 결정된다. 포화 조건은 트랜지스터 베이스 전류가 많이 증가해도 콜렉터 전류는 거의 증가하지 않는다. 트랜지스터가 포화되었을 때 콜렉터-에미터 양단의 전압 강하는 매우 작아서 보통 0.5 V보다 적다. 이것은 트랜지스터 스위치 회로에서 'ON' 조건이다. 이 조건은 스위치 회로에서 트랜지스터의 콜렉터가 그림 3.11처럼 R_L을 거쳐 전원전압 V_{cc}에 연결되어 있을 때 발생한다. 출력전압(콜렉터에서 에미터로의 전압강하)이 매우 작고, 콜렉터 베이스 다이오드가 순방향 바이어스되는 포화 조건으로 트랜지스터를 동작시키기 위해서는 트랜지스터에 충분히 큰 베이스 전류를 공급해야 한다.

지금까지 트랜지스터의 동작에 대해 간단히 기술했으므로, 이를 이용한 회로 응용에 대해 논의할 수 있을 것으로 생각한다. 소신호 모델의 사용 예로서, 그림 3.12a의 간단한 증폭회로를 분석한다. 이 그림에서, 교류전압 v_s와 소스저항 R_s,

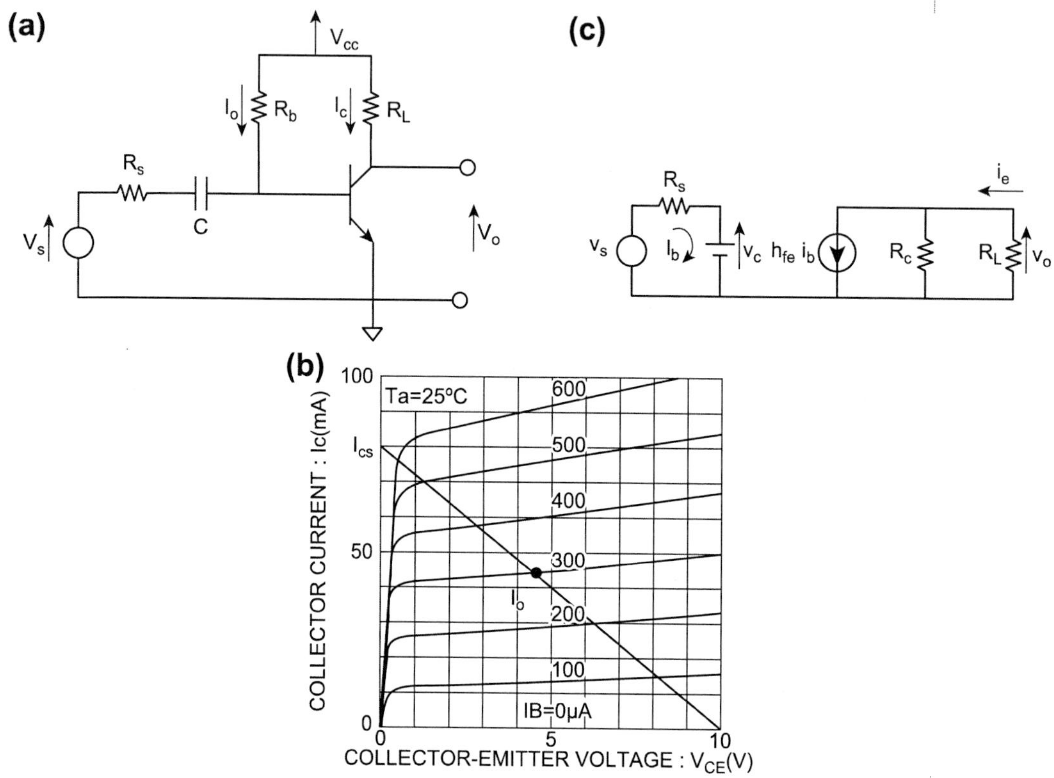

그림 3.12

에미터 접지 NPN 트랜지스터 증폭기

그리고 커패시터 C를 통해 흐르는 신호가 증폭되어 출력신호 v_o가 된다. 커패시터를 추가하는 목적은 소스로부터 바이어스 저항 R_b을 통해 흐르는 직류 베이스 전류를 차단하는 것이다. 이 출력전압은 부하저항 R_L을 통해 동작하는 콜렉터 전류의 변화(전압원 변화에 기인)에 의해 생성된다.

트랜지스터 증폭기에서, 베이스 전류에서의 작은 변화가 그에 대응하는 콜렉터 전류의 큰 변화를 가져온다. 선형 증폭을 이루기 위해 트랜지스터는 바이어스 저항 R_b을 통해 직류전류로 바이어스 된다. 이 트랜지스터의 특성곡선은 그림 3.12b와 같다. $V_{ce} = V_{cc}$와 $I_c = I_{cs}$를 연결하는 직선(부하 선이라고 불림)은 신호 전압 V_s에 의한 베이스 전류의 변화에 대한 전압 V_o와 콜렉터 전류 I_c의 변화를 나타낸다. 부하 선 S_{LL}의 기울기는 다음과 같다.

$$S_{LL} = \frac{dI_c}{dV_{ce}} = \frac{I_{cs}}{V_{cc}} \qquad (12)$$

$$= \frac{1}{R_L}$$

$v_s = 0$에서, 바이어스 전류는 다음과 같이 주어진다.

$$I_0 = \frac{V_{\mathrm{cc}} - V_{\mathrm{d}}}{R_{\mathrm{b}}} \cong \frac{V_{\mathrm{cc}}}{R_{\mathrm{b}}} \tag{13}$$

여기서, V_d는 V_{cc}에 비해 일반적으로 무시할 수 있는 베이스-에미터 접합의 순방향 바이어스 전압 강하이다.

이 회로의 분석은 V_{cc}단자의 부하저항 전위가 교류 접지 전위인 그림 3.12c의 소신호 모델을 사용하여 이루어진다. 그림 3.12a에서 회로의 출력 전압 v_o는 V_{ce}의 교류 성분이다.

보통 "소신호 선형 증분 트랜지스터 모델"로 불리는 이 모델은 선형 증폭에만 유효한 이상적인(가상의) 등가 회로이며 전압, 전류의 ac성분만을 나타낸다. 이 보넬에서, 콜렉터 전류 i_c는 소스저항 R_c에 의해 선트 연결된 이상적인 전류제어 전류원으로 표현된다. 이상적인 전류원은 어떤 부하 임피던스와도 독립적으로 전류를 생산하는 인공적인 회로의 구성요소이다.

생성된 전류는 베이스 전류 i_b에 비례하여 다음과 같이 주어진다.

$$i_c = h_{\mathrm{fe}} i_b \tag{14}$$

$R_c >> R_L$로 가정하면, (일반적인 경우) 출력 전압 v_o는 다음과 같이 주어진다.

$$v_o(t) = -R_{\mathrm{L}} i_{\mathrm{c}}(t) \tag{15}$$

$$v_o = -h_{\mathrm{fe}} R_{\mathrm{L}} i_{\mathrm{b}}(t) \tag{16}$$

콜렉터 전압과 베이스 전류는 180° 위상차가 있다는 것에 주목해야 한다. 이러한 위상변화는, 물리적으로 전원(즉, V_{cc})과 연결된 부하 저항의 끝 단이 교류 접지 전위에 있고, 그림 3.12c에 보여지는 방향으로 교류 콜렉터 전류가 흐르기 때문이다. 베이스 회로 분석은 베이스 회로 루프 주위의 전압 요소의 합을 구하여 수행된다.

$$v_s = i_b R_s + v_c \tag{17}$$

커패시터 전압 v_c는 다음과 같이 주어진다.

$$v_c(t) = \frac{1}{C}\int_0^t i(\tau)dt \tag{18}$$

식 (17)은 제1장의 라플라스 변환 식을 적용하면 다음과 같이 $i_b(s)$를 구할 수 있다.

$$\begin{aligned} i_b(s) &= \frac{\mathrm{v}_s(s)}{R_s + \frac{1}{sC}} \\ &= \frac{sC\mathrm{v}_s(s)}{1 + R_sCs} \end{aligned} \tag{19}$$

식 (19)의 $i_b(s)$를 식 (16)에 대입하면, 트랜지스터 회로 전압 이득 G는 다음과 같다.

$$G(s) = \frac{v_o(s)}{v_s(s)} \tag{20}$$

$$\begin{aligned} &= -\frac{h_{\mathrm{fe}} sCR_sR_L}{1 + sCR_s} \\ &= -h_{\mathrm{fe}}\frac{R_L}{R_s}\left(\frac{s/\omega_o}{1 + s/\omega_o}\right) \end{aligned} \tag{21}$$

여기서, $\omega_o = \dfrac{1}{R_sC}$이다.

R_sC 차원은 시간이므로 ω_o는 주파수의 차원(rad/s)을 갖게 된다. 입력 주파수에서 이득 값[$G(j\omega)$] 변화는 이득 값의 정상상태 정현파 주파수 응답으로부터 결정될 수 있다. 제1장에서, 어떠한 시스템에서의 정현파 주파수 응답은 동작 전달함수에서 s를 $j\omega$로 대체함으로써 구할 수 있었다. 그러므로 증폭기 이득의 주파수 의존성은 다음과 같이 주어진다.

$$G(j\omega) = -h_{\mathrm{fe}}\frac{R_L}{R_s}\left(\frac{j\omega/\omega_o}{1 + j\omega/\omega_o}\right) \tag{22}$$

주파수 $\omega \gg \omega_o$에서, 증폭기 이득은 다음의 일정한 값에 접근한다.

$$G(j\omega) \underset{\omega \to \infty}{\longrightarrow} -h_{\mathrm{fe}}\frac{R_L}{R_s} \tag{23}$$

즉, 그림 3.12a의 회로는 "고역 통과" 증폭기이다. 직류 차단 커패시터 C는 ω_o가 v_s의 가장 작은 주파수 성분보다 작게 되도록 회로 설계 시 선정된다.

실제로, 트랜지스터 증폭기는 종종 그림 3.12a 형태가 여러 단 직렬로 연결된 형태로 구성되며, 각 단의 출력은 다음 단의 입력과 커패시터로 연결된다. 물론, 시간 영역에서의 출력은 1장에서와 같이 $v_o(s)$의 라플라스 역변환을 수행함으로써 구할 수 있다.

선형 동작 영역 이외에도, 트랜지스터는 포화 영역과 컷 오프 영역에 대해 설명한 것처럼 스위치로서 비선형적으로 동작할 수도 있다. 이 응용에서 바이어스 저항은 생략된다. 회로 매개변수와 입력 전압은 트랜지스터가 $I_c \cong 0$인 컷 오프와 $I_c = I_{csat}$인 포화 영역에서 빠르게 변하도록 선택된다. 이러한 동작은 주로 디지털 회로에서 사용되며, 이 장의 뒷부분에서 논의되겠지만, 입력 및 출력 전압은 이진 값이다.

CHAPTER 03

전계 효과 트랜지스터

위에 설명된 트랜지스터의 형태는 전자와 정공 모두를 도통하여 동작하기 때문에 바이폴라 트랜지스터라고 한다. 앞에서 설명한 바와 같이, 그들은 작은 베이스 전류를 증폭시켜 상대적으로 큰 콜렉터-에미터 출력 전류를 발생시킨다. 이들은 실제로 전류-제어 전류 증폭기이다. 트랜지스터의 또 다른 형태는 전압-제어 증폭기로서 동작하는 것으로 전계 효과 트랜지스터(field-effect transistor, FET)라고 부른다. 다음에 설명하듯이 다양한 종류의 전계 효과 트랜지스터가 있다.

2개의 pn접합으로 제작된 바이폴라 트랜지스터와는 다르게 전계 효과 트랜지스터는 그림 3.13에 도시된 바와 같이 전극이 접합된 n형 또는 p형의 반도체 슬래브로 구성되어 있다.

전계 효과 트랜지스터는 반도체가 n형 또는 p형 물질인지에 따라 n채널 전계 효과 트랜지스터 또는 p채널 전계 효과 트랜지스터라고 부른다.

전계 효과 트랜지스터는 반도체 슬래브의 양단에 연결된 한 쌍의 전극을 가진 3단자 능동 회로 소자이며, 각각은 소스(sourse: S), 드레인(drain: D)으로 불린다. 게이트(gate: G)로 불리는 세 번째 전극은 반도체 슬래브와 전기적으로 절연된 얇은 도체 층으로 구성되어 있다.

제조 기술, 도핑 물질(즉, n채널 또는 p채널), 그리고 게이트 전압이 전하 캐리어의 수를 증가시키는 경향이 있는지(강화 모드로 불림) 또는 전하 캐리어의 수

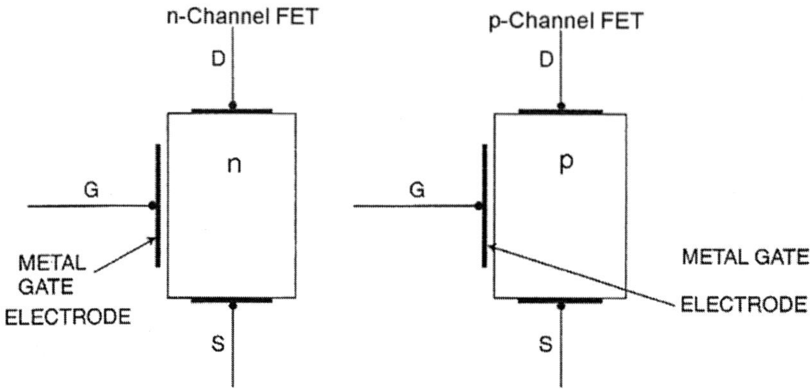

그림 3.13
전계 효과 트랜지스터 구성

를 감소시키는 경향이 있는지(공핍 모드로 불림)에 따라 특성이 다른 많은 형태의 전계 효과 트랜지스터가 있다. n형과 p형의 강화 모드(enhancement mode) 전계 효과 트랜지스터 회로도 기호를 그림 3.14에 나타내었다.

아마도 금속-산화물 반도체(MOS)에서 가장 일반적인 게이트 제조 방법은 산화층을 가진 금속을 사용하는 것이다. 산화층은 게이트 전극에 전류가 흐르지 않게 하기 위하여 반도체로부터 금속 전극을 절연시킨다. 또한, 게이트에 인가되는 전압은 소스에서 드레인으로 흐르는 전류를 제어하는 전기장을 만든다. 이러한 형태의 게이트 구조를 갖는 전계 효과 트랜지스터에는 트랜지스터가 n채널인지 p채널인지에 따라 NMOS 또는 PMOS가 있다. 보통, 회로는 상보적인 방식을 사용하여 제조되며, 이 제조 기술을 상보적 금속-산화물 반도체(complementary MOS, CMOS)라고 부른다. 제조 기술이나 반도체의 종류에 관계없이, 전계 효과 트랜지스터는 전압-제어 전류원으로 동작한다.

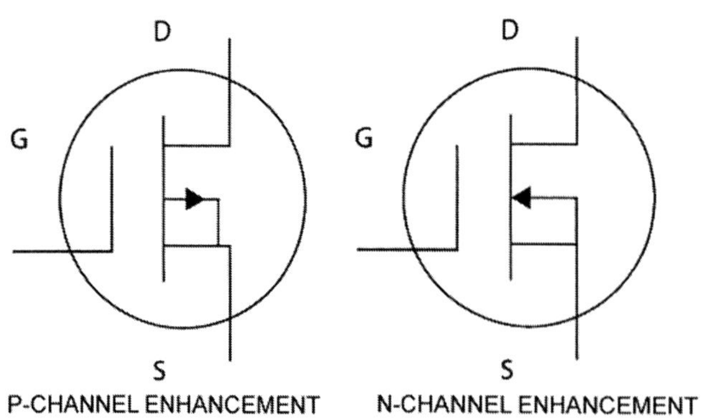

그림 3.14
전계 효과 트랜지스터의 회로 기호

모든 전계 효과 트랜지스터-타입의 트랜지스터에 대한 분석 과정은 본질적으로 바이폴라 트랜지스터와 동일하다. 그림 3.15에 주어진 증폭회로의 예제는 n 채널 강화모드 전계 효과 트랜지스터에서 공급 전원 V_{DD}로부터 부하저항 R_L을 통하고, 다시 트랜지스터의 D에서 S로의 경로를 통하여 접지로 향하는 전류 흐름을 보여준다. 게이트 전극에 인가된 신호 전압 v_s는 전계 효과 트랜지스터와 부하저항 R_L을 통하는 전류 흐름을 제어한다. 기능적으로, 전계 효과 트랜지스터는 전압-제어 전류원처럼 동작한다. 게이트에 인가된 상대적으로 약한 신호는 상대적으로 큰 전압 V_o를 발생시킨다.

이제 그림 3.12c를 기반으로 한 예를 들어 이러한 분석을 진행해 보자. 이 회로의 소신호(교류) 등가 회로 모델은 그림 3.16과 같다.

전계 효과 트랜지스터에서는 입력 임피던스가 매우 커서 게이트 전압은 거의 소스 접압이 된다($V_G \cong v_s$). 그림 3.16의 등가회로는 출력전류가 게이트 전압 V_G에 의해 제어되는 전압-제어 전류원을 포함한다. 이 전류원은 소스 저항 R과 션트 연결된다. 이 경우, 전압-제어 전류원의 전류는

$$\begin{aligned} i_D &= g_m v_G \\ &\cong g_m v_s \end{aligned}$$

이고, 여기서

$$g_m = \left.\frac{\partial i_D}{\partial v_G}\right|_{v_{G\text{bias}}}$$

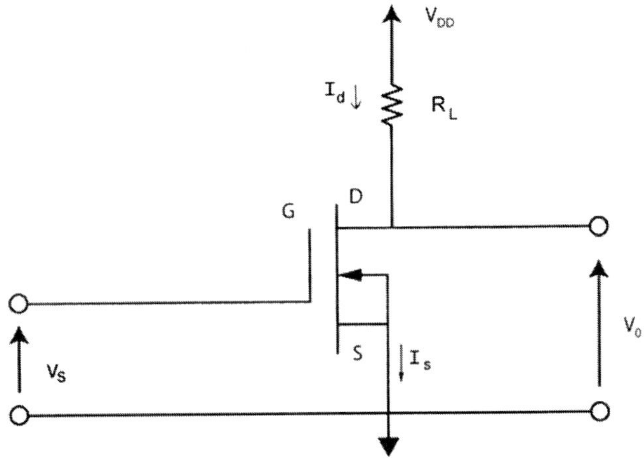

그림 3.15
간단한 전계 효과 트랜지스터 증폭기

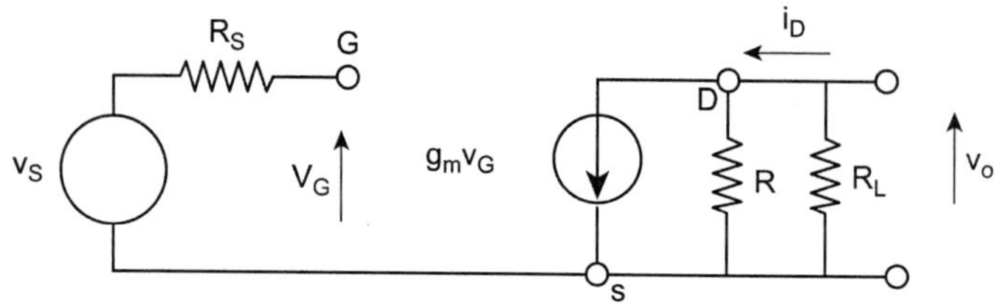

그림 3.16

이다.

매개변수 g_m은 전계 효과 트랜지스터에 대한 "상호 컨덕턴스"라고 부르고, 출력전압 v_o는 다음과 같다.

$$
\begin{aligned}
v_o &= -\frac{RR_L i_D}{R+R_L} \\
&= -\frac{RR_L g_m v_s}{R+R_L} \qquad (24)
\end{aligned}
$$

전계 효과 트랜지스터 증폭기는 바이폴라 증폭기와 유사하게 v_s에서 v_o까지 180° 위상차가 있다.

위의 예시는 모든 전계 효과 트랜지스터에 대한 분석 과정을 설명한다. 물론, 주어진 전계 효과 트랜지스터 증폭기 회로는 주파수-의존 구성요소(예를 들면, 인덕터와 커패시터)를 포함할 수 있으며, 이 경우 제1장에서 설명한 변환 기법을 통한 분석과 바이폴라 트랜지스터 분석에 사용된 과정이 필요하다.

집적 회로

현대 자동차 전자식 시스템 및 보조 시스템에서, 트랜지스터는 거의 개별 구성요소로 나타나지는 않는다(연료 분사 또는 스파크 발생을 위한 드라이버와 같은 상대적으로 고전력 응용을 제외하고). 오히려 다중 트랜지스터가 나타난다(수만개 트랜지스터가 하나의 실리콘 칩 안에 들어감). 이것은 특히 이 장의 뒷부분에서 논의되는 디지털 회로에서 나타난다. 이러한 결합회로는 집적 회로라 불리며, 수십 또는 수백의 리드 선으로 패키지되어 이른바 인쇄 회로 기판(printed circuit board)에 납땜 연결을 통해 부착될 수 있다. 인쇄 회로는 얇은 절연 기판 위에 도체(패턴)를 생성하고 다수의 집적 회로들을 서로 연결시킴으로써 전자 시스템 및 서브시스템을 형성하는 것이다.

아날로그 필터링 또는 다른 신호 처리는 대부분 현대의 자동차에서 사라졌다. 그러나 일부 오래된 차량은 아날로그 신호 처리를 하면서 운행 중일 수도 있다. 또한, 아날로그 신호 처리는 때때로 아날로그 센서와 결합되기도 한다. 완벽한 마무리를 위하여, 아날로그 신호 처리에 대한 간단한 논의도 여기에 포함된다. 아마도, 아날로그 필터링/신호 처리는 "연산 증폭기"라고 불리는 집적 회로를 이용하여 가장 잘 설명될 것이다.

연산 증폭기(Operational Amplifier)

연산 증폭기(op amp)는 집적 회로의 표준 구성요소이고, 아날로그 전자 시스템에서 많은 응용 예를 갖고 있다. 연산 증폭기는 외부 회로 소자(예를 들어, 저항과 커패시터)와 간단히 연결하여 사용된다. 연산 증폭기는 전형적으로 10,000 또는 그 이상의 매우 높은 전압 이득을 가지며, 그림 3.17a와 같이 두 개의 입력과 하나의 출력(접지에 대해)을 갖는 차분 증폭기이다. 두 개의 입력 중 반전 입력(−)에 가해진 신호는 증폭 및 반전되어 출력된다. 반면에 비반전 입력(+)에

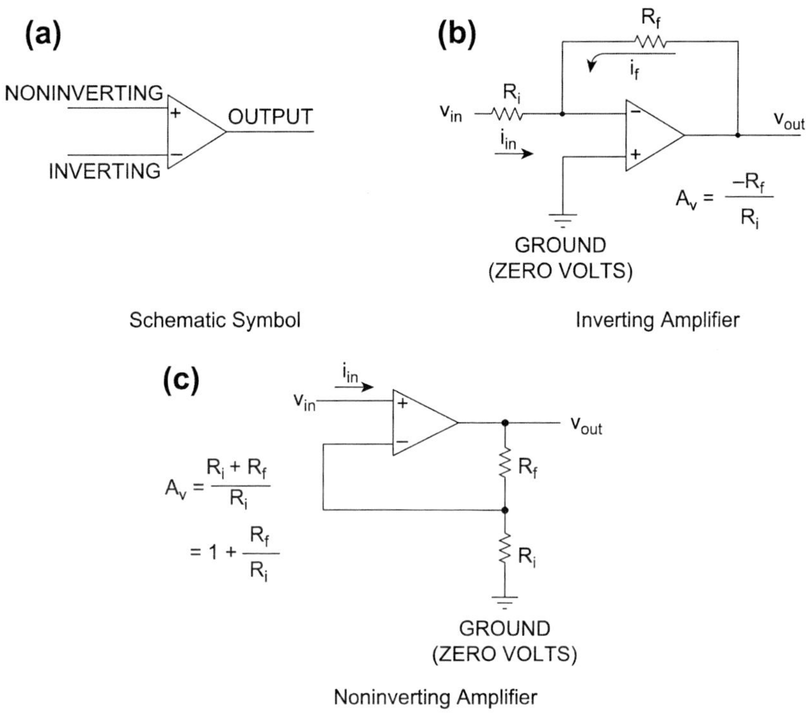

그림 3.17
연산 증폭기(OP Amp) 회로

가해진 신호는 반전되지 않고 그대로 증폭되는 특성이 있다.

연산 증폭기에서 궤환의 사용

보통 연산 증폭기는 최대 이득을 그대로 사용하기 보다는 그림 3.17b처럼 궤환(feedback) 기술을 사용하여 폐루프 이득을 조정함으로써 원하는 동적 응답을 얻을 수 있다. 폐루프 이득을 결정하기 위해 출력이 회로 소자들(예를 들어, 저항과 커패시터)을 통해 입력에 연결된다.

피드백 경로를 가지고 있지 않은 연산 증폭기의 출력 전압 v_{out}은 v_1이 비 반전 입력 전압이고, v_2가 반전 입력 전압일 때, 다음과 같이 주어진다.

$$v_{out} = A(v_1 - v_2) \tag{25}$$

여기서 이 식은 이상적인 연산 증폭기(개루프 이득 $A \rightarrow \infty$)의 특성을 이용하면 다음과 같이 쓸 수 있다.

$$v_1 - v_2 = \frac{v_{out}}{A} \xrightarrow[A \rightarrow \infty]{} 0$$

따라서 2개의 입력 전압은 고 품질의 연산 증폭기(높은 이득 A)에 대하여 다음과 같이 거의 동일하게 될 것이다.

$$v_1 \cong v_2$$

반전 및 비 반전 입력 사이의 내부 저항은 R_{in}으로 표기되는데, 일반적인 증폭기 응용에 사용되는 외부 저항에 비해 상대적으로 크다. 그림 3.17b의 예에서 궤환 경로는 저항 R_f로 구성되어 있다. 이때 전압 이득은 두 저항의 비로 표현되며, 다음의 해석에 의해 계산된다. 이 회로 구성에 대해, 다음과 같이 쓸 수 있다.

$$v_1 = v_2 = 0$$

$v_1 = 0$이 되기 위해서, 반전 입력에서 전류의 합이 0이 되어야 한다.

$$i_{in} = \frac{v_{in} - v_1}{R_i}$$

$$i_{in} = \frac{v_{in}}{R_i}$$

$$i_f = \frac{v_{out} - v_1}{R_f}$$

$$i_f = \frac{v_{out}}{R_f}$$

$$i_{in} + i_f = 0$$

$$\frac{v_{out}}{R_f} = -\frac{v_{in}}{R_i}$$

따라서 폐루프 이득 $A_{c\ell}$은 다음과 같이 정의된다.

$$\begin{aligned} A_{c\ell} &= \frac{v_{out}}{v_{in}} \\ &= -\frac{R_f}{R_i} \end{aligned} \tag{26}$$

$A_{c\ell}$의 음수는 v_{in}과 v_{out} 사이의 180° 위상차를 나타낸다.

연산 증폭기는 그림 3.18의 회로를 이용하여 저역 통과 필터를 쉽게 구성할 수 있다. 피드백 경로에서의 구성요소는 저항 R_f와 커패시터 C의 병렬 조합이다. 이 회로에서, 비 반전 모드가 접지된 경우의 다른 반전 모드 회로에서와 같이, 반전 입력에서 전류 합이 0이 된다. 제1장의 라플라스 변환 방법과 커패시터 전압/전류 관계(즉, $i_c = C\frac{dv_c}{dt}$)에 대한 모델을 사용하여, 반전 모드 전류의 모델은 아래와 같이 주어진다:

$$\frac{v_s(s)}{R_i} + v_o(s)\left[sC + \frac{1}{R_f}\right] = 0 \tag{27}$$

v_o / v_s에 대하여 풀면 폐루프 이득 $A_{c\ell}$를 구할 수 있다(전달함수로써):

$$\begin{aligned} A_{c\ell}(s) &= \frac{v_o(s)}{v_s(s)} \\ &= -\frac{R_f/R_i}{1 + sR_fC} \end{aligned} \tag{28}$$

연속 시간 시스템에 대한 제1장의 내용을 참조하면, 이는 정상상태 정현파 주

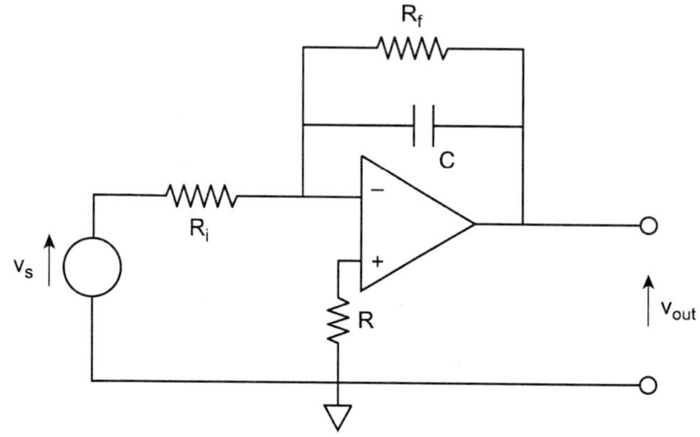

그림 3.18

저역 통과 필터 연산 증폭기 회로

파수 응답 $A_{c\ell}(j\omega)$이 코너 주파수 $\omega_c = 1/R_fC$를 갖는 저역 통과 필터임을 알 수 있다:

$$A_{c\ell}(j\omega) = -\frac{R_f/R_i}{1 + j\omega/\omega_c} \tag{29}$$

위 식에서 마이너스 기호는 입력에서 출력으로의 신호 위상 반전을 의미한다. 더욱이, 폐루프 이득은 개루프 이득과 무관하다(A가 클수록). 또한, 반전 및 비 반전 입력이 모두 접지 전위로 유지되므로, 그림 3.17b에서 입력 전압 v_{in}에 보이는 입력 임피던스는 저항 R_i이다.

그림 3.17c에서 보이듯이 비 반전 증폭기 또한 가능하다. 입력신호는 비 반전 (+)단자에 연결되고, 출력은 반전 (−) 입력 단자에 직렬 연결된 저항을 통하여 연결된다. 이 경우 전압이득 A_v는 다음과 같다.

$$A_v = \frac{v_{out}}{v_{in}} = 1 + \frac{R_f}{R_i} \tag{30}$$

이 비 반전 회로에서는 입력에서 출력 전압으로 위상 반전이 없는 것을 볼 수 있다. 비 반전 증폭기 구성($R_f = 0$)에서 대한 가장 작은 폐루프 이득은 1이다. 일반적으로 부 궤환(negative feedback)은 이득을 조정하는 것뿐 아니라, 증폭기의 비선형 동작과 왜곡을 보정하는 데 도움을 준다. 그림 3.17c의 비 반전 연산 증폭기 구성에서 입력 전압 v_{in}에 보이는 입력 임피던스는 매우 크다(이상적으로 무한대). 이렇게 매우 높은 입력 임피던스는 비반전 연산 증폭기 구성의 기본적인 특징 중 하나이다.

가산 모드 증폭기(Summing Mode Amplifier)

연산 증폭기의 주요 응용 중 하나는 전압의 가산(summing) 기능이다. 그림 3.19는 가산을 위한 연산 증폭기 회로이다.

이 회로에서 전압 v_a와 v_b(접지에 대해)는 반전 입력에 동일한 저항 R을 통해 연결된다.

반전입력에서 전류들의 합이 0인 반전 모드 연산 증폭기의 성질을 이용하면, 출력 전압 v_o는 입력 전압의 합에 비례하는 것을 볼 수 있다:

$$v_0 = -\frac{R_f(v_a + v_b)}{R} \tag{31}$$

위상 고정 루프(Phase-Locked Loop)

아날로그 집적 회로를 이용한 신호처리 중 자동차에 대한 다른 예는 "위상 고정 루프(Phase-locked loop, PLL)"로 알려진 장치이다. 이 회로는 아날로그 신호가 샘플된 후 디지털 전자 시스템이 처리할 수 있도록 아날로그(연속시간) 센서와 함께 사용된다. PLL은 위상 변조 또는 주파수 변조된 신호의 복조에서 이용된다. 자동차 응용의 한 예로 책의 뒷부분에서 설명되는 크랭크축 각속도 측정이 있다.

위상 고정 루프 회로에 대한 블록 다이어그램은 그림 3.20과 같다.

이 그림에서, 입력 신호 $v_s(t)$가 위상(ϕ) 변조된다고 가정하면 다음과 같이 주

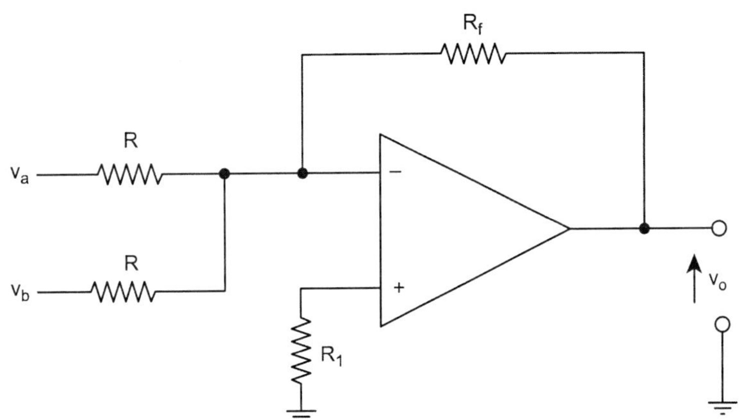

그림 3.19
가산 모드 연산 증폭기의 회로도

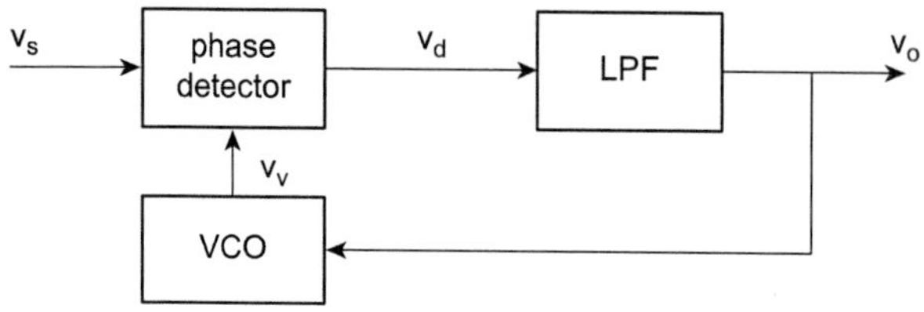

그림 3.20
위상 고정 루프의 블록 다이어그램

어진다.

$$v_s(t) = V\cos(\omega_s t + \phi(t)) \tag{32}$$

여기서, $\phi(t)$은 순시 위상 변조이다.

여기서 주파수 변조 신호의 순시 주파수는 다음과 같다.

$$\omega_s(t) = \Omega_s + \delta\omega_s(t)$$

여기서, Ω_s는 시간 평균 주파수이고, $\delta\omega_s(t)$는 평균으로부터의 주파수 편차이다(즉, 변조).

자동차 시스템을 위한 PLL의 실제 응용에서 변조 편차는 반송 주파수에 비해 매우 작다(즉, $|\delta\omega_s| \ll \Omega_s$).

그림 3.20의 다른 요소에는 위상 검파기(phase detector), 저역 통과 필터(LPF), 그리고 전압 제어 발진기(VCO) 등이 있다. 위상 검파기는 기능적으로 출력 전압 v_d를 생성하는 곱셈기이다.

$$v_d = K_d v_s v_v \tag{33}$$

여기서, K_d는 장치 상수이다.

VCO는 아래와 같이 출력전압 $v_v(t)$의 순시 주파수($\omega_v(t)$)가 v_o(LPF로부터)에 의해 다음과 같이 제어되는 발진기이다.

$$v_v(t) = V_v\cos(\phi_v(t)) \tag{34}$$

$$\phi(t) = \int_o^t \omega_v(\tau)d\tau \tag{35}$$

$$\omega_v(t) = \omega[v_o(0)] + K_v v_o(t) \tag{36}$$

여기서, K_v는 VCO 회로의 상수이다.

PLL 회로는 전자식 폐루프 제어 시스템(제1장 참조)이다. VCO 주파수가 제어되는 짧은 과도 기간 이후에, Ω_s가 소위 VCO의 "캡처 범위"에 들어가게 되면 PLL 회로의 주파수는 ω_s(즉, $\omega_v(t) = \omega_s(t)$)로 "고정(locked)"된다.

즉, 아래 조건에서 PLL 고정이 발생한다.

$$|\Omega_s - \omega_v(0)| \leq \Omega_c \tag{37}$$

$$\text{여기서, } \Omega_c = \text{PLL 캡처 범위} \tag{38}$$

주파수 변조의 경우, 고정 조건에서 VCO 전압은 아래와 같고,

$$v_v(t) = V_v \cos[\omega_v t + \delta\phi] \tag{39}$$

여기서, $\omega_v = \omega_s$이다.

순시 위상 차이 $\delta\phi(t)$는 평균 주파수 Ω_s로부터의 주파수 편차 $\delta\omega_s$에 선형적으로 비례한다:

$$\delta\phi(t) = K_\phi \delta\omega_s \tag{40}$$

여기서, K_ϕ는 VCO의 상수이다.

위상 검파기의 출력 전압은 다음과 같다.

$$v_d = K_d V_s V_v \cos(\omega_s t)\cos(\omega_s t + \delta\phi) \tag{41}$$

$$= \frac{K_d V_s V_v}{2}[\sin(2\omega_s t + \phi) + \sin(\delta\phi)] \tag{42}$$

LPF가 $2\omega_s$ 주파수의 항을 제거하고, 작은 변조에서 $\sin\phi \approx \phi$이므로, 출력 전압은 다음과 같다.

$$v_o(t) = \frac{K_d V_s V_v K_\phi}{2}\delta\omega_s(t) \tag{43}$$

즉, LPF의 출력 신호는 주파수 변조에 비례한다. 따라서 이 회로는 FM 복조기이다. 필터 통과 대역은 $\delta\omega_s$의 스펙트럼을 수용할 수 있을 만큼 충분히 커야 한다.

샘플 및 영차 홀드 회로(Sample and Zero-Order Hold Circuits)

제2장에서 이산 시간 디지털 시스템에서 사용되는 이상적인 샘플 및 영차 홀드 회로의 개념에 대해 소개하였다. 자동차 시스템에서 디지털 전자의 구현을 이해하기 위해서는, 이러한 중요 요소 관련 실제 회로 구성을 먼저 간략히 논의할 필요가 있다.

제2장에서 디지털 시스템의 입력 x_k는 기본적으로 샘플시간 t_k에서의 연속시간 전압함수 ($v(t)$)의 이진 또는 이진화 형식의 수치 샘플이어야 함을 알 수 있었다.

$$x_k = v(t_k, \mathrm{NB}) \tag{44}$$

여기서, NB는 $v(t_k)$의 N bit 이진 표현을 나타낸다(제4장 참조). 이러한 샘플링 과정은 2가지 단계를 포함한다: 1) t_k에서 전압 샘플을 얻는 것, 그리고 2) 이러한 샘플을 N bit 수치 형식으로 변환하는 것이다. 이론적으로 첫 번째 단계는 스위치를 이용하여 연속시간 전압을 연결하고, 전압 값 $v(t_k)$까지 저 손실 커패시터에 충분히 충전되도록 함으로써 이루어진다.

그림 3.21은 A/D 변환기와 함께 동작하는 디지털 시스템의 샘플장치를 설명했다. A/D 변환기는 제4장에서 예시 회로와 함께 상세하게 설명될 것이다. 이 그림은 소스 임피던스 R_s(저항성분으로 가정)와 매우 작은 누설 커패시터 C로 이루어진 등가 샘플 회로이다. 커패시터는 A/D가 완벽하게 변환을 완료할 수 있을 정도로 충분히 긴 시간 동안 전압 $v(t_k)$을 유지한다. 그림 3.21a에서, 스위치 S의 모델은 다음과 같다.

$$\begin{aligned} &\text{닫힌 스위치(closed switch)} \rightarrow S = 1 \quad t_k \le t \le t_k + \tau_s \\ &\text{열린 스위치(open switch)} \rightarrow S = 0 \quad t_k + \tau_s < t < t_{k+1} \end{aligned} \tag{45}$$

스위치가 닫히는 시간 τ_s는 디지털 시스템에서 A/D 변환이 완료되고 “변환완료”를 나타내는 EOC = 1(논리값)이 출력되는 시간까지 충분히 길어야 한다.

A/D 변환기의 입력 임피던스는 A/D 변환기의 입력 전류가 무시될 정도로 충분히 크다고 가정한다.

스위치가 닫히는 기간 동안(샘플시간 t_k에서) 소스 전압은 커패시터에 충분한 전류를 공급하여 전압이 $v_c = v(t_{k-1})$에서 $v_c = v(t_k)$까지 변하도록 한다. 이 회로의 모델은 다음과 같다.

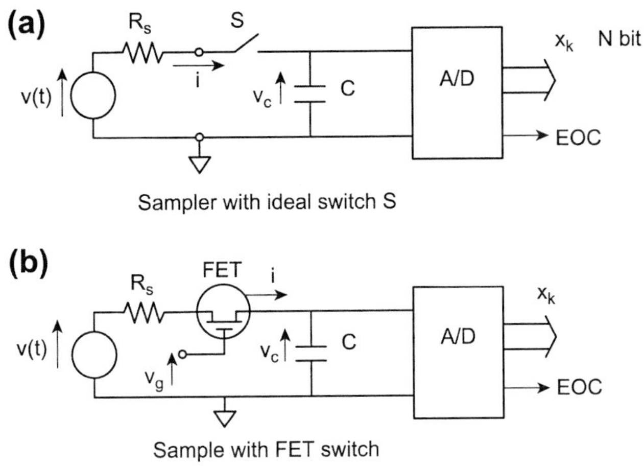

그림 3.21
샘플회로

$$\begin{aligned} R_s i + v_c &= v(t_k) - v_c(t_{k-1}) \qquad && t_k \le t \le t_k + \tau_s \\ i &= 0 && t_k + \tau_s < t \le t_{k+1} \\ i &= \frac{\mathrm{d}q}{\mathrm{d}t} \end{aligned} \tag{46}$$

여기서, q는 커패시터의 전하이고, $v_c = \dfrac{q}{C}$이며, C는 커패시터의 커패시턴스이다.

$$v_{c(k-1)} = v_c(t_{k-1} + \tau_s)$$

식 (46)은 v_c에 대하여 간단하게 다시 쓸 수 있다:

$$\begin{aligned} R_s C \dot{v}_c + v_c &= v(t_k) - v_{c(k-1)} \qquad && t_k \le t \le t_k + \tau_s \\ v_c(t) &= v_c(t_k + \tau_s) && t_k + \tau_s < t \le t_{k+1} \\ &= v_{ck} \end{aligned} \tag{47}$$

여기서 v_{ck}는 t_{k+1}까지 커패시터에 의해 일정하게 유지된다. 위 회로의 출력 전압이 일정 시간 동안 소스 전압의 샘플 v_{ck}를 일정하게 "홀드"하기 때문에, 일반적으로 "샘플 및 홀드(sample and hold)"회로라 불리고 있다. 일차 미분방정식 (47)의 풀이는 제1장에 주어진 라플라스 변환 방법을 이용하여 간단히 얻을 수 있다:

$$\begin{aligned} v_c(t) &= [v(t_k) - v_{c(k-1)}](1 - e^{-t/\tau}) \quad && t_k \le t \le t_k + \tau_s \\ &= v_{ck} && t_k + \tau_s < t + t_{k+1} \end{aligned} \tag{48}$$

여기서, $\tau = R_sC$이다.

이상적으로 커패시터 전압 v_{ck}는 $t = t_k$에서의 소스 전압 v의 샘플된 값과 같아야 한다. 이 이상적인 전압은 만약 $\tau \ll \tau_s$이면 실제 전압 v_{ck}와 유사하게 된다. 또한, τ_s는 반드시 소스가 변하는 시간에 비해 작아야 한다. 따라서 이는 다음과 같다.

$$v(t_k + \tau) \simeq v(t_k)$$

위 조건이 만족되기 위해서는 반드시 샘플지속시간 τ_s와 시스템 샘플 주기 T는 모두 작아야 한다. 중첩 오류를 피하기 위해서는 샘플 주파수 $F_s = 1/T$는 반드시 $v(t)$에서 최고 주파수의 2배보다 커야 된다는 것을 제2장에서 설명하였다.

또한, 샘플기가 이상적인 샘플기와 비슷한 성능을 내기 위해서는 샘플시간이 반드시 τ보다 커야 한다(즉, $\tau_s \gg \tau$). 이를 위해서는 커패시터 C가 아래의 부등호 조건을 만족해야 한다.

$$C << \frac{\tau_s}{R_s}$$

그림 3.21b의 실제 샘플 회로에서, 스위칭 기능은 FET에 의해 구현되는데, 이때 소스와 드레인 사이 저항(R_{SD})은 트랜지스터의 게이트에 인가되는 제어전압 v_g의 함수가 된다. 스위칭 동작은 다음과 같은 주기적인 펄스 열 형태의 제어전압에 의해 이루어진다.

$$\begin{aligned} v_g(t) &= V_g \qquad && t_k \le t < t_k + \tau_s \\ &= 0 && t_k \le \tau_s \le t < t_{k+1} \end{aligned} \tag{49}$$

위와 같이 FET 게이트로 $v_g(t)$가 공급될 때, 소스/드레인 저항은 다음과 같다.

$$R_{SD}(V_g) = R_{on} \quad \text{(포화 시 트랜지스터)}$$
$$R_{SD}(0) = R_{off} \quad \text{(컷오프 시 트랜지스터)}$$

이상적인 저항은 다음과 같아야 한다.

$$R_{on} = 0$$
$$R_{off} \to \infty$$

그러나 실제로, R_{off}는 크지만 유한하고, R_{on}은 작지만 0은 아니다. 만약 R_{off}가 충분히 크다면, 그림 3.21의 회로의 모델은 다음과 같다.

$$(R_s + R_{\text{on}})C\dot{v}_c + v_c = v(t_k) - v_{c(k-1)} \qquad t_k \le t \le t_k + \tau_s \tag{50}$$
$$\cong v(t_k) \qquad t_k + \tau_s < t < t_{k+1}$$

스위치가 FET로 구현된 스위치 회로는 아래에 제시된 시간 상수 τ를 갖는 것을 제외하고는 이상적인 스위치 모델의 회로와 동일한 동적 응답을 갖게 된다.

$$\tau = (R_s + R_{\text{on}})C$$

실제 샘플 회로의 성능은 적절한 회로와 시스템 파라미터들의 선택에 의해 이상적인 샘플 회로에 도달할 수 있다.

영차 홀드 회로(zero-order hold, ZOH)

제2장에서 소개된 이상적인 샘플기 요소 이외에도, 디지털 시스템 출력을 아날로그 전기 신호로 변환할 때 ZOH 요소도 요구되는 것을 알 수 있다(예를 들면, 아날로그 구동기를 구동시키기 위해). ZOH 회로는 시스템 입력에서 샘플기와 동기되어, 연속적인 샘플 시간 사이의 전압을 유지해야 한다는 점에서 위에서 소개된 "샘플 및 홀드" 회로와 유사하다. 또한, 전압을 "홀드" 하기 위해 저 누설 커패시터를 포함한다는 점도 유사하다.

그림 3.22는 시스템 입력 y_k가 k번째 디지털 시스템 출력인 경우의 ZOH 회로를 나타내었다. 이 그림에서 디지털 시스템은 D/A 변환기에 연결된 N개의 선들이 N-bit 이진 "word"의 형태로 출력시퀀스 $\{y_k\}$를 생성한다. D/A 변환기는 제4장에서 상세히 설명한다. 또한, 디지털 제어 시스템은 변환완료(EOC) 후에, D/A 동작을 제어하는 신호를 발생시킨다. EOC 출력 신호는 펄스생성기(pulse generator)를 트리거시켜 D/A 출력 전압 $v_g(t)$가 다음과 같도록 한다.

$$v_g = V_g \qquad t_k \le t \le t_k + \tau_s \tag{51}$$
$$= 0 \qquad t_k + \tau_s < t < t_{k+1}$$

펄스 지속시간 τ_s는 커패시터 전압이 대략적으로 $\bar{\mathbf{u}}_k$에 근접할 때까지 충분히 길어야 한다. 전압 v_g는 FET의 게이트에 공급되어, 전압 제어 스위치 기능을 한다(앞의 샘플회로에서 설명했던 것처럼). 소스-드레인 저항은 다음과 같다.

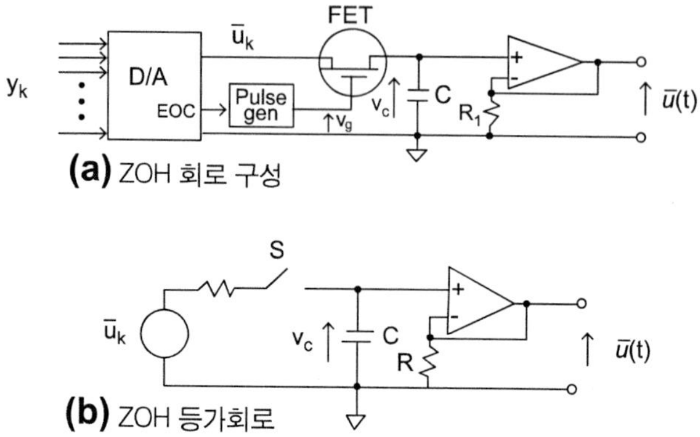

그림 3.22
영차 홀드 회로

$$R_{\mathrm{SD}}(V_g) = R_{\mathrm{on}}$$
$$R_{\mathrm{SD}}(0) = R_{\mathrm{off}}$$

커패시터 전압 $v_c(t)$의 모델은 앞에서 나왔던 샘플 회로와 유사하다:

$$\begin{aligned}(R_{\mathrm{on}} + R_s)C\dot{\mathrm{v}}_c + \mathrm{v}_c &= \bar{u}_k - v_{c(k-1)} \\ &= \bar{u}_{ck} \qquad t_k + \tau_s < t < t_{k+1}\end{aligned} \tag{52}$$

커패시터 전압 $v_c(t)$를 구하는 것과 이 전압이 2장에서 설명한 이상적인 ZOH 출력에 근사한 구분적으로(piecewise) 연속인 시간함수라는 것은 독자들이 확인하도록 남겨둔다.

이상적인 ZOH 회로에서 $v_c(t)$와 $\bar{\mathbf{u}}(t)$의 주된 차이점은 커패시터 전압이 변하는 $t = t_k$에서 $t = t_k + \tau_s$까지의 짧은 구간이다. 커패시터 전압이 변하는 짧은 구간을 제외하면 $\bar{\mathbf{u}}(t)$는 제2장에서 나타낸 바와 같이 계단형으로 연속인 시간의 함수가 된다.

그림 3.22의 회로는 비반전 전압 팔로워로 구성된 연산 증폭기로서 그 출력 전압 $\bar{\mathbf{u}}(t)$는 다음과 같다.

$$\bar{\mathbf{u}}(t) = v_c(t) \tag{53}$$

ZOH 출력 단에 연결된 어떤 회로가 v_c에 부하가 되지 않으면(부하가 되면 v_c에 전압강하가 생겨 원하는 값이 안됨) 커패시터의 절연 효과를 얻을 수 있다.

디지털 회로

디지털 컴퓨터(digital computer)에서 사용되는 디지털 회로는 2진 회로로 구성되어 있다. 2진 디지털 회로는 출력이 두 개의 다른 상태 중 한 가지만 가능한 회로이다. 각 상태는 특별한 전압 또는 전류 레벨로 표시된다. 2진 회로는 각각 논리 1 또는 0에 해당하는 두 개의 상태 중 하나로만 동작한다. 디지털 회로 또한 트랜지스터들을 사용할 수 있다. 디지털 회로에서 트랜지스터는 on(포화상태에서), off(차단 상태에서)의 모드 중 한 가지로 동작한다.

이러한 전자식 디지털 시스템에서, 트랜지스터는 스위치로 사용된다. 트랜지스터(바이폴라 또는 FET)는 세 가지 동작 영역 —차단, 능동, 포화— 이 있다는 것을 기억하자. 여기에서 포화와 차단 영역만을 사용하면 트랜지스터는 스위치처럼 동작하는데, 포화 영역에서 트랜지스터는 on이고 저항이 매우 작으며, 차단 영역에서 트랜지스터는 off이고 저항이 매우 높은 특성이 있다. 디지털 회로에서 트랜지스터 스위치의 제어 입력은 트랜지스터가 능동 영역에서 동작하지 않으면서 트랜지스터를 포화하거나 차단시킬 수 있어야 한다. 켜지는 조건은 매우 낮은 출력 전압에 의해, 꺼지는 조건은 공급 전원 전압과 같거나 약간 낮은 출력 전압에 의해 결정된다.

그림 3.23은 디지털 회로에서 사용되는 NPN 트랜지스터의 회로 구성을 나타낸다. 이 그림에서, 선형(능동) 모드에서 트랜지스터가 동작하지 않으므로 바이어스 저항이 없는 것을 볼 수 있다. 더구나 소스 전압은 2가지 전압 레벨의 이진 값이다.

$$\begin{aligned} v_s &= V_H(\text{높은 전압}) \\ &= V_L(\text{낮은 전압}) \end{aligned}$$

이러한 트랜지스터 회로의 동작은 그림 3.12b에 도시된 특성 곡선을 갖는 2N4401 트랜지스터로 설명할 수 있다.

이 예에서, $V_L < V_d$라고 가정하자. 여기서 V_d는 베이스-에미터 문턱 전압으로 이 전압보다 커야 베이스 전류가 흐른다. $v_s = V_L$이 될 때마다 베이스 전류와 콜렉터 전류는 기본적으로 0이 된다. 출력 전압 v_o는 다음과 같다.

$$v_o = V_{cc} - i_c R_L \simeq V_{cc} \tag{54}$$

이 예에서 높은 전압은 베이스 전류 i_b가 아래와 같이 되도록 충분히 크다고

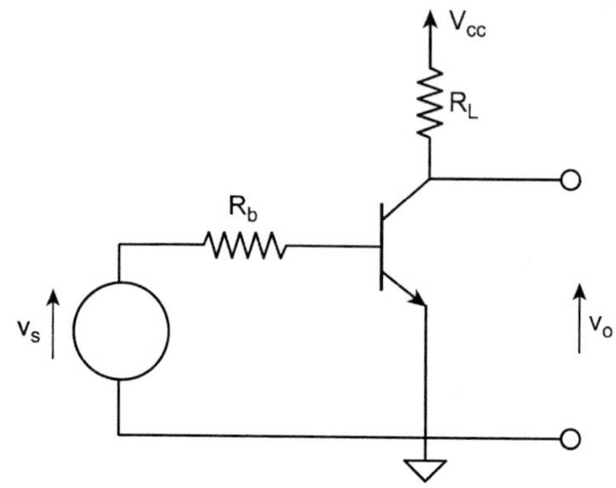

그림 3.23
NPN 트랜지스터 디지털 회로

가정한다.

$$i_b = \frac{V_H}{R_s} > 600\ \mu\text{A}$$

이 경우 출력 전압은 0.5 V보다 작게 된다.

위의 예는 2진 상태로 동작하는 트랜지스터를 간단히 설명하기 위해 나타낸 것이다. 트랜지스터 디지털 회로들의 실제 2진 전압 레벨은 논리적 1 또는 0의 대표적인 전압과 마찬가지로 사용되는 트랜지스터의 유형에 영향을 받는다.

이진법

모든 디지털 시스템은 어떤 크기를 2진수, 8진수 또는 16진수 형태를 사용한 수치로 표현하여 어떤 기능을 수행한다. 2진법에서 모든 숫자는 기호 1과 0만을 사용한 자릿수의 형태로 표시한다. 전자공학적으로 이들 기호는 포화와 차단 상태인 트랜지스터에 의해 표시된다. 그리고 디지털 회로의 설명에 앞서, 간단하게 2진법을 복습하는 것이 도움이 될 것이다.

M-비트 2진수(여기서 N_2로 표기)는 아래 보이는 2진 자릿수의 비트들$\{A_n = 0,1\}$의 그룹으로 표현된다(A_M이 최상위 비트(MSB)):

$$N_2 = A_M A_{M-1} \cdots A_M \cdots A_1 \tag{55}$$

M-비트의 2진수에서 각각의 비트는 2의 지수승의 형태이다. N_2의 등가 10진

수는 다음과 같이 N_{10}으로 표기된다.

$$N_{10} = \sum_{m=1}^{M} A_m 2^{m-1} \tag{56}$$

예를 들어, 이진수 1010에 해당하는 10진수(즉, $M = 4$)는 다음과 같다.

$$\begin{aligned} N_{10} &= 1 \times 2^3 + 0 \times 2^2 + 1 \times 2 + 0 \times 1 \\ &= 8 + 2 = 10 \end{aligned}$$

위에서 언급한 것과 같이 2진수로부터 새로운 베이스(2의 정수 지수 형태)로 비트들을 그룹화하면 또 다른 수 시스템으로 변환할 수 있다. 예를 들어 8진수 시스템은 베이스가 8이 되고 자릿수에는 $A_m = 0,1,\cdots,6,7$과 같이 8개의 숫자를 사용한다. 이러한 시스템에서, 8진수 시스템은 8개의 숫자 표현이 가능한 조합을 얻기 위해서 3개의 트랜지스터의 그룹을 사용한다. 예를 들어, A_M이 MSB인 다음의 8진수 N_8에 대하여

$$N_8 = A_M \cdots A_1$$

이에 대응되는 10진수는 아래와 같다.

$$N_8 = \sum_{m=1}^{M} A_m 8^{m-1} \tag{57}$$

논리 회로(조합)

디지털 컴퓨터는 세 가지 기본적 논리 회로 또는 게이트를 사용하여 아주 쉽게 2진 디지트 조작을 수행할 수 있다. 여기서, 논리회로는 이진수나 논리 변수에 대해 산술적 또는 논리적 연산을 수행하며 통상 "게이트(gates)"라고 부른다. 사용되는 기본 게이트에는 NOT 게이트, AND 게이트 및 OR 게이트가 있다. 디지털 게이트는 두 개의 가능한 값(예를 들어, 참-거짓, 포화-차단 또는 1/0) 중 하나를 가질 수 있는 논리 변수로 연산을 한다. 앞에서 설명한 대로, 숫자는 2진법에서 0과 1의 조합으로 표현된다.

디지털 회로는 가능한 두 상태—포화와 차단—중 한 상태의 트랜지스터에 의

해 동작한다. 이들 두 상태는 2진수 1과 0을 나타내기 때문에 트랜지스터들을 적절히 조합하여 다중 디지트의 2진수를 표현할 수 있다. 그러한 디지털 회로의 입력과 출력 전압은 1과 0에 해당하는 "높은(high)" 또는 "낮은(low)" 전압을 의미한다. 높은 전압은 V_H라 하는 임의의 문턱 전압값을 넘는다는 것을 의미한다. 만약 디지털 회로의 입력이나 출력 전압이 V라면, 논리값 1에 해당하는 높은 전압 조건은 아래와 같다

$$V > V_H \tag{58}$$

이와 유사하게, 저전압(논리적 0에 해당하는)은 V가 아래와 같을 경우를 의미한다.

$$V < V_L \tag{59}$$

여기서 V_L은 낮은 문턱 전압값을 나타낸다. V_H와 V_L의 실제값은 회로를 구현하는 기술에 의해 좌우된다. 바이폴라 트랜지스터에 대한 전형적인 값은, $V_H = 2.4$ V, $V_L = 0.8$ V이다.

디지털 회로의 동작은 여기서 대문자로 표기한 논리 변수로 표현된다. 예를 들어, 다음의 몇 절에서 A, B, C는 논리 변수들로서 0과 1의 값을 갖는다.

NOT 게이트

NOT 게이트는 논리 인버터이다. 입력이 논리 1이면 출력은 논리 0이고, 입력이 논리 0이면 출력은 논리 1이다. NOT 게이트는 0을 1로, 1을 0으로 바꾼다. 그림 3.23의 간단한 바이폴라 트랜지스터 회로가 차단 영역과 포화 영역에서 동작하면 같은 기능을 한다. 높은 베이스 전압(논리 1)은 낮은 콜렉터 전압(논리 0)을 만들고, 그 역도 마찬가지이다. 그림 3.24a는 NOT 게이트의 회로 기호이다. 도면 기호 옆에 있는 것은 진리표라고 부르는데, 진리표는 입력 A의 가능한 모든 조합과 각 경우의 회로의 출력 B를 나열한다. 논리 기호는 "NOT A"로 읽는다. 논리 변수 위의 바는 변수의 논리 반전을 말한다. 즉, $A = 1$이면 $\overline{A} = 0$이다.

AND 게이트

AND 게이트는 실질적으로 이진수나 논리조건에서 논리곱으로 사용된다. AND 게이트는 적어도 두 개의 입력과 한 개의 출력을 가지고 있다. 그림 3.24b에 있는 것은 두 입력을 가지고 있다. 두 입력이 모두 1일 때만 출력이 1이며, 두 입

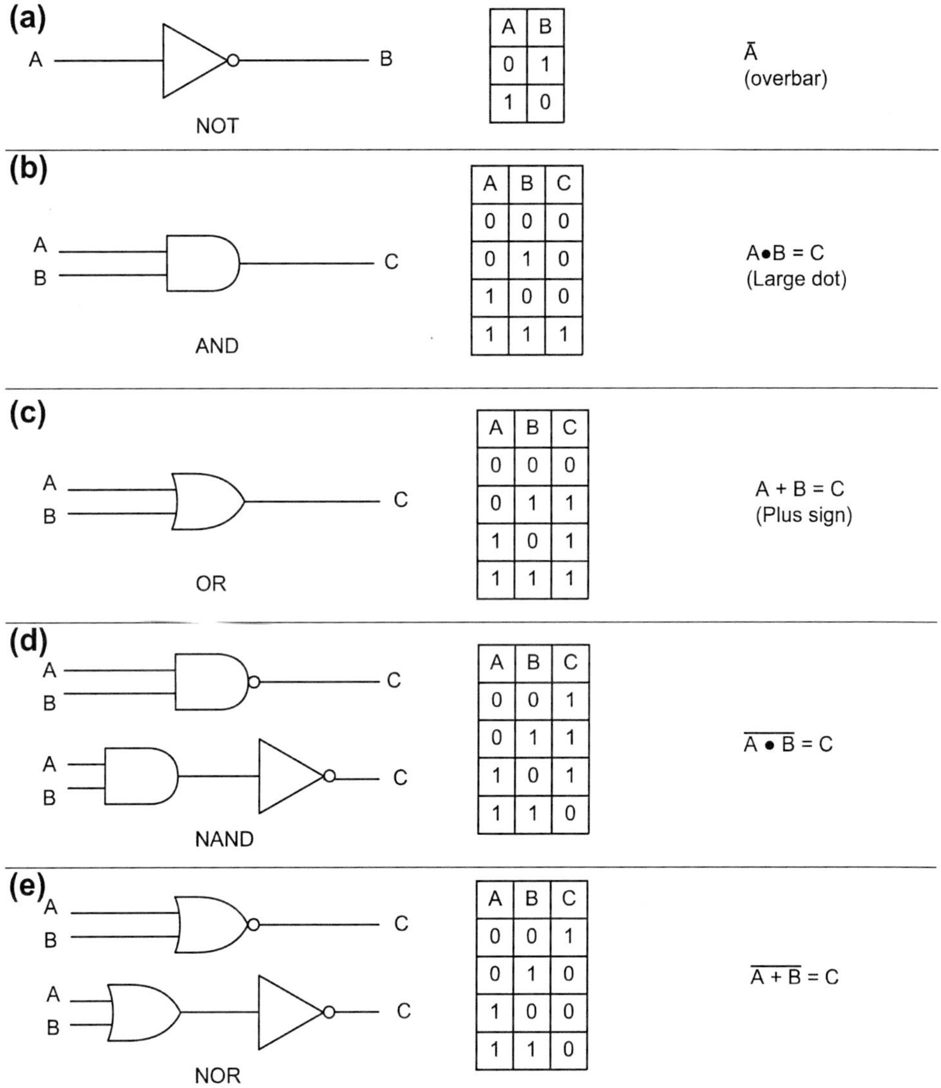

(a) NOT — $\bar{A}$ (overbar)

A	B
0	1
1	0

(b) AND — A•B = C (Large dot)

A	B	C
0	0	0
0	1	0
1	0	0
1	1	1

(c) OR — A + B = C (Plus sign)

A	B	C
0	0	0
0	1	1
1	0	1
1	1	1

(d) NAND — $\overline{A \bullet B} = C$

A	B	C
0	0	1
0	1	1
1	0	1
1	1	0

(e) NOR — $\overline{A + B} = C$

A	B	C
0	0	1
0	1	0
1	0	0
1	1	0

그림 3.24
논리 "게이트"

력 중 최소한 하나가 0이면 출력은 0이 되는 특성을 갖는다.

그림 3.24b에 이 게이트의 진리표, 도면 기호 및 논리 기호 등이 있다. 두 입력은 A와 B로 표시되어 있으며, A, B에 대한 네 개의 조합이 있지만, 단 한 경우에 대하여만 1의 출력을 내는 것을 알 수 있다. 일반적으로 *N*개의 입력에서 2^N개의 조합이 나오지만 입력이 high(논리 1)가 나오는 경우는 단지 한 가지이다.

OR 게이트

AND 게이트처럼 OR 게이트도 적어도 두 개 이상의 입력과 하나의 출력을 갖고 있는데, 두 입력을 갖는 경우가 그림 3.24c이다. 여기서는 하나 또는 두 개의 입력이 1이면 언제나 출력이 1이다. 두 입력이 모두 0일 때만 출력이 0이 되는 특성을 갖는다. 그림 3.24c에 OR 게이트의 회로 기호, 논리 기호 및 진리표가 있다.

AND, OR 그리고 NOT 논리 회로에 추가적으로, AND와 NOT을 조합하여 NAND라는 게이트를 만들 수 있다. 이와 유사하게, OR과 NOT의 조합으로 NOR라는 게이트를 생성한다. 하나의 회로에 2개의 기능을 조합하는 것은 하나의 집적 회로 위에 더 큰 디지털 회로의 서브시스템이나 시스템을 구축하는 데 유리하다. 그림 3.24d와 3.24e는 각각 NAND와 NOR의 회로도 기호, 진리표, 논리 기호를 나타낸다.

조합 논리 회로

세 가지 기본 논리 게이트로 구성할 수 있는 XOR, 즉 exclusive OR이라는 또 다른 논리 블록이 있다. 이 회로에서는 오직 하나의 입력만이 1일 때 출력이 1을 가진다. 3.25a에서는 2개의 입력을 예로 들었다. 이 장치의 회로 기호는 3.25a의 상단 그림 왼쪽과 같다. 3개의 기본 게이트를 이용한 구현을 그 아래에 그렸으며 XOR 진리표와 논리 기호도 그림 3.25a에 나타내었다.

디지털 회로는 이들 모든 게이트를 계산기 또는 컴퓨터의 모든 수치 연산을 수행하는 데 사용할 수 있다. 표 3.1은 2개의 2진 비트의 가능한 모든 조합의 합을 보여준다. 1과 1의 합의 경우에 합계는 그림에서와 같이 10이며 여기서 1은 캐리(carry)라고 한다. 두 2진 비트의 덧셈을 수행하도록 설계한 디지털 회로를 반 가산기(hHalf adder)라고 하고, 그림 3.25b에 나타냈다. XOR 게이트가 포함되어 있으며 진리표에서 보듯이, 합계와 필요한 캐리를 만들어 내고 있다.

반 가산기는 바로 전의 자리에서 나온 캐리를 받는 입력을 가지고 있지 않다. 캐리를 받도록 꾸며진 회로는 전 가산기(full adder)라고 한다. 따라서 전 가산기는 원하는 만큼의 디지트를 가진 2진수를 더하도록 직렬로 연결될 수 있다. 간

표 3.1 이진 비트의 합

Bit A	0	0	1	1
Bit B	0	1	0	1
합계	0	1	1	10

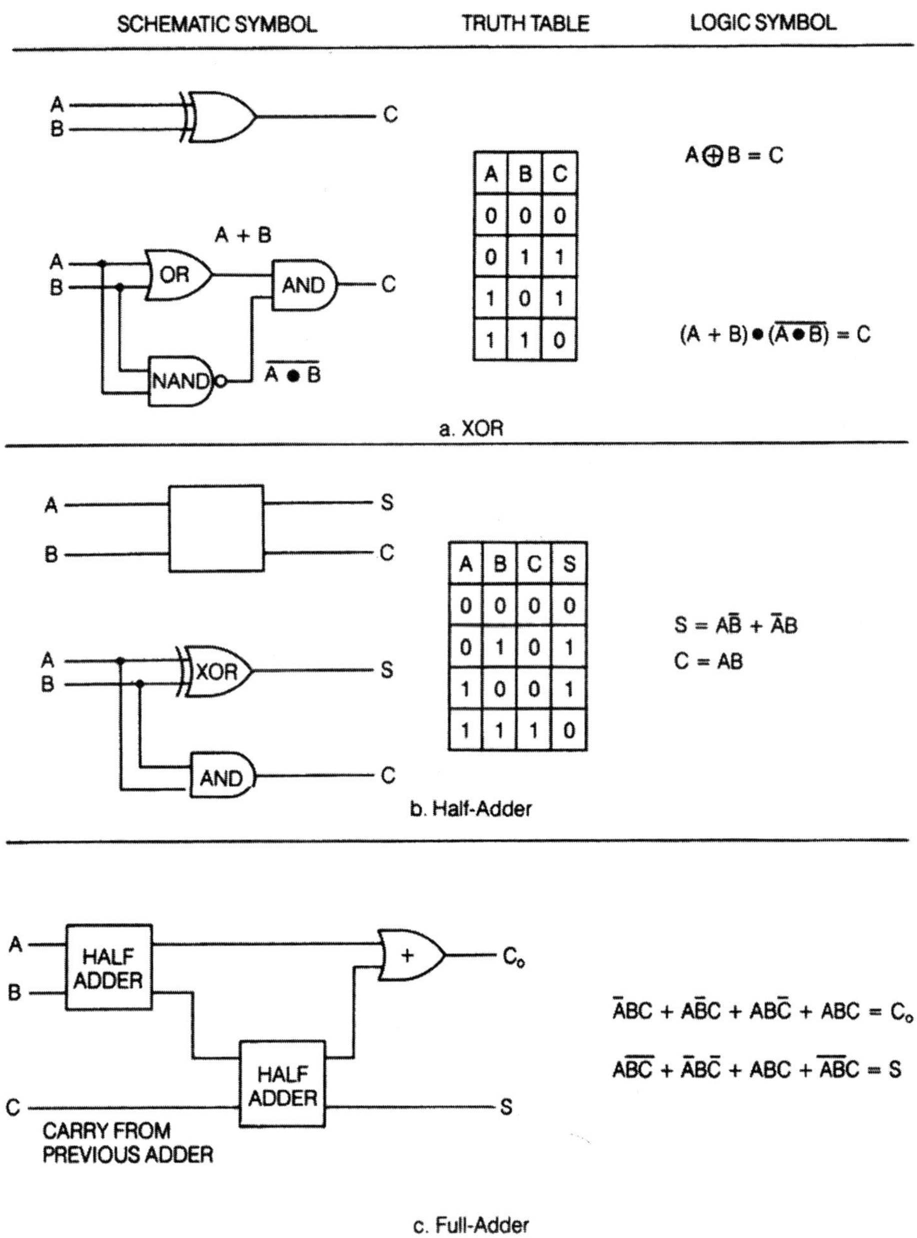

그림 3.25
조합 논리 회로

단한 전자 계산기부터 대형 컴퓨터까지 디지털 계산 시스템은 전 가산기 회로와 약간의 추가적인 논리 회로를 사용하여 모든 산술 연산을 수행하도록 되어 있다. 그러한 회로에서 뺄셈은 제4장에서 설명될 몇 개의 추가 논리 회로를 사용한 변형된 가산기로 수행된다. 2개의 1비트 숫자의 곱은 다음과 같이 곱셈의 기본 규칙에 의해 결정된다.

$$0 \times 0 = 0$$
$$0 \times 1 = 0$$
$$1 \times 0 = 0$$
$$1 \times 1 = 1$$

*N*비트와 *M*비트의 숫자의 곱셈은 제4장에서 설명하겠지만 저장된 프로그램을 사용하는 컴퓨터에서 프로그램으로 구현된다.

물론, 1비트 수의 덧셈은 디지털 컴퓨터에서 중요한 응용이 아니다. 여러 비트로 된 수의 덧셈이 디지털 컴퓨터에서 매우 중요하며 자동차 디지털 제어 시스템에서도 마찬가지이다. 다중 비트 가산기를 만들기 위해 1비트 전 가산기 회로를 쉽게 확장할 수 있다. 예를 들어 4비트 가산기는 그림 3.26과 같은데, 자릿수 표기법으로 4비트 수를 나타내면 다음과 같다:

$$A = a_4a_3a_2a_1$$
$$B = b_4b_3b_2b_1$$

단, 각 비트는 1또는 0이다. 두 개의 4비트 수의 합계는 5비트 결과가 되는데, 다섯 번째 비트는 최상위 비트들의 합에서 나온 캐리이다.

FA라고 붙어 있는 블록은 전 가산기를 나타낸 것이다. 주어진 FA의 캐리 출력(C)은 다음으로 높은 전 가산기의 캐리 입력이 된다. 합계 S는 다음과 같이(이진 자릿수 표기법으로) 나타낼 수 있을 것이다.

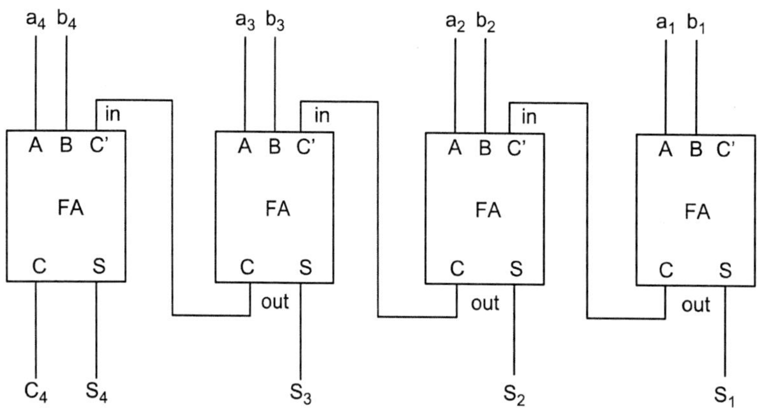

그림 3.26

4비트 가산기 회로

$$S = C_4S_4S_3S_2S_1$$

기억 장치를 포함한 논리 회로(순차)

지금까지 논의된 논리 회로는 기본적인 게이트들, 즉 NOT, AND, OR의 상호 연결에 의한 것이었다. 각 시스템의 출력은 그때 주어진 입력에 의해서만 결정된다. 이러한 회로들을 조합 논리 회로(combinational logic circuits)라고 한다. 또 다른 형태의 논리 회로에는 전의 입력이나 지난 논리 상태를 기억하는 것이 있다. 이러한 형태의 논리 회로를 순차 논리 회로(sequential logic circuits)라고 하는데, 과거에 입력 값들이나 논리 상태 등이 현재의 출력 상태를 결정하기 때문이다. 순차 논리 회로는 입력이 사라진 이후에도 정보를 유지하거나 저장하기 때문에 반도체 컴퓨터 기억 장치의 기본 요소가 된다.

RS 플립플롭(Flip-Flop)

매우 간단한 기억 장치는 그림 3.27a와 같이 두 개의 NAND를 연결함으로써 만들 수 있다. 회로를 자세히 보면 S가 1이고 R이 0일 때 출력 Q는 1이 되고, 이후에 S가 1이건 0이건 관계없이 1이 유지됨을 알 수 있다. 이것을 S의 1상태가 Q상태에 래치(latch)되었다고 한다. Q가 0이 될 수 있는 유일한 방법은 R을 1로, S를 0으로 하는 것이다. 이것은 래치를 리세트(reset)한다고 한다. 이 형태의 기억 장치는 리세트-세트(R-S) 플립플롭이라고 불리고, 순차 논리 회로의 기본적 구성요소로 사용된다. "플립플롭"은 Q의 논리 레벨 변화의 동작을 나타낸다. 진리표에서 알 수 있듯이 R과 S는 동시에 1이 되어서는 안 되며, 이런 조합에서는 플립플롭의 최종 상태가 불확실해진다.

JK 플립플롭

R과 S에 가해지는 입력으로 인한 플립플롭의 불확실한 상태는 그림 3.27b처럼 해결할 수 있다. 이것을 JK 플립플롭이라고 하는데, 논리도에서 보듯, RS 플립플롭에 논리 게이트를 추가함으로써 얻을 수 있다. J와 K 입력 모두 1일 때 플립플롭은 현재의 상태를 반전시킨다. 지금 이 경우의 플립플롭은 동기(synchronization)를 포함한다. 즉, 플립플롭이 삼각형 표시의 단자로 공급되는 클록의 타이밍 펄스에 의해 특정 시간에서 상태가 결정된다는 것을 뜻한다.

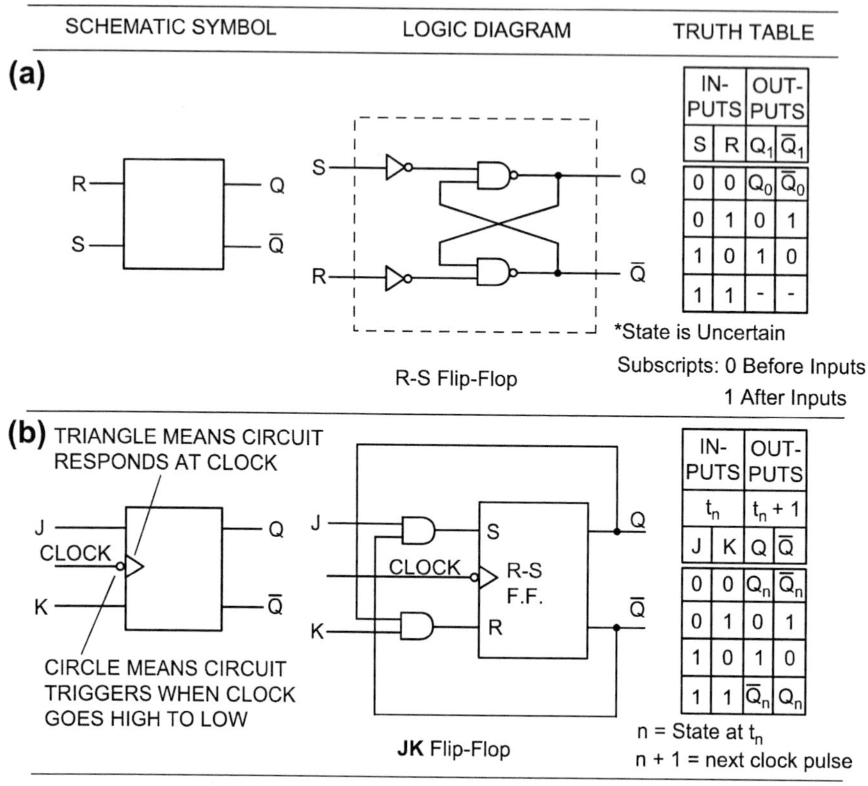

그림 3.27
순차 논리 회로

클록 단자의 작은 원은 클록이 1에서 0이 되는 순간 회로가 응답함을 나타낸다. 만약 원이 없다면 클록이 0에서 1이 되는 순간 회로가 응답한다. 컴퓨터에서 다양한 응용에 사용되는 JK 유형 회로들이 지금부터 설명된다.

동기 계수기(Synchronous Counter)

그림 3.28은 4단 동기 계수기를 나타낸 것이다. 각각의 단이 같은 클록 펄스(Clk)로 동시에 트리거되기 때문에 동기가 이루어진다. 4단으로 되어 있으므로, 처음 상태로 되돌아오기까지 2^4, 즉 16을 계수(count)한다. 클록 펄스에 따른 각 Q 출력들이 그림 3.28b에 나타나 있는데, 이 회로가 계수를 위하여, 다른 펄스들을 생성하기 위하여 또, 시간 시퀀스를 생성하기 위하여 각각 어떻게 사용될 수 있는지 알 수 있다.

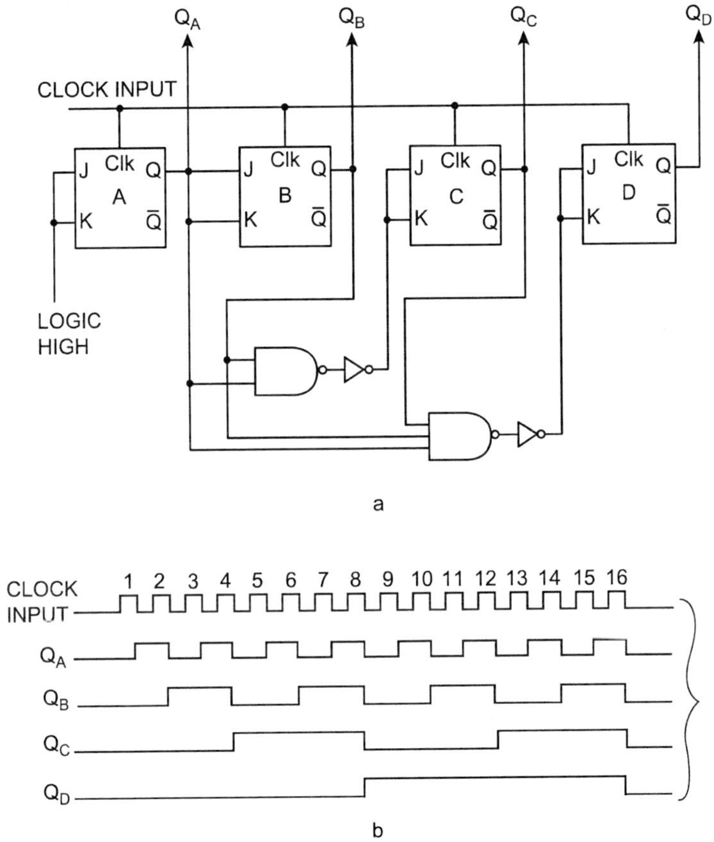

그림 3.28
동기 계수 회로

레지스터 회로(Register Circuits)

컴퓨터를 구성하는 데 가장 중요한 회로 중 하나는 그림 3.29에 설명한 것과 같은 **JK** 타입의 회로들을 여러 개 사용하는 형태이다. 이러한 회로를 레지스터라 부른다. 그림 3.29는 레지스터의 동작을 설명하기 위해 간단한 4비트 장치를 나타낸 것이다. 컴퓨터에서 사용되는 실제 레지스터 회로는 일반적으로 **JK** 유형의 회로를 여기에 나타낸 것보다 훨씬 많이 가지고 있다. 컴퓨터 또는 수행되는 동작에 따라 많은 종류의 레지스터가 있는데, 다음 동작들을 포함한다.

1. 데이터 저장
2. 왼쪽 시프트 또는 오른쪽 시프트
3. 동기 계수(synchronous counting)

레지스터나 메모리가 저장 공간으로 사용되는 경우, 공유되는 데이터(예를 들

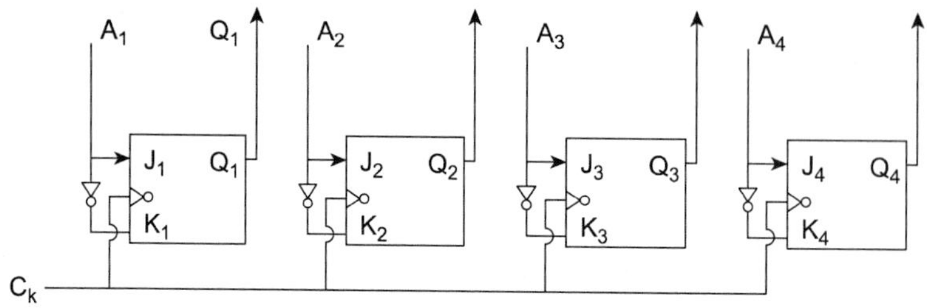

그림 3.29
저장 레지스터 회로의 예

어 센서나 A/D 변환기로부터의 디지털 입력 신호), 전 가산기의 출력(혹은 또 다른 레지스터의 요소)은 J 입력으로 제공된다.

클록 시간에서 해당 Q 출력으로 데이터 $A_4A_3A_2A_1$이 전송된다. 새로운 데이터와 클록 펄스가 컴퓨터로 제공될 때까지 그대로 유지된다.

시프트 레지스터(Shift Register)

JK 유형의 회로로 구현된 또 다른 매우 중요한 회로에는 시프트 레지스터가 있다. 그림 3.30a는 클록 펄스에서 제어신호 C가 high일 때, 모든 데이터 비트가

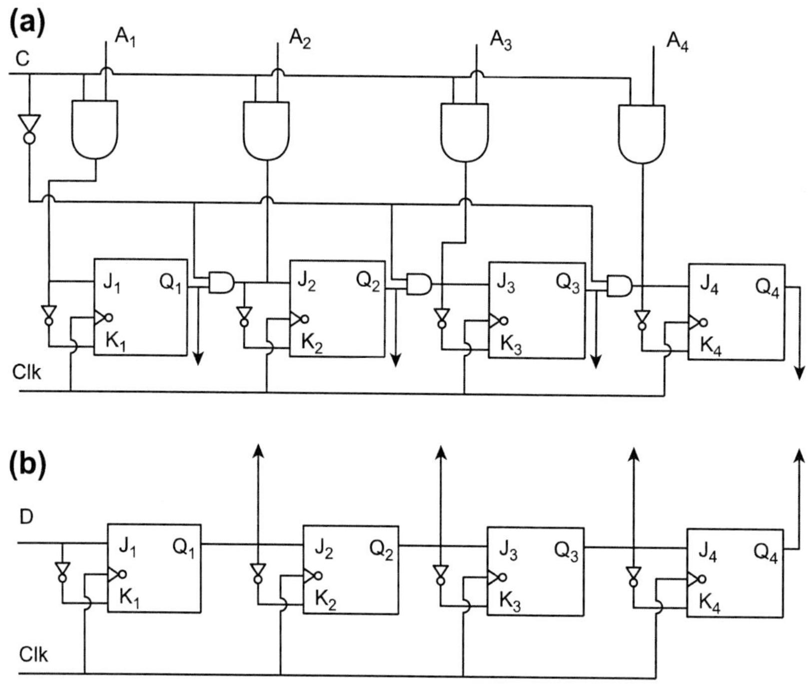

그림 3.30
4비트 시프트 레지스터 회로 예

대응되는 각 플립플롭으로 동시에 전송되는 병렬 로드(load)의 성질을 가지는 레지스터를 나타내었다.

위의 레지스터는 2가지 동작 모드가 있다: 1) 제어신호 C가 high일 때 레지스터로 데이터 $A_4A_3A_2A_1$ 전송, 2) 제어신호 C가 low일 때 왼쪽이나 오른쪽으로 시프트 하는 것. 시프트 동작은 더 높거나(shift left) 더 낮은 위치(shift right)로 디지털 숫자의 비트 위치 변화를 나타낸다. M비트의 이진수 N을 생각해 보자.

$$N = A_M \cdots A_m \cdots A_1$$

여기서, A_M은 최상위 비트이다. 오른쪽이나 왼쪽으로 시프트하는 것은 클록 시간 t_n에 동기된(synchronous) 동작이다. t_{n+1}에서 왼쪽으로 시프트하는 것은 A_m이 A_{m+1}이 되는 것을 의미한다. 이와 유사하게 t_n에서 A_m이, t_{n+1}에서 A_{m-1}이 되는 것이 오른쪽으로 시프트하는 것이다. 그림 3.30a 회로의 예를 들면, 이 동작이 왼쪽으로의 시프트이다. 데이터 순서를 반전하게 되면 오른쪽으로 시프트하는 것과 같은 회로를 만들 수 있다 즉, 최상위 비트(A_M)가 **JK**1에 들어가게 하고, 최하위 비트가 **JK**4에 들어가는 순서로 배치하면 된다.

그림 3.30의 회로는 모든 데이터 비트들이 동기되어 병렬로 인가되는 데이터 로드 동작을 설명한다. 최하위 비트나 최상위 비트에서 시작하여, 순차적으로 데이터 비트가 하나씩 들어와 데이터를 로드하는 것 역시 가능하다. 각 클록 주기에서, 회로의 구성이나 프로그램에 따라 한 위치 오른쪽 혹은 왼쪽으로 시프트된다.

데이터는 비트의 시퀀스로써 클록에 동기화되어 레지스터로 들어가게 된다. 각 클록 펄스에서, 해당 데이터 비트(즉, 0 혹은 1)가 데이터 라인 상에 존재한다(그림 3.30에서 D). 클록 시간 t_n 이전의 데이터 비트(즉, t_{n-1}에서의)는 Q_1에, t_{n-2}에서의 데이터는 Q_2에 저장된다. 이러한 각 비트들은 다음 플립플롭의 J 입력에 들어간다. 회로 동작의 결과는 각각의 클록 펄스에 따라 다음 비트 위치로 시프트되는 것이다.

회로가 어떻게 최상위 비트와 최하위 비트를 다루는지에 따라 이진수 혹은 이진 데이터의 다양한 논리 동작을 수행하는 또 다른 시프트 레지스터 종류가 만들어진다. 오른쪽 시프트 동작은 A_1비트를 드롭하고, A_M 비트 위치로 0을 시프트한다. 왼쪽 시프트 동작은 이를 반대로 하면 된다.

최상위 비트와 최하위 비트를 연결하는 것 또한 가능하다. 이러한 동작은 "오른쪽 또는 왼쪽 회전"이라 말한다. 오른쪽 회전 동작에서는, t_n에서 최하위 비트가, t_{n+1}에서 최상위 비트가 된다. 이와 유사하게, 이 역은 왼쪽으로 회전 동작이 된다. 이러한 동작은 전용 결선 회로 또는 통상 프로그램으로 제어되는 스위칭을 통해 구현한다.

디지털 전자 시스템은 1과 0으로 구성된 코드 형태로 신호를 주고 받는다. 디지털 코드는 디지털 회로에 의해 디지털 시스템 내부에서 이동하는 정보를 나타낸다. 디지털 시스템은 시스템이 원하는 기능을 수행하기 위해 많은 논리 게이트와 플립플롭으로 이루어져 있다. 결과적으로, 디지털 회로는 집적 회로(IC)로 구현하는 데 이상적이다. 왜냐하면, 모든 요소들이 작은 실리콘 영역 상에 동시에 만들어질 수 있기 때문이다.

집적 회로(Integrated Circuits)

IC 기술 진보의 중요한 결과 중 하나는 디지털 회로가 전자 시스템 또는 부 시스템으로서 (IC 형태로) 사용 가능해졌다는 것이다. 즉, 단일 IC 패키지, 또는 "칩"에 디지털 회로의 기능 집적도가 지난 40년 동안 놀랄만큼 증가되었다. IC 형태로 사용 가능한 중요 디지털 시스템 중 하나는 ALU(arithmetic and logic unit)이다.

그림 3.31은 다양한 핀을 가진 전형적인 ALU이다. 이 4비트 ALU는 두 개의 4비트 입력 A와 B에 대해 16가지 논리 및 산술 연산을 수행할 수 있다. 표 3.2는 이 장의 앞에서 설명한 논리 표기법을 사용하여 다양한 연산들을 요약해 놓은 것이다. ALU(4비트 이상으로 구현된)는 모든 디지털 전자식 시스템에서 중요한 단일 칩 IC(마이크로프로세서) 중에서도 가장 중요한 요소이다.

마이크로프로세서(The Microprocessor)

아마도 지금까지 발전되어 온 가장 중요한 하나의 디지털 IC는 마이크로프로세서(MPU)일 것이다. 한 마디로 1/4inch^{2}의 영역에 수십만 개의 트랜지스터를 집적시킨 이 가장 중요한 IC는 디지털 전자 시스템을 혁명적으로 발전시켰다. 마이크로프로세서는 마이크로컴퓨터의 핵심 부품이며, 이 책에서 다루게 될 자동차 전자 시스템에 광범위하게 응용되고 있다.

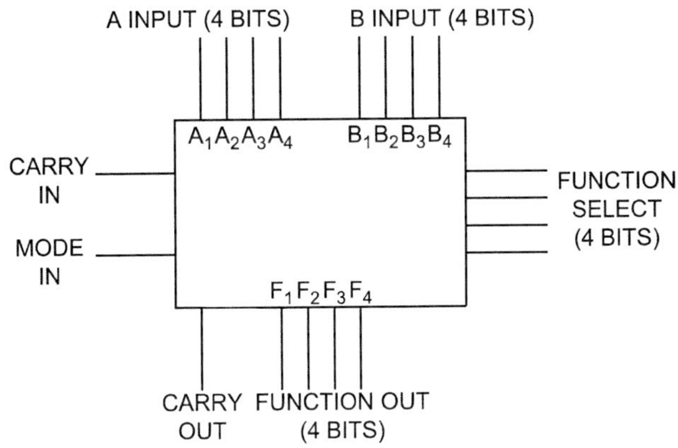

그림 3.31
ALU 기호

MPU는 ALU, 레지스터, 디코딩 논리부를 포함하는 디지털 회로의 비교적 복잡한 조합으로 이루어져 있다. 전형적인 MPU의 블록도는 그림 3.32와 같다. "버스"라고 이름 붙은 두꺼운 선은 실제로 MPU를 통하여 디지털 데이터를 운반하는 한 묶음의 도선이다. 좀 더 세부적인 마이크로프로세서/마이크로컨트롤러의 블록선도는 제4장에서 설명한다. 일반적인 IC MPU는 8, 16, 32(보통 8의 배수)개의 도체 선을 사용한다.

표 3.2 산술 논리 함수

		$M=0$	
	$M=1$	$C_n=1$	$C_n=0$
0000	$F=\overline{A}$ (NOT)	$F=A$	$F=A$ Plus 1
0001	$F=\overline{A+B}$ (NOR)	$F=A+B$	$F=(A+B)$ Plus 1
0010	$F=\overline{A}B$	$F=A+\overline{B}$	$F=(A+\overline{B})$ Plus 1
0011	$F=0$	$F=$ Minus 1 (2's Complement)	$F=0$
0100	$F=\overline{AB}$ (NAND)	$F=A+A\overline{B}$	$F=(A+A\overline{B})$ Plus 1
0101	$F=\overline{B}$ (NOT)	$F=(A+B)$ Plus $A\overline{B}$	$F=(A=B)$ Plus $A\overline{B}+1$
0110	$F=AB+B\overline{A}$ (Exclusive OR)	$F=(A-B)$ Minus 1	$F=A$ Minus B
0111	$F=A\overline{B}$	$F=A\,\overline{B}$ Minus 1	$F=\overline{AB}$
1000	$F=\overline{A}+B$ (Implication)	$F=A+AB$	$F=(A+B)$ Plus 1
1001	$F=\overline{AB}+AB$ (NOT exclusive OR)	$F=A+B$	$F=(A+B)$ Plus 1
1010	$F=B$	$F=(A+\overline{B})$ Plus AB	$F=(A+\overline{B})$ Plus $A+1$
1011	$F=AB$ (AND)	$F=AB$ Minus 1	$F=AB$
1100	$F=1$	$F=A$ Plus A^{*}	$F=(A+A)$ Plus 1
1101	$F=A+\overline{B}$	$F=(A+B)$ Plus A	$F=(A+B)$ Plus $A+1$
1110	$F=A+B$ (OR)	$F=(A+\overline{B})$ Plus A	$F=(A+\overline{B})$ Plus $A+1$
1111	$F=A$	$F=A$ Minus 1	$F=A$

* 각 비트는 다음으로 높은 비트 자리로 이동한다.

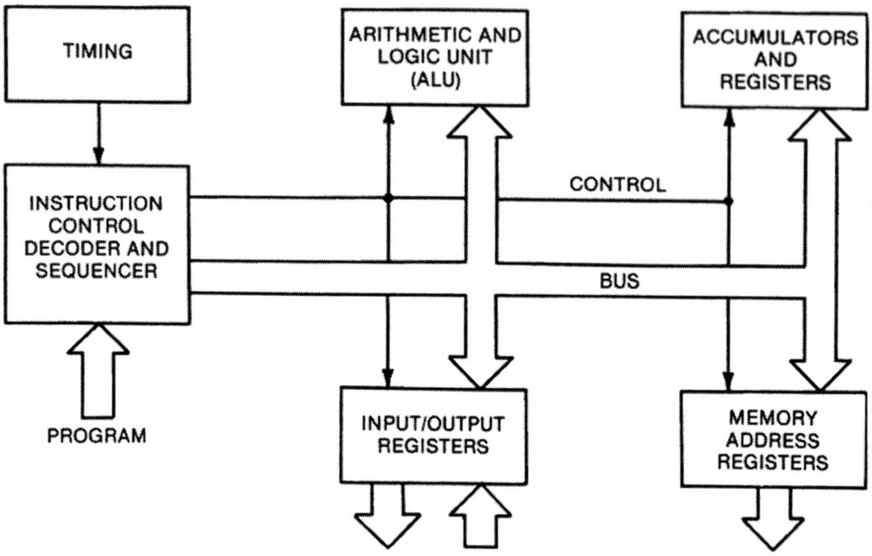

그림 3.32
간단한 마이크로프로세서 블록 다이어그램

21세기 초반의 자동차들은 첨단 파워트레인 제어에서부터 좌석이나 사이드 미러의 자동 조정과 같은 간단한 일까지 다양하게 사용되는 수십 개의 마이크로프로세서를 포함한다. 마이크로프로세서 자체만으로는 아무것도 할 수 없다. 다음 장에 설명될 부가적인, 외부 디지털 회로가 필요하다. 외부 회로에 의해 수행되는 동작 중 하나가 디지털로 인코딩된 신호 형태로 "명령어(instruction)"를 공급하는 것이다. 8비트 마이크로프로세서는 8비트 명령어로 동작한다. 이 시스템에는 2^8(256)개의 가능한 논리 조합이 있고 이에 따라 256개의 MPU 명령어가 가능하다. 이러한 동작과 이에 해당하는 명령어(마이크로 명령: micro instructions)는 이 책의 범위를 벗어난다. 그러나 몇몇의 중요한 명령어는 필요한 장치들을 설명하기 위해 다음 장에서 설명된다.

제 4 장 마이크로컴퓨터 계측 및 제어

마이크로컴퓨터의 기본 136
디지털 및 아날로그 컴퓨터 136
컴퓨터 부품 136
마이크로컴퓨터와 메인 프레임 컴퓨터 137
프로그램 138
마이크로컴퓨터 작업 139
마이크로컴퓨터의 동작 140
버스 140
메모리 읽기/쓰기 141
타이밍 142
주변기기의 주소 지정 143
CPU 레지스터 143
누산기 레지스터 144
상태 레지스터 144
분기 146
마이크로프로세서의 구조 146
읽기 명령 149
초기화 149
연산코드 149
프로그램 카운터 150
분기 명령 151
오프셋 예제 152
점프 명령 152
점프 투 서브루틴 명령어 153
프로그램 카운터 저장 154
마이크로컴퓨터의 사용 예제 155
버퍼 156
프로그램 언어 157
어셈블리어 157
논리 함수 158
시프트 159
AND 기능 프로그래밍 159
마스킹 161
시프트 및 AND 161
서브루틴 사용 162
마이크로컴퓨터 하드웨어 163
중앙 처리 장치 163
메모리: ROM 163
메모리: RAM 165
I/O 병렬 인터페이스 165
디지털/아날로그 변환기 165
아날로그/디지털 변환기 168
샘플링 171
폴링 171
인터럽트 172
벡터 인터럽트 173
자동차 시스템에서의 마이크로컴퓨터 응용프로그램 174
마이크로컴퓨터의 계측 응용 177
디지털 필터 178
제어 시스템에서의 마이크로컴퓨터 180
폐루프 제어 시스템 181
리밋 사이클 제어기 181
피드백 제어 시스템 181
테이블 참조 183
다중 변수 및 다중 작업 시스템 185

이 장에서는 마이크로컴퓨터의 기본 원리와 마이크로컴퓨터를 사용한 계측 및 제어에 대하여 설명할 것이다. 주요 내용으로는 마이크로컴퓨터의 기본 원리, 입출력, 컴퓨터 기반 계측 및 제어 시스템에 대한 설명 등이 있다. 마이크로컴퓨터의 자동차 응용에 대해서는 다음 장에서 다루게 될 것이다.

마이크로컴퓨터의 기본

디지털 및 아날로그 컴퓨터

디지털 컴퓨터 기반 시스템은 어떤 물리적인 값을 2진수 시스템을 이용한 수치로 표현한다. 이전 장에서, 트랜지스터 회로는 2개의 안정 상태인 포화 상태와 컷 오프 상태에서 한 가지 상태로 구성될 수 있었다. 이러한 2가지 상태는 2진수 시스템에서 0 아니면 1로 대체하여 사용할 수 있다.

다음 장에서 설명하겠지만 디지털 자동차 전자 시스템은 마이크로프로세서 및 기타 부품들을 결합한 특별한 목적의 컴퓨터(랩톱과 같은 범용 컴퓨터에 비교되어) 또는 컴퓨터와 유사한 구조의 디지털 제어기를 사용한다. 디지털 컴퓨터 기술에 대해 간략히 논의하는 것이 앞으로 자동차 디지털 시스템을 이해하는데 도움이 될 것이다. 자동차를 포함한 모든 응용에서, 컴퓨터는 데이터에 대한 다양한 동작을 수행한다. 디지털 컴퓨터의 동작을 설명하기 위해서는, 디지털 컴퓨터의 다양한 구성요소들의 동작을 먼저 설명하는 것이 도움이 될 것이다.

컴퓨터 부품

범용 디지털 컴퓨터의 구성을 그림 4.1에 나타내었다. 이 그림은 디지털 컴퓨터를 설명할 목적으로만 나타낸 것이다. 자동차 응용에 사용하는 컴퓨터의 구성은 실제로 수행하는 특정 작업에 의해 결정된다. 예를 들어, 엔진 제어 컴퓨터(제7장에서 설명)는 디스크 드라이브, 키보드, 프린터나 모니터를 포함하지 않는다.

중앙 처리 장치(Central Processing Unit, CPU)는 시스템의 핵심인 처리장치이다. 중앙 처리 장치가 단일 집적 회로로 만들어진 다음부터 마이크로프로세서라 불렸다. 이것은 모든 산술 논리 결정이 이루어지며 컴퓨터의 계산기에 해당한다.

자동차 디지털 컴퓨터는 한 개 또는 그 이상의 마이크로프로세서로 구성되는데, 더 상세한 내용은 다음 장에 설명한다.

'메모리(Memory)'는 수행 프로그램과 데이터가 저장되어 있는 곳이다. 컴퓨

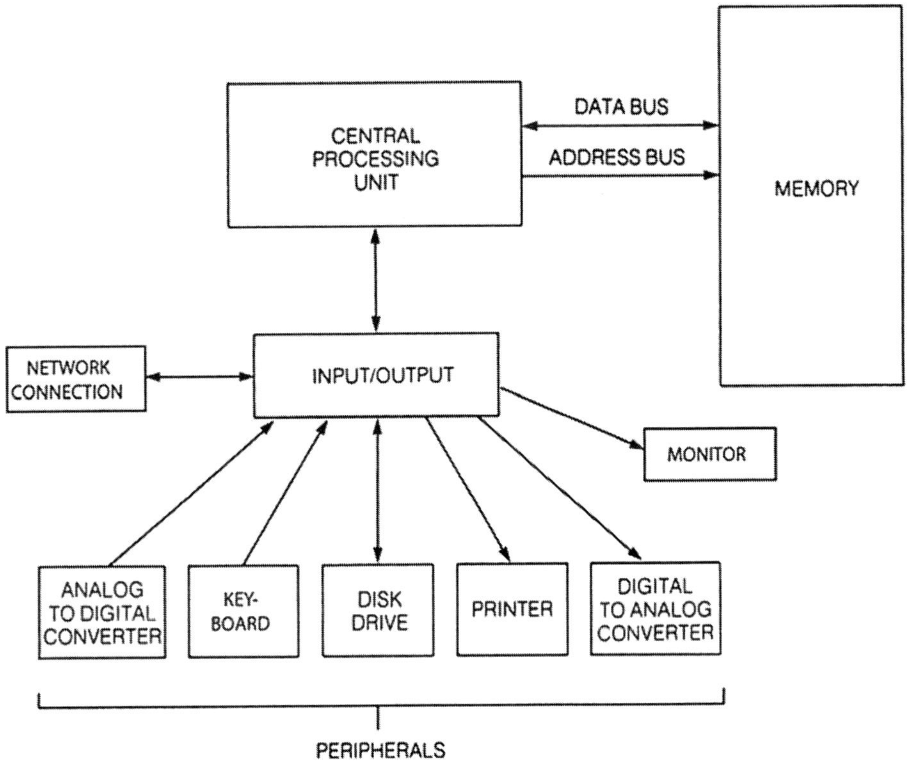

그림 4.1
일반적인 컴퓨터 블록 다이어그램

터는 메모리에 새로운 정보를 쓰면서 메모리 내용을 바꿀 수 있고, 메모리의 내용을 읽어 들이면서 정보를 얻을 수 있다. 각 메모리는 CPU가 필요한 정보를 찾을 수 있도록 유일한 주소를 가지고 있다.

외부 시스템으로 입력되는 정보(혹은 데이터)는 컴퓨터가 읽을 수 있는 형태로 주어져야 하며, 컴퓨터의 출력은 사람이나 외부 컴퓨터 또는 디지털 시스템이 읽을 수 있는 형태이어야 한다. 입출력 장치가 이러한 작업을 수행한다. 범용 컴퓨터에서, 주변기기는 키보드, 모니터, 자기 디스크, 모뎀, 프린터와 같은 장치를 말한다. 그림 4.1의 화살표는 컴퓨터의 데이터 흐름을 나타낸 것이다.

마이크로컴퓨터와 메인 프레임 컴퓨터

우선 범용 컴퓨터와 마이크로컴퓨터를 비교하는 것이 컴퓨터를 이해하는 데 도움이 될 것이다. 마이크로컴퓨터는 일반적으로 은행이나 대기업, 군 및 정부기관에서 사용하는 범용의 메인 프레임 컴퓨터보다는 매우 작다. 다양한 컴퓨터의 최상위에는 대형 과학용 컴퓨터가 있는데, 이것은 병렬로 동작하는 수많은 작은 컴퓨터로 이루어지기도 한다. 이러한 대형 컴퓨터는 약 10^9 FLOPS(floationg point operation, FLOPS)로 동작한다. 반면에, 전형적인 자동차 디지털 시스템은 마이크로컴퓨터 수준이다. 자동차 특성에 따라 보통 수십 개의 마이크로컴퓨터를 포함하고 있다. 전형적인 메인 프레임 컴퓨터는 초당 수십억 개의 산술 연산(덧셈, 뺄셈, 곱셈 및 나눗셈)을 수행한다. 마이크로컴퓨터는 초당 수천만 개의 동작을 수행할 수 있다. 수학적 계산에서 연산 속도만큼 중요한 것이 연산의 정확성이다.

디지털 컴퓨터에 의한 계산의 정밀도 및 정확성은 숫자를 나타내는 데 사용하는 비트 수의 함수이다. 8bit 이진수가 256개의 십진수를 나타낼 수 있음을 생각해 보자. 만약(자동차 디지털 시스템에서처럼) 이 숫자가 부호를 가진다면, −127~128의 숫자만 표현 가능하다.

프로그램

프로그램이란 특정한 일을 수행하기 위해 특정 순서로 나열된 명령어의 집합을 말한다. 초기 컴퓨터의 기능은 단순한 계산기 정도의 수준이었으며 단지 간단한 산술과 논리 연산만을 수행할 수 있었다. 초기의 컴퓨터 프로그램은 기계에 의해 읽을 수 있는 종이 테이프에 특별한 코드로 천공되어 있으며 컴퓨터에 의해 명령어로 번역되었다. 이와 같이 과거에는 수천 개의 명령어를 포함하는 프로그램의 경우 매우 긴 종이를 필요로 했다. 컴퓨터는 프로그램이 끝날 때까지, 테이프로부터 명령을 읽고 그 명령을 수행한 후 다시 테이프로부터 명령을 읽는 작업을 함으로써 프로그램을 진행시켜 갔다. 종이 테이프를 사용하는 것은 현대 컴퓨터에서 요구되는 기능을 수행하기에 너무 느린 속도이며 게다가 컴퓨터가 프로그램을 사용할 때마다 테이프가 컴퓨터로 들어가야 하기 때문에 수행에 커다란 장애가 되고 테이프가 닳거나 파괴되는 문제점이 있었다.

종이 테이프의 사용을 최소화하고 계산의 효율을 높이기 위하여 컴퓨터 내부에 일시적으로 프로그램을 저장하는 방법이 그 후에 발명되었다. 프로그램은 하나당 한 비트를 저장할 수 있는 수천 개의 데이터 래치(플립플롭)로 구성된 메모리에 읽혀진다. 각 명령어는 유한한 비트 수를 갖는 이진수로 변환되어 메모리에 저장되며, 각 메모리 위치는 연관된 주소 숫자를 가진다. 컴퓨터는 명령어가 처리되는 데 필요한 정보의 주소로 이동하여 각 메모리 위치에 저장된 2진수(명령어 또는 데이터)를 읽는다. 각 메모리 위치의 주소가 생성될 때, 이 정보의 복사본이 컴퓨터로 전송된다. 명령어에 따라 원래의 정보는 메모리가 읽히는 동안 메모리에서 그대로 유지하기도 한다.

컴퓨터는 프로그램(명령어)을 저장하기 위해 메모리의 일부를 사용할 수 있고 또 데이터를 저장하기 위해 메모리의 다른 부분을 사용할 수도 있다. 프로그램 혹은 데이터는 다른 프로그램이나 데이터를 불러옴으로써 쉽게 변경할 수 있다. 저장 프로그램 개념은 모든 현대 전자 컴퓨터의 기본이다.

컴퓨터는 주로 2가지 유형의 메모리를 가진다. 1) 읽기전용 메모리(read-only memory, ROM)와 2) 랜덤 액세스 메모리(random access memory, RAM)이며, 여기서 RAM은 데이터/프로그램이 쓰이거나(일시적 저장을 위해 메모리에 위치), 읽혀지므로(메모리에서 정보를 얻음) 읽기/쓰기 메모리라고도 한다. 자동차용 컴퓨터 혹은 디지털 서브시스템에서 프로그램은 보통 ROM에 저장된다. 이 2가지 유형의 메모리는 이 장 뒤에서 상세하게 논의된다.

CHAPTER 04

마이크로컴퓨터 작업

적절히 구성된 마이크로컴퓨터는 자동차 제어나 계측 작업을 실행할 수 있다. 예를 들어, 마이크로컴퓨터는 다른 많은 작업들과 함께 엔진에 대한 연료 계측이나 점화 제어를 위해 사용될 수 있다. 마이크로컴퓨터를 사용한 엔진 제어 시스템은 초기의 간단한 논리 회로나 아날로그 회로를 사용한 제어 시스템보다 훨씬 더 유연성이 있다. 과거 초기 시스템의 경우, 제어 시스템의 성능을 바꾸는 것은 회로(하드웨어)를 바꾸는 것이 필요했다. 그러나 논리 함수를 수행하는 마이크로컴퓨터에서는 단순히 관련 알고리즘에 사용되는 특정 매개변수를 변경함에 따라 대부분의 변화를 만들 수 있다. 즉, 하드웨어(논리 회로)보다는 소프트웨어 데이터가 변경된다. 이것은 모든 디지털 시스템에서 마이크로컴퓨터를 매우 매력적인 요소로 만들어 준다.

마이크로컴퓨터는 아날로그 회로를 대체하여 사용할 수 있다. 디지털 회로에서 아날로그 입출력이 가능하도록 특별한 인터페이스 회로가 사용된다 (뒤에서 논의). 여기서 중요한 점은 마이크로컴퓨터가 특정 설계를 만족시키기 위해 상호 연결된 (전용)배선 논리와 아날로그 회로에 대한 훌륭한 대안이 되었다는 것이다.

이 장의 다음에서, 컴퓨터 하드웨어 구성과 프로그램이 논의된다. 컴퓨터의 이 두 가지 면이 서로 매우 강하게 연관되어 있기 때문에 두 관점에서 동시에 보면서 다음 논의를 진행할 필요가 있다.

현대 개인 컴퓨터에서, 프로그램 명령어와 데이터는 제3장에서 설명된 레지스터 유형의 회로에 전자적으로 저장된다. 플립플롭(혹은 유사한) 이진 회로의 시퀀스로 구성된 레지스터 회로를 생각해 보자. 현대 레지스터 유형의 회로는 프로그램이 실행되는 동안에 수분의 일 마이크로 초 단위로 데이터들을 저장하는 기능을 가진 매우 빠른 회로이다. 더구나, 프로그램과 데이터는 자기(magnetic) 혹은 광 디스크 매체에 무제한으로 저장될 수 있다.

마이크로컴퓨터의 동작

그림 4.1의 기본 컴퓨터 블록도를 보면, 중앙처리장치(CPU)는 데이터를 읽기 위한 주소를 생성함으로써 메모리로부터(또는 입력 장치로부터) 정보를 얻는다. 주소의 모든 비트는 CPU에 저장되는데, **레지스터**라는 (제3장에서 설명된) 임시 데이터 래치형 메모리에 2진수로서 저장된다. 레지스터의 출력은 여러 개의 선을 통해 컴퓨터의 메모리나 주변 장치로 동시에 전송된다.

버스

그림 4.2와 같이 주소를 전달하는 선들을 어드레스 버스(address bus)라 부른다('버스'란 컴퓨터에서 여러 요소 사이의 공통 경로를 만드는 전선 그룹을 말함). 예를 들어, 컴퓨터가 32비트 주소 레지스터(address register)를 가진다고 하자. 이 경우에 CPU가 2^{32}개의 메모리 어드레스에 접근하는 것이 가능하다. 일반적으로 마이크로컴퓨터에서 각 메모리는 8bit 배수의 데이터를 포함한다. 이 8bit 단위를 **byte**라 하고, 16bit 단위는 **word**라 한다.

데이터는 데이터 버스(data bus)를 통해 CPU에 보내진다. 데이터 버스는 CPU가 메모리나 주변기기로부터 정보를 **읽거나 쓴다**는 점에서 어드레스 버스와 약간 다르다. 어드레스 버스의 신호는 CPU에서만 발생하고 버스와 연결된 장치로 전송된다. 데이터 버스의 신호는 메모리, 다른 레지스터 혹은 CPU의 입출력 데이터가 될 수 있다. 즉, 어드레스 버스가 단방향 통신인 반면에 데이터 버스는 양방향 통신이다. 어드레스 및 데이터 버스 외에 제어버스라고 불리는 선 그룹도 있다. 제어버스는 적정 시간에 특정 동작이 수행되도록 해당 동작과 관련된 요소로 이진 신호를 보내준다.

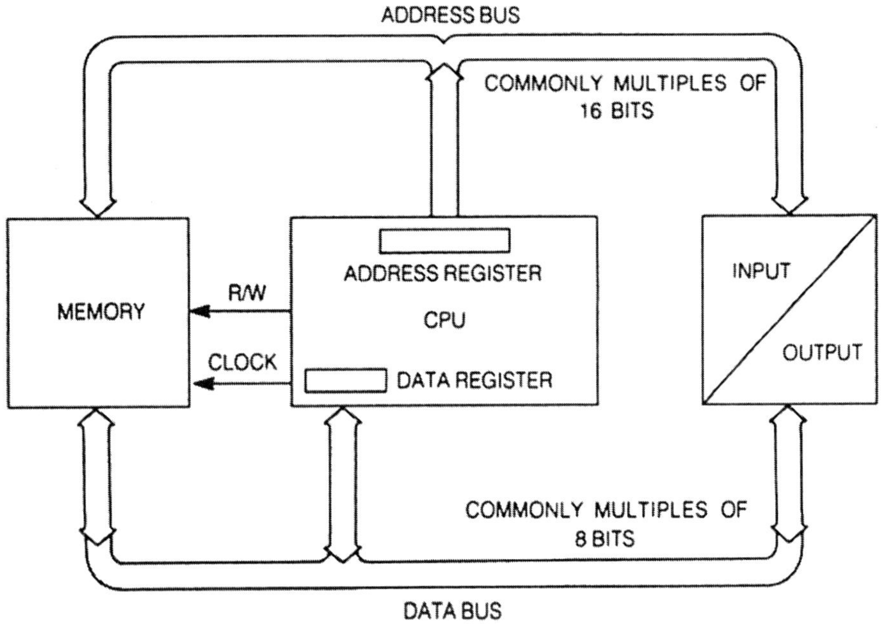

그림 4.2
컴퓨터 버스

메모리 읽기/쓰기

데이터 버스는 양방향성을 갖지만 한 순간에 데이터가 한쪽으로만 갈 수 있으므로 CPU는 항상 데이터의 진행 방향을 제어해야 한다. 이를 위하여 CPU는 메모리에 데이터 진행 방향을 알리는 R/W 제어신호(그림 4.2)를 갖고 있다. 예를 들어 R/W가 high일 때 CPU는 메모리로부터 정보를 읽도록 하는데, 이에 대한 타이밍도를 그림 4.3에 나타내었다.

예를 들어, 컴퓨터가 메모리 10번으로부터 데이터를 읽는 명령을 했다면 읽기 작업을 위하여 R/W선을 high로 올리며 거의 동시에 장소 10에 대한 번지가 어드레스 버스 상에 올라간다(그림 4.3의 “address valid”). 또, 10에 해당하는 이진 전기신호는 메모리에 있는 이진 데이터를 발생시키는 회로를 동작시켜 데이터를 데이터 버스에 올려 놓게 한다. CPU는 이 읽기 작업 동안 데이터를 받아 저장할 수 있는 내부 레지스터를 갖고 있으며 데이터는 명령에 따라서 다음 동작 사이클 동안에 CPU에 의해서 처리된다.

CPU가 내부 레지스터 중 하나에서 메모리로 데이터를 전송할 때마다 유사한 동작이 수행된다. 이를 “쓰기” 동작이라고 한다. 이러한 경우, R/W제어 신호는 논리 레벨의 읽기 동작과 반대로 설정된다(즉, 이 예에서는 low로 설정). 쓰기

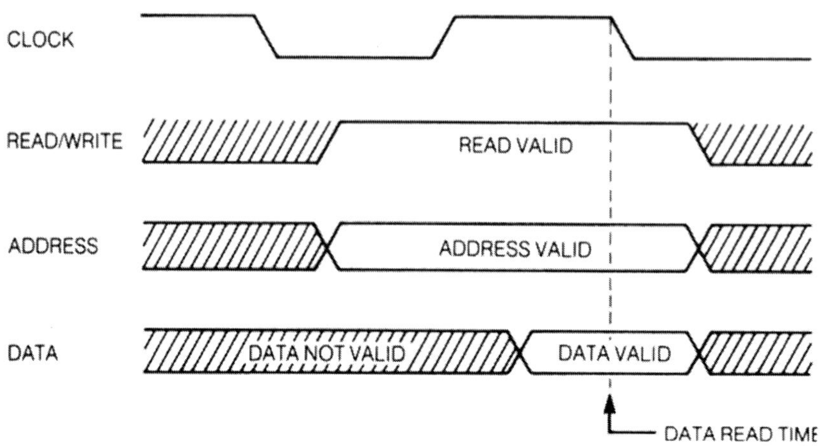

그림 4.3
읽기/쓰기 타이밍

동작 동안에, 전송된 데이터는 데이터 버스 위에 올려지는 동시에 목표 주소는 어드레스 버스 위에 놓이게 된다. 이러한 동작은 CPU 소스 위치로부터 목표 위치, 즉 RAM의 메모리 위치나 외부 장치로 데이터를 전송한다.

타이밍

메모리의 어드레스 디코더가 어드레스(주소)를 해석하고 선택된 메모리의 데이터를 데이터 버스에 올리는 데에는 어느 정도의 시간이 필요하다. 이 주소 해석에 필요한 시간 때문에 프로세서는 데이터 버스로부터 정보를 받아들이기 전에 어느 정도 시간을 기다려야만 한다. 그런 다음 CPU는 적절한 시간에 데이터 버스와 CPU 레지스터 사이의 논리 게이트 회로를 열어서 버스 위의 정보(예를 들면, 10)를 CPU로 읽어 들인다. 메모리 읽기 작업 동안 메모리는 일시적으로 데이터 버스를 제어한다. 이 제어권은 프로세서가 데이터를 읽기 전에 CPU에 되돌려져야 하며 이를 위하여 클록은 메모리가 데이터 버스의 제어권을 얻거나 또는 돌려주도록 메모리 내부 타이밍을 조정한다.

그림 4.3을 보면, Read 신호가 유효한 시간 동안 클록이 high에서 low로 갈 때, Read 사이클이 끝나는 것을 알 수 있다. 이 신호는 데이터 버스가 다른 동작을 위해 해제될 수 있을 때 읽기 사이클의 끝에서 CPU에 의해 생성된다.

버스 타이밍 동작은 컴퓨터의 안정적인 동작을 위해 매우 중요하다. 그러나 이는 기계 설계의 일부이기 때문에 기계의 제어를 받는다. 기계가 읽고 쓰는 동작을 정확하게 수행한다면, 프로그래머는 버스 타이밍 신호들의 세부사항을 완전히 신경쓰지 않고 프로그램 논리에 집중할 수 있다. 모든 마이크로프로세서 기반의 전자 시스템에는 타이밍 동작을 지배하는 주파수를 얻기 위해 발진기가 있다. 마스터 발진기의 약수는 $f = f_{osc}/n$ (n = 정수)의 주파수 분할을 통하여 얻는다. 자동차 제어 동작을 위해서는, 실시간 계산이 요구되는데, 이러한 동작의 계산속도는 f_{osc}에 비례한다. 많은 컴퓨터 동작을 위해 요구되는 주파수 분할은 JK(혹은 이와 동등한) 플립플롭 회로(제3장에서 설명한)를 사용하면 쉽게 얻어진다.

주변기기의 주소 지정

메모리 주소와 주변기기를 구분하는 이유는 서로 다른 기능을 수행하는 장치이기 때문이다. 즉, 메모리는 데이터를 저장하는 장소이지만, 주변기기는 외부 시스템과 연결하는 입출력 장치이다. 그러나 많은 마이크로컴퓨터의 메모리와 주변기기가 메모리 맵 I/O라 불리는 설계를 사용하기 때문에 똑같은 방식으로 주소가 매겨진다. 이 설계에서 데이터 터미널과 같은 주변기기들은 CPU에 있어서 메모리와 똑같이 취급된다. 디지털 논리를 대체한 마이크로김퓨터의 시스댐에서, 디지털 입력은 지정된 메모리 슬롯을 통하여 컴퓨터에 입력된다. 만약 출력이 요구되면, 또 다른 곳에 지정된 메모리 슬롯을 통하여 컴퓨터에서 출력한다.

메모리 맵을 통한 데이터의 입/출력이 상대적으로 효율적인 이유는 샘플된 아날로그 신호의 디지털 필터링이나 제2장에서 설명한 제어 동작에 용이하다는 점이다. 이러한 경우, 샘플 입력을 제공하는 A/D 변환기는 특정 메모리 위치를 가지게 된다. 이와 유사하게, D/A 혹은 ZOH 역시 지정된 메모리 위치를 갖게 된다. 메모리 맵 I/O와 같은 것은 자동차 시스템의 이산 시간 제어에서 컴퓨터 동작 속도를 높이는 데 특히 유용하다.

CPU 레지스터

프로그래머는 하드웨어 설계자와 비교할 때 시스템에 사용되는 마이크로프로세서의 여러 가지 모델들을 (프로그래밍 모델) 사용한다. 이 모델은 프로그래머에게 프로그램에 어떤 레지스터가 유용하며, 또 레지스터가 어떤 기능을 수행할 수 있는지를 보여준다. 그림 4.4는 일반적인 8 bit 마이크로컴퓨터를 위한 레지스터들을 나타낸 것이다.

8 bit로 예를 드는 이유는 이러한 레지스터의 동작을 간단히 설명하기 위해서

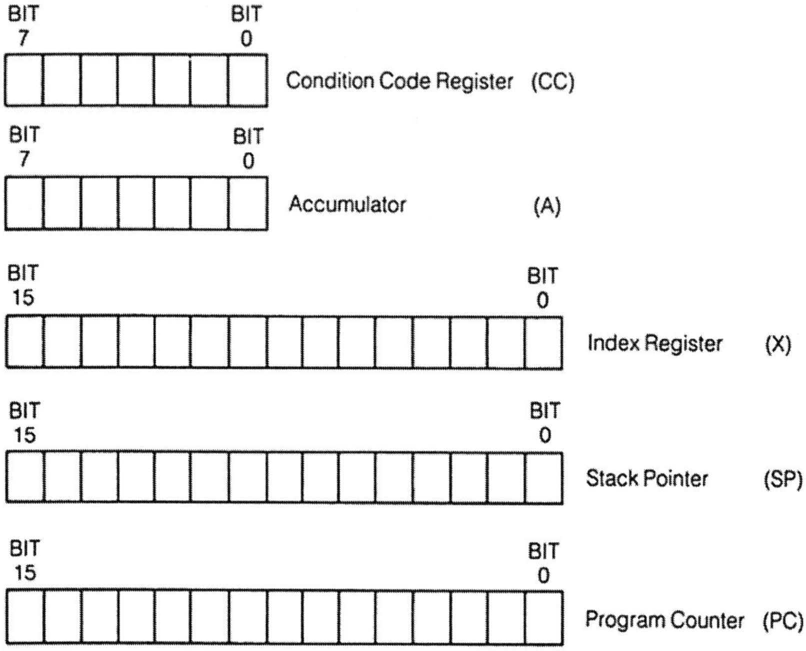

그림 4.4
선택된 CPU 레지스터

이다. 실제 컴퓨터 시스템에서는, 이러한 레지스터들이 더 많은 비트들을 가진다. 예를 들어, 어떤 컴퓨터는 두 개의 8 bit 레지스터와 3개의 16 bit 레지스터를 가질 수 있다. 16 bit 레지스터는 뒤에서 논의하기로 하고, 여기서는 8 bit 레지스터를 논의한다.

누산기 레지스터(accumulator register)

8 bit 레지스터의 하나는 **누산기**이다. 누산기는 산술과 논리 실행을 위해 사용되는 일반적인 목적의 레지스터이다. 누산기는 메모리로부터 데이터를 가져올 수 있으며, 데이터를 메모리에 저장할 수도 있고, 누산기 속에 있는 수를 메모리의 다른 숫자와 더하거나 빼거나 비교할 수 있다. 따라서 누산기는 컴퓨터의 가장 기본적인 작업을 하는 레지스터이며, 간단히 A 레지스터라 불린다.

상태 레지스터(condition code register)

상태 레지스터는 또 다른 8 bit 레지스터이다. 이 레지스터는 누산기 실행 동안 발생하는 어떤 상태를 나타낸다. 상태 레지스터의 각 bit의 0과 1은 마지막 누산기의 수행에서 일어난 특정한 상태를 나타낸다. 각 bit 위치에 대한 규칙들이 그림 4.5a에 나타나 있다. 상태 레지스터에서 Z 비트는 A 레지스터가 모두 0임을 나타낸다. 또, C 비트는 캐리가 발생했음을 알려주며, A 레지스터의 9번째 bit처럼 행동한다. 예를 들어 이진수에서 255에 1을 더했을 때 어떤 일이 일어나는지 알아보자(8비트를 예를 들어).

Decimal	Binary	
255	input	11111111
+1	add	+1
256	sum	00000000
	carry	1

A 레지스터의 8개의 bit는 모두 0이 되고, C 비트가 1(high)로 세트되어 결과가 0이 아닌 256임을 나타낸다. 이러한 상태를 알기 위하여 프로그래머는 C 비트가 1인지 여부를 조사하면 된다.

위에서는 단순한 8비트 레지스터를 다루었으나, 일반적으로 마이크로프로세서는 *N*비트에서 동작한다.

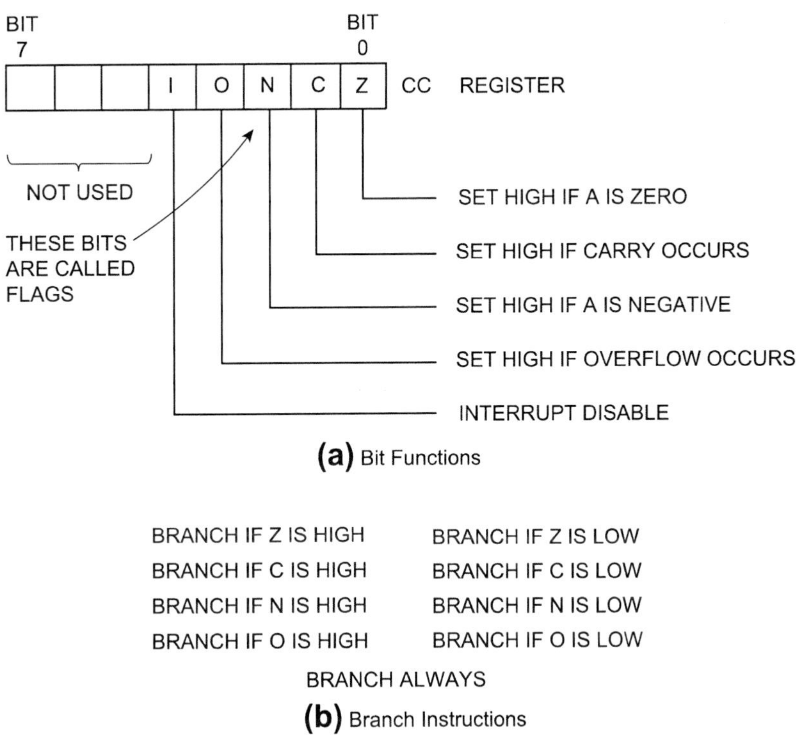

그림 4.5
상태 레지스터 비트 상태

상태 레지스터는 누산기에서 숫자가 음수일 경우 1로 세트되는 것을 표시하는 플래그도 제공한다. 대부분 마이크로컴퓨터는 산술 연산을 하기 위하여 **2의 보수법**이라 불리는 이진 형태를 사용한다. 2의 보수법에서 제일 좌측 비트는 수의 부호를 나타내며, 8 bit 중 한 개의 비트가 부호 비트로 사용되기 때문에 7개의 비트(보통, $N-1$ bit)가 수의 크기를 나타내는 데 사용된다. 2의 보수법에서 8 bit로 나타낼 수 있는 가장 큰 양수는 +127(즉, N bits에 대해 $2^{(N-1)}-1$)이고, 가장 큰 음수는 −128(즉, $-2^{(N-1)}$)이다. 현재 예에서 레지스터는 8비트이므로 한 번에 1 byte만을 처리할 수 있다. 그러나 byte를 조합하거나 한 개를 처리한 후 연속적으로 다음 처리를 한다면(16 bit 산술 연산을 위하여) 컴퓨터는 매우 높은 정확도의 수를 다룰 수 있으며 계산의 정확성을 높일 수 있다. 시간에 따라 순서적으로 하나씩 비트 혹은 바이트를 다루는 것을 **직렬 동작(serial operation)**이라고 부른다.

분기

상태 레지스터는 프로그래머에게 명령이 수행될 때 데이터에 무슨 일이 일어났는지 상태 플래그를 이용하여 알려준다. 마이크로컴퓨터는 이 상태값을 이용하여 프로그램의 한 부분에서 다른 부분으로 가도록 할 수 있는 명령을 갖고 있다. 이러한 명령을 분기(branch) 명령이라고 하며, 그림 4.5b에 나타낸 바와 같다.

프로그램의 분기는 조건적일 수도 있고 무조건적일 수도 있다. 그림 4.5b에 있는 9개 중 8개의 분기 명령들은 조건적 분기이다. 다시 말해서 분기는 어떠한 특별한 상황에서 일어나며 이런 상황은 상태 레지스터의 각 비트를 조사함으로써 알 수 있다. 'branch-always' 명령어는 무조건 분기이다. 이러한 분기는 다음 명령어 이후의 명령어나 이전의 명령어로 돌아가기 위한 분기로 사용된다. 컴퓨터를 정상 프로그램 순서에서 벗어나게 하는 또 다른 분기 명령어는 상태 레지스터의 I비트로 알 수 있다. 이 비트는 인터럽트와 연관되어 있다. 입력 혹은 출력(I/O) 장치로부터, 인터럽트가 요청되면, CPU는 현재 동작을 멈추고, 특별 요청(서비스)을 받아들인다. 인터럽트에 대해서는 이 장 후반부에 자세히 나와 있다.

마이크로프로세서의 구조

마이크로컴퓨터에서 모든 동작을 제어하고 수행하는 중심 부품은 마이크로프로세서로서, 단일 집적 회로에 구현된 다수의 전자 서브시스템들로 구성되었다. 제3장에서 설명한 것과 같이, 마이크로프로세서는 다양한 서브시스템의 형태로 상호 연결되고 그룹화된 수십만 개의 트랜지스터로 구성되며, 이러한 모든 것들은 내부 어드레스 버스, 데이터 버스 및 제어 버스들로 상호 연결된다. 그림 4.6은 기존 자동차 디지털 전자 시스템에서 사용되는 것과 같은 상업용 마이크로프로세서를 나타내는 블록도(8비트로 단순화됨)이다. 마이크로프로세서는 실리콘 칩 표면 상에 구성되고, 마이크로프로세서가 마이크로컴퓨터에 연결될 수 있도록 외부 핀과 연결된다. 외부 회로와의 연결을 어드레스 버스 및 데이터 버스를 포함하여 그림 4.6에 나타내었다.

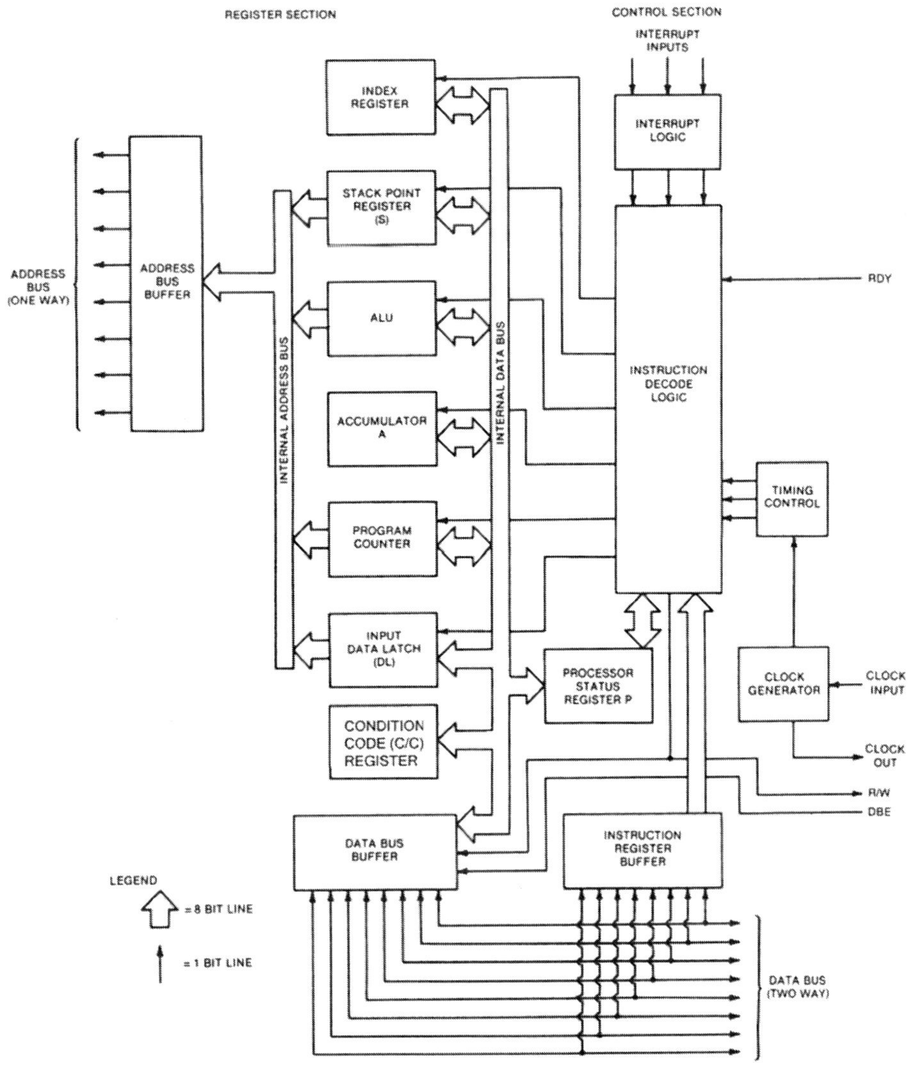

그림 4.6
단순화된 마이크로프로세서 블록 다이어그램

발진기(클록)뿐 아니라 입력, 출력과도 연결된다: 인터럽트, 준비(ready), 읽기/쓰기 제어(R/W), 그리고 이 장의 후반부에서 설명할 데이터 버스 활성화(DBE) 등이 이 장의 후반부에서 설명된다.

이 블록도는 레지스터 부분(register section)과 제어부분(control section)의 두 가지 주요 부분으로 나뉜다. 마이크로프로세서에 의해 실제적으로 연산이 수행되는 부분은 레지스터 부분이다. 프로그램이 주어진 단계를 실행하는 동안 행해지는 특정한 수행은 명령 번역부(instruction decode logic)의 전기적 신호에 의해 제어된다.

프로그램의 각 단계 동안 8비트의 명령어(16 bit도 가능함)는 메모리로부터 명령어 레지스터로 옮겨진다. 이 명령어는 제3장에서 나온 것과 비슷한 논리회로를 사용하여 번역된다. 이 번역 과정의 결과물은 어떤 전기 신호들로서, 수행될 명령어에서 필요한 특정 레지스터 부로 보내지게 된다.

동작이 수행되는 동안 비슷한 방법으로 데이터가 메모리로부터 데이터 버스 버퍼로 옮겨진다. 데이터는 다시 이 버퍼에서 동작 수행에 필요한 레지스터부의 원하는 요소로 옮겨진다.

그림 4.6에서 전형적인 마이크로프로세서의 레지스터 부에 ALU가 포함되어 있음을 주목해 보자. 이 장치는 제3장에서 설명된 것처럼 산술과 논리연산을 수행하는 복잡한 논리회로이다. 산술, 논리 연산의 결과를 저장하는 데 가장 많이 쓰이는 레지스터인 누산기(accumulator A)도 이 레지스터 부에 포함된다. 또한 마이크로프로세서의 레지스터 부에는 인덱스 레지스터, 스택 포인터(SP) 및 프로그램 카운터(program counter) 등이 있다. 프로그램 카운터는 내부 어드레스 버스(internal address bus)를 통하여 어드레스 버스 레지스터에 연결되어 있다. 마이크로프로세서의 어드레스 버스는 16개 선을 가지고 있으므로 직접적으로 메모리의 65,536개(즉, 64 K)의 주소에 접근할 수 있다. 위에 설명된 마이크로프로세서 각 요소 및 구성은 이러한 장치의 소개를 위해 한 예를 든 것뿐이다. 실제로는 다양한 내부 구성, 더 많은 비트수의 명령어 및 데이터를 갖는 다양한 종류의 마이크로프로세서가 있다. 그러나 이상의 설명이 자동차 응용에 사용되는 마이크로프로세서를 이해하는 데 분명히 유용할 것이라는 것이다.

읽기 명령

이 장의 다음 절에서는, 최신 자동차에서 볼 수 있는 컴퓨터 또는 마이크로컴퓨터의 동작이 설명된다. 모든 디지털 컴퓨터의 동작은 프로그램에 의해 제어된다. 예를 들어, 자동차 제어 시스템 응용을 위한 제어 프로그램은 외부 센서, 액추에이터, 그리고 스위치의 동작 속도에 맞춰 작업을 수행할 수 있어야 효율적이다. 다음에 설명할 것처럼 각 명령어는 데이터와 유사한 2진 문자열의 형태이다. 설명을 쉽게 하기 위하여, 모든 데이터와 명령어는 8비트라고 가정한다.

컴퓨터가 어떻게 기능을 수행하는지 이해하기 위하여 먼저 컴퓨터가 메모리로부터 명령어를 읽는 방법을 알아야 한다. 프로그램의 명령들은 메모리의 특정한 어드레스 범위에 이진수 형태로 저장되어 있으며, 프로그램의 수행위치를 알기 위하여 컴퓨터는 프로그램 카운터(그림 4.4)라 불리는 레지스터를 사용한다.

초기화

컴퓨터가 처음 작동할 때마다 컴퓨터의 메모리(ROM)에 저장되어 있는 작은 초기화(boot) 프로그램이 수행된다. 이 프로그램은 모든 CPU 레지스터에 정확한 값을 설정하고 수행될 프로그램을 가져오기 전에 컴퓨터 메모리의 모든 정보를 지운다. 이러한 과정을 시스템의 초기화(에탤릭체)라고 한다. 그리고 수행될 프로그램이 있는 메모리의 첫 번째 번지가 프로그램 카운터에 실린다. 그런 다음 프로그램 카운터에 있는 주소의 메모리 위치로부터 첫 번째 명령어가 읽혀진다. 즉, 프로그램 카운터(PC)의 16 bit는 수행될 명령어가 있는 메모리 주소를 얻기 위하여 사용된다. 각 명령어는 연속적으로 메모리로부터 읽혀지고 해석되는 장치인 명령어 레지스터로 데이터들을 저장한다. 명령어 레지스터는 CPU 내의 임시 저장 레지스터로서, 버스의 정보가 명령어일 때 명령어 레지스터는 데이터 버스와 연결된다.

연산코드

CPU에 의해 실제 실행되는 명령어가 포함된 숫자 코드를 **연산코드(Op-code)**라 부른다. CPU 하드웨어 구조의 일부분을 나타내는 그림 4.7의 블록도는 CPU 내에서의 명령어의 흐름을 명확히 하는 데 도움이 될 것이다.

명령어 레지스터(instruction register)는 수치 연산코드를 포함한 부분을 가지고 있으며 디코더(decoder logic)는 연산코드로부터 실행되어야 할 일을 결정한

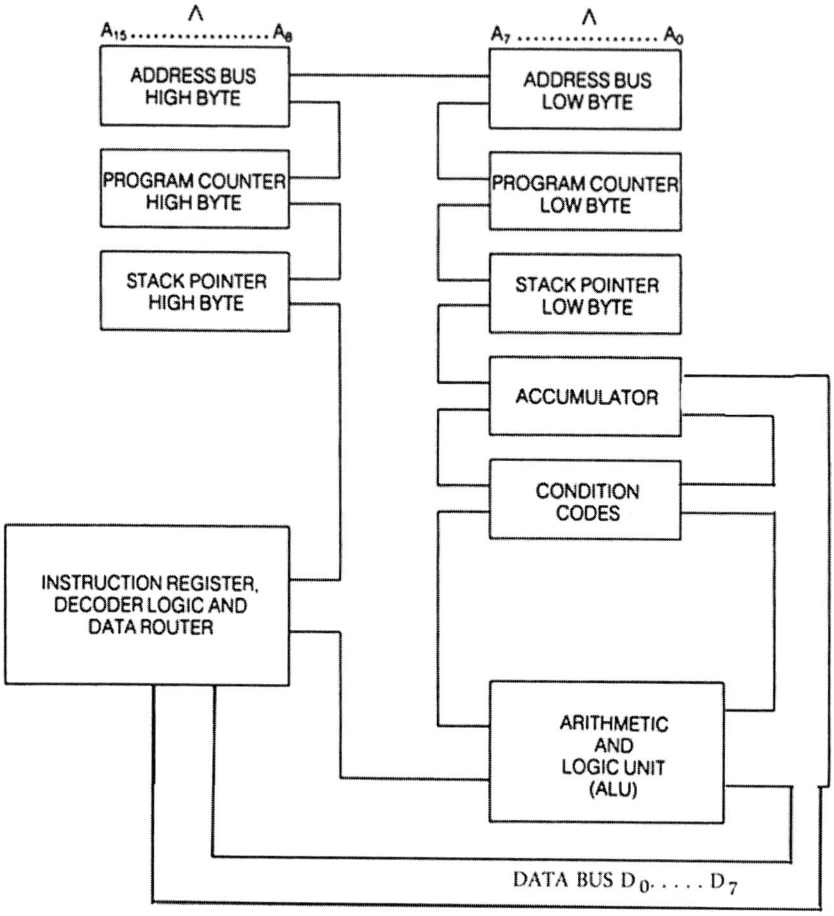

그림 4.7
명령어 디코드 서브시스템

다. 데이터 레지스터는 연산코드 명령어의 결과를 이용하여 CPU 내의 데이터 흐름을 제어한다.

연산코드 디코더의 중요한 기능의 하나는 각 명령어를 실행하기 위하여 몇 개의 byte가 읽혀져야 하는지를 결정하는 것이다. 그림 4.8은 명령에서 각 byte의 배열을 보여준다. 첫 번째 byte는 연산코드를 포함하고, 두 번째 byte는 보통 주소 정보를 가지고 있다. 만약 세 번째 byte가 있다면 주소의 상위 byte를 갖게 될 것이다.

프로그램 카운터

프로그램 카운터는 CPU에서 명령어가 들어 있는 메모리의 주소를 가리키기 위해 사용된다. 연산코드를 메모리로부터 가져올 때(이를 페치(**fetch**)라 함)마다 프

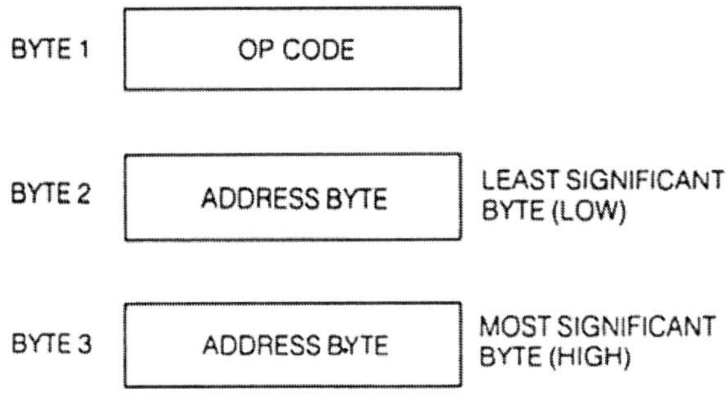

그림 4.8
명령어 디코드 바이트

로그램 카운터가 하나씩 증가해서 다음 byte의 연산코드를 가리키게 된다. 만약 연산코드가 다른 byte를 요구하면 프로그램 카운터는 주소를 어드레스 버스에 올리고 두 번째 byte를 메모리로부터 페치한 후 1이 증가된다. CPU가 페치 작업을 할 때마다 프로그램 카운터가 증가하게 되고 항상 프로그램의 다음 byte를 가리킨다. 그러므로 프로그램 카운터는 하나의 명령이에 요구되는 모든 byte를 읽은 후에는 다음에 실행될 주소를 가지고 있게 된다.

분기 명령

실제 컴퓨터 프로그램에서, 어떤 논리 조건이 만족됨으로 인하여 명령어의 순서를 바꿔야 할 필요가 있다. 이러한 명령어의 유형을 분기(branch) 명령어라 부른다. 모든 분기 명령은 2개의 byte로 되어 있다. 첫 번째 byte는 연산코드이며, 두 번째 byte는 프로세서가 분기할 위치이다.

만약 분기 명령과 관련 있는 주소의 정보가 8 bit이고 두 번째 byte에만 포함되어 있다면 이 정보는 실제 분기할 주소가 될 수 없을 것이다. 이 경우에 두 번째 byte에 포함된 이진수는 프로그램 카운터의 하위 byte와 더해져서 실제적인 어드레스를 만들어내는 2의 보수이다. 분기 명령의 이 두 번째 byte의 수를 **어드레스 오프셋(address offset)** 또는 단지 **오프셋(offset)**이라 부른다. 2의 보수법에서 8 bit의 수는 양수나 음수일 수 있으므로 분기 오프셋도 양이거나 음일 수 있다. 양의 분기 오프셋은 더 상위의 메모리 주소로 프로그램 카운터 값을 바꾸고, 음의 분기 오프셋은 더 하위 메모리로 프로그램 카운터를 바꾼다. 현재 예제에서는 8 bit를 사용하기 때문에 상위 메모리 위치로의 최대 분기는 127개의 메모리 주소이며, 하위 메모리로의 분기는 최대 128개의 주소이다.

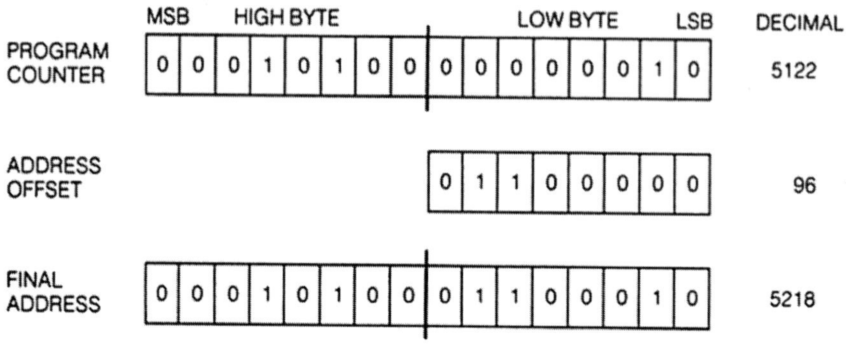

그림 4.9
프로그램 카운터 오프셋

오프셋 예제

프로그램 카운터가 5,122의 값을 갖고 이 위치의 명령어가 분기 명령어라고 하자. 분기가 이루어져야 할 명령어의 메모리 주소가 5,218이라고 하자. 분기 명령의 두 번째 byte는 8 bit를 사용하기 때문에 실제 5,218을 나타낼 수 없으므로 오프셋 96이 분기 명령의 두 번째 byte에 들어간다. 이 96이란 값은 현재 프로그램 카운터 값 5,122와 원하는 새 주소 5,218의 차이이다. 오프셋(96)은 메모리 번지 5,218을 얻기 위하여 프로그램 카운터(5,122)와 더해진 후 어드레스 버스 상에 놓여진다. 프로그램 카운터 값과 분기 명령의 두 번째 byte와의 이진 계산값을 그림 4.9에 나타내었다.

점프 명령

현재의 8 bit 예제에서, 분기 명령은 +127에서 −128의 범위를 가진다. 만약 이 범위보다 넓은 범위의 분기가 필요하다면 점프(Jump) 명령이 사용된다. 점프 명령어는 3 byte의 명령어이다. 첫 번째 byte는 점프 명령어의 연산코드이고, 다음 두 byte는 점프할 어드레스를 나타낸다. CPU는 점프 어드레스를 직접적으로 프로그램 카운터에 실은 후 프로그램은 새 점프 위치에서 시작된다. 그런 후 CPU는 점프 전에 했던 것과 똑같은 방법으로 명령어를 가져와서 실행한다.

점프 명령어는 CPU가 프로그램의 한 부분에서 다른 부분으로 점프하도록 한다. 그러나 점프 전 위치가 기록되지 않기 때문에 CPU가 원래 위치로 자동적으로 돌아올 수 없다. 반면에 점프 투 서브루틴 명령어를 이용하면 점프 전 주소의 기록을 남기게 된다.

점프 투 서브루틴 명령어

서브루틴은 특정한 기능을 수행하기 위하여 주 프로그램에 의해서 사용되는 짧은 프로그램을 말한다. 프로그램에서 서브루틴의 사용은 이 장의 뒷 절에서 설명한다. 이것은 주 프로그램과 떨어진 곳의 메모리에 놓여 있다. 만약 메인 프로그램 프로그램 내부에 광범위하게 떨어져 있는 곳에서 여러 번 곱하는 것과 같은 기능을 요구한다면, 프로그래머는 곱셈을 수행하기 위해 하나의 서브루틴을 작성할 수 있고, 메인 프로그램은 필요할 때마다 서브루틴을 포함한 메모리 위치로 점프한다. 이것은 반복적으로 곱셈 프로그램을 재 작성하는 작업을 줄일 수 있다. 이러한 곱셈을 수행하기 위해서는, 데이터 메모리에서 곱해질 숫자를 불러오는 명령어와 서브루틴으로 점프하는 명령어가 메인 프로그램 내에 포함되어야 한다.

그림 4.10의 순서를 따라가 본다. 프로그램 카운터(PC)가 주소 위치 100을 갖

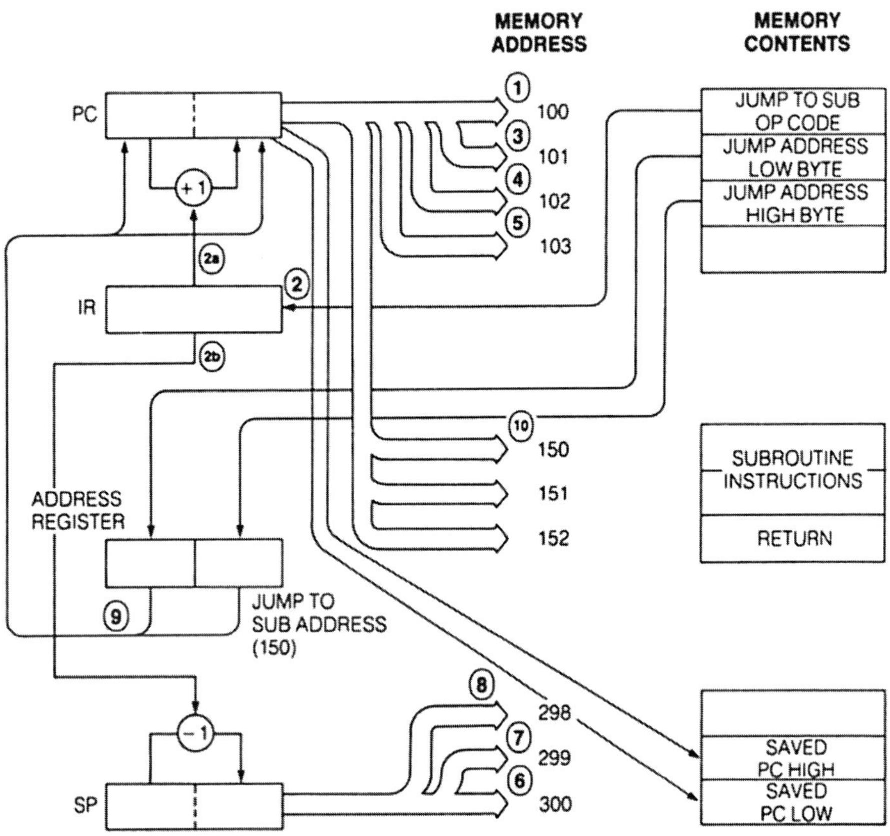

그림 4.10
점프 투 서브루틴 시퀀스

고 있고, 이 주소에는 점프 투 서브루틴 명령어(jump to sub op code)가 있다(1단계). 각각의 점프 투 서브루틴 명령어(2단계)는 점프할 주소를 얻기 위해 반드시 다음 2바이트가 필요하다(2a 단계). 그러므로 프로그램 카운터는 각 바이트에서 한 번씩 증가되고(3,4 단계) 점프할 주소를 어드레스 레지스터로 불러오게 된다.

프로그램 카운터는 한 번 더 증가하여 다음 명령어의 연산코드 바이트를 가리키게 된다(5단계).

프로그램 카운터 저장

프로그램 카운터의 내용은 점프할 주소가 프로그램 카운터에 불려오기 전에 특별한 메모리 위치로 저장된다. 프로그램 카운터 주소는 서브루틴이 끝날 때 메인 프로그램으로 되돌아가기 위해 저장하는 것이다.

이제 그림 4.4를 다시 참조해 보자. 그림 4.4에 스택 포인터(SP)라 불리는 레지스터가 있다. 프로그램 카운터의 내용을 저장하기 위해 사용되는 특별한 메모리 위치의 주소는 16비트 스택 포인터 레지스터에 보관된다. 점프 투 서브루틴 연산코드를 만나게 되면, CPU는 프로그램 카운터 값을 저장하기 위한 메모리 주소로서 스택 포인터에 있는 숫자 코드를 사용한다(그림 4.10의 2b 단계). 프로그램 카운터는 2바이트 레지스터이므로, 2개의 메모리 위치(현재 예제에서)에 저장되어야 한다. 현재 SP의 내용은 프로그램 카운터의 하위 byte를 메모리에 저장하기 위한 주소를 사용된다(단계 6). 그 다음, SP는 하나 감소하고 프로그램 카운터의 상위 byte를 다음 메모리에 저장한다(7단계). 스택 포인터는 하나 더 감소하여 필요할 때 프로그램 카운터를 다시 저장할 수 있도록 다음 비사용중인 주소를 가리킨다(8단계). 스택 포인터에 의해서 지정되는 메모리의 위치를 '스택(stack)'이라 부른다.

프로그램 카운터가 증가하고 저장된 후, 점프 주소가 프로그램 카운터에 위치하게 된다(9단계). 서브루틴으로 점프하게 되고, CPU는 서브루틴의 실행을 시작한다(10단계). 프로그램의 다른 부분과 서브루틴을 구별하는 것은 끝날 때의 방법밖에 없다. 서브루틴의 실행을 완료했을 때, CPU는 점프가 발생한 메인 프로그램의 위치로 다시 되돌아갈 수 있어야 한다. 이러한 방식으로, 단계를 빠트리지 않고 계속할 수 있다. 리턴 프롬 서브루틴(return from subroutine, RFS)은 이러한 작업을 수행하는 데 사용된다. 명령어 레지스터에 의해 해석되고, 그림 4.11의 1단계에 나타낸 것과 같이 스택 포인터를 하나 증가시킨다. 이 작업은 스택으로부터 이전 프로그램 카운터 값을 복구하기 위해 스택 메모리를 지정하게 된다.

이전 프로그램 카운터 값은 프로그램 카운터 레지스터 내부로 읽혀지고(3,5단

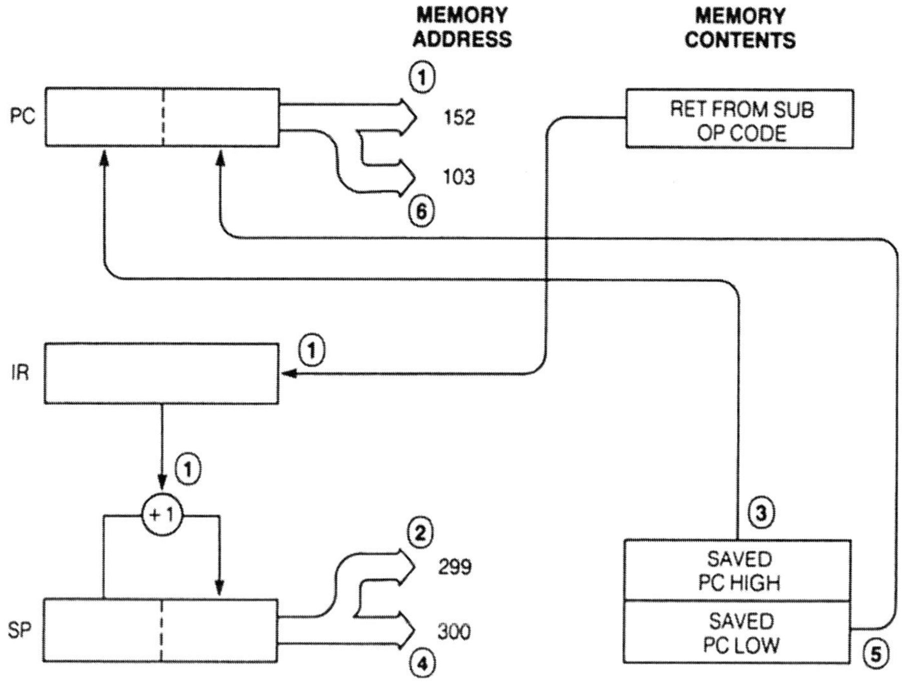

그림 4.11

리턴 프롬 서브루틴 단계

계), 메인 프로그램이 다시 실행된다(6단계). 리턴 프롬 서브루틴 명령어는 역으로 실행된다는 점을 제외하면 점프 투 서브루틴과 동일하게 동작한다.

마이크로컴퓨터의 사용 예제

마이크로컴퓨터가 어떻게 디지털 로직을 대체하여 사용될 수 있는지에 대한 예제를 살펴보고, 다양한 마이크로컴퓨터의 명령어에 대하여 공부하기로 한다.

이 예제에서 살펴볼 디지털 논리회로는 간단한 AND 게이트 회로이다. 아무도 AND 게이트만을 대치하는 데 마이크로프로세서를 사용하지는 않겠지만, 이미 마이크로프로세서 시스템을 사용하고 있다면 AND 게이트를 사용하기보다는 컴퓨터의 논리적 AND 기능을 수행시키는 것이 비용을 절감할 수 있다.

서로 AND되어 제3의 신호를 만들어내는 두 개의 입력신호가 있다고 하자. 한 개의 입력 신호는 자동차의 운전 좌석 아래에 있는 압력 스위치로부터 나오며 이것의 목적은 누군가 좌석에 있는지 여부를 알려주기 위한 것이다. 이 신호를 A라 부르고 누군가 좌석에 앉았을 때 논리적으로 high가 된다고 가정한다. 신호 B는 좌석 벨트 내 회로에서 발생되며 운전자에 좌석 벨트가 채워졌을 때 논리적으로 high가 된다. AND 게이트의 출력 신호는 C이다. 따라서 신호 C는 누군가 좌석에 앉고 좌석 벨트가 채워졌을 때에만 논리적으로 high가 된다.

버퍼

마이크로컴퓨터로 AND 게이트를 대체하기 위하여 컴퓨터가 각 신호의 상태를 알 수 있어야 한다. 컴퓨터는 단지 메모리에 저장되어 있는 정보만을 알 수 있다는 것을 기억하자. 일반적으로, 마이크로컴퓨터는 주변기기가 메모리처럼 취급되는 메모리 맵 I/O를 채택한다. 따라서 컴퓨터는 주변기기의 스위치 신호를 메모리의 bit와 같이 취급하게 되는데, 이것은 **버퍼(buffer)**라 불리우는 장치를 사용함으로써 쉽게 해결된다(그림 4.12). 마이크로컴퓨터에서 버퍼는 특정 메모리 번지의 8 bit 메모리처럼 보여진다. 메모리 슬롯 속의 8 bit는 버퍼에서 8개의 디지털 신호 입력에 해당한다. 이 디지털 입력은 CPU의 제어에 의해 버퍼로 들어간다. 입력이 버퍼로 들어간 후에는 마이크로컴퓨터는 버퍼의 각 bit를 조사함으로써 디지털 입력 상태를 알아낼 수 있다.

이러한 응용에서, 신호 A는 가장 오른쪽 비트(비트 0)에 할당되고, 신호 B는 그 다음 비트(비트 1)가 할당될 것이다. 선택되지 않은 6개의 비트는 신경 쓰지

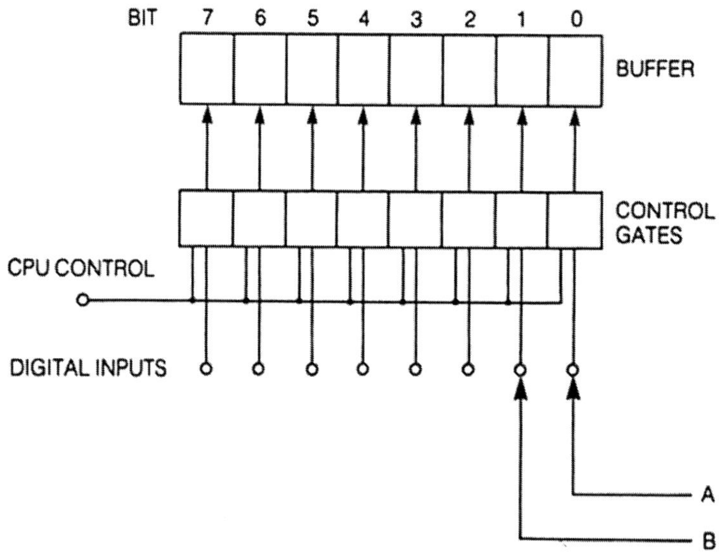

그림 4.12
버퍼 구성

않는다. 컴퓨터가 연결되고, 이러한 선들의 상태를 읽을 것이지만, 프로그램은 그 값들을 의도적으로 무시하도록 작성될 것이다. 어떤 논리신호가 마이크로컴퓨터와 연결되면서, 프로그램이 원하는 논리 함수를 수행하도록 작성될 수 있다.

프로그램 언어

프로그램을 작성하기 전에, 프로그램에 쓰이는 언어나 코드를 알아야 한다. 컴퓨터 언어는 C++와 같은 고급 언어를 포함하여 다양한 종류가 있다. C++와 같은 고급 언어로 쓰여진 프로그램은 기본적으로 이것이 실행되는 개별 하드웨어와 독립적이다. 그러나 주어진 모든 컴퓨터에서 사용하기 위해서는, 컴파일러라는 프로그램을 사용하여 하드웨어와 연관된 언어로 변환되어야 한다. 컴파일러는 고급 언어를 이른바 기계어라 불리는 언어로 변환한다. 어셈블리어는 특정 마이크로프로세서를 위해 설계된다. 진형적인 어셈블리어 프로그램은 아래에서 설명될 것처럼 기억하기 쉬운 영어 단어로 이루어진 명령어들의 집합으로 구성된다. 기계어는 프로그램이 메모리에 2진 혹인 2진 코드의 형태로 저장되는 실제 언어이다. 현재 예제를 위해, 중급언어(어셈블리어)를 선택하여 특정 CPU의 동작을 설명하기로 한다.

어셈블리어

어셈블리어는 각 심벌이 마이크로프로세서의 특별한 동작을 나타내는 단축된 언어라고 할 수 있다. 앞에서 몇몇 분기나 점프, JTS, RFS 등의 어셈블리어가 이미 언급되었으며 다른 것들은 예제 프로그램을 수행하는 데 필요할 때 설명될 것이다. 대부분의 경우 어셈블리어는 마이크로컴퓨터의 기능을 나타내는 머리글자(이니셜) 또는 단축된 단어(mnemonic)의 형태로 되어 있다. 이는 실제 수행되는 프로그램의 명령이 이진수이기 때문에 프로그래머가 프로그래밍을 하는데 어려움이 있어 이를 쉽게 이해하기 위한 것이다. 각 명령이 마이크로컴퓨터가 알 수 있는 이진수 코드로 변환되었을 때 이를 기계어 프로그램이라 부른다.

표 4.1은 일반적인 마이크로컴퓨터의 어셈블리 언어를 명령어들의 동작들에 대한 상세한 설명과 함께 보여준다. 마이크로컴퓨터 프로그램을 작성할 때 완전한 기능의 이름을 쓰는 것보다 단축된 이름을 사용하는 것이 빠르고 편리하다.

실제로 프로그램은 마이크로프로세서가 실행시킬 수 있는 이진 코드로 변환

표 4.1 어셈블리 언어 기호

Mnemonic	Operand	Comment
a. Program Transfer Instructions		
JMP	(Address)	Jump to new program location
JSR	(Address)	Jump to a subroutine
BRA	(Offset)	Branch using the offset
BEQ	(Offset)	Branch if accumulator is zero
BNE	(Offset)	Branch if accumulator is nonzero
BCC	(Offset)	Branch if carry bit is zero
BCS	(Offset)	Branch if carry bit is nonzero
BPL	(Offset)	Branch if minus bit is zero
BMI	(Offset)	Branch if minus bit is nonzero
RTS		Return from a subroutine
b. Data Transfer Instructions		
LDA	(Address)	Load accumulator from memory
STA	(Address)	Store accumulator to memory
LDA	# (Constant)	Load accumulator with constant
LDS	# (Constant)	Load stack pointer with constant
STS	(Address)	Store stack pointer to memory
c. Arithmetic and Logical Operations		
COM		Complement accumulator (NOT)
AND	(Address)	AND accumulator with memory
OR	(Address)	OR accumulator with memory
ADD	(Address)	Add accumulator with memory
SUB	(Address)	Subtract accumulator with memory
AND	# (Constant)	AND accumulator with constant
OR	# (Constant)	OR accumulator with constant
SLL		Shift accumulator left logical
SRL		Shift accumulator right logical
ROL		Rotate accumulator left
ROR		Rotate accumulator right

되며, 이 변환은 **어셈블러**라 불리는 특별한 프로그램에 의해 이루어진다. 이 프로그램은 컴퓨터에서 어셈블리어를 이진 코드로 바꾸는 일을 한다. 이것은 프로그래머에게는 의미 있는 단어를 사용하여 프로그램할 수 있게 하고, 기계인 컴퓨터가 이해할 수 있는 이진코드로 바꾸어 주는 통역자의 역할을 한다.

논리 함수

마이크로프로세서는 AND, OR, NOT 등의 모든 기본적 논리 함수뿐 아니라 기본 함수에 의한 복잡한 논리 기능까지도 수행할 수 있다. 예를 들어 NOT은 누산기의 모든 bit들을 0은 1로, 1은 0으로 만든다. 다른 논리 기능은 누산기의 내용과 메모리를 사용하여 실행된다. 누산기의 8개의 bit는 한꺼번에 처리되며 모

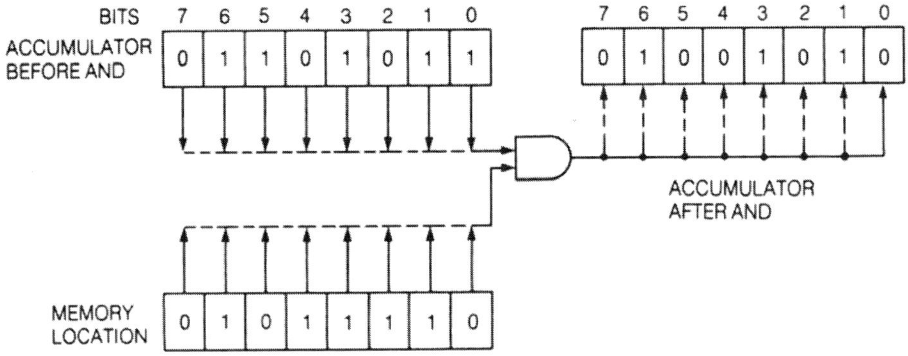

그림 4.13
AND 논리 설명

든 bit가 동시에 변한다. 그림 4.13에 보이는 것처럼 AND 수행은 기본적으로 bit 대 bit로 수행된다. 예를 들어 누산기 bit 0(가장 우측 비트)은 메모리의 bit 0, bit 1은 bit 1, bit 2는 bit 2 등과 AND 된다. 다시 말해서, AND 수행의 결과는 누산기의 해당되는 위치에 저장된다. OR 논리 함수는 신호 A와 신호 B의 둘 중 어느 하나라도 1이 될 때 출력이 1이 된다는 것을 제외하고는 AND와 완전히 동일한 방법으로 수행된다.

시프트

그림 4.13의 AND 게이트 대신에 시프트라는 순차적 논리 연산이 있는데, 이것은 AND 게이트 입력으로 비트들을 이동시킬 수 있다. 제3장에서 논의된 시프트 동작을 할 수 있는 레지스터를 시프트 레지스터라고 한다. 시프트는 누산기의 모든 비트가 오른쪽이나 왼쪽으로 한 비트씩 밀려나가게 한다. 이것은 논리적 시프트일 수도 있고 회전형 시프트일 수도 있다.

그림 4.14는 4가지 형태의 시프트를 보였으며, 누산기에 대한 각각의 효과를 보였다. 왼쪽 시프트에서 bit 7은 상태 레지스터의 carry(C)에, bit 6은 bit 7로 모든 bit가 왼쪽으로 한 칸씩 밀려갈 때까지 계속된다. 여기서 시프트 형태에 따라 bit 0은 carry나 0으로 대치될 수 있다. 마이크로프로세서에 따라 누산기뿐만 아니라 다른 레지스터도 시프트 기능을 갖기도 한다.

AND 기능 프로그래밍

어떤 명령어들을 택하고 적절히 구성하여, 컴퓨터로 하여금 원하는 작업을 실행하도록 하는 것이 프로그래머의 임무이다. AND 함수를 프로그래밍할 수 있는 명

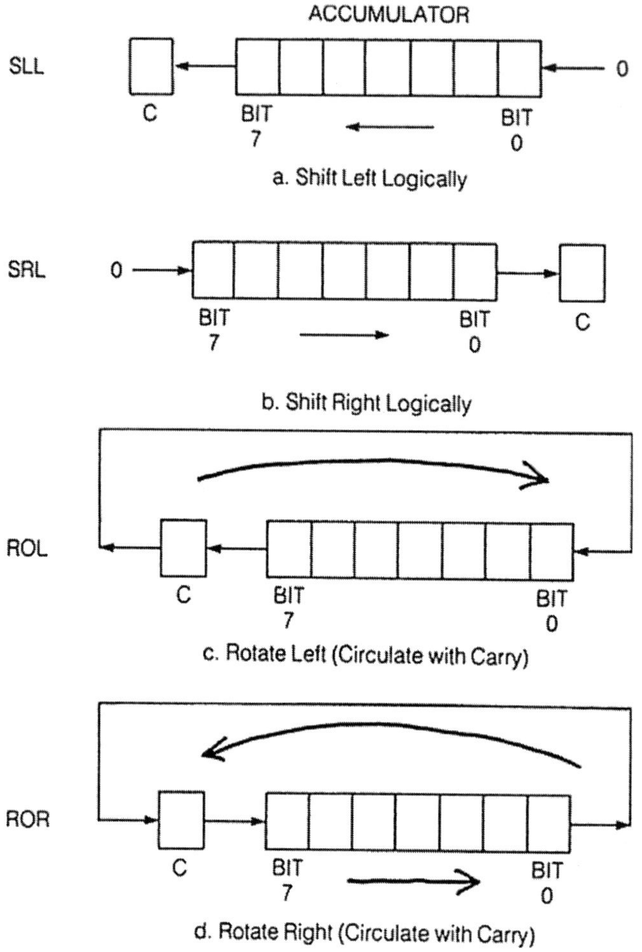

그림 4.14
시프트 레지스터 동작

령 중의 하나로 표 4.1에 보이는 것처럼 "누산기와 특정 메모리 내용을 AND"하는 AND 명령이 있다. AND는 누산기와 메모리를 사용하므로 AND되어야 할 값은 반드시 누산기로 옮겨져야 한다. 이것은 LDA(load accumulator instruction) 명령어를 사용함으로써 실현할 수 있다.

그림 4.15의 어셈블리어 프로그램은 AND 함수를 실행하는 예이다. 프로그램은 먼저 디지털 버퍼(그림 4.12)와 접속된 메모리 번지를 알아야 하는데, 이 번지가 알려지면 프로그램 속에서는 SEAT라는 이름의 라벨로 표현된다. SEAT가 프로그래머에게 버퍼의 주소보다는 기억하기에 편리하기 때문이다.

프로그램의 수행은 다음과 같다. 먼저 SEAT에 있는 내용을 누산기에 넣는다. 두 개의 디지털 입력 신호 A, B가 버퍼의 bit 0과 bit 1에 연결되어 있다. Bit 0

Program Label	Mnemonic	Operand
1 CHECK	LDA	SEAT
2	AND	#00000001 B
3	SLL	
4	AND	SEAT
5	RTS	

a. Subroutine CHECK

Program Label	Mnemonic	Operand
1 WAIT	JSR	CHECK
2	BEQ	WAIT
3	RTS	

b. Subroutine WAIT

그림 4.15
어셈블리 언어 AND 서브루틴

는 누군가 의자에 앉았을 때 high가 되고, bit 1은 운전자의 좌석 벨트가 채워졌을 때 high가 된다. 이 두 bit만이 AND되고 나머지 bit는 무시되어야 하지만 두 bit 모두 같은 번지 내에 있고, 또 같은 번지 내에서 AND를 하는 명령이 없기 때문에 직접적인 AND 수행에 문제가 있을 수 있다. 그러나 두 bit는 마스크를 사용함으로써 쉽게 분리될 수 있다.

마스킹

마스킹이란 하나의 byte에서 일부 선택된 bit만을 사용하기 위한 기술이다. 버퍼의 내용이 누산기에 옮겨진 후, 단지 bit 0과 bit 1만이 의미를 가지고 있고 이 두 bit가 누산기에 포함된 것 중 실제로 쓰이는 것이므로 이 두 bit를 이용하기 위하여 누산기는 저장할 한 bit를 제외한 나머지 모든 bit를 상수 0과 AND 시킨다. 그림 4.15a의 2번째 줄의 이진 상수(0000 0001)는 bit 0을 선택하기 위하여 선정하였다. 단지 bit 0만을 변하지 않게 하기 위하여 누산기에 마스크를 씌었기 때문에 이 AND 실행을 **마스킹**이라 부른다. 만약 bit 0이 1이면 마스킹 후에도 1이고, 0이었으면 마스킹 후에도 0이 될 것이 분명하다. 누산기의 다른 모든 bit는 0과 AND되었으므로 당연히 0이 된다.

시프트 및 AND

지금의 예제 프로그램에서 누산기는 아직 AND를 수행할 준비가 되어 있지 않다. SEAT에는 신호 A와 신호 B의 상태와 버퍼의 내용이 들어 있다. 신호 A와 신호 B가 AND되어야 하나 신호 A의 상태는 누산기의 비트 0에 있고 신호 B는 bit 1에 있으므로 서로 AND될 수 없다. 그러므로 신호 A는 bit 1의 위치로 옮겨져야 한다(시프트). 이를 위하여 왼쪽 시프트 논리 명령이 사용된다. 누산기의 bit 1에 있는 신호 A와 SEAT의 bit 1에 있는 신호 B를 이용하여 두 bit 간에 AND 수행이 될 수 있다. A, B 양쪽 다 1이면 AND 수행 후 누산기의 bit 1이 1이 될 것이고, 만약 어느 한쪽이 0이면 누산기의 bit 1은 0이 될 것이다.

서브루틴 사용

앞의 예제 프로그램은 CHECK라는 이름의 서브루틴으로 쓰여졌다. 그러므로 이것은 큰 주 프로그램의 많은 다른 곳에서도 자주 쓰이는 부 프로그램이 될 수 있다. 예를 들어, 만약 컴퓨터가 자동차의 속도를 조절하는 중에, 시간당 55마일의 속도가 되기 전에 좌석 벨트가 적절히 채워져 있는지에 대하여 알아보는 것이 필요하다. 운전자의 좌석 정보는 매우 중요하기 때문에 다른 일을 하기 전에 주 프로그램은 운전자가 준비될 때까지 기다려야 한다. 그림 4.5b에 보여지는 프로그램이 이러한 일을 하기 위하여 사용될 수 있다.

주 프로그램이 서브루틴 WAIT를 부르면, 이것은 다시 서브루틴 CHECK를 부른다. CHECK는 마지막 AND를 수행했을 때의 상태 코드를 갖고 WAIT로 돌아간다. A, B가 모두 high가 아니면 상태 레지스터 Z bit(그림 4.5a)가 세트된다. WAIT의 두 번째 줄 BEQ 명령은(표 4.1) 누산기의 내용이 0이기 때문에 다시 뒤로(또는 위로) 분기하여 JSR 명령을 재실행시키게 된다. 이는 컴퓨터에서 누산기가 0이 아닌 값을 가질 때까지(A와 B가 high) 신호 A와 B를 계속 체크하는 루프를 유지하는 데 효율적이다.

제어 및 계측을 위한 자동차 전자 시스템에서, 반복해서 호출되는 여러 서브루틴들이 있다. 그 중 곱셈을 위한 것들이 있다(나눗셈 역시 있다). 이러한 서브루틴을 기초로 한 알고리즘은 기본적으로 두 비트의 곱으로부터 유도된다.

$$0 \times 0 = 0$$
$$1 \times 0 = 0$$
$$0 \times 1 = 0$$
$$1 \times 1 = 1$$

이진 승수 B와 이진 피승수 A의 곱은 이진 결과 C를 얻는다. 이것은 A = 13(10진수)과 B = 2(10진수)의 예제와 함께 설명하는 것이 이해가 쉬울 것이다.

```
A = 1101                              (13 decimal)
B = 10                                (2 decimal)
A            1101
B          ×   10
             0000
           +1101
C           11010                     (26 decimal)
```

승수의 각 비트에 대해 이러한 결과를 얻을 때, 피승수는 승수가 1이면 피승수가 복사될 것이고, 0이 곱해지면 모두 0으로 대체될 것이며, 승수의 자리수에 따라 왼쪽 시프트가 일어날 것이다. 각 승수의 비트에 대해 동작이 완료되면, 이진 덧셈법칙 규칙에 따라 합산이 된다.

마이크로컴퓨터 하드웨어

마이크로컴퓨터 시스템에 내장된 전자회로는 일반적으로 컴퓨터 하드웨어라고 부른다(컴퓨터를 실행시키는 프로그램은 소프트웨어라 부른다). 마이크로컴퓨터의 기본적인 하드웨어 구성요소들은 CPU, 메모리, I/O 등이다. 컴퓨터의 응용을 이해하기 위하여 이 장에서는 위 요소들의 중요한 동작에 대하여 설명할 것이다.

중앙 처리 장치

CPU는 마이크로프로세서이다. 이것은 집적 회로로 그림 4.16과 유사하다. 이것은 손톱만큼 작은 실리콘 칩 위에 수천 개의 트랜지스터와 다이오드를 가지고 있다. 또 CPU는 ALU(산술논리 장치), 데이터와 명령어 저장을 위한 레지스터 그리고 제어부분을 포함하고 있다.

칩은 일반적으로 직각형태의 평평한 패키지 안에 들어가 있다. 마이크로프로세서의 최신 버전은 패키지 주위에 모든 핀들이 배열되어 있어 IC는 인쇄 회로기판(표면 실장 집적 회로라고 알려짐)의 표면에 부착할 수 있다. CPU의 기능은 메모리로부터 프로그램 명령어를 가져오고 이를 실행시키는 것이다.

메모리: ROM

메모리 장치에는 여러 가지 형태가 있으며 이들은 서로 다른 특성을 가지고 있

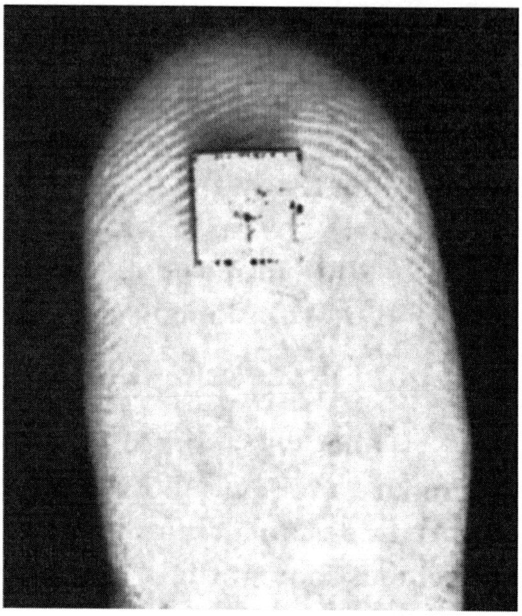

그림 4.16
IC 칩 예의 사진

다. 자동차에서와 같이 프로그램을 영구히 보관해야 하는 시스템에서는 **ROM (Read Only Memory)**이라 불리우는 영구적 메모리 형태가 사용된다. 이 형태의 메모리는 단 한 번 프로그램될 수 있으며 마이크로컴퓨터의 전원이 꺼져도 프로그램이 영구적으로 보존된다. ROM에 저장된 프로그램은 그 내용이 변하지 않기 때문에 소프트웨어라 불리기보다는 **펌웨어(firmware)**라 불리우는 것이 타당하다. 이 형태의 메모리는 마이크로컴퓨터의 전원이 켜졌을 때 그 내부의 프로그램을 즉각 실행할 수 있도록 해준다.

ROM의 여러 가지 유형은 자동차 디지털 시스템에서 볼 수 있는 것들을 포함하여 모든 마이크로컴퓨터에 사용될 수 있다. 프로그램 저장을 위해, 그 내용을 변경할 수 없는 ROM이 사용되는 것이다. 프로그램과 데이터 저장은 제조공정 동안 물리적 구성에 의해 결정된다. 어떤 경우에는, 특정 매개변수를 수정하는 것이 바람직할 수 있다. 예를 들어, 자동차 응용에서 시스템 성능을 개선하기 위해 일정 시간 동안 동작이 된 후에 차량 제어 시스템의 매개변수를 수정하는 권한이 있는 사람이 수정하는 것을 허용하는 것이 필요할 수 있다. 이 경우에는, ROM에 저장된 데이터(매개변수)를 수정하는 것이 가능해야 한다. 이러한 수정은 전기적으로 지울 수 있고 재프로그램될 수 있는 ROM안에서 가능하다. 이러한 ROM의 유형은 EEPROM(electrically erasable, programmable read-onlymemory)이다. 물론 원칙적으로, 이것은 ROM 또는 이동형 칩에 일부를 저장하는 것이 가능하다. 새로운 매개변수는 이 칩을 간단히 교체하는 것에 의해 설정될 수 있다.

메모리: RAM

컴퓨터의 어떤 기능을 수행할 때 프로그램 스택이나 데이터의 저장, 프로그램 변수를 위하여 읽고 쓸 수 있는 메모리가 필요하다. 이 메모리의 유형은 랜덤 액세스 메모리(RAM)라고 불린다. ROM 또한 random access형의 메모리라는 점에서 ROM과 구분하는데, 좋은 이름은 아니다. Random access란 특정순서(sequence)에 의한 메모리 접근이 아닌 임의의 순서의 접근을 말한다. 데이터 저장 메모리일 때 더 정확한 이름은 RWM(read/write memory)가 사용되는데, 이는 오랫동안 통용된 단어이기 때문에 이 책에서도 이를 사용할 것이다. 일반적으로 마이크로컴퓨터는 ROM과 RAM 두 형태의 메모리를 함께 가지고 있다.

모든 유형의 메모리 회로를 자세히 논의하는 것은 이 책의 범위를 벗어난다. 그러나 메모리에 사용될 수 있는 한 가지 회로 유형의 예로는 제3장에 설명되었던 플립플롭 회로 기반의 레지스터 회로이다.

I/O 병렬 인터페이스

마이크로컴퓨터는 다른 시스템과의 통신이 가능하게 하는 외부 인터페이스 장치를 필요로 한다. 전에 언급된 운전자 좌석 응용에서 사용된 디지털 버퍼 인터페이스는 이러한 장치의 하나이다. 이때 사용되었던 디지털 버퍼 인터페이스는 8개의 버퍼선이 모두 동시에 또는 병렬로 샘플이 되기 때문에 병렬 인터페이스의 한 예라 할 수 있다. 운전석에 적용했을 경우의 병렬 버퍼는 입력 인터페이스이다. 반면에 마이크로컴퓨터는 외부 논리 회로에 영향을 미치게 된다. 출력 버퍼는 데이터 래치를 사용함으로써 이진 출력을 (마이크로컴퓨터가 버퍼에 쓰기를 끝낸 후에도) 필요한 시간 동안 유지하여 외부 회로가 출력 데이터를 읽고 사용하는 동안 CPU가 다른 작업을 할 수 있게 해준다. 이것이 바로 샘플 시간 사이에도 정보가 변할 수 있는 병렬 입력과의 차이이다.

디지털/아날로그 변환기

병렬 입출력 인터페이스는 외부 디지털 신호를 제어하거나 모니터링을 위하여 사용된다. 제2장에서 설명한 대로, 마이크로컴퓨터는 특별한 인터페이스를 사용하여 아날로그 신호를 측정하고 제어하는 데 사용될 수 있다. 마이크로컴퓨터는 디지털-아날로그 변환기(D/A 변환기)를 사용함으로써 아날로그 전압을 만들어 낼 수 있다. D/A 변환기는 특정한 이진 비트수의 디지털 시스템으로부터 입력을 받아들이고, 입력에 비례하는 출력 전압 레벨을 만들며, 영차 홀드(ZOH; 제3장 참조)를 포함할 수 있다. D/A 변환기에는 입력 비트수와 출력의 범위에 따라 다양한 종류가 있다. 대표적인 예로서 마이크로컴퓨터 D/A 변환기는 8비트의 입력과 0~5V 출력 범위를 가진다.

간단한 이상적인 8비트 D/A 변환기는 그림 4.17과 같다. 이 D/A 변환기의 유형은 병렬 입력 인터페이스와 두 개의 연산 증폭기(OP-AMP 1,2)를 사용한다.

8비트는 병렬 인터페이스에 씌여지고 데이터 래치(예를 들면, 제3장에서 설명한 JK 플립플롭)에 저장된다.

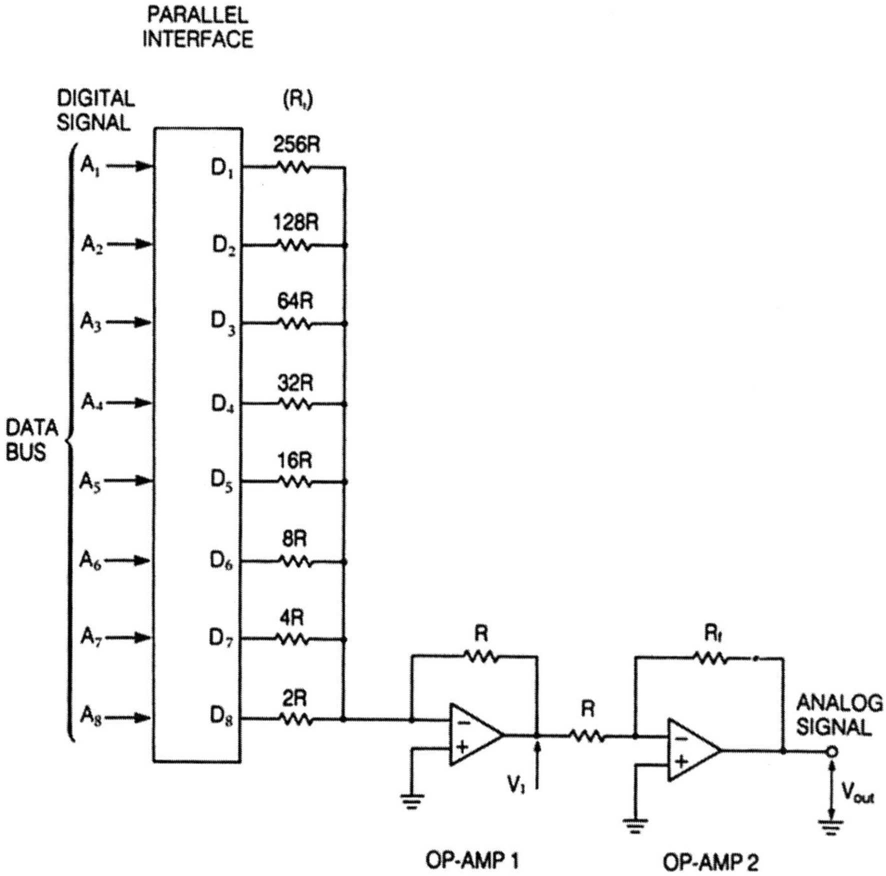

그림 4.17
단순화된 D/A 구성

이 간단한 D/A 변환기의 동작을 설명하기 위하여, 병렬 데이터와 래치의 출력이 다음 관계를 갖도록 출력회로가 구성되었다고 가정한다.

$$\begin{aligned} D_n &= 5\text{ V} \quad \text{if } A_n = 1 \qquad n = 1, 2, \ldots N \\ &= 0\text{ V} \quad \text{if } A_n = 0 \end{aligned} \tag{1}$$

여기서, $A_n = n$번째 비트이고, A_8이 MSB이다.

이 예에서, 각 래치의 출력은 비트가 낮으면 0 V이고 비트가 높으면 5 V인 디지털 신호이다. 첫 번째 연산 증폭기는 입력 n에 대한 게인이 $-(R/R_s(n))$로 주어지는 반전 모드 가산 증폭기이다.

n번째 데이터 비트에 대한 소스 저항은 다음과 같이 주어진다.

$$R_s(n) = 2^{N-n+1}R \qquad n = 1, 2, \ldots, N \tag{2}$$

현재 8비트 예에서 $N = 8$이다.

첫 번째 연산 증폭기 회로(제3장에서 가산 연산 증폭기 회로) 출력 전압 V_1은 다음과 같이 주어진다.

$$V_1 = -\sum_{n=1}^{N} \frac{D_n}{2^{N-n+1}} \tag{3}$$

$$= -\frac{5}{2^N} \sum_{n=1}^{N} A_n 2^{n-1} \tag{4}$$

$$= -\frac{5}{2^N} N_{10} \tag{5}$$

여기서, N_{10}은 10진수로 표현된 입력 디지털이다.

두 번째 연산 증폭기는 다음과 같은 폐루프 게인을 가지며,

$$A_{c\ell} = -R_f/R \tag{6}$$

이 연산 증폭기의 출력은 다음과 같다.

$$V_{\text{out}} = \frac{5R_f}{2^N R} N_{10} \tag{7}$$

$$= K_{\text{DA}} N_{10} \tag{8}$$

여기서, K_{DA}는 D/A 변환기의 스케일 인자이다.

두 증폭기의 효과는 D/A 변환기 출력 전압(V_{out})이 입력 이진 데이터에 대응하는 십진수에 비례하도록 선택된 계수를 병렬 인터페이스의 각 비트에 곱하고 생성된 전압들을 합하는 것이다. 계수(스케일 인자)는 변환이 되는 구성요소(예를 들면, 액추에이터)의 전압 요구사항에 맞도록 시스템 설계자에 의해 선택된다. 일반적으로, 제어 응용에서, D/A 변환기 출력전압은 ZOH와 연결된 이후 액추에이터(제2장 참조)로 보내진다.

D/A 변환기 출력 전압은 컴퓨터가 D/A 변환기 데이터 래치에 새로운 값을 쓸 때만 변할 수 있다. 제2장에서 설명했듯이, 제어 응용에서, D/A 변환기 ZOH 조합은 제어 시스템의 입력을 샘플링하는 샘플러에 동기화된다. 또, 컴퓨터는 디지털 신호의 변화를 정확히 나타내기 위하여 빠르게 새로운 출력을 내보내야 한다. D/A 변환기의 아날로그 출력은 서로 다른 특정한 값만을 취할 수 있으며, 샘플링 시간에 의해 결정된 특정 시간에서만 변할 수 있다. 변환기의 출력은 항상 작은 이산적인 변화(해상도)를 갖게 된다. D/A 출력 표현의 해상도는 비트 수 N에 비례하여 변화한다. 설계자는 디지털 값의 변화가 아날로그 신호에서 원하는 형태로 부드럽게 나타나도록 단계(해상도)를 얼마나 작게 해야 하는지를 결정해야 한다. D/A 출력 전압은 필터링에 의해 부드러워 질 수 있으나 파형왜곡 및 위상 지연 등을 주의해야 한다.

아날로그/디지털 변환기

또한, 마이크로컴퓨터는 A/D 컨버터라고 부르는 특별한 인터페이스 회로를 이용하여 아날로그 전압을 측정할 수 있다. A/D 컨버터는 아날로그 입력을 마이크로컴퓨터가 읽을 수 있는 디지털 출력으로 내보낸다. 그림 4.18은 최적은 아니지만 전압 비교기와 D/A 컨버터를 이용하여 A/D 컨버터를 만드는 방법을 개념적으로 보여준다. A/D 변환 회로의 제어는 그림 4.18과 같이, 출력 논리 변수들인 “리셋”과 신호 C, 그리고 입력 논리 변수인 EOC(End Of Conversion)를 통해 컴퓨터에 의해 수행된다.

샘플링 시간(t_k)에서, A/D 변환 과정은 컴퓨터 제어 하에 여러 단계로 진행된다. 컴퓨터는 샘플 및 홀드 회로에 트리거(trigger) 신호를 보내 샘플시간 t_k에서 v_{in}을 샘플하도록 한다. 또한, 컴퓨터는 카운터를 리셋시키고 JK 플립플롭에 신호 C를 보내 AND 게이트를 활성화하여 클록 펄스의 계수를 시작하도록 한다. D/A 변환기 출력 전압은 각 클록 펄스마다 이산형태로 변한다. 이것은 그림 4.19처럼 입력에서 이진수가 한 비트 증가할 때마다 아날로그 출력 전압이 최솟

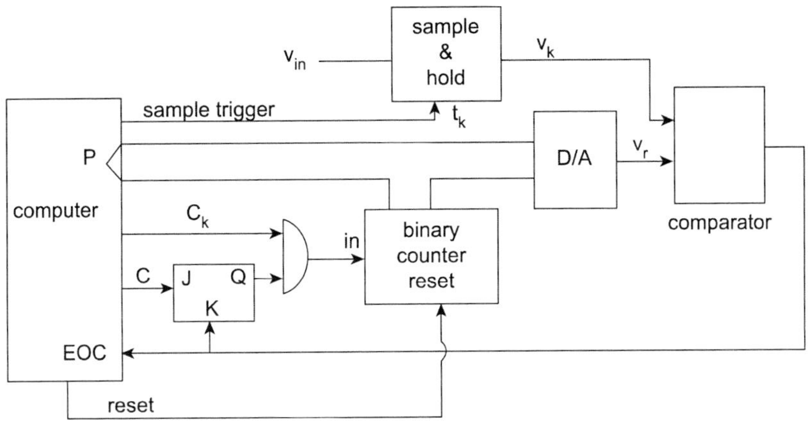

그림 4.18

A/D 컨버터의 예

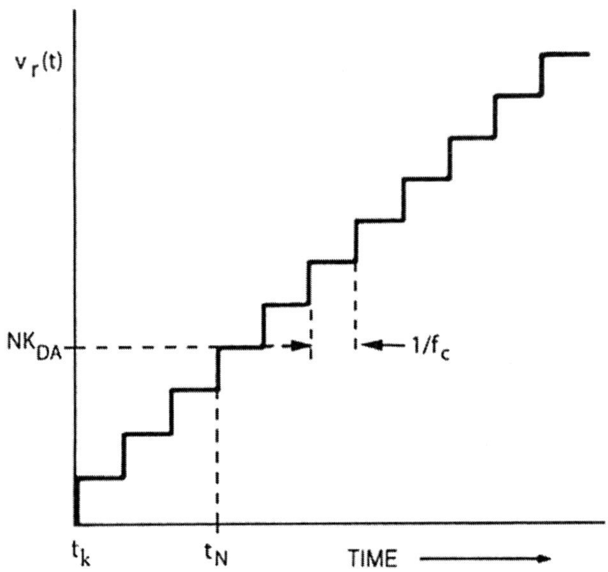

그림 4.19

디지털 램프 파형

값에서 최댓값으로 계단형으로 변하도록 한다.

이 8비트 D/A 변환기는 256개의 전압 레벨 중의 하나를 가질 수 있다. 여러 응용 분야에서 이것은 연속적인 아날로그 램프 신호에 매우 근접한 근사치이다. 시간 t에서 카운터 내용은 N의 등가 이진수이고, 여기서 N은 다음 식에서 가장 큰 정수이다.

$$N = \{\lfloor f_c(t_N - t_k) \rfloor\} \qquad t_N \le t < t_{N+1} \tag{9}$$

그림 4.19의 D/A 변환기에서 설명했듯이, 식 (9)에 지정된 시간 간격에 대한 램프 전압 $v_r(t)$은 다음과 같이 주어진다.

$$v_r(t) = K_{DA}N$$

클록 펄스의 계수는 비교기가 상태를 변화시키는 조건('일치'라고 불리는)에 도달할 때까지 계속된다. 비교기 출력(v_{comp})은 이진 값의 전압이며, 다음과 같이 주어진다.

$$v_{comp} = v_L \qquad v_r < v_k \tag{10}$$

$$= v_H \qquad v_r \geq v_k \tag{11}$$

여기서, v_L과 v_H는 각각 논리 low와 high에 해당하는 전압이다.

전압 측정 시점에서, 램프 전압은 다음과 같이 주어진다.

$$v_r(t_c) = v_k \tag{12}$$

여기서, t_c는 디지털 값과 아날로그 값이 일치하는 시간이다.

비교기 전압이 low에서 high로 바뀔 때, 계수(count)는 K입력을 통해 중지된다. 카운터의 내용은 $N(t_c)$의 이진수 N_2이며, 카운터가 리셋될 때까지 이 값을 유지한다. 이 시점(즉, $t = t_c$)에서, 컴퓨터는 인터럽트 입력을 통하여 변환의 완료를 나타내는 EOC 신호(v_{comp}가 V_L에서 V_H로 바뀜)를 받는다.

컴퓨터는 t_k에서 $t_k + t_c$까지 계수된 클록 펄스 N_c의 이진 등가 수에 해당하는 카운터 내용(N_c)을 읽는다:

$$N_c = N(t_c)$$
$$N_c = \frac{v_k}{K_{DA}} \tag{13}$$

N_c의 이진 등가 수를 N_{c2}로 표기한다.

그림 4.18과 같이, 카운터 출력 선이 컴퓨터 병렬 입력(P)에 연결되어 카운터 내용을 컴퓨터 데이터 버스(DB) 상에서 이용 가능하도록 한다. 컴퓨터는 이 장의 앞에서 설명했듯이 메모리 맵 I/O 데이터와 같은 특별한 메모리 동작을 통해 카운터 내용을 읽도록 구성될 수 있다. 그러므로 컴퓨터는 v_k에 비례하는 수의 이진수 값으로 읽는다. v_k로 변환은 D/A 변환기 상수 K_{DA}와 N_{c2}를 곱함으로써 이루어진다. v_k의 가장 큰 값에 대한 변환시간이 샘플링 시간(즉, $\max(t_c) \ll T$)

에 비하여 작아야 함을 알 수 있다. 이 조건은 클록 주파수(f_c)를 충분히 높임으로써 만족시킬 수 있다.

샘플링

제2장에서 설명한 것처럼, 연속 시간 변수로 동작하는 이산 시간 디지털 시스템은 나이퀴스트 샘플링률 또는 더 높은 것을 요구한다. 그림 4.20은 정현파의 아날로그 입력에서 여러 가지 다른 샘플링률에 따른 디지털 신호의 근사를 나타낸 것이다. 사인파 주기당 13개의 샘플인 그림 4.20a가 주기당 2개의 샘플인 그림 4.20b보다 훨씬 더 원래의 신호에 가깝다는 것을 알 수 있다. 그림 4.20c와 같이, 샘플링 속도가 2보다 작으면 제2장에서 설명한 것처럼 에일리어싱 오차가 발생한다.

폴링

소위 독립형 A/D 변환기는 변환 과정에서 컴퓨터의 직접적인 개입 없이 변환을 수행하는 것이 가능하다. 마이크로컴퓨터는 변환을 시키기 하기 위하여 제어 신호를 출력한다. 변환이 완료되면, A/D 변환기는 변환 완료 신호를 출력한다.

A/D 또는 D/A 과정 동안, 컴퓨터는 다른 동작을 실행할 수 있다. 그러나 어느 변환의 끝에서는, 컴퓨터가 A/D 데이터를 받거나, D/A 값을 출력할 수 있어

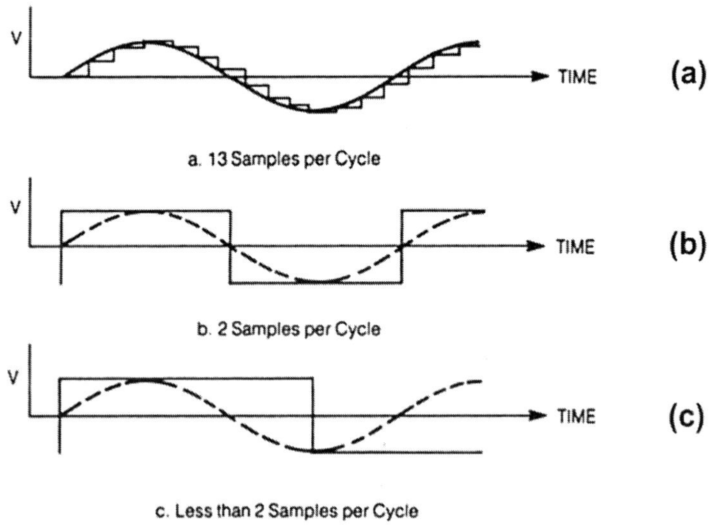

그림 4.20
샘플링률의 설명

야 한다. 그러한 방법의 하나로 다른 프로그램을 수행하는 동안 주기적으로 인터페이스부분을 조사하는 방법이 있다. 이러한 방법을 '**폴링(polling)**'이라 부른다. 이 일을 하는 프로그램의 서브루틴이 주 프로그램에 속해 있으며 A/D가 사용될 때마다 그 서브루틴을 호출한다. 이것은 보통 접속이 되었는지를 알아보기 위한 것과 접속이 이루어졌을 때 결과를 가져오는 몇 줄의 어셈블리어 프로그램으로 되어 있다.

폴링 서브루틴이 A/D가 끝난 것을 알았을 때 주 프로그램은 A/D 연결 전의 상태로 되돌아간다. 이 방법에서의 문제는 폴링 루틴이 접속이 끝나기 전에 여러 번 호출될 수 있다는 것이다. 이 방법 또한 컴퓨터가 시간을 낭비하게 하고 속도를 늦추게 하는 요인이 된다. 따라서 시스템에 폴링이 사용되어서 도움이 될 것인가를 검토해야 한다.

인터럽트

폴링의 효율적인 대안으로 '**인터럽트(interrupt)**'라 불리는 제어회로를 사용하기도 한다. 인터럽트는 CPU 외부에서 발생하여 CPU의 입력으로 연결되는 전기신호이다. 인터럽트가 발생하면 CPU는 일시적으로 프로그램 실행을 중단하고 외부장치로부터 들어오는 데이터 처리 작업을 수행한다. 예를 들어, 변환 시간이 느린 A/D 컨버터는 프로세서에게 변환이 끝났을 때를 알려주기 위해 인터럽트선을 쓸 수 있다. 인터럽트가 발생했을 때 프로세서는 자동적으로 미리 지정된 프로그램으로 점프하여 인터럽트 서비스 서브루틴을 실행한다. A/D 컨버터의 경우에는 변환결과를 읽어 들이는 서브루틴이 수행되는 것이다. 인터럽트 서브루틴이 끝났을 때 컴퓨터는 프로그램이 원래 실행되던 위치로 되돌아온다. 인터럽트는 주변장치를 연속적으로 모니터링하지 않음으로써 컴퓨터가 다양한 주변기기를 처리하는 데 필요한 시간을 줄여준다.

인터럽트의 다른 중요한 용도는 정확히 시간을 지키는 것이다. 시스템이 특별한 시간에 어떠한 일을 할 필요가 있을 때, 예를 들면 연속적인 아날로그 신호를 샘플링하는 것은 시간에 밀접한 공정으로 타이머가 필요하다. 타이머는 마치 디지털 시계처럼 작동된다. 위 경우에서 사용되는 구형파 클록신호는 제3장에서 설명된 계수 레지스터(counter register)에서 계수된다. 그리고 타이머는 어떤 특정수에 도달하면 인터럽트선을 'ON'시키고 그 다음 자신을 'RESET'하도록 설계된다. 이런 계수기능은 CPU 그 자체에 있거나 마이크로컴퓨터 시스템의 주변기기에 포함되어 있는 것이 일반적이며 자동차 분야에는 매우 많은 곳에 응용되고 있다.

이러한 기술은 때때로 일정한 시간마다 D/A 컨버터에 새로운 출력을 내보낼 때 사용된다. 마이크로컴퓨터는 0이 아닌 어떤 시작 값으로 카운터를 미리 맞춰 놓음으로써 원하는 시간을 얻도록 타이머를 설정한다. 매시간 타이머는 설정된 개수의 펄스를 센 후, 컴퓨터에 인터럽트를 걸게 된다. 그 다음 인터럽트 서브루틴은 마이크로컴퓨터에 의해서 메모리에 쓰여진 새 이진수를 읽어서 D/A 컨버터 데이터 래치에 이 수를 옮겨 놓는다.

벡터 인터럽트

모든 인터럽트 과정이 인터럽트가 걸린 프로그램에서는 보이지 않는다. 다시 말해서, 인터럽트에 의해 중단된 프로그램은 최소한의 지연으로 프로그램의 변경 없이 계속 실행되기 때문이다. 마이크로컴퓨터는 인터럽트를 이용하여 두 개 이상의 동작을 거의 동시에 처리할 수 있게 되는데, 어떤 시스템에서는 하나의 인터럽트 선이 하나 이상의 주변기기나 장치에 사용될 수도 있다. 예를 들어, 둘 이상의 A/D 컨버터가 각각의 정보를 보낼 준비가 되었음을 알리기 위해 같은 인터럽트 선을 쓸 수 있다. 이 경우에 컴퓨터는 어떤 장치가 인터럽트를 일으켰는지를 알 수 없을 것이다. 컴퓨터는 인터럽트가 일어날 때마다 어떤 장치가 인터럽트를 걸었는지 알아보기 위하여 모든 장치를 폴링할 수 있다. 그러나 앞에서 언급했듯이 폴링은 시간을 낭비하기 때문에 벡터 인터럽트 기술을 이용하게 된다.

컴퓨터 용어 중, '**벡터(vector)**'란 명령이나 데이터가 있는 다른 메모리의 주소를 가지고 있는 메모리를 말한다. 이것은 인터럽트 서비스 서브루틴의 첫 번째 명령어 주소일 수도 있으며 또는 똑같은 형태의 주소를 갖는 레지스터가 될 수도 있다. 이러한 특별한 경우에 인터럽트 벡터는 주변기기가 프로세서에게 어떤 장치가 인터럽트를 요청했는지 알려주는 데 사용되는 레지스터가 된다. 주변기기가 인터럽트를 일으켰을 때 그것은 인터럽트 벡터 레지스터에 코드를 쓰고 프로세서는 그 코드를 읽음으로써 어떤 장치가 인터럽트를 요청했는지 알 수 있다. 인터럽트 벡터의 디코더는 각각의 인터럽트에 우선순위를 할당하는 회로를 갖고 있다. 만약 두 장치가 동시에 인터럽트를 요청할 경우, 프로세서는 더 중요하고 우선순위에 있는 장치에 인터럽트 서비스를 제공할 것이다.

벡터 인터럽트는 마이크로컴퓨터에 연결된 주변 장치를 효과적으로 다룰 수 있게 하고 인터럽트를 매우 빠르게 제공한다. 인터럽트가 발생했을 때 인터페이스를 계속해서 조사하지 않고도 주변기기에 일어난 상황에 대응할 수 있다. 이러한 방법으로 마이크로컴퓨터는 많은 다른 일을 수행하면서도 모든 일을 놓치지 않고 완료하게 된다. 인터럽트를 사용하도록 설계된 마이크로컴퓨터 시스템은 주변기기의 요구가 있을 때 신속히 응답하므로 '실시간 계산 시스템(real-time computing system)'이라 불린다. 이러한 실시간 시스템은 디지털 장비와 제어회로에서 유용하게 사용된다.

자동차 시스템에서의 마이크로컴퓨터 응용프로그램

자동차에서의 마이크로프로세서는 여러 가지 분야에 응용이 가능하다. 이 책의 뒷장에서 설명하겠지만 마이크로프로세서는 엔진과 동력계통 제어, 계측, 승차감 제어, ABS와 다른 안전장치, 오락, 에어컨 제어, 자동 좌석 위치 제어 등 여러 가지 시스템에서 응용 분야를 찾을 수 있다. 이러한 각각의 응용에 대하여 마이크로프로세서는 필요한 핵심 기술을 제공한다.

프로세서의 응용 시스템은 다양하지만, 기본적인 구조는 많은 공통점을 가지고 있다. 그림 4.21은 위에서 열거된 응용 분야를 가진 자동차 시스템의 여러 구

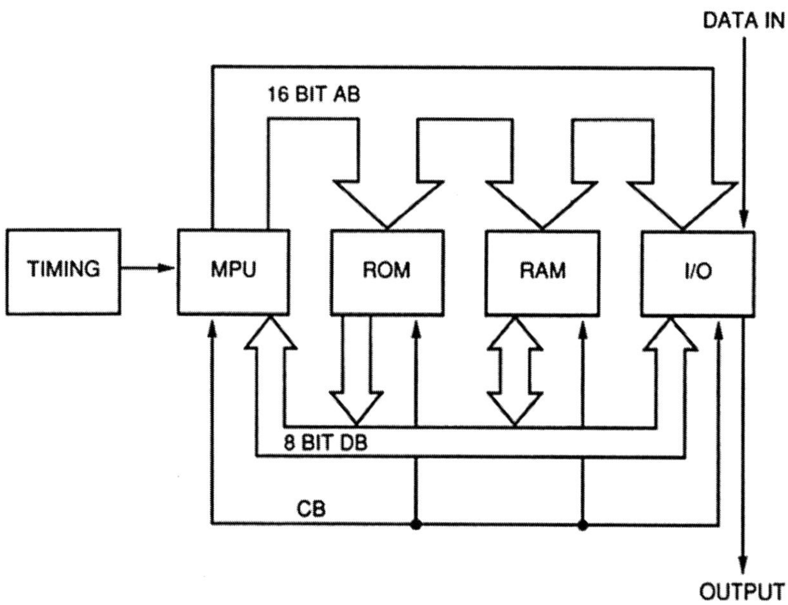

그림 4.21
차량용 컴퓨터 블록 다이어그램

성요소를 나타낸 블록도이다. 이 블록도에서 마이크로프로세서는 MPU로 표시된다.

각 블록은 세 가지 bus인 어드레스 버스(AB), 데이터 버스(DB) 및 제어신호(CB)를 통해 다른 구성 블록들과 연결되어 있다. 각 버스는 이진의 디지털 전기 신호를 옮길 수 있는 여러 가닥의 선으로 이루어진다. 일반적으로 자동차인 경우 DB는 8개의 선으로 구성된다. 비록 DB의 크기는 현대의 차량에서 많이 커졌지만, AB가 일반적으로 DB보다 더 크고, 제어 버스 또한 전선 그룹으로 마이크로프로세서의 복잡성에 의해 결정된다.

특별한 목적에 사용되는 마이크로컴퓨터 시스템의 동작은 ROM에 저장된 프로그램에 의해서 제어된다. 이 장 앞에서 설명한 것처럼 MPU는 연속적으로 메모리에 들어 있는 필요한 명령어를 얻기 위하여 ROM의 프로그램에 해당하는 주소를 발생시킨다. 각 마이크로프로세서 기반의 자동차 서브시스템의 동작은 ROM에 영구적으로(전자적으로) 저장된 특정 프로그램을 가지고 있다. 시스템 동작을 변경하려면 새로운 동작에 적합한 프로그램을 포함한 새 칩으로 기존의 ROM 칩을 교환하면 된다. 시스템의 개발과정에서 이러한 점이 특히 유리하다. 왜냐하면 이러한 방법을 통하여 하드웨어의 수정 없이 ROM 칩의 대체만으로 시스템의 변화와 향상이 이루어질 수 있기 때문이다. 환경보호국(EPA)에서는 자동차 사용자가 그러한 ROM 교체를 하지 못하게 한다. 공인된 수리 요원만 적법하고 안전하게 교체를 할 수 있다.

마이크로프로세서에 기초한 자동차 시스템에서는 약간의 RAM도 사용되고 있다. 앞서 설명한 바와 같이 RAM은 임시 결과를 저장하고 스택의 내용을 저장하며 모든 변수를 저장하는 등 다양한 목적으로 사용된다.

자동차 시스템과 마이크로컴퓨터를 연결하는 데에는 다양한 I/O 장치가 사용된다. 표준 상용 I/O장치는 구체적으로 그 프로세서와 함께 동작하도록 구성된 마이크로프로세서의 제조사에서 구할 수 있다. 이러한 입출력 장치는 보통 한 개의 IC 칩으로 되어 있으며 그 응용 분야가 매우 다양하다. 이러한 일반적인 I/O장치는 주변 장치에 연결하는 여러 데이터 포트뿐만 아니라 컴퓨터의 데이터 버스에 연결되는 포트를 가지고 있다.

그림 4.22는 전형적인 상용 I/O 장치의 블록도이다. 이 장치에서 각각 A, B로 붙여진 두 개의 포트는 입력이나 출력으로 쓸 수 있다(BUS A 또는 BUS B를 제공). 신호가 입력인지 출력인지는 데이터 방향 레지스터의 정보에 의해 결정되는데 방향을 결정하는 수행 코드는 시스템 데이터 버스를 거쳐 마이크로프로세서로부터 I/O 장치로 전달된다.

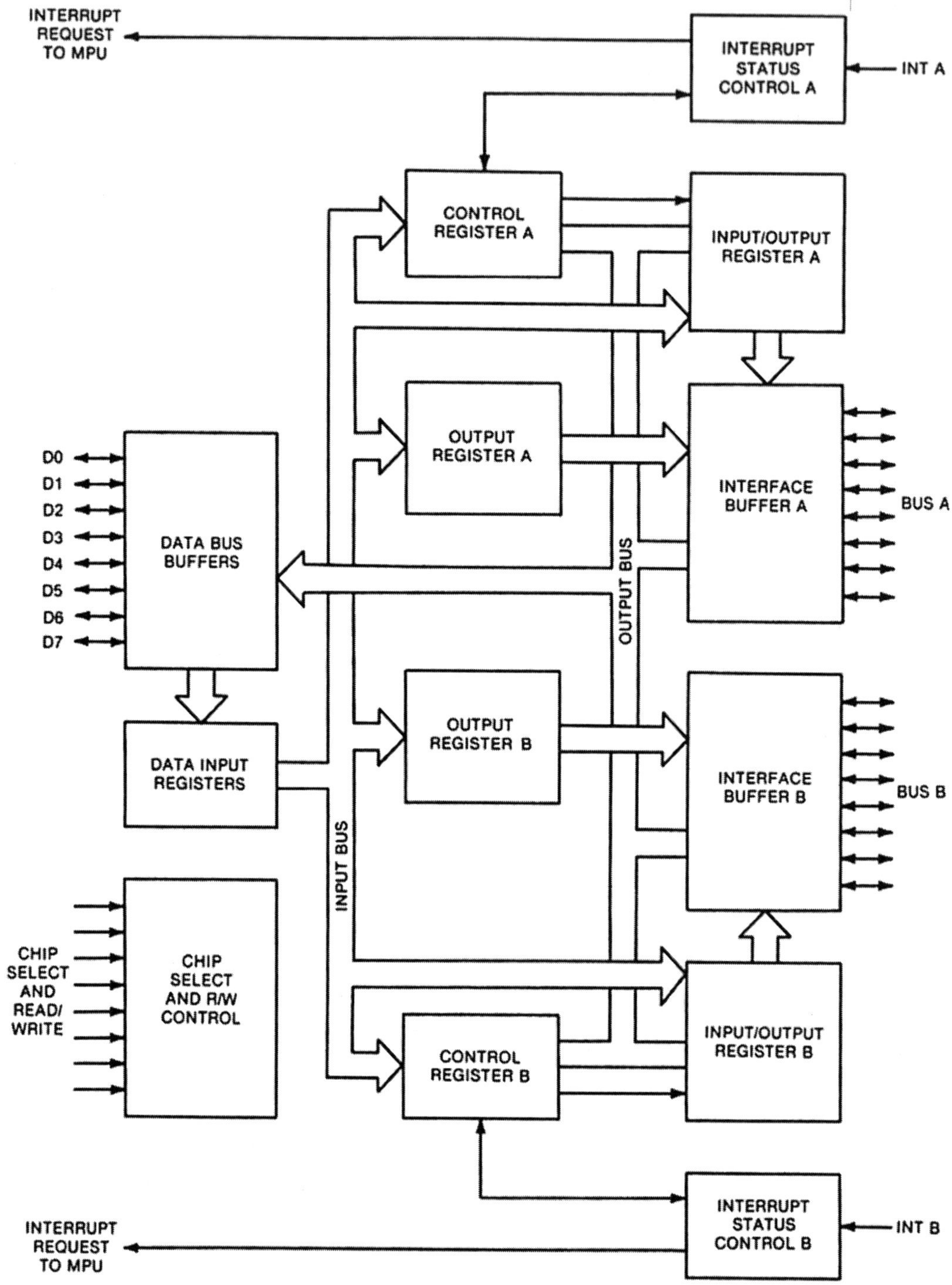

그림 4.22
I/O 포트 설명

마이크로프로세서가 I/O장치로 데이터를 옮기거나 I/O로부터 데이터를 받을 때마다 프로세서에 의해서 특정 주소가 생성되는데, 이 주소는 표준 논리를 사용하여 해석되어 주로 I/O 장치에 대한 칩 선택(chip select) 입력 관련 전기신호를 만들어낸다. 또, 주변기기로부터 데이터를 읽거나 주변기기에 데이터를 전달하기 위하여 마이크로프로세서의 R/W 출력이 활성화된다.

I/O를 동작시키기 위하여 어드레스 라인을 사용하는 방법은 메모리 맵 I/O로 알려져 있다. 메모리 맵 I/O에서 데이터 입출력은 I/O 입력주소로부터 읽거나 I/O 출력주소를 써 줌으로써 수행된다.

마이크로컴퓨터의 계측 응용

마이크로컴퓨터를 계측에 응용하는 경우, 신호처리 동작은 프로그램의 제어에 따라 산술적으로 수행된다. 일반적인 컴퓨터를 사용한 계측의 기본 블록도는 그림 4.23과 같다. 이 계측 예에서, 아날로그 센서는 측정된 양(x)에 비례한 연속시간 전압 v_o를 제공한다. 연속시간 전압은 컴퓨터에 의해 결정된 시간(t_k)에서 샘플링된다. 샘플된 아날로그 전압은 A/D 변환기를 사용하여 디지털 형태로 변환된다. 디지털 데이터는 컴퓨터가 메모리로 읽어 들일 I/O장치의 포트 A에 연결된다.

마이크로컴퓨터는 일부 센서의 비선형 출력 전압을 선형 전압 표현으로 변환

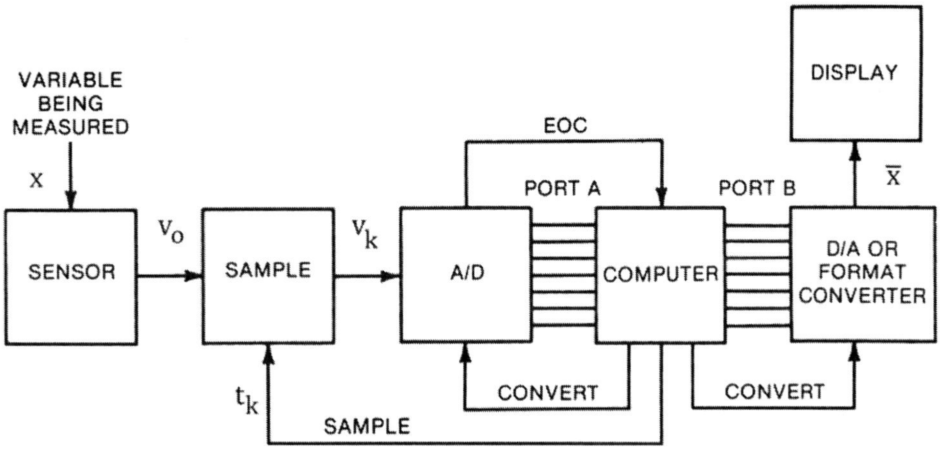

그림 4.23
차량용 디지털 계측 시스템 블록 다이어그램

시킬 수 있다. 센서 출력 전압은 테이블을 참조하여 대응되는 선형 출력값을 찾는다. A/D 변환기는 아날로그에서 디지털로 변환이 완료되면, EOC 신호를 생성한다. 일반적으로, EOC 신호는 컴퓨터로 데이터가 준비되었다는 것을 알리는 인터럽트 신호이다.

신호처리란 마이크로프로세서에 의해서 데이터에 행해지는 처리를 말한다. 시스템 설계자에 의해 신호처리 동작이 알고리즘으로 작성된다.

알고리즘은 원하는 신호처리를 위한 프로그램으로 변환된다. 신호처리가 끝난 후, 결과가 디스플레이장치로 보내질 준비가 되었을 때, 이 디지털 데이터는 포트 B를 통해 D/A 컨버터에 보내진다. 이것은 다시 샘플된 아날로그 신호로 변환된다. 샘플된 데이터는 연속시간 전압에 적합하게 하기 위하여 부드럽게 만든다. 이는 재구성 필터라 불리우는 특별한 필터를 이용하여 이루어진다.

많은 응용 예에서, 디스플레이는 디지털(예를 들어, 자동차 연료량 측정) 값이다. 이 경우, 디지털의 아날로그 변환은 필요 없을 것이고, 컴퓨터 출력 데이터는 알맞은 형식으로 디지털 디스플레이를 직접 활성화시킬 수 있다.

디지털 필터

제2장에서, 디지털(이산 시간) 필터의 분석/설계가 설명되었다. 여기서는, 자동차 디지털 전자 시스템의 구현에 대하여 논의하며, 거의 모든 것이 마이크로프로세서에 의해 이루어진다.

컴퓨터를 이용한 계측 신호처리의 응용 예로서 센서의 출력을 필터링시키는 경우를 고려해 보자. 저역 통과 필터는 저주파 신호를 통과시키고 고주파 신호를 버리며, 고역 통과 필터는 반대로 동작한다: 고주파 신호를 통과시키고 저주파 신호를 버린다. 대역 통과 필터는 중간 범위 주파수는 통과시키고 양쪽의 저주파나 고주파는 버린다.

제2장에서는 신호 $x(t)$의 샘플 x_k에 대해 필터링 동작을 수행하는 디지털(이산 시간) 필터의 개념을 소개하였다. 디지털 필터에 대하여 비교적 일반적으로 사용되는 알고리즘은 다음과 같이 출력 y_n을 계산하는 재귀필터이다.

$$y_n = \sum_{k=1}^{K} a_k x_{n-k} - \sum_{j=1}^{J} b_j y_{n-j} \qquad (14)$$

z-동작 전달함수 $H(z)$는 다음과 같이 구해진다.

$$H(z) = \frac{\sum_{k=1}^{K} a_k z^{-k}}{1 + \sum_{j=1}^{J} b_j z^{-j}} \tag{15}$$

샘플링 시간 t_n에서의 출력(즉, y_n)을 계산하기 위해 입력 신호 시퀀스 $\{x_k\}$를 필터링하는 것은 디지털 시스템의 프로그램에 의해 수행된다. 필터 계수 a_k와 b_k는 ROM에 저장되고 적절한 시간에 읽혀진다. x_{n-1}에서 x_{n-k}까지 k개의 입력값은 이전에 계산된 y_{n-j} 값과 함께 RAM에 저장되어야 한다. 입력 x_n이 디지털 시스템에 읽힌 후에, 재귀필터 알고리즘을 구현한 서브루틴이 메인 프로그램에서 불려진다. 곱셈은 프로그램 제어 하에 기본적인 곱셈 서브루틴을 반복적으로 사용하거나 또는 "하드웨어 곱셈(hardware multiply)"이란 특별한 회로를 이용하여 수행된다. 모든 곱셈이 끝난 후 그 결과들이 임시 저장 레지스터에 저장되고 필터 식에 따라 가산, 감산을 통해 출력 y_n이 구해진다. 이와 같이 구현되어 실제로 사용되는 많은 자동차 필터들이 있다.

예를 들어, 디지털 저역 필터는 자동차 연료레벨 감지기의 출력을 부드럽게 하기 위하여 사용된다. 연료레벨 감지기는 제6장에서 설명된 대로 탱크의 중앙에서 연료의 높이에 비례하는 전기신호를 만들어낸다. 연료가 소비될 때에만 수위가 변하는 것을 측정해야 하지만 차가 천천히 가속할 때, 가장자리를 돌 때, 범퍼가 부딪쳤을 때에도 수위가 변할 것이다. 탱크의 연료의 양은 조금씩 내려가더라도 연료 흔들림 때문에 크게 변할 수 있다. 이 결과가 바로 연료계수기에 보내진다면 결과로 보여지는 지시계의 바늘은 너무 빨리 변해서 읽을 수가 없게 될 것이다.

이런 경우 신호 변화의 효과를 줄이기 위하여 신호의 흔들림을 부드럽게 하는 저역 필터를 사용한다면 출력 신호는 운전자가 더 읽기 쉽고 의미 있게 될 것이다. 저역 필터는 컴퓨터가 수초마다 센서 신호를 표시기에 보내기 전에 평균화하는 프로그램에 의해서 마이크로컴퓨터에 의해 실현될 수 있다. 예를 들어, 만약 연료 수위 감지기 신호가 매초마다 샘플된다면, 그리고 K번 샘플링으로 평균이 적당하다면, 컴퓨터는 단지 마지막 K번째 샘플을 저장하고 평균값을 구한 후 보여준다. 새 샘플이 들어왔을 때, 가장 오래된 샘플은 버려지고 단지 K번째의 샘플만이 남는다. 새 평균이 계산되고, 새 샘플이 주어질 때마다 표시된다.

시간 t_n에서 평균값 $\bar{x}_n$은 K개의 이전 샘플 데이터 $x_k(k = 1, 2, \cdots, K)$로부터 다음과 같이 주어진다.

$$\bar{x}_n = \frac{1}{K}\sum_{k=1}^{K} x_{n-k}$$

이 알고리즘은 모든 b_j가 0이고, 모든 a_k는 1/K인 재귀 필터(식 (14))에서 사용되는 것과 동일한 구조이며, 데이터 샘플 시퀀스$\{x_{n-k}\}$의 평균을 구하여 필터링하는 형태이다. K로 나누는 것은 ROM에 저장될 수 있는 값인 K의 역수(즉, 1/K)에 의한 곱에 의해 빠르게 수행될 수 있다.

디지털 필터링(즉, 평균화)은 소프트웨어의 제어 아래 컴퓨터에 의해서 실행된다. 때때로 그러한 작업을 수행하는 코드 부분을 단순히 필터라 부른다. 디지털 신호처리는 똑같은 컴퓨터가 몇 개의 다른 신호를 처리하는 데에 사용될 수 있으므로 매우 매력적이다. 자동차 디지털 시스템의 기술 개발 동안, 원하는 필터 특성도 계속 발전한다. 이러한 발전은 저장된 필터 계수에서의 변화를 통해 쉽게 구현될 수 있다. 아날로그 필터 또는 신호 처리의 발전을 위하여, 하드웨어 자체도 변해야 한다. 디지털 필터에 대해, 필터 계수를 결정하고 그 필터 성능이 만족할 만하면, 계수(즉, a_k와 b_j)를 생산 차량 ROM에 저장하게 된다.

그러나 디지털 필터를 사용하는 데에는 제한이 있다. 디지털 필터의 주파수 영역은 프로세서의 속도에 의해서 결정되는데, 마이크로프로세서는 나이퀴스트 샘플링 이론에 의해서 요구되는 속도나 그 이상으로 신호를 샘플해야 한다. 또, 다음 신호가 들어오기 전에 각 신호를 선형화하고 평균화할 수 있도록 충분히 빨라야 한다. 이것은 디지털 필터의 매우 큰 제한이 될 수 있다. 그리고 시스템 설계자는 컴퓨터가 너무 많은 작업을 매우 빨리 처리함으로써 과부하가 걸리지 않도록 하여야 한다.

제어 시스템에서의 마이크로컴퓨터

마이크로컴퓨터는 디지털이나 변환된 아날로그 신호의 입력과 출력을 다룰 수 있어야 한다. 적절한 소프트웨어를 가지고 있다면 마이크로컴퓨터는 이러한 신호들에 대하여 결정을 내릴 수 있고 빠르고 정확하게 반응할 수 있다. 이러한 점 때문에 마이크로컴퓨터가 다음에 언급되는 다른 디지털 또는 아날로그 형태의 복잡한 시스템을 제어할 수 있는 것이다.

폐루프 제어 시스템

제1장과 제2장의 기본적인 폐루프 제어 시스템 블록 다이어그램을 생각해 보자. 연속시간 제어 시스템은 오차 신호에 제어 규칙을 적용하여 연속시간 제어신호 (u)를 만들고 하드웨어를 통해 액추에이터로 전달한다. 이산 시간 시스템은 제어변수의 원하는 값과 실제 값 사이의 샘플된 오차에 대해 제어 규칙을 적용한다.

제어변수(제2장에서 $\bar{u}_k$)를 계산하는 과정은 디지털 컴퓨터의 프로그램에 의해 수행된다. 컴퓨터는 기존 입력과 플랜트 출력을 비교하고 제어 알고리즘을 이용하여 제어신호(입력)를 생성한다.

리밋 사이클 제어기

제1장에서 언급된 리밋 사이클 제어기는 마이크로컴퓨터에 의해서 실현될 수 있다. 리밋 사이클 제어기가 플랜트 출력을 제어해서 상한과 하한 사이 어딘가에 오게 하는 것과 그것의 평균값이 명령 입력이 되는 것을 기억해 보자. 제어기는 명령 입력과 플랜트 출력을 읽어야 하고, 이 신호들에 기초하여 어떤 제어 신호를 보내야 할지 결정한다.

마이크로컴퓨터를 사용해서 상하한은 다음에 언급될 조견표를 사용하여 명령 입력으로부터 결정될 수 있다. 플랜트 출력은 이 두 극한과 비교된다. 만약 플랜트 출력이 상한보다 높거나 하한보다 낮다면, 마이크로컴퓨터는 두 극한 사이로 출력이 오도록 적절한 온/오프 신호를 플랜트에 보내게 된다.

피드백 제어 시스템

제1, 2장에서 피드백 제어 시스템의 간단한 개념이 소개되었다. 이 두 장은 기초적인 분석 모델과 제어 알고리즘을 추상적으로 다루었다. 이 장에서는, 마이크로컴퓨터를 포함한 제어 시스템의 구현을 고려한다.

피드백 제어 시스템은 리밋 사이클 제어기뿐만 아니라 디지털 컴퓨터를 사용하여 구현될 수도 있다. 그림 4.24는 컴퓨터를 이용하는 제어 시스템의 물리적인 구성을 보여준다. 이 그림에서, 실제로 제어되어야 할 부분은 물리적인 시스템, 즉 플랜트(plant)이다. 제어되어야 할 특정 변수는 x로 표현하였다. 예를 들어 자동차에서, 플랜트는 엔진이 될 것이고 제어된 변수는 엔진 속도가 될 것이다. 피드백 제어의 예는 이 책의 후반부에서 소개된다.

x의 원하는 값을 설정값 s라 하면, 다음과 같은 에러신호 ϵ가 얻어진다.

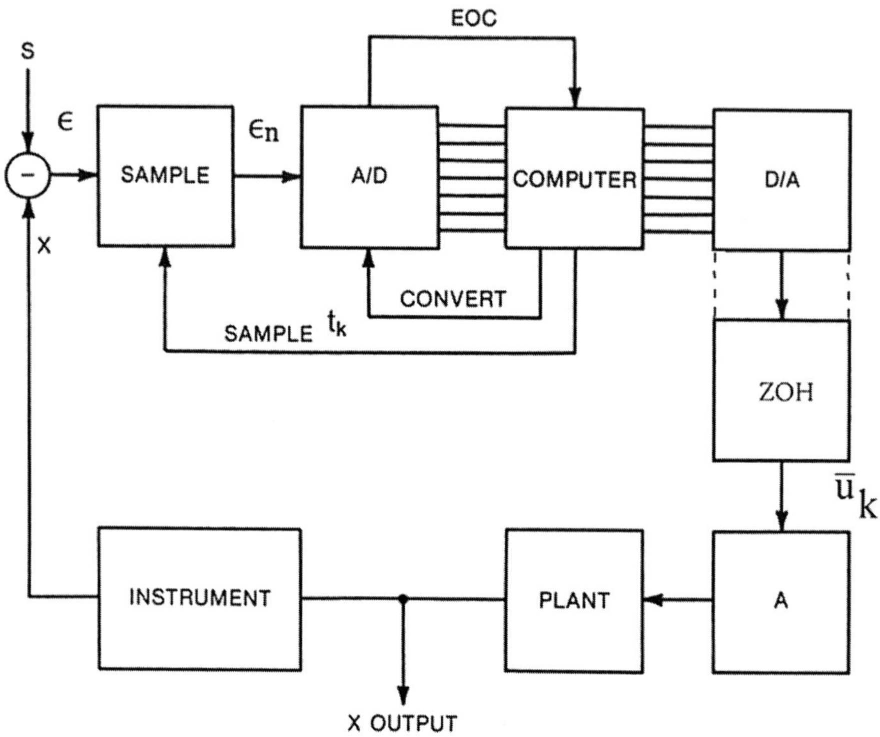

그림 4.24

디지털 피드백 제어 시스템 블록 다이어그램

$$\epsilon = s - x$$

에러 신호는 샘플되어 ϵ_n을 생성한다(n은 샘플 수 $n = 1, 2, \cdots$). 대표적인 제어 알고리즘인 PID 제어 법칙에 의해 각각의 입력 샘플에 대한 y_n은 컴퓨터에 의해 계산되며, 다음과 같다:

$$y_n = K_P \epsilon_n + \frac{K_I T}{2} \sum_{k=1}^{K} (\epsilon_{n-k} + \epsilon_{n-k-1}) + \frac{K_D(\epsilon_n - \epsilon_{n-1})}{T}$$

여기서, K_P는 비례 게인값, K_I는 적분 게인값, K_D는 미분 게인값이다.

이 PID 제어에서, K는 적분이 계산되는 샘플링 수이다. 이 예시적인 PID 제어 법칙을 구현하기 위한 프로그램은 y_n의 계산을 위해 K개의 이전 에러 샘플값의 임시 저장을 필요로 한다. 이 제어 구현을 위한 같은 유형의 프로그램 단계는 디지털 필터 응용에 사용되는 것과 같다. 즉, 변수 복구, 적절한 계수에 의한 곱셈, 제어 법칙에서 여러 항의 대수 합 등.

각 입력 샘플에 대해 y_n을 계산한 후, 제2장에서 설명했듯이 y_n의 디지털 버전이 I/O을 통해 D/A 컨버터 및 영차 홀드로 전송된다.

D/A와 ZOH(제3장) 블록 사이의 점선은 ZOH가 D/A의 일부로 구현될 수도 있음을 나타낸다. 액추에이터로 공급할 제어신호 $\bar{u}_k$는 아날로그 형태로 변환된다. 액추에이터는 오차가 0이 되도록 플랜트를 제어한다.

자동차에서의 컴퓨터 기반 전자 제어 시스템의 많은 응용 예가 이 책의 뒷장에서 소개될 것이다.

테이블 참조(Table Lookup)

자동차 응용에서 마이크로컴퓨터의 중요한 역할 중 하나는 조견표를 참조하는 것이다. 아래의 응용 분야가 포함된다.

1. 센서 데이터의 선형화
2. 곱셈
3. 캘리브레이션 변환

조견표의 개념은 V_o, X 두 변수를 이용하여 그림 4.25에 설명되어 있다. 또한, 그림 4.25에서 두 변수에 대한 어떤 특정한 값들이 나열되어 있으며, 예를 들어, V_o와 X 사이의 함수 관계는 X값에 대해 비선형 센서의 출력 전압 V_o의 관계로 이해될 수 있다.

V_o에 대한 값을 안다면 이론적으로 그것에 해당하는 X를 그래프 또는 표 값에 의해서 알아낼 수 있다. 후자의 경우에 V_o의 가장 근접한 두 값이 있을 것이다. X에 해당하는 값을 표로부터 읽을 수 있다. V_1과 V_2가 V_o에 가장 근접한 값이고 X_1, X_2가 각각의 값에 해당하는 값이라면, V_o에 해당하는 X값은 선형 보간

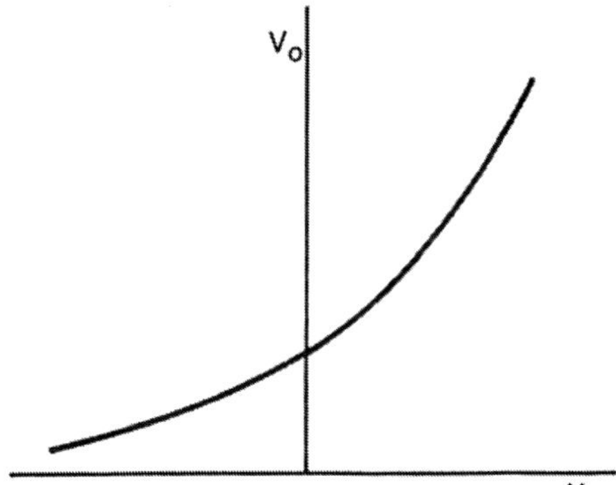

TABLE

V_o	X
0	−5
1	0
2	4
.	.
.	.
.	.

그림 4.25
테이블 참조의 설명

법(interpolation)에 의해 다음과 같이 알아낼 수 있다.

$$X = X_1 + (X_2 - X_1)(V_o - V_1)/(V_2 - V_1)$$

마이크로컴퓨터는 V_o와 X 사이의 관계에 대한 표를 이용하여 필요한 값을 예측해 낼 수 있다. 만약 변수 X가 그림 4.25와 같이 변한다면 센서의 출력 전압을 측정하여 X를 계산할 수 있을 것이다. 표 참조 동작은 또한 비선형 보간 알고리즘이나 회귀 다항식을 사용하기 위해 프로그램될 수 있다.

테이블 참조 기능을 수행하는 마이크로컴퓨터 부분은 그림 4.26과 같다. $V_o(X)$의 관계는 곡선을 따라가는 점에 해당하는 값으로 ROM에 저장된다. 이 데이터는 V_o값을 주소로, X의 대응하는 값을 데이터로 사용하게 된다.

예를 들어, 점 (V_1, X_1)을 고려해 보면, 데이터 X_1은 이진 형식으로 메모리 위치 V_1에 저장된다.

테이블 참조 수행은 다음과 같다. 먼저 센서는 전압 V_o를 출력한다. 컴퓨터는 I/O를 통하여 V_o의 값을 알아내고(A/D 컨버터를 이용하여), 프로그램에서 MPU

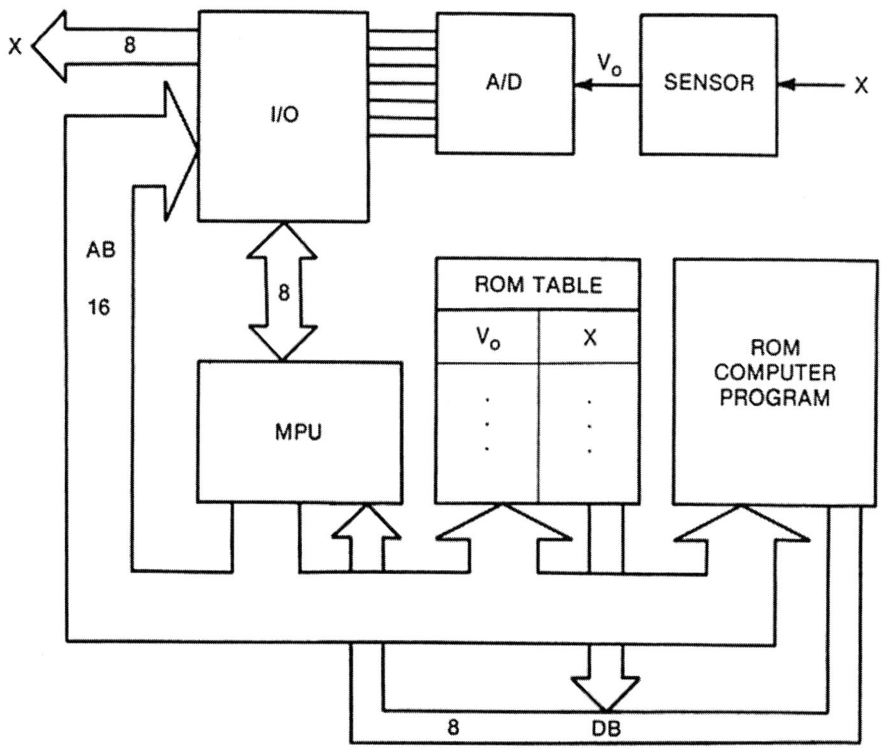

그림 4.26
테이블 참조 블록 다이어그램

는 V_o의 가장 근접한 값 V_1, $V_2(V_1 < V_o < V_2)$를 읽고 앞의 공식을 이용하여 X를 계산한다.

뒷장에서 테이블 참조 기능에 대하여 다시 언급될 것이다. 특별히 제7장에서는 전형적인 디지털 엔진 제어 시스템이 어떻게 테이블 참조를 이용하여 데이터를 얻는가에 대하여 논의할 것이다.

다중 변수 및 다중 작업 시스템

마이크로컴퓨터 제어 논리의 매우 중요한 특성 중의 하나는 독립적으로 여러 개의 시스템을 제어하며, 또한 다수의 입력과 출력을 사용하는 시스템을 제어하는 능력이다. 마이크로컴퓨터 제어의 자동차 응용은 다중 변수 시스템의 유형들을 포함한다. 예를 들어, 자동차 엔진은 여러 개의 입력(공기 연료비, 스로틀 각, 점화타이밍)을 가지고 있다. 또한, 거의 모든 출력에서 하나의 입력이 여러 개의 출력에 영향을 주기 때문에 동시에 제어되어야 한다. 제어기의 이러한 형태들은 매우 복잡해질 수 있고 아날로그 형태로 실현하기가 어렵다. 그러나 디지털 시스템에서는 다중 변수 마이크로컴퓨터 시스템이라 할지라도 기능 수행만 가능하다면 단일 변수 마이크로컴퓨터에 비해 크게 복잡해 지거나 비싸지는 않다. 이것은 단지 마이크로컴퓨터에 제어 구조를 적절히 프로그래밍을 하는 일에만 영향을 줄 뿐이다. 제어의 형태는 다음 장에서 설명될 것이다.

여러 작업을 동시에 수행하기 위한 프로그램의 구성은 모든 컴퓨터에서 극도로 복잡하다. 하나의 구성 방법은 이른바 "메인 프로그램 루프"를 가지는 것이다. 이 메인 루프는 각각의 작업에 대해 순차적으로 수행이 되도록 적절한 서브루틴을 호출한다. 메인 루프는 각 작업(서브루틴)에 필요한 계산 시간을 고려하여 적절한 속도로 반복 수행한다. 그러나 모든 작업이 메인 루프의 각 사이클마다 수행될 필요가 있는 것은 아니다. 연료와 점화 제어와 같은 특정 작업은 모든 메인 루프 사이클에 대해 수행되도록 요구된다. 그러나 연료량 측정을 필터링하는 것과 같은 상대적으로 시간에 덜 민감한 작업은 연료와 점화 제어 작업보다 훨씬 낮은 속도에서 수행되어도 충분하다.

자동차 서브시스템의 문제 진단과 같은 다른 작업은 오직 문제가 발견되었을 때만(제9장 참조) 수행될 필요가 있다. 메인 루프는 문제가 발견되었을 때 발생되는 신호에 대응하도록 설계되어야 한다. 이러한 응용은 뒷장에서 자세히 설명된다.

모든 자동차 전자 시스템을 위한 프로그램 개발은 일반적으로 매우 시간 소모적인 특징이 있고, 능력 있는 컴퓨터 프로그래머들의 많은 노력을 요구한다. 또한, 매우 복잡한 파워 트레인 제어 시스템(제7장 참조)을 위한 전체 프로그램은 수천 줄의 독립적인 코드를 포함하고 있다. 비록 이 책의 범위를 벗어난 것이지만, 자동 코드 생성을 위한 특정 소프트웨어의 사용도 가능하다.

자동차 엔진 제어의 기초 관련 장과 센서 및 액추에이터 관련 장 이후에, 이 마이크로컴퓨터 시스템이 자동차에서 엔진, 동력 전달 계통 및 많은 보조 기능을 제어하기 위해 어떻게 사용되는지 설명하기 위하여 특정 마이크로컴퓨터 기반 자동차 계측 및 제어 시스템을 보다 구체적으로 다룰 것이다. 또한, 선택된 응용에 대하여 동적 성능 계산/시뮬레이션과 함께 특정 알고리즘이 제시된다. 알고리즘의 구현을 위한 서브루틴 관련 프로그래밍은 이 장에서 설명된 절차에 따른다.

제 5 장 엔진 전자 제어의 기초

엔진 전자 제어의 동기 188
배기가스 188
연비 189
연방 정부의 시험 절차 190
- 연비 요구사항 191
- 요구사항 충족 193
- 전자 제어의 역할 194
  - 추가 비용 인센티브 194

엔진 전자 제어 시스템의 개념 194
- 제어기 입력 197
- 제어기 출력 198

엔진 성능 용어의 정의 203
- 토크 203
- 파워 206
- 연료 소비 207
- 엔진 전체 효율 210
- 보정 211
- 엔진 매핑 211
- 공기/연료 비율이 성능에 미치는 영향 212
- 점화 시점이 성능에 미치는 영향 213
- 배기가스 재순환이 성능에 미치는 영향 214

배기 촉매 변환장치 216
- 산화 촉매 변환장치 216
- 삼원 촉매 217

전자 연료 제어 시스템 219
- 엔진 제어 시퀀스 222
- 개루프 제어 222
- 폐루프 제어 223
  - 배기가스의 산소 농도 223
- 폐루프 동작 225
  - 연료 제어기의 주파수와 편차 227

흡기 매니폴드 압력 분석 228
- 공기 질량 측정 230
  - 속도-밀도 방식 230
- 체적 효율이 밸브 시스템에 미치는 영향 233
  - EGR 추가 233

공회전 속도 제어 234
전자 점화 239

대부분의 엔진 제어는 연료와 흡기 및 점화 시점을 조절하여 요구되는 성능의 출력을 내는 것을 의미한다. 1960년대까지, 엔진 출력 토크와 RPM의 제어는 기계, 공압, 유압 시스템의 조합을 통해 이루어졌다. 그 후, 1970년대에, 전자 제어 시스템이 도입되었다.

이 장에서는, 가솔린 연료를 사용하는 스파크점화 자동차 엔진 전자 제어의 이론을 설명한다. 제7장에서는 실제 디지털 제어 방법 및 제어 시스템에 대해 설명한다. 전자 제어의 주요 개발 및 원리를 설명하는 데 사용되는 예는 다양한 제조업체의 기술에서 발췌하였으며, 단일 자동차 제조회사의 예를 자세히 다루지는 않는다.

엔진 전자 제어의 동기

엔진 전자 제어의 최초 동기는 정부의 두 가지 요구사항에서 시작되었다. 첫째는 미국 환경보호국(Environmental Protection Agency, EPA)의 권한으로 자동차 배기가스를 규제하는 법안 때문이고, 둘째는 평균 연비를 향상시키고자 하는 정부의 추진력이었다. 시장의 요구와 함께 이 규정과 연관된 이슈들은 배기가스 저감뿐만 아니라 연비 개선에 대한 동기를 계속적으로 부여해 왔다. 엔진 전자 제어는 여러 가지 연비 향상에 관련된 자동차 설계 요인들 중의 하나일 뿐이지만, 이 책에서는 바로 그 전자 시스템만 다룬다.

배기가스

미국에서 디젤 엔진은 대형 트럭, 철도, 일부 픽업트럭에 일반적으로 사용되지만, 가솔린 엔진은 승용차와 소형 트럭에 가장 일반적으로 사용되고 있다. 가솔린 엔진은 보다 정확하게 말하자면, 가솔린 연료를 사용하여 스파크 점화하는 4개의 행정 사이클(four-stroke/cycle)을 따르는 수냉식 내연 기관이다. 이 책에서는 이 가솔린 엔진을 SI(spark ignition) 엔진으로 표시한다. 다음은 SI 엔진에 적용되는 배기가스 규제이다.

엔진의 배기가스는 공기와 가솔린 혼합물의 연소 생성물로 구성되어 있다. 가솔린은 탄화수소라고 불리는 화학적 성분의 혼합물인데, 다양한 비율로 이루어지는 수소(H)와 탄소(C)의 화학적 결합에 의해 만들어진다. 가솔린에는 이외에도 자연 불순물뿐만 아니라 정유 과정에서 화학적 첨가제가 포함되어 있다. 이들 모두는 바람직하지 않은 배기 물질을 만들 수 있다. 가솔린을 연소에 의해 CO_2, H_2O, CO, 질소 산화물 및 다양한 탄화수소와 같은 배기가스가 배출된다.

연소 과정 중에, 탄소 및 수소는 대기 중의 산소와 결합하여 열에너지를 방출하고 다양한 화학 화합물을 형성한다. 연소가 완벽하면, 배기가스로 인간의 건강에 해롭지 않는 이산화탄소(CO_2)와 물(H_2O)만을 배출한다. 이 두 성분은 동물의 호흡에서도 존재한다.

하지만, SI 엔진의 연소가 완벽하지 않기 때문에 CO_2 및 H_2O 이외에, 일산화탄소(CO)와 질소 산화물(NOx로 표시되는 질소와 산소의 화합물), 미연소 탄화수소(HC), 황 산화물 및 다른 화합물들이 배기가스에 포함된다. 배기가스 성분 중 일부는 연방 정부에 의해 유해한 것으로 간주되는데 정부 표준에 의해 규제되는 배기가스가 CO, HC 및 NOx이다.

캘리포니아 주 규정이 발효되면서 자동차 배기가스 제어 요구사항은 1966년에 미국에서 시작되었다. 그 후, 연방 정부는 모든 주에 대해 배기가스 제어 제한을 부과하고 있으며, 기준은 20세기 후반에 걸쳐 점진적으로 엄격해졌고, 21세기에도 계속적으로 강화되고 있다. 자동차 제조업체는 기존의 엔진 제어로는 이러한 배기가스 제한을 만족시키면서 동시에 적절한 엔진 성능을 유지하기가 어렵기 때문에 전자 제어방식을 사용하고 있다.

연비

연비는 1갤런의 가솔린을 소모하는 동안 주행한 마일의 수를 의미한다. 이는 갤런당 마일(MPG) 또는 단순히 마일리지로 언급되기도 한다(한국의 경우는 1리터로 주행한 킬로미터를, 유럽의 경우는 100 Km를 주행하는 동안 소모된 연료의 리터 양으로 표시한다). 배기가스 제어와 더불어 엔진 전자 제어의 또 다른 중요한 특징은 연비를 개선할 수 있는 기능이다.

한 차량의 연비는 절대적이지 않다. 연비는 차량의 크기, 모양, 무게뿐만 아니라 자동차의 구동 방법 등에 따라 달라진다. 최고의 연비는 정상 크루즈 조건(steady cruise conditions)에서 얻을 수 있다. 일반적으로 구동과 정지를 반복해야 하는 도심 운전은 고속도로 운전보다 연비가 더 나쁘다. 연비 표준에 대한 규제 체계를 확립하기 위해, 연방 정부는 자동차가 평균적 기준으로 주행되는 방식을 표현하는 표준 운전 주기(driving cycle)를 만들었다.

정부의 표준 연비는 하나의 자동차를 기반으로 하지 않고 수년 동안 제조업체의 모든 생산된 차종에 대해 갤런당 주행 거리의 평균 정격 마일로 표현된다. 이런 요구사항은 약어 CAFE(corporate average fuel economy, 기업 평균 연비)로 자동차 업계에서 알려져 있다.

연방 정부의 시험 절차

배기가스 및 CAFE 요구사항의 이해를 위해, 표준 주기와 배기가스의 양과 연비를 측정하는 방법을 검토하는 것이 도움이 된다. 미국 연방 정부는 몇 가지 단계를 거치는 차량 시험 절차를 발표했다. 첫 번째 단계는 그림 5.1에 보여지는 것과 같이, 차대 동력계(chassis dynamometer) 상에 차량을 배치하는 것이다.

차대 동력계는 자동차 또는 트럭 등을 올려놓고 실험하는 차량 시험대이다.

그림 5.1
섀시 동력계

이 시험대는 다양한 조건 하에서 차량의 구동륜에 전달되는 동력을 측정할 수 있는 기구를 장착하고 있다. 차량은 차량 동력계에 고정되어 있어 동력이 바퀴에 전달되더라도 차량은 움직이지 않는다. 구동 휠은 두 개의 큰 롤러와 접촉하고 있다. 하나의 롤러는 전기적인 출력에 의해 부하를 변동시킬 수 있는 발전기에 기계적으로 결합된다. 다른 롤러는 차량의 속도를 측정하고 기록하는 도구가 장착되어 있다. 발전기는 차대 동력계에 전달되는 구동 바퀴의 모든 기계적인 힘을 흡수하고 측정한다. 동력은 전기적 출력을 kW 또는 HP 단위로 계산된다(여기서 1 HP는 0.746 kW이다). 차량 동력계는 정확한 부하(타이어의 구름저항과 공기저항의 영향을 포함)와 다양한 조건의 도로를 따라 주행하는 차량의 관성을 시뮬레이션하도록 제어된다. 이런 조건은 바람으로 인한 부하를 제외하면 실제 차량과 동일하다.

차량은 특정한 주행을 시뮬레이션하기 위해 사전에 규정된 속도와 부하에 따라 구동된다. 하나의 운전 주기로 도시 주행을 시뮬레이션하고, 또 다른 운전 주기로 고속도로 주행을 시뮬레이션할 수 있다. 몇 년에 걸쳐, 도시와 고속도로에 대한 가상의 운전 주기(highway cycle)는 발전해 왔다. 그림 5.2는 이러한 가상 시험 주행에서의 차이를 표시하는 운전 주기의 예(각각 도시와 고속도로를 의미)를 보여준다. 도시 운전 주기(urban cycle)는 7.45마일(12 km)의 "전형적인" 도시의 자동차 운전에서 발생하는 가속, 감속, 정지, 출발 및 크루즈 운전 상황을 보여준다. 고속도로 주기는 765초 동안 10.24마일(16.5 km)의 고속도로 주행 상황을 시뮬레이션한다.

차량 작동 중에, 배기가스가 계속해서 채집되고 샘플된다. 시험을 끝낸 후, 규제대상 배기가스의 절대적인 질량이 결정된다. 규제에는 각각 배기가스의 전체 질량을 전체 주행 거리로 나눈 것으로 명시되어 있다.

연비 요구사항

배기가스 측정과 함께, 제조자는 차량의 유형에 따라 MPG로 연료 소모를 결정해야 하고 연간 생산되는 모든 차량에 대한 기업의 평균 연비(CAFE)를 계산해야 한다. 연료 소모량은 도시와 고속도로 테스트에서 모두 측정되고, 이를 통해 복합 연비가 계산된다.

표 5.1은 몇 년 동안 배기가스 요건 및 CAFE 기준의 요약이다. 이 표는 배기가스 기준과 연비 기준이 과거보다 점점 더 엄격해지고 강화되고 있다는 사실을 보여준다. 표에는 비메탄 탄화수소(NMHC)에 대한 별도의 규정은 명시되어 있

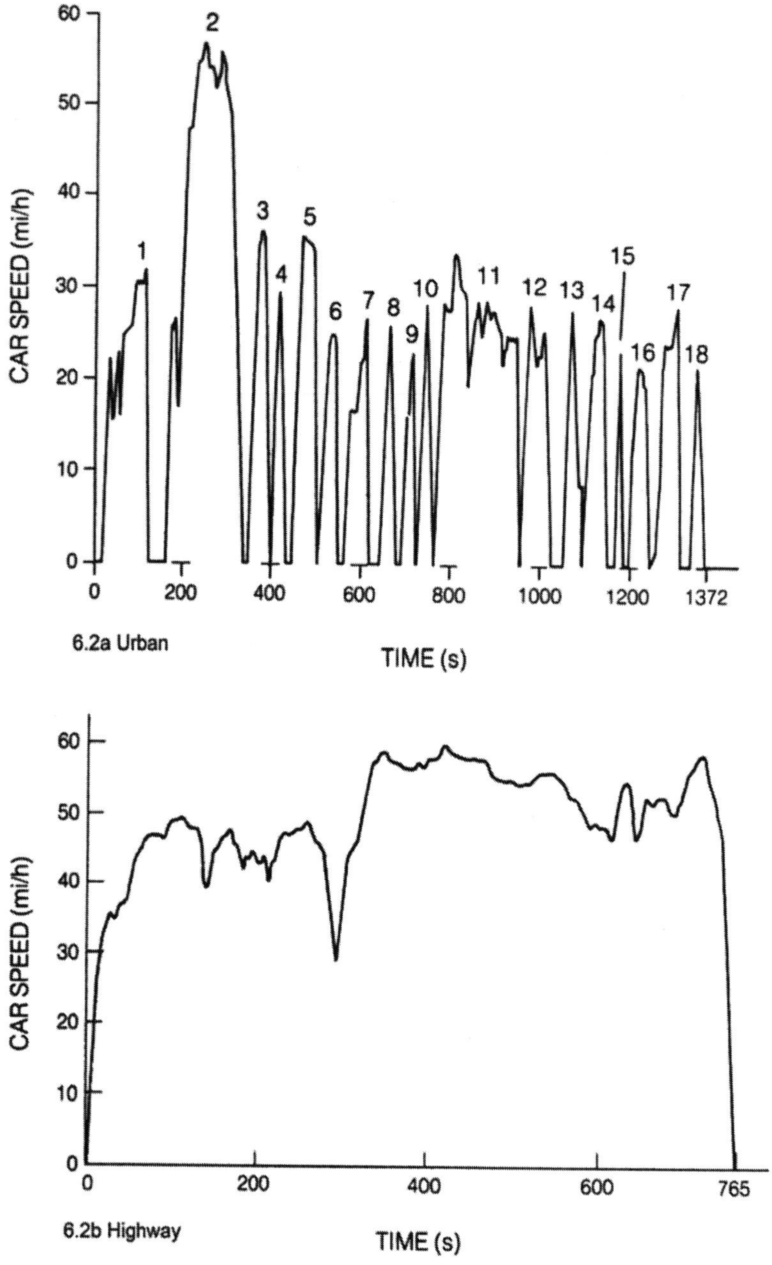

그림 5.2

미국 연방 드라이빙 사이클(Title 40 US code of federal Regulations)

지 않다. 이러한 요구사항으로 인해, 각 제조업체는 차량을 제조하는 데 있어서 배기가스 배출을 최소화하고 연비를 최대화하는 정책을 강화하고 있다.

배기가스 배출에 대한 새로운 규제는 점점 더 많은 차종에 대해 적용되고 강

표 5.1 배기가스 및 MPG 요구 사항

년	Federal HC/CO/NO_x	California HC/CO/NO_x	CAFE MPG
1968	3.22/33.0/–	–	–
1971	2.20/23.0/–	–	–
1978	1.50/15.0/2.0	0.41/9.0/1.5	18.0
1979	1.50/15.0/2.0	0.41/9.0/1.5	19.0
1980	0.41/7.0/2.0	0 41/9 0/1 5	20.0
1989	0.31/4.1/1.0	0.31/4.1/1.0	27.5

화되고 있다. 현재의 규제는 승용차뿐 아니라 경량 유틸리티 차량이나 소형 및 대형 트럭에도 영향을 미치고 가솔린, 디젤, 천연 가스, 알코올 기반 혼합물을 포함하는 다양한 연료에 적용된다.

예를 들어, 1990년을 기준으로 차량 총 수명주기(10년 또는 100,000마일 중 먼저 발생하는 시점)와 반수명주기(5년 또는 50,000마일)에 대한 기준은 아래와 같다.

HC	0.31 g/mi
CO	4.20 g/mi
NOx	0.60 g/mi (non-diesel)
1.25 g/mi (diesel)	

Model year 1994: 40%
Model year 1995: 80%
Model year 1996: 100%

이 외에도 많은 세부 사항이 규제에 포함되어 있지만, 규제 자체가 차량 전자 제어의 확대에 대한 동기를 부여했다는 점에서 중요하다.

요구사항 충족

이 장의 뒷부분에서 볼 수 있는 것처럼, 이러한 정부 규정을 충족시키면 성능에 약간의 희생이 발생한다. 또한, 사전 배기가스 제어(pre-emission control) 차량에서 사용되는 것과 같이 기계, 전기기계, 유압 또는 공기압 제어를 사용하여 표 5.1의 예시 기준을 충족시키려면 비용이 증대된다. 또한, 이러한 제어 방식으로는 EPA 규제가 요구하는 허용 범위 내에서 다양한 차종의 전체 수명주기 동안 전 주행 조건에 대해 만족하는 정확성을 확보할 수 없었다. 자동차 메이커들은 100,000 마일 운전 후에도 배기가스 배출 요구사항을 여전히 충족할 있음을 증명해야 한다. 다른 물리적 시스템처럼 자동차 엔진 및 연관된 주변 제어 장치의 파라미터는 시간에 따라 변경될 수 있다. 전자 제어 시스템은 이러한 변화를 자동적으로 보상하고, 초기 배기가스 제어의 각 단계에서 요구되는 사항과 작동 조건들에 대한 새로운 동작조건들을 채택하는 기능이 있어야 한다.

전자 제어의 역할

자동차 제조 회사들은 디지털 방식 전자 제어를 사용하여 시스템을 정확하게 제어하고 뛰어난 유연성을 가진 지속적인 보정 안정성으로 정부 규제를 충족시켜 왔다. 마이크로컴퓨터가 사용됨으로써, 다양한 차량/엔진 조합에 적용할 수 있도록 프로그램을 변경하고 수정할 수 있도록 하였다. 엔진과 관련된 중요한 물리량들은 시스템의 컴퓨터 메모리에 저장된 데이터를 변화시킴으로써 비교적 용이하게 변경할 수 있다.

추가 비용 인센티브

디지털 전자 제어는 제어의 정확성과 안정성을 제공하는 외에도 다기능 디지털 집적 회로와 같은 시스템 구성요소를 사용하여 비용을 감소시켰다. 1970년대 이래로 반도체 산업에서는 저비용, 다기능 집적 회로의 개발을 위해 상당한 투자가 이루어져 왔다. 특히, 마이크로프로세서 및 마이크로컴퓨터는 상대적으로 낮은 비용으로 높은 수준의 성능을 가지게 되었다. 이것은 엔진 전자 디지털 제어 시스템뿐만 아니라, 차량의 다른 장치에 대해서도 디지털 전자 제어가 가능하도록 했다. 제3장에서 지적한 바와 같이, 다기능 디지털 집적 회로는 대용량 집적 회로(VLSI)를 통해 점점 더 많은 기능을 더 낮은 가격에 공급해 왔다. 동시에, 이들 회로는 자동차 전자 시스템의 성능을 향상시켰다.

요약하면, 엔진 전자 제어 시스템은 이전의 기계적 제어 시스템의 기능을 대체할 수 있으며, 적응 제어 프로세스를 통해 정밀도와 장기 안정성을 향상시켰다. 이를 통해 배기가스 및 연비 규제를 충족시키면서 엔진 성능을 최적화할 수 있었고, 정책의 변화에 적응할 수 있었다.

엔진 전자 제어 시스템의 개념

엔진 전자 제어를 이해하기 위해서는 엔진에 의해 생성되는 파워를 제어하는 방법에 대해 이해하는 것이 필요하다. 스로틀은 엔진 내로 유입하는 공기의 흐름을 제어하여 엔진의 파워를 조절한다.

엔진은 어떤 RPM에서 엔진으로 유입하는 공기 질량유량(mass air flow, 그림 5.3 참조)을 스로틀 판 각도로 직접적으로 변화시키는 일종의 공기 펌프이다.

운전자가 가속 페달을 누르면, 스로틀 각도(그림 5.3에서 θ_T)가 커지고 공기가 흐르는 단면적이 커지고 공기 흐름에 대한 저항을 감소시켜 엔진에 유입되는 공기의 양이 증가한다. 스로틀 각도와 엔진 RPM과 관련된 공기 흐름에 대한 모델은 이 장의 뒷부분에서 설명한다. 연료 제어의 역할은 공기 흐름에 비례하도록 연료의 양을 조절하는 것이다. 연료에 대한 공기의 비율은 엔진의 성능에 큰 영향을 미친다. 하지만, 엔진의 출력 파워는 엔진 공기 질량유량에 비례한다. 경험적으로, 대략 6l b/h의 공기 흐름에 대해 약 1마력의 기계적인 힘이 생산된다고 알려져 있다. 엔진 동력은 킬로와트(kW)로 공기 질량을 킬로그램(kg)으로 표기하는 미터법 단위를 사용하고 점화 시기를 포함한 엔진의 모든 부분들이 정상적으

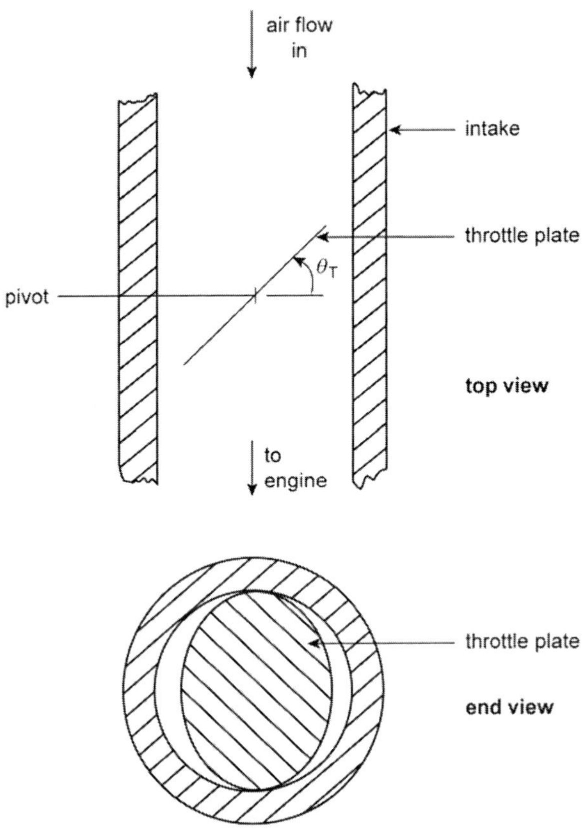

그림 5.3
스로틀 판과 흡기 시스템

로 작동한다고 가정한다면 엔진 출력의 선형 모델은 다음과 같이 주어진다.

$$P_b = K\dot{M}_A$$

여기서 P_b는 엔진의 출력(HP 또는 kW)이고, $\dot{M}_A$는 공기 질량유량(kg/초 또는 slugs/초), K는 비례상수이다.

연료 분사량을 조절하는 엔진 전자 제어 시스템은 정부의 배기가스 및 연비 규제를 충족하기 위해 연료와 스파크 설정을 지속적으로 변경 가능하게 하는 전자 및 전기 기계 구성요소들의 결합물이다. 그림 5.4는 일반적인 엔진 전자 제어 시스템(추상 레벨에서)의 블록도이다.

자동차 엔진 제어의 개방 루프 및 폐쇄 루프 작동 모드(제1장 참조)에 대해서는 이 장의 뒷부분에서 설명한다. 제1장에 설명된 바와 같이 폐쇄 루프 제어 시스템은 제어기가 제어되는 시스템의 상태를 계산할 수 있는 출력값의 측정이 필요한 반면에 개방 루프 시스템은 출력값이 필요하지 않다. 엔진 전자 제어 시스템은 엔진의 상태를 측정하는 다양한 센서 신호를 받는데, 이들 신호로부터, 제어기는 정확한 연료 전달 및 점화 시점을 결정하도록 출력 신호를 생성하여 액추에이터에 전달한다.

자동차 엔진 제어 시스템에 사용되는 센서와 액추에이터들의 성능 분석과 모델들은 제6장에서 논의된다. 위에서 언급된 바와 같이, 자동차 엔진 제어 시스템의 구성 및 제어는 변수를 측정할 수 있는 센서들에 의해 부분적으로 결정된다. 많은 경우, 자동차에서 사용되는 센서들은 성능과 비용 간에 절충을 필요로 한다. 직접적인 측정이 불가능한 특정 변수들의 경우에는 측정된 변수들의 계산에 의해 간접적으로 얻는다.

그림 5.5는 추상적인 수준의 전체 엔진 전자 제어의 한 형태를 보여준다. 흡기 매니폴드를 통해 엔진에 유입되는 공기-연료 혼합물의 양을 측정하기 위한 연료 계량 시스템이 있다. 점화 제어는 엔진의 실린더에서 압축된 공기-연료 혼합물을 언제 점화시킬지를 결정한다. 파워는 구동축으로 전달되고, 연소로 인한 배기가스는 배기 시스템을 통해 배출된다. 배기 시스템에는 흡입구로 재순환되는 배

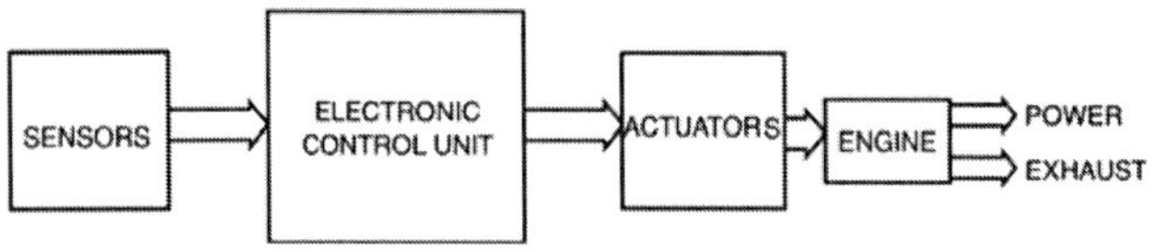

그림 5.4
일반적인 엔진 전자 제어 시스템

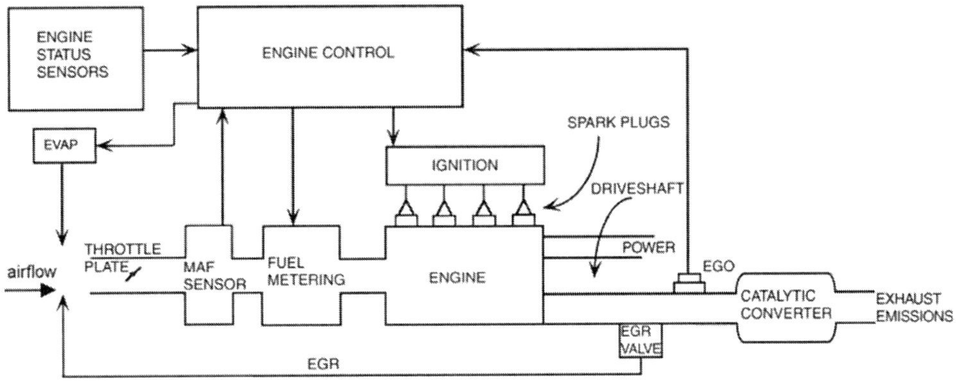

그림 5.5
엔진 기능 및 제어도

기가스의 양을 제어하는 밸브와 배기가스 촉매 변환장치가 있다. 엔진 입구로 재순환되는 배기가스와 다양한 센서 및 액추에이터는 그림 5.5에 표시되고 이 장의 뒷부분에 좀 더 자세히 설명되어 있다. 연료가 증발하여 대기로 방출되는 것을 방지하기 위해 연료 탱크는 밀봉되어 있고 탱크 내에 발생하는 연료 증기를 수집하는 시스템이 있다. 연료 증기는 이후 엔진 흡기 시스템으로 보내져서 엔진에 공급된다. 이 하위 시스템은 그림 5.5에 EVAP로 표시된다.

엔진 전자 제어는 연료 제어, 점화 제어, 및 배기가스 재순환을 위해 각각의 하위 시스템으로 구성된다. 엔진 제어는 통합 디지털 시스템(제7장 참조)과 연결되지만, 그림 5.5에서 점화 시스템은 별도의 제어 시스템으로 묘사된다.

제어기 입력

그림 5.6은 센서에 의해 측정되어 전자 제어 장치에 제공되는 주요 물리량들을 보여준다. 이들은 다음과 같다:

1. 스로틀 위치(TPS)
2. 공기 질량유량(MAF)
3. 엔진 온도(냉각수 온도)(CT)
4. 엔진 속도(RPM) 및 각도
5. 배기가스 재순환(EGR) 밸브 위치
6. 배기가스의 산소(EGO) 농도

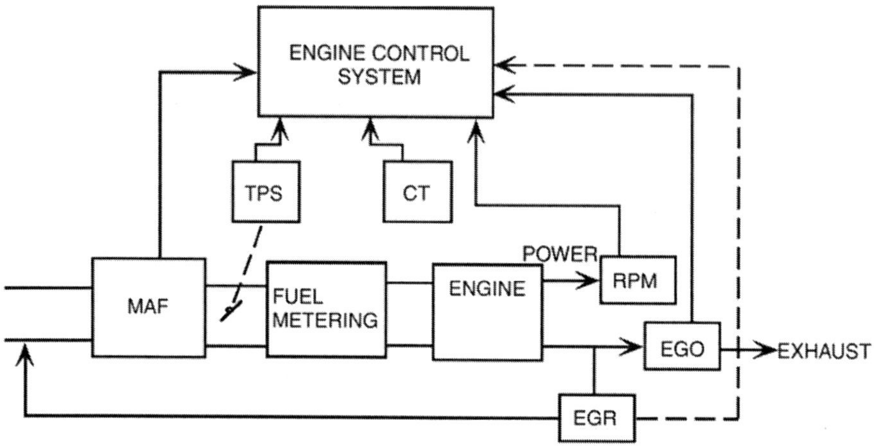

그림 5.6
주요 엔진 제어기 입력

제어기 출력

그림 5.7은 제어기에서 출력되는 주요 물리량을 보여주고 있으며, 관련된 기능은 다음과 같다.

1. 연료량 제어
2. 점화 제어(드웰 및 점화시점)
3. 배기가스 재순환 제어(EGR)
4. 연료 탱크 증발 제어(EVAP)

이 장에서는 다양한 엔진 전자 제어의 기능을 구분하여 논의하고, 구분된 제

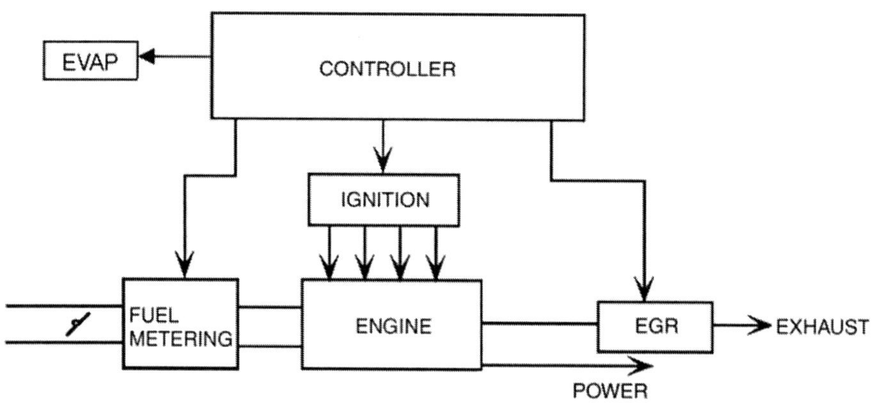

그림 5.7
주요 엔진 제어기 출력

어 시스템에서 시행되는 각각의 기능에 대해 설명한다. 제7장에서는 이러한 각각의 제어 시스템들이 하나의 시스템에 통합되어 디지털로 구현되는 방법을 보여준다.

이 책의 독자를 위해, 엔진 구성 및 운영에 대한 간략한 리뷰가 도움이 될 것이다. 여러 종류의 엔진이 자동차업계에서 선진 연구를 통해 응용이 계속 되어져 왔지만, 가장 일반적이고 지속적으로 사용되는 엔진은 4행정 IC 엔진이다. 전기 구동(예를 들면, 하이브리드 자동차)의 구성과 동작은 제6장에서 설명된다.

엔진의 단일 실린더 구성은 그림 5.8a에 보여진다. 기계적 힘은 회전하는 크랭크축에 작용하는 토크의 형태로 엔진에 의해 생성된다. 엔진은 실린더 내에서 기계적 연결 고리에 의해 크랭크축에 연결된 피스톤이라는 구성요소를 포함한다. 실린더 안팎의 공기 흐름은 포펫 밸브들에 의해 제어된다. 이 밸브들은 흡기 밸브와 배기 밸브로 불린다. 엔진의 추가적인 구성요소들은 엔진 안으로 연료/공기 혼합물을 넣어주는 "흡기 포트 시스템"과 엔진 밖으로 연소 생산물을 배기시키는 "배기 포트 시스템"을 포함한다.

엔진 작동의 한 사이클은 4행정(stroke)으로 구성되고 크랭크축은 두 번 회전한다. 각 행정은 가장 높은 부분("top-dead-center", 상사점 또는 TDC)에서 가장 낮은 부분("bottom-dead-center", 하사점 또는 BDC)까지의 피스톤 움직임에 해당한다. 엔진 주기의 네 행정은 흡기, 압축, 팽창, 배기 행정이라고 불린다. 흡기 행정 동안, 피스톤은 TDC에서 BDC로 이동한다. 이 행정의 대부분 동안, 흡기 밸브가 개방되고 배기 밸브가 폐쇄된다. 이 행정 동안 연료 혼합 공기는 흡기 포트와 실린더 내부의 압력 사이의 차압에 의해 실린더 내로 흡입된다. 압축 행정 동안에는 피스톤이 BDC에서 TDC로 이동하고 그동안 흡기 및 배기 밸브는 모두 닫혀있다. 이상적인 IC 엔진의 경우, 압축은 단열되고 다음 식으로 모델링된다:

$$p_c = V_c^{\gamma} \tag{1}$$

여기서 V_c는 피스톤 상부와 연소실의 상부 사이를 포함하는 실린더 체적이고, P_c는 연소 공간 압력를 의미하며, γ는 일정한 체적에서의 정압에 대한 비열의 비율을 말한다. 흡입된 공기/가솔린 혼합물에 대해서 $\gamma \cong 1.5$이다.

단열은 열손실 없는 프로세스를 말한다. 실제 엔진에 대한 압축 과정은(실린더 측면을 통해 일어나는) 열의 손실 때문에 단열 과정이 아니다. 실제 엔진에 대한 $p_c(V_c)$는 이 장의 뒷부분에 그림에 의해 주어진다.

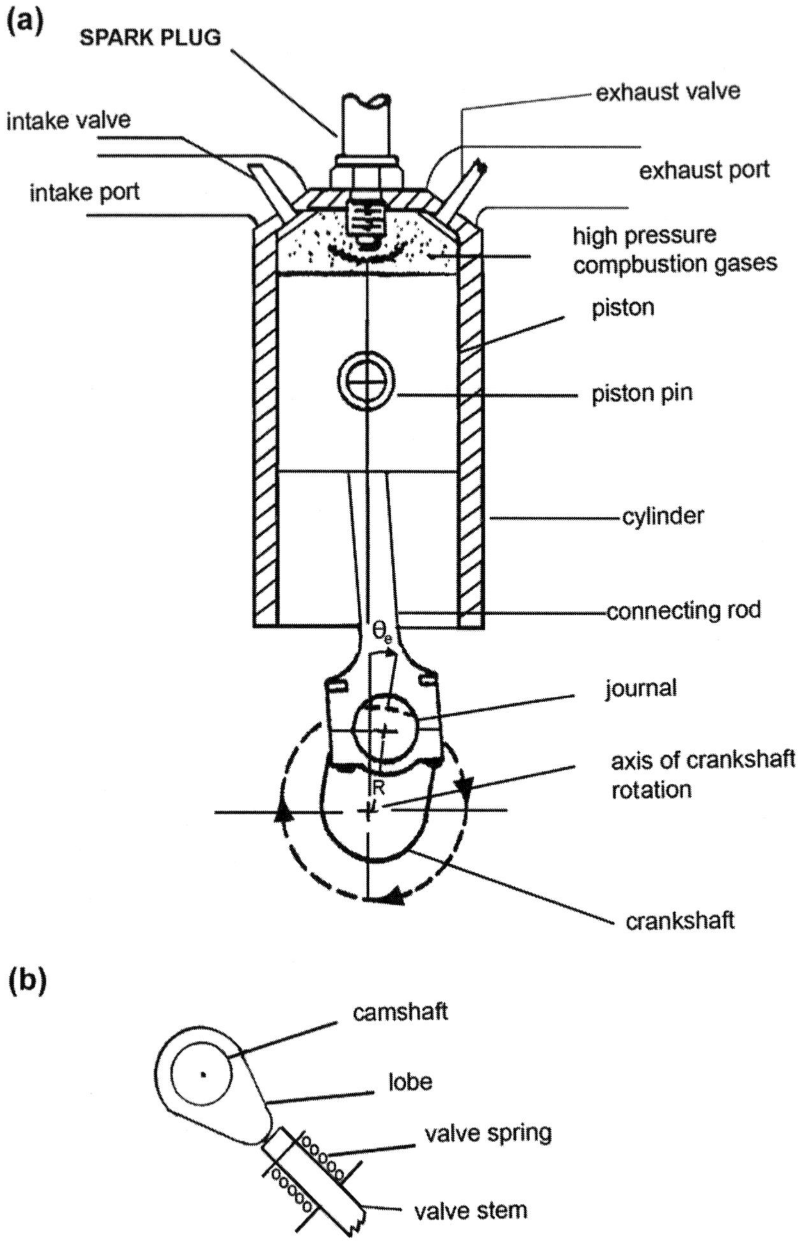

그림 5.8
IC 엔진 실린더와 캠 작동 메커니즘

연소실의 하사점(bottom dead center, BDC)에서의 최대 체적과 상사점(top dead center, TDC)에서의 최소 체적의 차이(종종 간극 체적(clearance volume)이라 불림)는 실린더 변위라고 일컬어진다. TDC에서의 실린더 압력과 BDC에서의 실린더 압력의 비는 압축비 r이라고 한다. 피스톤이 TDC에 도달하기 전 어떤 시점에서, 스파크가 발생하여, 연료/공기 혼합물의 연소가 시작되고, 실린더 압력이 급격히 상승한다.

폭발 행정 동안 피스톤에 작용하는 실린더 압력은 커넥팅 로드를 통해 크랭크축에 토크를 발생시킨다. 폭발 행정은 이상적으로 단열 과정일 수 있지만, 사실은 열 손실 때문에 단열 과정이 아니다(실제 엔진에 대한 측정값으로 나중에 제시함).

배기 행정 중에, 피스톤은 다시 BDC로부터 TDC로 움직인다. 배기 밸브는 이 행정의 대부분 동안 열려 있으며, 연소 생성물(주로 CO_2 및 H_2O)은 배기 시스템을 통해 대기 중으로 방출된다.

밸브가 열리고 닫히는 크랭크 회전각의 시점(밸브 타이밍)은 캠축과 이것을 밸브에 연결하는 기계적 결합 메커니즘에 의해 결정된다. 그림 5.8b에 보여지듯 캠축은 밸브 스프링의 복원력에 대항하여 밸브를 연다. 그림 5.8a에 도시된 밸브는 5.8b에 도시된 밸브의 끝부분까지 확장될 수 있다. 캠축은 크랭크축 회전 속도의 절반 속도로 돌도록 크랭크축에 기어나 체인 시스템을 통해 연결되어 있다. 이 메커니즘은 밸브가 엔진 사이클에 동기화하여 작동되도록 한다. 엔진의 종류와 특성에 따라 최적의 밸브 타이밍이 결정된다. 제6장에서 캠축의 구동 메커니즘과 가변적인 밸브 타이밍(VVT) 시스템에 대해 설명하고 이 장에서는 기본적 엔진 프로세스에 집중하여 설명한다.

4행정 내연 엔진은 폭발 행정 중에만 에너지를 만든다. 이 행정 중에 생성된 에너지는 다른 행정에 필요한 에너지와 엔진 내부의 마찰 손실로 인한 소모 에너지의 합보다 커야 한다. 일반적으로, 제대로 설계된 엔진은 폭발 행정 동안 생성하는 에너지가 모든 기계 손실의 크기를 초과하는 순수 출력 에너지를 만든다.

기계적인 출력 에너지를 평가하는 기본적인 방법 중의 하나는 전체 사이클 동안의 V_c대 p_c로 표현되어지는 지표 다이어그램(indicator diagram)이다. 그림 5.9는 이상적인 엔진 주기(열손실 무시)를 점선으로, 실제 엔진에 대한 $p_c(V_c)$는 실선으로 나타내는 지표 다이어그램이다.

이상적인 엔진 사이클의 경우, 정확히 TDC 또는 BDC에서 밸브가 열리거나 닫히는 것으로 가정하고 흡기 및 배기가스의 동역학과 관련된 시간 지연은 무시할 수 있다. 그림 5.9에서 점 a는 연료/공기 혼합물로 채워진 실린더의 BDC이고, 점 a에서 점 b 부분은 압축 행정이다. 점화는 점 b에서 발생하고, 연소 공간의 압력은 점 c에서 최고로 증가하며, 폭발 행정(power stroke)이 시작된다. 폭발 행정은 점 c에서 점 d에 걸친 부분으로 표현된다. 점 d에서 배기 밸브가 열리고

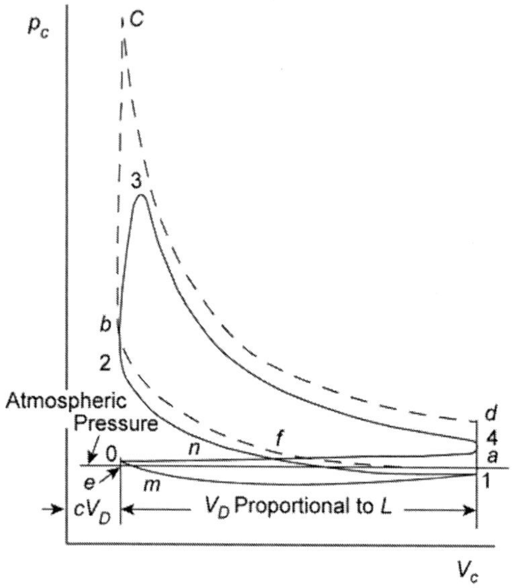

그림 5.9

4행정 엔진에 대한 지표 다이어그램

압력은 점 a에서 배기 시스템 압력(p_e)으로 떨어진다. 점 a에서 점 e까지의 부분은 배기 행정에 해당한다. 점 e에서 배기 밸브는 닫히고, 흡기 밸브가 열린다. 흡기 행정은 점 e에서 점 a까지의 부분이고, 이 부분에서 다음 엔진 사이클이 시작된다. 이상적인 엔진 사이클의 경우, 모든 흡기 및 배기가스의 압력은 대기압으로 간주한다.

실제 엔진에 대한 지표 다이어그램은 압축 행정이 점 1에서 점 2로 가는 실선 부분으로 묘사된다. 점 1의 압력이 흡기 시스템의 공기 유동에 따른 압력 손실 때문에 대기압보다 약간 낮다. 점 2에서 점화가 발생하고, 점 3에서 압력은 최댓값까지 상승한다. 점 3에서 점 4까지의 팽창은 열 손실로 인한 이상적인 단열 팽창과 모양이 약간 다르다. 압력은 배기 밸브가 열린 후(점 4 근처)에 지속적으로 떨어지지만, 배기 시스템의 배압 때문에 대기압보다 약간 높게 유지된다.

사이클당 에너지(indicated energy, W_i)는 다음의 식과 같이 점 1~6에서부터 곡선 주위로 경로적분(contour integral)을 하여 구한다.

$$W_i = \oint p_c \mathrm{d}V_c \tag{2}$$

유일한 양(positive)의 에너지는 점 3에서 지점 4까지의 부분(즉, 폭발 행정)에서 만들어진다. 사이클당 에너지는 제7장에서 설명될 밸브가 열리고 닫히는 타이밍에 크게 영향을 받는다. 그림 5.9와 같이 실제 엔진의 지표 다이어그램은 그림 5.9에서 곡선으로 표시된 이상적인 것과는 차이가 있다.

엔진 성능 용어의 정의

엔진의 다양한 상태에 대해 토크와 파워, 실린더 압력, 크랭크축 각속도, 연비, 그리고 이들의 조합을 포함하는 엔진의 성능을 표현하기 위한 몇 가지 일반적인 용어들이 아래와 같이 사용된다. 이는 엔진 전자 제어에 영향을 받는 성능 변수들이다. 제어기의 영향을 이해하기 위해서 아래에 제시한 이들 성능 변수들에 대한 정량적인 모델이 필요하다.

토크

엔진 토크는 폭발 행정 동안 피스톤을 미는 실린더 압력에 의해 크랭크축에 생성된다. 내연기관에서 크랭크축에 작용하는 엔진토크는 다음과 같이 설명된다. 크랭크축에 인가되는 토크는 도시 토크(indicated torque, T_i)인데, 마찰과 펌핑 손실(pumping loss) 때문에 트랜스미션 입력단에 작용하는 토크는 T_i와 다르며, 이는 축 토크(brake torque, T_b로 표시)라고 불린다.

파워 트레인의 각 위치에서 다양한 토크를 이해하기 위해, 4행정 내연기관 엔진에서 단일 실린더의 형상을 도시화한 그림 5.10을 참조하는 것이 도움이 된다. 그림 5.10은 크랭크축 회전 중심을 통해 실린더 축의 중심선을 도시한다. 피스톤은 크랭크축에 커넥팅 로드를 통하여 연결되고 커넥팅 로드는 피스톤 핀에 의해 연결된다. 폭발 행정 동안 연소실 압력으로 인해 피스톤에 작용하는 힘이 레버 암을 통해 크랭크축에 토크로 작용한다. 이 토크는 크랭크축에 작용되는 다른 토크들과 구별되고 아래의 설명과 같이 계산될 수 있다.

그림 5.10에서 도시 토크 $T_i(\theta_e)$는 피스톤, 연결봉, 크랭크축의 형상과 크랭크축 각도(θ_e)의 함수로 나타낼 수 있다. 그림 5.10에서 연결봉의 길이는 L_r이고 크랭크회전축으로부터 커넥팅 로드의 중심까지 반지름은 R이다. 연소실 압력 $P_c(\theta_e)$에 의해 피스톤 상단에 작용하는 힘과 레버 암에 해당하는 크랭크축 회전 반경에 의해 도시 토크가 만들어진다. 많은 종류의 엔진에서 피스톤 핀은 토크 생성에 유리하도록 크랭크축과 직교하는 평면에서 실린더 중심선(C_L)은 약간 떨어져 위치하고 있다. C_L로부터의 피스톤 핀 오프셋은 그림 5.10에서 δ로 표시된

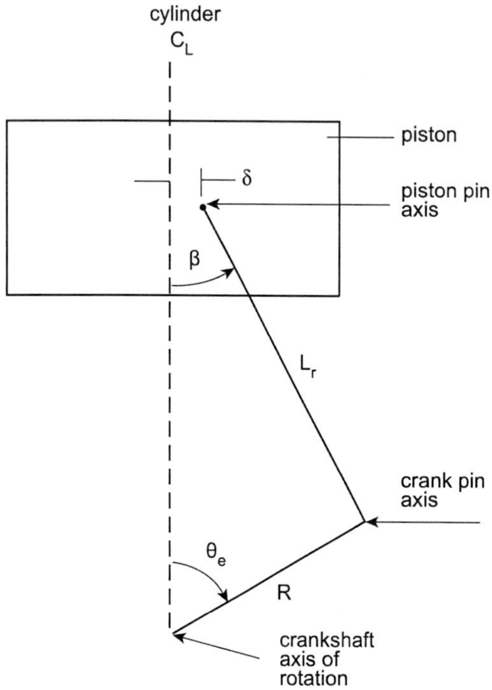

그림 5.10
실린더 형상의 개략도

다. 커넥팅 로드 평면과 실린더 축 간의 각도는 β로 표시된다. 피스톤 오프셋으로 인해, 하향 행정(down stroke)에서 도시 토크는 다음과 같이 주어진다.

$$T_i(\theta_e) = \frac{p_c(\theta_e)AR\sin(\theta_e + \beta)}{\cos\beta} \qquad 0 \le \theta_e < \pi \qquad (3)$$

상향 행정(up stroke)에 T_i는 다음과 같이 주어진다.

$$T_i(\theta_e) = \frac{p_c(\theta_e)AR\sin(\theta_e - \beta)}{\cos\beta} \qquad \pi \le \theta_e < 2\pi \qquad (4)$$

여기서, A는 피스톤 단면적이고, 상수 $R[\sin(\theta_e \pm \beta)]\cos\beta$는 토크가 크랭크축에 인가되는 레버암을 나타낸다.

대표적인 4행정 왕복 IC 엔진에 대한 연소 압력은 그림 5.11과 같다. 연소압은 지점 x에서 점화로 인해 급격히 증가하고 TDC를 약간 넘어서는 지점(y)에서 최대가 된다.

각 주기 동안 양의 일 구간은 팽창 행정(즉, 0에서 180°)동안 발생한다. T_i에 p_c를 연관시키는 형상 요소에 따른 연소압의 변동은 시간과 크랭크축의 각도에

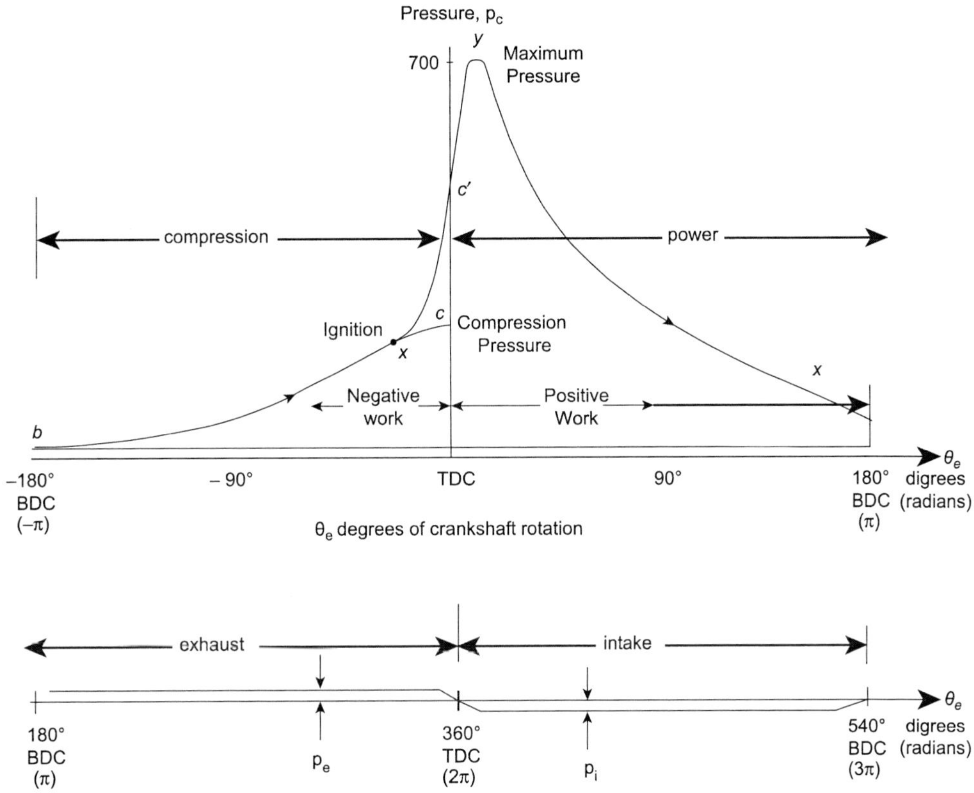

그림 5.11

$p_c(\theta_e)$의 예시도

따라 변동하는 T_i를 생성한다.

엔진이 파워를 제공할 때, T_i의 시간 평균값 $\overline{T}_i$는 양수이다.

$$\overline{T_i} > 0$$

피스톤과 커넥팅 로드의 왕복하는 힘으로 인한 토크를 포함하여 총 동적 도시 토크에 기여하는 요소들이 있다. 왕복 토크(T_r)의 세부 내용은 이 책에서 다루지 않지만 일반적으로 각속도의 제곱에 비례한다. 또한, 흡기 및 배기가스의 펌핑, 회전, 왕복 구성요소들의 내부 마찰도 크랭크축 토크에 기여한다.

도시 토크는 크랭크축의 각 구간에 작용하는 최대 유효 토크이다. 일반적으로, 각 크랭크축 사이에서 "스로(throw)"는 마찰을 가진 슬리브 베어링(sleeve bearing)들이다. 크랭크축에 작용하는 음의 토크에는 마찰뿐 아니라 실린더 잔류 압력(배기 동안에는 p_e 그리고 흡기 동안에는 p_i)과 압축시 작용하는 상대적으로 큰 음의 토크가 있다. 한 사이클 동안 크랭크축에 작용하는 평균 토크는 축 토크

(brake torque) $\overline{T}_b$라고 불리고 다음과 같이 주어진다.

$$\overline{T}_b = \overline{T}_i - \overline{T}_{\text{fp}} \tag{5}$$

여기서 $\overline{T}_{\text{fp}}$는 마찰이나 펌핑 손실과 관련된 평균 토크이다. 축 토크는 차량 구동 토크를 제공하는 드라이브 트레인을 통해 작용하는 토크이다. 드라이브 트레인은 제7장에서 설명하겠지만 트랜스미션과 차동장치(differential) 같은 기어 장치들로 구성된다.

파워

엔진 성능에 대한 가장 중요한 기준 중 하나는 출력이다. 위에서 설명한 바와 같이, 엔진의 파워는 크랭크축에 인가되는 토크와 관련이 있다. 도시 토크에 의해 크랭크축에 인가되는 순간적인 파워는 도시 파워(indicated power)이고, 다음 식에 의해 주어진다.

$$P_i(t) = T_i(t)\omega_e(t)$$

여기서

$$\omega_e(t) = \frac{\mathrm{d}\theta_e}{\mathrm{d}t} \quad (\text{rad/sec}) \tag{6}$$

$P_i(t)$의 단위는 N · m/sec 또는 ft · lb/sec이다. N번의 엔진 사이클 동안 평균 도시 파워 $\overline{P}(N)$는 다음과 같다.

$$\overline{P}_i(N) = \frac{1}{4\pi N}\int_0^{4\pi N} P_i(\theta_e)\mathrm{d}\theta_e, \ \ N = \text{integer} \tag{7}$$

P_i에 대한 일반적인 단위는 kW 또는 마력(HP)이다. 여기서, 1 HP = 0.75 kW = 550 ft · lb/s이다.

크랭크축에서 엔진의 출력 파워는 프로니 브레이크(Prony brake)를 이용하여 측정해왔기 때문에 축 파워(brake power, P_b)라고 불린다. 이 축 파워(kW 또는 HP)는 마찰과 펌핑 손실, 배기 배압 같은 내부 손실로 인해 도시 파워(indicated power)와는 차이가 난다. 일반적으로, 한 사이클 동안의 마찰과 펌핑 손실을 $\overline{P}_{\text{fp}}$로 표시하면 축 파워 P_b는 다음과 같이 주어진다.

$$P_b = \overline{P}_i - \overline{P}_{fp} \quad (8)$$

P_{fp}는 전기 동력계(dynamometer) 같은 장치에 의해 측정된다. 전기 동력계는 테스트 동안 가동 중인 엔진에 의해 생성된 모든 축 토크를 흡수할 용량이 되는 전기 모터/발전기로 구성된다.

일반적으로, 동력계는 출력 토크, 각속도 ω_e와 P_b를 측정한다. 축 토크(T_b)라고 불리는 엔진 평균 출력 토크를 통해 엔진의 성능을 평가하는 것이 일반적이다. 축 토크와 P_b의 관계는 다음과 같다.

$$T_b = P_b/\omega_e \quad (9)$$

엔진 성능의 또 다른 지표는 이른바 평균 유효 압력(mean effective pressure, mep)인데 이것은 식 (2)에서 주어진 피스톤이 한 일(W_i)을 면적 V_D로 나눈 것으로 정의된다. 토크의 경우와 마찬가지로, 다음과 같이 정의된 도시 mep(indicated mep, imep)를 고려하는 것이 편리하다.

$$imep = \frac{W_i}{V_D} \quad (10)$$

여기서, V_1은 BDC에서 실린더 최대의 부피, V_2는 TDC에서 실린더 최소 부피라고 하면 $V_D = V_1 - V_2$이다.

imep는 엔진의 한 주기 동안 크랭크축에서 수행된 일을 생성하는 일정한 압력의 값이다. 마찰 mep(friction mep, fmep)는 다음과 같다.

$$fmep = \frac{W_f}{V_D} \quad (11)$$

여기서, W_f는 마찰 토크에 의해 수행된 일이다. 가장 일반적으로 사용되는 mep는 다음과 같이 정의된 브레이크 mep(brake mep, bmep)이다.

$$bmep = imep - fmep$$

bemp는 N/m^2 또는 ib/in^2와 같은 단위들이 사용되며, 전체 엔진 사이클 동안 기계적인 출력을 생성하는 일정한 압력 값이다.

연료 소비

엔진이 동력계로 힘을 전달하는 동안 연료 효율(fuel economy)을 측정할 수 있다.

엔진은 일반적으로 고정 RPM 및 고정 제동력(고정 동력계 부하)에서 동작하고, 연료 유량(kg/hr 또는 lb/hr)이 측정된다. 이를 이용해 연료 효율은 브레이크 출력 (P_b)과 연료 유량($\dot{f}$)의 비로써 구해지고 brake-specific fuel consumption(BSFC)으로 일컬어진다. BSFC는 엔진의 연료 효율을 측정한 것이며, 식은 다음과 같다.

$$\mathrm{BSFC} = \frac{\dot{f}}{P_b} \tag{12}$$

BSFC의 단위는 kg/kWh이다. 엔진의 BSFC를 개선하면 차량의 연비가 개선되는 효과가 있다. BSFC를 최적화하는 전자 제어는 이 장의 뒷부분에서 다룬다.

가솔린 연료 엔진의 경우 스로틀 각도가 특정 동작 각속도(RPM)에서 엔진 내부의 공기 흐름을 결정하여 엔진 출력을 결정한다.

위에서 설명한 바와 같이, 내부 연소는 연소실에서 공기와 연료를 펌핑해서 공급해야 한다. 내연 엔진이 공기 펌프 작용을 하여 스로틀이 완전히 열린 상태에서 엔진 주기(즉, 두 바퀴 회전)동안 엔진에 펌핑되는 공기의 부피(변위 부피 V_d)는 다음에 의해 구해진다.

$$V_d = A_p S_c \tag{13}$$

여기서 A_p는 피스톤 단면적이고, 실린더 행정 S_c는 BDC에서 TDC로 피스톤이 이동한 거리이다.

체적 효율(volumetric efficiency) e_v는 흡입 행정 동안 실린더에 실제로 펌핑되는 공기연료 혼합기의 질량과 행정 체적에 대응하는 대기 질량과의 비율을 의미한다. 하나의 엔진에 대한 체적 효율은 경험적으로 결정되고 스로틀 각, RPM, 유입되는 압력과 온도, 그리고 배기 압력(p_e)에 따라 달라지는데 모든 실린더들에 동일한 밀도의 혼합기가 있다고 가정하면, e_v의 정의는 다음과 같이 표현된다.

$$e_v = \frac{2\dot{M}_i}{NV_d\rho_i} \tag{14}$$

여기서, $\dot{M}_i$는 흡기 혼합물의 질량유량(slugs/sec 또는 kg/sec)이고, N은 revolutions/sec이고, ρ_i는 혼합기의 밀도(slugs/ft^3 또는 kg/m^3)이다.

ρ_i는 실린더 주입구 근처 또는 스로틀 면으로부터 흡기 시스템까지 혼합물의 밀도이다. 유입 공기 밀도는 흡기 시스템에서 정의되며 실린더와 밸브의 공기

펌핑 효율을 측정하는 데 이용된다. 여기서 체적 효율은 흡기 시스템 입력축에서의 공기 밀도에 영향을 받을 수 있는 점에 유의해야 한다. 또한, 흡기 시스템에서 정해진 공기 밀도에 의한 체적 효율은 전체 체적 효율로 여겨지지만 항상 공기, 연료, 대기, 수증기 구성된 유입 혼합물의 밀도를 측정할 수 있는 것은 아니다. 연료, 공기 및 수증기는 동일한 부피를 차지하고 동일한 흡기 체적 유량($\dot{V}_i$)을 가지기 때문에 다음과 같은 관계로 표현된다.

$$\begin{aligned}\dot{V}_i &= \frac{\dot{M}_i}{\rho_i} \\ &= \frac{\dot{M}_a}{\rho_a}\end{aligned} \tag{15}$$

여기서, $\dot{M}_a$는 건조 공기의 질량유량이고, ρ_a는 건조 공기의 유입 농도이다.

공기, 물, 증기 및 가스 또는 증발 연료의 혼합물에 대한 부분 압력은 돌턴의 법칙(Dalton's law)에 의해 다음과 같이 표현된다.

$$p_i = p_a + p_f + p_w \tag{16}$$

여기서, p_i는 전체 유입 압력, p_a는 공기의 부분 압력, p_f는 연료의 부분 압력, p_w는 수증기의 부분 압력이다.

유입 공기 혼합물의 각 성분(k)은 이상 기체의 성질에 따라 다음과 같은 식으로 표현된다.

$$\rho_k = \frac{p_k}{RT_i} \tag{17}$$

여기서, R은 이상 기체 방정식의 상수이다. 이 식은 다음과 같이 표현된다.

$$\frac{p_a}{p_i} = \frac{M_a/m_a}{\left[\frac{M_a}{m_a} + \frac{M_f}{m_f} + \frac{M_w}{m_w}\right]} \tag{18}$$

여기서, M_k는 k의 질량이고, m_k는 k의 분자량이다(노트: $k = a$(air), $k = f$(fuel), $k = w$(water)).

혼합물 ρ_a의 공기 밀도는 다음과 같이 주어진다.

$$\rho_a = \left(\frac{p_i}{RT_i}\right) \Big/ \left[1 + F_i\left(\frac{m_a}{m_f}\right) + \frac{m_a}{m_w}h\right] \tag{19}$$

여기서, $F_i = \dfrac{M_f}{M_a}$는 연료/공기의 질량비, h는 공기의 질량에 대한 수증기 질량의 비율이고, $m_a = 29$, $m_w = 18$이다.

유입된 전체 공기의 압력(p_i), 절대 공기 온도 T_i과 기본 환경 변수들(상대 습도)의 측정으로 유입 공기 밀도를 계산할 수 있다. 이를 통해 F_i는 연료 제어 시스템에 의해 엔진 성능 요구 사항을 달성시킬 수 있도록 결정한다.

이 장 앞부분에서 설명한 바와 같이, 엔진 출력은 운전자의 입력인 스로틀 각에 따라 유입되는 공기의 양에 의해 제어된다. 과거에는 가속 페달과 스로틀 판이 기계적으로 연결되어 가속 페달을 밟는 양에 비례하여 스로틀 판의 각도가 결정되었으나, ETC(electronic throttle control) 엔진의 경우 페달에 부착된 각도 센서 신호를 기반으로 엔진 ECU에서 스로틀 판이 열리는 각도를 결정한 후 스로틀 판에 장착된 모터를 제어하여 스로틀 각을 조절한다. 스로틀 판은 흡기 매니폴드의 원통형 부분에 대해 직경 축을 회전시키는 원형 디스크의 형태이다(예, 그림 5.3 참조). 정해진 엔진 각속도(RPM)에 대한 엔진 내부로의 공기 흐름은 스로틀 각 θ_T에 비례하여 변한다. 이는 체적 효율에 의해 경험적으로 결정되며, 새로운 엔진 개발 과정에서 엔진의 펌핑 효율을 나타내는 데 사용된다. 또한, 이전에 설명한 엔진의 연료 제어에 사용된다.

엔진 전체 효율

위에서 서술한 바와 같이 엔진의 성능을 나타내는 다양한 방식이 있다. 이 중 가장 중요한 것은 엔진이 연료(화학적 형태)를 기계적인 작동을 통해 에너지로 변환하는 효율을 계산하는 것이다. 이 효율은 기계적 효율 η_m이라고 표기되며, 엔진 한 사이클을 기반으로 계산한다. η_m는 보편적으로 부하에 전달되는 연료의 에너지 변화율과 기계적인 출력의 비율로 표현된다.

$$\eta_m = P_m/(Q_f\dot{M}_f)$$

여기서, P_m은 부하에 공급되는 기계적인 출력(kW), $\dot{M}_f = \dfrac{\mathrm{d}}{\mathrm{d}t}M_f$는 연료의 순간 유량(kg/sec), Q_f는 연료의 에너지 함량(joule/kg)이다.

보정(Calibration)

엔진 보정은 주어진 동작 조건에 대한 엔진의 공기/연료 비율과 점화 시점의 설정을 말한다. 보정은 엔진 전자 제어 시스템에 의해 결정된다.

이 장의 뒷부분에서 설명되듯이, 엔진 전자 제어 시스템은 마이크로프로세서(microprocesssor)나 마이크로컨트롤러(microcontroller)를 기반으로 구성된다. 엔진 제어 시스템은 스로틀(throttle)을 통해 전달되는 운전자의 요구사항과 다양한 작동 변수들에 의해 정확한 연료 분사 양과 점화 시점을 계산한다. 이러한 제어 양들은 룩업 테이블(look-up table)과 보간법(interpolation)을 통해 결정된다. 특정 엔진에 대한 보정 테이블(calibration table)은 아래와 같이 경험적인 방법을 통해 구해진다. 또한, 아래에 보이는 것과 같이, 연료 전달의 추가 요소는 폐루프(closed-loop) 제어 시스템에 의해 정해진다.

대부분의 엔진은 각 실린더에 연결된 연료 분사기에 의해 연료를 분사하는 방식이다. 연료 분사 장치는 기본적으로 가압된 연료를 공급하는 전자 밸브이다. 6장에서 연료 분사 장치의 구성 및 작동에 대해 설명한다. 각 연료 분사 장치는 펄스 모드(pulse mode)에 의해 연료를 분사하는데, 이 모드는 미리 정해진 상수 전달 비율에서 연료 분사 시간을 제어하여 분사하는 연료의 양을 결정한다. 또 다른 주요 엔진 보정 변수는 실린더 사이클과 관련된 연료 전달 시간이다.

엔진 매핑(Engine Mapping)

제어 시스템의 개발은 제어해야 하는 개체(또는 시스템)를 이해하는 것으로부터 시작된다. 자동차 엔진의 경우, 개체(엔진)의 이해는 엔진 매핑 과정을 통해 주로 이루어진다.

엔진 매핑을 위해 엔진은 동력계에 연결되어 엔진의 전체 속도 및 부하 범위에서 작동된다. 엔진 동력계와 복잡한 장비들로 구성된 엔진 측정 시설에서 컴퓨터 제어를 통해 획득한 데이터로부터 엔진 매핑을 완성한다. 각 동작점에서 보정 값을 다르게 설정하여 성능을 측정한다. 최적 보정은 성능 및 연방 규제에 의해 허용되는 배기가스 비율 사이의 절충 값으로 구해진다.

엔진 매핑으로부터 최적의 값으로 보정 테이블이 만들어지고 이것은 제7장에서 설명되는 엔진 제어 시스템의 제어 알고리즘에 이용된다. 또한, 이 매핑으로부터 엔진 성능에 대한 모든 측정 가능한 변수들의 영향을 설명하는 수학적인 모델이 경험적으로 발전했다. 제어 시스템 설계자는 비용, 성능과 안정성과 같은 제약 조건 하에서 모델을 바탕으로 제어와 관련된 변수, 구성과 전략을 통하여 성능 요구사항을 충족시킨다. 엔진 제어 시스템을 이해하기 위해서는 엔진 성능과 배기가스에 대한 제어 변수들의 영향을 고려하여야 한다.

공기/연료 비율이 성능에 미치는 영향

그림 5.12는 고정된 점화 시점과 일정한 엔진 속도에 대해 공기/연료 비율의 변화에 따른 도시 토크(T_i), BSFC의 성능 변수와 배기가스의 변화를 나타낸다.

이 그림에서 배기가스는 출력 특성 형태(brake-specific form)로 표현된다. 이는 배기가스의 절대 배출 기준을 출력에 비례하여 나타내는 표준화 방식이다. 출력 특성 배기비(brake-specific emissions rate)는 다음과 같다:

BSHC = brake-specific HC concentration

$$= \frac{r_{HC}}{P_b} \tag{20}$$

BSCO = brake-specific CO concentration

$$= \frac{r_{CO}}{P_b} \tag{21}$$

BSNOx = brake-specific NOx concentration

$$= \frac{r_{NOx}}{P_b}$$

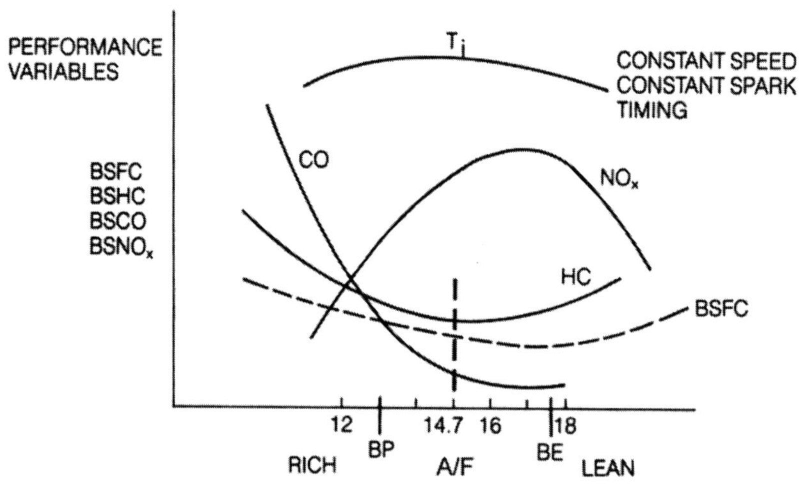

그림 5.12
공기/연료 비율의 변화에 따른 성능 변화

여기서, r_{HC}는 HC 비율, r_{CO}는 CO 비율, r_{NOx}는 NOx 비율, P_b는 출력 파워(brake power)이다. 토크는 그림 5.12에서 T_i로 표시된다.

특정한 공기/연료 비율은 화학량론적(stoichiometric)인 혼합물로서, 연료 전자 제어 시스템에서 상당히 중요한 위치에 있다. 화학량론적인 혼합물이란 완전 연소시 연료 내 모든 수소와 탄소가 H_2O와 CO_2로 변환되도록 하는 공기와 연료의 결합을 말한다. 가솔린의 경우 화학량론적인 혼합비는 14.7:1이다(즉, 공기 14.7 g + 가솔린 1 g 혼합물).

연료와 공기 혼합물에서 등가 비율 λ는 화학량론에서 매우 중요하다. 이는 다음과 같이 정의 된다.

$$\lambda = \frac{(\text{air/fuel})}{(\text{air/fuel @ stoichiometry})}$$

14.7보다 상대적으로 낮은 공기/연료 비율($\lambda < 1$에 해당)은 리치(rich) 상태라고 불리며, 14.7보다 높은 공기/연료 비율($\lambda > 1$에 해당)은 린(lean) 상태라고 불린다. 배기 제어는 공기/연료 비율(즉, λ)에 의해 크게 영향을 받는다.

그림 5.12에서 토크(T_i)는 공기/연료 비율이 12에서 14 범위 내에서 최댓값을 갖는다. 토크가 최대가 되는 정확한 공기/연료 비율은 엔진의 구성, 속도, 점화 시점에 따라 달라진다. 또한, CO 연소 탄화수소 혼합물은 리치 상태보다 린 상태에서 감소하는 경향이 있다. 이는 린 상태에서 상대적으로 많은 산소에 의해 공기/연료 비율이 증가하기 때문이다.

하지만 배기가스를 제어하는 목적 중의 하나인 NOx 배출 농도는 공기/연료 비율에 따라 증가한다. 즉, 모든 배기가스를 동시에 최소화하는 공기/연료 비율은 존재하지 않는다.

점화 시점이 성능에 미치는 영향

TDC(top dead center) 이전에 점화가 시작되는 시간을 스파크 어드밴스(spark advance)라고 하고 이는 TDC를 기점으로 한 크랭크축 회전각으로 표현된다. 그림 5.13은 엔진에 대하여 일정한 속도와 공기/연료 비율일 때 점화시기가 출력 특성 배기가스에 미치는 영향을 보여준다. BSFC와 출력 토크도 점화 시점에 큰 영향을 받는다. 그림 5.13은 최대 토크(maximum brake torque, MBT)가 특정 시점(particular advanced timing)에서 발생하는 것을 보여준다.

성능을 최적화하기 위해서는 MBT나 그 근처에서 점화 시점을 잡는 것이 바

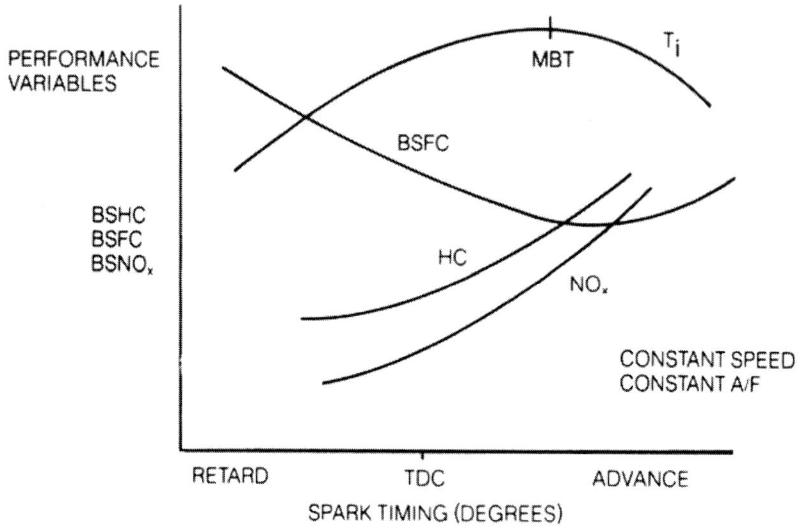

그림 5.13

점화 시점에 다른 성능의 일반적인 변화

람직하다. 최적의 점화 시점은 RPM에 따라 달라진다. 엔진 제어 전략을 통해 화학량론적인 혼합물의 상태에 맞도록 연료 공급량을 조절하고 최적화된 성능을 내기 위해 점화 시점을 변경한다. 이 외에 엔진 제어 시스템에서 배기가스 배출 규정을 충족시킬 수 있도록 도와주는 또 다른 변수들이 있다.

배기가스 재순환이 성능에 미치는 영향

지금까지는 엔진(공기/연료 비율과 점화 시점)만이 조정 변수로 고려되었다. 하지만, 다른 제어 변수를 추가함으로써 상대적으로 높은 토크를 유지하는 동시에 NOx와 같은 배기가스를 감소시킬 수 있다. 이 새로운 제어 변수는 배기가스 재순환(exhaust gas recirculation, EGR)이라 불리며, 이는 통제된 배기가스를 재순환하여 사용하는 것을 의미한다. 그림 5.5에 묘사된 엔진 제어 구성도는 배기가스 재순환이 전체 제어 시스템에서 중요한 부속 시스템임을 보여준다. 배기가스 재순환이 배기가스 배출량에 미치는 영향은 그림 5.14 및 5.15에 흡기 대비 배기가스의 비율 함수로서 표현된다. 공기/연료 비율을 기준으로 도시한 그림 5.14는 EGR양의 증가에 따른 NOx 배출의 극적인 감소를 보여주며, 그림 5.15는 EGR 퍼센트의 증가가 성능 변수에 어떤 영향을 미치는지를 보여준다. 이를 통해 EGR이 NOx의 배출률에 가장 크게 영향을 주는 것을 알 수 있다. 즉, EGR의 퍼센트가 증가하면 NOx의 배출률이 감소한다.

EGR과 NOx 생산에 관한 메커니즘은 최고 연소 온도와 연관 있다. 즉, NOx

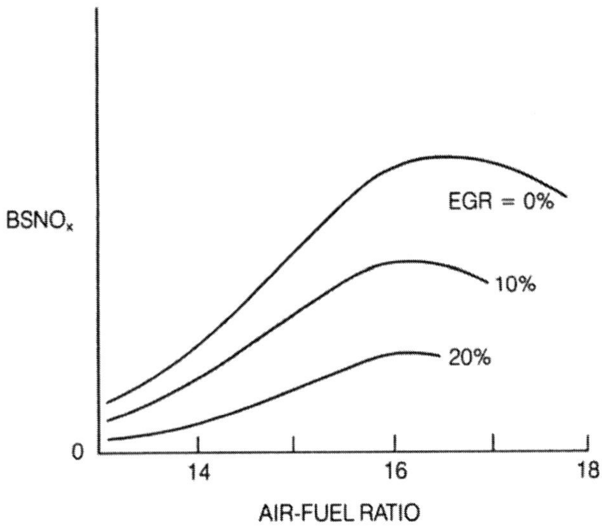

그림 5.14

다양한 EGR의 공기/연료 비율의 함수에 의한 NOx 배출

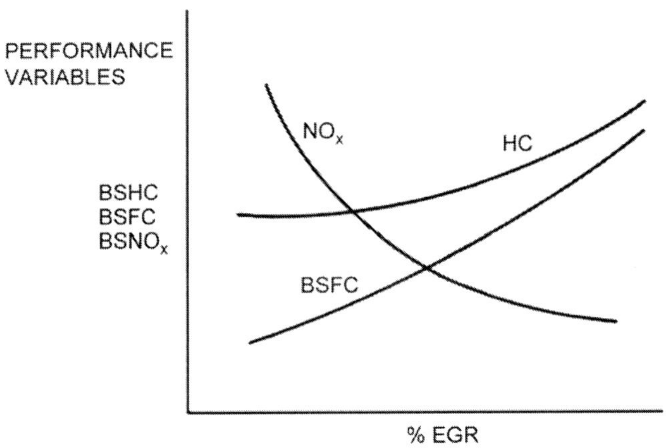

그림 5.15

성능변수들에 대한 EGR의 영향

의 발생률은 최고 연소 온도가 증가하면 늘어난다. 이 온도는 EGR이 증가하면 감소하게 되어 NOx의 생성을 감소시킨다. 또한, EGR은 비교적 작은 양이지만 흡기 혼합물의 부분 압력에 영향을 준다. 이 효과에 대한 영향은 추후에 설명한다.

배기 촉매 변환장치

전자 제어 시스템은 각 엔진의 작동 조건에 맞게 보정값을 설정한다. 주어진 엔진에 대해 변수 설정을 위한 다양한 제어 전략들이 있고 각 전략들은 장단점이 있다. 이 책에서는 미국에서 사용되는 엔진 시스템을 주로 고려한다. 이 경우 배기 시스템에는 촉매 변환장치가 있다. 이 장치는 엔진 배기가스를 화학적 방법에 의해 감소시켜서 테일 파이프(tail pipe)를 통해 대기로 방출되는 오염물질을 줄여준다.

EPA는 오직 테일 파이프에서 나오는 배기가스만을 규제하므로 촉매 변환장치가 배기가스의 농도를 줄이면 배기 매니폴드에서 엔진 배기가스 배출량은 EPA의 요구사항보다 높아도 된다. 이것은 좀 더 좋은 엔진의 성능을 낼 수 있도록 보정값을 정하는 데 상당한 이점을 제공한다. 이런 시스템을 구현하기 위해 일반적으로 엔진 전자 제어 시스템이 사용된다.

다양한 종류의 촉매 변환장치가 자동차에 사용될 수 있다. 촉매 변환장치가 요구되는 기능은 다음과 같다.

1. 탄화수소(HCs)를 이산화탄소(CO_2)와 물(H_2O)로 산화
2. CO를 CO_2로 산화
3. NOx를 질소(N_2)와 산소(O_2)로 환원

산화 촉매 변환장치

산화 촉매 변환장치(그림 5.16)는 배기가스를 제어하는 중요한 장치 중 하나다. 산화 촉매 변환장치(oxidizing catalyst, OC)의 목적은 화학 반응 속도를 증가시켜 HC와 CO를 완전히 CO_2와 H_2O로 산화하는 것이다.

산화에 필요한 여분의 산소는 엔진 구동식 공기 펌프(engine-driven air pump)로부터 배기에 추가되는 공기를 통해 공급받기도 한다. 2차 공기라 불리는 이 공기는 일반적으로 배기 매니폴드에 유입된다.

OC 성능의 가장 중요한 척도는 변환 효율이다.

$$\eta_c = \frac{M_o}{M_{ic}} \tag{22}$$

여기서, M_o는 변환장치에서 산화되어 나오는 가스의 질량유량, M_{ic}는 변환장치로 들어가는 가스의 질량유량이다.

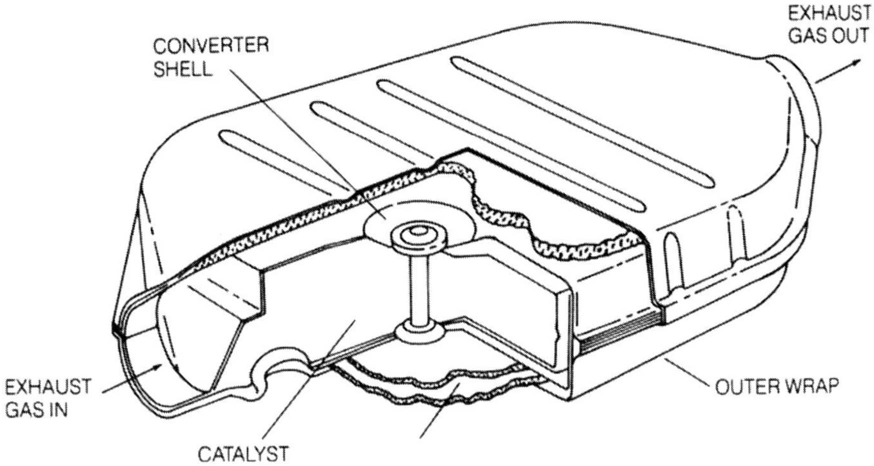

그림 5.16
촉매 변환장치 구성

OC 변환 효율은 온도에 의존한다. 그림 5.17은 HC와 CO에 대한 변환 효율(백분율로 포현)을 온도의 함수로써 나타낸다. 약 300°C 이상에서 변환 효율은, CO의 경우는 98~99%, HC의 경우는 95% 이상까지 접근한다.

삼원 촉매

배기가스 제어 시스템에서 촉매 변환장치의 중요한 요소는 삼원 촉매(three-way catalyst, TWC)이다. 이것은 NOx를 감소시키고 HC 및 CO를 산화하는 로듐, 백금, 팔라듐 등과 같은 백금계 금속 촉매들를 이용한다. 삼원 촉매는 세 가지 주요 배기가스를 동시에 줄이기 때문에 삼원 촉매라고 불린다. 삼원 촉매는 세 가지 주요 배기가스(HC, CO, NOx)를 줄이기 위해 특유의 화학적 설계를 사용한다.

세 가지 배기가스를 위한 TWC의 변환 효율은 공기/연료 비율에 의존한다. 공기/연료 비율이 높으면 NOx 전환효율이 높아지고, 공기/연료 비율이 낮으면 HC 및 CO 전환효율이 높아진다.

하지만, 그림 5.18과 같이 NOx와 HC/CO 사이 변환효율의 타협점이 될 수 있는 매우 좁은 범위의 공기/연료 비율(이는 윈도우(window)라고 불리며 그림 5.18에서 빗금으로 표시)이 있다. 이 윈도우에서 변환 효율은 현재까지 확립된 매우 엄격한 EPA의 요구사항을 충족하기에 충분하다.

이 윈도우에서 공기/연료 비율은 0.1의 범위, 즉 화학량론적인 혼합물에서 중간지점으로부터 ±0.05의 범위이다. 이전에 설명했듯이 화학량론은 연료가 실린

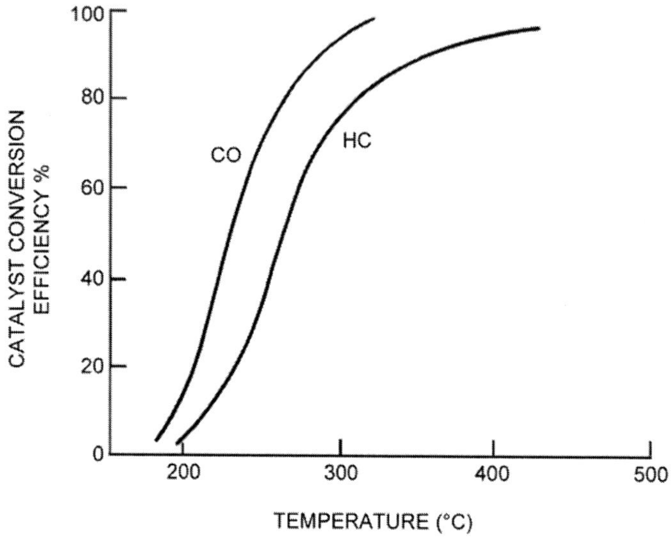

그림 5.17
온도에 따른 촉매 변환 효율

더 내부에서 완전 연소가 되었을 때 모든 탄소와 수소가 완전히 산화되는 것을 말한다(가솔린에 대한 비율은 14.7). 이 비율과 화학량론의 개념이 연료 제어에서 매우 중요하다. 대부분의 현대적인 연료 제어 시스템의 주요 기능은 화학량론의 평균 공기/연료 비율을 유지하는 것이다. 삼원 촉매 변환장치는 배기가스에 납 성분이 포함되어 있으면 부작용이 일어날 수 있으므로 납 성분이 포함되지 않은 연료를 사용하여야 한다.

엔진의 전자 제어에서 가장 중요한 기능인 공기/연료 비율을 TWC 윈도우 내에서 유지하는 제어를 위해서는 정확한 공기 질량유량(mass airflow rate)의 측정과 정확한 양의 연료 분사가 필요하다. 이를 통해 현대적인 연료 제어 시스템은 정확한 연료 요구사항을 충족시켜주고 허용 오차 범위 내에서 10만 마일 이상까지 정부 규제를 충족시켜준다.

엔진 전자 제어 시스템의 기능은 스로틀 판을 통한 운전자의 입력에 대해 연료/공기 혼합물 비율 및 점화 시점을 조절하는 것이다. 운전자의 입력은 가속 페달을 통해 스로틀 각도를 결정한다(ETC 미장착 차량의 경우). 엔진 전자 제어 시스템은 복잡한 제약 조건 하에서 최적의 엔진 성능을 낼 수 있도록 연료량을 결정한다. 제한된 최적화는 배기가스 규제와 연비 사이에서 절충안을 의미한다. 위에서 설명한 바와 같이, 제한된 최적화 과정에는 다른 제어 변수들(예: 점화 시점, EGR)도 있다.

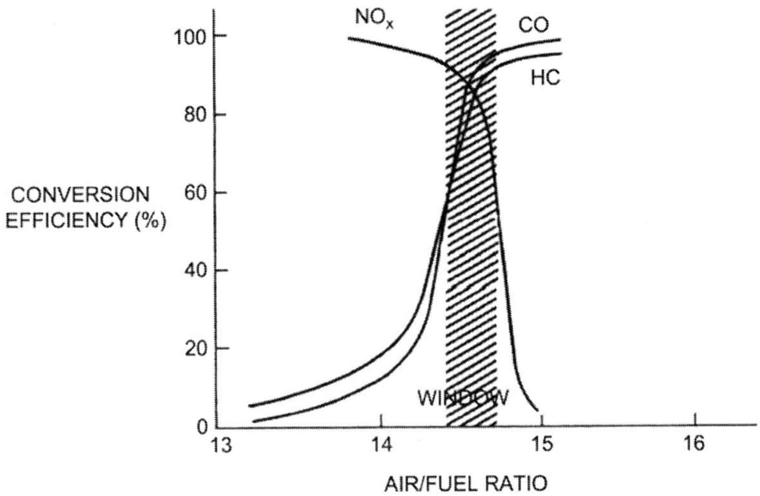

그림 5.18

TWC의 변환 효율대 공기/연료비

전자 연료 제어 시스템

그림 5.19의 블록 다이어그램은 연료 제어 시스템의 구성을 이해하는 데 도움을 준다. 이 연료 제어 시스템의 주요 기능은 엔진 내부에 정확한 공기 질량유량을 알아내는 것이다. 이를 알게 되면 제어 시스템은 각 실린더의 연료 질량에 대한 공기 질량의 비가 최대한 화학량론(즉, 14.7)에 가깝게 연료분사량을 조절할 수 있다. 다음은 블록 다이어그램의 구성요소들이다.

1 스로틀 위치 센서(TPS)
2. 공기 질량유량 센서(MAF)
3. 연료 분사 장치(FI)
4 점화 시스템(IGN)
5. 배기가스의 산소 센서(EGO)
6. 엔진 수온 센서(ECS)
7. 엔진 위치 센서(EPS)
8 캠축 위치 센서(CPS)
9 배기가스 재순환 액추에이터(EGR)

EPS는 크랭크축 각속도(RPM)와 각도를 측정할 수 있다. 이때 제어기 내부의

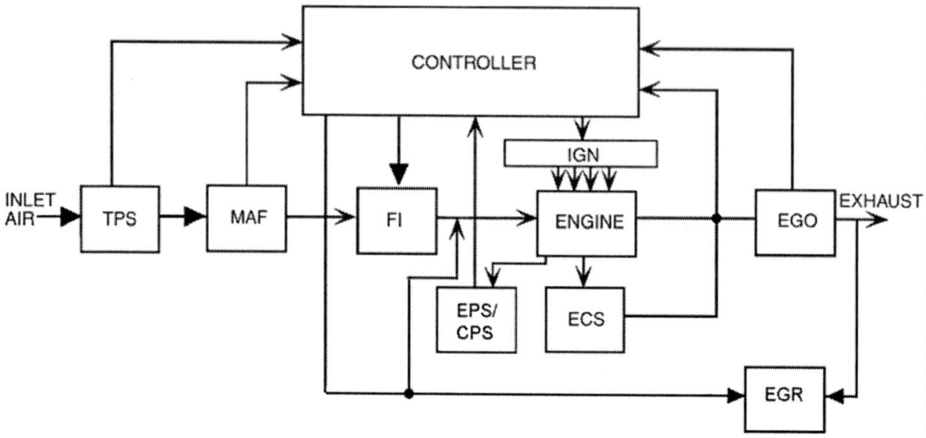

그림 5.19
전자 연료 제어 구성

안정적이고 정확한 전자시계가 이용된다. 이에 관한 내용은 제6장에서 설명되어 있다. 캠축의 위치 센서는 각 캠축 사이클(즉, 하나의 완전 엔진 사이클)에 대해 한 개의 타이밍 펄스(timing pulse)를 생성한다. EPS와 CPS를 통해 엔진 사이클 동안 정확한 엔진 각도를 측정할 수 있다. 위에서 설명한 바와 같이, 각 사이클 동안 크랭크축이 2회전하기 때문에 4행정 사이클 엔진에서 CPS 센서를 필요로 한다.

각종 센서로부터의 신호는 화학량론적인 혼합물을 얻을 수 있는 정확한 연료량을 알아내기 위해 사용된다. 이 계산으로부터 적절한 연료 공급량은 연료 분사 장치(Fuel Injector)를 통해 조절된다. 추가적으로 최적 점화 시점이 결정되고 적절한 타이밍 펄스가 점화제어모듈(ignition control module, IGN)에 전송된다.

흡입 공기는 실린더 흡기 매니폴드의 배관을 통해 실린더로 유입한다. 실린더당 하나씩 있는 연료 분사기들은 일반적으로 해당 실린더의 흡기 밸브 근처에 위치한다. 제6장에서 설명된 연료 분사기는 완전히 열려 있거나 완전히 닫혀 있는 동작을 하는 전기 밸브이다. 밸브가 닫혀 있을 때는 연료가 공급되지 않고 밸브가 열려 있을 때 연료는 연료 분사기 특성 및 연료 공급 압력에 의해 고정된 속도로 공급된다. 엔진 주기 $k(M_f(k))$동안 각 실린더에 전달되는 연료량은 연료 분사 밸브가 열리는 시간 τ_k에 의해 결정된다.

연료분사밸브가 열려 있는 시간은 최적의 공기/연료 비율을 달성하기 위해 엔진 제어기에서 계산된 시간이다. 보통 연료 분사 밸브가 열리는 시간은 공기가 흡기 행정 중에 실린더에 유입되는 시점과 일치하도록 설정되어 있다. 그러나 스로틀이 닫히는 시점 근처와 같이 상대적으로 낮은 연료 공급 속도 지점에서는 제어 시스템이 개폐 연료 분사 장치의 과도 응답을 고려해서 제어해야 하고 연료 분사 밸브를 열기에 충분한 크기의 전기적 펄스신호를 생성해야 한다. 이 펄스의 지속 시간 τ_k는 연료의 양을 조절하여 공급되는 연료량($M_f(k)$)에 영향을 준다. 이에 관한 식은 다음과 같다.

$$\begin{aligned} M_f(k) &= \int_{t_{k,n}}^{t_{k,n}+\tau_k} \dot{M}_f \mathrm{d}t \\ &\cong \dot{M}\left(t_{k,n}\right)\tau_k \end{aligned} \tag{23}$$

여기서, $\dot{M}_f$는 연료의 질량유량이고, $t_{k,n}$은 주기 k동안 실린더 n에 연료를 공급하는 시간이다. 여기서 $M_f(k)$는 하나의 엔진 주기 동안 모든 실린더에 동일하다고 간주하면 된다.

촉매 변환장치의 가장 중요한 특성은 좁은 윈도우 밖으로 공기/연료 비율의 순간적인 변동을 허용하는 것이다. 촉매 변환장치를 통과하는 일정한 시간 동안 배기가스는 위에서 묘사한 변환과정이 일어난다. 이런 과정 덕분에 화학량론비로부터 위나 아래로 짧은 시간 동안 변환 효율은 변하지 않게 된다. 이와 관련된 실제 연료 제어 시스템의 역할은 아래에서 설명하겠다.

전자 연료 제어 시스템은 개루프(open-loop)와 폐루프(close-loop) 두 가지 모드로 동작한다. 제1장에서 설명한 바와 같이, 개루프 및 폐루프 제어의 개념을 상기하면 다음과 같다. 개루프 모드(feedforward)에서는 엔진 공기 질량유량 $\dot{M}_a$을 측정하여 연료 제어 시스템은 필요한 공기/연료 비율에 맞게 전달할 연료의 양(M_k)을 계산한다.

폐루프 제어 모드(feedback)에서는 목표값과 측정된 값의 오차를 이용하여 제어기를 설계한다. 이 제어기는 오차를 0으로 줄이는 역할을 한다.

연료 제어의 경우 측정되는 변수는 HC, CO, NOx의 농도이다. 현재 자동차의 배기 시스템에서는 이를 직접적으로 측정할 저렴한 센서가 없지만 HC, CO, NOx의 농도를 간접적으로 측정할 수 있는 저렴한 센서가 존재한다. 이 센서는 연소 후 배기가스에서 남은 산소 농도를 측정한다. 제6장에서 설명할 이 센서는 배기가스 산소(exhaust gas oxygen, EGO) 센서라고 불린다. EGO는 전자 제어 시스템에서 사용된 이래 계속 발전되어 왔다. 이 장에서는 간략화된 EGO 센서 모델을 사용한다. 이 모델에서 EGO 센서는 공기/연료 비율이 화학량론을 기준보다 크다 작다를 판별하는 두 가지 레벨 사이의 전압 값을 출력한다. 이 센서는 제한 주기 형태의 폐루프 제어에 사용하기 적합하다. 비록 EGO 센서가 스위치 타입의 센서이지만 이것은 화학량론에서 평균적인 공기/연료 비율을 유지하는 제어기에 사용되기 적합하며 삼원 촉매 변환장치에 대한 최적의 성능을 위해 요구되는 화학량론적 혼합물을 유지시킨다.

현재 연료 제어 시스템에서 연료 전달은 개루프와 폐루프로 구성되어 있다. 연료 흐름에서 개루프 제어 시스템은 공기 질량유량 측정을 통해 분사해야 할 연료 질량을 결정하고 폐루프 제어 시스템에서는 EGO 센서값에 따라 개루프 제어에서 결정된 연료 질량을 보정한다.

엔진 시동, 급가감속과 같은 경우 화학량론적인 혼합물의 예외가 발생한다. 또한, 엔진 온도, 공기의 온도와 압력과 같은 환경적인 요소 때문에 발생하는 예외도 있다. 이런 상황들은 전체 엔진 동작 시간 중 일부에 속한다. 이들에 관련된 내용은 제7장에서 디지털 엔진 전자 제어 시스템과 함께 설명될 것이다.

엔진 제어 시퀀스

엔진 시동과 함께 연료 제어가 시작된다. 일반적으로 혼합물은 고온 상태에 비해 저온 상태일 때 리치하다. 엔진 시동에서부터 특정 조건에 도달할 때까지, 엔진 제어는 개루프 방식으로 동작한다.

연소 후 배기가스는 EGO 센서와 TWC를 거쳐 배기관을 통해 배출된다. EGO 센서가 작동 온도에 도달하면(센서의 종류와 조건들에 따라 약 수초에서 2분이 걸림 [제6장 참조]), EGO 센서 신호가 제어기에 입력되고 제어 시스템은 폐루프로 방식으로 동작하기 시작한다.

개루프 제어

전자 제어 엔진의 연료 제어에서 개루프 방식은 폐루프 작동이 충족되지 않는 동안 작동한다. 폐루프 작동을 위한 여러 가지 조건(제7장에서 상세히 서술) 중 온도에 대한 요구사항들이 존재한다. 충분한 시간 동안 작동해야 수냉 자동차 엔진은 안정된 온도(steady temperature)에서 동작한다.

그러나 엔진이 저온 상태에서 작동될 때 초기에는 개루프 방식으로 제어된다. 이런 작동 모드에서는 엔진의 공기흐름, RPM, 냉각수 온도의 측정이 필요하다. RPM에 따른 공기 질량유량 측정값과 RPM에 의해 엔진 흡기 사이클 동안 실린더에 들어가는 공기 질량(M_a)이 계산된다. 흡기 사이클 동안 주입된 정확한 연료 질량(M_f)은 다음과 같다.

$$M_f = r_{fa}M_a \tag{24}$$

여기서 r_{fa}는 공기에 대한 원하는 연료 비율이다.

완전히 가열된 엔진의 경우 이 비율은 약 1/14.7(= 0.068)이다. 즉, 1그램의 연료에 14.7그램의 공기를 주입해서 공기/연료 비율을 14.7로 만든다. 원하는 연료/공기 비율은 냉각수 온도 측정으로부터 계산한 온도에 따라 변화하게 된다. 초저온의 엔진인 경우 혼합비는 약 1/2($r_{fa} \cong 0.5$)로 낮아진다.

이론상으로 엔진, 센서, 연료 분사 장치에 변경이 없으면 엔진 제어 시스템은 항상 개루프로 작동할 수 있다. 하지만 M_a 계산 과정에서의 오차로 인해 개루프만 이용해서는 원하는 공기/연료 비율을 유지할 수 없다. 자동차의 전체 수명동안 배기가스 제어에서 요구되는 공기/연료 비율을 유지하기 위해서 엔진 제어기는 대부분의 시간을 폐루프 모드로 작동하게 된다. 위에서 나온 개루프 모드의 변동에 대한 보상은 제7장에 설명될 적응 폐루프 제어(adaptive closed-loop control)를 통해 가능하게 된다.

폐루프 제어

그림 5.20에서 폐루프 방식의 제어 시스템은 다음과 같이 작동한다. 어떠한 작동 조건에서 연료 액추에이터는 제어기의 제어값에 의해 설정된 공기/연료 비율을 생성하도록 연료량을 제공한다. 이 혼합물은 실린더 내에서 연소되어서 배기배관을 통해 엔진으로부터 배출된다. EGO 센서는 배기가스의 산소 농도에 따라 제어기 입력에 대한 피드백 신호를 생성한다.

실질적으로 사용되는 폐루프 제어는 공기/연료 비율을 원하는 화학량론비에서 맥동(cycling)하도록 맞춘다. 이 제어 방식에서 주요한 변수에는 원하는 화학량론비로부터 맥동하는 진폭과 주파수가 포함된다. 삼원 촉매 변환장치의 특징은 짧은 시간 동안 평균 공기/연료 비율의 시간평균에 의해 변환장치의 성능이 결정된다는 것이다. 제한된 주기 동안 공기/연료 비율의 변동이 엔진 성능과 배기가스에 영향을 주지 않고 평균적으로 화학량론비를 유지하는 공기/연료 비율을 제공한다.

배기가스의 산소 농도

EGO 센서는 제6장에서 설명한다. EGO는 기본적으로 배기 중의 산소의 농도를 센서값으로 출력한다. 산소농도(oxygen level)는 엔진에 들어가는 공기/연료 비율에 의해 영향을 받는다. 산소량은 리치한 화합물(rich mixture)에서는 상대적으로 낮으며, 린한 혼합물(lean mixture)에서는 비교적 높다. 등가비(λ)의 관점에서 $\lambda = 1$이면 화학량론비에 해당하는 것이고, $\lambda > 1$이면 린한 혼합물이 되는 것이

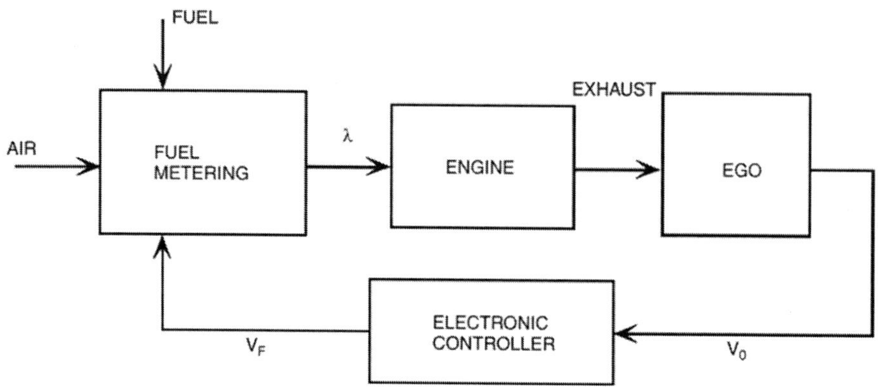

그림 5.20

일반 폐루프 연료 제어 시스템의 블록 다이어그램

며, $\lambda < 1$이면 리치한 혼합물이 된다. 이런 의미로 EGO 센서는 λ 센서라고도 불린다. 상대적으로 린한 혼합물(즉, 산소가 많은) 상태로 실린더에 주입되는 연료는 연소 후 배출 과정에서 상대적으로 높은 산소 농도를 야기한다. 반면에 상대적으로 리치한 혼합물(즉, 산소가 적은) 상태인 연료와 산소혼합물은 배기 과정에서 상대적으로 작은 산소 농도를 야기한다.

이 장에서는 EGO 센서 출력 전압 V_o에 대한 상대적으로 간단한 모델이 식 (25)로 주어진다.

$$V_o(t) = V_1 - V_2\text{sgn}[\lambda(t - t_d) - 1] \tag{25}$$

여기서, t_d는 한 엔진 사이클 동안 유입되는 혼합물에서 EGO 센서에 의해 배기가스가 측정되는 데 걸리는 시간 지연이다. 이 시간 지연은 한 엔진 사이클의 약 4분의 3 정도인데, 엔진 RPM에 반비례한다. 매개 변수 V_1과 V_2는 $\lambda < 1$과 $\lambda > 1$ (6장 참조)에 대한 실제 EGO 센서 전압들에 의해 결정되는데, 근사적으로

$$V_1 \simeq .55, \ V_2 \simeq .45$$

이다. EGO 센서와 같은 스위칭 타입의 센서에 대한 많은 제어 전략들이 있지만 여기서는 상대적으로 간단한 예를 들도록 하겠다.

위의 모델에서 묘사된 것과 같은 스위칭 형태의 센서들을 가진 제어 시스템은 리밋 사이클(limit cycle)의 형태로 작동하게 된다. 위에서 설명했듯이 k번째 엔진 사이클 ($M_f(k)$) 동안 연료 분사기에 의해 실린더로 전달되는 연료량은 이산 제어 전기 신호 $V_F(k)$의 시간 간격 ($\tau_F(k)$)에 비례한다(그림 5.20 참조). 이 제어기에서 엔진 분사기 제어 전압은 다음과 같다.

$$V_F(k) = V \qquad t_{k,n} \le t < t_{k,n} + \tau_F(k)$$
$$= 0 \qquad t_{k,n} + \tau_F(k) < t < t_{k+1,n} \tag{26}$$

여기서, $\tau_F(k)$는 n번째 실린더에 대한 k번째 엔진 사이클 동안 분사 시간이다.

연료 분사 기간 $\tau_F(k)$는 개루프 구성요소인 $\tau_o(k)$와 폐루프 구성요소인 τ_{Fc}로 구성된다:

$$\tau_F(k) = \tau_o(k) + \tau_{Fc}(k) \tag{27}$$

여기서 $\tau_o(k)$는 $\dot{M}_a$의 측정값을 토대로 계산된다.

폐루프 동작

이 예에서, 각 사이클에 대한 펄스 지속 기간 $\tau_F(k)$의 폐루프 기간인 $\tau_{Fc}(k)$의 식은 다음과 같다:

$$\tau_{Fc}(k) = \tau_{Fc}(k-1) + \delta\tau \, \mathrm{sgn}[\lambda(k) - 1] \tag{28}$$

혼합물이 린한 상태(즉, $\lambda > 1$)가 되면 펄스 지속 시간은 이전 사이클에 비해 $\delta\tau$만큼 증가하여 좀 더 리치한 혼합물 상태가 되도록 한다.

화학량론비보다 리치한 상태($\lambda < 1$)인 경우에 펄스 지속 시간은 사이클 k와 $_Jk + 1$ 사이에서 감소한다. τ_F의 개루프 방식에서는 공기 질량유량 $\dot{M}_a$의 측정을 토대로 화학량론비가 되는 혼합물인 M_F가 계산된다. 그림 5.20는 연료 제어 시스템의 작동의 예이다.

λ는 그림 5.20의 블록 다이어그램에서 흡기 매니폴드에 등가비를 나타낸다. 배기가스의 산소 농도에 의해 EGO의 출력 전압(V_o)이 결정된다. EGO의 출력 전압(V_o)은 공기/연료 비율을 화학량론비를 중심으로 리치하거나 린한 상태에 의해 변화하게 되는데, 리치한 혼합물에 대해서는 높은 전압값, 린한 혼합물에 대해서는 낮은 전압값을 출력한다.

그림 5.21의 이상적인 파형에서 보여지듯이 엔진 제어 시스템은 화학량론비 설정치 근처에서 공기/연료 비율을 유지하는 리밋 사이클 제어기로서 작동한다. 공기/연료 비율은 증가와 감소를 반복하며 일정하게 유지되지 않는다. 증가나 감소에 의해 EGO 센서의 출력 전압이 결정된다. EGO 출력 전압이 린한 상태를 나타내면 제어기는 공기/연료 비율을 감소시켜 리치한 상태가 되게 한다. 반면에 EGO 센서 출력 전압이 리치한 혼합물의 상태를 나타내면, 제어기는 린한 혼합물의 상태가 되도록 공기/연료 비율을 변화시킨다.

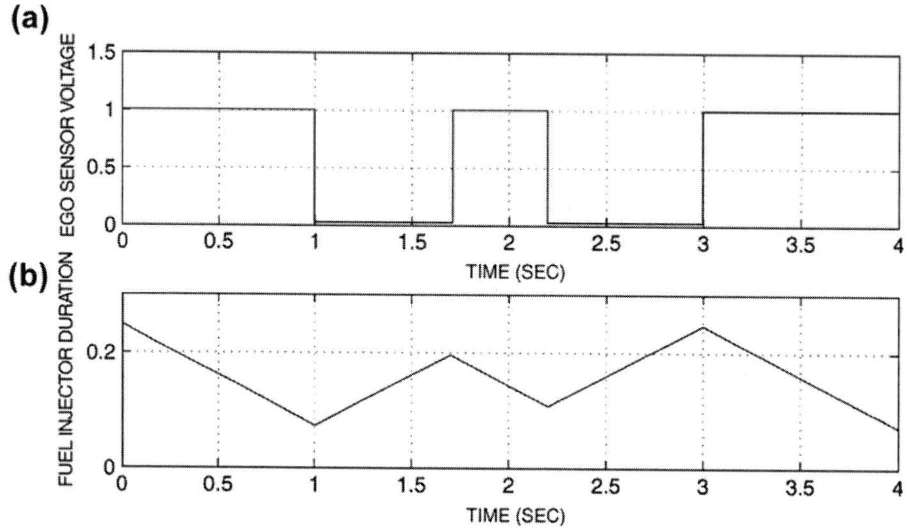

그림 5.21
폐루프 연료 제어 시스템의 간략화된 파형

전자 연료 제어기는 각 연료 분사기의 작동 신호 지속 시간을 조절하여 혼합물 상태를 변경한다. 이 기간을 늘리면 연료가 더 많이 전달되어서 혼합물이 리치한 상태가 되고, 이 기간을 감소시키면 혼합물은 린한 상태가 된다. 그림 5.21b는 연료 분사 신호의 지속 시간을 나타낸다.

그림 5.21a에서 EGO 센서의 출력 전압은 0~1 및 1.7~2.2 등의 몇몇 시간 간격에서 높게 나온다. 이런 높은 전압은 혼합물이 리치한 상태임을 나타낸다. 제어기는 이 기간 동안 펄스 지속 시간을 감소시킨다(그림 5.21b). 1초가 되는 시점에서 EGO 센서 전압은 낮은 수준으로 전환되며 혼합물은 린한 상태가 된다. 이 시점에서 제어기는 혼합물이 리치한 상태가 되도록 하기 위해 펄스 지속 시간을 증가시키며 EGO 센서값이 높은 수준이 될 때까지 지속된다. 이 과정은 화학량론비 근처에서 리치하거나 린한 상태 사이에서 반복되도록 계속된다.

엔진 제어기는 지속적으로 원하는 연료 분사 장치 동작 시간을 계산하며 메모리에 현재 값을 기록한다. 흡기 사이클 중에 제어기는 연료 분사 기간을 측정하여 계산된 시간 간격 τ_F에 대해 연료 분사 장치를 활성화하는 시간 펄스를 만든다.

이 시점에서 중요한 점은 공기/연료 비율이 화학량론비에서 벗어나더라도 촉매 변환장치는 공기/연료 비율이 평균적으로 화학량론비를 유지하도록 도와준다. 제어기는 지속적으로 EGO 센서 전압의 평균을 계산하는데 이론적으로 공기/연료 비율은 화학량론비를 보다 리치한 기간과 린한 기간이 비슷하도록 유지해야 한다. 가장 간단한 경우는 평균 EGO 센서 전압 $\overline{\mathbf{V}}_{\text{EGO}}$가 리치한 상태와 린한 상태의 중간에 있는 것이다.

$$\overline{\mathbf{V}}_{\text{EGO}} = \frac{V_{\text{rich}} + V_{\text{lean}}}{2} \tag{29}$$

이 조건이 충족되지 않을 때 제어기는 원하는 평균 화학량론적 혼합물을 얻기 위해 펄스 기간의 계산을 적응(adapt)시킨다. 제7장에서 이런 적응 제어에 대해 좀 더 자세히 설명한다.

CHAPTER 05

연료 제어기의 주파수와 편차

제1장의 내용에서 리밋 사이클 제어기가 두 가지 리밋 사이에서 변동하면서 시스템을 제어한다. 즉, 제어 변수가 설정값 근처에서 계속 변동하게 된다. 단순한 연료 제어기는 리밋 사이클 모드로 동작하고, 이는 그림 5.21의 공기/연료 비율이 화학량론비(즉, 공기/연료 비율이 14.7) 근처에서 맥동하는 것으로 보인다. 제한 범위는 EGO 센서의 전압, 제어기, 연료 계량 액추에이터의 특성에 의해 결정된다. EGO 센서의 변화를 감지하는 데 필요한 시간은 전달 지연 시간으로 알려져 있다. 엔진의 속도가 증가하면 전달 지연 시간은 감소한다.

리밋 사이클 제어 시스템의 진동 주파수는 f_L이라고 표시되며, 주기는 T_p이며, 전달 지연 시간에 비례한다. 주기와 진동 주파수는 반비례 관계이다.

$$f_L = \frac{1}{T_p}$$

전달 지연 시간은 엔진 속도(RPM)에 반비례한다. 따라서 리밋 사이클의 주파수는 엔진 회전수에 비례한다. 이에 대한 내용은 그림 5.22에 도시화되어 있다.

리밋 사이클 작동에서 또 다른 주요한 측면은 화학량론비로부터 공기/연료 비율의 최대 편차이다. TWC의 변환 효율이 화학량론비에서 최적이기 때문에 편차를 작게 유지하는 것이 중요하다. 공기/연료 비율의 최대 편차는 약 ±1이다. 공기/연료 비율이 계속해서 변동되지만, 평균 편차는 화학량론비 14.7:1를 기준으로 ±0.05로 유지된다. 실제 엔진 제어에서 리밋 사이클의 주파수와 편차는 제7장에서 설명될 EGO 센서에 대한 전달 특성 $V_F(\lambda)$의 히스테리시스로부터 영향을 받는다.

일반적으로 엔진 속도가 증가하면 전달 지연 시간이 감소하게 때문에 최대 편차는 엔진 속도가 증가하면 감소하게 된다. 제어 시스템의 변수는 극한의 상황

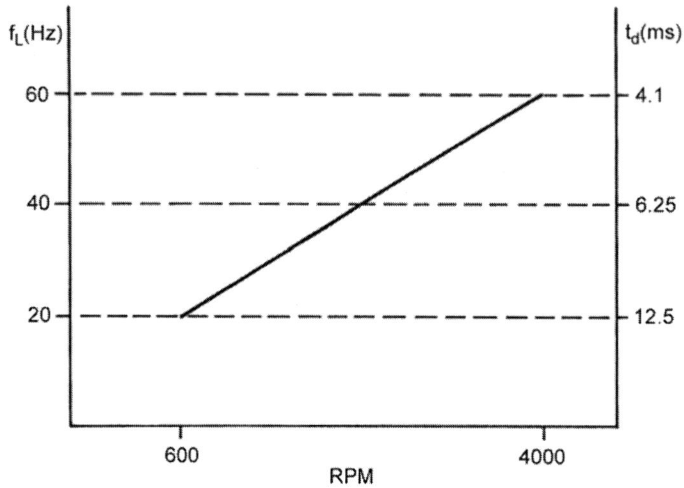

그림 5.22
RPM대 전형적 리밋 사이클 주파수

을 고려하여 TWC에 적절한 제한 범위 안에서 편차를 조정한다.

이제까지의 내용은 간단히 이상화된 연료 제어 시스템에만 적용된다. 제7장에서는 마이크로프로세서를 기반으로 하는 엔진 제어 시스템에 의해 연료 분사 지속 시간의 계산이 수학적으로 계산되는, 실제적인 전자 연료 제어 방법에 대해 설명한다.

흡기 매니폴드 압력 분석

앞서 설명한 바와 같이, 연료 제어는 원하는 공기/연료 비율을 유지하기 위해 공기 질량유량의 측정과 연료 유량의 조절을 기반으로 한다. 공기 질량유량의 측정은 직접적으로, 혹은 다른 흡기 변수들의 측정을 이용하여 간접적으로 이루어진다. 이런 측정을 이해하기 위해서는 흡기 시스템의 특성과 관련 변수들의 상관관계를 아는 것이 도움이 된다.

그림 5.23은 간략화된 흡기 매니폴드의 도면이다. 이 간략한 도면에서 엔진의 흡기 매니폴드로 들어가는 공기가 공기 펌프를 통해 유입되는 것을 보여준다. 엔진이 동작하지 않을 때는 공기가 펌핑되지 않아 흡기압력(manifold air pressure, MAP)은 대기 압력이 된다. 이는 슈퍼 차저가 없는 엔진(non-supercharged engine)에서 가장 높은 흡기 압력이다(슈퍼 차저 엔진은 슈퍼 차저라고 불리는 공기 펌프에 의한 외부 공기가 더해진다). 엔진이 동작할 때 공기흐름은 닫힌 스

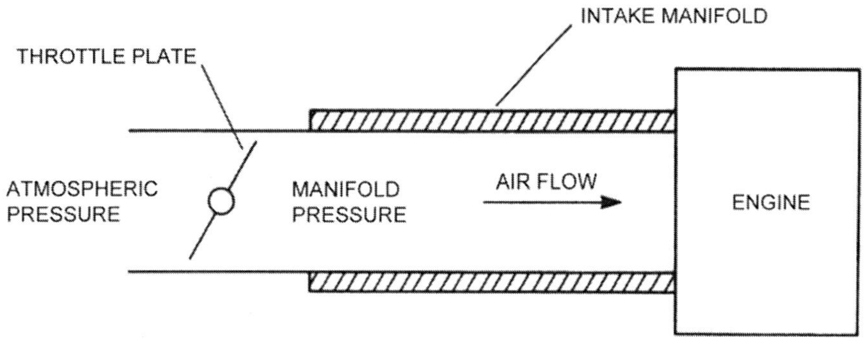

그림 5.23
간략한 흡기 시스템 구성

로틀 판에 의해 부분적으로 지연되고 흡기 매니폴드 내부의 압력이 대기압보다 낮게 된다. 이로 인해 흡기 매니폴드는 부분적인 진공상태에 놓이게 된다.

만약 엔진이 완벽한 공기펌프이고 스로틀 판이 완전히 닫혀 있으면 흡기 매니폴드 내부는 완벽한 진공 상태가 된다. 완벽한 진공은 절대 압력이 0인 상태(zero absolute pressure)를 의미한다. 하지만 실제 엔진은 완벽한 펌프가 아니며 공기는 스로틀 판을 통해 조금씩 빠져나가게 된다(실제로 공기는 닫혀진 스로틀을 지나야 한다. 즉, 엔진이 이상적일 수 없다). 그러므로 내부 압력은 각 실린더의 행정마다 변하게 되며 펌핑은 하나의 실린더에서 다음 실린더로 차례대로 이루어진다.

각 실린더는 크랭크축이 회전하는 매 순간마다 펌핑을 한다. N개의 실린더를 가진 엔진의 경우, 특정 RPM에서 매니폴드 압력 변화에 따른 초당 사이클의 주파수 f_p는 다음과 같다.

$$f_p = \frac{N \times \text{RPM}}{120}$$

그림 5.24는 매니폴드 압력 변화에 대한 수치뿐 아니라 평균 MAP를 보여준다.

제어 시스템 응용을 위해서는 평균 매니폴드 압력이 필요하다. 일정한 RPM에서 엔진에 의해 생성된 토크는 MAP의 평균치와 비례하게 된다. MAP의 급격한 변화는 엔진 제어기에서 고려되지 않는다. 따라서 매니폴드 압력 측정 방법은 주파수 f_P에서 압력 변화를 필터링해서 평균 압력을 측정하는 것이다. 이런 필터링을 달성하는 방법 중 하나는 매우 작은 직경의 관을 통해서 흡기 매니폴드에 MAP 센서를 연결시키는 것이다. 압력의 급격한 변화는 이 관에서 관측되

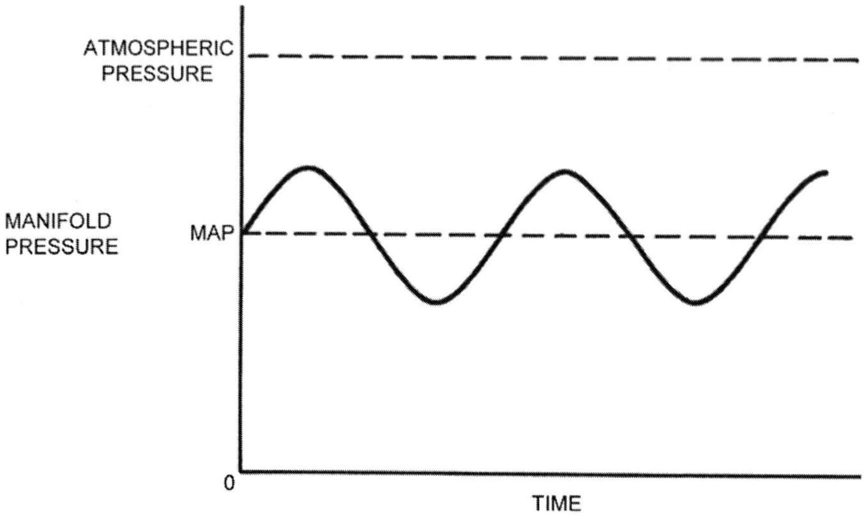

그림 5.24
흡기 매니폴드의 압력 변화

지 않지만 평균적인 압력은 관측된다. 즉, MAP 센서 출력 전압은 오직 평균 매니폴드 압력만 고려한 결과이다. 제1장에 설명된 대로 MAP 센서 전압의 필터링도 가능하다.

공기 질량 측정

연료 제어에서는 실린더로 흡입되는 공기의 질량을 측정하는 것이 필수사항이다. 원하는 공기/연료 비율을 유지하기 위해 분사되어야 하는 연료의 양이 계산된다.

실제로 실린더에 흡인되는 공기의 질량을 직접적으로 측정할 수 있는 방법은 없다. 모든 공기는 결국 여러 실린더(이상적으로 균일)에 분배되기 때문에 엔진으로 흡입되는 공기 질량유량을 통해 충전되는 공기량이 계산된다.

엔진에 공기 질량유량을 결정하는 두 가지 방법이 있다. 하나는 직접 공기 질량유량을 측정하는 센서를 사용하는 것이다. 이 센서의 작동은 제6장에서 다룬다. 다른 방법은 질량유량을 계산하기 위해 다수의 센서를 이용하는 것이다. 이 방법은 속도-밀도 방식(speed-density method)이라고 불린다.

속도-밀도 방식

이 방법에 대한 개념은 그림 5.25a에 표현된 바와 같이 공기의 질량 밀도를 이용한다.

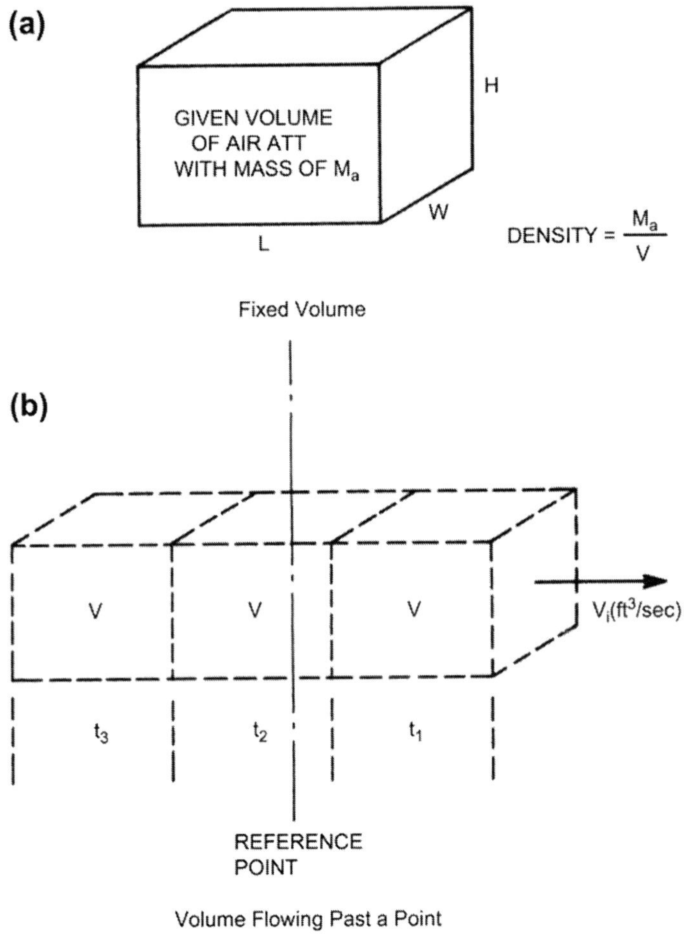

그림 5.25
체적 유량 비율 계산

특정 압력(P)과 온도(T)에서 질량 M_a과 공기의 부피(V)에 대한 공기의 밀도(ρ_a)는 다음과 같다.

$$\rho_a = \frac{M_a}{V} \tag{30}$$

그림 5.25b에 도시된 바와 같이 이 개념은 흐르는 공기에 적용될 수 있다. 여기서 공기는 특정 시간의 기준점을 지나 균일한 관(예, 엔진의 흡기 배관)을 통해 이동하는 것으로 가정한다. 이는 체적유량(volume flow rate)으로 알려져 있다.

속도-밀도 방식에 의해 $\dot{M}_a$를 측정하는 것은 현대의 엔진에서 사라졌지만, 구형 및 일부 차량에 아직도 존재하기 때문에 이 엔진 흡기 과정을 이해할 필요가 있다. 이에 앞서, 엔진의 공기흐름 비율 $\dot{M}_a$는 다음과 같이 주어진다.

$$\dot{M}_a = \dot{V}_i \rho_a \tag{31}$$

여기서, ρ_a는 연료, 공기, 수증기 혼합물의 밀도이다:

$$\rho_a = \frac{p_a}{RT_i} \tag{32}$$

여기서, p_a는 매니폴드 절대 압력, T_i는 유입 공기의 절대 온도, R은 상수, $\dot{V}_i$는 체적유량이다.

위의 모델에서 수증기로 인해 매니폴드 압력에 발생하는 상대적으로 작은 영향은 무시하고 연료가 스로틀 판을 통해 흡기 밸브에 의해 주입된다고 가정한다.

제6장에서 p_a(MAP 센서) 및 T_i(흡입 공기 온도 센서)를 측정하는 방법에 대해 설명한다. 공기 밀도는 이들 센서들의 측정으로 계산된다.

이 장의 앞부분에서 설명한 체적 효율에 대한 공기 체적 유량 비율 $\dot{V}_i$는 다음과 같다.

$$\dot{V}_i = e_v \frac{N}{2} V_D \tag{33}$$

여기서

$$N = \frac{\text{RPM}}{60}$$

V_D는 변위, e_v는 체적효율이다.

엔진 각속도(N)는 쉽게 측정되며 체적 효율은 엔진 매핑을 통해 측정된다. e_v, 스로틀 각도, RPM의 관계에 대한 테이블은 엔진 제어기에서 $\dot{M}_a$를 계산하는 데 사용하기 위해 메모리에 저장된다. 이런 측정값과 룩업 테이블을 통해 엔진 제어는 연료 공급량으로부터 $\dot{M}_a$를 계산하거나 추정할 수 있는 충분한 데이터를 확보하게 된다.

체적 효율이 밸브 시스템에 미치는 영향

엔진 구성에서 체적 효율은 흡기 매니폴드, 밸브의 사이즈와 위치, 캠로브 타이밍과 프로파일에 의해 결정된다. 캠로브 프로파일은 밸브 개폐시기와 최대 밸브 개방(lift) 시기를 결정한다. 주어진 캠 프로파일은 상대적으로 좁은 범위의 RPM 및 스로틀 설정에 대해서만 최적이다. 여러 RPM 범위뿐 아니라 스로틀이 열리는 정도 각각에 대해서 최적화가 수행된다.

이상적인 방법은 체적 효율을 최적화하기 위해 밸브의 타이밍(timing)과 리프트(lift)를 계속해서 변경시키는 경우이다. 이런 가변 밸브 타이밍(variable valve timing, VVT) 기술은 이미 양산 자동차에 적용되고 있다. 가변 밸브 타이밍은 가변 밸브 위상(variable valve phase, VVP)이라고도 불린다.

이 기술을 위해서 흡기와 배기 밸브에 대한 별도의 캠축이 필요하다. 이 두 개의 캠축은 흡기와 배기의 타이밍을 변화시키는 메커니즘을 통해 구동된다. 이 전기기계 액추에이터를 가지는 메커니즘의 작동은 제6장에서 설명한다. 흡기 및 배기 밸브 타이밍은 엔진 사이클에 대해 상대석으로 변한다. VVP에 대한 제이 전략은 제7장에서 설명한다.

배기 행정 동안 배기 밸브가 열리고 흡기 행정 동안 흡기 밸브가 열리지만 실제 자동차 엔진에서 흡기 밸브가 열리는 시기에 배기 밸브가 열린다. 흡기를 돕고 체적 효율을 향상시키기 위해 두 밸브가 중첩되어야 하는데, 이로 인해 엔진 펌핑 과정 동안 EGR 시스템에 흡기가스가 배기가스와 혼합된다. 가변 캠 위상 조정(variable cam phasing) 시스템에서는 공회전 상태(idle)에서 이런 중복을 최소화하여 배기가스와 엔진 성능을 최적화하도록 작동한다. 이 내용은 제6과 제7장에서 자세히 설명된다.

EGR 추가

$\dot{V}_i$는 제어 시스템에 의해 상대적으로 간단히 계산되지만 다른 요소들이 공기 질량유량을 결정하는 데 고려되어야 한다. 배기가스 재순환에서는 실린더의 공기를 충전하는 데 배기가스가 이용되기 때문에 체적변위 V_D에 배기가스가 포함된다. 따라서 EGR의 체적유량을 알아야 하는데, EGR 밸브의 위치 센서는 유량을 알아내는데 사용된다.

이 센서의 정보로부터 $\dot{M}_a$은 속도-밀도 방법을 이용하여 계산된다. 실제 체적 공기유량 $\dot{V}_a$은 $\dot{V}_i$로부터 EGR의 체적 유량($\dot{V}_{EGR}$)의 차이에 의해 결정된다. 전체 실린더 공기 충전 비율($\dot{V}_a$)은 다음과 같다.

$$\dot{V}_a = \dot{V}_i - \dot{V}_{\text{EGR}} \tag{34}$$

EGR의 체적 유량은 EGR 밸브의 위치와 엔진 작동 조건으로부터 계산된다. 이에 관련된 내용은 제7장에서 설명된다.

$\dot{V}_a$에 대한 식을 대입하면, 공기의 체적 유량은 다음과 같다.

$$\dot{V}_a = \frac{NV_D e_{\text{v}}}{2} - \dot{V}_{\text{EGR}} \tag{35}$$

$\dot{V}_a$를 알고 밀도 ρ_a가 주어지면 공기의 질량유량 $\dot{M}_a$는 다음과 같다.

$$\dot{M}_a = \dot{V}_a \rho_a \tag{36}$$

$\dot{M}_a$를 알 경우 연료에 대한 화학량론비의 질량유량 $\dot{M}_f$는 다음과 같다.

$$\dot{M}_f = \frac{\dot{M}_a}{14.7} \tag{37}$$

$\dot{M}_a$를 측정하기 위한 속도-밀도 방법은 $\dot{V}_a$와 ρ_a의 값을 통해 구한 원하는 수치에서 연료 질량유량을 설정하는 연료 계측 액추에이터에 영향을 준다. 제어 시스템은 계속해서 $\dot{V}_a$와 ρ_a로부터 $\dot{M}_a$를 계산하고, 화학량론비의 연료 질량유량을 유지시키도록 연료 분사 장치를 작동시키는 출력 전기 신호를 생성한다. 실제 엔진 제어 시스템의 경우 각 사이클당 한 번씩 위와 같은 측정, 계산, 제어 신호 생성을 수행한다.

공회전 속도 제어

공회전 상태에서 자동차 엔진의 동작은 특별한 고려사항들이 필요하다. 공회전에서는 운전자의 스로틀 입력, 즉 가속페달을 통하여 스로틀에 전달되는 입력이 없다. 엔진은 변속기, 부가장치들, 내부 마찰력과 지속적인 공회전을 할 수 있는 펌핑 토크와 같은 부하 토크를 충족시키는 정확한 토크를 생성해야 한다. 특정 부하 토크는 운전자에 의해 발생한다. 예를 들면 주차 또는 중립 상태에서 변속기 선택을 변경하거나 전기적 부하를 가하는 경우이다.

공회전 상태에서 엔진이 생성하는 토크는 흡입 공기 질량유량에 의해 결정된다. 전자 연료 제어는 엔진이 충분히 예열된 경우에는 화학량론비를 유지하는 연료 유량을 결정하고 저온 시동(cold start) 상태에서는 화학량론비보다 다소 많은 양의 연료를 적절하게 조절한다. 일반적으로 엔진 전자 제어는 부하와 상관없이 고정된 RPM에서 엔진을 작동시킨다. 공회전 RPM을 유지하기 위해 스로틀 각을 조정하여 필요한 공기흐름을 엔진에 유입시키거나 엔진의 스로틀 판을 우회하여 공기를 유입하는 장치를 이용할 수 있다. 어느 방법이던 공회전에서 공기 질량유량을 조절하는 액추에이터가 엔진 전자 제어 시스템을 위해 필요하다. 제6장에서는 공회전에서 공기 흐름 제어를 위해 사용되는 다양한 액추에이터에 대해 설명한다. 이 장에서는 제6장에서 논의될 실제 액추에이터 중 대표적인 공회전 공기 질량유량에 대한 모델을 가정한다(참고: 아래 해석에서 공회전 속도 제어에 필요한 모든 변수들에 아래 첨자 I(idle)가 포함된다.)

공회전 상태에서는 공기 우회 구조에 관계없이 공기 질량유량($\dot{M}_{aI}$)이 공기유동 개구의 크기를 조절하는 이동체의 변위에 비례한다(예를 들어, 스로틀 각도 θ_T 또는 공회전 우회 구조에서 이와 동등한 x_T). 공회전에서 엔진 토크 T_{iI}는 다음과 같이 주어진다.

$$T_{iI} = K_I \dot{M}_{aI} \tag{38}$$

여기서, K_I는 공회전 공기 시스템에 대한 상수이다. $\dot{M}_{aI}$는 공회전 우회 통로 크기 x_I에 선형적으로 변화한다고 가정하면,

$$\dot{M}_{aI} = K_m x_I \tag{39}$$

여기서 x_I은 공회전 우회 통로 크기이고 K_m은 상수이다.

일반적으로 공회전 공기 우회 구조에는 액추에이터에서 구현할 수 없는 $x_I = 0$ 상태를 유지하게 하는 스프링이 있다. 작동력(또는 토크)은 이 스프링의 힘, 마찰력, 질량 m_I를 가속시키는 힘으로 작용한다. 이 장에서는 액추에이터 움직임에 대한 선형 모델을 다음과 같이 가정한다.

$$m_I \ddot{x}_I + d_I \dot{x}_I + k_I x_I = K_a u \tag{40}$$

여기서, d_I는 점성 마찰 상수, k_I는 복원 스프링 상수, u는 액추에이터의 입력 신호, K_a는 액추에이터 상수이다.

공회전 속도 제어에는 공회전 상태에서 토크와 엔진의 각속도 사이의 관계에 대한 모델이 필요하다. 다른 주파수 변수들과의 혼동을 피하기 위해서 공회전에

서 크랭크 각속도(rad/sec)에 대한 표기는 Ω_I로 한다. 이 변수에 대한 식은 다음과 같이 주어진다.

$$\Omega_I = \pi \frac{\text{RPM}_I}{30} \tag{41}$$

여기서, RPM_I는 아이들에서의 RPM이다.

일반적으로 Ω_I의 상대적으로 작은 변화에 대해 부하 토크(마찰 펌핑 토크를 포함)는 다음의 선형 모델로 표현된다.

$$T_L(\Omega_I) = R_e \Omega_I$$

여기서, R_e는 특정 작동 온도에서의 엔진/부하 상수이다. 공회전 상태에서 토크 T_{iI}는 다음과 같은 선형 모델을 가진다.

$$T_{iI} \cong J_e \dot{\Omega}_I + T_L(\Omega) \tag{42}$$

여기서, J_e는 엔진/부하 회전 구성요소의 관성 모멘트이다.

제1장의 라플라스 변환법을 이용하면 공회전 상태 $H_{eI}(s)$에서 엔진의 전달함수는 다음과 같은 식으로 표현된다.

$$H_{eI}(s) = \frac{\Omega_I(s)}{T_{iI}(s)} \tag{43}$$

$$= \frac{1}{J_e s + R_e} \tag{44}$$

공회전 액추에이터 동역학에 대한 전달함수 $H_{aI}(s)$는 다음과 같다.

$$\begin{aligned} H_{aI}(s) &= \frac{x_I(s)}{u(s)} \\ &= \frac{K_a}{m_I(s^2 + 2\zeta_I \omega_I s + \omega_I{}^2)} \end{aligned} \tag{45}$$

여기서, $\omega_I = \sqrt{k_I/m_I}$, $\zeta_I = \dfrac{d_I}{2m_I\omega_I}$이다.

이러한 전달함수들을 이용하여 공회전 속도 제어 플렌트인 $H_{pI}(s)$의 전달함수를 나타낼 수 있다.

$$H_{pI}(s) = \frac{\Omega_I(s)}{u(s)} \tag{46}$$

$$= \frac{K_a K_m K_I}{J_e m_I \left[\left(s^2 + 2\zeta\omega_I + \omega_I \right) \left(s + \frac{R_e}{J_e} \right) \right]} \tag{47}$$

여기서, u는 액추에이터에 전달되는 제어 변수이다.

공회전 속도에 대한 개루프 제어는 환경 작동 조건의 변화와 부하의 변화 때문에 실질적으로 사용되지 않고, 폐루프 제어에 의해 공회전 속도를 원하는 속도로 제어한다. 그림 5.26은 공회전 속도 제어 시스템의 블록 다이어그램이다.

제1장의 분석 방법과 공회전 속도 설정치 Ω_s를 이용하여 공회전 속도 폐루프 제어의 전달함수 H_{CLI}는 다음과 같이 주어진다.

$$\begin{aligned} H_{CLI}(s) &= \frac{\Omega_I(s)}{\Omega_s(s)} \\ &= \frac{H_{cI}(s)H_{pI}(s)}{1 + H_s(s)H_{cI}(s)H_{pI}(s)} \end{aligned} \tag{48}$$

여기서, H_{cI}는 공회전 제어기의 전달함수, $H_s(s)$는 크랭크축 속도 센서의 전달함수이다.

제1장에서 세 가지 제어 방법(P, PI, PID 제어)이 소개되었다. Ω_I와 원하는 값 Ω_s 사이의 정상상태 오차가 0으로 수렴하지 않기 때문에 P 제어를 사용하는 것은 바람직하지 않다. 또한, PI 제어는 정상상태 오차를 0으로 만들 수 있지만 잠재적으로 불안정한 폐루프 시스템을 만들 수 있다는 것을 제1장에서 언급했다. 그러나 시스템 변수를 고려하여 안정되게 작동하고 좋은 성능을 낼 수 있는 공

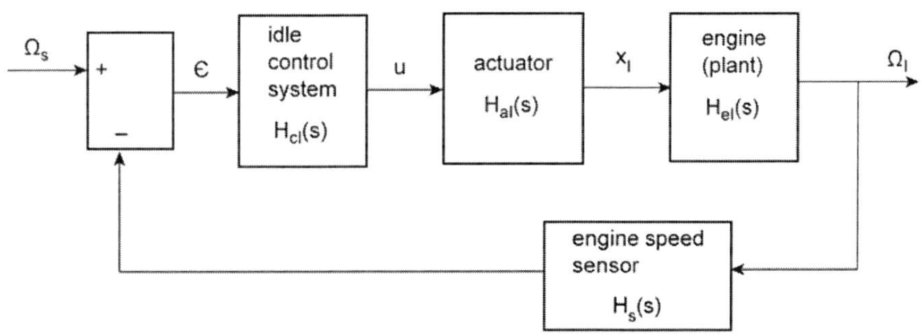

그림 5.26
공회전 속도 제어 시스템의 블록 다이어그램

회전 속도 시스템에 대한 비례 이득(K_p) 및 적분 이득(K_I) 값의 범위가 존재한다. 이 PI 제어에 대한 제어기 전달함수는 다음과 같다.

$$H_{cI}(s) = K_p + \frac{K_I}{s} = K_p\left(\frac{s+s_0}{s}\right) \tag{49}$$

공회전 속도 제어 성능의 예를 들기 위해 다음과 같이 매개변수들을 가정한다.

$$\begin{aligned}
\zeta_I &= 0.5 \\
\omega_I &= 25 \text{ rad/sec} \\
\omega_e &= R_e/J_e = 10 \text{ rad/sec} \\
K_{\text{num}} &= K_a K_m K_I = 250 \\
K_{\text{den}} &= J_e m_I = 0.05 \\
s_0 &= K_I/K_p = 10
\end{aligned}$$

순방향 전달함수 $H_F(s)$는 다음과 같이 정의된다.

$$\begin{aligned}
H_F(s) &= H_{cI}(s)H_{pI}(s) \\
&= \frac{K_{\text{num}}(s+s_0)}{K_{den}[(s^3+2\zeta\omega_I s^2+\omega_I^2 s)(s+\omega_e)]}
\end{aligned} \tag{50}$$

이를 분석하기 위해 완벽한 각속도 센서를 가정하여 $H_s(s) = 1$을 대입하면 위의 식을 단순화시킬 수 있다. 이 경우, 폐루프 공회전 속도 제어 전달함수($H_{CLI}(s)$)는 다음과 같이 주어진다.

$$H_{CLI}(s) = \frac{K_p H_F(s)}{1+K_p H_F(s)} \tag{51}$$

제1장에서 설명한 폐루프 공회전 속도 제어를 안정화시키는 P 게인은 근궤적 기법(root locus technique)을 통해 구할 수 있다. 그림 5.27은 공회전 속도 제어에서 추정한 변수에 대한 근궤적 기법 그래프이다.

이 폐루프 극점은 모두 복소수 좌측 평면에서 시작하므로 작은 K_p에 대해서는 안정(stable)하다는 것을 알 수 있다. 그러나 K_p가 증가함에 따라 한 쌍의 극점이 복소수 우측 평면으로 넘어가므로 불안정하게 된다. MATLAB의 "data cursor" 기능을 사용하면 예를 들어, $K_p = 1.2$일 경우 복소수 우측 평면으로 이동하는 극점들은 안정하고 약 25%의 감쇠율을 가지는 것이 확인된다.

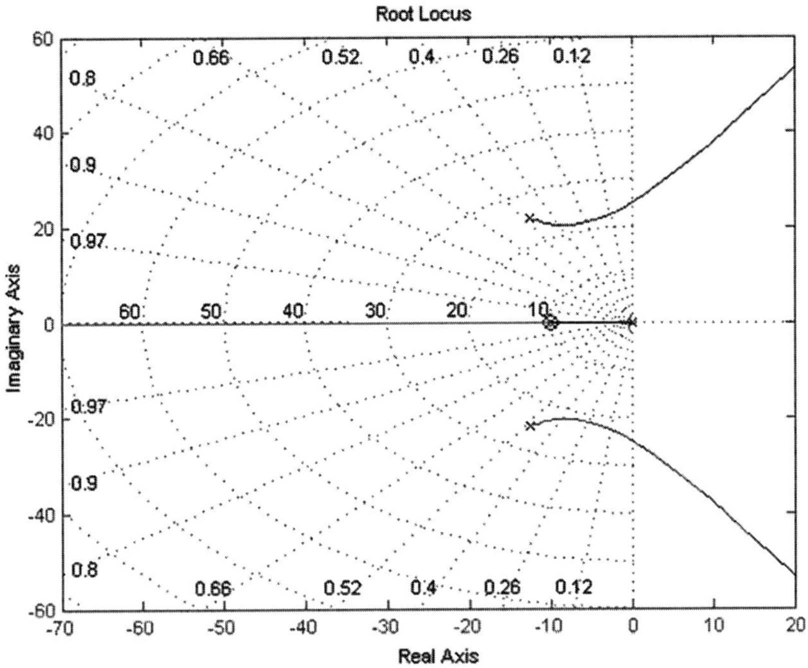

그림 5.27

공회전 속도제어의 근궤적 기법

이 K_p(즉, $K_p = 1.2$) 값을 사용하여 $t = 0.5$초 지점에서 RPM이 550에서 600으로 스텝 형태로 변할 때, 폐루프 동적 응답을 분석할 수 있다. 그림 5.28은 이러한 입력에 대한 엔진 공회전 속도(RPM)의 동적 응답이다. 공회전 속도가 짧은 과도 응답 상태를 지난 후에 정상상태 오차가 0에 도달하는 것을 볼 수 있다.

이 공회전 속도 제어의 시뮬레이션에 사용되는 변수는 특정 엔진의 값이 아니라 중요한 엔진 제어 기능에 대한 특성을 설명하기 위해 임의로 선택되었다. 제7장의 디지털 엔진(파워 트레인) 제어 부분에서는 이산 시간 제어에 대한 모델링 방법이 설명되어져 있다.

전자 점화

엔진 점화 시스템은 실린더 안의 혼합물을 점화하는 전기 스파크를 발생시키는 시스템이다. 이 장의 앞에서 설명했듯이 압축 행정(1장 참조)동안 엔진 위치와 점화 시점의 상대적 위치가 엔진 성능에 영향을 준다. TDC로부터 스파크 어드밴스(spark advance)는 센서에 의해 측정된 값들을 이용한 엔진 전자 제어에 의

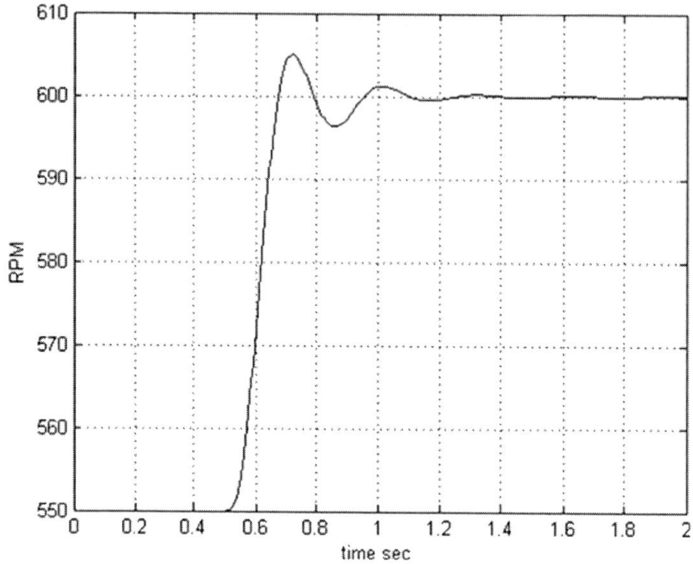

그림 5.28
공회전 속도 제어의 계단 응답

해 결정된다. 흡기 매니폴드 압력, RPM, 온도에 따라 최적의 스파크 어드밴스는 변한다.

정확한 스파크를 생성하는 스파크 어드밴스를 계산하기 위해서는 크랭크 각도를 측정해야 한다. 엔진 위치 측정은 캠축에 위치한 센서와 크랭크축에 위치한 센서에 의해 결정된다.

전자 점화는 통합 엔진 제어 시스템의 서브시스템이나 독립형 점화시스템으로 구현된다. 이 시스템에 대한 블록 다이어그램은 그림 5.29와 같다.

엔진 위치, 공기 질량유량, 매니폴드 압력, RPM에 대한 센서 측정을 기반으로 전자 제어 시스템은 각 실린더에 대한 정확한 스파크 어드밴스를 계산한다. 제어기는 적절한 시간에 구동 회로에 트리거 신호(trigger signal)를 입력하여 스파크를 일으킨다. 스파크를 발생시키기 위해 구동 회로는 1차 코일로 큰 전류를 보내다가 트리거 신호에 의해 1차 코일 전류를 갑자기 차단한다. 이때, 매우 높은 전압이 2차 코일(S)에 의해 유도되는데, 제6장에서는 1차 전류의 차단으로 인해 2차 코일에 높은 전압이 발생하는 물리적인 메커니즘을 설명한다. 이때 발생하는 높은 전압은 스파크플러그를 점화시킨다. 하나의 코일이 2개의 실린더에 사용되는 경우에는 하나의 실린더가 압축 행정일 때 해당 실린더에 점화가 일어난다. 연소는 이 실린더에서 발생하며, 다른 실린더는 배기행정이므로 스파크는 아무런 영향을 주지 않는다. 대부분의 엔진들은 짝수의 실린더를 가지고 있으며

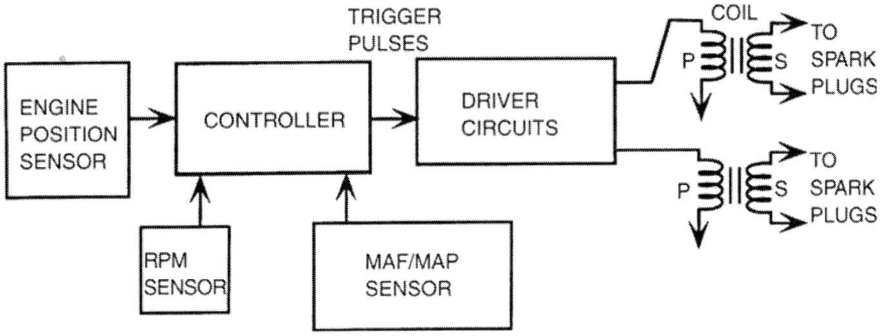

그림 5.29
전자 점화 시스템의 구성

각 실린더는 한 쌍씩 분리된 구동 회로와 각각의 코일을 가지고 있다.

파워트레인의 이산 시간 디지털 제어에 대해 설명하기 전에, 제어 시스템 중 회로에 중요한 요소들에 대한 모델(센서와 액추에이터)을 설명하는 것이 필요하다. 제6장은 이러한 중요한 구성요소들을 다룬다.

제 6 장 센서와 액추에이터

자동차 제어 시스템에 적용되는 센서와 액추에이터 244
- 측정 변수 246
- 공기 유량률 센서 247
- 압력 센서 252
  - 스트레인 게이지 MAP 센서 253
- 엔진 크랭크축 각도 위치 센서 256
- 자기 릴럭턴스 위치 센서 258
  - 엔진 각속도 센서 268
  - 점화 및 연료 전달 타이밍 센서 269
- 홀효과 위치 센서(홀 센서) 270
  - 홀효과 271
  - 차폐 영역 센서 273
- 광학 크랭크축 위치 센서 274

스로틀 각도 센서 277

온도 센서 280

일반적인 냉각수 센서 280

피드백 제어를 위한 센서 281
- 배기가스 산소 센서 282
  - 이상적인 EGO 센서 283
  - 스위칭 특성 284
- 산소 센서 개선 287

노크 센서 288

차량 엔진 액추에이터 291
- 연료 분사기 296
  - 연료 분사기 신호 296
- 배기가스 재순환 액추에이터 298

가변 밸브 타이밍 299
- VVP 메커니즘 모델 302

전기 모터 액추에이터 304
- 브러시리스 DC모터 314

스텝모터 317
- 점화 시스템 317
- 점화 코일 작동 318

이전 장에서는 전자 제어 시스템의 중요한 두 가지 요소(센서 및 액추에이터)에 대하여 소개하였다. 이 장은 현재 자동차에 사용되는 센서 및 액추에이터의 작동 원리에 대해서 설명할 것이다. 특히, 엔진이나 트랜스미션과 같은 파워트레인에 사용되는 센서 및 액추에이터를 강조하여 다루고자 한다. 또한, 자동차의 다른 하위시스템에서 발견되는 센서들에 대해서도 논할 것이다.

제어 시스템에서, 센서는 디지털 마이크로컨트롤러를 위한 적합한 형태의 변수를 측정하는 중요한 장치이다. 이와 비슷하게, 액추에이터는 전기적으로 입력을 조절하고, 직접적으로 출력을 제어하는 장치에 의해 작동되었다. 예를 들면, 연료 인젝터는 전기적으로 액추에이터를 작동시키며, 액추에이터는 엔진 제어 애플리케이션을 위한 엔진 내부의 연료의 흐름을 조절한다.

제1장으로 돌아가서, 근본적으로 전자 제어 시스템은 플랜트의 변수를 측정하는데 사용하였고, 이 변수는 폐루프 모드 상태에서 조절되었다. 측정된 변수는 오류신호(error)를 생산하기 위하여 변수와 관련된 원하는 값(설정값)과 비교되었다. 폐루프 모드에서는 전자식 제어기가 전기적 신호 출력을 발생시키고, 이는 오차를 0으로 만들기 위해 플랜트의 입력을 제어한다. 또한, 개루프 모드에서 요구하는 제어 변수를 계산하기 위해, 주요한 입력변수를 측정하는 데 사용한다. 자동차 계측 장치는 또한 몇몇의 변수 측정을 요구한다. 제어 혹은 계측을 위한 애플리케이션에서 이러한 측정은 한 개 혹은 그 이상의 센서를 사용한다. 그러나 더 정확한 센서의 성능 모델을 제어 애플리케이션이 요구함에 따라, 이 장에서 센서에 대한 논점은 제어 애플리케이션에 집중되었다. 그렇지만 설명되는 센서의 대부분은 계측 시스템에서도 사용될 수 있다는 것을 독자들은 주의하기 바란다.

이 책을 통해서 볼 수 있듯이, 자동차 전자공학은 실제적으로 모든 서브시스템에서 전자식 제어에 대한 예를 많이 가지고 있다. 현대의 자동차 전자 제어 시스템은 거의 모든 제어기능을 구현하는 마이크로프로세서(제4장에서 설명한)를 기반으로 한 마이크로컨트롤러를 사용하고 있다. 각각의 서브시스템들을 작동시키기 위해서 하나 혹은 그 이상의 센서 및 액추에이터를 요구한다.

자동차 제어 시스템에 적용되는 센서와 액추에이터

어떤 제어 시스템 애플리케이션에서 많은 경우, 센서 및 액추에이터는 시스템 수행을 결정하는 중요한 요소이다. 특히, 자동 제어 시스템 애플리케이션에서는 매우 그러하다. 적절한 센서 및 액추에이터의 사용은 제어 시스템 설계에 매우 중요하다.

제어 엔지니어가 사용하기를 원하는 센서 및 액추에이터는 비록 성능면에서는 만족스러울 수 있으나 종종 비용 문제로 상용화될 수 없게 된다. 이러한 이유로 신호 프로세서 혹은 내부 회로는 종종 특별한 센서 혹은 액추에이터를 사용하여 설계되거나, 제어 시스템이 상용화 가능한 센서 및 액추에이터에 적합하도록 설계된다. 비록 시간이 오래 걸리고 비용이 많이 들어가는 프로젝트가 될지라도, 차량제어 시스템은 잠재적으로 많은 생산량이 이루어질 수 있기 때문에 특별한 애플리케이션을 위한 센서를 개발하는 것은 충분한 가치가 있다.

비록 센서와 액추에이터를 작동시키는 많은 서브시스템이 자동차에 있지만, 우리는 파워트레인 제어를 위한 장치에 대하여 알아보면서 논의를 시작할 것이다. 엔진 제어를 위한 센서 및 액추에이터에 대한 설명을 시작하기 위해, 측정 변수 및 제어 변수에 대하여 알아보자. 그림 6.1은 대표적인 전자 엔진 시스템의 블록 다이어그램으로 엔진 제어를 위해 사용되는 대부분의 관련있는 센서를 보여준다.

제5장에서 설명하였듯이, 스로틀 판의 위치는 스로틀 위치 센서(이하 TPS)에 의해 감지되고, 엔진 속의 유체의 흐름을 직접적으로 규제함으로써 엔진 출력을 제어한다. 흡기 스트로크가 전자 제어기에 의해 통제되는 동안에 실린더 내부에 있는 연료 인젝터(fuel injector)의 한 세트는 실린더에 부합하는 정확한 양의 연료를 공급하고, 화학량론에 입각한 연료/공기 혼합 비율을 허용범위 안에서 유지한다. 연료 인젝터는 자동차 전자 애플리케이션에 사용되는 중요한 액추에이터 중 하나이다. 점화 제어 시스템은 전자적 엔진 제어기의 제어 하에 적절한 시간에 각각의 스파크 플러그를 발화시킨다. 배기가스 환원 장치(이하 EGR)는 엔진 제어기로부터 나온 또 다른 출력에 의해 제어된다. 모든 중요한 엔진 제어 기

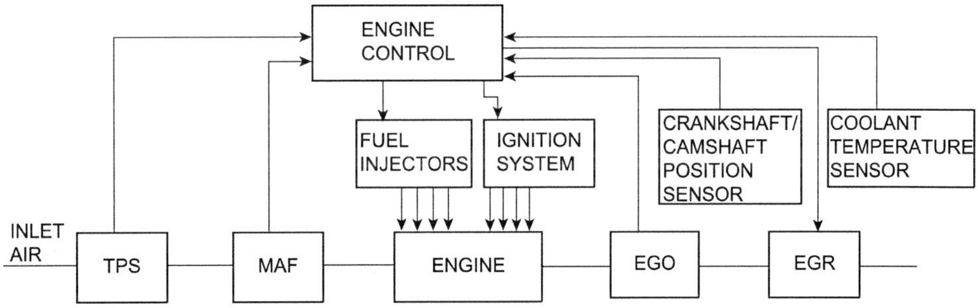

그림 6.1
대표적인 전자식 엔진 제어 시스템

CHAPTER 06

능은 엔진과 연결된 다양한 센서들에 의해 측정된 값을 바탕으로 한다. 엔진 제어기 안에서는 입력값에 기초하여, 적절한 출력 신호를 계산하여 액추에이터로 넘겨준다. 우리는 먼저 제어 시스템의 입력값(센서)을 고려하고, 출력값(액추에이터)에 대해 토론할 것이다.

측정 변수

주어진 어떠한 파워트레인에 대해 측정되는 변수들은 관련된 엔진 제어기의 구성에 의해 결정된다. 이 책에서는 모든 자동차 모델에 대한 파워트레인 제어 시스템과 관련 센서 및 액추에이터의 선택을 모두 다룰 수는 없기에 가능한 센서들에 대해 검토해보고, 다음 장에서 실제 디지털 제어 구성의 대표적인 예를 제시하겠다.

엔진 제어에서 측정되는 변수는 다음과 같다:

1. 질량공기흐름(MAF)률
2. 배기가스 산소농도
3. 스로틀 판 각 위치
4. 크랭크축 각 위치/RPM
5. 캠축 각 위치
6. 냉각수온도
7. 흡입 공기 온도
8. 대기 압력
9. 대기 온도
10. 매니폴드 절대 압력(MAP)
11. 차등 배기가스 압력(주변에 상대적으로)
12. 차량 속도
13. 트랜스미션 기어 설정
14. 현재 트랜스미션 기어 위치
15. 각종 압력

위 변수들의 측정값과 함께 엔진 제어 또한 스위치로 설정되는 차량 상태에 의해 수행된다. 이러한 스위치는 다음과 같다

1. 에어컨 클러치 관여
2. 브레이크 온/오프

3. 넓게 열린 스로틀
4. 스로틀 닫힘
5. 전동 기어 선택

공기 유량률 센서

제5장에서 우리는 배기가스 규제를 만족하는 엔진 전자 제어에서는 공기유량률(mass flow rate of air, $\dot{M}_a$)을 측정해야 한다는 것을 공부하였다. 1900년대 초반 이후 생산된 차량의 대부분은 비교적 간단하고 저렴한 공기유량률(MAF)센서를 사용한다. 이 센서는 일반적으로 흡기 매니폴드로 들어오는 공기 흐름을 측정하는 위치에서 조립품으로 탑재된다. 또한, 반도체와 신호처리를 포함한 단일 유닛 센서로 견고하게 패키지화되어 있다. 작동시, MAF센서는 실제 지량 공기흐름 $\dot{M}_a$의 함수로 변화하는 신호를 연속적으로 생성한다.

MAF 작동에 대해서 설명하기 전에, 엔진흡기 유량의 특성을 검토하는 것이 유용할 것이다. 4행정 왕복 엔진은 공기펌프와 같은 기능을 가지고 있어서 각 실린더마다 크랭크축이 두 바퀴 회전할 때마다 흡기가 이루어진다. 펌핑 과정의 동역학 과정은 공기유량을 두 가지 구성요소가 중첩되어 이루어진 것으로 해석할 수 있다. 첫 번째 요소는 비교적 안정된 흐름을 의미하는 준안정 성분(quasi-steady component)이고, 두 번째는 엔진 크랭크축 회전수의 반으로 흔들리는 변동성분(fluctuating component)이다. 준안정 성분은 엔진이 일정한 속도로 작동하는 경우에는 일정한 상수값으로 볼 수 있다. 그러나 자동차 엔진은 일정한 힘과 RPM으로 작동하는 경우가 별로 없기 때문에 공기유량의 준안정 성분은 부하와 속도에 따라 변화한다. 엔진 제어를 위해 MAF센서에 의해 측정하는 값은 이와 같은 준안정 성분, $\dot{M}_{a\tau}(t)$로 볼 수 있다. 이 준안정 성분의 요소를 표현하는 방법 중 하나는 단기 시간평균을 사용하는 것이다. 여기서 단기 시간평균 값은 $\dot{M}_{a\tau}(t)$라고 표기하고, 시간간격 τ에 대한 평균값을 의미한다.

$$\dot{M}_{a\tau}(t) = \frac{1}{\tau}\int_{t-\tau}^{t} \dot{M}_a(t')\mathrm{d}t' \qquad (1)$$

이 적분 간격(τ)은 엔진 공회전 시와 같이 낮은 주파수에서도 변동성분을 소거할 수 있을 만큼 충분히 길어야 한다. 그러나 상대적으로 빠른 스로틀 위치 변화 시 발생하는 과도응답특성을 포함하기 위해서는 평균주기가 짧아야 한다. 이에 대한 해결책으로, 공기유량(mass air flow)의 준안정 성분을 구하기 위해 순간 유량률(flow rate)값을 저역 통과 필터로 필터링하여 구할 수 있다. 제1장을 회상해 보면 저역 통과 필터(LPF)는 다음과 같은 작동전달함수($H_{LPF}(s)$)로 특성화할 수 있다.

$$H_{\mathrm{LPF}}(s) = \frac{b_o + b_1 s + \cdots b_m s^m}{a_o + a_1 s + \cdots a_n s^n} \tag{2}$$

위 식의 계수들은 필터의 응답 특성을 결정한다. 필터 대역폭은 공기유량측정의 평균을 취하기 위한 동등한 시간 간격으로 선택한다. 물론, 실제로 디지털 파워트레인 제어 시스템에서는 질량 공기 흐름 측정은 이산 시간으로 샘플링되고, 필터링은 샘플링된 데이터의 이산 시간 변환으로서 구현된다(제2장 참조).

전형적인 MAF 센서는 예전 공기흐름 센서 중 우리가 사용했던 열선 풍속계라는 센서의 변형이다. 예를 들어, 기상 예측뿐만 아니라 다양한 과학적 연구를 위한 바람의 속도를 측정하기 위해 사용된다. 일반적인 MAF에서 센싱 요소는 기판 상에 탑재된 도체 또는 반도체의 박막 구조체이다. 공기흡입구 측에는 벌집형태의 구조를 통해 공기의 흐름을 부드럽게 해줄 수 있도록 한다.

이러한 기류 센서의 개념은 2개의 단자를 가진 온도측정부의 저항 변화에 기초한다. 전류가 전원을 공급하기 위해 온도측정부를 통과하면 온도가 상승되고 저항이 바뀌게 된다. 가열된 온도측정부 주위에 공기 또는 기타 유체의 흐름이 발생하면, 열은 통과하는 유체와 온도측정부 사이의 온도 차와 공기유량률의 함수로 유체에 흡수된다. 전류 공급에 의하여 열은 지속적으로 발생하게 되고, 온도측정부에서의 온도는 움직이는 기류에 의해 흡수된 열에 비례하여 변화하게 되고 그에 따라 온도측정부의 저항이 변화하게 된다. 특정 온도(T)에서 온도측정부의 저항(R_{SE})에 대한 간편한 모델 식은 다음과 같이 주어진다.

$$R_{\mathrm{SE}}(T) = R_o + K_T \Delta T \tag{3}$$

여기서, R_o는 기준온도 T_{ref}(예를 들어, 0도)에서의 저항값이다. $\Delta T = T - T_{ref}$와 K_T는 저항/온도의 계수이다. 전도성 센싱 요소에서는 $K_T > 0$이고, 반도체 센싱 요소에서는 $K_T < 0$이다.

움직이는 공기의 유량률(mass flow rate)은 저항의 변화를 통해 측정한다. 공기유량률을 측정하기 위해 온도측정부의 저항을 사용하는 데에는 많은 방법들이 있다. 그 중 하나의 방식은 그림 6.2에 도시된 바와 같이, 이른바 브릿지 회로(bridge circuit)에 요소를 연결하는 방법이 있다.

브릿지 회로에서 3개의 저항(R_1, R_2, R_3)은 그림 6.2와 같이 저항형 온도측정

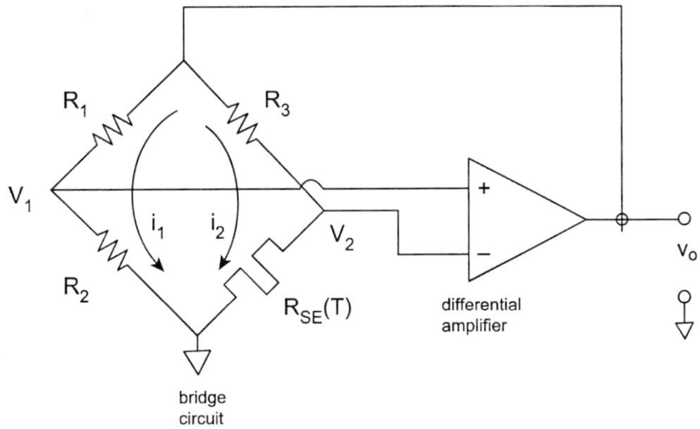

그림 6.2
공기 유량 센서(Mass Airflow sensor)

부($R_{SE}(T)$)와 함께 접속되어 있다. 이 온도측정부는 얇은 전도성 필름이나 기판 상에 증착되는 반도체 물질의 박막으로 구성되어 있다. 전압 V_1 및 V_2(그림 6.2에 그려진)는 비교적 높은 증폭비의 차동증폭기(differential amplifier) 입력에 연결된다. 증폭기의 출력전압 v_o는 브릿지에 연결되어 있고, 브릿지 입력을 제공한다. 이러한 전압은 다음과 같이 주어진다.

$$v_o = G(V_1 - V_2) \tag{4}$$

여기서, G는 증폭기 전압 게인값으로 주어진다.

브릿지 회로에서, 온도측정부는 질량 유량을 측정하는 움직이는 에어 기류에 위치하고 있다. 다른 3개의 저항들은 동일한 상온(T_a)이 되도록 장착한다.

브릿지 회로와 차등 증폭기는 온도측정부와 대기온도의 온도차 ΔT가 대기온도 T_a와 독립적으로 유지되는 폐쇄 루프를 형성한다(자동차의 경우 T_a의 변화가 100°C 이상 될 수 있다). 우리는 회로 작동에 대해 먼저 설명하고 T_a의 변화에 대한 보상을 설명한다.

MAF 동작에 대해 설명하기 위해서, 두 차등 증폭기 입력값에서 입력 임피던스는 충분히 커서 + 또는 − 단자로 입력전류는 0으로 볼 수 있다. 이러한 가정을 통해, 차등 입력 전압 압력 ΔV는 다음과 같이 주어진다.

$$\Delta V = V_1 - V_2 \tag{5}$$

$$= v_0\left[\frac{R_2}{R_1 + R_2} - \frac{R_{SE}}{R_{SE} + R_3}\right] \tag{6}$$

그러나 $v_o = G\Delta V$로 주어지고 그에 따라 다음과 같은 식을 유도할 수 있다.

$$\frac{1}{G} = \left[\frac{R_2}{R_1 + R_2} - \frac{R_{SE}}{R_{SE} + R_3}\right] \quad (7)$$

현재 MAF 센서의 구성에서, G는 매우 큰 값(즉, $G \gg 1$)으로 가정할 수 있다. 식 (7)에서 G가 충분히 크면 R_{SE}는 대략적으로 다음과 같이 나타낼 수 있다.

$$R_{SE}(T) = \frac{R_2 R_3}{R_1} \quad (8)$$

이러한 경우, 식 (3)을 이용하면 센싱 요소와 주변 공기의 차이가 생길 경우 다음과 같이 나타낼 수 있다.

$$k_T \Delta T = \frac{R_2 R_3}{R_1} - [R_0 + k_T(T_a - T_{ref})] \quad (9)$$

여기서, T_{ref}는 기준(reference) 온도이다.

이 온도 차이는 온도 보상 저항이라고 불리는 R_3의 적절한 선택에 의해서 주위 온도 T_a와 독립적으로 만들 수 있다. 이러한 방법으로 R_3는 온도측정부 저항과 같은 물질로 이루어졌지만 다른 구조를 가지고 있어서 저항값은 아래 식과 같이 나타난다.

$$R_3(T_a) = R_{3o} + k_{T3}(T_a - T_{ref}) \quad (10)$$

여기서, R_{3o}가 $T_a = T_{ref}$에서의 R3의 저항값이고, K_{T3}은 R_3의 온도 계수이다.

온도측정부의 온도차 ΔT는 다음과 같이 주어진다.

$$k_T \Delta T = \left(\frac{R_2 R_{3o}}{R_1} - R_0\right) + \left(\frac{R_2}{R_1} k_{T3} - k_T\right)(T_a - T_{ref}) \quad (11)$$

만약 센서가 다음과 같이 설계되었으면

$$\frac{R_2 k_{T3}}{R_1} = k_T$$

ΔT는 T_a와 독립적인 값을 갖게 되어 다음과 같이 주어진다.

$$\Delta T = \frac{1}{k_T}\left[\frac{R_2 R_{3o}}{R_1} - R_o\right] \tag{12}$$

이 온도 차이는 회로 파라미터에 의해 결정되고 충분히 큰 증폭기 게인(G)에 대하여 증폭비와 독립적으로 볼 수 있다.

위의 분석은 일정한 공기 유량(예를 들어, $\dot{M}_a =$ 상수값)이라고 가정되었다. 자동차 엔진으로 유입되는 공기유량은 좀처럼 일정하지 않다. 그래서 MAF 센서 동역학을 시간에 따라 변하는 $\dot{M}_a$에 대한 반응으로 보는 것이 유용하다. 그림 6.2에서 나온 MAF의 동역학 반응은 온도측정부의 동적인 온도 변화에 의해 정의된다. 공기유량률(mass airflow rate)이 변화할 때마다 온도측정부의 온도는 바뀐다. 전압 V_0가 바뀌면, 그에 따라 온도측정부에서 ΔT를 평형상태로 복구시키기 위하여 소모되는 파워 P_{SE}를 변화시킨다. $\dot{M}_a$의 변화에 따른 ΔT의 동역학적 반응에 대한 모델은 아래와 같다.

$$\Delta\dot{T} + \frac{\Delta T}{\tau_{SE}} = \alpha_1 P_{SE} - \alpha_2 \dot{M}_a \tag{13}$$

여기서 $P_{SE} = i_2^2 R_{SE}$와 같고 따라서 아래와 같다.

$$P_{SE} = \left(\frac{v_o}{R_{SE} + R_3}\right)^2 R_{SE}$$

방정식 (13)에서 i_2는 그림 6.2에 나타나 있다. 그리고 τ_{SE}는 온도측정부 시간 상수를 나타내며 α_1와 α_2는 센서 구성에 따르는 상수이다.

제1장에서 나온 라플라스 분석 방법은 비선형미분방정식에서 시간 상수 τ_{SE}를 구하기 위해 사용될 수 없다. 그러나 잘 설계된 센서는 시간 상수 τ_{SE}가 충분히 작아서 ΔT의 변화량은 무시할만 하다. 이러한 경우, 공기흐름이 없는 조건으로부터 전력소모의 변화는 다음과 같이 주어진다.

$$\alpha_1[P_{SE}(M_a) - P_{SE}(0)] = \alpha_2 M_a \tag{14}$$

따라서 식 (14)에서 MAF 센서 출력 전압의 변화는 다음과 같이 나타낼 수 있다.

$$v_o(\dot{M}_a) = [v_o^2(0) + K_{MAF}\dot{M}_a]^{1/2} \tag{15}$$

여기서 K_{MAF}는 MAF 구성에 따른 상수이다.

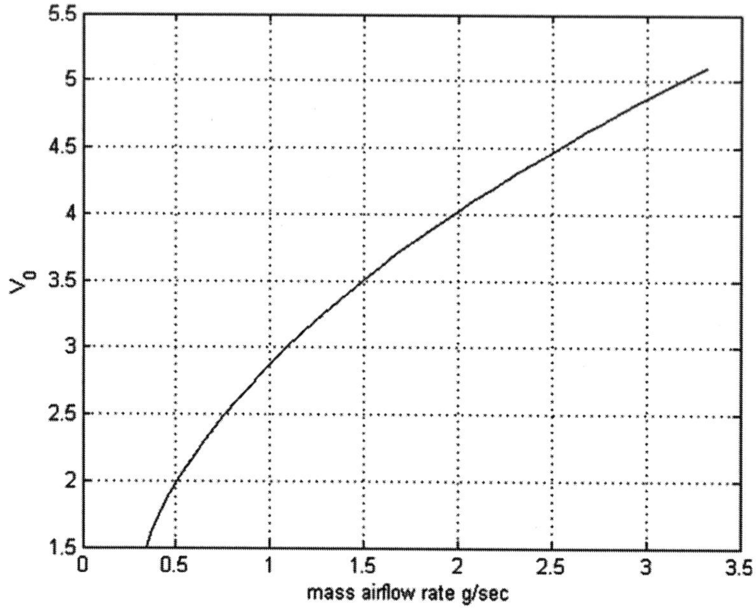

그림 6.3
MAF 예시에서의 출력전압 vs 유량률 g/s

이러한 변형의 예로서, 그림 6.3은 MAF 센서 제품의 센서 전압과 공기흐름을 그래프로 표현하였다. 예시로 사용된 센서는 NI 필름을 센싱 요소로 사용하고 있다.

그림 6.3에서 나타난 것처럼 MAF 전압과 공기흐름 사이의 관계는 비선형이다. 다행히, 현대 디지털 엔진 제어장치는 간단한 계산을 통해 아날로그 브릿지 출력 전압으로부터 공기유량값을 계측할 수 있다.

디지털 엔진제어에 대해서 7장에서 설명하겠지만, MAF 센서의 아날로그 출력전압을 디지털 형식으로 변환하는 것이 필요하다. 차동 증폭기의 아날로그 출력은 샘플화될 수 있고(4장에서 설명한) A/D 컨버터를 사용하여 디지털 형식으로 변환할 수 있다. 엔진 제어 시스템은 알고 있는 $v_o(\dot{M}_a)$ 함수 간의 관계를 사용하여 V_o로부터 $\dot{M}_a$를 계산할 수 있다.

압력 센서

현대의 자동차에서 대기 압력, 흡기 매니폴드 절대 압력, 타이어 압력, 오일 압력, 냉각수 시스템 압력, 전동 장치 작동 압력 등과 같이 여러 지점에서 다양한 압력을 측정할 필요가 있다. 기본적으로 이러한 모든 측정에서, 측정의 기준은 압력에 노출된 구조에서 전압 및 저항과 같은 전기적인 파라미터나 변수의 변화이다. 이 교재로 자동차에서 사용되는 모든 압력측정 센서를 모두 설명하기는 어렵다. 따라서 흡기 매니폴드 압력(MAP)의 예를 통해 압력센서에 대해 설명하고자 한다. 비록 최근 자동차에서는 잘 사용되지 않으나, 초기 배기가스 규제를 위해 질량 공기흐름을 측정하는 속도-밀도방법은 MAP 센서를 통해 사용해 왔다(제5장 참조).

스트레인 게이지 MAP 센서

비교적 저렴한 MAP 센서의 구성의 한 가지로 그림 6.4에 실리콘-격막구조의 스트레인 게이지 센서가 있다. 이 센서는 약 평방 3밀리미터의 실리콘 칩을 사용한다. 외측 가장자리를 따라, 칩은 약 250 μm(1 μm = 10^{-6} m) 두께를 갖지만, 중앙 부분은 단 25 μm만 가지고 격막(diaphragm) 구조를 형성한다. 칩의 가장자리는 진공상태의 Pyrex판으로 밀폐되어 있다. 따라서 실리콘 칩의 중앙부분과 판 사이는 진공공간으로 형성되어 있다.

그림 6.4에 나와 있듯이 이 공간의 가장자리에 센싱용 저항들이 구성되어 있다. 이 저항들은 실리콘 안으로 도핑 불순물을 주입하여 만들어져 있다. 이 저항들의 외부 연결은 패드에 와이어를 통해 금속 결합부(metal bonding)로 연결되어 있다. 이 센서조립품은 작은 지름의 튜브를 통해 흡기 매니폴드에 연결된 밀폐된 공간에 위치하고 있다. 매니폴드 압력은 격막을 변형시킨다.

압력이 걸림에 따라 발생한 격막 변형은 격막의 표면에 작은 연장(elongation)을 발생시킨다. 길이 L의 선형 등방 물질의 연장은 적용된 압력에 대한 반응에 따라서 $L + \Delta L$로 나타낼 수 있다. 선형 변형은 $\delta L \ll L$로 볼 수 있다. 이와 같은 연장은 다음과 같이 스트레인 ϵ를 사용하여 다음과 같이 나타낸다.

$$\epsilon = \frac{\delta L}{L} \tag{16}$$

선형성을 지닌 물질로 만들어진 격벽에 대하여 스트레인은 적용된 압력(p)에 대해서 비례한다.

$$\epsilon = K_D p \tag{17}$$

여기서, K_D는 격막 구성에 의해 결정되는 상수이다.

온도측정부 저항값은 매니폴드에 적용된 압력에 비례하여 변화한다. 이 현상은 피에조저항(piezoresistivity)으로 알려져 있다. 피에조저항은 특정한 반도체에서 발생하며 실제 저항력 p(전도율의 역수)가 스트레인에 비례한다. 발생하는

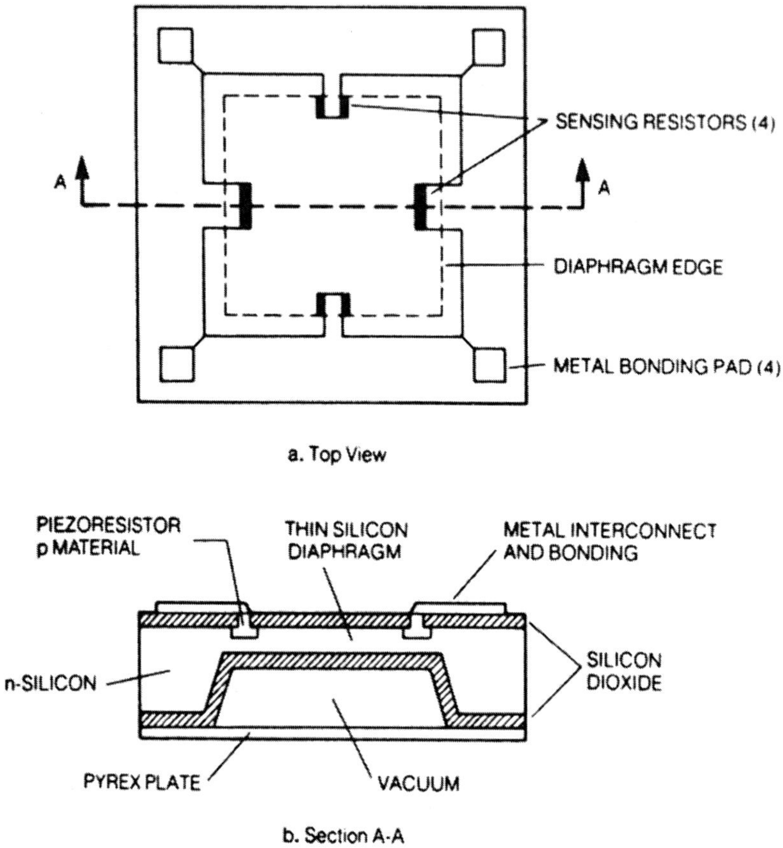

그림 6.4

모범적인 매니폴드 압력 센서 배치(혹은 매니폴드 압력 센서 배치의 본보기)

스트레인은 격막 변형에 비례하여 나타나고, 이는 격막 바깥 표면 압력에 비례한다. MAP 센서에서, 이 압력은 매니폴드 절대 압력이다.

매니폴드 압력에 비례하는 전기적인 신호는 그림 6.5a에 보여진 휘트스톤 브릿지라는 회로에 저항을 연결함으로써 얻어진다. 전압 조정기는 브릿지를 가로지르는 일정한 직류전압(V_s)을 유지한다. 격막에 작용하는 저항은 그림 6.5a에 보여지는 바와 같이 R_1, R_2, R_3 그리고 R_4로 표시된다. 격막에 스트레인이 없을 때, 모든 4개의 저항은 동등하며, 브릿지 A와 B점 사이의 전압은 0이 된다. 매니폴드 압력이 변화하면, 저항 R_1과 R_3가 주어진 압력에 비례하여 저항값이 증가하게 되며, 동시에 R_2와 R_4도 같은 양 만큼의 저항이 감소되게 된다. 이로 인해 발생한 다른 전압의 차이는 A와 B 사이에 발생한다. 그림 6.5b에서 보면 차동 증폭기는 두 개의 입력전압에 비례하여 출력 전압을 발생시킨다.

다음은 센서 동작에 대해서 모델링한다. A점에서의 전압은 V_A로 표시되며, B

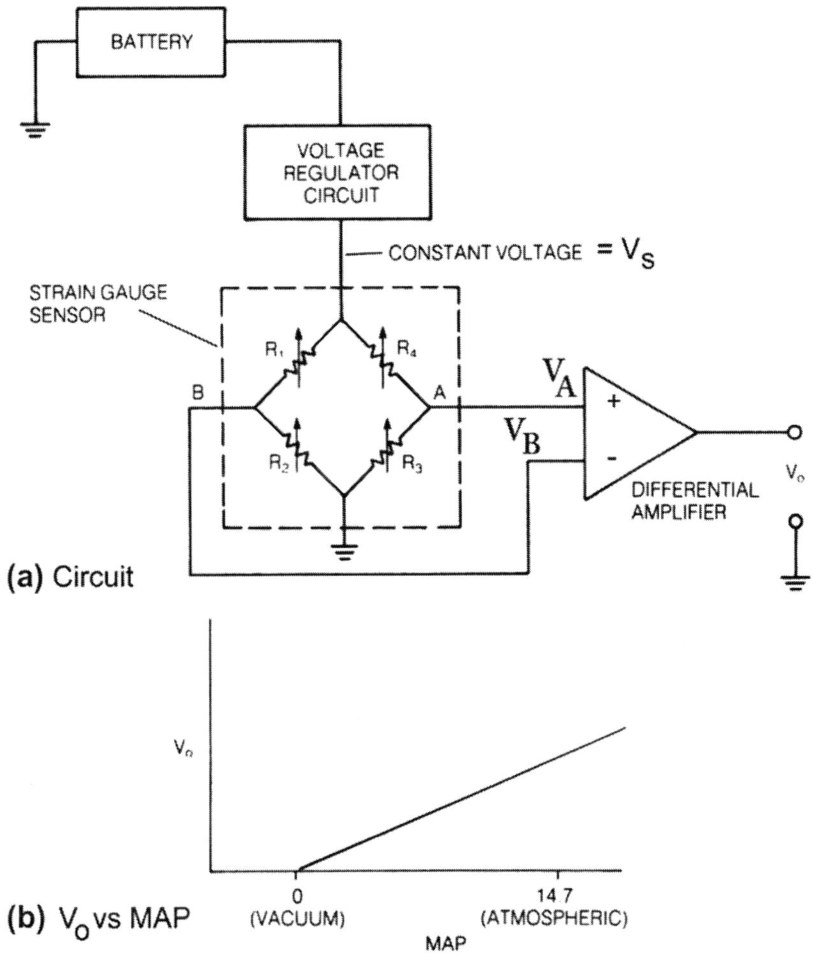

그림 6.5
MAP 센서 회로 예

점에서의 전압은 V_B이다. 저항 R_1과 R_3는

$$R_n(\in) = R_o + R_\in \in \qquad n = 1, 3 \tag{18}$$

와 같을 때, 다음과 같이 주어진다.

$$R_\in = \left.\frac{dR}{d\in}\right|_{\in = o} > 0 \tag{19}$$

저항 R_2와 R_4에서, 저항의 모델은 다음과 같다.

$$R_m(\in) = R_o - R_\in \in \qquad m = 2, 4 \tag{20}$$

전압 V_A와 V_B는 각각 다음과 같다.

$$V_A = V_S\left(\frac{R_3}{R_3 + R_4}\right) = V_S\frac{(R_o + R_{\in}\in)}{2R_o} \tag{21}$$

$$V_B = V_S\left(\frac{R_2}{R_2 + R_4}\right) = V_S\frac{(R_o - R_{\in}\in)}{2R_o} \tag{22}$$

전압 차이 $V_A - V_B$는 다음과 같으며,

$$V_A - V_B = V_S\frac{R_{\in}\in}{R_o} \tag{23}$$

차동 증폭기의 아웃풋 전압 V_o는 다음과 같이 주어진다.

$$V_o = G_A(V_A - V_B) \tag{24}$$

$$= G_A\frac{V_S R_{\in}\in}{R_o} \tag{25}$$

여기서 G_A는 증폭기 전압 게인값이다. 센서 스트레인이 압력에 비례하며, 출력 전압 또한 적용된 압력에 비례한다.

$$V_o = G_A\frac{V_S R_{\in}}{R_o}K_D p$$

이 압력 신호는 샘플링과 아날로그-디지털 변환기(2장 참조)를 통해 디지털 제어 시스템에 입력값이 된다.

엔진 크랭크축 각도 위치 센서

엔진 전자 제어에서 중요한 측정값은 기준 위치로부터 크랭크축의 상대각도이다. 크랭크축의 각도 위치는 종종 “엔진 각도 위치” 또는 간단하게 “엔진 위치”라고 불린다. 크랭크축 각도 위치를 측정하는 센서는 또한 순간 각 속도를 계산할 때 사용된다. 크랭크축 각도 센서는 회전하는 크랭크축과의 기계적인 접촉이 없어야 한다. 엔진이나 드라이브트레인과 같은 회전하는 축의 비접촉 측정은 다양한 방법으로 이루어질 수 있다. 그러나 자동차의 전기장치에서 사용되는 가장 일반적인 방법은 자기를 이용하거나 광학에 기반한 것이다. 이러한 측정의 자기 방법은 일반적으로 오일이나 먼지, 기타 오염물질로부터 영향이 적으므로 엔진

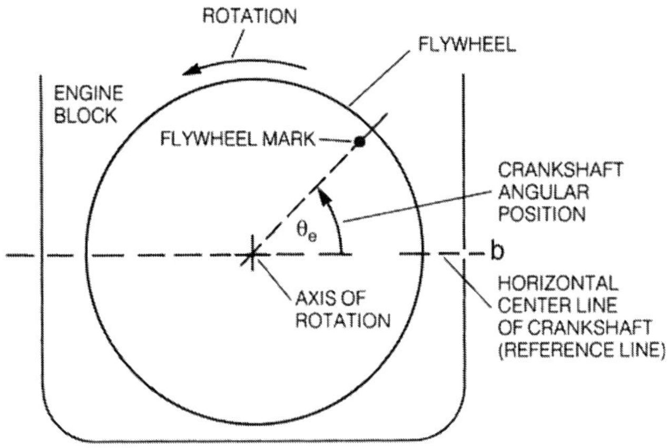

그림 6.6
크랭크축 각위치를 표현한 그림

에 적용하기 위한 센서로서 선호된다.

회전축의 측정을 포함하는 원리는 같은 엔진 제어에서 가장 중요한 것 중 하나로 볼 수 있다. 그림 6.6에서 보듯이, 엔진을 후면에서 본다고 가정한다. 크랭크축의 뒤쪽에는 플라이휠이라고 불리는 원판 철 디스크는 크랭크축과 연결되어 회전한다. 그림 6.6에서 플라이휠의 한 점을 플라이휠 마크라고 하자. 또한, 크랭크축의 회전축과 엔진블럭의 점(b)를 지나는 선을 기준선(reference line)으로 한다. 우선 기준선은 수평위치에 있도록 설정한다. 이때 크랭크축 각도는 기준선으로부터 축과 플라이휠 마크를 연결한 선 사이의 각도이다.

플라이휠이 회전하여 마크가 기준선 위에 위치한 것으로 가정하자. 이때 플라이휠 각도는 0으로 볼 수 있다. 설명을 위해서 이때의 각도 위치를 1번 실린더의 흡기 또는 파워 행정에서 TDC(top dead center)인 것으로 가정한다. 크랭크축이 한 바퀴 회전함에 따라, 각도는 0°에서 360°로 증가한다. 그러나 흡기로부터 배기까지 이어지는 완전한 엔진 1회 사이클은 크랭크축의 2회 회전이 필요하고, 이때 크랭크축 각도는 0~720°까지 회전하게 된다. 각각의 사이클 동안, 각각의 실린더의 기준선으로부터 크랭크축 각도를 정확히 측정하는 것이 중요하다.

이 정보는 전기 엔진 제어장치에서 실행하는 점화 시기나 연료 분사 타이밍의 설정에 사용된다.

엔진 제어 시스템을 가지고 있는 자동차에서, 각도 위치 θ_e는 직접적으로 크랭크축이나 캠축에서 측정된다. 밸프는 캠축으로부터 작동되는 반면 피스톤이 직접적으로 크랭크축을 작동한다는 것을 생각해 보자. 캠축은 크랭크축으로부터 1:2의 감소된 비율로 작동되며 기어나 벨트 또는 체인 때문에 감소된 1:2의 비율로 작동된다. 그러므로 캠축 회전 속도는 크랭크축의 속도의 반이고, 캠축 각도 위치는 엔진 사이클이 완전히 한 번 끝나는 동안 0~360°까지만 회전한다. 이러한 측정 위치들 중 하나는 전자 제어 시스템에서 사용된다. 비록 크랭크축 위치는 캠축을 작동시킬 때 발생하는 비틀림이나 기어 백래시 에러를 줄이는 측면에서 크랭크축 위치를 측정하는 것이 잠재적으로 우수하지만, 많은 양산 시스템은 캠축의 위치에서 센서를 위치시킨다. 크랭크축 센서를 통해 엔진 위치를 측정하면, 엔진 사이클의 상태를 알기에 모호한 점이 있기 때문에 크랭크축 위치 뿐 아니라 캠축 위치에 대한 측정이 추가적으로 필요하다. 일반적으로, 전체 회전에서 캠축 한 지점의 위치에 대한 측정값을 알면 충분하다. 최근 들어 크랭크축 위치를 직접적으로 측정하는 것이 간접적으로 캠축 위치를 통해 측정하는 것보다 더 선호하고 있다. 원칙적으로는, 엔진 제어 목적으로 소수의 고정된 지점에서 크랭크축과 캠축의 측정값을 알면 충분하다. 따라서 측정 센서의 수는 실린더의 숫자에 의해 결정된다.

자기 릴럭턴스 위치 센서

직접적으로 크랭크축 위치를 측정하는 비 접촉 엔진 센서 구성 중 하나가 그림 6.7에 설명되어 있다.

이 센서는 코일선으로 둘러싸인 영구 자석으로 구성되어 있다. 일반적으로 엔진 앞부분 크랭크축에 디스크가 장착되어 있으며 자석의 극점 위치를 지나가는 탭을 가지고 있다. 그림 6.7에서 강철 디스크는 8-실린더 엔진에서 필요한 최소수인 4개의 돌출탭을 가지고 있다. 일반적으로, N탭이 있으며 이 숫자는 엔진 제어 시스템을 설계하는 과정에서 결정된다. 각각의 탭의 위치는 예를 들어 실린더 내 행정에서의 TDC 위치에 해당할 수 있고, 또는 다른 기준 위치로 설정할 수도 있다. 엔진 사이클 동안 모든 시간에 대해서 크랭크축의 위치 θ는 다음과 같이 표현된다.

$$\theta - \theta_n = \int_{t_n}^{t} \omega(t)\mathrm{d}t \qquad t_n < t < t_{n+1} \tag{26}$$

여기서, θ_n은 기준선으로부터 n번째의 탭의 각도 위치이고, t_n은 n번째 탭이 지나간 순간의 시간을 의미한다. ω는 순간적인 크랭크축의 각속도이다.

물론, 시간 t_n은 캠축 기준 위치와 관련되어 결정된다. 각각 실린더의 행정 중에서 엔진 위치측정에 대한 정밀도는 디스크 위에 탭의 숫자가 늘어날수록 향상

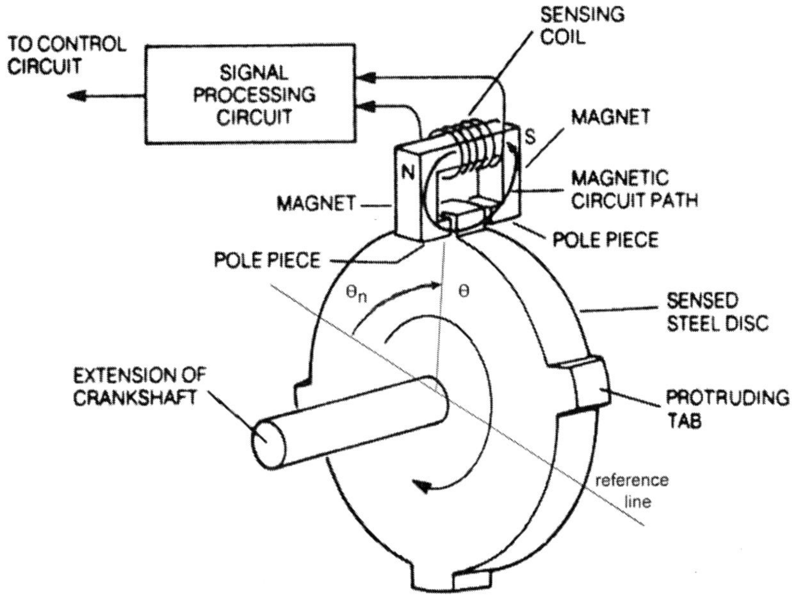

그림 6.7

자성의 크랭크축 각위치 센서 배치

된다.

그림 6.7에서의 센서는 강자성물질인 쇠, 코발트, 니켈 또는 다른 종류의 가공된 자성물질(예를 들어, 페라이트)을 부품으로 가지고 있다. 자기 현상을 이용하는 차량용 센서에 대한 성능 분석 또는 모델링을 위해서는 구조에 의한 자기장 해석이 필요하다. 특정한 자동차용 센서에 대한 총괄적이고 엄밀한 자기장 분포에 대한 논의는 이 책의 범위 밖이므로 생략하기로 한다. 그러나 상대적으로 간략한 형상의 구조에 대한 자기장의 대략적인 분석을 위하여 자기장 분포와 관련된 단순화된 이론을 소개하기로 한다.

물질에서 자기장은 일반적인 전기 회로의 전류 및 전압과 비교되는 한 쌍의 물리량으로 표현된다. 이러한 물리량 중 하나는 자기장 세기 벡터 $\overline{H}$라고 불린다. 이는 전압과 유사한 힘으로 발휘된다. 자기장 세기에 대한 자기장 회로의 반응은 2차 벡터로 표현되며, 이는 자속 밀도 벡터 $\overline{B}$로 불리며, 전류와 유사하게 볼 수 있다. 이러한 두 개의 물리량에서, 상위 첨자 막대는 물리량이 벡터임을 의미한다.

상용화된 비접촉 기반의 자기 센서의 구조는 강자성 물질의 구성품을 가진다. 강자성은 철, 코발트 그리고 니켈과 같은 전이금속과 특정 합금과 그것들의 화합물들이 지니는 특성이다. 이러한 물질에서의 자기장은 원자 및 전자와 연관되어 있다. 물리적으로, 이러한 물질은 작은 도메인으로 구성되며 각각의 도메인들은 작은 영구자석과 같이 자기장을 지니고 있다. 만약 외부에 자기장이 없으면, 도메인들의 자기장 방향은 무작위로 지향되고 강자성물질은 영구적인 외부 자기장을 만들지 않는다. 외부 자기장이 강자성 물질로 적용될 때마다, 도메인들은 자기장이 외부 영역과 정렬하는 방향으로 재지향되고, 그에 따라 외부 자속 밀도 벡터는 증가하게 된다.

그림 6.8은 그림 6.7에서 그려진 전형적인 강자성 물질이 갖는 자속의 크기와 자기장 세기 사이의 관계를 보여준다.

외부적으로 적용된 자기장 세기 H_i는 N번 감긴 코일에 흐르는 전류에 의해 만들어졌다. 만약 물질이 초기에 자화되지 않았고 전류가 0에서부터 증가하면, $B(H_i)$는 "초기 자화 곡선(initial magnetization curve)"으로 표기된 부분을 따르게 된다. 그림 6.8에서 곡선 위의 화살표는 H_i의 방향 변화를 가르킨다. 강자성 물질이 자속 밀도에 기여하는 만큼을 자화(magnetization) M이라 정의하며, 다음과 같이 나타난다.

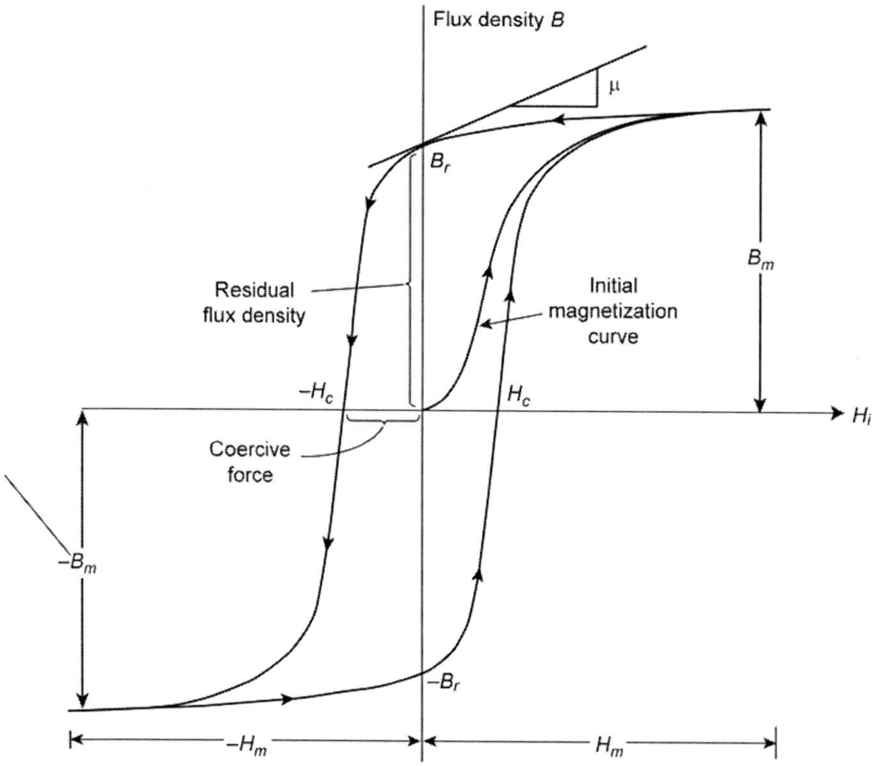

그림 6.8
강자성 물질의 자화곡선

$$M = \frac{B}{\mu_o} - H_i \tag{27}$$

여기서, μ_o는 빈공간에서의 투자율이다.

충분히 큰 H_i(예를 들어, $H_i > H_m$)가 적용되면, 모든 도메인은 H방향으로 정렬되고 B는 포화되어 $(B - B_m) = \mu(H_i - H_m)$의 관계를 갖는다. 여기서 H_m과 B_m은 그림 6.8과 같다. 만약 적용된 자기장이 포화상태로부터 0으로 감소하면, 강자성 물질은 그림 6.8과 같이 0이 아닌 자속 밀도 B_r을 가지게 된다. 대응되는 자화 M_r(또는 잔류 자화)은 물질을 영구 자석이 되도록 한다. 본질적으로 모든 강자성 물질은 그림 6.8에서 그려진 $B(H)$와의 관계에서처럼 히스테리시스(Hysteresis) 현상을 보여준다. 특정 강자성 물질은 큰 잔류자화 특성을 가지기 때문에 자동차 센서로 사용되기에 충분한 만큼 자기장을 제공할 수 있다. 그림 6.7에서는 그와 같은 센서의 구조를 보여준다.

일반적으로, 자동차 센서에서, 신호는 B와 H 관계의 안정된 값 부근에서 비교적 작은 변화량을 갖는다. 예를 들면, 그림 6.7에서의 센서는 잔류자화 부근에서 작은 B와 H 값의 증가량을 가지고 작동함에 따라 이는 다음과 같이 나타낼 수 있다.

$$B = B_r + \mu H_i \tag{28}$$

여기서 μ는 다음과 같다.

$$\mu = \left.\frac{\mathrm{d}B}{\mathrm{d}H_i}\right|_{H_i=0} \tag{29}$$
$$= \text{강자성 물질의 투자율 증가}$$

그림 6.8에서의 $B = B_r$, $H_i = 0$를 통과하는 직선은 위에서 정의된 기울기 μ를 가진다.

강자성 물질은 다른 물질에 비해 투자율의 증가량이 매우 크다. 스칼라 모델, $B = \mu H$로 표현할 수 있는 센서영역에서 투자율의 증가량은 다음과 같이 주어진다.

$$\mu = \mu_r \mu_o$$

여기서, μ_o는 빈공간에서의 투자성이고, μ_r은 물질의 상대적인 투자성이다. 강자성 물질은 $\mu_r \gg 1$이다.

전자기 이론에는 현재 자성을 사용하는 자동차 센서의 분석에 유용한 중요한 기본 등식이 있다. 그 등식은 아래와 같은 폐곡선 C에 따른 $\overline{H}$의 경로적분(contour integral)과 관련이 있는 식이다.

$$\oint_C \overline{H} \cdot d\overline{\ell} = I_T \tag{30}$$

여기서, I_T는 C로 둘러싸인 표면을 통과하는 총 전류이다. 이 적분 식은 그림 6.7에서 보이는 형태의 자기장 기반의 자동차 센서를 분석하기 위해 유용할 것이다. 자기 센서를 위한 모델을 개발하는 데 유용한 또 다른 관계는 서로 다른 두 물질의 경계에서 수직방향 $\overline{B}$ 성분의 연속성이다. 이 연속성은 다음과 같은 관계로 표현된다.

$$\overline{B}_1 \cdot \hat{n} = \overline{B}_2 \cdot \hat{n} \tag{31}$$

$\overline{B}_1$와 $\overline{B}_2$는 두 물질 경계면에서의 자속 밀도이고, $\hat{n}$는 경계면에서 수직 방향 단위 벡터이다. 이 두 개의 중요한 필수 방정식은 그림 6.7의 센서 모델링에 사용되거나 다른 유사한 자기 센서에도 사용한다.

그림 6.7과 같은 센서의 자속경로는 그림 6.9에서 보여준다.

그림 6.9에서 g_c는 자석의 극(pole)에서 간극의 너비이고, t_T는 강철 디스크의 두께이다. 그림 6.9에서, 일정한 자속을 가지는 선(line of constant magnet flux)들은 그림에 표기된 경로를 따른다. 또한, 다음과 같은 표기법을 사용한다:

$\overline{B}_m$는 강자성 물질 내의 자속 밀도
$\overline{H}_m$는 강자성 물질 내의 자기장 세기
$\overline{B}_g$는 공기 간극에서의 자속 밀도
$\overline{H}_g$는 공기 간극에서의 자기장 세기

위에서 설명한 식 (30)으로부터, 그림 6.9에 그려진 폐곡선 적분에 대하여 다음 식이 성립한다.

$$\int_C \overline{H} \cdot d\overline{\ell} \cong H_g g_a + H_m L_m \tag{32}$$

여기서, g_a는 폐곡선 C를 따라 존재하는 총 공기 간극 길이, L_m은 물질 내부에서 폐곡선 C의 총길이, C는 일정한 B의 라인을 따라가는 폐쇄 경로이다.

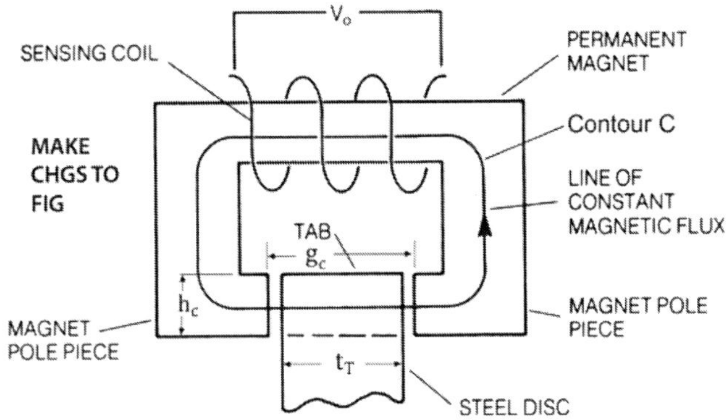

그림 6.9
센서의 자성회로

우리는 첫째 $I_T = 0$이 되는 개방 회로의 경우를 생각한다. 이 경우는, 공기 간극 자기장 세기 H_g는 다음과 같이 나타낸다.

$$H_g \cong -H_m L_m / g_a \tag{33}$$

식 (31)로부터, 강자성 물질과 공기 간극 사이의 관계는 다음과 같이 쓸 수 있다.

$$\overline{B}_g \cdot \hat{n}_g = \overline{B}_m \cdot \hat{n}_m$$

그러나 자속을 표현하는 선들이 간극표면에 수직이므로 다음과 같이 쓸 수 있다.

$$\begin{aligned} \overline{B}_g \cdot \hat{n}_g &= B_g \\ \overline{B}_m \cdot \hat{n}_m &= B_m \\ B_g &= B_m \quad \text{(at the interface)} \end{aligned}$$

즉, 그림 6.9의 구성에 대한 자속밀도는 그 안에 표시된 경로를 따라 일정하게 유지된다. 그에 따라 자성물질 내에서, 다음의 관계가 유효하다:

$$\begin{aligned} B_m &= \mu_o(H_m + M_r) \\ &= B_g \\ &= \mu_o H_g \end{aligned} \tag{34}$$

여기서, M_r은 극점에서 잔류 자화이다. 따라서 우리는 다음과 같이 쓸 수 있다.

$$H_m = H_g - M_r \tag{35}$$

여기서 자화된 강자성 물질은 $M_r \gg H_g$와 같으므로

$$H_g \cong -M_r \tag{36}$$

식 (29)와 (30)을 조합하여, 자속 밀도는 다음과 같이 나타낸다.

$$\begin{aligned} B_g &= \mu_o H_g \\ &= \mu_o \frac{M_r L_m}{g_a} \end{aligned} \tag{37}$$

식 (37)은 폐곡선 C 주변의 B의 크기가 그 경로를 따라 공기 간극의 크기에 반비례하는 것을 보여준다. 강철 디스크의 탭들 중의 하나가 자석 양극 사이에 위치할 때 양극 사이의 공간의 대부분은 강철탭으로 채워지게 된다. 이러한 경우, 총 공기 간극 g_a는 $g_a = g_c - t_T$가 된다. 반면에, 탭이 자석 양극 사이에 위치하지 않을 때, 총 공기 간극은 g_c이다. 그림 6.8에서 B는 공기 간극의 크기와 반비례로 변화하므로 탭이 없을 때 보다 있을 때 더 크게 나타난다. 따라서 자기회로를 통해 흐르는 자속의 크기는 탭의 위치에 의해 결정되고, 이는 크랭크축의 회전에 영향을 받는 것을 알 수 있다.

자속은 자석 양극 사이에 탭이 없을 때 가장 작다. 탭이 갭을 통과해 지나갈 때 자속은 증가한다. 자속이 최고치일 경우는 탭이 자석의 양극 사이에 있을 때이며, 그 후 탭이 양극으로부터 멀어짐에 따라서 감소한다. 그림 6.7과 같은 센서가 있는 제어 시스템에서 자속의 최고점 위치에 따라 해당 실린더의 TDC 위치를 구할 수 있다.

그림 6.7의 센서 구성에 대한 근사 모델은 위에 나온 $B(g_a)$의 모델을 사용하여 개발할 수 있다. 패러데이의 법칙에 의하면 단자 전압 V_o는 코일의 감긴 횟수 N이고 시간당 자속의 변화량에 의해서 다음과 같이 주어진다.

$$V_o = N\frac{\mathrm{d}\Phi}{\mathrm{d}t}$$

$$\begin{aligned} \Phi &= \int_{A_c} B\mathrm{d}s \\ &= \frac{\mu_o M_r L_m A_c}{g_a} \end{aligned}$$

여기서, $A_c = h_c w_c$이다.

위 식에서 적분은 일정한 자속 밀도를 가지는 폐곡선에 수직한 코일 단면적 A_c에 대하여 계산한다. 그러나 자속 밀도가 기본적으로 폐곡선 C에 대하여 일정하므로 적분은 양극 사이의 공간에 대해 취할 수 있다.

탭이 자석 양극에서 멀리 있을 때, 자속 밀도의 크기는 대략 다음과 같이 주어진다.

$$B = \frac{\mu_o M_r L_m}{g_c}$$

여기서, g_c는 양극 사이의 거리이다.

이러한 경우, 자속 Φ는 근사적으로 다음과 같이 나타낼 수 있다.

$$\Phi \approx \frac{\mu_o M_r L_m h_c w_c}{g_c} \tag{38}$$

여기서, w_c는 지면에 자석의 폭을 의미한다.

탭이 양극 사이에서 움직일 때, 극점에 대칭되게 위치할 경우 자속은 탭과 갭의 단면이 겹치는 면적에 비례해서 증가하여 탭이 양극 사이에 위치할 때 최고점에 도달한다. 탭이 정확하게 양극 사이에 위치해 있을 때 Φ의 값은 대략 다음과 같이 주어진다.

$$\Phi = \frac{\mu_o M_r L_m h_c w_c}{(g_c - t_T)} \tag{39}$$

시간에 따른 자속의 변화량에 비례하는 센서 전압은 최고점에 도달한 후 탭이 자석의 양극 사이에 있을 때 0을 지난다. 전압은 그림 6.10에 도시된 것처럼 중심점을 기준으로 비대칭이다. 이 전압이 0점을 지나는 지점이 크랭크 샤프트와 캠 샤프트의 위치 측정을 위한 기준점이다.

전자기 이론에서, 그림 6.8에 나타난 구조가 갖는 Φ/M의 비율은 자기 릴럭턴스로 알려져 있고, $\Re$로 명시하여 다음과 같이 나타낼 수 있다.

$$\Re = \frac{\mu_o L_m h_c w_c}{g_a}$$

그림 6.7에 도시된 센서에서 공간 갭 g_a는 철판 디스크의 위치에 따라 변화하므로 이 센서는 가변 자기 릴럭턴스 센서라고 불린다. 사실, 출력 전압은 자속변

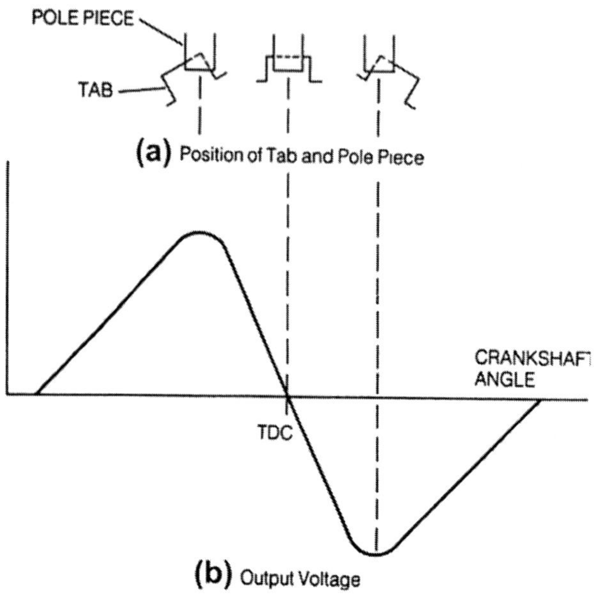

그림 6.10

가변자기 릴럭턴스 센서 전압

화에 따라서 발생하므로 이와 같은 센서는 유도 가변 자기 릴럭턴스 센서로 볼 수 있다.

그림 6.7에서 도시된 유도 가변저항 센서의 단점 중 하나는 축이 이동할 때에만 전압을 생성하는 것이다. 배기가스 규제가 적용되기 이전에 출시된 차량에서 사용된 정적 엔진 타이밍을 구현하는 데 이러한 가변 자기 릴럭턴스 센서 타입은 사용이 불가능하다.

유도형 가변 자기 릴럭턴스 각도 위치 센서의 또 다른 단점은 센서의 임피던스 특성에 의한 영점의 편차이다. 현대 디지털 엔진 제어에서 요구하는 정확한 타이밍을 만족시키기 위해서는 센서 임피던스에 의한 약간의 타이밍 편차도 보정해 줄 필요가 있다. 그림 6.11에서는 센서의 등가회로가 나타나 있다. 여기서 그림 6.11b의 전압 파형을 개방회로 전압원으로 표현하였다. 이 그림에서 L_s는 디스크의 회전각도에 따라 변하는 코일의 인덕턴스를 나타낸다. 소스저항(R_s)는 주로 코일 와이어의 물리적인 저항이지만 자성체의 에너지 손실로 인한 영향을 포함한다.

일반적으로 이러한 매개변수는 정해진 센서 구성에 대하여 경험적으로 결정된다. 신호처리 회로의 부하 임피던스(저항)은 R_ℓ로 표시된다.

그림 6.7의 센서가 신호처리 회로에 연결되어 있을 때, 그 단자 전압의 정확한 제로-교차점은 잠재적 RPM의 함수로서 변화할 수 있다. 제로-교차점 포인트에

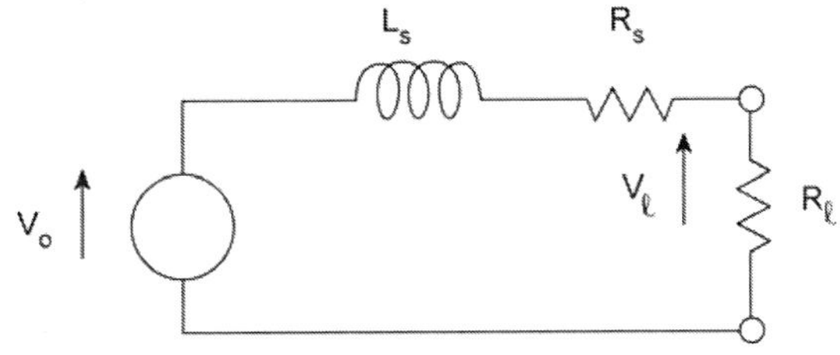

그림 6.11
가변자기 릴럭턴스 센서의 등가회로

서의 편차는 그림 6.11의 회로의 위상 시프트와 연관된다. 정현파 주파수가 ω일 때 v_o와 v_ℓ사이에서 약 $\phi(\omega)$만큼의 위상차 이동이 일어나며, 다음과 같이 나타낼 수 있다.

$$\phi = \tan^{-1}\left(\frac{\omega L_s}{R_s + R_\ell}\right)$$

여기서, L_s는 탭이 양극 사이에 있는 경우 인덕턴스이다. RPM에 따른 정확한 편차는 엔진 전자 제어 시스템에서 실험적으로 측정되어 보정한다. 제7장에서 설명된 것처럼 제로-교차점 포인트 보상은 정확한 연료 공급 및 점화 타이밍에 있어서 매우 중요하다. 그림 6.7은 8실린더 엔진에서 사용되는 4개의 돌출 탭이 있는 강자성 디스크 센서를 보여준다. 그러나 엔진 위치는 탭의 수가 실린더 숫자의 1/2보다 많을 때 쉽게 측정된다. 크랭크축 위치측정의 경우, 알려진 크랭크 기준 라인 위치를 기준으로 탭의 상대각도가 필요하다. 사실, 크랭크축 위치의 정밀도 및 정확도는 이론적으로 탭 수를 증가시킴에 따라 향상시킬 수 있다.

반면에, 실제 센서의 탭 수의 증가는 주어진 크랭크 각속도 센서에 대한 가진주파수(ω_s)를 증가시킨다. 이 증가된 가진주파수는 센서출력전압의 n번째 조화성분에 대해 부하 저항(R_ℓ)에 작용되는 위상차 $\phi(\omega_s)$를 다음과 같이 증가시킨다.

$$\phi(\omega_s) = \tan^{-1}\left(\frac{n\omega_s L_s}{R_s + R_\ell}\right) \qquad n = 1, 2 \ldots$$

일반적으로, 크랭크축 회전각도 위치는 센서 출력 전압의 제로-교차점에서 감지된다. 센서 인덕턴스에 의한 위상 이동은 탭 중앙의 제로-교차점 측정에 오차를 야기한다. 그러나 이 위상 오차는 부하 저항(R_ℓ)을 증가시킴으로써 감소한다. 디지털 엔진 제어 시스템의 연산을 통한 오류 보정은 어떤 특정 센서/신호처리 구성에 대해 수행되어야 한다.

엔진 각속도 센서

엔진 각속도 센서는 전자 제어를 위한 여러 가지 기능을 위해 입력값을 제공하는 데 필요하다. 전에 설명한 크랭크 각도 위치 센서는 엔진 회전수를 측정할 수 있고, 자기 릴럭턴스 센서를 예로 들 수 있다. 하지만, 다른 위치 센서도 사용 가능하다. 그림 6.7을 보면 4개의 탭이 각각의 크랭크축 회전에 대해 한 번씩 센싱 코일을 통과하게 됨을 알 수 있다.

크랭크축이 한 번 회전할 때마다, 그림 6.10에 나와 있는 것처럼 4개의 전압 펄스를 갖는 파형이 출력된 바 있다. 엔진을 작동시킬 경우 센서의 출력값은 전압 펄스의 연속적인 스트림으로 구성되어 있다. 우리는 전압 V_o(실린더의 TDC에 대응되는)의 n번째 제로-교차점의 시간을 t_n으로 표기했다. 이와 같은 표기법에 따라, 센서 출력값 전압은 다음과 같은 관계로 특징지어진다.

$$V_o(t_n) = 0$$

$$\left.\frac{\mathrm{d}V_o}{\mathrm{d}t}\right|_{t=t_n} < 0 \tag{40}$$

크랭크축 각속도($\omega_e(t)$ rad/sec)는 다음과 같이 주어진다.

$$\omega_e(t) = \frac{2\pi}{M(t_{n+1} - t_n)} \tag{41}$$

여기서, M은 탭의 개수이다. 그림 6.7을 보면 4개의 탭을 가진 예가 나와 있다. 따라서 v_o의 연속 제로-교차점 사이의 시간을 측정하면 크랭크축의 각속도를 계산할 수 있다. 이 시간 간격을 측정하기 위한 한 가지 편리한 방법은 이진 카운터 사용 및 고주파 발진기(시계)를 이용하는 것이다. 제4장에서 설명한 바와 같이 고주파 시계는 마이크로프로세서/마이크로컨트롤러의 동작을 위한 필수 요소이다. 디지털 시스템에서 시간 t_n과 t_{n+1} 사이의 시간을 잴 수 있는 시계를 구성할 수 있다. 그와 같은 카운터의 2진수 값은 다음과 같다.

$$B_c = f_c(t_{n+1} - t_n) \tag{42}$$

이와 같은 디지털 시스템을 이용하여 시간 t_{n+1}~t_{n+2}는 ω_e를 계산하기 위해 B_c 값을 참조하도록 사용할 수 있다.

이러한 계산 과정 제어는 제로-교차점 검출기(ZCD)라고 알려진 회로를 사용해 적용할 수 있다. 이 회로는 각 제로-교차점 시간 t_n마다 다음 식과 같은 출력값 전압 V_{ZCD}를 출력한다.

$$\begin{aligned} V_{ZCD} &= V_1 \qquad & t_n \leq t \leq t_n + \tau_{ZCD} \\ &= V_2 \qquad & t_n + \tau_{ZCD} < t < t_{n+1} \end{aligned} \tag{43}$$

여기서 모든 엔진 속도에서 시간 간격은 $\tau_{ZCD} \ll (t_{n+1} - t_n)$이고, V_1은 디지털 시스템에서 이진수 1에 대응되는 전압이고, V_2는 이진수 0에 해당되는 전압값이다.

ZCD펄스는 이진 카운터에 펄스를 공급하거나 또는 카운팅을 중지하기 위한 전자 스위치(게이트)를 조작하는 데 사용할 수 있다. ZCD와 게이트와 카운터는 전용 회로, 또는 마이크로프로세서 내에서 구현될 수 있다.

점화 및 연료 전달 타이밍 센서

위에서 설명한 바와 같이, 크랭크축과 캠축의 각도 위치 측정의 조합은 각각의 엔진 실린더에 대한 사이클 위치를 결정하기에 충분하다. 크랭크축과 캠축 위치 센서를 통해 엔진의 위치 측정은 제7장에 기술되어 있다. 일반적으로, 각각의 캠축 회전에 고정된 단일 지점에서 캠 위치를 측정하면 충분하다. 캠축 위치의 이러한 측정은 자기센서를 통해 크랭크 샤프트 위치 측정과 유사하게 이루어진다.

이 센서는 엔진의 전체 사이클의 시작을 정의하는 캠 샤프트의 기준 각도 위치를 검출한다. 이 기준점이 검출되면 연료 분사 및 점화 타이밍에 대한 충분한 정보를 제공한다.

한 방법으로서, 가변 자기 릴럭턴스 센서를 캠축에 있는 강자성 디스크 근처에 위치시킨다. 이 디스크는 그림 6.12와 같이 갈라진 홈(노치)을 가지고 있다(또는 돌출된 탭을 가질 수도 있다). 이 디스크는 노치가 센서 축과 정렬될 때를 제외하고 낮은 릴럭턴스(또는 높은 자속) 경로를 제공한다. 공기의 투자율이 디스크의 투자율에 비하여 매우 낮으므로 노치가 센서와 정렬될 때마다 이 자기 경로의 자기 릴럭턴스가 증가하게 된다. 노치의 상대적으로 높은 자기 릴럭턴스는 자속을 감소시키고 센서 출력 전압을 변화시킨다.

노치는 크랭크샤프트가 2바퀴 회전할 때마다 한 번씩 센서 아래를 지나간다. 노치가 지나갈 때마다 자속은 갑자기 감소하고 다시 증가하게 된다. 이 현상은 타이밍 목적을 위해 전자 제어 시스템에 사용될 수 있는 센서 출력 전압 v_o에 펄스를 발생시킨다. 그림 6.12에서 도시된 구성의 경우, 센서 출력값 전압은 그림

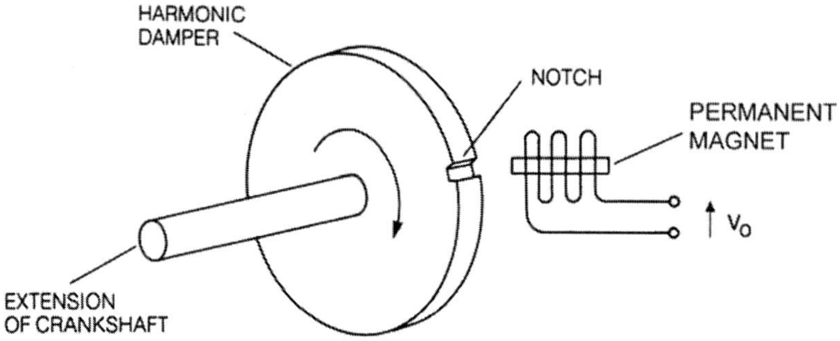

그림 6.12
대표적인 캠샤프트 각도 센서 구성

6.9에서 극성이 반전된 것과 닮았다; 즉, 출력 전압이 조건을 만족시킨다.

$$\begin{aligned} V_o &< 0 \qquad t < T_{\text{notch}} \\ V_o &> 0 \qquad t > T_{\text{notch}} \end{aligned}$$

여기서, T_{notch}는 노치가 자석 양극 사이에 위치하는 시간이다. 캠축의 정확한 위치는 센서 출력 전압의 제로-교차점에 의해 결정된다.

홀효과 위치 센서(홀 센서)

앞에서 언급한 바와 같이, 자기 릴럭턴스 센서의 주요 단점 중의 하나는 엔진이 작동하지 않을 때 출력값을 내보내지 않는다는 것이다. 이 문제를 극복하기 위해 크랭크축 위치 센서로 홀효과 위치 센서를 사용한다. 이 센서는 또한 캠축의 위치 또는 크랭크축의 위치를 측정하는 데 사용될 수 있다.

홀효과 센서는 그림 6.13에 도시되어 있다. 이 센서는 돌출된 탭이 있는 철제 디스크와 센서부에 디스크를 연결하기 위한 자석을 사용한다는 점에서 자기 릴럭턴스 센서와 유사하다. 다른 유사성은 탭이 자석의 극 사이를 통과함으로써 스틸 디스크가 자기경로의 저항을 변화시킨다는 것이다. 이 센서는 축의 기준선으로부터 회전각도 θ를 구하는 데 유용하다. 그 작동은 홀효과로 알려진 현상에 의하여 결정된다. 편의상, 이 기준선은 디스크의 평면과 자석의 대칭의 수직선의 교차점이다. 그림 6.13에 도시된 바와 같이 θ_n은 기준 라인으로부터 n번째 탭 중심까지의 각도이다.

홀효과

홀 소자는 V_s의 외부인가 전위에 의해 전류 I가 흐르는 반도체로 이루어진 얇은

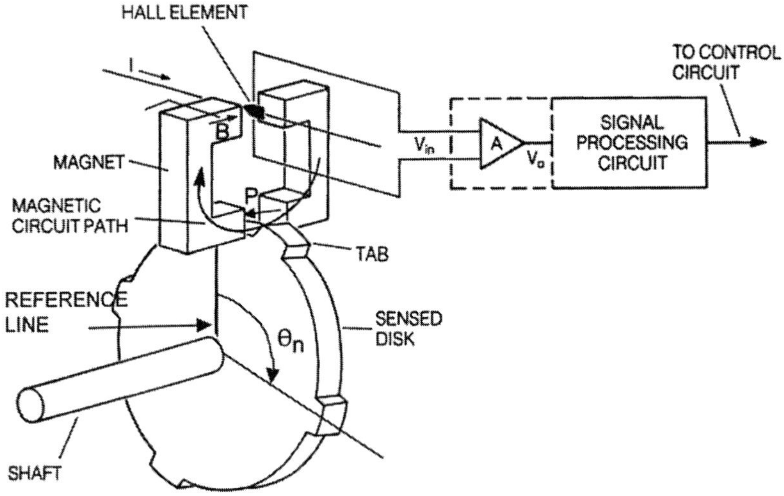

그림 6.13
대표적인 홀효과 센서 구성

평판 슬래브이다. 그림 6.14에 도시된 반도체의 슬래브의 홀 소자는 길이 L_x 폭 L_y, 깊이 d의 형상으로 전압 V_s와 전류 I를 가진다.

이 구성에서, z방향으로 균일한 자기장이 존재한다. 엄밀하게 말하면 전압 V_s에 의해 발생한 전계강도 $\overline{E}_s$는 좁고 긴 반도체 평판($L_x \gg L_{xy} \gg d$) 내에서 위치에 의해 영향을 받지만, 전계강도는 거의 반도체 평판 전체에 대하여 균일하게 적용되는 것으로 대략 다음과 같이 나타낼 수 있다.

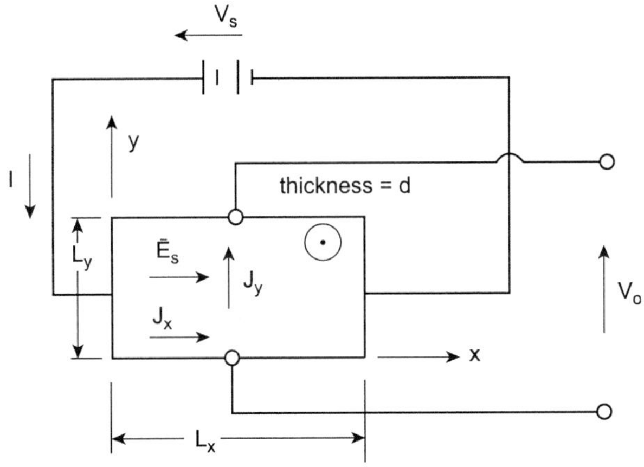

그림 6.14
홀효과 센서의 개략도

$$\overline{E}_s \cong \frac{V_s}{L_x}\hat{x} = E_x\hat{x} \tag{44}$$

여기서, $\hat{x}$는 x방향의 단위 벡터이다. 이 물질에서 전자와 정공의 농도는 각각 n 및 p로 표시된다. 자기장이 없을 때, 흐르는 전류는 다음과 같이 나타낼 수 있다.

$$I = \int_o^{L_y}\int_o^{d} J_x \mathrm{dydz} \tag{45}$$

여기서, J_x는 전류 밀도로 모든 y, z 평면에서 전류/단위 면적을 의미한다.

$$J_x = q[nv_{ex} + pv_{hx}] \tag{46}$$

여기서

$$v_{ex} = \mu_e E_x = \text{전자 표류 속도}$$
$$v_{hx} = \mu_h E_x = \text{홀 표류 속도}$$

또한, n과 p는 전자와 정공의 농도이고, μ_e와 μ_n은 각각 전자와 정공 이동도(mobility)이다.

그러나 자속 밀도(B)가 영이 아닌 경우, 전자와 정공에 작용하는 힘인 로렌츠 힘 $\overline{F}_{\mathrm{Le}}$(전자), $\overline{F}_{\mathrm{LH}}$(정공)이 있으며, 이는 $\overline{B}$와 속도의 벡터 곱에 비례한다.

$$\overline{F}_{\mathrm{Le}} = q\overline{v}_e \times \overline{B} \tag{47}$$

$$\overline{F}_{\mathrm{Lh}} = q\overline{v}_h \times \overline{B}$$

여기서, $\overline{B} = B_z\hat{z}$이며, $\hat{z}$는 z방향의 단위 벡터이다.

전자와 정공에 작용되는 로렌츠 힘은 y방향으로 전자와 정공을 흐르도록 하여 전류를 발생시킨다. 전류 밀도 J_y는 다음과 같이 쓸 수 있다.

$$J_y = q[pv_{hy} + nv_{ey}]$$

만약 그림 6.13에서 차동 증폭기 A의 입력 임피던스가 매우 클 경우, $J_y \simeq 0$이 되며, 이때 $pv_{hy} = -nv_{ey}$로 볼 수 있다. 전하 캐리어는 J_x와 B_z에 수직한 방향으로 흐르고, 이때 발생하는 전계 E_y는 로렌츠 힘을 상쇄시킬 만큼 강한 힘을 가지고 있다.

y방향 전계의 힘은 다음과 같이 나타낸다.

$$E_y = R_H J_x B_z$$

여기서, R_H는 홀효과 계수이다.

센서의 단자 전압 V_o는 다음과 같이 나타낸다.

$$V_o = \int_{-L_y/2}^{L_y/2} E_y \mathrm{d}x$$

$$\cong E_y L_y = R_H J_x B_z L_y$$

따라서 홀효과 센서는 x방향 전류 밀도 J_x와 자속 밀도 B_z에 비례한 개방 회로 전압을 만든다.

그림 6.13에 도시된 각 위치 센서의 동작은 홀 소자에 수직한 자속 밀도의 변화와 위에서 설명한 단자 전압의 관계에 영향이 있다. 여기서 자속 밀도는 자석 양극과 그 간격에서 닫힌 경로를 따라 일정하다.

이 자속 밀도는 그림 6.13의 돌출된 탭의 축 위치가 자석 간극으로부터 멀리 떨어져 있을 때 상대적으로 작은 값을 가진다. 탭이 간극에 접근할 때, 공기보다 훨씬 높은 투자율을 갖는 강자성체는 간극을 채우기 시작한다. 자속 밀도의 크기는 탭과 자석의 자극면 사이의 중첩된 영역이 증가함에 따라 비례하여 증가한다. 이 자속 밀도는 탭이 대칭 자석의 하부 간극 내에 정확하게 위치할 때 최댓값에 도달한다. n번째 탭의 각도 위치가 θ_n으로 표기된 경우, 센서의 단자 전압 V_o는 그림 6.15에서 도시된 바와 같은 파형을 갖는다. 즉, 단자 전압은 $\theta_n(n = 1, 2, ..., N)$일 때 최댓값을 가진다(여기서 N은 탭의 개수). 따라서 센서는 탭이 극 사이를 통과할 때마다 그림 6.15와 같은 일반적인 파형의 전압 펄스를 생성한다. 위에서 설명한 가변 자기 릴럭턴스 센서의 경우와 마찬가지로, 이 센서가 크랭크축의 위치 측정을 위해 사용되는 경우, 위에서 설명한 바와 같이 각 엔진 사이클 내의 명확한 타이밍 캠축 각도 위치 센서와 결합되어야 한다.

차폐 영역 센서

그림 6.15에서는 방금 논의한 것과 다른 방식으로 홀효과 소자를 사용할 수 있는 개념에 대하여 보여주고 있다. 이와 같은 방식에서 홀 소자는 일반적으로 자기장에 노출되고 출력 전압을 생성한다. 탭 중 하나가 자석과 센서 소자 사이를

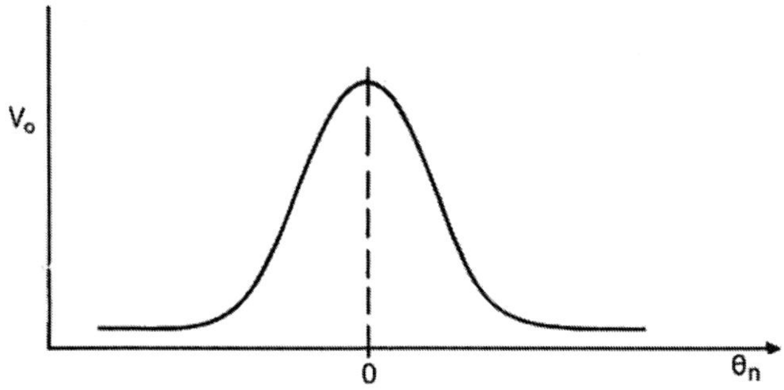

그림 6.15
홀 센서의 출력 전압 파형

통과할 때, 탭과 디스크의 낮은 자기 릴럭턴스 값은, 홀효과 센서 소자를 우회하는 자속 경로를 제공하고 센서 출력은 제로 근처로 떨어진다. 그림 6.16의 파형은 그림 6.15와 정반대임을 알 수 있다.

광학 크랭크축 위치 센서

충분히 깨끗한 환경에서, 축 회전각도는 광학 기술을 사용하여 감지될 수 있다. 그림 6.17은 그러한 시스템을 설명하고 있다. 자기 시스템과 같이 디스크는 직접 크랭크축과 결합된다. 광학센서의 디스크는 여러 개의 디스크 구멍들을 가지며 이는 자기센서의 탭과 같은 역할을 한다. 디스크의 각 측면에 탑재된 것은 광

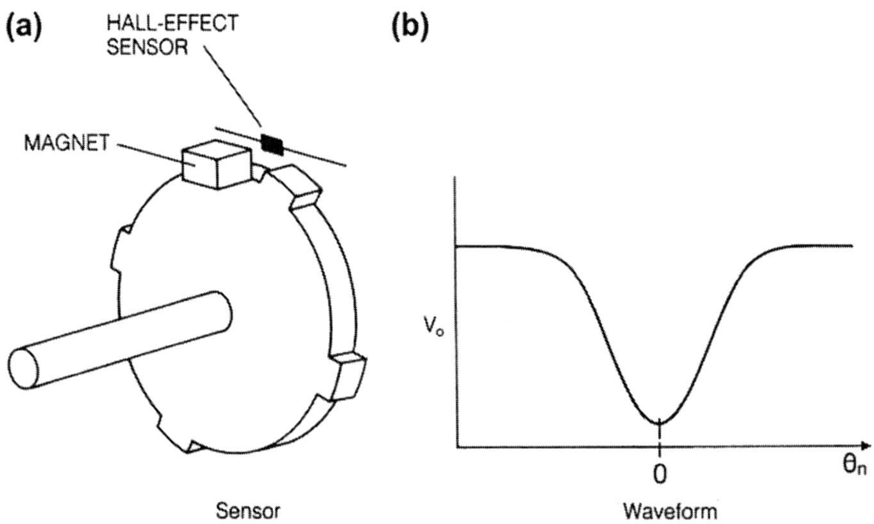

그림 6.16
차폐 홀효과 센서

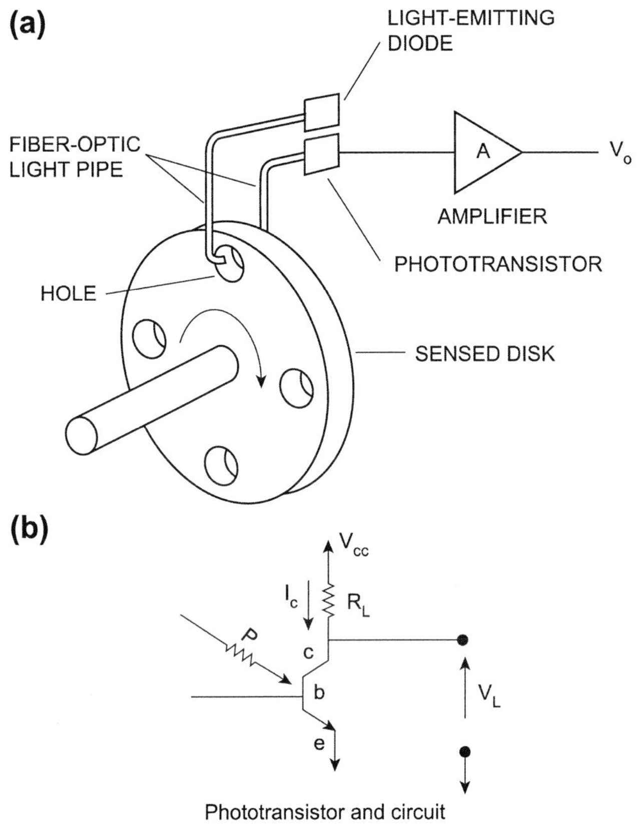

그림 6.17
광학 각도 위치 센서

섬유 광 파이프이다. 디스크의 구멍은 발광 다이오드(LED) 광원으로부터의 광 파이프를 통해 전달된 광의 투과를 허용하여 광 센서로서 사용하는 포토트랜지스터에 빛을 전달한다. 고체 디스크가 빛을 막아 구멍이 없을 때 빛은 소스로부터 센서까지 전송되지 못할 것이다. 반면에, 디스크 구멍이 광섬유 광 파이프의 하나와 정렬될 때마다, LED로부터의 빛은 디스크를 통과하여 광센서로 전달된다.

이 센서의 광원으로 사용되는 발광 다이오드는 조명을 포함하여 자동차 시스템에서 브레이크 조명, 회전 신호, 계측 표시 등과 같은 다른 응용 기능으로도 사용이 증가되고 있다. LED의 작동 이론은 제9장에서 설명한다. LED는 다양한 반도체 재료로부터 만들어지며 그것은 재료, 제조방법 및 구동 전압에 따라 자외선에서부터 적외선까지 넓은 파장영역에 대하여 사용 가능하다.

그림 6.17a에 나타난 광학 위치 센서의 다른 중요한 요소는 포토트랜지스터이다. 양극성 포토트랜지스터는 기본적으로 종래의 트랜지스터가 갖는 콜렉터(collector), 베이스(base), 에미터(emitter) 영역의 구성을 가진다. 그러나 전기를

통해 베이스 영역으로 소수 캐리어를 주입하는 대신에 감지된 빛이 트랜지스터에 전류를 흐르게 한다.

포토트랜지스터는 접합 영역이 광원으로부터의 빛에 노출되도록 한다. 이때 베이스 영역의 에너지 밴드 갭, ΔE_g은 포토트랜지스터가 반응하는 빛의 파장을 결정한다.

그림 6.17은 NPN 포토트랜지스터와 접지된 에미터 회로 구성을 도시한다. 콜렉터-베이스 접합은 역 바이어스가 된다. 조명 레벨 P의 입사광이 포토트랜지스터의 베이스(b)의 영역 상에 렌즈에 의해 집광된다. 들어오는 빛의 광자가 베이스 영역에 흡수되면, 그것들은 바이폴라 트랜지스터의 베이스 전류와 동등한 전하 캐리어를 생성한다. 제3장에서 설명한 바와 같이, 베이스 영역 캐리어의 증가는 콜렉터-이미터 전류를 증가시킨다. 결과적으로, 콜렉터 전류 I_c는 P와 선형으로 변화하고 다음과 같이 주어진다.

$$I_c = I_o + \beta\gamma P \tag{48}$$

여기서, β = 접지한 에미터 전류 게인
γ = 빛의 강도로부터 베이스 전류로의 등가상수

부하 전압 V_L은 다음과 같이 주어진다.

$$\begin{aligned} V_L &= V_{cc} - I_c R_L \\ &= V_{cc} - R_L(I_o + \beta\gamma P) \end{aligned} \tag{49}$$

디스크 구멍이 그림 6.16에서 도시된 바와 같이 광섬유 통로를 통과할 때마다, 부하 전압은 높은 값에서 낮은 값으로 떨어지는 전압 펄스를 갖게 될 것이다. 증폭기는 모든 구멍이 광로를 통과할 때마다 양의 전압 펄스를 출력값으로 갖도록 반전증폭기로 구성할 수 있다. 이와 같은 전압 펄스는 위에서 언급한 자기센서와 유사한 회전하는 축의 각도 위치를 얻는 데 사용할 수 있다.

광학센서의 문제점 중 하나는 먼지와 기름으로부터 보호되어야 한다는 것이다. 그렇지 않으면, 광학적인 투과율이 감소할 수 있다. 반면에, 광학기반 센서는 엔진 작동 없이도 감지가 가능하며 펄스 진폭이 속도 변화에도 일정한 장점이 있다.

스로틀 각도 센서

엔진전자 제어에서 측정되어야 하는 변수는 스로틀 플레이트의 각도 위치이다. 대부분의 자동차에서, 스로틀 판은 가속 페달에 기계적으로 연결되어 함께 이동한다. 운전자가 가속페달을 밟으면, 기계적인 연결을 통해 스로틀 각도가 증가하게 되고, 더 많은 공기가 엔진에 흡입되어 엔진 출력을 증가시킨다.

제어 목적에서 순간적인 스로틀 각도의 측정은 중요하고, 이것은 제7장에서 설명할 것이다. 대부분의 스로틀 각도 센서는 기본적인 전위차계(potentiometer)이다. 전위차계는 가동 접점으로 이루어진 저항으로 구성되어 있으며, 그림 6.18과 같다.

스로틀 각도 위치 센서의 작동원리는 전도성 물질의 기하학 크기의 형상에 따른 저항값과의 관계이다. 이 관계를 설명하기 위해, 길다란 모양의 저항의 양단에 V_S의 저항이 인가되어 있고, 이 저항은 길이 방향으로 일정한 단면적 A를 가지며 길이는 L이다. 측방 치수가 길이에 비해 작을 경우(즉, $\sqrt{A} \ll L$), 전류 밀도는 단면적에 걸쳐 균일하다. 영역을 통과하는 전류 밀도 J는 전기장의 세기 E와 관련이 있고 다음과 같이 나타낼 수 있다.

$$J = \sigma E \tag{50}$$

여기서, σ는 소재의 전도율이다. 균일한 J에 대해 전도체를 통한 총 전류 I는

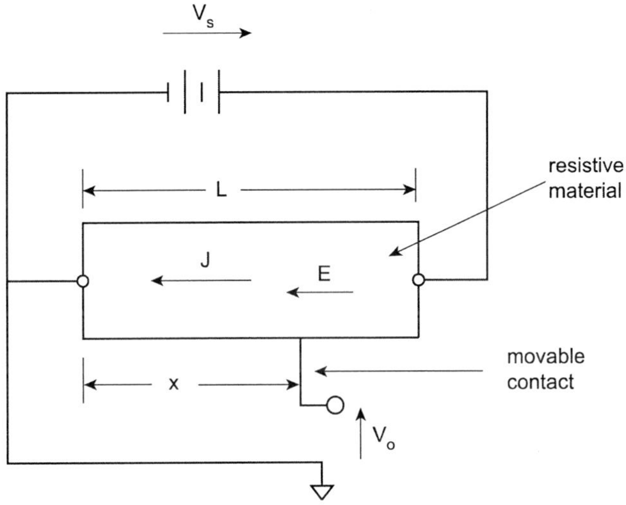

그림 6.18
전위차계 회로 개요

$$I = \int_A J \mathrm{d}s$$
$$\cong JA \tag{51}$$

이때, 전도체의 단면적으로 적분을 취한다. 또한, 전도체 끝부분의 전압은

$$V = -\int_o^L E\mathrm{d}x \cong EL \tag{52}$$

여기서, x 좌표는 저항 길이 방향 위치를 나타낸다. 전압은 그라운드 위치($x = 0$)로부터 x 위치에 따라 선형적으로 변화한다:

$$V(x) = \frac{V_S x}{L} \qquad 0 \leq x \leq L \tag{53}$$

따라서 전도체의 저항 R은 다음과 같이 정의된다.

$$R = \frac{V}{I} = \frac{EL}{\sigma EA} \tag{54}$$

$$= \frac{L\rho}{A} \tag{55}$$

여기서, $\rho = 1/\sigma =$ 소재 저항(ohm · m).

지금부터는 그림 6.19에 묘사된 바와 같이 반경 r을 갖는 원을 따라 형성된 저항체를 고려한다. 저항체의 반경과 두께는 균일하며 원주의 길이($r\alpha$)보다는 작다. 원호의 중심으로 회전하는 금속체와 저항체는 각도 α를 가지며 접촉한다(접지된 저항체의 끝 부분으로부터 접점 라인까지 측정). 각도가 최대가 되는 저항체의 반대쪽 끝부분은 일정한 전압 V_s가 주어진다. 그림 6.19에서 보여주는 구조는 회전형 전위차계이다. 전위차계의 총저항은 R_p이고, $R(\alpha)$는 임의의 각도 α를 갖는 가동접점과 접지되어 있는 부분 사이의 저항이다. 균일한 형상에 대한 전제로부터, 저항은 원호의 길이 $r\alpha$에 따라 선형적으로 변한다.

따라서 저항 $R(\alpha)$는 다음과 같이 나타낼 수 있다.

$$R(\alpha) = \frac{R_p \alpha}{\alpha_{\max}} \tag{56}$$

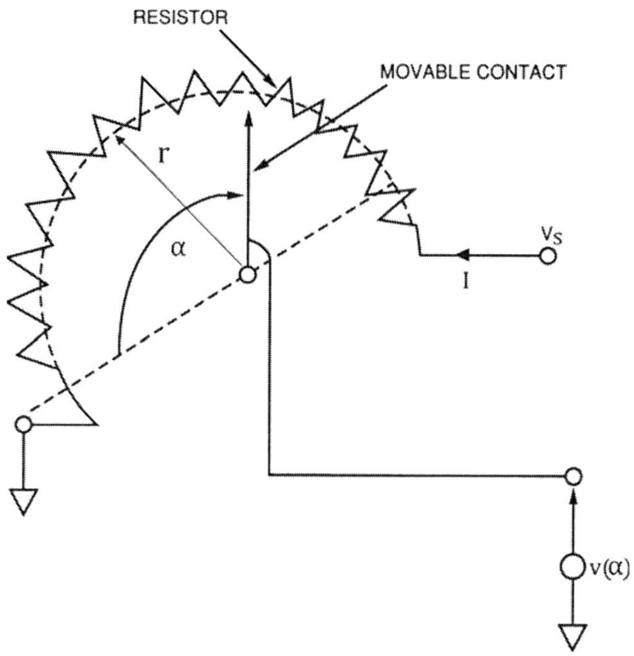

그림 6.19
스로틀 각도 센서: 전위차계

전위차계에 흐르는 전류 I는

$$I = \frac{V_s}{R_p} \tag{57}$$

가동접점의 개방회로 전압 $V(\alpha)$는

$$\begin{aligned} V(\alpha) &= IR(\alpha) \\ &= \frac{V_s}{R_p} R(\alpha) \\ &= V_s \frac{\alpha}{\alpha_{\max}} \end{aligned} \tag{58}$$

전위차계는 평면에 직교하는 선회축과 가동접점을 연결하여 만들어진다. 이 축이 기계적으로 다른 회전축(스로틀 판의 회전축)과 연결되어 있는 경우, 그림 6.19에 나타난 센서의 구성도는 다른 축의 각도(α)를 측정하기 위한 센서로 볼 수 있다. 스로틀 판 축과 연결된 전위차계는 스로틀 각을 측정하기 위한 센서로 볼 수 있으며, 이때 전압 $V(\alpha)$은 엔진 힘을 조절하기 위한 운전자의 명령을 산출하기 위한 측정값이다. 디지털 제어의 경우 전압 $V(\alpha)$는 아날로그 디지털 변환기를 통해 디지털 형태로 변환되어야 한다.

온도 센서

온도(T)는 차량 시스템의 중요한 변수다. 전자 연료 제어 시스템의 동작 시 냉각수 온도, 흡기 온도, 배기가스 산소 센서의 온도 정보는 필수적이다. 온도측정을 위한 센서의 형태는 여러 가지가 있지만, 수온 센서의 동작으로 대부분의 온도 센서에 대한 기본적인 동작 원리를 설명할 수 있다. 특정 장치를 위한 온도 센서는 예상 온도 범위를 충족하도록 설계된다. 예를 들어, 냉각수에서의 온도 센서 환경은 배기가스에 노출되는 센서보다 온도가 낮다.

일반적인 냉각수 센서

그림 6.20에 보이는 일반적인 냉각수 센서는 온도에 반응하는 반도체(서미스터)를 하우징에 장착하여 냉각수의 흐름 속에 삽입되도록 설계되어 있다. 하우징은 일반적으로 냉각수 누출을 막기 위해 나사 결합방식으로 이루어져 있다.

서미스터는 2개의 단자로 된 전도체인데, 서미스터의 저항과 온도는 반비례한다. 작동 이론은 전하캐리어 농도에 대한 온도의 영향에 근거하고, 농도는 원자가와 전도대의 에너지 차이에 의존하며 이를 온도에 대한 지수함수로 표현할 수 있다. 서미스터의 저항은 온도 T의 비선형 함수이며 이는 작동온도 범위에서 온도의 다항식 함수로 모델링된다.

그러나 냉각수 온도 범위에서 자주 사용되고 있는 모델은 서미스터 저항 R_T를 T의 로그함수로 나타내고 있다.

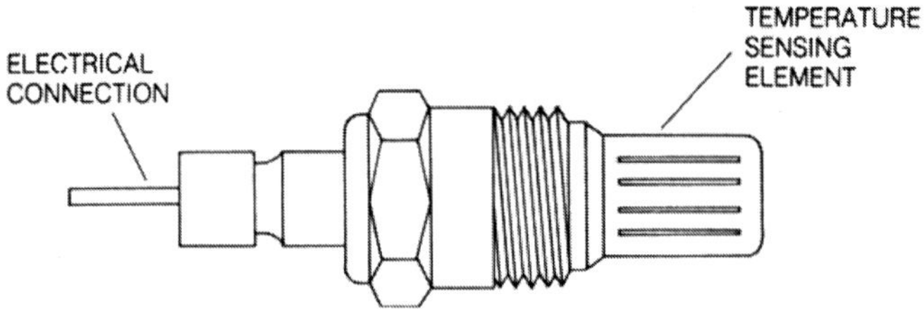

그림 6.20
냉각수 온도 센서

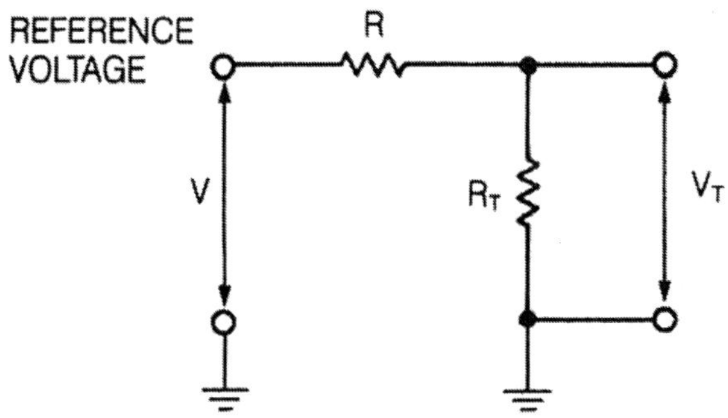

그림 6.21

온도센서 회로

식 (59)와 (60)을 합하면 다음과 같은 온도의 식을 얻을 수 있다.

$T = A/\{B + \ln[V_T R/(V - V_T)]\}$

$$\ln(R_T) = \frac{A}{T} - B \tag{59}$$

예제로 들 수 있는 센서의 계수들은 대략적으로 다음과 같다.

$A \cong 5000$, $B \cong 3.96$, T는 절대온도(K)다.

센서는 일반적으로 그림 6.21과 같이 회로에 연결되는데, 냉각수 온도 센서 저항을 R_T로 표시한다. 이 저항은 고정 저항 R을 통해 참조 전압(reference voltage)에 연결되어 있다. 센서 출력전압 V_T는 다음 식으로 주어진다.

$$V_T = V\frac{R_T}{R + R_T} \tag{60}$$

여기서, 단자전압 V_T는 디지털엔진 제어 시스템(A/D 컨버터를 경유)에 입력하는 값으로 이를 통해 R_T를 구한다. 온도는 위에 주어진 $R_T(T)$ 모델이나 기타의 다항식 모델 등을 사용해 얻는다.

피드백 제어를 위한 센서

지금까지 나온 센서는 개방형 루프 제어(feedforward)를 위한 유형이었다. 다음으로는 피드백 엔진 제어에 적합한 센서를 살펴볼 것이다. 연료 전달에서의 피드백 제어는 14.7:1과 같은 화학량으로 공연비를 유지시키는 것에 근거한다고 5장에서 말한 바 있다. 연료 제어에서 최우선적인 것이 바로 배기가스 산소 센서이다.

배기가스 산소 센서

제5장에서 배기가스의 산소량은 흡기 공연비의 간접 측정값으로 사용된다고 했다. 그리하여 오늘날 사용하는 가장 중요한 자동차 센서는 배기가스산소(EGO) 센서라 할 수 있다. 이 센서는 그리스 문자 λ를 사용하여 람다 센서라고도 불리며, 제5장에서 정의한 것처럼 일반적으로 당량비로 표현된다.

$$\lambda = \frac{(\text{air/fuel})}{(\text{air/fuel/@ stoichiometry}} \tag{61}$$

공연비가 화학량론적으로 이상적인(stoichiometry) 비를 이룰 때 λ는 1이다. 공기-연료 혼합물이 희박할 때는 $\lambda > 1$로 나타내고, 공기-연료 혼합물이 농후할 때는 $\lambda < 1$로 나타낸다.

지금까지 사용되었던 EGO 센서의 2가지 유형은 사용되는 2가지 산화물의 종류에 따라 나눌 수 있다. 하나는 이산화지르코늄(ZrO_2)이고, 나머지는 이산화티타늄(TiO_2)이다. 현재는 ZrO_2이 가장 많이 사용되고 있다. 그림 6.22a는 일반적인 ZrO_2 EGO 센서의 모습이다. 그림 6.22b는 배기 시스템에 센서가 장착되어 있는 것을 보여주고 있다. 그림 6.22c는 개별 요소의 구조와 배기가스가 EGO 센서에서 작용하는 것을 보여주고 있다.

EGO 센서는 ZrO_2의 내외부에 얇은 백금전극으로 둘러싼 골무의 형태로 구성되어 있다. 내부 전극은 공기에 노출되어 있고, 투과성 보호막이 있는 외부 전극은 배기가스에 노출되어 있다.

EGO 센서 작동에 대한 기본 원리는 산소 이온 분배에 있다. 산소 이온은 2개의 과잉전극을 가짐에 따라 음극을 띤다. 따라서 백금전극 내부에서는 산소 이온을 끌어당겨 ZrO_2 표면에 이온이 쌓이는 경향을 보인다.

ZrO_2의 공기 측면에서 백금 판은 배기가스 측면보다 더 높은 산소 이온 농도에 노출되어 있다. 따라서 공기 측면은 배기가스 측면보다 더 음극을 띠게 된다. 이는 ZrO_2 양단에 전기장이 발생하도록 하며 전압 V_o가 존재하게 된다. 이와 같은 전압의 극은 ZrO_2의 공기 측면에서 음이고 배기가스 측면에서는 양이다. 전압의 크기는 배기가스 내에 산소 농도와 센서 온도에 달려 있다.

배기가스의 산소량은 산소의 분압으로 표현된다. 이 분압은 복합배기가스 내 산소 농도 때문에 전체 배기가스 압력에서 대기압에서의 비율보다 비율이 약간 높다. 혼합물이 농후할 때, 배기가스 산소분압은 10^{-16}~10^{-32}기압이다. 혼합물이 희박할 때의 산소분압은 대략 10^{-2}기압이다. 결론적으로 농후한 혼합물에는 배

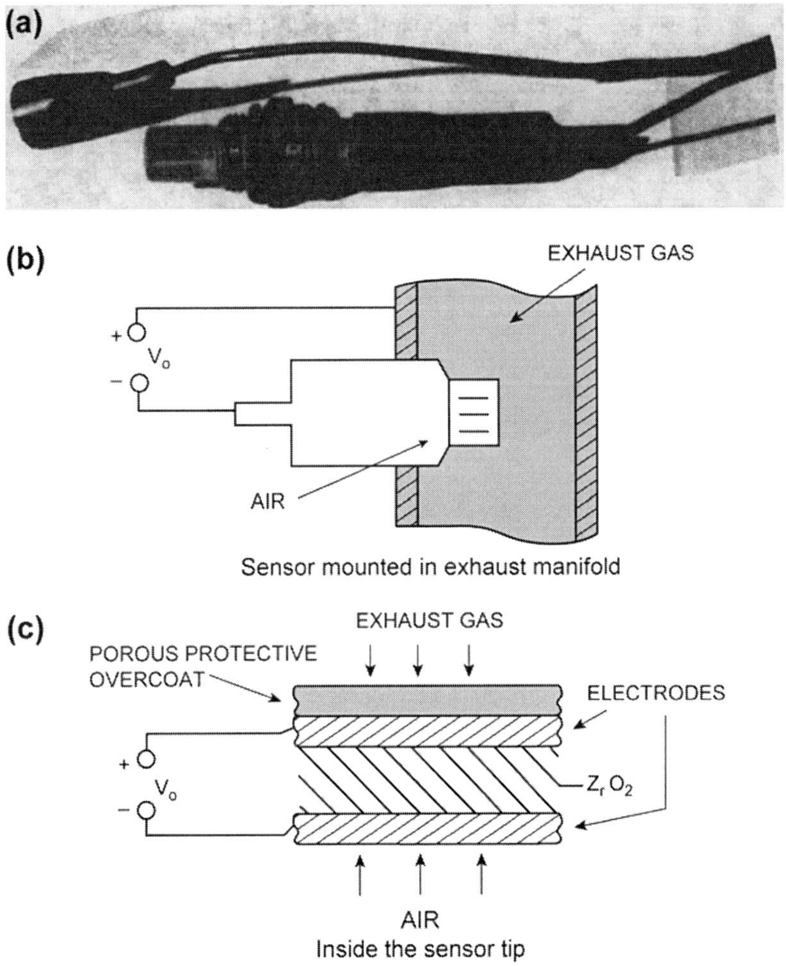

그림 6.22
EGO 센서

기 내에 산소 농도가 상대적으로 낮으며 EGO 센서 출력 전압은 더 높다. 충분한 온도로 열이 가해진 EGO 센서에서의 출력전압은 농후한 혼합물에서 약 1 V, 희박한 혼합물에서는 약 0.1 V이다.

이상적인 EGO 센서

제5장에서 논의되었던 리밋-사이클 연료 제어 시스템에 바람직한 EGO 센서 특징은 다음과 같다 :

1. 이상 공연비(stoichimetry)에서 전압의 급격한 변화
2. 배기가스 산소 변화에 대한 출력전압의 빠른 스위칭

3. 농후 또는 희박 혼합물에서 센서 출력전압의 큰 차이
4. 배기온도 범위에서 안정적인 전압

스위칭 특성

EGO 센서의 스위칭 시간은 제어적인 면에서도 고려되어야 한다. 리밋-사이클 제어장치의 이상적인 특징은 그림 6.23에 나타나 있다. 그림에서 화살표가 가리키는 것은 공연비가 농후(rich)부터 희박(lean)까지 변하는 동안 전압 V_o의 변화이다. EGO 센서는 이력현상과 같은 스위칭 특성을 갖는다는 것에 주목할 필요가 있다. 이력현상을 무시할만한 폐쇄형 루프 연료제어를 설명하기 위해 EGO 센서의 이상적인 모델이 제5장에 나온 바 있다.

그림 6.24는 상업적으로 이용되는 실제 EGO 센서의 전압/당량비 특성을 나타낸다. 실제 센서와 이상적인 센서의 특성을 비교해 보면 농후(rich)에서 희박(lean)까지의 전압강하가 유한한 기울기를 갖는다는 것을 알 수 있고, 이는 화학량의 희박한 면에서 발생한다는 것을 알 수 있다. 그리고 EGO 센서의 단자 전압은 λ의 연속함수이다. 또한, 이 전압은 희박부터 농후까지 전달되는 λ의 연속함수이지만, $\lambda > 1$에서 매우 가파른 기울기를 보인다.

온도는 스위칭 시간과 출력전압에 영향을 준다. 두 개 온도의 스위칭 시간이 그림 6.25에 나타나 있다. 800도보다 350도에서 각 구간의 시간이 2배가 된다. 이는 스위칭 시간이 350도에서는 거의 0.1초이지만 800도에서는 약 0.05초가 됨을 의미한다. 이는 온도 변화로 인해 스위칭 시간이 2:1의 비율로 변함을 알려준다.

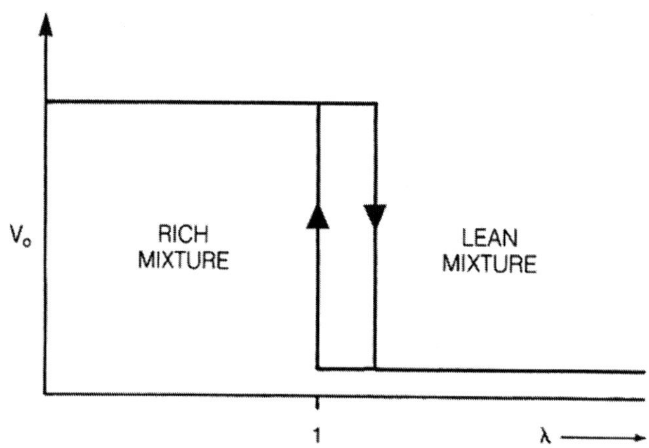

그림 6.23

이상적인 EGO 센서의 스위칭 특성

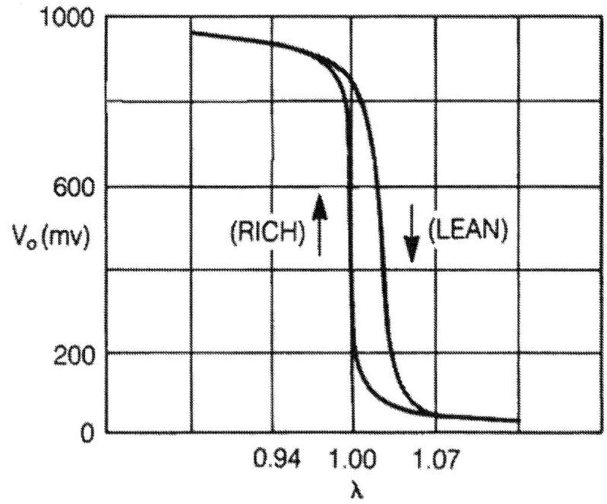

그림 6.24
상용 EGO 센서의 전압 vs. λ

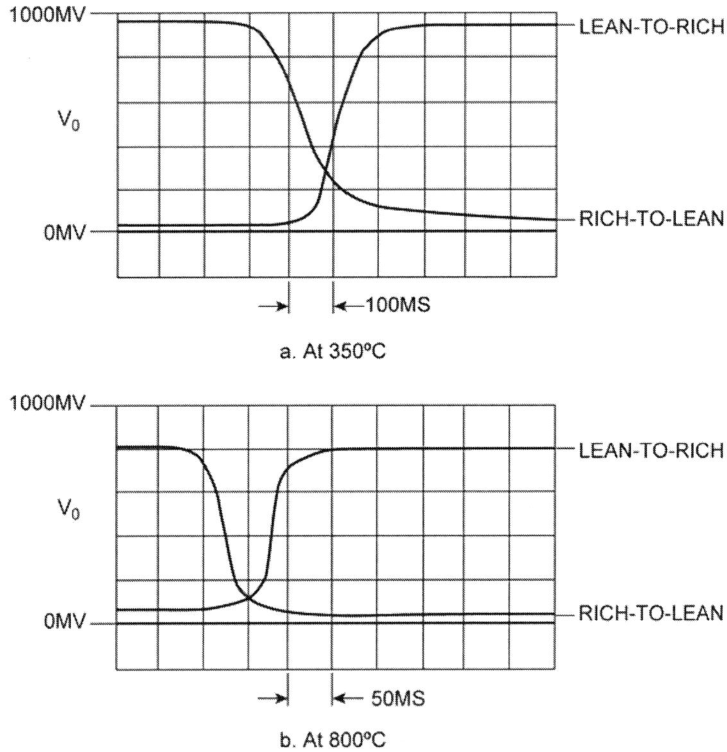

그림 6.25
EGO 센서의 스위칭 과도구간

EGO 센서 출력전압은 온도에 매우 의존적이다. 그림 6.26에서는 혼합물의 EGO 센서 출력전압의 온도 의존성은 농후할 때와 희박할 때 부하저항이 서로

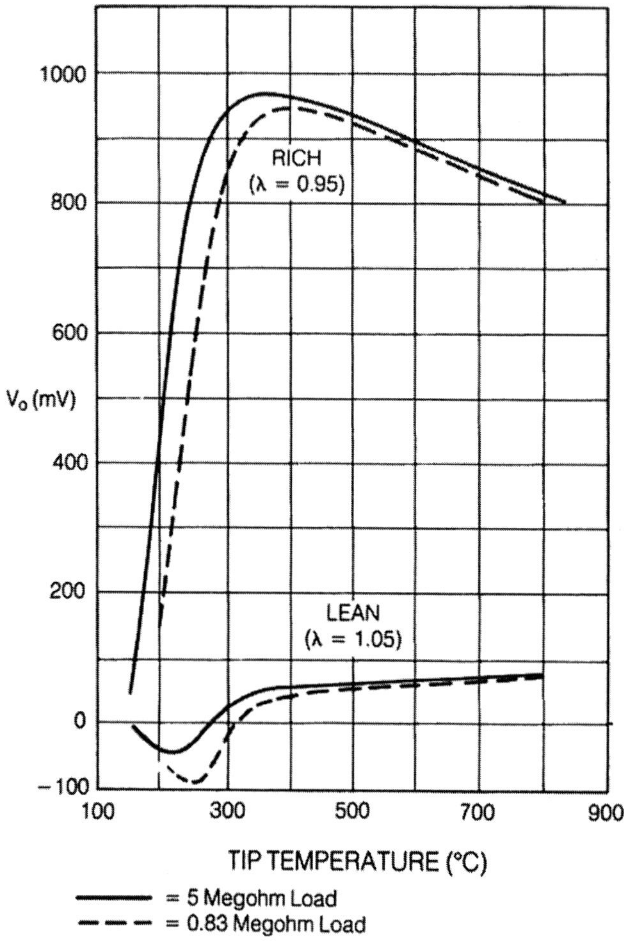

그림 6.26
EGO 센서 온도 특성

다르다는 것을 보여준다. −5M & 0.83M. 농후한 혼합물의 EGO 센서 출력전압은 배기온도가 350~800도일 때, 약 0.80~1.0 V이다. 희박한 혼합물의 경우에는 0.05~0.07 V이다.

특정한 조건에서 EGO 센서를 이용한 연료 제어는 개방형 루프 모드로 작동되며 제7장에서 설명하겠지만 다른 조건에서는 폐쇄형 루프 모드로 작동된다. 센서 온도가 약 300도보다 낮을 경우 농후할 때와 희박할 때 사이의 전압차가 급격히 감소하기 때문에 EGO 센서는 300도 아래 온도에서는 작동하지 않는다. 센서의 이와 같은 특성 때문에 배기 온도가 낮을 때에는 개방형 루프 모드에서 연료 제어 시스템을 작동시키도록 한다.

EGO 출력 전압을 에러 입력으로 사용하는 폐쇄형 루프는 모드는 EGO 센서 온도가 약 300도를 넘어갈 때까지 시작되지 않는다. 차량이 노후화됨에 따라 엔진 파라미터가 변경될 수 있기 때문에 개방형 루프 모드보다는 폐쇄형 루프 모드가 배기가스 규제를 만족시키기에 더욱 신뢰성을 가지게 되었다. 차가운 엔진에 시동을 걸 때, 개방형에서 폐쇄형 루프 작동으로 서둘러 전환시키는 것이 필요하지만 EGO 센서의 온도도 및 전압차가 폐쇄형 루프를 작동하기에 충분해야만 한다.

산소 센서 개선

배기가스 산소 센서에 대하여 많은 연구들이 이루어졌고 폐쇄형 루프는 삼원촉매가 있는 자동차에서는 가장 중요한 센서가 되었다. 앞에서 본 것처럼 센서가 약 300도에 도달할 때까지 산소 센서의 신호는 폐쇄형 루프 제어에 적합하지 않다. 센서 온도는 시동 시점이나 엔진 예열 단계 동안에는 매우 낮으며 차량이 오랫동안 감속하는 동안에도 온도가 떨어질 수 있다. 온도가 떨어졌을 경우 폐쇄형 루프모드로 최대한 빠르게 되돌아와야 하므로 산소 센서는 가능한 빠른 시간안에 최저작동온도에 도달해야 하는 것이다.

개선된 배기가스 산소 센서는 그림 6.27에서 볼 수 있듯이 센서 내부에 전기히터를 장착한 것들이 개발되어 왔다. 이 EGO 센서는 가열된 배기가스 산소 센서, HEGO 센서(Heated Exhaust Gas Oxygen Sensor)로 불리운다. 전류는 엔진 운전 조건에 따라 자동적으로 스위치가 켜지거나 꺼진다. 가능한 경우에는 배기가스 온도 센서를 이용하여 HEGO 온도의 근사치를 추정하기도 한다. 가능한 한 빨리 폐쇄형 루프 작동에 도달하기 위해서는 가열이 필요하다. 이를 위하여 저항에 소모되는 전력으로부터 열을 발산하는 저항체를 이용하여 발열부를 제작한다. HEGO 센서는 하우징 내부가 뜨겁게 유지되도록 감싸고 있기 때문에 빠르게 온도가 상승한다.

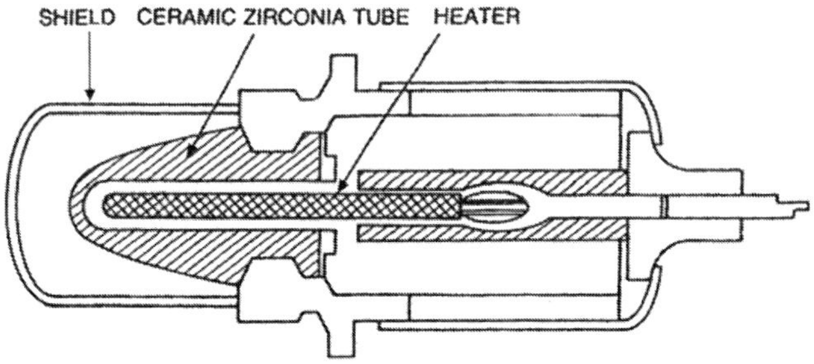

그림 6.27
HEGO 센서 구성도

일반적으로 전기 가열은 저온 시동을 위하여 주로 필요하다. 엔진 시동 후에 배기가스는 EGO 센서를 유지시키기 위한 온도를 유지할 수 있는 충분한 열을 갖게 된다.

노크 센서

폐쇄형 루프 엔진 제어에 사용되는 다른 센서는 노크 센서다. 노크 센서는 원치 않는 노킹을 방지하기 위해 폐쇄형 루프 점화시기에서 사용된다. 제7장에 노킹에 대한 자세한 설명이 있지만 노크는 연소 중 실린더 내 압력의 급상승을 의미한다. 이는 일반적인 경우라기보다 특정한 조건에서 발생하는 현상이다. 매니폴드의 높은 압력과 과도한 점화진각(spark advance)과 고온의 연소에서 가장 많이 발생한다. 노킹을 감지하고 예방하지 못하면, 엔진에 손상을 입을 수도 있다.

노킹 제어 방법 중 하나는 노킹이 발생하는 시기를 감지하고 노킹이 멈출 때까지 점화를 지연시키는 것이다. 이를 위한 제어 루프의 핵심은 노크 센서다.

노크 센서는 실린더 내 압력의 급상승에 의해 발생하는 순간적인 음향 신호를 감지한다. 음향 신호가 가청 주파수 음역에 있고 "노크"소리처럼 들리기 때문에 이 현상을 노크라고 부르고 있다. 이는 엔진 제원에 따라 몇 kHz에서 발생하는 비교적 짧고 강력한 펄스신호로 급격하게 감소하는 진동신호가 뒤따른다. 실린더 압력 파형은 제7장 그림 7.16에 묘사되어 있다.

자기변형 기술을 사용한 대표적인 노크 센서의 구성은 그림 6.28a에 나타나 있다. 자기변형은 응력에 따라 변하는 재료의 자기적 특성에 의한 현상이다.

노킹을 감지할 때, 자기장 속에 있는 자기변형 막대는 노킹을 유도하는 힘 때문에 코일의 자속자계를 변화시킨다. 그림 6.28a에서 노크 실린더 압력으로 인한 힘은 자기변형 막대에 장착된 프레임으로 전달된다. 자기변형은 그림 6.7의 센서와 관련된 내용에서 언급되었던 강자성 물질의 속성이다. 강자성 물질은 개별적인 도메인들로 물리적으로 구성되어 있고, 도메인 내의 전자스핀과 관련된 자기장은 모두 주어진 방향으로 정렬되어 있다.

외부 자기장이 어느 방향으로 적용되더라도 도메인들은 그들의 축을 주어진 자기장의 방향으로 정렬시킨다. 자기장 도메인들의 방향 변화는 물질의 크기와 형태에 약간의 변형을 일으키게 된다.

반대로 같은 물질이 자기를 띠게 되고 가해진 외력에 의해 물질에 응력 및 변형이 주어질 때, 물질의 자기투과율 μ는 변하게 된다. 이는 역 자기변형이라 부

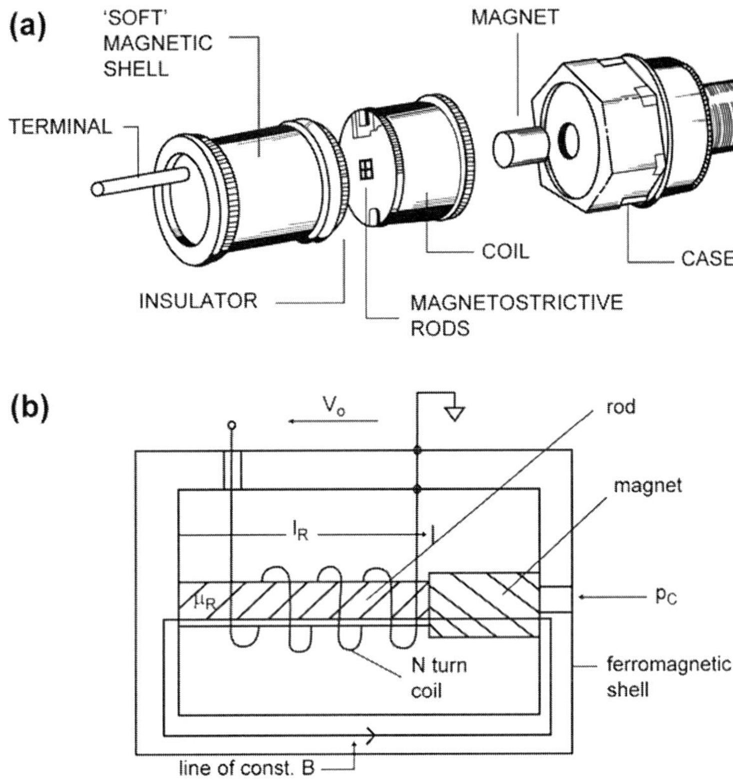

그림 6.28
노크 센서 구성

르며 노크 센서에 적용된 현상이다.

자기변형은 엄격히 말해 이방성 현상이지만, 이 논의에서 노크 센서의 일반적인 자기변형 물질은 길고 얇은 막대로 제조된다. 이 경우에 축 방향의 투과율만이 중요하고 아래에 나온 것처럼 등방성 스칼라 투과율 μ_R모델로 취급될 수 있다.

그림 6.28a에서 작은 자석은 자속밀도 $\overline{B}$를 갖는 폐루프 형태의 자기장을 생성한다. 자기장은 자석과, 자기변형 막대, N번 감긴 코일을 지나서 자기적으로 높은 자기투과율을 가진 강자성 셀(shell)로 돌아온다(그림 6.28b). 이 루프는 일정한 자속밀도의 선들을 의미한다. 이 자속밀도의 세기는 자석과 자기변형 막대 투과율 μ_R에 의해 결정된다. 셀의 자기투과율 μ_s는 다음 부등식을 만족시킨다고 가정한다.: $\mu_s >> \mu_R$

자속밀도의 크기를 단순화시킨 모델은 다음과 같다.

$$B \cong \frac{M\mu_R}{\ell_R} \tag{62}$$

여기서, ℓ_R은 자기변형 막대의 길이이고, M은 자석상수다. 전체 자기자속 Φ는 막대를 통해 근사적으로 주어진다.

$$\begin{aligned} \Phi &= \int_{A_R} B\mathrm{d}s \\ &\cong BA_R \end{aligned} \tag{63}$$

여기서, ds는 막대 장축의 직교영역에서 미소 면적이고, A_R은 전체 단면적이다. 일반적인 센서에서 B는 막대 단면적 A_R에 대하여 거의 균일하다.

$$\Phi = \frac{MA_R\mu_R}{\ell_R} \tag{64}$$

센서 단자 전압 V_o는 다음과 같다.

$$\begin{aligned} V_o &= N\frac{\mathrm{d}\Phi}{\mathrm{d}t} \\ &= \frac{NMA_R}{\ell_R}\frac{\mathrm{d}\mu_R}{\mathrm{d}t} \end{aligned} \tag{65}$$

여기서, N은 코일이 막대를 감은 횟수를 의미한다.

μ_R의 도함수는 막대의 자기변형에 근거한다. μ_R을 근사한 모델은 다음과 같다.

$$\mu_R = \mu_1 + \mu_2\sigma_R$$

여기서, σ_R은 노크 하중에 의해 막대에 발생하는 응력이고, 이는 프레임에 의해 막대에 전달된다. μ_1과 μ_2는 자기변형 막대 재료상수이다.

일반연소 시에 dσ_R/dt는 작다. 그러나 노킹 시 시간도함수는 상대적으로 커지고 노크 실린더 압력변화에 비례한다. 따라서 이 센서 단자 전압은 노킹강도에 비례하게 된다. 이 전압은 제7장에서 볼 수 있듯이 과도한 노킹을 감지하는 데 사용된다. 다른 센서들은 압전물질이나 도핑 처리된 실리콘 반도체의 압전 저항을 사용한다. 센서의 종류와는 상관없이 실린더에서 감지되는 노킹을 줄이기 위해 점화지연을 하는 폐쇄형 루프 시스템을 형성한다. 노크 센서를 사용하는 시스템들은 제7장에 나온다.

노킹 감지 문제는 엔진의 진동과 소음으로 인해 복잡해질 수 있다. 일반적으로 특정한 제원을 갖는 엔진의 노킹 주파수에 "조율된" 필터의 형태에서의 신호처리는 노킹 감지를 개선시킨다(제7장 참조).

차량 엔진 액추에이터

엔진의 전자 제어에 있어서 지금까지 살펴본 센서들뿐만 아니라 공연비, 점화, EGR을 제어하는 액추에이터는 매우 중요하다. 이 절에서 각각의 장치들을 살펴볼 것이다.

일반적으로 액추에이터는 엔진 제어장치에서 전기 입력을 수신하고 기계적, 열적 등등 다양한 물리적인 형태의 출력을 생성한다. 액추에이터의 예로서는 전기 모터, 솔레노이드, 피에조 하중 발전기 등등 다양한 형태가 있다. 자동차 전자 시스템에서 상대적으로 단순하고 저렴한 솔레노이드가 가장 많이 사용되는 장치이다.

솔레노이드는 정확한 연료제어에서부터 전기식 문 잠금장치와 같은 평범한 장치에까지도 사용되고 있다. 일반적으로 솔레노이드는 그림 6.29에서 볼 수 있는 구성을 가지는 강력한 전자석이다. 솔레노이드는 이동 가능한 강철요소를 갖춘 고정된 실린더형 강철 프레임으로 구성되어 있다. 코일은 강철프레임을 N회 감아서 강력한 전자석을 형성한다.

자기장의 원동력이 영구자석인 자기센서와는 다르게 솔레노이드 자기장의 원동력은 코일을 통해 흐르는 전류 I다. 일정한 자속밀도 B의 선들은 그림 6.29에 C_1으로 표시된 것과 같이 닫힌 외곽선을 형성한다. 이 외곽선은 중앙 기둥부와 가동 플런저, 그리고 외곽부분들을 포함한다. 선 C_1은 원통형 구조를 가지는 솔레노이드의 대칭축을 통과하는 평면에 존재한다. 또한, C_1은 강자성 물질뿐만 아니라 두께 g인 비자성 보호관과, 길이 x인 비자성 공기 갭을 통과한다.

그림 6.29는 높은 투과율(μ)을 가지고 있는 실린더 형태의 강자성 물질로 구성된 이동부(movable element)를 보여주고 있다. 이 이동부는 스프링에 의해 중앙 포스트와 접촉하지 않도록 되어 있다. 이 스프링의 또 다른 끝부분은 강자성 외판에 단단히 고정된 구조로 붙어 있다. 이 외판은 일반적으로 실린더 형태이고 중앙 포스트와 같은 중심 축을 가지고 있다.

자기장 밀도의 값은 위에 나왔던 식 (30)을 사용하며, 전체 전류 I와 다음과 같이 관련되어 있다.

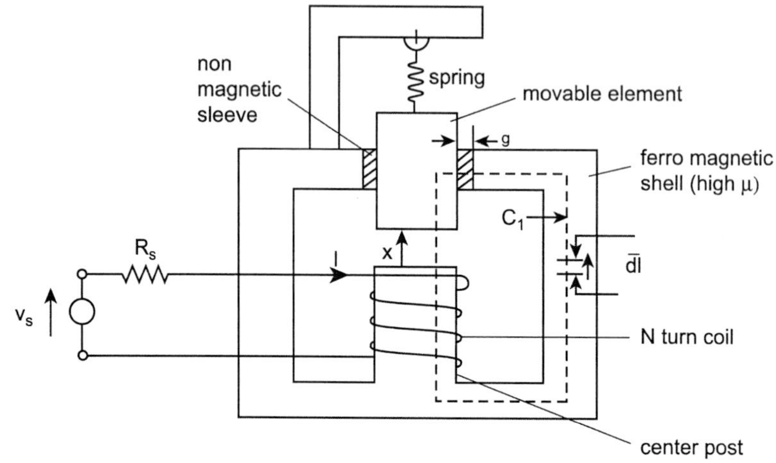

그림 6.29
솔레노이드 구조

$$I_T = \oint_{C_1} \overline{H} \cdot d\overline{\ell} \tag{66}$$

여기서, $d\overline{\ell}$은 외곽선 C_1에 따르는 미소벡터이다. 자속 밀도 크기 B는 C_1에 따라 일정하다. 외곽선 C_1에 따라 자기장의 세기 $\overline{H}$의 크기는 다음과 같다.

$$H = \frac{B}{\mu}$$

$$\begin{aligned} \mu &= \mu_o \quad &(\text{보호관, 틈에서}) \\ &= \mu_r \mu_o \quad &(\text{강자성물질에서}) \end{aligned}$$

강자성 물질에서 상대적인 투자율 μ_r은 매우 크므로 강자성 물질 내부에서는 H는 무시할 만큼 작다고 볼 수 있다. 따라서 위의 적분은 근사적으로 다음과 같이 표현한다.

$$I_T \simeq H(x+g) \tag{67}$$

여기서, H_g는 공기와 보호물질에서의 자기장의 세기이고, 다음과 같이 나타낸다.

$$H_g = \frac{B}{\mu_o}$$

또한, H와 B는 중앙 포스트 단면에 대하여 일정한 값으로 가정할 수 있다. 이때 전체 전류 I_T는 다음과 같다.

$$I_T = NI$$
$$= \frac{B}{\mu_o}(x+g)$$

N회 감겨 있는 코일에 연결된 전체 자속 λ는 다음과 같다.

$$\lambda = N\iint_{A_c} B\mathrm{d}s$$

ds는 포스트 단면의 미소면적이고 적분은 포스트 A_C 단면 전체에서 이뤄진다. 포스트 단면에서 B가 균일하다고 하면, 코일에 연결된 전체 자속은 다음과 같다.

$$\lambda \cong NBA_C$$
$$= \mu_o \frac{N^2 I A_C}{x+g}$$

코일의 전기 모델을 특징짓는 중요한 회로 변수인 인덕턴스 L은 다음과 같이 정의된다.

$$L = \frac{\lambda}{I}$$
$$= \frac{\mu_o N^2 A_C}{(x+g)}$$

인덕턴스 L을 갖는 2개 단자 장치의 단자 전압 V_o는 다음과 같다.

$$V_o = \frac{\mathrm{d}(LI)}{\mathrm{d}t} \tag{68}$$

고정형 인덕터에서 이 모델은 다음과 같은 익숙한 식이 된다.

$$V_o = L\frac{\mathrm{d}I}{\mathrm{d}t} \quad \text{(for constant L)} \tag{69}$$

그러나 자동차 전기 시스템에 사용되는 자기 액추에이터에서 인덕턴스는 가동소자의 위치에 따라 변하게 된다.

액추에이터 모델링에서 가장 중요한 것은 전기 신호에 따른 플런저의 움직임과 같은 동적 응답을 결정하는 것이다. 특정한 순간의 전체 에너지는 자기에너지와 기계에너지의 합이 된다. 단순화를 위해 전기기계시스템을 손실이 없는 것으로 가정하도록 하자. 이 경우에는 시스템에 들어가는 전기에너지가 자기장에 저장된다. 만약 전력이 상수 x로 시스템에 공급되는 순간 저장된 자기에너지(W_m)는 다음과 같다.

$$W_m = \int_0^I \lambda(i,x)\mathrm{d}i \tag{70}$$

$$= \frac{1}{2}L(x)I^2 \tag{71}$$

자기장에 저장되는 전체 에너지가 W_m으로 표현되면 에너지 보존에 의하여 다음의 식이 성립한다.

$$\frac{\mathrm{d}W_m}{\mathrm{d}t} = IL\frac{\mathrm{d}I}{\mathrm{d}t} - f_e\frac{\mathrm{d}x}{\mathrm{d}t} \tag{72}$$

우변의 첫 항은 시스템 내 순간 전력 P_e를 의미한다. 두 번째 항은 가동소자의 기계적 힘 f_e에 의해 발생한 운동에너지의 시간에 따른 변화율을 나타낸다. 두 번째 항에서 음의 부호는 저장된 자기에너지로부터 변환된 기계에너지가 가동소자에 적용된 것을 의미한다. 이 모델에서 λ_T와 x는 독립변수다. 우리가 가정한 보존 시스템에서 그림 6.25의 솔레노이드에서 발생한 힘(f_e)은 다음과 같다.

$$f_e = \frac{\partial W_m}{\partial x} \tag{73}$$

$$= -\frac{\mu_o N^2 A_C I^2}{2(x+g)^2} \tag{74}$$

여기서 음의 부호는 x를 줄이는 힘을 가리키고 이 힘은 x와 반비례한다.

그림 6.29에서 솔레노이드는 충분한 세기의 전류가 가해지면 f_e는 x의 2차 역함수만큼 증가하므로 기계적으로 불안정한 시스템이다. 반면에 스프링의 반력 f_e는 x와 선형적으로 변하게 된다. 그림 6.25에서와 같이 구성되어 있는 솔레노이드에서 가동소자는 고정 포스트를 향해 가속하게 되고 $x = 0$가 되는 순간 정지한다. 실제 솔레노이드에서 플런저는 포스트로부터 튀어 오르고 진폭이 빠르게 감소해가면서 진동한다. 비자기 보호관은 어떠한 “튕김”도 신속히 감쇠시키는 기계적 감쇠를 가능하게 한다. 저장에너지를 사용하는 솔레노이드 모델은 이후 공부할 액추에이터의 다른 유형들을 설명하기에 유용하다.

아마도 솔레노이드를 위해 위에서 개발된 정적 모델을 동적인 모델로 변환시키는 것은 매우 가치있는 일이다. 그러나 처음에는 자속 연결의 표기를 다음과 같이 단순화시킨다.

$$\lambda(I,x) = \frac{L_o I}{(1+x/g)} \tag{75}$$

$$L_o = \frac{\mu_o A_C N^2}{g}$$

여기서, L_o는 $x = 0$일 때, 솔레노이드의 인덕턴스다. 전압원 V_s를 둘러싼 루프를 따라 연결된 전압의 총합을 구하면 다음과 같다.

$$\begin{aligned} V_s &= IR_s + \frac{\mathrm{d}\lambda}{\mathrm{d}t} \\ &= IR_s + \frac{L_o}{(1+x/g)}\frac{\mathrm{d}I}{\mathrm{d}t} - \frac{L_o I}{g^2(1+x/g)^2}\frac{\mathrm{d}x}{\mathrm{d}t} \end{aligned} \tag{76}$$

여기서, 식 (76)의 우변의 첫째 항은 소스 저항(R_s)의 전압강하를 가리킨다. 둘째 항은 순간적인 인덕턴스 $L(x)$에 적용되는 전압강하이고, 마지막 항은 플런저에 의해 유도되는 전압강하이다.

다음으로 플런저 움직임의 기계식을 써보면 :

$$f_e = M\frac{\mathrm{d}^2x}{\mathrm{d}t^2} + D\frac{\mathrm{d}x}{\mathrm{d}t} + K_s(x-\ell)$$

여기서, M은 플런저의 질량이고, D는 플런저의 선형 움직임에 대한 기계적인 감쇠력이고, K_s는 가동소자가 연결된 스프링의 탄성률이고, ℓ은 힘 f_e가 없을 때 스프링의 길이를 가리킨다. 위의 식을 이용하여 플런저의 움직임에 대한 다음의 운동방정식을 얻을 수 있다.

$$-\frac{1}{2}\frac{L_o I^2}{g(1+x/g)^2} = M\frac{\mathrm{d}^2x}{\mathrm{d}t^2} + D\frac{\mathrm{d}x}{\mathrm{d}t} + K_s(x-\ell) \tag{77}$$

이 식은 I와 x에서 비선형이기 때문에 제1장의 라플라스 오퍼레이터로 해결할 수 없다. 그러나 시스템의 물리적인 파라미터들을 알기만 하면 시뮬레이션 프로그램(예를 들어 MATLAB/SIMULINK)을 사용하여 $I(t)$와 $x(t)$의 평균값을 구할 수 있다. 그러나 이 모델에서 한 가지 고려되지 않은 것이 있다. 그것은 플런저가 $x = 0$인 지점에서 처음으로 동작할 때의 충돌에 의한 바운스 현상이다. 바운스에 대한 모델은 구조적인 탄성과 비자성 보호관의 감쇠효과를 포함한다. 다음 장에서는 이 바운스 현상으로 인하여 위에서 설명한 구조물이 차량용 솔레노이드 타입 액추에이터로 사용될 때의 어려운 점에 대해 설명할 것이다.

자동차 전자 장치 내에 솔레노이드는 연료 분사기와 EGR 밸브가 있다.

연료 분사기

연료 분사기는 솔레노이드에 의해 작동되는 전자식 밸브다. 밸브는 엔진에 연료의 공급 및 차단을 위해 열리거나 닫힌다. 밸브는 솔레노이드의 가동소자에 부착되고, 솔레노이드 작동에 의해 스위칭이 이루어진다.

연료 분사기 신호

그림 6.30에 나오는 것처럼 이상적인 연료 분사기를 생각해 볼 때, 분사기는 인가전압이 켜지면 열리고 꺼지면 닫힌다.

이와 같은 구조에서 솔레노이드는 노즐을 형성하는 원뿔 모양에 맞는 원뿔형 팁으로 이루어진 핀틀(pintle)이라 불리는 가동소자를 갖는다. 스프링은 노즐이 닫힐 수 있도록 핀틀을 지지한다. 이 노즐 뒤에는 연료레일로 알려진 튜브를 통해 연료를 공급하는 작은 연료실이 있고 연료 공급을 위한 압력이 작동한다. 작

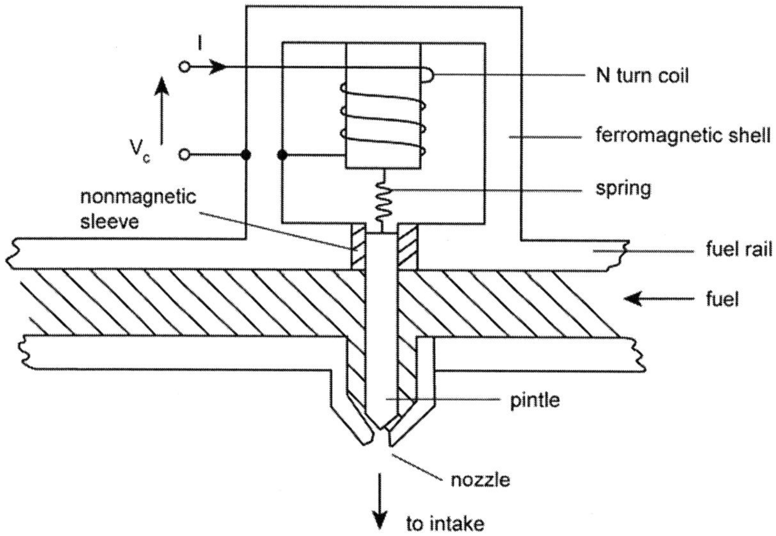

그림 6.30
연료 분사기 개략도

동 전압과 전류가 없을 때 스프링은 연료가 노즐을 통과하지 않도록 닫힌 상태에서 핀틀을 지지하고 있다. 적당한 전압을 가하면 솔레노이드는 바깥쪽으로 핀틀을 당기고, 연료는 노즐을 통해 흡기 시스템으로 흐른다.

핀틀이 솔레노이드 중앙 포스트 방향으로 완전히 당겨지면, 주어진 조절된 연료 압력과 노즐 형상에 의하여 노즐을 통과하는 연료 유량은 일정하게 유지된다. 따라서 짧은 과도기간을 제외하고 공기에 분사되는 연료량은 밸브가 열리는 시간에 비례한다. 연료 분사기를 작동시키는 제어 전류는 정확한 연료량을 전달하기 위해 진동을 하거나 끝낸다.

근래의 자동차들은 흡기 행정 중에 흡기 밸브를 지나는 흡기 공기에 연료가 분사되도록 각 실린더의 흡기 포트에서 연료가 분사된다. 그림 6.31에 나오는 제어 전압 V는 전자엔진 제어 시스템에 의해 연료 분사기에 가해지는 단자 전압이다. 그림 6.31a와 b는 "on"과 "off"인 2가지 전압의 수치를 이상화시킨 것이다.

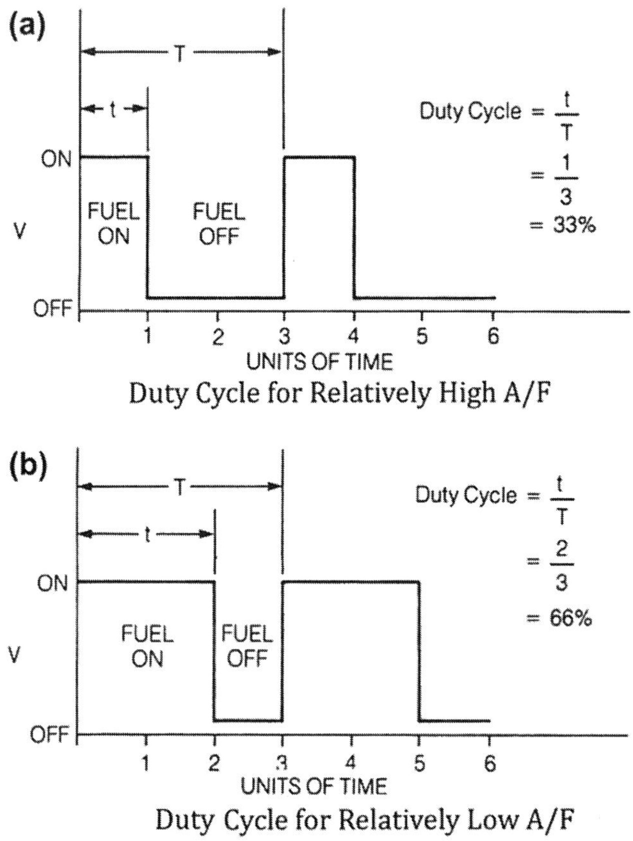

그림 6.31
연료 분사기 전압

CHAPTER 06

그러나 위에서 솔레노이드 단자 전압이 비선형 모델이며, 플런저와 핀틀의 움직임은 비선형 동역학 모델의 특성을 가짐을 보여주었다. 반면에 핀틀/플런저가 실질적으로 열리거나 닫히는 과도구간은 핀틀/플런저가 "on"이거나 "off"인 구간에 비해 짧다. 그림 6.31에서 보듯이 이상적인 상태에서는 연료가 연료 레일 압력에 대하여 일정한 비율($\dot{M}_f$ = 일정)로 흐른다고 가정한다. 이때, 엔진 사이클 중 실린더에 전해지는 연료의 질량 $M_f(k)$는 다음과 같다.

$$M_f(k) = \dot{M}_f k_t$$

여기서, k번째 사이클에서 t_k = "on"이다. 연료 분사기 제어를 위한 펄스열 전압 신호를 살펴보면 펄스 기간 T에서 시간 "on"의 비율은 작동주기 δ_{FI}라 부른다.

이는 그림 6.31에서 볼 수 있다. 연료 분사기는 시간 t_k에서 연료가 노즐로부터 분사될 수 있도록 전압이 걸린다. 또한, 나머지 펄스기간 동안에는 작동하지 않는다. 일정한 연료 레일 압력에서 k번째 엔진 사이클 [$M_f(k)$] 동안 공급되는 연료량은 δ_{FI}에 비례한다. 따라서 그림 6.31a에서 보이는 것처럼 낮은 작동 주기에서는 높은 공연비(희박한 혼합물)가 사용되고, 그림 6.31b에서 볼 수 있듯이 높은 작동 주기에서는 상대적으로 낮은 공연비(농후한 혼합물)가 사용된다.

배기가스 재순환 액추에이터

배기가스 재순환 액추에이터(EGR)는 NOx를 줄이는 데 이용된다고 제5장에서 설명한 바 있다. EGR 양은 엔진 제어장치에 의해 조절된다. 엔진 제어기로부터 EGR의 정확한 양이 결정되면, 제어기는 전기신호를 EGR 액추에이터로 보낸다. 일반적으로 이 액추에이터는 흡기 매니폴드 압력과 배기가스 압력의 함수로 EGR을 조절하는 가변 위치 밸브다.

많은 EGR 시스템의 구성 방법들이 존재하지만, 여기서는 EGR 액추에이터의 기본 동작에 대해 설명하기 위해 한 가지 구성 방법을 예시로서 다룰 것이다. EGR 액추에이터의 예는 그림 6.32와 같다. 이 액추에이터는 진공이 적용되지 않는다면 스프링에 의하여 닫히게 되는 진공 다이어프레임 밸브이다. 다이어프레임을 작동시키는 진공은 흡기 매니폴드에서 공급되고 솔레노이드 구동 밸브에 의해 제어된다. 솔레노이드 밸브는 제어 시스템의 출력에 의해 제어된다.

이 솔레노이드는 연료 분사기에 대해 설명한 바와 같은 방법으로 작동한다. 제어 시스템에 의해 공급되는 코일에 흐르는 전류에 의해 솔레노이드가 작동할 때, EGR 밸브는 진공이 가해지며 열리게 된다.

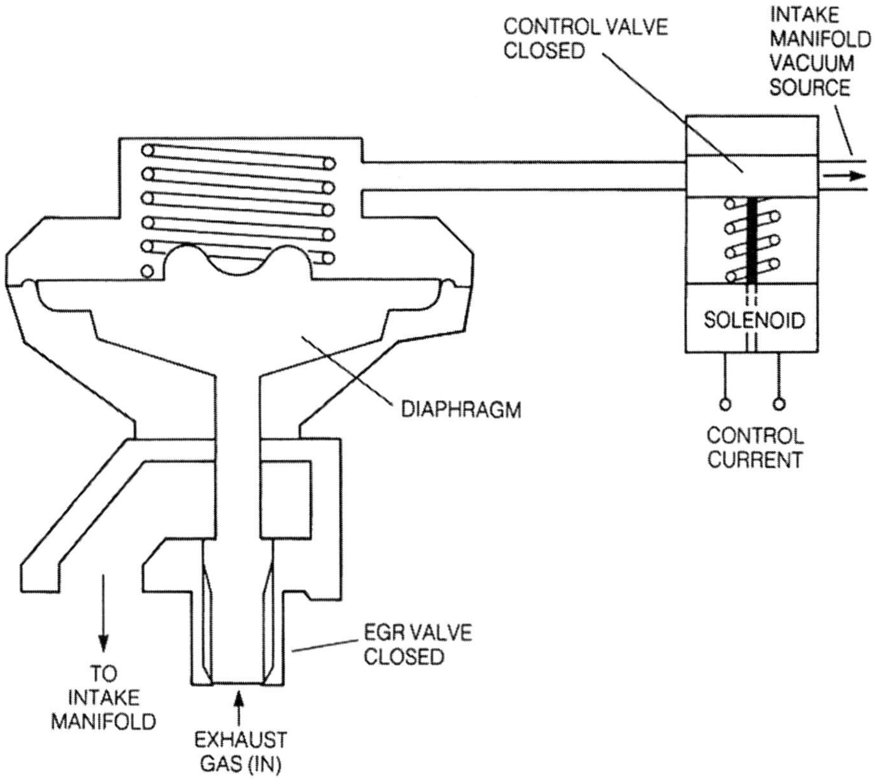

그림 6.32
EGR 액추에이터

밸브가 열리는 양은 다이어프레임 진공의 평균 압력으로 결정된다. 평균 압력은 가변 작동 주기의 전기 제어 전류 솔레노이드를 통해 조절된다. 이 펄스 전류의 작동 주기는 EGR 양을 조절함에 따라 다이어프램의 처짐에 영향을 미치는 연소실의 평균 압력을 제어한다.

가변 밸브 타이밍

4행정 IC 엔진에서 흡기밸브와 배기밸브는 캠축으로 작동되는 메커니즘으로 열린다고 설명했었다. 흡기행정 중에 흡기밸브는 열리고, 다른 행정에서는 닫혀 있었다. 또한, 배기밸브는 배기행정 중에 열리며 다른 행정에서는 닫힌다. 이 밸브들이 열리고 닫히는 엔진 사이클 동안 정확한 시간은 캠로브의 제원에 의해 결정된다.

엔진출력과 배기가스 배출에 대한 성능은 밸브 리프트의 양뿐만 아니라 상사점(TDC)과 하사점(BDC)과 관련한 밸브 개폐 타이밍에 의해 부분적으로 결정된다. 최적의 캠 타이밍과 리프트는 하중과 RPM과 같은 엔진 작동 상태에 따라 변하게 된다. 캠의 형태는 전체 엔진 작동 영역에 걸쳐 일정 수준의 성능을 내도록 설계되어 왔다.

4행정 IC 엔진제어에 있어서 오랫동안 추구해왔던 목표는 모든 작동 조건에서 최적의 성능을 내기 위해 밸브 타이밍과 리프트를 연속적으로 변화시키는 것을 가능하게 하는 것이다. 이 장에서 엔진 사이클의 상사점과 같은 고정점과 관련된 밸브 제어는 가변 밸브 위상(variable valve phasing, VVP)이라 불린다. 주기를 가지고 있는 시스템에서 사건의 발생에 대한 상대적인 시간을 위상이라 한다.

많은 연구를 통하여 전자 제어 방식의 VVP를 갖춘 자동차 엔진을 위한 다양한 메커니즘이 개발되어 왔다. VVP를 통해 체적 효율면에서의 분명한 개선점이 이루어졌다. 예를 들어, 배기밸브가 하사점에서 닫히는 것을 지연시키고 흡기밸브를 열면, 두 밸브가 동시에 열리는 주기가 증가하는데, 이를 밸브 오버랩이라 한다. 실린더를 나오는 배기가스와 실린더로 들어가는 흡기 공기의 기체의 움직임은 밸브 오버랩에 의해 체적 효율을 개선시킨다. 최적화된 오버랩은 작동 상태에 따라서 다르기 때문에 전자 제어는 최적화를 위해 필요하다. VVP는 배기와 흡기 밸브 타이밍을 조절함으로써 이루어질 수 있다.

VVP의 대표적인 예는 그림 6.33에 나타나 있다. 그림 6.33a는 엔진의 앞쪽이다. 두 개의 캠축은 톱니 기어로 구동되고, 이는 크랭크축의 끝에 있는 다른 톱니 기어로 구동된다. 이 톱니 기어들은 체인이나 타이밍 벨트 또는 기어시스템을 통해 크랭크축의 기어에 연결될 수 있다.

이 예제에서 각각의 캠 스프로켓은 하우징 내부에 헬리컬 기어를 가지고 있으며 이는 스프로켓 기어(sprocket gear)에 견고하게 연결되어 있다. 그림 6.33b는 헬리컬 기어와 캠축 스프로켓 기어(camshaft sprocket gear)의 분해도를 보여준다. 캠축은 헬리컬 기어에 연결되어 있고, 헬리컬 기어가 축 방향으로 이동할 때 톱니와 함께 회전한다. 이와 같은 축 방향운동으로부터 상대적인 회전운동으로의 변환은 배기 캠축 스프로켓(exhaust camshaft sprocket gear)에 의하여 배기 캠축이 전 후진 운동을 하도록 만들어 준다.

헬리컬 기어의 끝에 있는 실린더 내 피스톤 한 쌍에 들어가는 엔진 윤활유에 의해 헬리컬 기어는 축 방향으로 움직인다. 오일 압력이 피스톤 역할을 하는 헬리컬 기어 끝에 있는 실린더 양쪽에 공급된다. 가변 작동 주기의 솔레노이드 제

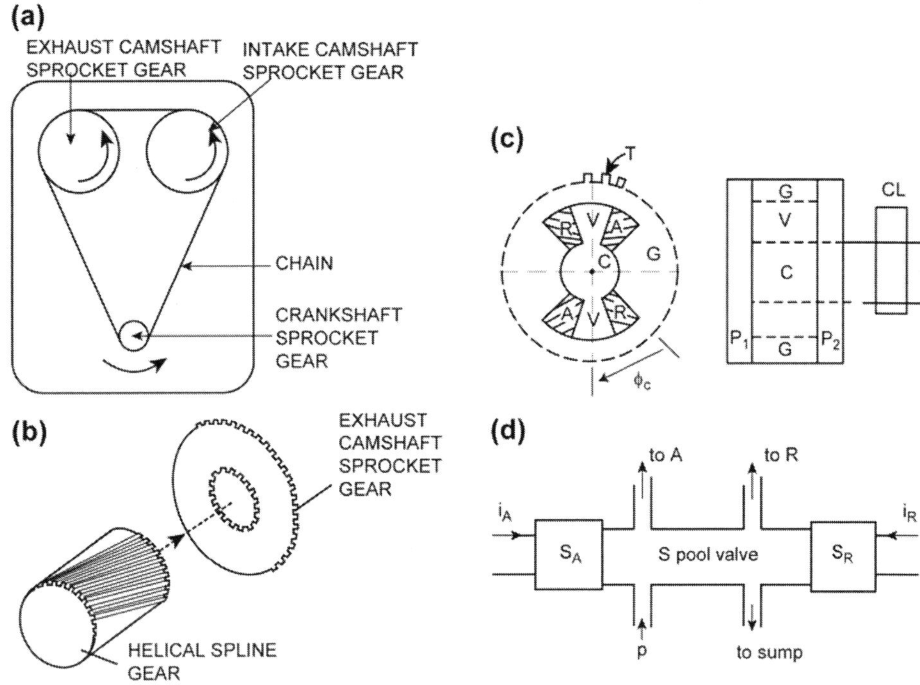

그림 6.33
대표적인 VVP 메커니즘

어 밸브는 엔진 전자 제어 시스템에 의해 스스로 헬리컬 기어의 축 변위를 조절한다. 헬리컬 기어의 축 변위를 조절함으로써 엔진 제어 시스템은 흡배기 캠축의 상대적인 위상을 제어한다.

캠의 위상조절 메커니즘은 그림 6.33c와 같다. 이 메커니즘은 캠축(C)에 대한 확장형 날개(Vane, V)를 포함한다. 날개(vane)는 캠축 기어 G의 움푹 들어간 부분에 위치해 있다. 톱니 T는 기어 주변에 원의 형태로 위치해 있다. 이 그림에는 단지 3개의 톱니만 보이지만, 기어 전체에 배치되며 이를 통해 캠을 구동하는 체인/벨트/기어가 결합되어 있다. 기어와 두께가 같은 날개는 움푹 들어간 부분에 정확히 위치한다. 홈 안의 캠축과 날개의 회전은 가변 밸브 위상을 하게 하는 회전운동을 가능하게 한다.

기어의 움푹 들어간 부분은 원주방향으로 날개보다 커서 기어와 베인 사이에는 격실 A와 R이 형성된다. 유압은 두 개의 방에 각각 작용하여 한쪽 격실의 부피가 증가하는 만큼 다른쪽 격실은 감소한다. 격실의 압력은 격실을 밀봉시키는 판 P_1과 P_2로 유지된다. 그림 6.33c에 단일 캠로브(CL)가 캠축에 연결되어 있다. 이러한 캠로브는 캠축을 통하여 작동되며 각 실린더마다 존재한다. 그림 6.33c

에는 보이지 않지만, 압력 오일을 공급하는 통로가 있다.

그림 6.33d에서는 격실 A나 R에 유압을 보내는 스풀 밸브 조립부품을 보여준다. 압력이 증가한 쪽의 오일은 압력이 증가하지 않은 쪽으로 보내지고 또한 엔진 오일섬프로 보내진다. 만약 압축된 오일이 격실 A로 공급되고 격실 R에서 나올 때, 그림 6.33c에서 보는 것처럼 캠축이 시계 방향으로 회전함으로써 캠축의 위상이 전진한다. 반대로 격실 R의 유압이 증가하면 격실 A의 오일이 섬프로 돌아간다. 목표하는 캠 위상에 도달하면 스풀 밸브는 중앙으로 돌아와 오일의 이동을 막게 된다. 캠축 위상은 "유압 잠금 상태"라 불리는 조건에서 견고히 유지된다. 캠축은 밸브 작동에서 반력 토크를 받기 때문에 목표 위상을 유지하는데, 유압 잠금 상태가 중요하다. 각각의 캠로브에 가해지는 힘은 닫힌 밸브를 지지하는 스프링 힘과 밸브를 작동시키는 데 필요한 메커니즘의 관성력이 있다. 일정 수준 이상의 RPM에서는 관성력이 스프링 힘보다 큰 영향을 미치게 된다.

스풀 밸브의 작동은 다수의 솔레노이드 전기 액추에이터를 통해 적용된다. 그림 6.33d에 솔레노이드 SA와 SR이 나타나 있다. VVP 제어는 전자엔진 제어장치(ECU)에서 전류 i_A와 i_R의 형태로 이루어진다. 앞에서 보았듯이 스풀 밸브 위치를 조정하는 전류(s)는 가변 작동 주기를 갖는 펄스형태의 전기신호이다.

VVP 메커니즘 모델

다음으로 위에서 설명한 VVP 메커니즘을 개략적으로 모델링해 보자. 이 모델은 파워트레인 제어의 VVP 작동을 설명하기 위해 제7장에 이용된다. 그림 6.33c와 d에서 보듯이 스풀 밸브는 $i_A = 0$이고 $i_R = 0$일 때, 스프링에 의하여 중앙에 위치하게 된다. 이 상태에서 유압 잠금 메커니즘으로 인하여 캠 위상은 일정하다. 펄스전류 i_A가 S_A에 공급될 때마다 유압 p는 격실 A에 공급되고, 캠 위상을 전진시키게 되며, 또한 격실 R로부터 흘러나온 오일은 섬프로 보내진다. 하우징(x_A) 내의 스풀 밸브의 변위는 펄스전류 i_A의 작동주기 δ_A에 비례한다.

p_A로 나타내는 격실 A의 압력은 스풀 밸브 변위에 비례하며 스풀 밸브 변위는 또한 δ_A에 비례한다. 따라서 격실 A의 압력은 다음과 같다.

$$p_A = k_{pA}\delta_A$$

캠축 위상 T_c를 전진시키는 캠축에 가해지는 토크는 격실 A와 R의 압력차에 비례한다. 격실 R의 오일이 오일 섬프로 되돌아오기 때문에 격실 R의 압력은 오일 섬프 압력(대기압)보다 약간 높다. 캠축 위상 T_c를 전진시키는 캠축에 가해지는 토크는 다음과 같다.

$$T_c = k_c \delta_A \qquad \text{for } i_A \text{ nonzero} \tag{78}$$

여기서 k_c는 형상과 오일 공급에 대한 상수이다. 유사하게 작동주기가 δ_A인 펄스전류 i_R이 솔레노이드 SR로 보내질 때마다 스풀 밸브의 변위는 음수가 되며 압축된 오일은 캠축 위상을 지연시키는 격실 R로 보내진다. 캠축에 가해지는 반력 토크는 음수이며, 다음과 같다.

$$T_c = -k_c \delta_R \qquad \text{for } i_R \text{ nonzero} \tag{79}$$

이러한 시스템은 다음과 같은 형태의 선형 액추에이터로 모델링될 수 있다.

$$T_c = k_c u \tag{80}$$

여기서, u는 전자 엔진 제어 시스템의 제어 신호이며, 다음과 같다.

$$\begin{aligned} &= \delta_A && \text{for } i_A \text{ nonzero} \\ &= -\delta_R && \text{for } i_R \text{ nonzero} \end{aligned} \tag{81}$$

캠축에 가해진 토크는 캠축 구동 기어(그림 6.30c의 G)로부터 상대적으로 측정된 캠축의 각운동 $\phi_c(t)$를 일으킨다. 이러한 운동을 다음과 같은 선형 근사모델로 나타내는 것이 편리하다.

$$J_c \ddot{\phi}_c + B_c \dot{\phi}_c = T_c \tag{82}$$

$$= k_c u \tag{83}$$

여기서, J_c = 기어로부터 회전하는 구성요소의 관성모멘트

B_c = VVP 메커니즘 점성 감쇠 계수

VVP 액추에이터 메커니즘은 다음과 같은 전달함수 $H_p(s)$로 모델링할 수 있다.

$$\begin{aligned} H_p &= \frac{\phi_c(s)}{u(s)} \\ &= \frac{k_a}{s(s+s_o)} \end{aligned} \tag{84}$$

$$k_a = \frac{k_c}{J_c}$$

$$s_o = \frac{B_c}{J_c}$$

VVP 메커니즘 변수를 다음과 같이 가정한다.

$$k_a = 2600$$
$$s_o = 17$$

전달함수 $H_p(s)$는 VVP를 갖춘 엔진/파워트레인 제어 시스템을 위한 VVP 제어 시스템의 제어 대상이다. 이 VVP의 전자 제어는 제7장에서 설명되고 분석될 것이다.

전기 모터 액추에이터

자동차에서 가장 중요한 전기 액추에이터는 아마도 전기 모터일 것이다. 전기 모터는 자동차의 시동을 거는 데 오랫동안 사용되어 왔다. 그 중 스타트 모터는 저장 배터리에서 공급되는 전력을 통해 엔진에 시동이 걸릴 수 있도록 충분한 RPM으로 엔진을 작동시킨다. 또한, 모터는 창문을 열고 닫거나 시트 위치 변경, 그리고 공회전 시에 공기흐름제어와 액추에이터에 사용되어 왔다(제7장 참조). 현재 전기 모터는 하이브리드나 전기자동차에 주요한 동력으로 사용되고 있다.

많은 종류의 전기 모터들은 구동 형태에 따라 직류 또는 교류모터로 나뉘고, 물리적 구조에 따라 공기간극형 또는 돌출자극형, 그리고 영구자석이나 전자석과 같은 회전자의 자석 구조에 따라 분류할 수 있다. 그러나 아래에 나오는 모든 전기 모터 사이에는 아주 근본적인 공통점이 있다. 또한, 전기 모터의 종류를 나누는 다른 방법으로는 회전자가 스위치(정류자 또는 브러쉬)를 움직여서 전기 자극을 받는지 아니면 유도에 의해 자극을 받는지에 따라 나눌 수 있다. 모터의 형태와 상관없이 회전축을 따라 회전자를 지지하는 고정자와 회전자 사이에 자기장의 상호작용에 의해 회전자에 가해진 토크로 인하여 각각의 모터는 기계 동력을 생산할 수 있다.

전기 모터에 대한 자세한 이론을 이 책에서 다루기에는 분량이 방대한 관계로, 이 책에서는 모터의 기본적인 구조를 소개하고 회전하는 전기기계에 적용할 수 있는 해석적인 모델들을 소개할 것이다. 그리고 이와 같은 모델들은 자동차

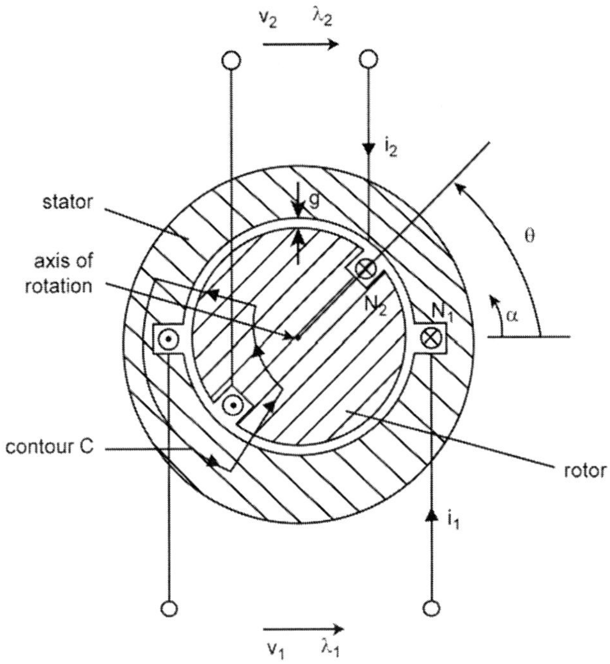

그림 6.34
전기 모터의 도식표현

에 적용되는 전기장치의 성능을 분석하기에 충분한 선형(linear), 시불변(time-invariant)시스템으로 한정할 것이다.

그림 6.34에서는 다양한 종류의 전기 모터가 지니고 있는 기본 구조를 보여주고 있다.

이 모터의 고정자(stator)(권선 수 N_1)와 회전자(rotor)는 균일한 간격으로 코일에 의하여 각각 N_1번과 N_2번 감겨져 있다. 이 간단한 그림에서 오직 두 개의 코일만이 그려져 있으나, 실제로 고정자와 회전자는 동일한 횟수로 두 번 이상 감겨지게 된다. 고정자 또는 회전자가 있는 각각의 권선을 모터의 "극"이라 부른다. 고정자와 회전자는 매우 높은 투자율을 가진 강자성의 재료로 만들어진다(위의 강자성 설명을 참고).

이와 같은 복잡한 구조의 실제 전기 모터를 이해하기 위해서는 다소 단순화된 전기 모터 모델이 필요하다. 그림 6.34에서 고정자는 길이 L의 실린더이다. 그리고 회전자는 고정자와 같은 축을 중심으로 회전할 수 있도록 지지된 작은 실린더이다. 두 코일이 이루는 평면들 사이의 각을 θ라고 표시하고 고정자 코일의 평면으로부터 측정되는 각은 α(알파)로 표시된다. 회전자와 고정자 사이의 방사선상의 간격(air gap)을 g라고 표시한다. 자기장의 강도는 g의 크기와 반비례하기 때문에 간격(air gap)을 가능한 작게 유지하는 것이 전기 모터를 포함한 어느 회전 전기 기계의 설계에서 중요하다. 이런 두 코일의 단자전압은 V_1과 V_2로 표시된다. 전류는 i_1과 i_2로 표시되고 각각에 대한 자속 결합은 각자 λ_1과 λ_2로 표시된다. 코일을 가지는 슬롯이 무시할 수 있을 정도로 작다고 가정하면 자기장의 강도(Intensity) H는 방사형으로 분포하는 것으로 나타난다. H가 양일 때 자기장은 바깥으로 향하고, 음일 때 안쪽으로 향한다.

단자 전압은 다음과 같이 주어진다.

$$V_1 = \dot{\lambda}_1$$
$$V_2 = \dot{\lambda}_2$$

간격(air gap) B_r에서의 자속의 밀도는 방사형의 방향을 띠고, 다음과 같이 주어진다.

$$B_r = \mu_o H_r \tag{85}$$

여기서, μ_o는 공기의 투자율이다.

이런 자속 밀도는 강자성의 구조전체에 연속적으로 분포하지만, 고정자와 회전자의 투자율은 공극과 비교해서 아주 크기 때문에 회전자와 고정자 내부의 자기장의 세기는 무시할 수 있을 정도로 작다. 즉, 강자성 물질 내부에서 $H \simeq 0$와 같다.

두 코일을 감싸는 폐곡선 적분은 다음과 같이 주어진다.

$$I_T = \oint_C \overline{H} \cdot \overline{\mathrm{d}\ell} = 2gH_{\mathrm{r}}(\alpha) \tag{86}$$

자속 밀도 $B_r(\alpha)$는 방사형을 띠고, 다음과 같이 주어진다.

$$B_r(\alpha) = \mu_o H_r(\alpha)$$

자속은 α의 불연속 함수로서 다음과 같이 주어진다.

$$\begin{aligned} 2gH_r(\alpha) &= N_1 i_1 - N_2 i_2 && 0 \le \alpha < \theta \\ &= N_1 i_1 + N_2 i_2 && \theta < \alpha < \pi \\ &= -N_1 i_1 + N_2 i_2 && \pi < \alpha < \pi + \theta \\ &= -N_1 i_1 - N_2 i_2 && \pi + \theta < \alpha < 2\pi \end{aligned}$$

두 코일 λ_1과 λ_2에 대한 자속 결합은 다음과 같이 주어진다.

$$\lambda_1 = N_1 \int_{o} B_r(\alpha)\ell R_r \mathrm{d}\alpha$$

$$\lambda_2 = N_2 \int_{\theta}^{\pi+\theta} B_r(\alpha)\ell R_r \mathrm{d}\alpha \tag{87}$$

여기서, R_r은 회전자의 반경이다.

위의 λ_1과 λ_2에 대한 적분식에서 이른바 프린징 자속(fringing magnetic flux)이라 불리우는 값은 축방향 길이 ℓ 밖에서는 무시할 수 있는 것으로 가정하였다. 솔레노이드에 대하여 다룰 때 소개되었던 각 코일에서의 인덕턴스의 개념을 사용하면, 이런 자속 결합은 i_1과 i_2로부터 선형 결합으로 나타낼 수 있다.

$$\lambda_1 = L_1 i_1 + L_m i_2 \tag{88}$$

$$\lambda_2 = L_m i_1 + L_2 i_2 \tag{89}$$

$$L_1 = N_1^2 L_o = \text{코일 1의 자체 인덕턴스} \tag{90}$$

$$L_2 = N_2^2 L_o = \text{코일 2의 자체 인덕턴스} \tag{91}$$

$$L_o = \frac{\mu_o \ell R_r \pi}{2g} \tag{92}$$

여기서, L_m은 두 코일에 대한 상호 인덕턴스이고, 다음과 같이 정의된다.

$$\begin{aligned} L_m &= L_o N_1 N_2 \left(1 - \frac{2\theta}{\pi}\right) & 0 < \theta < \pi \\ &= L_o N_1 N_2 \left(1 + \frac{2\theta}{\pi}\right) & -\pi < \theta < 0 \end{aligned}$$

인덕턴스에 대한 위 식은 단자 전압/전류의 관계뿐만 아니라 전기 모터 성능 계산을 위하여 필요한 모델로서 사용될 수 있다. 각 코일에 대한 자체 인덕턴스는 θ와는 독립적으로 결정되지만, 상호 인덕턴스는 θ에 의해 대칭되는 관계를 갖고 변하므로 $L_m(\theta)$로 쓸 수 있다. 이것은 홀수항을 갖는 코사인 식을 갖는 Fourier 급수로 다음과 같이 확장될 수 있다.

$$L_m(\theta) = M_1 \cos(\theta) + M_3 \cos(3\theta) + M_5 \cos(5\theta) + \ldots \tag{93}$$

실제 전기 모터에서는 가장 중심이 되는 값인 M_1에 의한 급수로 근사화될 수 있도록 권선을 분포시키게 되며, 따라서 상호 인덕턴스는 다음과 같이 표현할 수 있다.

$$L_m \simeq M\cos(\theta) \tag{94}$$

여기서, 편의상 M_1의 아래 첨자1은 생략하였다. 고정자와 회전자에 코일의 쌍이 다수로 이루어진 경우 고정자와 회전자 사이의 자속결합의 관계는 λ_s와 λ_r의 관계를 갖는다.

$$\lambda_s = L_s i_s + M i_r \cos\theta$$

$$\lambda_r = L_r i_r + M i_s \cos\theta$$

회전자에 작용하는 토크 T_e는

$$T_e = \frac{\partial W_{mM}}{\partial \theta}$$

로 주어진다.

여기서 시스템이 선형이며 손실이 없다고 가정하면, 상호결합에너지(Mutual Coupling Energy) W_{mM}은 다음과 같다.

$$W_{mM} = i_s i_r L_m(\theta)$$

여기서 토크 T_e는 다음과 같다.

$$T_e = -i_s i_r M \sin\theta$$

결과적으로 전기 모터에 대한 동역학 모델은 다음과 같이 정리할 수 있다.

$$T_e = J_r\frac{d^2\theta}{dt^2} + B_v\frac{d\theta}{dt} + C_c\,\mathrm{sgn}\left(\frac{d\theta}{dt}\right)$$

여기서, J_r이 회전자의 축에 대한 관성 모멘트이고, 회전 점성 마찰을 갖기 때문에 B_v는 회전 감쇠 계수이다. 그리고 C_c는 쿨롱 마찰 계수이다.

주어진 입력에 대해 전기 모터가 갖는 전력 P_m을 계산함으로써 전기 모터의 성능을 평가하는 것을 알아보도록 한다. 먼저 고정자와 회전자의 입력을 다음과 같은 이상적인 전류원으로 표현한다.

$$
\begin{aligned}
i_s &= I_s \sin(\omega_s t) \\
i_r &= I_r \sin(\omega_r t) \\
\theta(t) &= \omega_m t + \gamma
\end{aligned}
\tag{95}
$$

여기서 ω_m이 회전자의 회전진동수(rad/sec)이고, r은 임의의 시간 위상 매개변수이다. 그에 따라 전기 모터가 갖는 전력은

$$P_m = T_e \omega_m \tag{96}$$

$$= -\omega_m I_s I_r M \sin(\omega_s t)\sin(\omega_r t)\sin(\omega_m t + \gamma) \tag{97}$$

로 주어진다.

이 식은 잘 알려진 삼각함수를 이용한 관계식으로 쓸 수 있다.

$$
\begin{aligned}
P_m = -\frac{\omega_m I_s I_r M}{4} &\{\sin[(\omega_m + \omega_s - \omega_r)t + \gamma] + \sin[(\omega_m - \omega_s + \omega_r)t + \gamma] \\
&- \sin[(\omega_m + \omega_s + \omega_r)t + \gamma] - \sin[(\omega_m - \omega_s - \omega_r)t + \gamma]\}
\end{aligned}
\tag{98}
$$

시간의 사인함수의 시간 평균값은 0이다. 따라서 모터가 0이 아닌 평균 전력을 생산하는 조건은 오직 다음과 같은 주파수에서만 주어진다.

$$\omega_m = \pm\omega_s \pm \omega_r \tag{99}$$

예를 들어 $\omega_m = \omega_s + \omega_r$일 때, 모터의 시간 평균 전력 $P_{m_{av}}$는 다음과 같다.

$$P_{m_{av}} = \frac{\omega_m I_s I_r M}{4} \sin\gamma \tag{100}$$

이런 모터에서 평형식은 $P_{m_{av}} = P_L$일 때, P_L = 부하를 얻을 수 있다. 따라서 회전자와 고정자의 위상은

$$\sin\gamma = \frac{4P_L}{\omega_m I_s I_r M} \tag{101}$$

이고, 이때 P_L은

$$P_L \le \frac{\omega_m I_s I_r M}{4} \tag{102}$$

이다.

위의 주파수 조건(식 99)은 모든 회전하는 기계에는 기본적으로 적용할 수 있

는 식이다. 모터는 종류에 따라 주파수 조건을 만족하는 서로 다른 방법을 사용하게 된다. 다음으로 모터의 성능에 대한 문제를 고려해 보자. 일반적으로 높은 출력을 가지고 있는 전기 모터들은 다상모터(e.g 하이브리드 자동차)이다. 다상모터는 고정자와 연계된 권선외에 추가로 가진되는 권선을 가지고 있다. 이 권선들은 같은 주파수로 가진되지만 위상은 서로 차이가 난다. 일반적으로 삼상모터가 주로 사용되지만, 이 책에서는 2상 유도 모터에 비교적 간단한 모델로 기본적인 모터의 원리를 설명하도록 하겠다.

2상 모터는 θ방향으로 90° 차이가 나도록 배치된 2세트의 권선을 가지고 역시 90°의 위상차이를 갖는 전류에 의해서 가진된다. 그러면 2상 모터의 권선은 위상 a와 b에서의 전류 i_{as}, i_{bs}를 다음과 같이 흘려주게 된다.

$$i_{as} = I_s \cos(\omega_s t) \tag{103}$$
$$i_{bs} = I_s \sin(\omega_s t)$$

회전자는 또한 90°로 위치되어 있는 두 개의 권선 세트로 구성되어 있고, 90°의 위상변화를 두고 전류 i_{ar}과 i_{br}이 주어진다.

$$i_{ar} = I_r \cos(\omega_r t) \tag{104}$$
$$i_{br} = I_r \sin(\omega_r t)$$

2상 유도 모터의 고정자 권선에 위에 주어진 전류(i_{as}와 i_{bs})가 주어진다. v_{ar}은 a위상의 권선에 대한 극전압이고, v_{br}은 b위상의 권선에 대한 극전압으로 정의하면 회전자는 단락회로(short-circuit)로 구성되어, $v_{ar} = v_{br} = 0$으로 볼 수 있다. 회전자의 전류는 고정자 자장에 의하여 유도되며, 전극자속결합은 다음과 같다.

$$\begin{aligned} \lambda_{as} &= L_s i_{as} + M i_{ar} \cos\theta - M i_{br} \sin\theta \\ \lambda_{bs} &= L_s i_{bs} + M i_{ar} \sin\theta + M i_{br} \cos\theta \\ \lambda_{ar} &= L_r i_{ar} + M i_{as} \cos\theta + M i_{bs} \sin\theta \\ \lambda_{br} &= L_r i_{br} - M i_{as} \sin\theta - M i_{bs} \cos\theta \end{aligned} \tag{105}$$

2상 유도 모터에 대한 토크 T_e와 순간출력 P_m은 다음과 같다.

$$T_e = M[(i_{ar} i_{bs} - i_{br} i_{as})\cos\theta - (i_{ar} i_{as} + i_{br} i_{bs})\sin\theta] \tag{106}$$
$$P_m = \omega_m M I_s I_r \sin[(\omega_m - \omega_s + \omega_r)t + \gamma]$$

평균출력 P_{av}는 $\omega_m = \omega_s - \omega_r$일 때, 0이 아니므로 다음과 같이 주어진다.

$$P_a = \omega_m M I_s I_r \sin\gamma$$

회전자의 전극은 단락회로(short-circuit)이므로, 다음과 같다.

$$\frac{d\lambda_{ar}}{dt} = \frac{d\lambda_{br}}{dt} = 0 \tag{107}$$

그러므로 두 개의 회전자 전류는 다음의 식을 만족한다.

$$0 = R_r i_{ar} + L_r \frac{di_{ar}}{dt} + MI_s \frac{d}{dt}[\cos(\omega_s t)\cos(\omega_m t + \gamma) + \sin(\omega_s t)\sin(\omega_m t + \gamma)] \tag{108}$$

$$0 = R_r i_{br} + L_r \frac{di_{br}}{dt} + MI_s \frac{d}{dt}[-\cos(\omega_s t)\sin(\omega_m t + \gamma) + \sin(\omega_s t)\cos(\omega_m t + \gamma)] \tag{109}$$

R_r과 L_r은 동일한 구조의 저항과 자체 인덕턴스이다. 이 식은 다음과 같이 다시 쓰여질 수 있다.

$$L_r \frac{di_{ar}}{dt} + R_r i_{ar} = MI_s(\omega_s - \omega_m)\sin[(\omega_s - \omega_m)t - \gamma] \tag{110}$$

$$L_r \frac{di_{br}}{dt} + R_r i_{br} = -MI_s(\omega_s - \omega_m)\cos[(\omega_s - \omega_m)t - \gamma] \tag{111}$$

전류 i_{ar}는 i_{br}과 위상이 90도의 위상변이를 제외하고 동일하고, 식 (111)로 보여 질 수 있다. 두 위상의 전류 i_{ar}과 i_{br}은 같은 주파수 ω_r을 가진다.

$$\omega_r = (\omega_s - \omega_m)$$

그러므로 유도 모터는 전류의 주파수를 ω_r과 같이 가짐으로써 주파수 조건을 만족시키게 된다. 이에 따라 전류 i_{ar}은 다음으로 주어진다.

$$i_{ar} = \frac{(\omega_s - \omega_m)MI_s}{\sqrt{R_r^2 + (\omega_s - \omega_m)^2 L_r^2}} \cos[(\omega_s - \omega_m)t - \alpha] \tag{112}$$

여기서,

$$\alpha = -\left(\frac{\pi}{2} + \gamma + \beta\right)$$

이고

$$\beta = \tan^{-1}\left[\frac{(\omega_s - \omega_m)}{R_r}L_r\right] \tag{113}$$

이다.

위상 b에서 전류는 90도 위상변이를 제외하고 위와 동일하다. 회전자와 고정자에 관한 전류를 토크 T_e에 대한 식에 대입하면 다음과 같은 식을 얻을 수 있다.

$$T_e = \frac{(\omega_s - \omega_m)M^2 R_r I_s^2}{R_r^2 + (\omega_s - \omega_m)^2 L_r^2} \tag{114}$$

여기서 토크는 θ와 상관없이 결정되는 것을 알 수 있다.

기계적 출력 P_m은

$$\begin{aligned} P_m &= \omega_m T_e \\ &= \left[\frac{\omega_s^2 M^2 I_s^2}{(R_r/s)^2 + \omega_s^2 L_r^2}\right]\left(\frac{1-s}{s}\right)R_r \end{aligned}$$

여기서, s는 '슬립'이라고 하며, 다음과 같이 주어진다.

$$s = \frac{\omega_s - \omega_m}{\omega_s} \tag{115}$$

유도 모터는 s의 값에 따른 특성으로 세 가지의 작동 모드를 가진다. $0 < s < 1$인 동안에 유도 모터는 모터로서 동력 생산의 역할을 한다. $-1 < s < 0$인 동안에 유도 모터는 발전기가 되어 회전자로 들어오는 동력을 전력으로 바꾸는 역할을 한다. $s > 1$ 때에 유도 모터는 회전자에서 들어오는 전력과 동력을 손실($i_r^2 R_r$)하는 브레이크와 같은 역할을 한다. 이런 다양한 기능 때문에 유도 모터는 하이브리드 자동차에서 좋은 추진 장치로서 역할을 수행할 수 있다. 그러나 필요한 전류를 제어하기 위하여 반도체 기반의 전력변환 시스템을 필요로 한다. 게다가 유도 모터는 가진하기 위한 전류의 정확한 제어가 필요하다.

유도 모터를 사용하여 하이브리드 또는 전기자동차의 구동에 필요한 토크를 제공할 때에는 회전자 속도에 따른 토크의 변화를 고려해야 한다. 식 (114)를 검토해 보면, 모터는 동기 속도에서 제로 토크를 만들어낸다. 유도 모터의 토크는 초기에 모터 속도 $\omega_m = 0$부터 증가하고 모터 속도 $\omega_m > \omega_m^*$에서 최대 토크($T_{\max}$)에 도달한다. 이때

$$0 \leq \omega_m^* \leq \omega_s$$

토크는 음의 기울기를 가지고 다음과 같이 주어진다.

$$\frac{dT_e}{d\omega_m} < 0 \qquad \omega_m > \omega_m^*$$

일반적으로 유도 모터는 안정적인 운용을 위해 $T_m(\omega_m)$의 음의 기울기 영역에서 작동한다. 모터의 회전속도 ω_m에서 모터 토크 T_e와 부하 토크 T_L이 같을 때 (i.e., $T_e(\omega_m) = T_L(\omega_m)$), 모터의 평형상태에 도달한다.

평형상태에서 부하 토크는 모터 속도에 대한 선형 함수로 표현할 수 있고 다음과 같이 쓸 수 있다.

$$T_L = K_L \omega_m \tag{116}$$

그림 6.35는 ω_m에 대해 선형으로 변하는 모터의 부하 토크를 보여주고 있다.

편의상 그림 6.35에서 모터 토크와 부하 토크는 최대 토크 T_{max}로 나누어서 표현하고 있다. 최대 토크는 다음과 같다.

$$T_{\max} = \max_{\omega_m}(T_e(\omega_m)) \tag{117}$$

이런 최대 토크 값은 $\omega_m = \omega_m^*$에서 발생하고, 이는 다음과 같이 주어진다.

$$\frac{\omega_m^*}{\omega_s} \cong .68$$

또한, 그림 6.35는 T_{max}로 나누어진 두 부하 토크를 보여주고 있다.

$$T_{L1} = K_{L1}\omega_m / T_{\max}$$
$$T_{L2} = K_{L2}\omega_m / T_{\max}$$

여기서,

$$K_{L2} > K_{L1}$$

이 두 부하 토크에 대해 모터 동작속도는 ω_{01}과 ω_{02}에서 교차점을 가진다. 여기서,

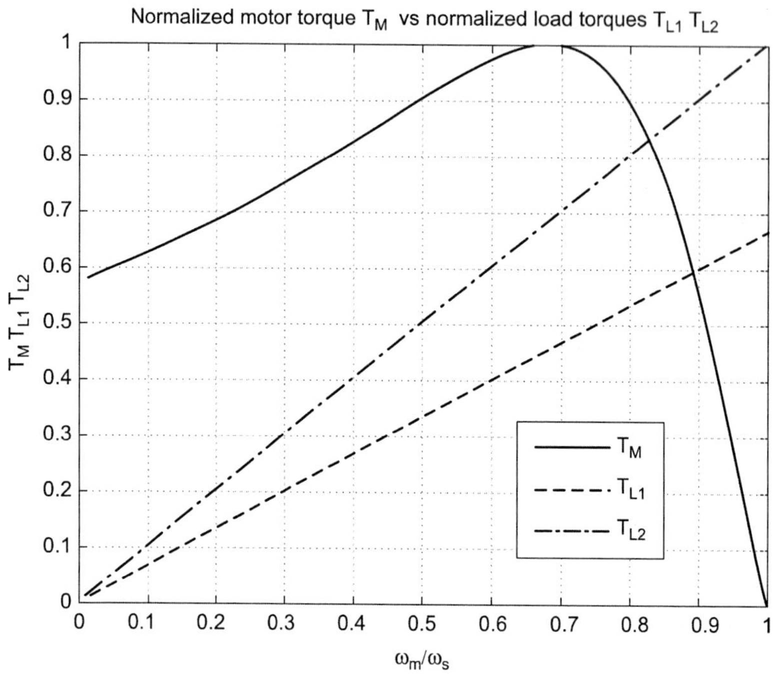

그림 6.35

정상토크 T_m vs. 정상 부하 토크 T_{L1}, T_{L2}

$$T_m(\omega_{01}) = T_{L1}(\omega_{01})$$
$$T_m(\omega_{02}) = T_{L2}(\omega_{02})$$

이 두 교차점은 두 개의 부하 토크에 대한 정상상태 작동조건이다. 두 개 중 부하 토크가 더 높은 것이 더 낮은 정상상태 작동점을 갖게된다(즉 $\omega_{02} < \omega_{01}$).

제7장에서 하이브리드 자동차에 사용되고 있는 유도 모터의 제어에 대해 설명하고 있다. 특히, 차량동작 조건과 부하 토크의 관계에 대한 모델을 설명할 것이다.

브러시리스 DC모터

다음으로 브러시리스 DC모터라고 하는 비교적 새로운 종류의 전기 모터를 볼 것이다. 브러시리스 DC모터는 고정자의 입력이 AC라는 점에서 일반적인 DC모터와 다르다.

그렇지만 브러시리스 DC모터의 이름은 물리적 구조와 성능이 유사한 고정 전류장을 가지는 분권 DC모터에서 따온 것이다. 이런 종류의 모터는 그림 6.36에서처럼 회전자에 영구자석을 포함하고, 전자석의 자극을 가진다. 전통적으로

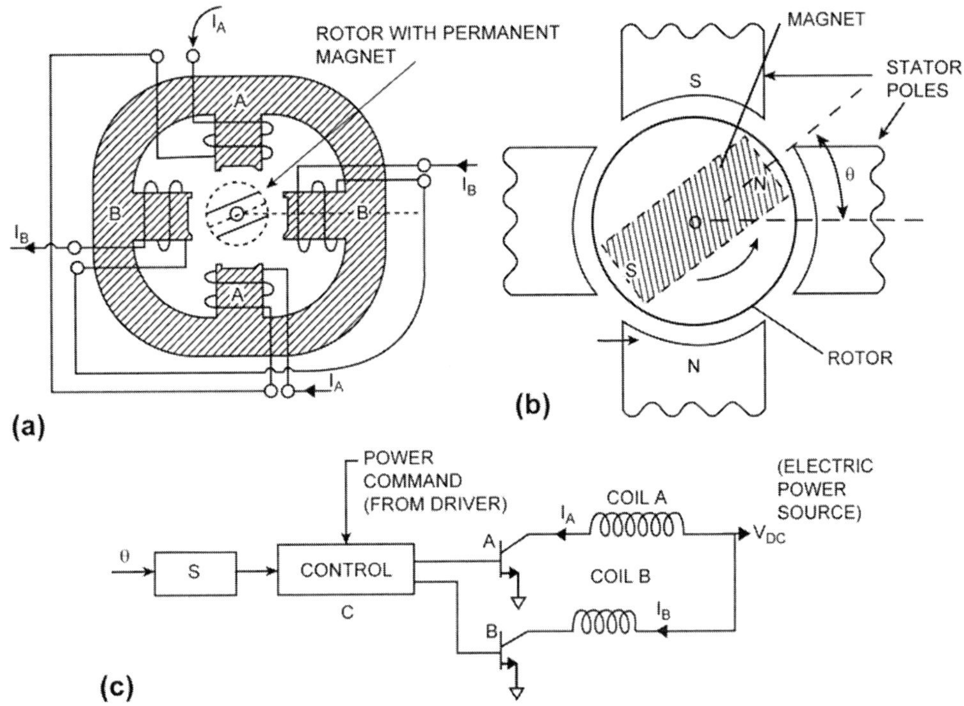

그림 6.36
브러시리스 DC모터

영구자석 회전자 모터는 대개 상대적으로 적은 전력의 기기에서 유용하게 쓰여 왔다. 최근 몇몇 상대적으로 강력한 희토류 자석의 개발과 고전력 변환 반도체 장치의 개발은 이런 기계들의 파워를 상당히 증가시켰다.

회전자 전극은 전류 I_a와 I_b에 의해 N극과 S극의 극성을 그림 6.36과 같이 띠게 된다. 이런 전류들은 DC전압원에 의해 번갈아 가며 ON/OFF로 바뀌며, 그 주파수는 회전자의 속도와 일치한다. 스위칭은 회전자에 각도센서를 장착한 시스템에 의하여 전기적으로 수행된다. 이를 통하여 고정자 전자석에 의해 생성된 자기장은 모터의 회전방향으로 토크를 적용하게 된다.

고정자 권선에 의해 생성된 자기장의 강도 벡터 $\overline{H}$에 의해서 토크 $\overline{T}_m$는 회전자에 적용되고, 다음과 같은 벡터 곱으로 계산된다.

$$\overline{T}_m = \gamma(\overline{M} \times \overline{H}) \tag{118}$$

여기서, $\overline{M}$은 영구자석에 대한 자화벡터이고, γ는 상수이다.

토크 벡터의 크기 T_m은 다음과 같이 주어진다.

$$T_m = \gamma MH\sin(\theta)$$

여기서, M은 $\overline{M}$의 크기, H는 $\overline{H}$의 크기, θ는 $\overline{M}$과 $\overline{H}$의 사잇각이다.

영구자석 회전자가 고정된 자기장 내에서 회전하도록 허용된다면, 회전자는 $\theta = 0$이 될 때까지만 회전하게 될 것이다.

그러나 브러시리스 DC모터에서 외부입력 자기장은 계속해서 스위치되면서 토크가 지속적으로 회전자 자석에 인가된다. 모터 토크를 지속하기 위해서 고정자 권선은 회전자 회전과 일치하도록 계속해서 스위치하여야 한다. 그림 6.36(즉 2극 시스템)에서는 고정자 권선이 2세트만 나타나 있지만 일반적으로 회전자 회전과 일치하여 구동되는 여러 개의 권선세트가 있을 것이다. 실제로 고정자 전류의 순차적인 입력을 통하여 회전자 주파수(ω_r)로 회전하는 회전자기장이 생성된다.

그림 6.36a 및 6.36b에 나타나 있는 2극 모터의 간략화된 블록 다이어그램은 그림 6.36c에 그려져 있다. 센서 S는 고정자 자극의 축으로부터 회전자의 상대적인 각도위치 θ를 측정한다. 제어기는 전류 I_a 및 I_b의 스위칭 시간과 지속시간을 결정한다. 스위칭 시간은 회전자의 회전방향으로 토크가 지속적으로 인가되도록 결정된다.

적절한 시간에 트랜지스터 A의 스위치가 켜지고 전압원(예를 들어 배터리)으로부터 전력이 모터의 극 A에 공급된다. 전류의 지속시간은 원하는 전력을 생산하기 위해 제어기 C에 의해 모터드라이버에 의하여 조절된다. 약 90도 회전한 후 제어기 C가 트랜지스터 B를 동작시킴으로써 전류 I_b를 흐르도록 한다.

회전자 영구 자석은 d-c입력을 가지고 있는 전자석과 같다. 고정자 코일에 전류가 스위칭되는 주파수는 항상 회전속도와 부합하여야 한다. 따라서 모터 주파수 조건은 $\omega_s = \omega_m$일 때 만족한다. 이 속도는 모터에 작용하는 기계적 부하와 제어기에 의해 주어진 전력에 의해 결정된다. 주어지는 전력이 증가될 때, 제어기는 각각의 고정자 코일에 공급되는 전류펄스의 지속기간을 증가시킴으로써 응답한다. 모터에 의해 운반되는 전력은 펄스의 한 주기에서 전류가 입력되는 비율에 비례한다(즉, 작동주기 또는 듀티사이클).

스텝모터

그림 6.34의 구성은 자동차에서 중요한 응용분야를 가진 스텝모터와 유사한 형태를 보여준다. 일반적으로 스텝모터는 토크 부하가 상대적으로 낮은 경우에 사용된다. 제7장은 엔진 공회전 속도 제어 시스템에서 스텝모터의 응용을 설명하고 있다. 대부분의 경우 스텝모터 출력은 기어의 출력축이 스텝모터의 출력축보다 회전수가 낮은 감속 기어 시스템을 사용한다.

그림 6.36에 나타난 스텝모터의 구성은 겹치지 않는 펄스 신호열인 입력전류 i_A와 i_B를 가진다. 펄스의 상대적 위상은 모터의 회전방향을 결정한다. 모터는 i_A와 i_B의 각 쌍에 대하여 고정된 각도 증가량으로 회전한다. 아주 정확한 각도 위치 제어는 펄스 쌍의 상대적 위상과 개수에 의해 가능하다. 제어 시스템은 모터에 전해진 출력 펄스의 수를 통해 지정된 양만큼 스텝모터 기어 시스템에 있는 부하를 증가시킬 수 있다. 부하의 움직임은 위치 센서를 이용한 피드백과 출력 펄스를 통하여 모터/기어에 연결된 부하 개체의 원하는 변위를 얻게 된다.

출력축 운동의 속도는 i_A와 i_B의 펄스 시컨스의 펄스 주파수와 비례한다. 그러나 이러한 스텝모터는 구동 펄스가 겹치지 않도록 하기 위해서는 최대 속도에 한계가 존재한다.

점화 시스템

엔진 점화 시스템을 위한 액추에이터는 점화 플러그, 점화 코일, 그리고 구동 전자 회로들의 조합으로 이루어져 있다. 이것은 엔진 제어기로부터 전기적 신호를 받아서 압축행정이 끝나는 순간에 혼합기에 점화하는 스파크로 그 출력을 전달하는 시스템이다.

그림 6.37은 위에서 말한 시스템을 나타낸 블록 다이어그램의 개략도이다. 그

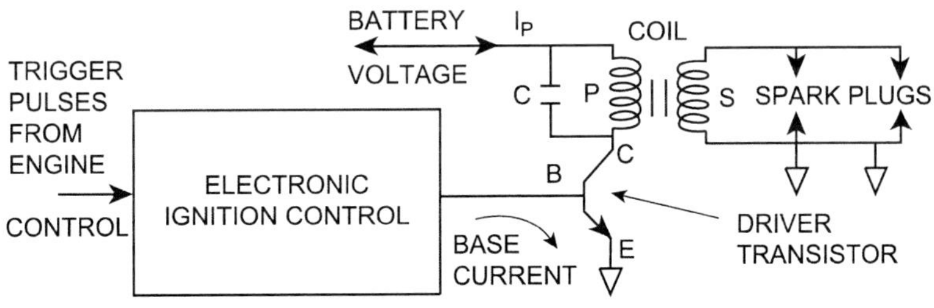

그림 6.37
전자 점화시스템 블록 다이어그램

림 6.37에서 P로 표시된 1차 코일의 기본회로는 배터리와 연결되고 파워 트랜지스터를 통하여 접지되어 있다. 편의를 위해 콜렉터와 에미터 그리고 베이스는 C, E, B로 표시한다(제3장 참조). 2차 코일 S는 하나 또는 다수의 점화 플러그에 연결된다. 점화 시스템 동작을 위한 모델은 다음 장에서 설명할 것이다.

점화 코일 작동

점화 코일은 권선(1차 P 및 2차 S)의 한 쌍이 강자성 코어에 감겨 있는 구조이다. 이 코어는 이상적으로는 모든 P와 S권선들을 연결하는 폐쇄 자기 경로를 형성한다. 현대의 자동차 전자 시스템에서 각각의 점화 플러그 또는 각 점화 플러그 쌍에 대해 하나의 코일이 있는 경우가 종종 있다.

그림 6.37은 점화 코일이 변압기와 같은 형상을 갖는 구조로 표시된 점화 시스템에 대한 모델을 나타내고 있다. 1차 코일의 권선 수를 N_p, 2차 코일의 권선 수를 N_s로 나타내면 많은 경우에 두 코일의 권선 수는 $N_s >> N_p$로 설계한다. 이 그림은 하나의 점화 플러그와 코일만을 나타내고 있지만, 각 실린더 별로 회로가 별도로 존재해야 한다.

엔진 제어 유닛(ECU)은 트랜지스터 Q의 베이스에 적용되는 제어신호(eb)를 통해 점화 시스템의 작동을 제어한다. 베이스 전류 $i_b = 0$일 때마다, 트랜지스터는 컷오프 상태가 되고 콜렉터 전류 $i_c \cong 0$이 된다. 크랭크축과 캠축의 각도위치 측정값에 따라서 ECU는 트랜지스터를 컷오프 상태에서 포화상태로 바뀌도록 하는 신호를 출력한다(제3장 참고). 포화 상태에서 트랜지스터 에미터/콜렉터 저항$R_{ec} = R_{on}$이 된다. 여기서 R_{on}은 0이 아닌 작은 값을 의미한다. 포화 상태에서 흐르는 콜렉터 전류 I_p는 다음 미분방정식을 만족하는 것을 확인할 수 있다.

$$V_b = R_{on} I_p + L_p \frac{dI_P}{dt} \tag{119}$$

여기서, V_b는 차량 전원의 전압이고, L_p는 1차 코일의 인덕턴스이다. 제1장의 라플라스 변환법을 사용해서, 1차 코일을 통해 흐르는 전류 I_p(콜렉터 전류와 같은)는 다음과 같이 표시할 수 있다.

$$I_p(t) = \frac{V_b}{R_{on}}\left(1 - e^{-t/\tau_c}\right)$$

여기서, $\tau_c = L_p/R_{on}$이다.

일반적으로 ECU는 L_p가 기본적으로 V_b/R_{on}의 정상상태 값에 도달할 수 있도록 충분한 기간 동안의 제어신호 e_b를 생성한다. 이 제어 신호의 기간은 "드웰(dwell)"이라고 알려져 있다. 이 드웰 주기가 끝나면 주어진 실린더에 점화가 일어난다. 이때 ECU는 제어신호를 끄고 1차 코일 전류는 빠르게 0으로 떨어진다.

스파크를 생성하기 위한 메커니즘은 매우 높은 2차코일의 전압 V_s을 생성하는 것이다. V_s는 다음과 같이 주어진다.

$$V_s = N_s \frac{d\Phi}{dt}$$

여기서, Φ는 1차 코일과 2차 코일을 자기적으로 연결하는 코어를 통과하는 전체 자속이다.

이 장의 앞부분의 다양산 자기 센서와 액추에이터에 대한 논의로부터 강자성 코일 코어를 가지는 일정한 자속 밀도에 대한 선들이 그림 6.38에 있는 컨투어(contour) C와 평행하다고 설명하였다. 여기서 전체 자속은 1차 코일의 전류 I_p와 비례한다. 드웰 주기가 끝날 때 이 자속은 대략 다음과 같이 주어진 포화 값 Φ_s에 도달할 것이다.

$$\Phi_s \cong \frac{\mu_c A_c V_b}{\ell_c R_{on}}$$

여기서, μ_c가 코어 투자율이고, ℓ_c는 컨투어 C의 거리이고, A_c는 C에 수직인 코어의 단면적이다.

2차 전압($V_s(t)$)은 짧은 지속 기간을 가지고, 매우 큰 최대 진폭을 가진 펄스 전압이다. 이런 펄스의 큰 진폭은 상대적으로 큰 N_s와 Φ의 변화율에 의하여 발

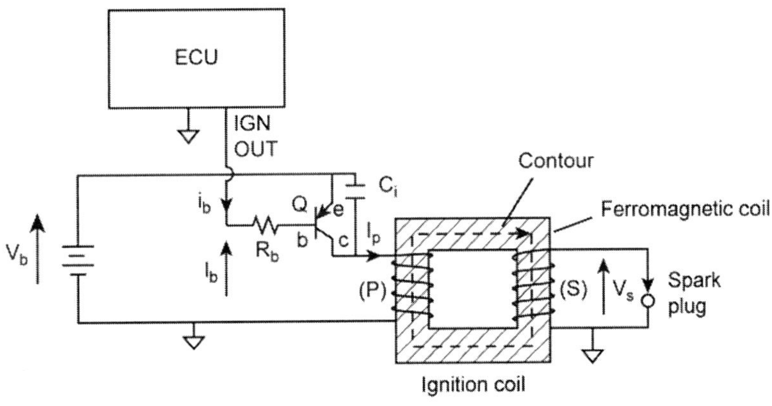

그림 6.38
전자 점화 시스템 회로

생한다. 그림 6.38에 나와 있는 캐패시터 C_i는 드웰이 끝나갈 때 I_p 변화율을 발생시킨다.

4행정 스파크 점화엔진에서 지금까지 설명한 자기 유도에 기초한 점화방식은 다양한 회로를 사용하여 점화 스파크를 만드는 데 사용되고 있다. 이와 같은 방법은 유사한 유형의 엔진에 대해서 계속하여 사용될 것이다.

이 장에서 배운 센서 및 액추에이터의 배경으로 각종 자동차 제어 시스템에 대하여 심도 깊은 논의를 할 수 있을 것이다.

제 7 장 디지털 파워트레인 제어 시스템

개요 322
디지털 엔진 제어 322
디지털 엔진 제어 특성 324
연료 제어를 위한 제어 모드 328
- 엔진 시동 329
- 개루프 모드 329
- 가속/감속 330
- 엔진 크랭크 332
- 엔진 워밍업 332
- 개루프 제어 335
- 폐루프 제어 335
- 가속 농후(Enrichment) 340
- 감속 희박 341
- 공회전 속도 제어(ETC가 없는 경우) 341

이산 시간 공회전 속도 제어 343
EGR 제어 348
가변 밸브 타이밍 제어 350
전자 점화 제어 357
- 폐루프 점화 시기 360
- TDC 전 스파크 어드밴스 각도 361
- 스파크 어드밴스 보정 366

통합 엔진 제어 시스템 367
- 이차 공기 관리 368
- 증발 가스 캐니스터 퍼지 368
- 자동 시스템 조정 369
- 시스템 진단 370

제어 모드 요약 370
- 엔진 크랭크(스타트) 370
- 엔진 예열 371
- 개루프 제어 371
- 폐루프 제어 372
- 급가속 372
- 감속 및 공회전 373
- 자동변속기 제어 373
- 토크 컨버터 록업 제어 380
- 차동 및 트랙션 컨트롤 380
- 하이브리드 전기자동차 파워 트레인 제어 382

개요

전통적으로, 파워트레인이라는 용어는 엔진, 변속기, 차동 및 구동 축/휠 조립체 전체를 포함하기 위해 사용되었다. 전자 제어의 도래와 함께, 파워트레인은 여러 형태의 전자 제어 시스템도 포함한다. 전자 제어는 배기가스 규제, 연비 및 성능을 위한 엔진 제어뿐 아니라 동작 조건의 함수로 변속을 선택하는 자동변속기 제어에도 사용된다. 또한, 일부 차량은 트랙션 제어의 트랜스 액슬에 전자 제어 클러치를 사용한다. 이러한 주요 파워트레인 구성요소에 대한 전자 제어는 독립된 시스템(즉, 한 구성요소에 하나의 제어기)이 되거나 또는 하나의 제어기도 전체 파워트레인을 제어하는 통합 시스템이 될 수 있다.

후자의 통합 제어 시스템은 배기가스와 연비 규제 제약 조건 내에서 최적의 차량 성능을 얻을 수 있는 장점이 있다. 각각의 제어 시스템은 엔진 전자 제어를 시작으로 별도로 설명한 후 통합된 파워트레인에 대해 간단히 설명한다. 이 장에서는 IC 엔진 또는 전동 모터, 또는 이 둘의 조합으로 이루어지는 하이브리드 전기자동차(HEV) 제어 시스템에 대해서도 논의한다. 이 두 에너지 사이의 원천 동력은 동작 조건과 정부 배기 및 연비 규제의 함수로 적절한 균형을 유지한다.

디지털 엔진 제어

제5장에서 엔진 전자 제어에 대한 몇 가지 기본 문제에 대하여 논의했다. 이 장에서는 몇 가지 구체적인 디지털 제어 시스템에 대하여 살펴본다. 물론, 제조업체들마다 구성 및 제어 개념에 상당한 차이가 있다. 그러나 이 장에서는 독자에게 일반적인 시스템의 구성 및 운영 원리에 대해 설명하고, 특정 제조업체의 제어 시스템이 아닌, 일반적인 제어 시스템에 대해 설명한다. 따라서 여기서 언급되는 시스템들은 여러 제조업체에서 사용하는 기능들을 조합한 것이다.

제5장에서는 연속 시간 표현에 대하여 엔진 제어를 논의하였다. 이 장에서 논의된 바와 같이, 실제 엔진 제어 시스템은 마이크로컨트롤러에 의해 작동되는 디지털 제어이다.

엔진 전자 제어는 이산 아날로그 구성을 이용하는 비교적 기본적인 연료 제어 시스템으로부터 매우 정밀한 연료 및 점화 제어 시스템으로 발전하였으며, 이 고정밀 연료 및 점화 제어는 마이크로프로세서 기반의 통합 디지털 파워트레인 제어를 통해 이루어진다. 배기가스 및 연비 규제가 강화되면서 보다 정교한 디지털 제어 시스템 개발의 필요성이 대두되었고, 이러한 요구사항을 충족하도록 멀티 모드 마이크로컨트롤러 기반의 시스템으로 파워트레인 제어기를 구현하는 것이 비용 면에서 효과적임이 입증되었다.

멀티모드 제어기는 여러 가지 모드로 동작하며 다른 작업을 수행할 때에는 성능을 최적화하기 위해 작동 조건을 변경함으로써 각종 보정 파라미터를 변경한다. 아날로그 전자 장치의 경우 다중 모드 제어 구현을 목적으로 다양한 동작 조건을 수용하기 위해서는 하드웨어 파라미터들(예를 들어, 스위칭 시스템을 이용하여)을 변경해야 한다. 그러나 마이크로컨트롤러 기반 제어기에서 제어 알고리즘 및 시스템 파라미터가 소프트웨어인 프로그램을 통해 변경된다. 하드웨어는 고정되어 있지만, 센서값 및 컨트롤러 스위치 입력에 의해 작동되는 소프트웨어는 작동 조건에 따라 재구성된다.

이 장에서는 프로그램 제어 하에 마이크로컨트롤러가 연료 분사기를 작동시키고 점화 펄스를 발생시키는 전기 신호를 생성하는 방법에 대해 설명한다. 또한, 이전에 자세히 설명되지 않은 보조 기능(촉매 변환기, EGR 조절과 증발 배출 제어에 제공되는 이차 공기의 관리)에 대해서도 설명한다.

모든 디지털 시스템은 본질적으로 이산 시간 기반 모델이다. 즉, 모든 프로세스는 다음의 이산 시간 t_k에서 특징지어 진다.

$$\begin{aligned} t_k &= kT_s \quad k = 1, 2, 3, \ldots \\ T_s &= \text{sample time} \end{aligned} \tag{1}$$

샘플 타임 사이의 시간 간격은 제어 시스템이 그 기능을 수행하기 위해 필요한 계산을 수행하는 기간이다. 이산 시간 시스템 모델링 및 분석을 위한 이론적 기초는 제2장에서 설명하고 있다. 그러나 제5장에서 설명하였듯이, 차량 제어 장치 또는 계측 장치의 대부분은 일부 아날로그 센서 및 액추에이터(또는 장비의 경우, 디스플레이)를 사용한다.

제6장에서, 대부분의 센서 및 액추에이터는 연속 시간 t의 함수로 모델링된 아날로그 장치였다. 제2장에 설명된 것과 같이, 연속 시간 센서 측정값은 이산 시간 시스템에 필요한 입력으로 변환되기 위해 시간 t_k에서 샘플링된다. 출력 단자의 전압 $V_0(t)$을 갖는 연속 시간 센서로부터 샘플링된 데이터를 표시할 때, V_0의 k번째 샘플을 나타내는 표기는 V_k이고, 다음과 같다.

$$V_k = V_0(t_k) \tag{2}$$

여기서 디지털 제어 시스템의 동작을 간단한 예를 들어 설명하고자 한다. 특정 차량 제어가 특정 작업을 수행하기 위해서는 여러 개의 센서들로부터 입력이 필요하지만, 여기서는 단일 입력 단일 출력(SISO) 선형 시스템의 경우를 생각하자. 시간 t_k에서 제어기로의 입력은 x_k, 그리고 이에 대응하는 출력은 y_k로 표시하자. 계산 시간이 0이 아니므로 y_k는 x_k로부터 시간 지연된 출력값임에 주목해야 한다. 제2장에서 설명된 바와 같이, 선형 디지털 SISO 시스템의 입력과 출력 사이의 관계는 다음의 재귀(recursive) 알고리즘으로 표현된다:

$$y_k = \sum_{m=0}^{M} a_m x_{k-m} - \sum_{n=1}^{N} b_n y_{k-n} \tag{3}$$

계수 a_m과 b_n은 특정 작업을 수행하기 위해 설계자에 의해 결정된다. 센서와 액추에이터를 포함하는 선형 시스템에 대해 연속 시간 기술을 사용하여 제어 기능을 개발하는 것이 가능하다. 이산 시간 계수는 제2장에서 설명한 바와 같이 연속 시간 함수에서 이산화 과정을 통해 얻을 수 있다.

최근 자동차 전자 시스템의 추세는 마이크로프로세서/마이크로컨트롤러를 기반으로 통합된 디지털 시스템을 사용하여 여러 제어 동작을 실행하는 것이다. 더구나 디지털 시스템에서는 비선형 연산이 선형 연산과 동일하게 다루어진다.

디지털 엔진 제어 특성

제5장에서 엔진 전자 제어 시스템의 주요 목적 중 하나는 공기-연료 혼합물, 점화시기, EGR을 조정하는 것이다. 미국 국내외에서 판매되는 차량의 거의 모든 주요 제조업체는 배출 가스 규제를 만족하기 위해 삼원 촉매(three-way catalytic converter)를 사용하고 있다. 이러한 차량들의 공기/연료비는 이론 공연비(stoichiometric ratio)인 약 14.7에 최대한 가깝게 유지한다. 점화시기와 EGR은 성능과 연비를 최적화하기 위해 독립적으로 제어된다.

그림 7.1은 엔진 전자 제어 시스템의 주요 구성요소를 보여주고 있다. 이 그림에서, 엔진 제어 시스템은 대부분 마이크로프로세서 또는 마이크로컨트롤러에 의해 제어 프로그램을 실행하여 동작한다. 이 4기통 스파크 플러그의 경우는 S.P.로 표기되어 있다.

일반적으로 컨트롤러는 ROM뿐만 아니라 곱셈/나눗셈 연산을 위한 하드웨어

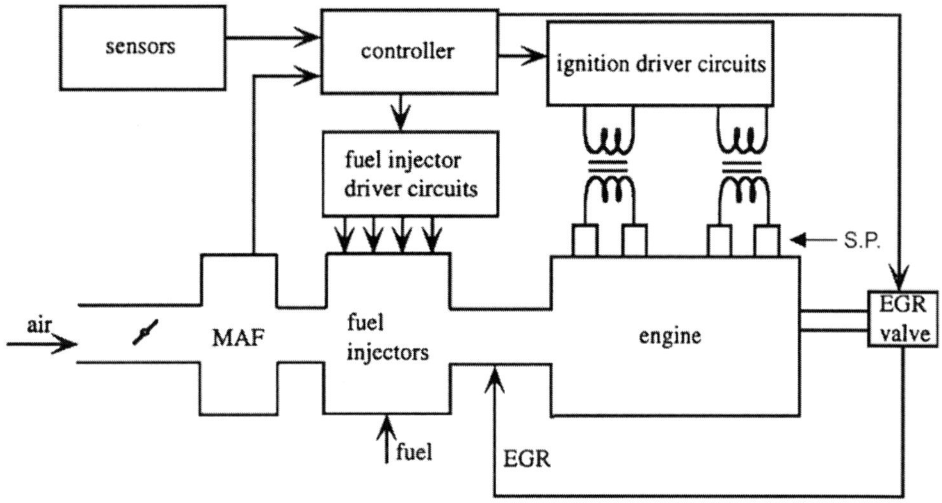

그림 7.1
전자 엔진 제어의 구성요소

를 내장하고 있다(제4장 참조). 곱셈 루틴은 소프트웨어의 서브루틴에 의해 구현되었을 때 일반적으로 무겁고 느리지만, 하드웨어를 이용하면 이 곱셈 루틴을 급격하게 가속한다. ROM(최근에는 Flash 메모리)에는 보정 파라미터 및 룩업 테이블뿐만 아니라 각 제어모드를 위한 프로그램도 포함되어 있다. 마이크로컨트롤러는 제어 프로그램을 실행하여, 엔진 성능을 최적화하기 위해 필요한 혼합비 및 점화시기를 유지하도록 연료 분사기와 점화장치를 작동시키는 출력 전기 신호를 생성한다. 엔진 출력 파워에 대해 정확한 혼합물은 제5장에서 설명한 바와 같이 흡입 공기량에 따라 연료의 양을 조절함으로써 얻을 수 있다.

디지털 엔진 제어 시스템은 흡입 공기 질량유량을 주로 공기 질량유량 센서(MAF)를 이용하여 얻는다. 제6장에서 언급하였듯이, MAF 센서는 다음과 같은 출력 단자 전압 v_o를 생성한다.

$$v_o(t) = f_m(\dot{M}_a) \tag{4}$$

여기서, $\dot{M}_a$는 엔진 흡기 시스템으로 들어가는 순간 공기 질량유량(kg/s)이다.

제6장에서 설명한 바와 같이, MAF 센서의 대표 출력 함수 f_m은 다음과 같다.

$$v_o(\dot{M}_a) = \sqrt{v_o^2(0) + K_{\mathrm{MAF}}\dot{M}_a}$$

한편, 디지털 연료 제어 시스템은 비선형 함수의 역함수를 취할 수 있으므로 공기 질량유량값 $\dot{M}_a$을 다음과 같이 구할 수 있다.

$$\dot{M}_a = f_m^{-1}(v_o) \tag{5}$$

제5장에서 설명한 바와 같이, 엔진의 흡기는 공기뿐만 아니라 EGR에 의한 배기가스를 포함한다. 디지털 엔진 제어 시스템은 EGR의 흐름을 제어하는 EGR 질량유량 $\dot{M}_{EGR}$을 결정할 수 있다. EGR 질량유량은 차동 압력 센서(differential pressure sensor, DPS)에서 측정되므로 MAF 센서 출력에서 $\dot{M}_{EGR}$을 위한 보정은 단순 계산이다.

이상적인 엔진 제어는 n번째 엔진 사이클 동안에 m번째 실린더에 흡입되는 공기의 질량 $M_a(n, m)$을 결정하는 것이다. 이 이상적인 제어기는 전체 실린더에 화학량론적 혼합물이 균일하게 섞이도록 실린더 흡기 행정의 종료 시에 연료를 순간적으로 균일하게 분포시키며 분사한다. 이 이상적인 과정은 최적의 배기가스가 배출되도록 각 실린더에 화학량론적 혼합물이 분사되도록 한다. 그러나 이 이상적인 연료 제어는 실질적으로는 불가능하므로 차선의 방법으로 연료량을 제어한다. 이 장에서 후술하는 바와 같이 폐루프 연료 제어는 엄격한 배기가스 규제를 충족할 수 있도록 혼합물의 비를 조절한다. 또한, 연료 제어는 여러 모드에서 동작이 가능하다는 것을 이 장의 뒷부분에서 설명한다. 그러나 이 논의를 진행하기 전에 최종 시스템 구성 및 연료 제어 알고리즘 개발에 있어서의 기본적인 문제 중 일부를 설명한다.

실제 상황에서 MAF 센서는 각 개별 실린더에 공기 흐름을 유도하는 관의 끝부분에 장착된다. 일반적으로는 이 흡기 시스템("흡기 매니폴드"라고도 함)은 가능한 넓은 동작 범위에서, 모든 실린더가 가능한 균일한 분포를 달성하도록 설계된다. 이 논의를 위해, 각 엔진 사이클에서 공기는 균일하게 분포한다고 가정한다.

어떤 순간 t에서 이전 엔진 사이클 T_e(크랭크축 4π 회전 시간) 동안 엔진에 흡입되는 공기의 전체 질량은 다음과 같다.

$$M_{aT}(t) = \int_{\theta_e(t)-4\pi}^{\theta_e(t)} \dot{M}_a(\theta_e)\mathrm{d}\theta_e \tag{6}$$

여기서, $\theta_e(t)$는 시간 t에서 크랭크축의 순간 각도이고, T_e는 해당 RPM에서의 엔진 사이클 주기이다.

$$T_e = \frac{120}{\text{RPM}}$$

단순화를 위해 엔진이 정상상태의 부하와 RPM에서 작동한다고 가정한다. 이 가정에 따르면, n번째 엔진 사이클 $M_a(n, m)$ 도중 어떤 주어진 실린더(m)로 흡입되는 공기량은 다음과 같다.

$$M_a(n,m) = \frac{M_{aT}}{M_c} \qquad m = 1, 2, \ldots, M_c \tag{7}$$

여기서, M_c는 실린더의 수이다.

참고 만약 RPM 및 부하가 충분히 느리게 변화하면, 적어도 한 행정의 주기 동안 화학량론적 혼합물을 만드는 요구 연료량을 계산하기에 상기 모델은 충분히 정확하다.

n번째 엔진 사이클 $f(n, m)$ 동안 실린더 m에 공급되는 연료 질량은 다음과 같다.

$$f(n,m) = \frac{M_a(n,m)}{R_{a/f}} \tag{8}$$

여기서, $R_{a/f}$는 연료 질량에 대한 요구 공기 질량의 비율이다. 이하에 설명하는 바와 같이, 올바른 $R_{a/f}$는 제어 동작 모드에 따라 다르다. $R_{a/f}$는 최적의 배기가스 규제를 맞추기 위하여 가능한 많은 엔진 작동 기간 동안 화학량론적 값(즉, $R_{a/f} = 14.7$)이 되는 것이 바람직하다.

제6장에서 설명하고 있는 바와 같이, 연료는 연료 분사 장치에 의해 엔진에 분사된다. 디지털 엔진 제어 시스템에서 계산되는(n 사이클 동안 m 실린더에 대해) 분사시간 $\tau_f(n, m)$ 동안 연료 분사 장치는 엔진 사이클의 적절한 시점에서 전기적 제어 신호에 의하여 솔레노이드 밸브를 연다. 이때, 가압된 연료는 연료 레일을 통해 연료 분사 밸브의 상부 측에서 분사된다.

연료 유량률 $\dot{M}_f$는 연료 압력의 함수일 뿐만 아니라 밸브의 개구 면적 및 솔레노이드에 의한 핀틀(pintle) 변위의 함수이다. 후자의 두 파라미터는 연료 분사 장치의 구조에 의해 결정된다. n 번째 엔진 사이클 동안 m 번째 실린더 연료 분사기 $F(n, m)$에 의해 분사된 연료의 양은 다음과 같다.

$$F(n,m) = \int_{t_{nm}}^{t_{nm}+\tau_f(n,m)} \dot{M}_f \mathrm{d}t \tag{9}$$

여기서, $t_{n,m}$는 연료 분사 제어 이진 신호의 시작 시간이고, $t_{n,m} + \tau_F(n, m)$는 연료 분사 기간의 종료시점이며, $\dot{M}_f$는 연료 분사를 위한 연료 질량유량이다.

현대적 엔진 설계에서는 연료 분사기 개방 기간 동안 연료가 흡기 밸브의 개구를 통해 실린더에 직접 분사되도록 흡기 밸브 근처에 연료 분사기를 배치한다. 이진 연료 분사 제어 전압은 연료가 흡기 행정이 진행되는 동안 분사되도록 맞춰진다.

연료 분사기를 열고 닫는 데 소요되는 시간은 매우 짧으므로 이를 무시하면 연료 분사량은 대략 다음과 같다.

$$F(n,m) \cong \dot{M}_f \tau_F(n,m) \tag{10}$$

보통 τ_F는 정상상태 부하 및 RPM의 경우에는 일정하지만 부하가 변화하거나 감속/가속 시에는 n과 m 모두에 따라 변할 수 있다. 결과적으로, τ_F는 두 인덱스를 모두 포함한다.

연료 제어를 위한 제어 모드

엔진 제어 시스템은 가능한 모든 엔진 작동 조건에 대하여 연료 제어 및 점화 제어를 수행한다. 그러나 독립적인 엔진 작동 카테고리가 존재하며, 각각은 엔진 제어 시스템 각 동작 모드에 대응한다. 이러한 동작 모드들 사이의 차이는 충분히 커서 서로 다른 소프트웨어 루틴이 각각의 동작 모드를 담당한다. 제어 시스템은 센서 데이터로부터 작동 모드를 결정하고, 이에 대응하는 특정 소프트웨어 루틴을 호출해야 한다. 다양한 제어 모드에서 시스템 동작에 대한 정성적인 리뷰를 하고 이후 공식 모델을 제시하도록 한다.

일반적인 엔진의 경우, 연료 제어에 영향을 미치는 최소 7개의 서로 다른 엔진 동작 모드가 있다: 엔진 크랭크, 엔진 워밍업, 개루프 제어, 폐루프 제어, 급가속(hard acceleration), 급감속(deceleration), 공회전(idle)이다. 제어 프로그램은 센서 데이터 및 타이머로부터 엔진 동작 모드를 결정한다.

초기 버전의 연료 제어 시스템의 경우에는 일반적으로 연료 분사 액추에이터가 스로틀 바디에 연료를 제공하도록 스로틀 판 근처에 장착되어 있는 하나 또는 두 개의 연료 분사기로 구성되어 있다. 이 스로틀 바디의 연료 분사 장치(throttle body fuel injectors, TBFIs)는 기화기(carburetor)를 전기기계적으로 대신한 것이다. TBFI는 주어진 공기 질량유량에 대하여 정확한 평균 유속으로 연료를 분사하는 것을 요구하였다. 연료와 공기의 혼합은 개별 실린더로의 분배와 마찬가지로 흡입 매니포드 시스템에서 발생하였다.

배기가스 규제가 더 엄격해지면서 TBFI보다는 좀 더 정확한 연료의 분사량이 요구되었다. 배기가스 규제가 엄격해지고 성능 향상의 필요성이 대두됨에 따라 '정해진 순차 포트 연료 분사(timed sequential port fuel injection, TSPFI)' 시스템이 개발되었다. 이와 같은 시스템에는 각 실린더의 흡기구에 직접 연료를 분사하는 연료 분사기가 있다.

이 책에서 연료 분사는 TSPFI(즉, 개별 연료 분사기를 통해 직접 흡기구에 연료를 분사하는) 방식인 것으로 가정한다. 공기 흐름의 측정은 MAF 센서를 이용한다. 일부 엔진 제어 시스템은 사용되는 특정 제어 전략에 따라 차량 속도 센서, 제동 ON/OFF 신호 및 변속 기어를 식별하는 각종 스위치를 포함한다. 각 엔진 제어모드는 나중에 고려한다.

엔진 시동

점화 키가 스위치 ON 되는 경우, 제어 모드 로직은 엔진 시동을 위해 온도에 따른 정확한 공연비를 제공하도록 자동적으로 엔진 시동 제어 모드를 선택한다. 엔진 RPM이 크랭킹 값 이상으로 상승하면, 제어부는 "엔진 시동" 모드에서 엔진 워밍업 모드로 전환한다. 이 작동 모드는 추운 날씨 동안 엔진 스톨을 방지하기 위해, 일반적으로 엔진 냉각수 온도가 어떤 최솟값 이상으로 상승할 때까지 공기/연료비를 상대적으로 낮게 유지한다. 요구 공기/연료비의 순간값은 냉각수 온도 및 주변 환경 조건의 함수이다. 냉각수의 최소 온도 특정값은 엔진 유형과 특히 연료 계량 시스템에 따라 다르다(대안으로, 낮은 공기/연료비는 시동 후 엔진 온도에 따라 일정 시간 간격 동안 유지된다).

개루프 모드

냉각수의 온도가 충분히 상승할 때, 제어 모드 로직은 EGO 센서가 충분한 워밍업을 하여 정확한 측정값을 제공할 때까지는 개루프 제어 모드로 작동한다. 이 조건은(EGO 센서 전압 특성 6장 참조) 리치한 공기/연료 혼합물 전압 설정치의 최솟값 이상의 전압 판독용 EGO 센서의 출력을 모니터링함으로써 검출된다. 엔진이 특정 시간 동안 개루프로 제어되었고, 센서가 적어도 한 번 리치하다고 표시되면 제어 모드 선택 로직은 폐루프 모드로 전환한다(참고: 다른 기준 또한 사용될 수 있다). 엔진은 EGO 센서가 냉각되어 일정한 시간 동안 리치한 혼합물로 판독되거나 급가속이나 감속이 발생할 때까지 폐루프 모드로 남아 있다. 센서가 냉각되면, 제어 모드 로직은 개루프 모드로 전환한다.

가속/감속

급가속 또는 엔진에 부하가 많이 걸리면 제어 모드 로직은 리치한 공기/연료 혼합물을 제공하는 방식을 선택한다. 이 방식의 경우에는 최대 토크를 제공하지만, 배기가스나 연비는 나빠질 수 있다. 감속하는 동안에는 연료 과잉으로 인해 발생하는 HC 및 CO의 배출량을 감소시키기 위해 공기/연료비는 증가될 수 있다. 그러나 이 경우에도 질소 산화물의 과다한 발생을 막기 위해 공기/연료비는 제한될 수 있다.

아이들 상태일 때, 제어 모드 로직은 시스템 제어를 공회전 속도 제어 모드로 변환한다. 이 모드에서는 비록 엔진이 따뜻하여 화학량론적 혼합물을 사용할 수 있더라도, 에어컨 압축기 작동, 알터네이터(alternator) 작동, 또는 주차/중립에서 운전으로의 기어시프트 포지셔닝으로 인해 발생하는 엔진 과부하와 스톨링(stalling)을 감소시키는 방향으로 제어된다. 공회전 속도 제어의 세부 모델 및 성능 분석은 이 장의 뒷부분에 제공된다.

전술한 바와 같이, 엔진 제어 시스템에서 제어기는 마이크로프로세서 또는 마이크로컨트롤러 주위에 내장된 특수 목적의 디지털 컴퓨터이다. 일반적인 디지털 엔진 제어 시스템의 구성 예는 그림 7.2에 도시되어 있다.

또한, 제어기에는 주요 프로그램을 포함한 ROM이 있다. 이 ROM은 어드레스 버스 A를 통한 엔진 제어 시스템에 의해 액세스되고 데이터 버스 D를 통해 데이터를 수신한다(제4장 참조). 이 장의 뒷부분에서 서술하는 바와 같이 다양한 제어 기능을 위해 특정 제어 모드를 위한 파라미터 값이나 데이터 테이블을 저장하는 ROM 섹션도 있다. 물론, 모든 마이크로프로세서 기반 시스템에는 계산하는 동안 데이터를 임시 저장하기 위한 RAM이 있어야 한다(제4장 참조). 센서 신호는 입력/출력(I/O) 서브시스템을 통해 컨트롤러에 접속된다. 마찬가지로, I/O 서브시스템은(그림 7.2 연료 미터링 블럭과 같이) 연료 분사기를 구동할 뿐만 아니라 점화 시스템에 펄스를 트리거 하도록 출력 신호를 제공한다(이 장에서 후

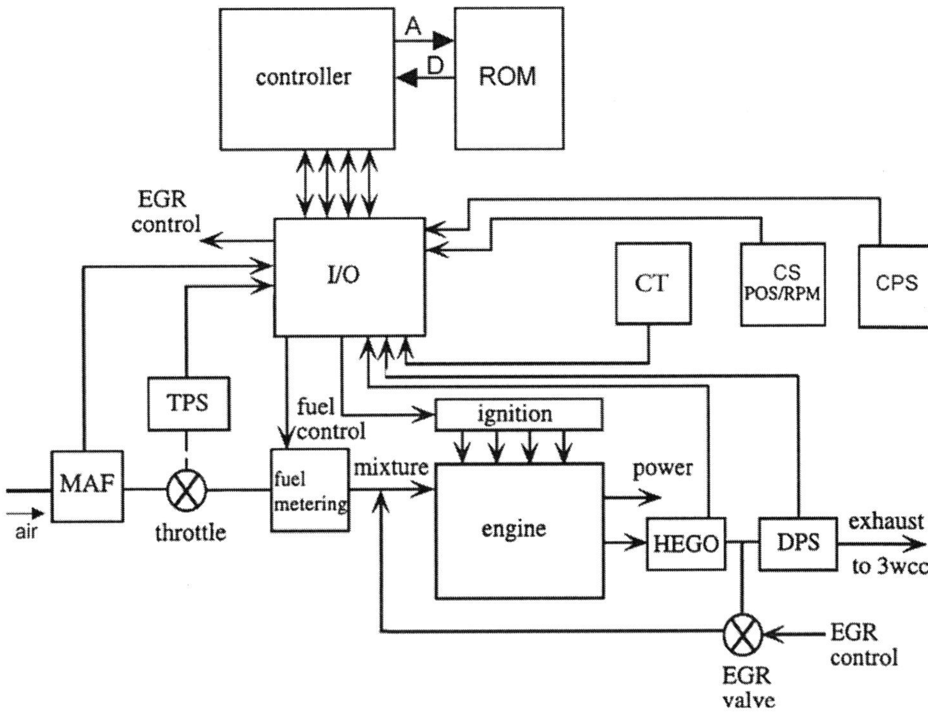

그림 7.2
디지털 엔진 제어 시스템 다이어그램

술). 또, 이 마이크로프로세서 기반의 제어 시스템은 아날로그 디지털 변환기(analog to digital conversion), 디지털 입출력, PWM 신호 생성기 등의 회로를 포함한다(노트: 이러한 구성요소에 대한 자세한 설명은 제4장을 참조한다).

그림 7.2를 참조하면, 제어를 위한 다양한 엔진 변수를 측정하는 센서는 다음과 같다.

공기 질량유량 센서(MAF),
냉각수 온도로 표현되는 엔진 온도 센서(CT),
하나 또는 두 개의 가열된 배기가스 산소 센서(들)(HEGO),
크랭크축 각도 위치 및 RPM 센서(CPS),
캠축 위치 센서(CS POS / RPM),
스로틀 위치 센서(TPS),
EGR 제어를 위한(흡기, 배기) 차동 압력 센서(DPS).

그외 차량에 따라 다음과 같은 센서들을 사용할 수도 있다.

매니폴드 압력 센서(MAP),
내부 공기 온도 센서(IAT),
주변 공기 압력 센서(AAP),
주위 온도 센서(AAT).

제어 시스템은(센서 측정으로부터 결정된) 순간적인 작동 조건에 기초하여 동작 모드를 선택한다. 임의의 주어진 동작 모드 내에서, 요구 공기/연료비(A/F)가 선택된다. 제어기는 각 엔진 주기 동안 각 실린더 내로 분사되는 연료의 양을 결정하는데, 연료의 양은 특정 엔진 작동 조건뿐만 아니라 제어 모드 동작에 의해 결정된다.

엔진 크랭크

엔진이 크랭크되는 동안, 연료 제어 시스템은 엔진 온도에 따라 흡기 공기/연료비를 2:1부터 12:1 비율 범위에서 제어해야 한다. 정확한 공연비(즉, $[A/f]_d$)는 냉각수 온도의 함수로 ROM에 저장된 룩업 테이블에서 선택된다(이 장에서 후술). 온도는 공기와 연료를 혼합하는 데 영향을 끼치는데, $[A/F]_d$ 최저값은 매우 추운 온도일 때 적용된다. 연료는 작은 방울일 때 효과적으로 연소하는데, 낮은 온도에서 연료는 큰 방울을 형성하는 경향이 있다. 큰 연료 방울은 공기/연료비를 증가시키는 경향이 있는데, 이는 (방울 표면의) 사용 가능한 연료의 양이 감소하기 때문이다. 따라서 연료 미터링 시스템은 엔진에 연소 가능한 공기/연료 혼합물을 더 제공하기 위하여 공기/연료비를 감소시켜야 한다. 엔진 크랭크 동안 우선적으로 고려해야 할 것은 엔진을 가능한 빨리 동작시키는 것이다. 일단 엔진이 동작하면, 제어기는 엔진 워밍업 모드로 변환된다.

엔진 워밍업

엔진이 워밍업되는 동안, 엔진을 원활하게 동작시키기 위해서 공기/연료비는 리치해야 하지만 온도가 증가함에 따라 필요한 공기/연료비는 바뀐다. 따라서 연료 제어 시스템은 개루프 모드로 유지하지만, 공연비는 온도 변화에 따라 계속 조절된다. 이 제어 모드에서 중요한 것은 엔진이 빠르고 원활하게 워밍업되는 것이다. 연비와 배기가스 제어는 두 번째로 고려할 사항이다. 제어기는 냉각수의 온도에 기초하여 룩업 테이블로부터 워밍업 시간을 선택한다.

그림 7.3은 요구 공연비를 선택하는 룩업 테이블을 나타낸 것이다. 본질적으로, 측정된 냉각수 온도(T_C)는 후술하는 바와 같이 룩업 테이블의 어드레스로 변

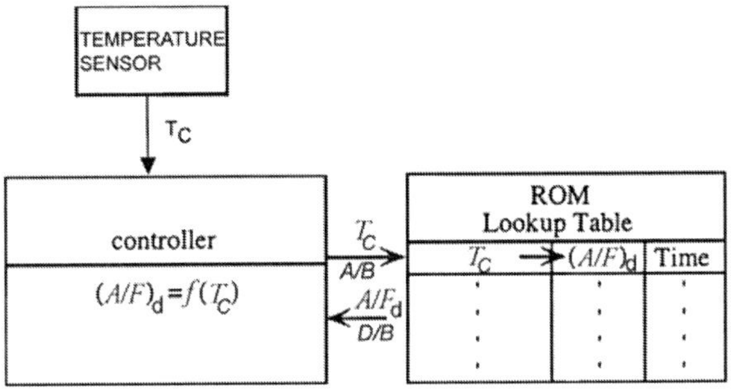

그림 7.3
룩업 테이블 예시

환된다. 이 어드레스는 시스템 어드레스 버스(A/B)를 통해 ROM 테이블로 전달된다. ROM의 해당 어드레스에 저장된 데이터는 온도에 대한 요구 공연비 $(A/F)_d$이고, 이 데이터는 시스템 데이터 버스(D/B)를 통해 제어기에 전송된다.

룩업 테이블은 하나 이상의 입력에 대한 함수로 출력 Y를 얻는 것이다. 룩업 테이블은 수학적 모델(예를 들면, 다항식 모델)을 이용하는 계산에 대한 대안으로 사용된다. 이 방법에 의해 공기/연료비와 같은 최적 변수를 다양한 측정값의 변화에 따라 경험적으로 얻은 데이터(엔진 매핑)를 이용하여 결정할 수 있다.

한편, 실제로 엔진이 동작할 때, 실제 독립 변수들은 연속적이며 대부분 저장된 값과 완벽하게 일치하지는 않는다. 이 경우, 이 독립 변수에 대응하는 출력 변수는 보간(interpolation)이라 불리는 과정에 의해 얻어진다. 이 프로세스는 (일반적으로 선형) 함수에 의해 두 개의 연속 데이터 포인트 사이의 영역에 피팅된다. 아래에서 2차원 데이터 세트와 함께 선형 보간에 대해 설명하고자 한다. $n = 1, 2, ..., N$일 때, y_n은 독립적인 센서 출력 지점 x_n에서의 종속 변수(예를 들면, 공기/연료비)라고 하자. x를 구하고자 하는 종속 변수 y(예를 들면, 요구 공기/연료비)에 대응하는 독립 변수의 측정값(예를 들면, 냉각수 온도)이라고 하자. 또한, $x_m < x < x_{m+1}$일 때, x_m과 x_{m+1}을 테이블에서 가장 가까운 데이터 테이블 포인트라고 하자. 이에 대응하여 테이블로부터 얻은 종속 변수들의 값은 y_m과 y_{m+1}이다. 선형 보간을 위하여 y는 $x_m < x < x_{m+1}$ 도메인에서 x에 대하여 선형적으로 변화한다고 가정한다. 이 도메인의 경사 S는 다음과 같다.

$$\begin{aligned} S &= \frac{\mathrm{d}y}{\mathrm{d}x} \\ &= \frac{y_{m+1} - y_m}{x_{m+1} - x_m} \end{aligned} \tag{11}$$

y의 선형 보간값은 다음과 같다.

$$\begin{aligned} y &= y_m + S(x - x_m) \\ &= y_m + \left(\frac{y_{m+1} - y_m}{x_{m+1} - x_m}\right)(x - x_m) \end{aligned} \tag{12}$$

다른 방법으로는 최소제곱오차법(least squared error sense)으로 측정된 데이터 기반의 다항식 모델을 구하는 것이 가능하다. 경험에 의한 데이터 집합이 $\{x_n, y_n : n = 1, 2, ..., N\}$와 같다고 하자.

데이터를 가장 근사하게 표현하는 다항식의 형식은 다음과 같다.

$$y = a_0 + a_1 x + a_2 x^2 + \cdots + a_M x^M \qquad M < N \tag{13}$$

다항식과 데이터 사이의 평균제곱오차는

$$\text{MSE} = \sum_{n=1}^{N} [y(x_n) - y_n]^2 / N \tag{14}$$

MSE가 최소가 되도록 하는 계수 집합 $\{a_m : m = 0, 1, ..., M\}$을 찾기 위한 컴퓨터 프로그램은 많다. 예를 들어, MATLAB 함수 polyfit(x_n, y_n, M)은 지정된 데이터 세트에 대해 최소 MSE를 산출하는 계수 세트 a_m(M의 순서로)을 계산한다. 이 경우, 디지털 엔진 제어는 임의로 주어진 독립 변수 x 측정에 대해 종속 변수를 계산할 수 있다. 룩업 테이블의 보간 방법과 다항식 계산 방법 사이의 선택은 다항식에 가장 잘 피팅되기 위한 MSE에 따라서, 그리고 두 방법의 상대적 복잡성에 의해 주어진 데이터가 다항식에 얼마나 적합한가에 따라서 다르다. 임의의 주어진 데이터에 대한 계수들의 세트는 일반적으로 엔진 제어 시스템의 개발 기간 동안 결정된다. 다항식 계산 방법을 위한 식 (13)의 $\{a_m\}$ 값이나 룩업 테이블 보간 방법을 위한 식 (12)의 $\{x_m\}$ $\{y_m\}$ 값들은 ROM에 저장된다.

$(A/F)_d$를 설정하기 위한 냉각수 온도에 대한 논의로 다시 돌아가면, 냉각수 온도 설정이 실패할 가능성은 항상 존재한다. 이러한 실패는 지나치게 리치하거나 린한 혼합물을 발생시키는데, 이것은 엔진과 삼원 촉매 컨버터(3WCC) 성능 모두를 저하시킬 수 있다. 온도 센서의 고장을 피할 수 있는 한 가지 방법은 엔진 워밍업 모드의 지속 시간을 제한하는 시간 함수를 포함시키는 것이다. 다양한 온도에서 엔진이 워밍업되는 데 걸리는 시간은 잘 알려져 있다. 제어기는 내부 타이머에 의하여 충분한 시간이 흐른 후 엔진 워밍업 모드에서 개루프 모드

로 변환되도록 설정된다.

개루프 제어

만약 워밍업된 엔진에 대하여 폐루프 모드가 어떤 이유로 동작하지 못한다면 제어기는 개루프에서 동작한다. 예를 들어, 엔진이 충분히 워밍업되었다고 하더라도 EGO 센서는 사용 가능한 신호를 제공할 수 없을 수 있다. 어떤 경우에도, 가능한 빨리 배기의 배출을 최소화하는 화학량론적 혼합물을 만드는 것이 중요하다.

n 번째 엔진 사이클 동안 실린더 *m*으로 전달되는 연료의 양이 MAF 센서 측정으로부터 계산될 수 있으며, 연료 분사 펄스 지속시간 $\tau_F(n, m)$에 의해 조절될 수 있음을 위에서 보여주었다. 흡입 공기가 *m* 실린더에 균일하게 분산되어 있다고 가정할 경우, 연료 분사 장치의 개방 기간은

$$\tau_F(n,m) = \tau_F(n) \qquad \forall m \tag{15}$$

이 연료의 양은 실제로 개루프 모드 동안 각 실린더에 전달되며, 종종 "베이스 펄스 지속시간"으로 지칭된다. 연료 제어의 폐루프 모드를 허용할 때까지 연료량은 MAF 측정으로부터 결정된다. 개루프 동작을 나타내는 수단으로 베이스 펄스 지속시간에 대한 표기는 $\tau_b(n)$이다.

$$\tau_F(n)(\text{open loop}) = \tau_b(n) \tag{16}$$

모든 조건이 연료 전달의 정확성에 영향을 미칠 때마다 베이스 펄스 간격은 수정된다. 예를 들어, 낮은 배터리 전압은 연료 분사기로 연료를 전달하는 연료 레일 내의 압력에 영향을 미칠 수 있다. 그러면 실제 배터리 전압을 바탕으로 베이스 펄스 간격이 수정된다.

폐루프 제어

연료 분사기 펄스 지속시간의 가장 중요한 조절은 아마도 폐루프 제어에 의해 이루어질 것이다. 개루프 모드에서, 연료 공급의 정확도는 중요한 변수들(예를 들면, MAF)의 측정 정확도에 의존한다. 그러나 주어진 물리적 시스템의 구성요소는 온도와 같은 작동 조건의 변화 또는 시간(구성요소의 노후 또는 마모)의 변화에 민감하다. 이와 같은 센서/액추에이터 보정의 실패 또는 성능 저하는 개루프 모드에서 배기가스에 악영향을 미칠 수 있다.

배기가스 제어의 저하를 방지하기 위해, 제어 시스템은 가능한 빨리 폐루프 모드로 전환하고 엔진이 동작하는 동안 가능한 이 모드를 유지하는 것이 중요하다. 폐루프 모드는 EGO(또는 HEGO) 센서가 충분히 뜨거울 때에만 활성화될 수 있다. 완전히 뜨거워진 EGO 센서에 대한 제6장의 내용을 상기시켜 보면, 배기가스의 산소 농도가 낮을 때(즉, 혼합물이 리치한 공연비를 가질 때) 센서의 출력 전압은 약 1 V이고 배기가스의 산소 농도가 높을 때(즉, 혼합물이 린한 공연비를 가질 때)마다 EGO 센서 전압은 약 0.1 V이다.

제1장에서 동적 시스템 출력의 측정값과 요구되는 값 사이를 비교하는 동적 시스템의 폐루프 제어 이론이 논의되었다. 제어기는 실제 출력과 원하는 출력 사이의 오차를 최소화하는 방식으로 출력 변수를 변경시키는 제어 입력을 생성한다. 이상적으로, 배기가스의 제어는 제5장에서 설명한 바와 같이 엔진 배기의 각 규제 가스 성분의 농도를 측정하기 위한 센서를 필요로 한다. 변수가 조절된 충분한 대역폭을 이용하여 정확하게 측정치를 산출하는 센서가 있다면 선형 및 비선형 제어 시스템 설계 이론에서 큰 획을 그을 것이다.

그러나 제5장과 제6장에서 설명한 바와 같이, 양산 차량에는 비용 문제로 인해 이러한 규제대상 배기가스를 직접 측정하는 효율적인 센서를 사용할 수 없다. 한편, 제5장에서 설명하였듯이 흡기 혼합물 비율이 공연비에 충분히 근사하다면 규제 범위 내에서 삼원 촉매 컨버터를 사용함으로써 배기가스를 제어하는 것이 가능하다. 더욱이 배기가스의 산소 농도는 공기와 연료 혼합물의 농도가 리치에서 린으로 또는 린에서 리치로 변함에 따라 급격하게 바뀐다고 설명하였다. 제6장에서 설명한 바와 같이, EGO 센서는 배기가스 농도를 추종하는 출력 전압을 생성한다. EGO 센서 전압 모델은 배기 당량비(exhaust equivalence ratio, λ)의 함수로 제5장에서 주어졌다.

불행하게도, 스위칭 형태의 출력 변수(EGO 센서 측정값과 같은)는 오직 리밋 사이클 컨트롤러(limit cycle controller)에 의해서 제어될 수 있다. 제어기 설계, 성능 분석, 및 안정성을 포함한 제1장에서의 선형 제어 이론 중 어느 것도 한계 사이클 제어 시스템에 적용할 수 없다. 리밋 사이클 컨트롤러를 위한 제어 이론은 있지만, 이것은 이 책의 범위를 벗어난다. 그러나 아래에 언급되었듯이, 한계 사이클 연료 제어 시스템의 동적 시뮬레이션 모델을 개발하는 것이 가능하다. 이 시뮬레이션을 사용하면, 시스템 성능에 대한 다양한 물리적 설계 파라미터의 영향을 조사하는 것이 가능하다.

폐루프 연료 제어 시스템의 물리적 구성은 그림 7.4a에 도시되어 있다. 이 그림에서 엔진(Eng)은 m 연료 분사기(FI로 표시)를 통해 흡기 시스템에서 연료와

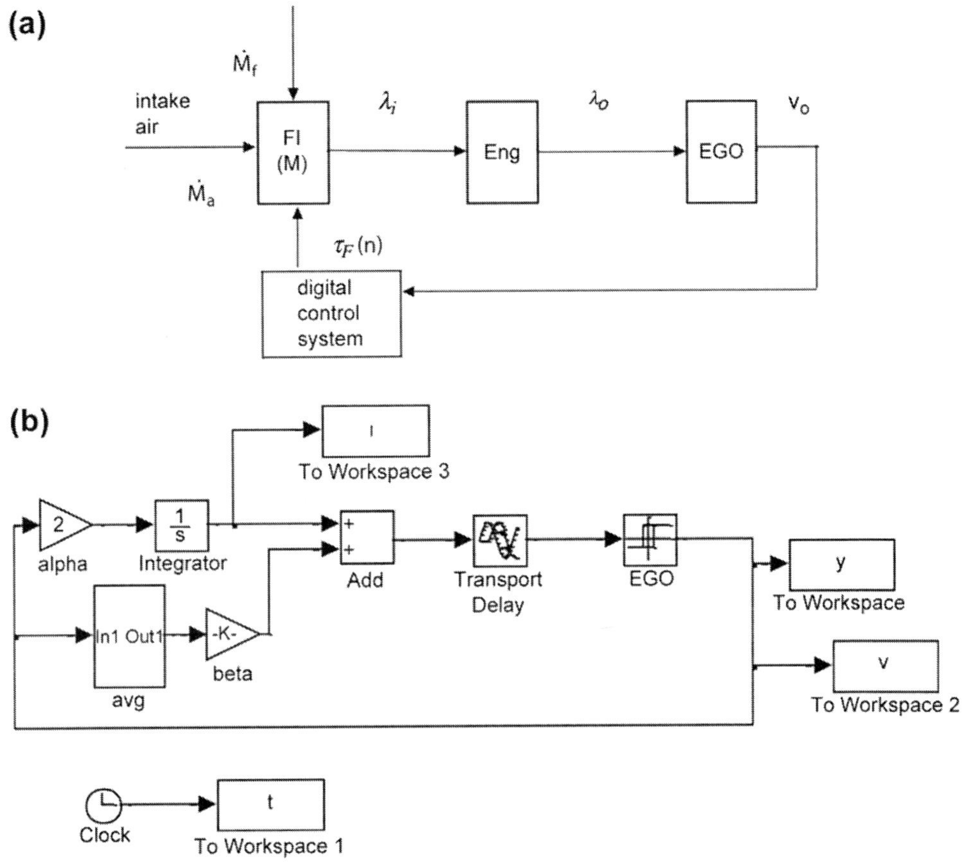

그림 7.4
페루프 연료 제어 시스템

공기를 혼합한다.

엔진에 유입되는 혼합물은 흡기 당량비(λ_i)로 표현된다. 이 혼합물은 흡기구 공기 질량유량 ($\dot{M}_a$)과 n번째 엔진 사이클에 대한 연료 분사 펄스 지속시간 $\tau_F(N)$에 의해 결정된다. 배기 당량비 λ_o는 아래와 같이 λ_i의 시간-지연 버전으로 모델링될 수 있다. EGO 센서의 출력 전압 v_o이 이상적인 경우 아래 주어진 이진 모델에 의해 표현되도록 배기가스의 산소 농도는 λ_o의 함수이다.

페루프 연료 제어는 EGO 센서 출력 전압의 함수로 $\tau_F(n)$을 결정한다. 아래 식과 같이, 이 펄스 지속시간은 베이스 펄스 지속시간 $\tau_b(n)$과 페루프 보정 계수 ($C_L(n)$)로 이루어져 있다.

$$\tau_F(n) = \tau_b(n)[1 + C_L(n)] \quad (17)$$

이 보정 계수를 계산하기 위해 통상적으로 식 (18)과 같은 비례항과 이산 시간 적분항의 선형 조합 알고리즘이 사용된다.

$$C_L(n) = \alpha I(n) + \beta P(n) \tag{18}$$

여기서, $I(n)$은 적분항이고, $P(n)$은 비례항, α는 적분 이득, β는 비례 이득이다.

적분항은 디지털 제어 시스템에서 EGO 센서 전압 v_o의 함수형태로 결정된다. 제5장에서 설명한 바와 같이, 이 전압은 배기가스 산소 농도의 함수이다. 또한, 이 전압은 배기 당량비(λ_o)라는 변수 형태로도 나타낼 수 있다. 주어진 엔진 사이클이 완료되면 이 배기가스의 당량비는 다음 식처럼 λ_i의 시간이 지연된 버전으로 근사적으로 주어진다.

$$\lambda_o(t) \cong \lambda_i(t - T_e) \tag{19}$$

여기서, T_e는 엔진 사이클 시간이다.

$$T_e = \frac{120}{\text{RPM}}$$

이 표기법으로, EGO 센서 전압은 다음과 같다.

$$\begin{aligned} v_o(\lambda_o) &= V_H \qquad \lambda_o < 1(\text{rich mixture}) \\ &= V_L \qquad \lambda_o > 1(\text{lean mixture}) \end{aligned} \tag{20}$$

이 알고리즘에서 계산 시간 t_k는 다음과 같이 주어진다.

$$\begin{aligned} t_k &= kT_s \qquad k = 1, 2, \ldots \\ T_s &= \text{sample time} \end{aligned}$$

n번째 엔진 사이클에 대해 $I(n)$의 값을 결정하는 단계에서, 가장 최근의 $I(t_k)$가 선택된다. 엔진이 작동하는 동안 $I(k)$는 λ_o에 따라 시간 t_k에 대하여 선형적으로 증가하거나 감소한다.

$$\begin{aligned} I(k+1) &= I(k) - 1 \qquad \lambda_0(k) < 1 \\ &= I(k) + 1 \qquad \lambda_0(k) > 1 \end{aligned} \tag{21}$$

n번째 엔진 사이클의 "비례" 항은 EGO 센서 전압의 이전 샘플의 평균이다:

$$P(n) = \frac{1}{K}\left[\sum_{k=1}^{K} \mathrm{v}_o(t_n - t_k)\right] - v_{\mathrm{om}} \tag{22}$$

여기서 v_{om}은 EGO 센서의(화학량론에 해당하는) 중간 범위값이다. $C_L(n)$을 위한 선형 조합은 베이스 펄스의 지속 시간을 수정하기 위해 디지털 연료 제어 시스템에서 사용하는 폐루프 보정 계산을 나타낸다.

한계 사이클 제어 시스템의 기본적인 특징은 제어 변수의 변동(oscillatory)이다. $C_L(n)$ 항은 심지어 안정된 엔진의 부하와 RPM에 대해서도 정상값(nominal value)을 중심으로 계속 변동한다. 연료 제어의 경우, 변동 주파수와 편차의 진폭은 T_e에 반비례한다.

CHAPTER 07

한계 사이클 제어기의 동작을 설명하기 위한 MATLAB/SIMULINK 시뮬레이션이 그림 7.4b의 블록 다이어그램 예제에 대해 실행되었다. 샘플주기는 $T_s =$ 0.001 s이고, RPM은 1,000 RPM이다. 폐루프 제어 파라미터는 $\alpha = 2T_s$, $\beta =$ 0.025이다.

시뮬레이션 블록 다이어그램은 식 (21)의 적분 제어 로직을 포함한 EGO 센서에 대한 이상적 모델(그림 6.23 참조)을 사용한다. 시간 간격이 T_s의 배수이며 적분기가 오직 사인 변화의 크기를 적분하기 때문에, 식 (21)의 실제 계단 함수는 연속 시간 적분기를 이용하여 근사화된다(이것은 시뮬레이션에서 구현하기 때문에 이산 시간의 경우보다 더 간단하다). 이상적인 센서에 대한 공연비의 히스테리시스는 0.1이다. 시간 지연은 $T_e = 0.067$ s이고, SIMULINK 블록에서 트랜스포트 지연으로 구현된다.

그림 7.5는 파형의 일부분으로서, 실선은 EGO 센서 출력 전압이고, 점선은 C_L의 적분 부분을 나타낸다. 그리고 공연비의 편차는 점선-점 그래프이다. 여기서 공연비 편차는 ±0.1이다.

$C_L(n)$의 적분 부분과 EGO 센서 출력 사이의 시간 지연이 그림에서 작게 나타나 있다. 상세한 응답을 확인하기 위해 파형의 짧은 시간 간격 만이 표시되어 있다. 또한 이 그림에서 명백한 것은 배기가스 농도와 $C_L(n)$의 적분 부분 기울기 사이의 관계이다. 화학량론비에 비해 상대적으로 리치한 경우에 EGO 센서 전압이 높을 때마다 τ_F를 감소시키는 적분 요소가 줄어들어 혼합물을 더 린하게 만든다. 반대로 낮은 EGO 센서 전압은 적분 부분을 증가하게 만들고 혼합물을 리치하게 만든다.

그림 7.5에서, 공기와 연료의 혼합 비율은 화학량론비(14.7)의 ±0.1내에서 진

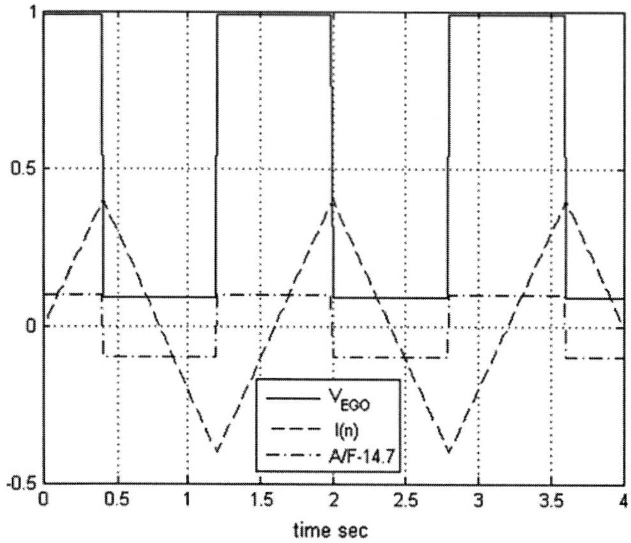

그림 7.5
한계 주기 동작의 예

동하는 것을 알 수 있다. 이러한 성능은 삼원 촉매 통과 후의 배기가스가 반드시 정부 규제를 만족시키는데 충분해야 한다.

가속 농후(Enrichment)

급가속과 같이 엔진 부하가 무겁게 걸리는 기간 동안, 연료 제어는 연비 및 배기가스 문제는 무시하고 엔진 토크를 최대화하기 위해 농축된 공기/연료비를 제공하도록 조절된다. 그것은 단지 일시적인 현상이기 때문에 이 조건은 EPA의 규제 내에서도 허용된다. 급가속이 가끔 특정 상황에서 기동에 필요하며, 안전과 관련되어 있을 수 있다. 스로틀 각도가 상대적으로 크게 증가하는 것은 큰 엔진 부하에 해당되며 급가속은 운전자에 의해 요구된다. 일부 차량에서, 스위치는 최대 개방 스로틀(wide open throttle)을 검출하는 역할을 한다. 연료 시스템 제어기는 큰 부하 기간 동안 연료 분사기 신호의 펄스 지속 기간을 증가시킨다. 이러한 농축은 배기가스 및 연비가 적절히 제어되는 경우에 비해 큰 토크로 작동하는 것을 가능하게 한다. 종종 약 12:1 비율로 공기/연료비를 농축하면 대략적으로 최대 엔진 브레이크 토크를 얻을 수 있다.

대안으로, 급가속은 스로틀 각도 θ_T의 시간 미분으로부터 검출될 수도 있다. 이산 시간 제어 시스템에서는, 스로틀 변화의 속도 r_T는 다음과 같다.

$$r_T(k) = \frac{\theta_T(k) - \theta_T(k-1)}{T_s} \tag{23}$$

여기서, r_T가 임계값(r_{Tt})을 초과할 때마다 농후(enrichment)가 활성화된다. $r_T > r_{Tt}$일 때, 농후는 정상 폐루프에서의 τ_F 값으로부터 τ_F를 증가시킴으로써 달성된다. 예를 들어, $r_T > r_{Tt}$대해 τ_F는 다음과 같은 형식의 추가 항을 포함시킬 수 있다.

$$\tau_F(r_T) = \tau_b(1 + C_L + F(r_T)) \qquad r_T > r_{Tt}$$

여기서 $F(r_T)$는 주로 관련 차량 엔진 구성에 대해 경험적으로 결정된 함수이다.

감속 희박

타력운전(coasting, 동력 차량이 구동력을 출력하지 않고 주행해 온 타력에 의해 계속 운전하는 것) 또는 감속일 때와 같이 엔진 부하가 가볍고 RPM이 높은 기간 동안에는, 배기가스의 HC와 CO 배출 감소를 위하여 엔진은 매우 희박한 공기/연료비로 작동한다. 감속은 급작스런 스로틀 각도의 감소에 의하거나 (특정 차량 구성에 따라) 스로틀이 폐쇄되었을 때 스위치의 폐쇄에 의하여 표시된다. 이러한 조건이 제어기에 의해 감지될 때, 제어기는 연료 분사 신호의 펄스 지속시간 감소를 계산한다. 감속이 매우 심할 경우 연료 분사는 완전히 차단될 수도 있다. 이 감소는 다음 가속도 함수식으로 표현된다.

$$F(r_T) = F_d(r_T) \qquad r_T < r_{Td} \tag{24}$$

여기서 r_{Td}는 희박화가 요구될 때 다음의 r_T에 대한 임계값이며, $F_d(r_T)$는 희박화(enleanment) 함수이다.

공회전 속도 제어(ETC가 없는 경우)

공회전 속도 제어 모드는 공회전 시 엔진 스톨을 방지하기 위해 사용된다.

에어컨 압축기, 알터네이터와 같은 엔진동력을 소모하는 액세서리가 켜 있을 때, 엔진이 거칠게 동작하거나 스톨링하는 것을 방지하면서도 가능한 낮은 RPM 지점에서 동작하도록 하는 것이 목표이다.

제어 모드 선택 로직은 스로틀의 스위치에 의해 스로틀 각도가 0(완전히 닫힌 상태)이 되었음을 감지하고 엔진 RPM이 최솟값 이하로 떨어질 때 공회전 속도 제어 모드로 변환된다. 이 조건은 차량이 정지할 때 종종 발생한다. 공회전 속도는 그림 7.6a에서와 같이 전자 제어 스로틀 바이패스 밸브를 이용하여 제어되고, 이것은 공기가 스로틀 판 주위를 흐르게 하며 엔진의 작동을 유지할 수 있도록 충분한 $\dot{M}_a$가 흐르도록 스로틀이 약간 개방되었을 때와 같은 효과를 발생시킨다.

공회전 제어를 위하여 바이패스 공기를 통과시키는 밸브를 작동하는 방식은 다양하다. 공회전 속도 바이패스 공기를 제어하기 위한 비교적 흔한 방법은 스테퍼 모터라고 불리는 모터를 사용하는 것이다. 하나의 스테퍼 모터 구성은 영

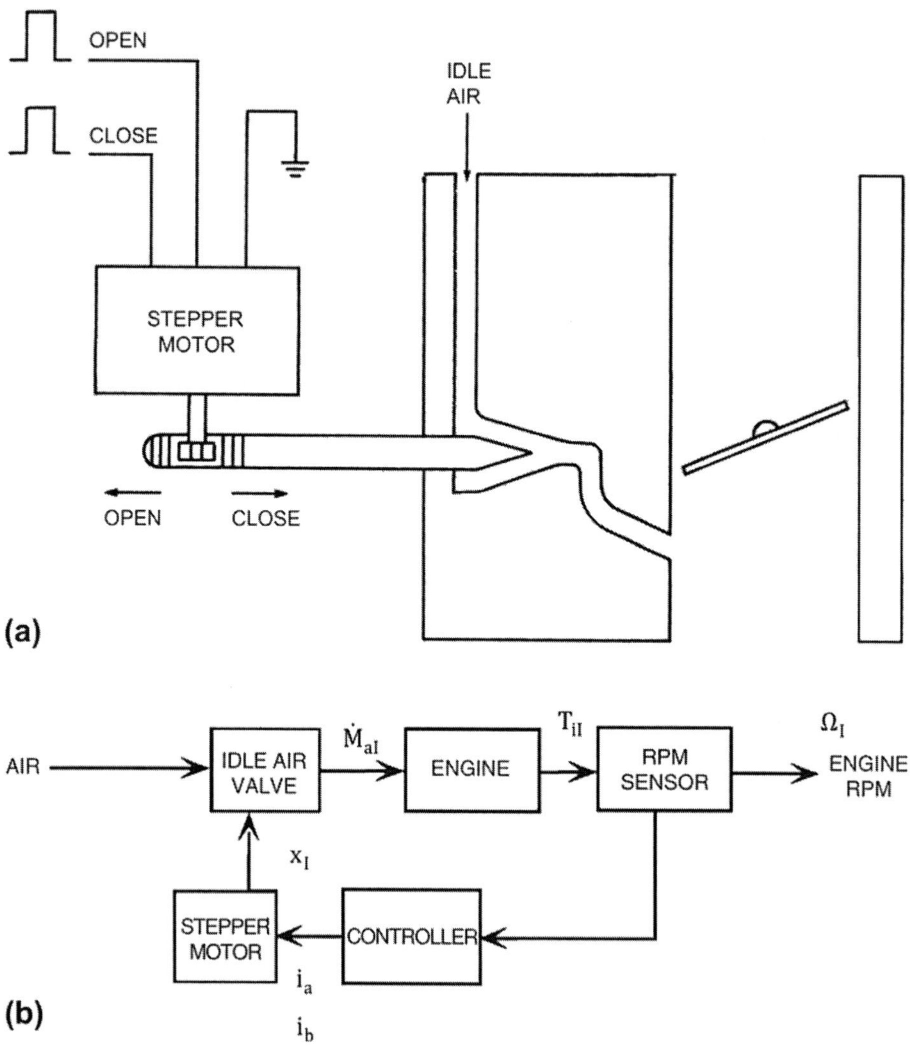

그림 7.6
공회전 속도 제어 시스템

구 자석으로 이루어진 회전자와 고정자 내에서 별도의 드라이버 회로에 의해 구동되는 권선 두 세트로 이루어져 있다. 스테퍼 모터의 구성은 제6장(그림 6.36 참조)에서 설명된 BLDC(brushless DC) 모터의 구성과 유사하다. 이러한 모터는 제6장에서 설명한 바와 같이 적절한 단계에서 권선에 펄스를 공급함으로써 어느 방향으로도 동작할 수 있다. 제어기가 정확한 위상의 펄스를 적절한 수만큼 전송함으로써 공회전 바이패스 밸브의 각도를 매우 정확하게 제어할 수 있기 때문에 이것은 공회전 속도 제어에 유리하다.

디지털 엔진 제어가 여러 가지 방법으로 밸브의 위치를 정확하게 결정할 수 있다. 한 방법으로, 점화 스위치가 처음으로 켜질 때 밸브를 완전히 닫기 위하여 제어기는 충분한 펄스를 보낸다. 그러면 지정된(알려진) 위치로 (단계적으로 밸브를 열어서) 밸브를 열 수 있다. 공회전 속도 제어를 위한 물리적 구성은 그림 7.6a와 같다. 변수는 제5장에서의 표기법과 동일하다.

또, 디지털 엔진 제어 시스템은 에어컨 클러치 스위치, 파크 중립 스위치 및 배터리 충전 인디케이터(indicator)와 같이 엔진에 연결된 여러 동력 소모 장치에서 온/오프 디지털 상태 입력을 수신한다. 이러한 입력은 아이들 기간 동안 엔진에 적용되는 부하를 나타낸다.

이산 시간 공회전 속도 제어

제5장에서는, 공회전 속도 제어 시스템(ISC)이 제1장의 연속 시간 제어 이론을 기반으로 도입되었다. 제5장에서 설명하고 있는 바와 같이, ISC의 목적은 일정한 값 Ω_s(세트 포인트)로 엔진 공회전 속도 Ω를 유지하는 것이다. ISC는 디지털 엔진 제어 시스템의 다양한 제어 모드 중 하나이다. 이 기능이 디지털로 구현되므로, ISC는 본질적으로 이산 시간 시스템이다.

이 섹션에서는, 제5장에서 제시한 것과 동일한 ISC의 디지털(즉, 이산 시간) 구현을 고려한다. 그림 7.7은 HC로 표시된 제어 서브시스템이 통합 디지털 엔진 제어 시스템에서 구현되는 이산 시간 시스템의 블록도이다.

다음 설명은 제2장에서 소개된 이산 시간 제어의 예이다. 이 그림에서, 제어 대상 플랜트는 아이들 공기 바이패스 액추에이터(idle air bypass actuator)가 장착된 엔진으로 구성되어 있다. 이 플랜트는 연속적인 시간의 방정식에 의해 모델링된 아날로그 시스템이다. 제5장에 기술되어 있듯이 라플라스 변환식을 사용하여, 다음의 플랜트 전달함수 $H_P(s)$를 얻을 수 있다.

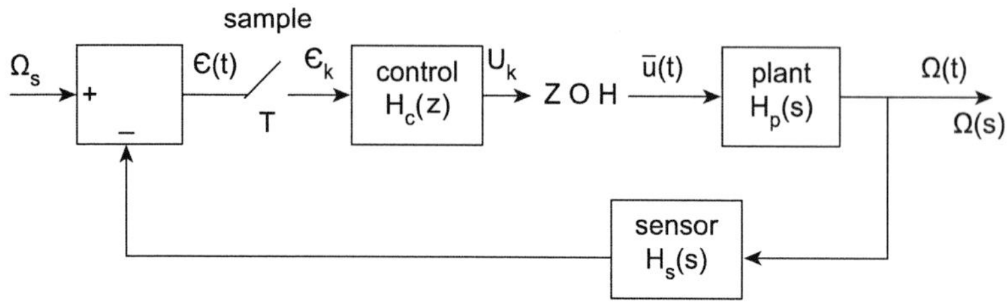

그림 7.7
이산 시간 공회전 속도 제어 블록 다이어그램

$$H_p(s) = \frac{5{,}000}{s^3 + 35s^2 + 875s + 6{,}250} \tag{25}$$

원하는 공회전 각속도(또는 제어기에 대한 세트 포인트)는 그림 7.7에서 Ω_s로 표시한다. 또한, 이 그림의 블록 다이어그램에 묘사된 것은 실제 아이들 각속도 $\Omega(t)$ 또는 $\Omega(s)$이다. 센서에 의해 측정된 Ω는 에러 ∈를 형성하면서 시스템 입력으로 피드백된다.

$$\in(s) = \Omega_s - H_s(s)\Omega(s) \tag{26}$$

제5장의 예에서 계산을 단순화하기 위하여 센서는 이상적($H_s(s) = 1$)이라고 가정하였다. 마찬가지로, 현재의 이산 시간과 공회전 속도 제어 시스템의 연속 시간 비교를 위해 동일한 플랜트 모델을 가정하고 센서는 이상적이라는 전제 하에 디지털로 구현하였다.

이산 시간 구현에서, 에러는 주기적(주기 T)으로 샘플링된다. 제2장의 이산 시간 제어 이론에 따라 이산 시간 제어 시스템으로의 입력이 아래와 같도록 이상적인 샘플러/퀀타이저(즉, A/D 변환기)를 가정하였다:

$$\in_k = \in(kT) \qquad k = 1, 2, 3, \ldots \tag{27}$$

또한, 연속 시간 시스템처럼 제어는 PI 제어라고 가정한다. 제어 시스템에 대한 연속 시간 모델은 다음의 전달함수에 의해 주어진다:

$$\begin{aligned} H_c(s) &= \frac{u(s)}{\in(s)} \\ H_c(s) &= K_p + \frac{K_I}{s} \end{aligned} \tag{28}$$

시간 도메인에서, 제어 변수 $u(t)$는 다음과 같이 쓸 수 있다

$$u(t) = K_p \in (t) + K_I \int_o^t \in (t')dt'$$

샘플 시간 t_k(즉, u_k)에서 $u(t)$에 대한 이산 시간 모델은 다음과 같이 주어진다.

$$u(k) = K_p \in_k + K_I u_{kI}$$

여기서, $\in_k = \in(t_k)$, $t_k = kT$이고, T는 샘플 기간이다.

PI 모델에서 u_{kI}는 t_k에서 평가된 적분항의 이산 시간 버전이다. 이산 시간 버전과 함께 연속 시간 적분을 근사하는 방법에는 여러 가지가 있다. 여기서는 사다리꼴 통합 규칙(trapezoidal integration rule)이 사용되었다. 이 방법에서는, 시간 t_k에서 $\in(t)$의 적분은 다음으로 근사할 수 있다:

$$\int_o^{t_k} \in (t)dt \cong \int_o^{t_{k-1}} \in (t)dt + \frac{T}{2}(\in (t_k) + \in (t_{k-1})) \tag{29}$$

여기서 두 번째 항은 t_{k-1}에서 적분 평균치와 t_{k-1}에서 t_k까지 함수 $\in(t)$ 하의 사다리꼴 영역의 면적에 의하여 t_k에서의 적분에 대한 기여를 근사적으로 표시한다. 이 모델을 사용하여, 우리는 다음의 재귀식(recursive equation)을 구한다:

$$u_k = u_{k-1} + \frac{K_I T}{2}(\in_k + \in_{k-1}) \tag{30}$$

이 방정식에 z-변환을 적용하면 다음 식을 얻을 수 있다:

$$u_I(z) = z^{-1} u_I(z) + \frac{K_1 T(1 - z^{-1})}{2} \in (z) \tag{31}$$

이 식은 다음과 같이 다시 쓸 수 있다

$$u_I(z) = \frac{K_I T}{2} \frac{(z+1)}{(z-1)} \in (z) \tag{32}$$

이는 다음과 같이 주어진 z-변환 연산 전달함수 $H_c(z)$로 표현할 수 있다.

$$H_c(z) = \frac{u(z)}{\in(z)}$$

$$H_c(z) = K_p + \frac{K_I T(z+1)}{2(z-1)} = \frac{(K_p + K_I T/2)z + (K_I T/2 - K_p)}{(z-1)} \quad (33)$$

이 제어기는 ZOH를 통해(제2장 참조) 플랜트 액추에이터를 작동하는 구간적(piecewise) 연속 시간 제어 신호 $\bar{u}(t)$로 변환되는 시퀀스 $\{u_k\}$ 제어 신호를 출력한다.

ZOH 조합의 z-변환 전달함수는 제2장에서 설명하였으며, 플랜트 $G(z)$는 다음과 같이 주어진다.

$$G(z) = \left(1 - z^{-1}\right)\mathscr{Z}\left(\frac{H_p(s)}{s}\right) \quad (34)$$

제2장에서 기술한 바와 같이 $H_p(s)/s$의 z-변환을 구하는 방법은 먼저 함수의 부분분수 확장(partial fraction expansion)을 찾고 제2장의 표를 이용하여 각각의 부분분수의 z-변환을 찾는 것이다. 그 후 원하는 $G(z)$는 이러한 항들을 z의 다항식 비율로 결합함으로써 얻을 수 있다. 이는 다음과 같이 주어진 샘플타임 $T=0.01$의 시스템의 예에 대한 $G(z)$ 절차를 이용하여 얻을 수 있다.

$$G(z) = \frac{10^{-3}(0.762z^2 + 2.788z + 0.6391)}{(z^3 - 2.629z^2 + 2.3381z - 0.7040)}$$

순방향 경로 $H_F(z)$를 위한 z-변환 연산 전달함수는 다음과 같다.

$$\begin{aligned} H_F(z) &= H_c(z)G(z) \\ &= \frac{10^{-3}[0.9563z^3 + 2.6247z^2 - 2.3879z - 0.7323]}{z^4 - 3.6286z^3 + 4.9672z^2 - 3.0432z + 0.704} \end{aligned} \quad (35)$$

(제2장에서 설명한) 폐루프 전달함수 $H_{CL}(z)$는 다음과 같이 주어진다.

$$H_{CL}(z) = \frac{H_c(z)G(z)}{1 + H_c(z)G(z)} \quad (36)$$

제5장 예제의 파라미터를 이용하면 $H_{CL}(z)$는 다음과 같다.

$$H_{CL}(z) = \frac{10^{-3}(0.9563z^3 + 2.624z^2 - 2.3879z - 0.7323)}{z^4 - 3.629z^3 + 4.9698z^2 - 3.0456z + 0.7040} \quad (37)$$

$H_{CL}(z)$의 네 개의 폴은 다음과 같다.

$$\begin{aligned} z_1 &= 0.9236 + 0.1912i \\ z_2 &= 0.9236 - 0.1912i \\ z_3 &= 0.9246 \\ z_4 &= 0.8559 \end{aligned}$$

네 개의 폴 모두 복소 z-평면의 단위원 ($|z| = 1$) 안에 있기 때문에 시스템은 안정하다.

제5장에서, 연속 시간 ISC의 성능은 지령 속도가 $t = 0.5$ s에서 550 RPM으로부터 600 RPM으로 변경되었을 때의 스텝 응답을 계산하여 확인하였다. 유사한 스텝 변화는 지령 입력 $\Omega_S(t)$가 다음과 같이 주어진다고 가정할 때 이산 시간 ISC대하여 결정될 수 있다.

$$\Omega_S(t) = 550 + 50u(t) \tag{38}$$

여기서 $u(t)$는 시간 $t = 0$에서의 단위 스텝이다. 이 입력으로의 ISC 동적 응답의 z-변환은 다음과 같이 주어진다.

$$\begin{aligned} \Omega(z) &= 550 + 50\frac{z}{z-1}H_{CL}(z) \\ &= 550 + \frac{0.05(0.9563z^4 + 2.624z^3 - 2.3879z^2 - 0.7323z)}{z^5 - 4.622z^4 + 8.5975z^3 - 8.0154z^2 + 3.7496z - 0.7040} \end{aligned} \tag{39}$$

시간 t_k에서 시스템 출력은 산출물 $y(z)$의 부분분수 확장을 기술하여 찾을 수 있다.

$$y(z) = \frac{zH_{CL}(z)}{z-1} \tag{40}$$

제2장에서 기술된 바와 같이 부분분수는 다음과 같은 형식이다.

$$y(z) = \sum_{m=1}^{5} \frac{\alpha_m}{z - z_m}$$

여기서 α_m은 폴 z_m에서 $y(z)$의 나머지이며, z_m은 $m = 1, 2, 3, 4, 5$에서 $y(z)$의 폴들을 의미한다.

y_k로 표현된 시간 t_k에서의 시스템 응답은(상기 식 양측에 z^{-k}의 계수를 동일시하여) 다음과 같이 주어진다.

$$y_k = \sum_{m=1}^{5} \alpha_m {z_m}^{k-1}$$

그림 7.8은 $\Omega(t_k)$을 그린 것이다.

$$\Omega(t_k) = 550 + 50y_k$$

제5장에서 그림 5.29와 그림 7.8의 비교로부터 ISC의 이산 시간 디지털 버전의 동적 성능이 대응하는 연속 시간 시스템과 거의 동일시됨을 알 수 있다. 엔진이 공회전하지 않는 경우, 스로틀 판이 흡기 공기의 전체 제어를 하도록 공회전 속도 제어 밸브가 완전히 폐쇄될 수 있다.

EGR 제어

정상 작동 조건 하에서, 엔진 실린더 온도는 NOx가 연소 시 발생될 수 있는 온도까지 올라갈 수 있다. 배기가스의 NOx 배출량은 연소 온도가 올라감과 동시에 증가한다. 제5장에서 설명한 바와 같이, 소량의 배기가스가 일반 흡기 공기의

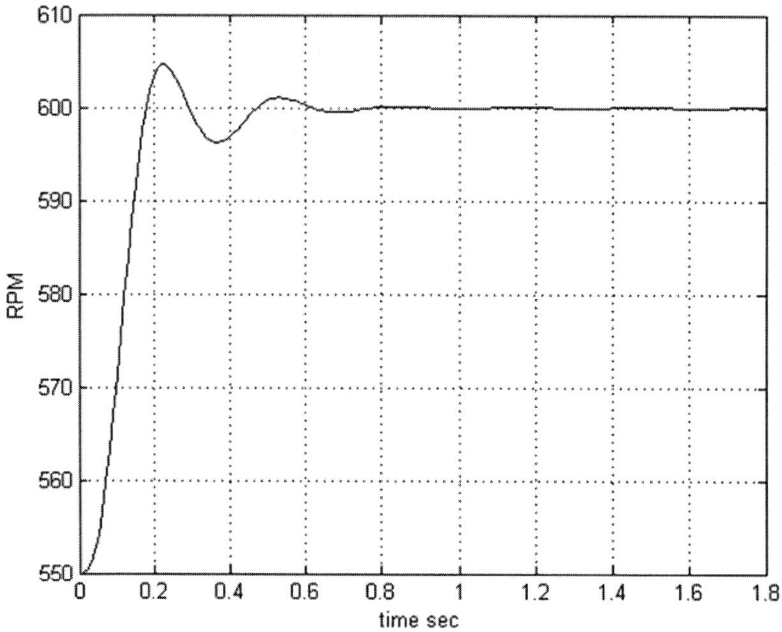

그림 7.8

이산 시간 공회전 속도 제어의 스텝 응답

일부를 대체하기 위하여 실린더 내로 재유입되며, 이는 연소 온도를 낮춰서 결과적으로 NOx의 배출을 감소시킨다.

제어 모드 선택 로직은 EGR이 온 또는 오프되는 시기를 결정한다. EGR은 크랭킹, 저온 엔진(엔진 워밍업), 아이들, 가속, 또는 고토크를 요구하는 다른 조건들에서 꺼진다. 배기가스 재순환이 질소 산화물 배출 가스를 줄이기 위한 개념으로 처음 도입된 이후, 그 구현에는 상당한 변화가 있었고, EGR의 실현을 위해서 다양한 설계와 구현이 이루어져 왔다. 여기에서 전형적인 구조로 기능을 통합하는 EGR 구현 방법에 대해 논의한다.

모든 EGR 방식의 기본은 배기와 흡기 매니폴드를 연결하는 포트이다. 밸브는 통로를 따라 위치하고 0과 최댓값 사이에서 EGR을 조절한다. 밸브가 가변 진공원(variable vacuum source)에 연결된 다이어프램에 의해 작동되는 경우, 제어기는 주기적인 가변-듀티-사이클 모드에서 솔레노이드를 동작시키고, 듀티사이클을 변화시킴으로써, 제어 시스템은 EGR 밸브 개폐 제어를 하여 EGR 총량을 비례 제어한다. 그러나 EGR 제어는 또한 제6장에서 설명한 것처럼 스테퍼 모터와 같은 모터를 사용하여 수행할 수도 있다. 비록 솔레노이드 기반 EGR 액추에이터는 액추에이터를 작동시키기 위해 필요한 매니폴드 진공이 엔진-작동 조건에 따라 변하고 스로틀이 많이 개방되었을 때는 진공이 매우 낮아져 성능이 나빠질 수 있지만, 모터 기반 시스템보다 비용 면에서 장점을 가지고 있다.

많은 EGR 제어 시스템에서 제어기는 차동 압력 센서(differential pressure sensor, DPS)를 통해 배기 및 흡기 매니폴드 사이의 차압을 감시한다. 이 센서로부터의 신호로, 제어기는 원하는 EGR 레벨 밸브 개도를 산출할 수 있다. 요구되는 EGR 양은 엔진 부하(즉, 생산된 동력)의 함수이다.

EGR 제어 시스템 예시의 간략화된 블록도가 그림 7.9에 도시되어 있다. 이 그림에서, EGR 밸브는(흡기관과 연결 되어 있는) 솔레노이드로 조절되는 진공 액추에이터에 의해 작동한다. 이 비례 액추에이터의 설명은 제6장에 제시되어 있다. 엔진 제어기는 흡기 및 배기 매니폴드 사이의 차등 압력 센서로부터 엔진 작동 조건 및 신호에 기초하여 EGR의 필요량을 결정한다. 제어기는 가변-듀티-사이클 액추에이터 신호를 통해 EGR의 요구량을 달성하기 위한 정확한 EGR 밸브 위치를 지령한다.

EGR의 최적량은 엔진 작동 조건의 함수로서 경험적으로 결정된다. 한 예로, 이상적 EGR 폐루프 제어는 연소 온도를 필요로 한다. 직접 연소 온도를 측정할 수 있는 저렴한 센서는 아직 개발되지 않았지만, 배기가스 온도와 연소 온도 사이의 상관관계를 이용하여 추정할 수 있다. 배기가스 온도는 상대적으로 저렴한

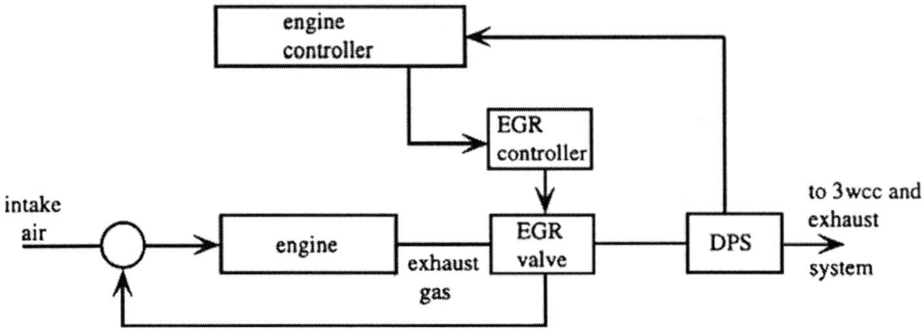

그림 7.9

EGR 제어 블록 다이어그램

센서로 쉽게 측정 가능하다. 원칙적으로, EGR 양은 피드백 신호에 대한 배기가스 온도 측정을 이용한 폐루프 제어 시스템에 기반하여 결정된다.

가변 밸브 타이밍 제어

제5장에서는 개선된 체적 효율에 대한 가변 밸브 타이밍의 개념과 상대적 장점을 소개했다. 만약 흡기와 배기 밸브 모두 개폐 시간(그리고 이상적인 밸브 리프트 타임)이 동작 조건의 함수로 제어될 수 있다면 성능 개선과 배기가스 감축을 달성할 수 있다고 설명하였다. 제6장에서는 흡기 및 배기 둘 중 하나 또는 둘 모두의 캠축 위상을 변화시키는 데 사용되는 대표적인 캠축의 위상 변화 메커니즘에 대해 논의했다. 이 시스템은 배기구 닫힘에서부터 흡기구 열림까지 밸브 오버랩을 가변시킴으로써 용적 효율을 개선시킬 뿐만 아니라 밸브 개폐의 절대 위상을 개선시킨다. 체적 효율을 향상시킬 뿐 아니라, 이 가변 밸브 위상이 EGR 분할의 요구량을 달성하는 데 도움을 줄 수 있다.

밸브 오버랩의 양은 상대적 배기-흡기 캠축 위상에 직접적으로 관련이 있다. 일반적으로 공회전에서는 최소한의 오버랩이 요구된다. 오버랩의 최적 요구량은 RPM과 부하의 함수(즉, 엔진 매핑)로 결정된다.

배기와 흡기 캠축 요구 위상은 RPM과 부하의 함수로 엔진 제어 시스템의 메모리(ROM)에 저장되고 엔진 작동 중에 RPM과 부하 측정에 기반한 룩업 테이블과 보간을 통하여 올바른 캠축 위상을 구할 수 있다. RPM 측정은 비접촉 각속도 센서를 이용하여 얻을 수 있고, 부하는 MAF와 RPM을 이용하거나 MAP 센서를 통하여 측정된다(제6장 참조).

일단 원하는 캠축 위상이 결정되면, 엔진 제어 시스템은 액추에이터(즉, 모터 또는 솔레노이드 작동 밸브)에 적절한 전기 제어 신호를 보낸다. 제5장에서, 캠축의 위상이 헬리컬 스플라인 기어의 축 위치에 의해 조절되는 예를 보여주었다. 이 축 위치는 스프링에 반대로 동작하는 헬리컬 스플라인 기어의 한쪽 면에 작용하는(엔진) 오일 압력에 의해 결정된다. 이 오일 압력은 솔레노이드 작동 밸브에 의해 조절된다.

제6장에서 캠축의 위상 변화에 대한 대체 메커니즘은 캠축 드라이브 기어에서 유압 활성화 가동 베인을 사용하여 구현된다. 두 가지 메커니즘 중 어느 것이나 폐루프 제어는 체적 효율을 최적화하기 위해 엔진 제어 시스템을 가능하게 한다.

가변 밸브 위상 시스템이 사실은 위치 제어 시스템이기 때문에, 캠축 위상 폐루프 제어는 크랭크축에 상대적인 캠축 위치의 측정을 필요로 한다. 이 각도 위치 측정은 캠축과 그 구동 기어 사이의 각도를 측정함으로써 달성될 수 있다. 제6장에서 다양한 각도 위치 센서의 구성에 대해 설명하였다. 다음 VVP 논의를 위해, 이와 같은 센서는 시스템의 일부라고 가정한다. 그림 7.10a는 대표적인 캠축 위상 제어 시스템의 물리적 구성을 나타낸다.

가변 밸브 위상(variable valve phasing, VVP) 메커니즘 제어는 많은 목표를

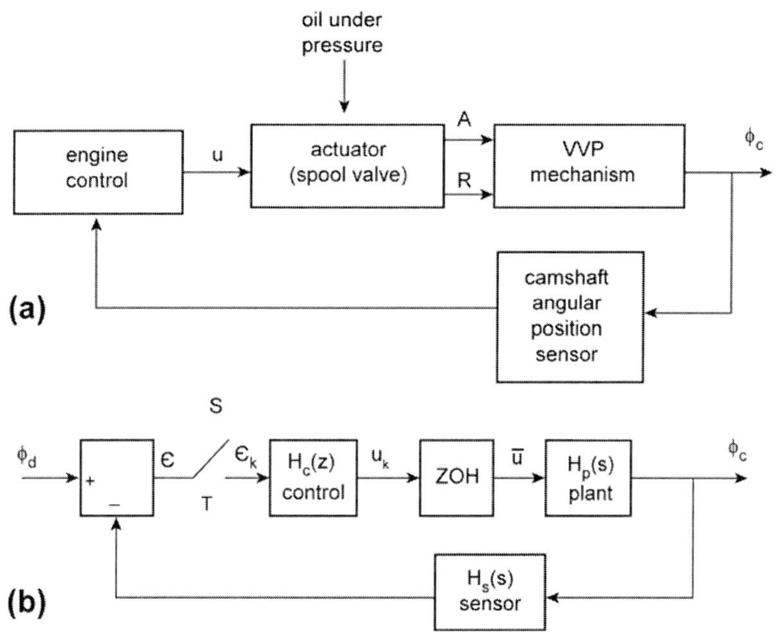

그림 7.10
VVP 시스템의 물리적 구조와 블록 다이어그램

가지고 있으며, 자동차 엔진의 작동 특성에 따라 특정 제약 조건이 적용된다. 정상상태 고속도로 주행을 제외하고, 자동차 엔진의 부하 및 RPM은 상대적으로 넓은 범위에 걸쳐 변화한다. 따라서 VVP 제어는 지령 변화를 상대적으로 빠르게 수행해야 한다. 지령의 스텝 변화에 대한 응답은 상대적으로 낮은 오버슈트(즉 10% 미만)를 가져야 하고 정상상태 오프셋 없이 그 지령 위치에 도달해야 한다. 물론 제어는 안정적이어야 하며, 파라미터 변화에 대해 강인해야 한다. 여기에서 제시된 VVP 시스템의 예는 제6장에서 기술된 액추에이션 메커니즘에 기반한다. 이 시스템은 캠축 드라이브 기어에서 휴지(recess) 기간 동안 이동하는 캠축에 부착된 베인을 이용한다. 이때 베인의 상대적인 움직임은 캠축의 위상 변화를 일으킨다. 또한, 기어 휴지 기간 내의 베인의 움직임은 그림 7.10a와 같이 A 또는 R 챔버 압력하에 엔진 오일을 공급하는, 스풀 밸브 액추에이터로 인한 각 베인의 양측 차등 압력에 대한 응답이다. VVP 제어 시스템의 동적 응답은 엔진 온도의 변화에 따라 변하는 오일의 점도에 대해 강인해야 한다. 즉, 제어 시스템의 폐루프 이득은 큰 이득 마진과 큰 위상 마진을 가져야 한다(제1장 참조).

VVP 제어는 디지털 제어 시스템의 한 함수이다. 그림 7.10b는 VVP 모드에서 동작할 때의 VVP 블록도이다. 제2장에 설명된 바와 같이, 연속 시간 플랜트를 조절하는 이산 시간 제어 시스템은 제로 오더 홀드(ZOH)뿐만 아니라 샘플러와 A/D 컨버터를 필요로 하고, 이 둘은 그림 7.10b의 블록도에 포함되어 있다. 이러한 시스템의 센서 측정은 센서의 전달함수가 다음과 같이 이상적인 것으로 가정한다.

$$H_s(s) \cong 1$$

제6장에서 이 VVP 구성에 대한 플랜트의 전달함수는 다음과 같이 주어진다.

$$H_p(s) = \frac{K_a}{s(s + s_o)} \tag{41}$$

예를 들어, 파라미터는 다음과 같다:

$$K_a = 2{,}600$$
$$s_o = 17$$

PID 제어법은 설계 목표를 달성하기 위해 충분한 유연성을 제공하도록 선택된다. 연속 시간 PID 제어법은 다음과 같다.

$$u = K_p\in + K_D \frac{d\in}{dt} + K_I \int \in dt \tag{42}$$

제1장의 근궤적 기법을 사용하여, 오버 슈트 및 응답 시간 기준을 만족하도록 다음과 같이 파라미터를 정한다:

$$K_p = 0.080$$
$$K_D/K_p = 0.020$$
$$K_I/K_p = 0.100$$

VVP 제어 시스템에 대한 요구사항 중 하나는 강인한 안정성(robust stability)이다. 제1장에서, 강인성은 $H_c(s)$와 $H_p(s)$의 곱에 대한 보드 선도(Bode plot)에 의해 결정되는 이득 및 위상 마진으로 표현되었다. 그림 7.11은 이 시스템에 대한 보드 선도이다.

이득 크로스 오버 주파수는 10 rad/s이고, 위상 마진은 약 109도이다. 위상 크로스 오버 주파수는 이득 마진이 100 dB 이상인 곳에서 약 0.02 rad/s이다. 이 시

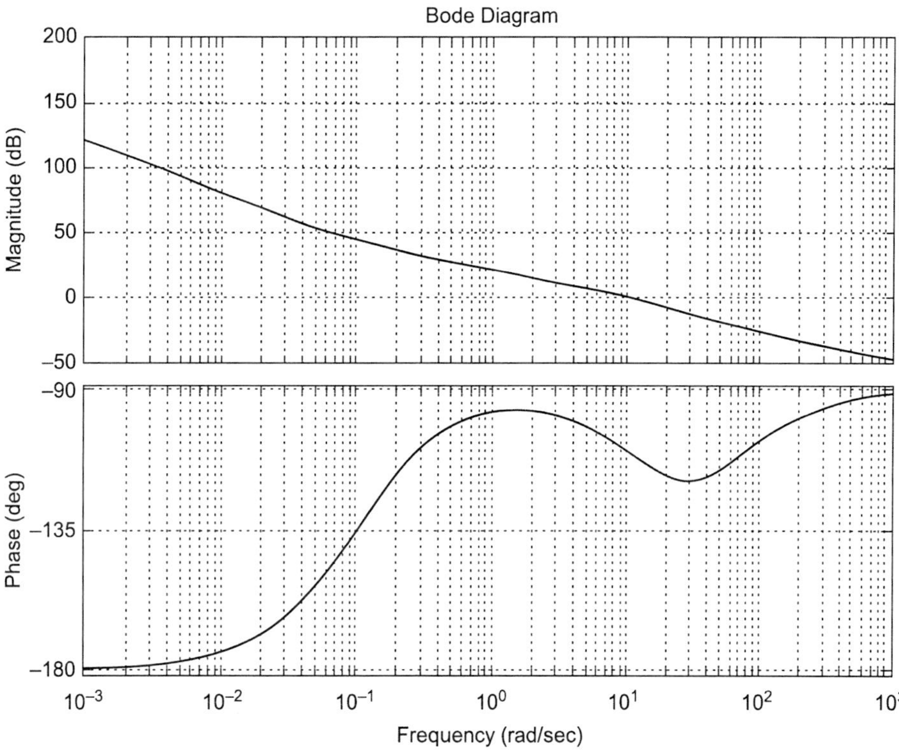

그림 7.11
VVP 시스템 H_F의 보드 선도

스템은 매우 안정적이다.

제어 시스템에 대한 이산 시간 모델은 다음과 같다.

$$u_k = K_p \in_k + \frac{K_D}{T}(\in_k - \in_{k-1}) + K_I u_{kI} \quad (43)$$

여기서, $\in_k = \in(t_k)$, $t_k = kT$, $k = 1,2,...$이고, T는 샘플링 주기이다.

공회전 속도 제어에 대한 부분에서, 사다리꼴 적분 규칙(trapezoidal integration rule)을 사용한 u_{kI}의 z-변환은 다음과 같다.

$$\begin{aligned} u_{kI}(z) &= K_I \mathscr{Z}\left[\int \in \mathrm{d}t\right] \\ &= \frac{K_I T(z+1)}{2(z-1)} \end{aligned}$$

식 (37) 제어 변수 u_k의 세 항을 모두 조합하여, 제어 시스템의 전달함수 $H_c(z)$는 다음과 같이 주어진다.

$$\begin{aligned} H_c(z) &= \frac{u(z)}{\in(z)} \\ H_c(z) &= K_p + \frac{K_D(z-1)}{Tz} + \frac{K_I T}{2}\frac{(z+1)}{(z-1)} \\ &= \frac{\left[\left(K_p + \frac{K_D}{T} + \frac{K_I T}{2}\right)z^2 - \left(K_p + \frac{2K_D}{T} - \frac{K_I T}{2}\right)z + \frac{K_D}{T}\right]}{z(z-1)} \end{aligned} \quad (44)$$

플랜트와 ZOH의 z-변환 연산 전달함수 $G(z)$는 제2장에서 언급된 방법을 사용하여 찾을 수 있다:

$$G(z) = (1 - z^{-1})\mathscr{Z}\left(\frac{H_p(s)}{s}\right)$$

위의 식에서 z-변환은 부분분수의 $H_p(s)/s$를 확장하여 얻을 수 있다. 함수 $H_p(s)/s$는 다음과 같이 주어진다.

$$\frac{H_p(s)}{s} = \frac{K_a}{s^2(s+s_o)} \quad (45)$$

이 함수는 $s = 0$에서 중복 폴을 갖는다. 위에 주어진 플랜트 파라미터를 사용하면 부분분수 확장은 다음과 같다.

$$\frac{H_p(s)}{s} = \frac{8.9965}{s+17} - \frac{8.9965}{s} + \frac{152.94}{s^2} \tag{46}$$

제2장의 z-변환 표를 이용하고 샘플링 주기 T는 0.01 s라고 가정하면, 연산 전달함수 $G(z)$는 다음과 같이 정할 수 있다.

$$G(z) = (1 - z^{-1})\left[\frac{8.9965z}{z - z_1} - \frac{8.9965z}{z-1} + \frac{152.94zT}{(z-1)^2}\right] \tag{47}$$

여기서, $z_1 = e^{-s_0 T} = 0.6538$이다.

모든 $G(z)$의 폴들은 결합된 전달함수 기반의 안정적인 시스템을 보장하는 단위원 위 또는 안에 존재한다.

$$G(z) = \frac{0.7087z + 0.6152}{z^2 - 1.6538z + 0.6538} \tag{48}$$

상기 주어진 이득 파라미터 KP, KD, KI를 이용하여($\in_k$에서부터 플랜트 출력 $\phi_c(k)$까지), 순방향 전달함수 H_F는 다음과 같다.

$$\begin{aligned} H_F(z) &= \frac{\phi_c(z)}{\in(z)} \\ H_F(z) &= H_c(z)G(z) \\ &= \frac{0.1021z^3 - 0.0587z^2 - 0.0825z + 0.0394}{z^4 - 2.6538z^3 + 2.3075z^2 - 0.6538z} \end{aligned} \tag{49}$$

폐루프 z-전달함수 $H_{cl}(z)$는 다음과 같다.

$$H_{cl}(z) = \frac{\phi_c(z)}{\phi_d(z)} \tag{50}$$

$$= \frac{H_F(z)}{1 + H_F(z)}$$

$$= \frac{0.1021z^3 - 0.0587z^2 - 0.0825z + 0.0394}{z^4 - 2.5517z^3 + 2.2489z^2 - 0.7363z + 0.0394} \tag{51}$$

폐루프 전달함수의 폴들은 다음과 같다.

$$
\begin{aligned}
z_1 &= 0.9975 \\
z_2 &= 0.7442 + 0.2166\mathrm{i} \\
z_3 &= 0.7442 - 0.2166\mathrm{i} \\
z_4 &= 0.0657
\end{aligned}
$$

시스템 안정성을 위한 단위원 안의 폴들은 모두 보장되었다.

VVP 시스템의 동적 응답은 다음과 같이 주어진 10° 스텝 지령 입력에 대한 출력 시퀀스 $\phi_c(k)$를 찾음으로써 도시된다.

$$
\begin{aligned}
\phi_d &= 0 \qquad && t < 0 \\
&= 10^\circ && t \geq 0
\end{aligned}
$$

이것의 z-변환은 다음과 같다.

$$
\Phi_d(z) = \frac{10z}{z-1}
$$

캠축의 위상(즉, 시스템 출력)은 다음과 같이 주어진다.

$$
\Phi_c(z) = H_{\mathrm{CL}}(z)\Phi_d(z)
$$

시간 t_k에서 출력 시퀀스 $\phi_c(k)$는 제제2장에서 설명되었듯이 z-역변환 방법을

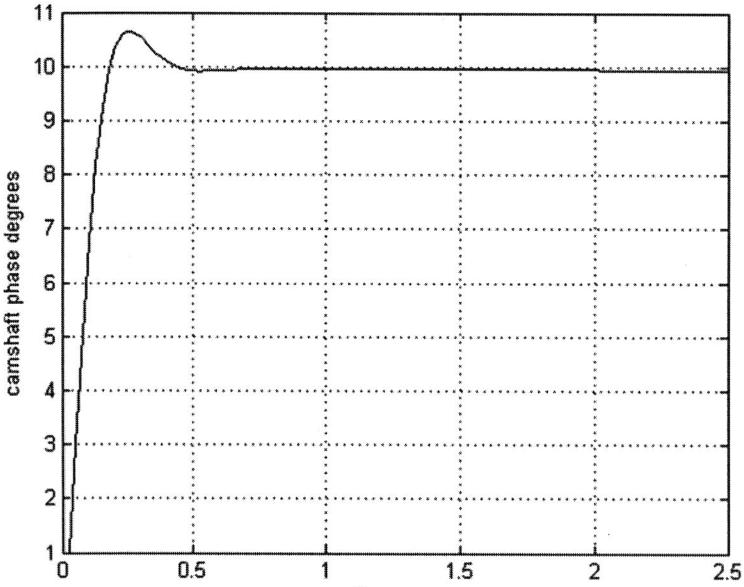

그림 7.12

10도 스텝 지령에 대한 VVP 응답

이용하여 구한다. 이 방법은 $\Phi_c(z)$의 부분분수 확장을 찾아서 각 항을 z^{-k}의 멱급수(power series)로 나타내는 것을 포함한다. 시간 t_k에서 출력 캠축 위상 $\phi_c(k)$은 부분분수 각각의 멱급수에서 z^{-k}의 모든 계수의 합이다.

그림 7.12는 시간 t_k에 대한 이 수열의 그래프인데, 과도 응답 에러는 0.5초 이내에 0으로 감쇠하였고 오버슈트는 6.5%이다. 따라서 이 디지털 가변 캠축 위상 제어 시스템은 원래의 목적을 충족시킨다.

전자 점화 제어

제5장에서 설명하고 있는 바와 같이, 엔진은 정확한 연료 공기 비율과 이 혼합물을 점화시키기 위한 전기 스파크 형태의 수단을 필요로 한다. 현재의 전자 점화 시스템이 개발되기 전 점화 시스템은 점화 플러그, 배전기, 고전압 점화 코일로 구성되어 있었다(회전 스위치 형태의). 배전기는 순차적으로 점화 플러그에 코일의 높은 출력 전압을 전달하는 것이다. 또, 코일회로에서(점화 시점일 때) 전류의 흐름을 끊음으로써 점화 플러그가 필요한 스파크를 발생시키도록 한다. 토크 발생에 영향을 주는 스파크의 발생 시기(즉, 점화 시기)는 엔진 회전각에 따라 배전기에 의해 기계적으로 결정되었다.

배전기와 단일 코일 방식은 다중 코일과 전자 제어 시스템으로 대체되었다. 각 코일은 하나 또는 두 개의 실린더에 스파크를 공급한다. 이러한 시스템에서 제어기는 적절한 코일을 선택하고 정확한 시점에 각각의 실린더 점화 제어 회로에 트리거 펄스를 제공한다(일부 경우에, 코일은 일체형 유닛으로서 스파크 플러그와 결합되어 있다).

그림 7.13에 4기통 엔진에 대한 점화 시스템을 나타내었다.

이 예제에서, 2개의 코일은 코일당 2개의 실린더를 점화시키는 스파크를 제공한다. 한 실린더가 배기 행정에 있는 동안 다른 하나는 압축 행정에 있도록 실린더 쌍이 선택된다. 압축 행정에 있는 실린더는(TDC에 도달하기 전에 어느 시점에) 폭발할 실린더이고, 다른 실린더는 배기 과정에 있다. 코일은 동시에 두 실린더의 스파크 플러그를 동작시킨다. 압축행정인 실린더에서 혼합물은 점화되고 배기 행정 중의 다른 실린더의 경우 이미 연소되었으므로 점화되지 않는다.

비록 자동차 엔진 혼합물이 배기가스 규제에 의하여 제한되지만, 점화 타이밍은 배기가스 제약 내에서 최적의 성능을 내도록 조절할 수 있다. 예를 들어, 점화 시기는 주어진 어떠한 동작 조건에서도 최대 엔진 토크를 발생시키도록 선택

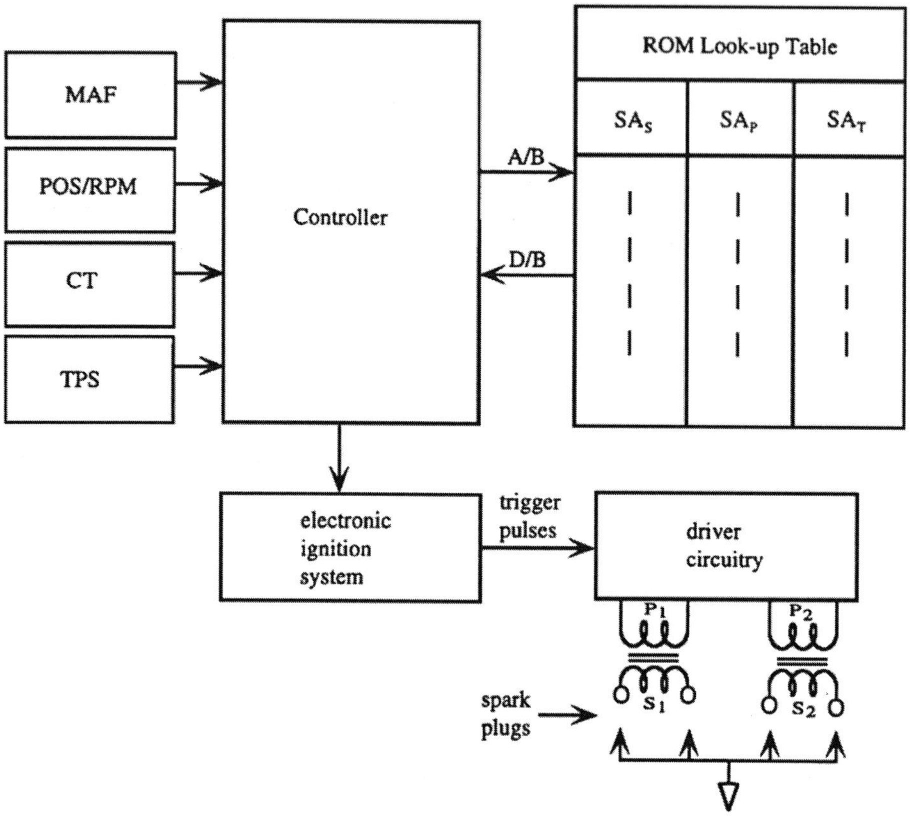

그림 7.13

적분기 회로도의 예

될 수 있다. 엔진 동력계에서 측정되듯이, 이 최적 점화 시기는 엔진 동력계에서 측정된 엔진 성능에 대한 실증 연구로부터 주어진다. 제5장에서 설명하고 있는 바와 같이, 이 최적 점화 시기는 "평균 최고 토크를 위한 사전 스파크(spark advance for mean best torque)", 줄여서 MBT로 알려져 있다.

점화 시기는 보통 압축 행정 동안 각 실린더의 TDC를 기준으로 하는 크랭크축의 각도 위치에 의하여 정량적으로 표현된다. 파워 행정 동안에 최적의 파워를 얻기 위하여 스파크는 연소에 필요한 시간 때문에 TDC에 도달하기 전에 발생한다. 점화시기는 크랭크축의 회전 각도로 표시하고 "스파크 어드밴스"(SA)라고 한다.

그림 7.13의 구성 예제에서, 스파크 어드밴스 값은 메인 엔진 제어에서 계산된다. 엔진 제어는 다양한 센서들로부터 데이터를 수신하고 순간 작동 상태에 대한 정확한 스파크 어드밴스를 판정한다.

모든 동작 조건에서 최적의 점화시기에 영향을 미치는 변수는 RPM, 매니폴드 압력(또는 공기 질량유량), 기압, 냉각수 온도들이다. 이러한 변수의 각 값에 대한 정확한 점화 시기는 ROM 룩업 테이블에 저장된다. 엔진 제어 시스템은 다양한 센서로부터 측정값을 획득하고, 룩업 테이블(ROM)에 주소를 생성한다. 룩업 테이블로부터 데이터를 판독한 후, 제어 시스템은(보간을 포함한) 정확한 스파크 어드밴스를 계산한다. 출력 신호는 스파크를 활성화할 수 있는 적절한 시간에 발생된다.

그림 7.13에서 점화 시스템은 독립형 점화 모듈로 구현된다. 이 솔리드스테이트 모듈(solid-state module)은 정확한 스파크 어드밴스 데이터를 수신하고, 코일 구동 회로를 작동시키는 전기 신호를 생성한다. 이러한 신호는 크랭크축과 캠축 신호(POS / RPM)에서 오는 입력 타이밍에 대한 응답에 의해 발생한다.

코일 구동 회로는 그림 7.13에 도시된 코일 팩의 권선 P_1과 P_2의 주 전류를 발생시킨다. 이러한 1차 전류는 스파크가 발생하기 전 이른바 드웰기간(dwell period) 동안 형성된다. 제6장에서 점화를 목적으로 하는 스파크는 단시간 동안 점화 코일에서 발생하는 매우 높은 전압에 의해 생성되는 것으로 설명되었다. 그림 7.13에는, 두 개의 스파크 플러그를 점화시키는 한 쌍의 코일 팩이 설명되어 있다. 이러한 구성은 4-실린더 엔진에 적합할 것이다. 일반적으로, 각각의 실린더 쌍 또는 각 실린더에 대해 하나의 코일 팩이 있다.

일반적인 점화 제어 시스템에서, 총 스파크 어드밴스 SA(TDC 이전의 각도에서)는 몇 가지 요소로 구성되어 있다.

$$SA = SA_S + SA_P + SA_T \tag{52}$$

첫 번째 구성요소 SA_S는 기본 스파크 어드밴스이며, RPM과 MAP 또는 MAF의 함수로 도표화된다. 제어 시스템은 RPM과 MAP, 또는 MAF를 판독하고, 이 값에 대응하는 SA_S의 ROM 어드레스를 계산한다. 그림 7.14는 RPM대 SA_S의 대표적인 선도를 보여준다.

이 예제에서, 아이들부터 약 1,200 RPM까지 SA_S의 상승은 상대적으로 느리지만, 약 1,200~2,300 RPM까지 RPM에 대한 SA_S의 기울기는 비교적 가파르다. 2,300 RPM를 지나서는, RPM에 대한 SA_S의 증가는 다시 비교적 작다. 각각의 엔진 구성은 스파크 어드밴스의 고유 특성이며, 일반적으로 서로 충돌하는 요인 사이의 타협이다(자세한 사항은 이 책의 범위를 벗어난다). ROM에 배치되는 SA_S 표 값은 일반적으로 엔진 제어 시스템의 개발 기간 동안 엔진 매핑을 통해 결정된다.

두 번째 구성요소 SA_P는 대량의 공기 흐름 또는 매니폴드 압력으로 인한 스

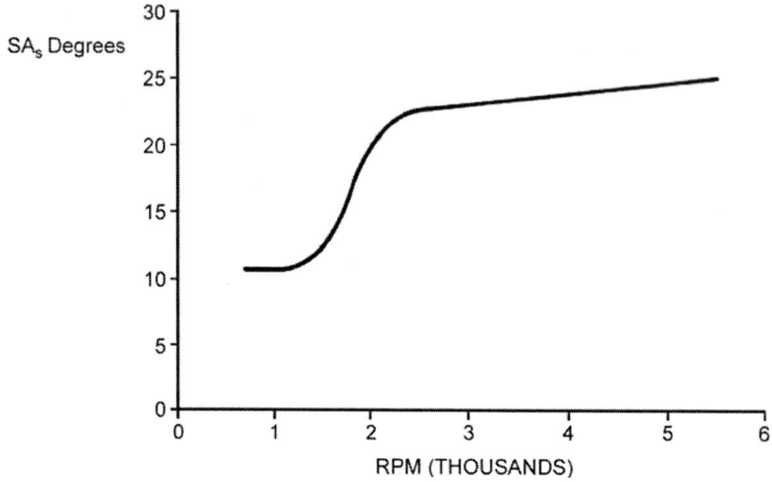

그림 7.14
RPM 대 대표 SA 선도

파크 어드밴스이다. 이 값은 독립 변수로 MAF 또는 MAP의 ROM 룩업 테이블에서 얻을 수 있다. 일반적으로, SA_P는 압력과 연소 속도의 증가로 인해 흡기 매니폴드의 압력이 증가함에 따라 감소된다.

마지막 구성요소 SA_T는 온도에 의한 스파크 어드밴스이다. 스파크 어드밴스에 대한 온도 효과는 콜드 크랭킹, 저온 시동, 예열, 완전한 워밍업 조건과 같은 효과를 포함하여 상대적으로 복잡하다. 세부 사항은 이 책의 범위를 벗어난다.

폐루프 점화 시기

이상 설명한 점화 시스템은 개루프 시스템이다. 개루프 제어의 주요 단점은 시스템에서 기계적인 변화를 자동적으로 보상할 수 없다는 것이다. 점화시기의 폐루프 제어는 엔진의 성능을 향상시키고 시스템의 변화에도 불구하고 그 성능을 유지하는 관점에서 바람직하다.

폐루프 점화 시기의 한 방식은 TDC와 관련된 점화 시기를 어드밴싱함으로써 얻어지는 성능 개선을 기반으로 한다. 주어진 RPM 및 매니폴드 압력에 대하여 토크와 스파크 어드밴스 변화는 그림 7.15에 도시되어 있다.

TDC를 기준으로 스파크 발생 시점을 차츰 앞당기면 최대 토크가 발생하는 지점까지는 토크를 증가시킨다. 제5장 및 상기 설명된 바와 같이, 이 스파크 어드밴스는 평균 최대 토크 MBT에 대한 SA로 알려져 있다.

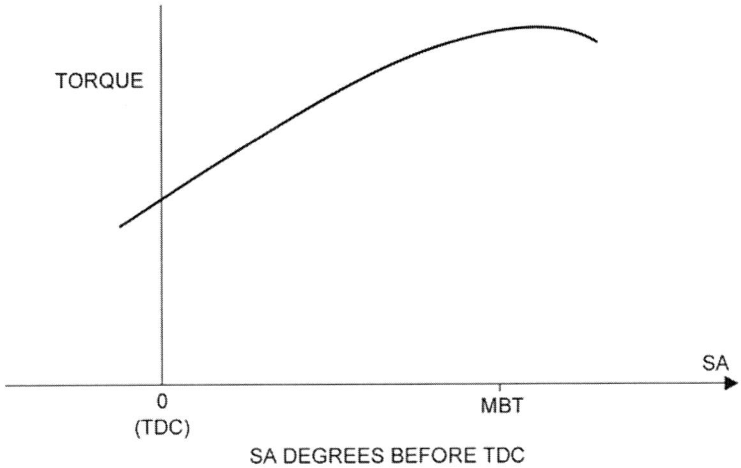

그림 7.15
SA대 엔진 브레이크 토크

TDC 전 스파크 어드밴스 각도

스파크 어드밴스가 너무 심하면, 노킹이라는 이상 연소 현상이 발생한다. 노킹 발생 원인에 대한 자세한 내용은 책의 범위를 벗어나지만, 노킹은 보통 정상적인 연소에서 스파크가 점화되지 않고 공기-연료 혼합물의 일부가 갑자기 자동 점화(autoigniting)할 때 발생한다.

대략적으로 말하면, 노킹의 크기는 자동 점화되는 전체 공기 연료 혼합물의 비율에 비례한다. 노킹은 연소하는 동안 실린더 압력이 비정상적으로 급속하게 상승한 후 실린더 압력의 매우 빠른 진동에 의해 특징지어진다. 이러한 진동의 주파수는 주어진 엔진 구성에 따라 다르며 일반적으로 몇 킬로 헤르츠의 범위에 있다. 그림 7.16은 노킹 조건 하에 시간에 대한 대표 실린더 압력의 그래프이다. 과도한 노킹은 엔진을 손상시키므로 피해야 하지만, 상대적으로 낮은 레벨의 노킹은 성능에 도움이 된다.

폐루프 제어에서 스파크 어드밴스에 대한 하나의 제어 전략은 노킹 수준이 수용할 수 없게 될 때까지 스파크 타이밍을 전진(advance)시키는 것이다. 이 시점에서, 제어 시스템은 반대로 노킹의 허용 수준에 도달할 때까지 스파크 어드밴스를 감소시킨다. 물론, 노킹 레벨 제한에 기초한 스파크 어드밴스 제어 방식은 제6장에 설명된 것과 같은 노크 센서를 필요로 한다. 그림 7.16과 같이, 이 센서는 급격한 실린더 압력 진동의 스펙트럼에서 나타나는 음향 에너지에 반응한다.

그림 7.17은 노킹 강도 측정을 위한 예시 시스템의 다이어그램이다. 노크 센서의 출력 전압 V_E는 센서 마운팅 지점에서 엔진 블록의 음향 에너지에 비례한

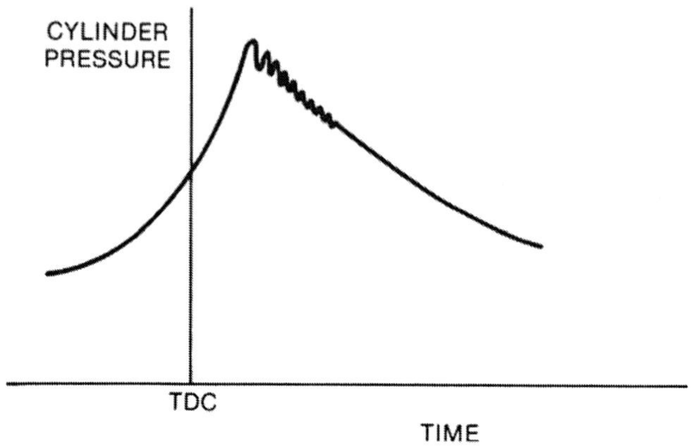

그림 7.16
노킹 조건에서 전형적인 실린더 압력

다. 이 전압은(특정 엔진 구성을 위한) 노킹 주파수에 동조되는 협대역 밴드패스 필터(narrow bandpass filter)에 전송된다. 필터 출력 전압 V_F는 노크 신호이고, 노크 진동의 진폭에 비례한다. 이러한 진동의 포락선 전압(envelope voltage) V_d는 예를 들면, 다이오드와 콘덴서(제3장 참조)를 포함한 정류회로(rectifier-type circuit)로 구현된 검출 회로에 의해 얻어진다.

그림 7.17의 노크 계측 시스템의 예에서 검출기는 보통 대부분의 엔진 사이클에서 V_d를 막는 전자 게이트 역할을 하지만 노크 크기가 가장 큰 엔진 사이클 때(즉, TDC 직후)에는 V_d를 통과시킨다. 게이트는 주로 오픈 상태의 전자 스위치지만, TDC를 따라가는(0부터 T까지) 짧은 시간 동안에는 닫힌다. 이 짧은 기간 동안 노킹은 엔진 소음 중에서 가장 크다. 노킹은 이 기간 동안 가장 성공적으로 검출될 확률이 높다. 마찬가지로, 이 기간 동안 실제 노킹 신호를 정상적인 엔진의 음향 소음이라고 착각할 확률이 가장 낮다.

노크 측정의 최종 단계는 시간에 대한 통합인데, 엔진제어에서 수치적으로 수행되거나 아날로그 통합을 하도록 구성된 연산 증폭 회로를 사용하는 노크 센서 장비의 일부에 의해 수행된다. 예를 들어, 그림 7.18a의 회로는 게이트 출력을 통합하는 데 이용될 수 있다. 예제에서 전자 게이트는 스위치 쌍 S_1과 S_2를 통해 구현된다.

스위치 S_1은 보통 열려 있고 S_2는 닫혀있지만, S_1은 닫히고 S_2는 노킹이 발생할 수 있는 기간의 시작 부분에 해당하는 $t = 0$에서 열리고, $t = T$에서 끝난다. 이 게이트 동작은 반복되며 연결된 실린더의 파워 스트로크를 위하여 그 다음 TDC에서 다시 발생한다. 게이트 간격 T의 끝에서, 출력 전압(V_K)은 다음과 같이 주어진다.

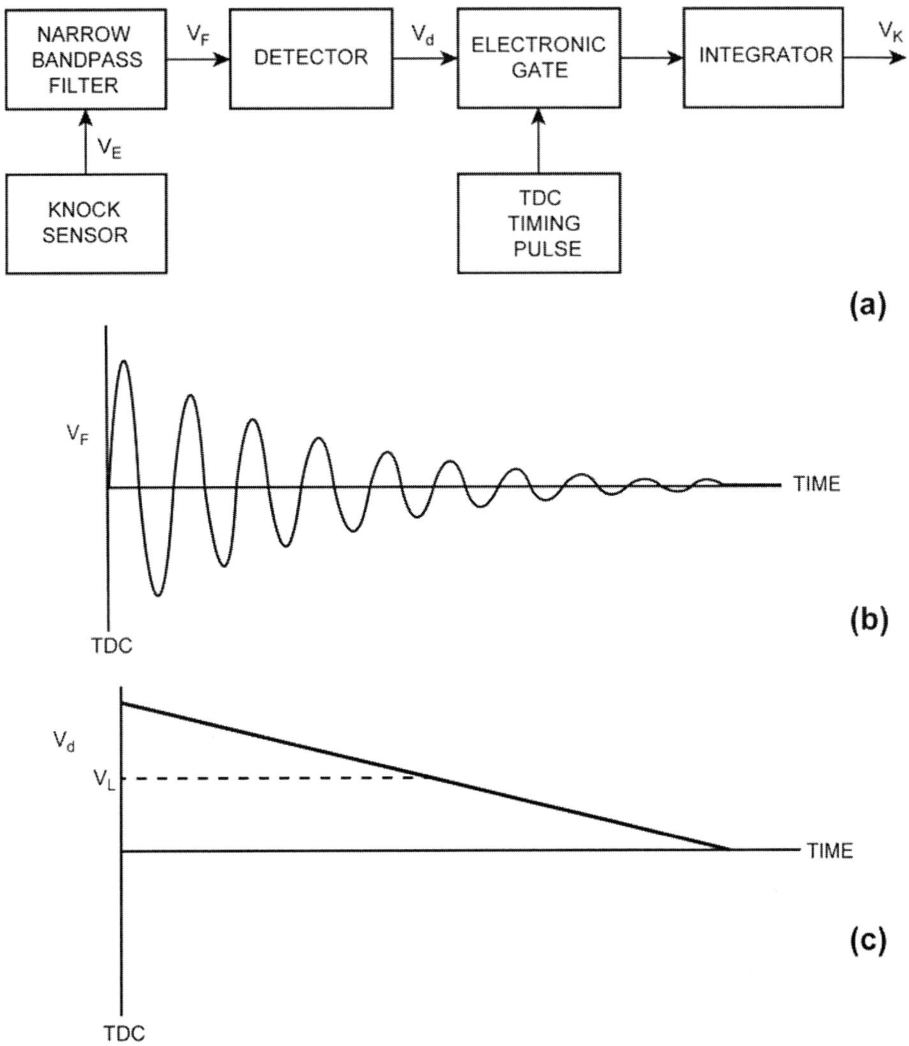

그림 7.17
노킹 강도 측정을 위한 계측

$$V_K = -(1/RC) \int_0^T V_d(t) \mathrm{d}t \tag{53}$$

그림 7.18b에 도시되어 있듯이, 이 전압은 크기는 급격히 증가하지만 입력이 반전 입력 연산 증폭기에 접속되어 있기 때문에 음의 부호를 갖는다. 그림 7.18b와 같이 노킹이 발생하면, 이 전압은 게이트 간격의 끝에서 최대 진폭에 도달한다. 그러나 만약에 노킹이 없다면, V_K는 거의 0 근처에 머무른다.

노킹 강도의 레벨은 게이트 간격의 끝 부분에서의 전압 $|V_K|$에 의해 표시된

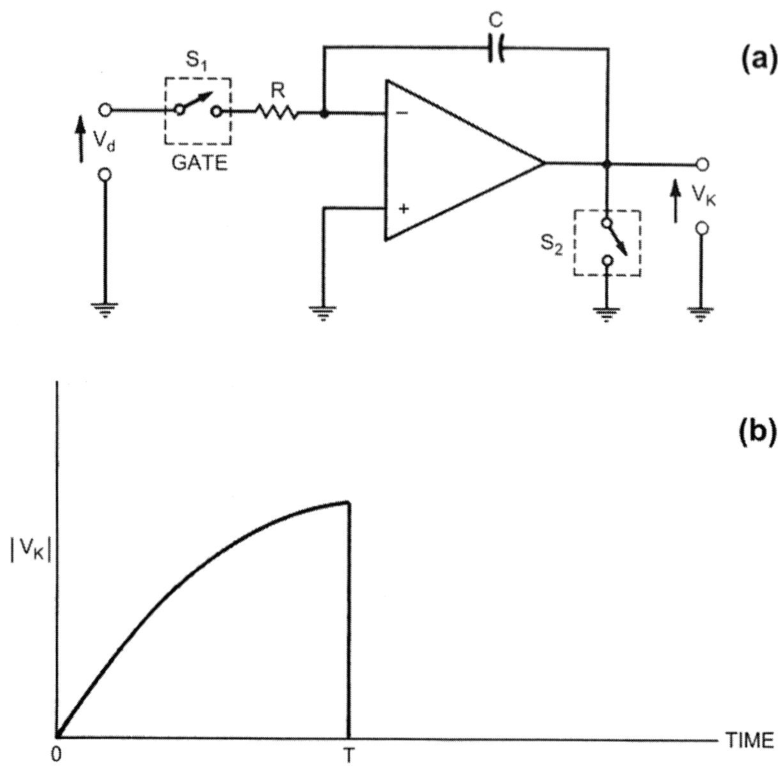

그림 7.18

노킹 검출을 위한 아날로그 적분기

다. 스파크 제어 시스템은 노킹이 발생할지의 여부를 결정하기 위해 문턱 전압(threshold voltage)과 이 전압을 비교한다.

이러한 포락선 검출 전압(envelope detected voltage)은 노킹 강도의 임계치에 대응하는 레벨과 비교되기 위해 제어기로 전송된다. 스파크는 노킹 레벨이 임계값보다 작을 때마다 어드밴스되고, 노킹 레벨이 임계값을 초과할 때마다 지연된다. 비교기 기능은 일반적으로 수치적 임계 T_K와 통합 노크 강도 신호를 비교하여 디지털 제어 시스템에 구현된다(그림 7.19 프로그램 제어 참조).

이러한 구현에서, 제어기는 다음과 같은 알고리즘을 갖는 이진 변수(그림 7.19에서 나타낸 K)를 생성한다.

$$\begin{aligned} K &= 0 \qquad |V_K(T)| < T_K \\ &= 1 \qquad |V_K(T)| > T_K \end{aligned} \tag{54}$$

위의 알고리즘에 기반한 노크 검출에는 다음과 같은 두 가지의 에러 유형이 있다. (1) 노킹은 발생했으나 시스템 출력이 $K = 0$인 지점에서 검출을 실패한

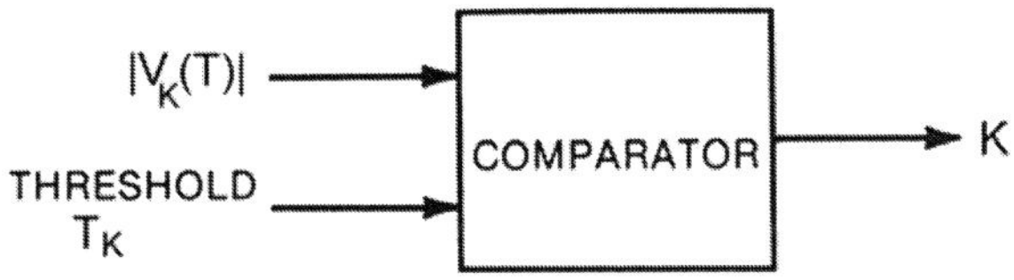

그림 7.19

노킹 검출을 위한 비교기

경우와 (2) 정상적인 연소가 이루어졌으나 시스템 출력이 $K = 1$인 지점에서 거짓 경보가 발생한 경우이다. 위의 노크 검출 방법에 대한 정량적 에러 분석은 일반적으로 통계적 결정 이론(statistical decision theory) 분야에서 다룬다.

이 항목의 이론은 이 책의 범위를 벗어난다. 그러나 통계 분석에 대한 배경지식을 갖고 있는 독자에게 다음의 간단한 모델과 상기 노킹 검출 시스템에서의 오류 확률에 대한 분석을 제시한다.

본질적으로 노킹 검출 시스템 예에서 모든 전압은 임의로 결정된다. 이 노킹 검출 시스템 예에서, 노킹의 검출은 전압 $V_K(T)$에 기초하여 이루어지는 사실상 통계적 가설 테스트의 형태이다. 이 방법은 아마도 두 개의 가설 하에 엔진 사이클들의 샘플을 이용하여 전압 $V_K(T)$에 대한 히스토그램에서 설명하는 것이 가장 좋을 것이다.

H_0 : 일반 연소

H_1 : 노킹 조건

표기의 편의를 위해, 우리는 그림 7.20에서 $x = |V_K(T)|$라 하자. 이 그림에서, 가설 H_0에 대한 특정 값에서 x의 발생 횟수가 $n_{H_0}(x)$로 표시되고, 가설 H_1에 대해서는 $n_{H_1}(x)$로 표시된다. 충분히 큰 샘플 공간의 경우, 이러한 히스토그램은 각각 $p_{H_0}(x)$와 $p_{H_1}(x)$로 표시된 두 가설에 대한 연속적인 확률 밀도 함수에 접근한다.

그림 7.20에서 T_K는 검출 임계값이다. 노킹 검출 방법의 예에서 에러의 총 확률 P_e는 다음과 같이 주어진다.

$$P_e = \int_{T_K}^{\infty} p_{H_0}(x)\mathrm{d}x + \int_{O}^{T_K} p_{H_1}(x)\mathrm{d}x \tag{55}$$

여기서, 첫 번째 항은 잘못된 경보(false alarm) 에러에 해당하고, 두 번째 항은 놓친 검출(missed detection) 에러에 해당한다. 이러한 노킹 검출 방법의 경우, 에

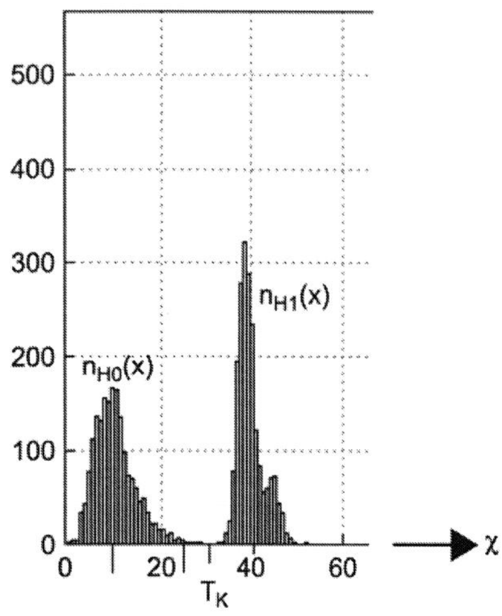

그림 7.20
가설 H_0와 H_1에 대한 히스토그램

러의 총 확률을 최소화하는 최적의 임계값을 실험적으로 결정할 수 있다.

이 노크 검출 방법은 일정한 임계값을 나타내고 있지만, 임계값이 변수인 방법도 존재한다. 이러한 경우 임계값은 RPM에 따라 증가하는데, 이는 엔진에서 음향 소음 또한 RPM에 따라 증가하기 때문이다.

스파크 어드밴스 보정

비록 스파크 어드밴스 제어의 세부사항은 제조업체에 따라 다양하지만, 주로 사용되는 스파크 어드밴스 보정 방법은 크게 두 가지, 즉 빠른 보정 방법과 느린 보정 방법이 있다. 빠른 보정 방식에서는, 스파크 어드밴스는 노킹이 검출될 때마다 고정된 양(예를 들어, 50)으로 다음 엔진 사이클 동안 감소한다. 그 이후 스파크 어드밴스는 매 5~20회의 크랭크 회전마다 1도 단위로 증가한다.

빠른 보정은 심각한 노킹 조건에서 빠져 나오는 데 최소한의 시간만 소요된다. 또한, 이 방식은 히스테리시스를 보상한다(즉, 노킹을 일으키는 1도의 스파크 어드밴스에 대해 노킹을 제거하기 위해서는 1도 이상이 제거되어야 한다.). 빠른 보정 방식은 그림 7.21에 도시되었듯이 파형으로 묘사된다.

느린 보정 방식에서(그림 7.22) 스파크 어드밴스는 각 노킹이 검출될 때마다 1도씩(또는 그 이상) 감소하며, 이는 더 이상 노킹이 검출되지 않을 때까지 진행된다. 스파크 어드밴스는 여러 엔진 사이클 후 1도씩 진행된다.

느린 보정 방식은 빠른 보정 방식보다 적응형 폐루프 제어에서 더 많이 사용된다. 그것은 주로 엔진 조건이나 연료질(즉, 옥탄가)의 상대적으로 느린 변화를

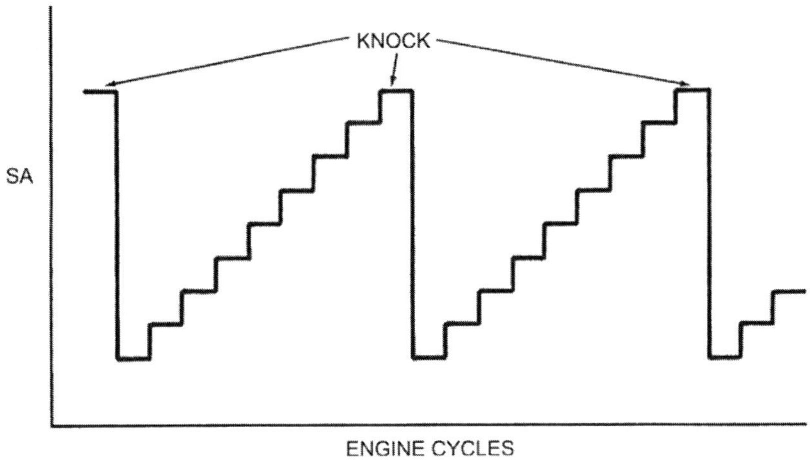

그림 7.21
SA의 빠른 보정

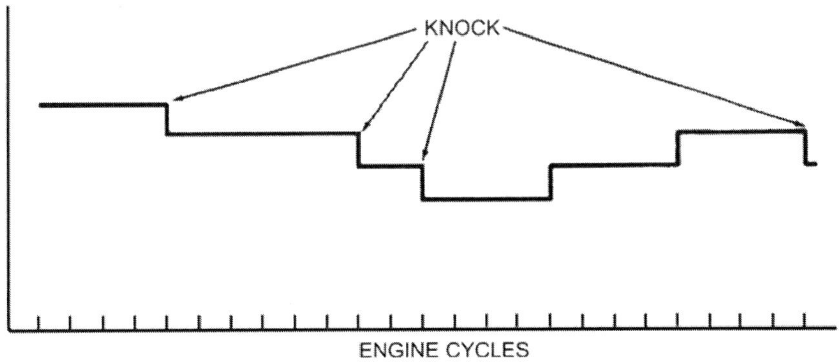

그림 7.22
SA의 느린 보정

보상하는 데 사용된다.

통합 엔진 제어 시스템

연료 제어, 스파크 제어, EGR을 위한 각 제어 서브시스템은 개별적으로 논의되어왔다. 그러나 현대의 차량에서 통합된 엔진 전자 제어 시스템은 개방형 아키텍처를 채택하고 이러한 서브시스템들을 포함하고 추가 기능을 제공할 수 있다(제어 프로그램이 확장된 기능을 수행하도록 변경될 수 있기 때문에, 통상적으로 디지털 제어 시스템의 유연성은 아주 쉽게 이러한 확장을 허용한다). 이 추가 기능 중 몇몇은 아래에서 논의된다.

이차 공기 관리(Secondary Air Management)

이차 공기 관리는 촉매 변환기 자체나 배기 매니폴드에(산소가 풍부한) 여분의 공기를 제공하여 촉매 변환기의 성능을 향상시키기 위해 사용된다. 촉매 온도는 효율적으로 HC 및 CO를 산화하고 NOx를 감소시키기 위하여 약 200도 이상이어야 한다. 촉매 변환기가 차가울 때 엔진을 예열하는 동안, 매니폴드에 이차 공기를 제공함으로써 HC와 CO는 배기 매니폴드에서 산화된다. 이것은 촉매 변환기와 EGO 센서를 빠르게 예열시켜 연료 제어기를 비교적 빨리 폐루프 모드로 전환시킨다.

너무 많은 열이 작용하는 경우 촉매 변환기가 손상될 수 있다. 이것은 엔진에 연료 농축화를 야기하는 큰 부하가 가해지는 동안이나 심한 감속이 이루어지는 동안 매니폴드에서 많은 양의 HC와 CO가 산화되면 발생할 수 있다. 이러한 경우, 이차 공기는 배기 온도에 영향을 주지 않는 에어 클리너로 곧바로 흡입된다.

예열 후에, 이차 공기의 주된 용도는 삼원 촉매, 이중 챔버 변환기 시스템의 제2챔버에 산소가 풍부한 공기를 제공하는 것이다. 이중 챔버 변환기에서, 제1챔버는 NOx를 감소시키고 HC와 CO를 산화시키기 위하여 로듐, 팔라듐, 플래티늄을 포함한다. 제2챔버는 플래티늄과 팔라듐만을 포함한다. 이차 공기에서 여분의 산소는 두 번째 변환 챔버에서 HC와 CO를 산화하는 변환기의 능력을 향상시킨다.

제어 모드 선택 로직을 위한 컴퓨터 프로그램은 이차 공기를 제어하는 조건을 포함하도록 변형될 수 있다. 엔진 제어기는 EGR 밸브와 유사한 두 개의 솔레노이드 밸브를 이용하여 이차 공기를 조절한다. 하나의 밸브는 에어 클리너나 배기계에 공기 흐름을 전환하고 다른 밸브는 배기 매니폴드 또는 컨버터에 공기 흐름을 전환한다. 공기 라우팅은 엔진 냉각수와 공연비에 기초한다. 이차 공기에 대한 제어 시스템도는 그림 7.23과 같다.

증발 가스 캐니스터 퍼지

사전 배기(pre-emission) 제어 차량에서, 연료 시스템에 저장된 연료는 대기로 증발된 탄화수소(HCs)를 증발 및 배출하는 경향이 있었다. 현대의 차량에서는 이러한 HC 배출을 감소시키기 위해, 연료 탱크는 밀폐되고 기화 가스는 캐니스터(canister) 내 활성탄 필터(charcoal filter)에 의해 수집된다. 수집된 연료는 컴퓨

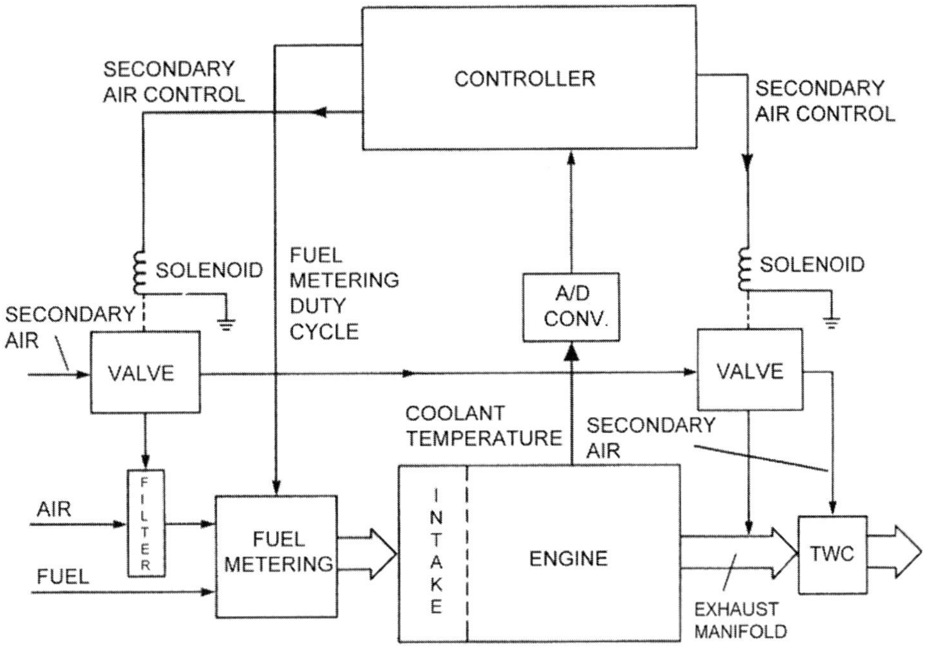

그림 7.23
이차 공기 시스템

터에 의해 제어되는 솔레노이드 밸브를 통해 흡기구로 배출된다. 이는 보통 개루프 모드에서 연료 계산의 복잡성을 감소시키기 위하여 폐루프 동작 중에만 수행된다.

자동 시스템 조정

마이크로컨트롤러 엔진 제어 시스템의 또 다른 중요한 특징은 파라미터 변화에 적응하도록 프로그래밍될 수 있는 능력이다. 대부분의 제어 시스템은 개루프 공연비를 계산하기 위한 룩업 테이블 값을 수정하기 위해 이 기능을 사용한다. 컴퓨터가 폐루프 모드에 있는 동안, 컴퓨터는 공연비가 계산된 개루프를 확인하고 폐루프 평균 한계 주기값(limit cycle)과 개루프의 공연비들을 비교한다. 만약 그들이 가깝게 일치하면, 개루프 룩업 테이블은 변하지 않는다. 그러나 차이가 크다면, 시스템 제어기는 룩업 테이블을 보정하여 개루프값이 폐루프값과 밀접하게 일치하도록 한다. 이 업데이트된 개루프 룩업 테이블은 시동키가 꺼져 있는 동안 새로운 값이 손실되지 않도록 항상 별도의 메모리에 저장된다. 엔진이 시동된 다음, 새로운 룩업 테이블 값들은 개루프 모드에서 쓰이고, 개선되지 않은 값들보다 더 정확한 공연비 제어를 제공할 것이다. 이 시스템 제어기가 엔진의 장기적인 변화 및 연료 시스템 조건을 조정할 수 있기 때문에 이 기능은 매우 중요하다. 이 기능은 개별 서브 제어 시스템 또는 완전한 통합 제어 시스템에 적용할 수 있다.

시스템 진단

마이크로컨트롤러 엔진 제어 시스템의 또 다른 중요한 특징은 제어 시스템 또는 구성요소의 고장을 진단하고 운전자에게 경고할 수 있는 능력이다. 센서 및 액추에이터 고장이나 잘못된 조정은 특정 작동 조건에서 제어기에 의해 용이하게 검출될 수 있다. 예를 들어, 컴퓨터는 센서의 출력이 지정된 한계 이상 또는 이하로 되거나 오랜 기간 동안 변화하지 않는다면 센서 고장을 검출한다. 대표적인 예로는 자동 조정 시스템이 있다. 폐루프 모드에서 표시된 것과 개루프 계산이 지속적으로 다르다면, 엔진 제어 시스템은 개루프 계산에 사용된 다양한 센서들 중 하나의 보정값이 변화되었거나 완전히 고장났음을 판단할 수 있다.

만약 컴퓨터가 주요 센서 또는 액추에이터의 고장을 감지한 경우에는, 고장을 수리할 때까지 다른 모드로 전환될 수도 있다. 운전자는 계기판(예를 들어, 엔진 체크 표시)의 표시를 보고 고장을 인식한다. 마이크로컨트롤러 엔진 제어 시스템의 유연성 덕분에, 추가 진단 프로그램이 다른 엔진 모델을 수용하기 위해 추가될 수도 있다. 완전히 통합된 시스템은 더 많은 센서 입력에 마이크로컨트롤러 액세스를 가능하게 하여 센서들을 점검할 수 있도록 한다. 제10장은 세부 시스템 진단에 대해 설명한다. 부품이 고장났을 경우 "림프 홈 모드(limp home mode)" 라는 동작모드에서 제한된 기능으로 자동차가 구동될 경우도 있다.

제어 모드 요약

디지털 엔진 제어 시스템의 제어 모드 요약은 다음과 같다.

엔진 크랭크

다음 목록은 엔진 크랭크(스타팅) 모드에서 엔진 작업을 요약한 것이며, 여기서 주요 제어 관심사는 신속하고 신뢰할 수 있는 엔진 스타트이다:

1. 크랭킹 스피드에서 엔진 RPM
2. 상대적으로 낮은 온도(콜드 스타트)에서 엔진 냉각수
3. 공기/연료 비율이 낮은 모드(콜드 스타트)
4. 점화 지연
5. EGR off
6. 배기 매니폴드를 위한 이차 공기
7. 잘 제어되지 않은 연비
8. 충분히 예열된 엔진의 경우만큼 충분히 제어되지 않은 배기가스

엔진 예열

엔진이 예열되는 동안, 엔진 온도는 정상 작동치까지 올라간다. 여기서 주요 제어 관심사는 신속하고 부드러운 엔진 예열이다. 이 기간 동안의 엔진 작업 요약은 다음과 같다:

1. 운전자의 지령에서 크랭킹 속도 위의 엔진 RPM
2. 최소 임계값까지 상승한 엔진 냉각수 온도
3. 공기/연료 비율
4. 제어기에 의하여 설정된 점화 타이밍
5. EGR off
6. HEGO에 공급된 열
7. 배기 매니폴드를 위한 이차 공기
8. 충분히 예열된 엔진의 경우만큼 충분히 제어되지 않은 연비
9. 충분히 예열된 엔진의 경우만큼 충분히 제어되지 않은 배기가스

개루프 제어

다음 목록은 엔진이 개루프 모드에서 제어되고 있을 때 엔진의 작업을 요약한 것이다. 이 모드는 EGO 센서가 폐루프 동작을 위해 정확한 온도에 도달하기 전에 사용된다. 연비와 배기가스는 세밀하게 제어된다.

1. 운전자의 지령에서(또는 공회전 속도 제어시) 엔진 RPM
2. 예열 임계값 이상에서 엔진의 온도
3. 개루프 시스템에서 14.7까지 제어된 공기/연료 비율
4. 최소 임계값보다 작은 EGO 센서 온도

5. HEGO에 공급된 열
6. 제어기에 의해 설정된 점화 타이밍
7. EGR 제어
8. 촉매 변환기로의 이차 공기
9. 연비 제어
10. 배기가스 제어

폐루프 제어

다양한 운전 조건 하에서 배기가스 및 연비의 제어를 위해 엔진 전자 제어 시스템은 폐루프에서 이루어진다. 연비와 배기가스는 매우 엄격하게 제어된다. 다음은 이 기간 동안 엔진 작업을 요약한 것이다:

1. 운전자 지령에서(또는 공회전 속도 제어 시) 엔진 RPM
2. (예열 임계값 이상) 정상 범위에서의 엔진 온도
3. 14.7 ± 0.05로 제어되는 평균 공기/연료 비율
4. 최소 시간 동안 공기와 연료의 리치한 혼합물을 표시하는 센서 출력 전압에 의하여 감지된 최소 임계값 이상의 EGO 센서 온도
5. 만약 EGO 센서가 최소 임계값 이하로 냉각되거나 주어진 시간 동안 리치한 혼합물을 표시하는 데 실패하면 시스템은 개루프 모드로 전환됨
6. EGR 제어
7. 촉매 변환기로의 이차 공기
8. 엄격하게 제어된 연비
9. 엄격하게 제어된 배기가스

급가속

엔진이 빠르게 가속되어야만 하는 경우나 또는 엔진의 부하가 큰 경우 엔진은 특별한 모드에 있게 된다. 이때 엔진 제어기의 주요 관심사는 최대 성능을 내는 것이다. 다음은 이러한 조건에서의 동작을 요약한 것이다:

1. 운전자가 최대 토크를 요구하면서 RPM 또는 엔진 출력에 있어 급속한 증가를 시도함
2. 정상 범위에서의 엔진 온도
3. 리치한 혼합물의 공기/연료 비율

4. EGO가 (매우 짧게) 루프에 있지 않음
5. EGR off
6. 흡기관으로의 이차 공기
7. (정상 폐루프 모드에 비해) 상대적으로 나쁜 연비
8. (정상 폐루프 모드에 비해) 상대적으로 나쁜 배기가스 제어

감속 및 공회전

감속이나 정지 및 공회전은 다른 특수 모드로 연결된다. 엔진 제어기의 주요 관심사는 감속하는 동안 과잉된 배기가스를 줄이고 공회전 상태에서 연료의 사용을 최소화하는 것이다. 이 엔진 작업은 다음 목록에 요약되어 있다:

1. 운전자 지령에 의해 RPM 급속 감소 혹은 공회전 상태에서 일정하게 유지
2. 정상 범위에서의 엔진 온도
3. 공기/연료 비율이 린한 혼합물
4. 배기가스를 줄이기 위한 감속 특수 모드
5. 에어컨, 자동변속기 결합 등의 이유로 부하가 변함에 따라 RPM을 일정하게 유지하기 위한 아이들 특수 모드
6. EGR on
7. 흡기관으로의 이차 공기
8. 감속 기간 동안의 좋은 연비
9. 공회전 하는 동안 상대적으로 나쁜 연비, 그러나 연료 소비는 가능한 최소로 유지(하이브리드 차량(HEV) 제외)

자동변속기 제어

미국에서 판매되는 승용차와 소형 트럭의 대부분은 전자 제어되는 자동변속기를 탑재하였다. 자동변속기는 토크 컨버터와 유성 기어 세트의 조합으로 구성된다.

(수동이든 자동이든) 변속기는 엔진 속도와 휠 속도 간의 비율을 조정하는 기어 시스템이다. 기본적으로, 변속기는 차량 부하나 속도와 관계없이 최적의 성능 범위 내에서 엔진이 작동한다. 엔진이 충분한 파워를 제공하여 차량이 어떤 속도에서도 움직일 수 있도록, 변속기는 엔진 속도와 차량 속도 사이의 기어비를 결정한다. 한 쌍의 축을 따라 토크/출력이 전달되는 기어 시스템은 전기 변압기에 대응된다. 변압기가 소스로부터 부하까지 전달되는 파워를 최대화시킬 수 있

는 것처럼, 기어 시스템은 허용 가능한 값에서 엔진 속도(하중)를 유지하면서, 구동 휠에서 부하로 엔진 동력의 전달을 최대화하는 능력을 갖는다.

수동변속기로 부하에 최적의 동력을 전달하기 위하여, 운전자는 가능한 기어비(승용차의 경우 보통 3~5개) 세트에서 올바른 기어 비율을 선택한다. 자동변속기는 자동 제어 시스템에 의해 변속비를 선택한다.

자동변속기는 토크 컨버터라고 알려져 있는 유체-커플링 메커니즘과 유성기어 세트 시스템으로 구성되어 있다. 토크 컨버터는 두 개의 세미토로이드 형상(semitoroidal shape, 대칭 평면을 따라 분할되어 있는 도넛 모양의 물체)이다. 그림 7.24는 두 개의 세미토로이드 형상의 토크 컨버터 형상을 나타낸다.

토로이드 중 하나는 엔진의 입력축에 의하여 구동되며 펌프라고 불리고, 다른 하나는 펌프에 아주 근접해 있고 터빈이라고 불린다. 펌프와 터빈 모두 축면에 날개를 가지고 있다. 또한, 일련의 날개는 프레임에 고정되어 있고 이들은 리액터라고 불린다. 전체 구조는 유체 기밀 챔버(fluid tight chamber)에 장착되어 있는 구조이고 변속기 오일로 채워져 있다. 펌프가 엔진에 의해 회전하면 유체는 그림 7.24와 같이 화살표 방향으로 순환한다. 유체는 터빈 블레이드에 작용하여 토크를 발생시킨다. 토크 컨버터는 엔진에서 터빈으로 엔진 토크와 동력을 전달하는 유체 커플링 기능을 제공한다. 토크 컨버터의 펌프 부분에 가해진 토크는 엔진 브레이크 토크(T_b)이다. 터빈에 의하여 출력축에 가해진 토크를 T_T라 할 때, $T_T = T_R T_b$가 성립한다. 여기서, T_R은 토크 컨버터의 곱셈 인자(multiplication

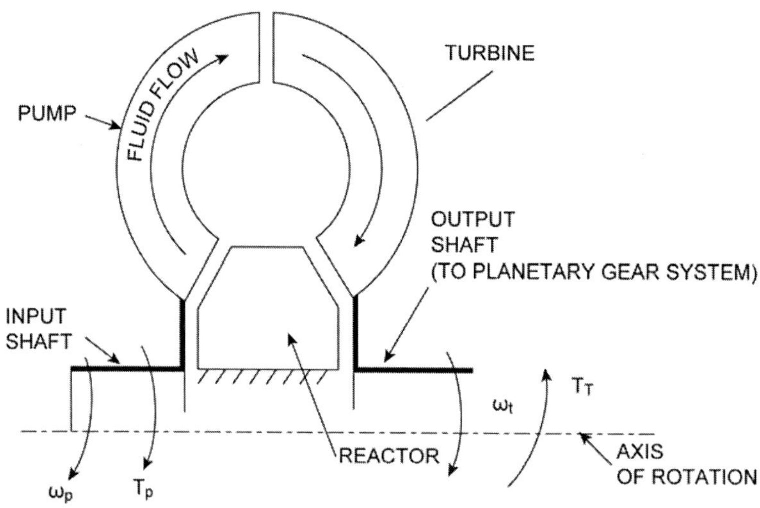

그림 7.24
토크 컨버터의 구성

factor)이다. 그러나 토크 컨버터는 터빈이 움직이지 않아서 차량이 멈춘 경우(엔진 시동 중에 차량이 정지했을 때처럼)에도 엔진이 여전히 회전하게 허용하는 특성을 가지고 있다. 차량이 정지하고 토크 컨버터가 회전하지 않게 되면서 엔진은 공회전 상태가 되고, 최소한의 엔진 브레이크 토크 T_b를 발생시킨다. 터빈 블레이드는 정지 상태에 있고, T_T는 브레이크에 의해 휠에 가해진 작은 토크만으로도 차량을 정지시킬 수 있을 만큼 충분히 작다.

토크 컨버터에 대한 세분화된 모델은 Allen Kotwicki의 논문에 제시되어 있다. 이 논문에서, 토크 컨버터는 변속기 하우징에 단단히 결합되어 있고 보통 회전하지 않는 리액터가 장착되어 있는 유체 커플링 장치의 한 형태이다. 그러나 토크 컨버터의 효율은 리액터가 자유롭게 회전하여 유체에 대한 토크 리액션이 0일 때마다 개선된다. 토크 컨버터는 엔진 크랭크축 회전으로 인한 펌프의 회전에 의해 펌프-터빈-리액터를 순환하는 변속기 유체로 채워져 있다. 이 유체는 그림 7.24와 같이 고리형 경로에서 흐른다. 유체 커플링 또는 토크 컨버터의 물리적 동작 원리는 이러한 시스템에서 각운동량 시간 변화율로부터 토크가 결정되는 원리이다. 이 논문에서는 펌프 토크 T_p와 터빈 토크 T_t를 다음과 같이 정의한다.

$$\begin{aligned} T_p &= A\omega_p Q + BQ^2 \\ T_t &= A\omega_p Q - C\omega_t Q + DQ^2 \end{aligned} \tag{56}$$

여기서, ω_p = 펌프 각속도(rad/s)

ω_t = 터빈 각속도(rad/s)

Q = 유체의 체적 유량

$\mathrm{A} = \rho R_{px}^2$,

$\mathrm{B} = \rho\left[\dfrac{R_{px}\tan\alpha_{px}}{A_{px}} - \dfrac{R_{rx}\tan\alpha_{rx}}{A_{rx}}\right]$,

$\mathrm{C} = \rho R_{tx}^2$, and

$\mathrm{D} = \rho\left[\dfrac{R_{px}}{A_{px}}\tan\alpha_{px} - \dfrac{R_{rx}}{A_{tx}}\tan\alpha_{tx}\right]$

여기서, ρ는 변속기 유체 밀도이다. 이 식에서, 첫 번째 첨자는 $p \rightarrow$ 펌프, $r \rightarrow$ 반응기, $t \rightarrow$ 터빈을 의미하고, 두 번째 첨자는 $e \rightarrow$ 시작, $x \rightarrow$ 종료를 의미한다. 이중 첨자 매개변수는 다음과 같은 의미를 가진다:

A는 유동에 수직인 컨버터 단면적
R은 컨버터의 축으로부터의 반경
α는 축으로부터의 상대적인 블레이드 각도

부피 유량은 다음과 같이 나타낸다.

$$Q = -\frac{(H\omega_t - G\omega_p)}{2I} + \frac{\left[(H\omega_t - G\omega_p)^2 + 4I\left(E\omega_p^2 + F\omega_t^2\right)\right]^{\frac{1}{2}}}{2I} \tag{57}$$

여기서, E, F, G, H, I는 인용된 참조에서 주어진 상수이다. 이 참조에서 일차 선형 재귀 기반의 다항식 Q의 계수들은 경험적으로 결정된다:

$$Q \approx \alpha_1\omega_p + \beta\omega_t$$

여기서, $\omega_t \cong S\omega_p$라고 가정한다. S는 속도비이다.

이러한 근사값을 사용하여, 토크 비 T_R은 다음과 같이 주어진다.

$$T_R = \frac{T_t}{T_p} = \frac{(A + D\alpha_1)\omega_p + (D\beta - C)\omega_t}{(A + B\alpha_1)\omega_p + B\beta\omega_t} \tag{58}$$

여기서,

$$\alpha_1 = \frac{E}{\sqrt{I(E + FG^2/H^2)}} + \frac{G}{2I}$$

$$\beta = \frac{FG}{H\sqrt{I(E + FG^2/H^2)}} - \frac{H}{2I}$$

이 단순화된 모델은 실험 데이터와 관련이 있도록 참조에 수록하였으며 일반적으로 변속기 제어를 개발하는 데 이용된다.

유성 기어(planetary gear) 시스템은 그림 7.25a와 같이 세 가지 유형의 기어가 서로 연결되어 있다. 내부 기어는 선 기어(sun gear)라고 부른다. 한 기어에 같은 각도로 세 기어가 맞물려 있는데, 이것을 유성 기어(planetary gears)라고 한다. 이 세 기어는 축을 지지할 수 있도록 케이지에 서로 맞물려 있다. 세 번째 기어인 링 기어(ring gear)는 내측에 기어 톱니가 있다. 링 기어는 세 유성 기어와 맞물려 있다.

동작 중에는 하나 또는 여러 개의 기어 시스템이 유압 클러치 세트를 통해 변속기 하우징에 고정된다. 유성 기어 시스템은 어떤 클러치 세트가 활성화될 것인가에 따라 동작이 결정된다. 예를 들어, 링 기어가 고정되고 입력 파워(토크)가 선 기어에 인가되면 유성 기어는 선 기어보다 더 큰 토크로 같은 방향으로 회전한다. 선 기어에 인가된 입력 토크와 각속도를 각각 T_i, ω_i라 하고, 출력 토크와 출력 각속도를 각각 T_o와 ω_o라 하면, 기어 시스템 모델은 다음과 같다.

$$\begin{aligned} T_o &= gT_i \\ \omega_o &= \omega_i/g \end{aligned} \tag{59}$$

여기서, 기어비 g는

$$g = N_p/N_s$$

N_s는 선 기어의 치수(number of teeth)이며, N_p는 유성 기어의 치수이다. 유성 기어 케이지가 고정된 경우, 변속기가 반대 방향으로 구동될 때 선 기어는 링 기어를 반대 방향으로 회전시킨다. 기어 3개가 모두 변속기 하우징이 아닌 각각에 고정되어 있다면, 직접 구동이 이루어진다(기어비 = 1).

전형적인 자동변속기는 그림 7.25b와 같이 g_1, g_2, g_3의 여러 개 유성 기어 시스템으로 이루어져 있으며, 그림 7.25b에 개략적으로 표현된 것처럼 각 세트는 각각의 유압 클러치를 가지고 있다. 전자 제어식 자동변속기에서 클러치는 제6장에서 설명한 바와 같이 솔레노이드 타입의 액추에이터를 통하여 전기적 또는 전기유압식으로 작동된다.

일부 자동변속기가 2개의 포워드 기어비를 가지고, 일부는 4개 또는 그 이상의 포워드 기어비를 가지면서 반대 방향의 기어비를 갖지만, 대부분의 자동변속기는 3개의 포워드 기어비를 갖는다. 수동변속기를 제대로 작동시킨다면 (토크 컨버터의 파워 손실로 인해) 자동변속기에 비해 더 효율적이지만, 미국 승용차에 가장 빈번하게 사용되는 것은 자동변속기이다. 과거의 자동변속기는 유압 및 공압 시스템에 의해 제어되었지만, 현대의 차량에서는 일반적으로 통합 파워 트레인 제어 시스템의 일부로 전자 제어를 사용한다. 제어 시스템은 운전자의 지령, 액셀 개도, 엔진 부하 및 차량의 움직임을 감지하여 정확한 기어비를 결정해야 한다. 다시 말하면, 엔진 전자 제어의 경우와 마찬가지로, 변속기의 전자 제어는 변속기 제어를 최적화시킬 수 있다. 그러나 엔진과 변속기는 함께 동력을 생산하는 유닛인데, 하나의 전자 제어기에서 두 요소를 모두 제어하는 경우도 있고 두 개의 제어기로 각각 제어하는 경우도 있다. 적절한 기어비는 파워트레인 제어 시스템의 전자 변속기 제어 부분에서 계산한다.

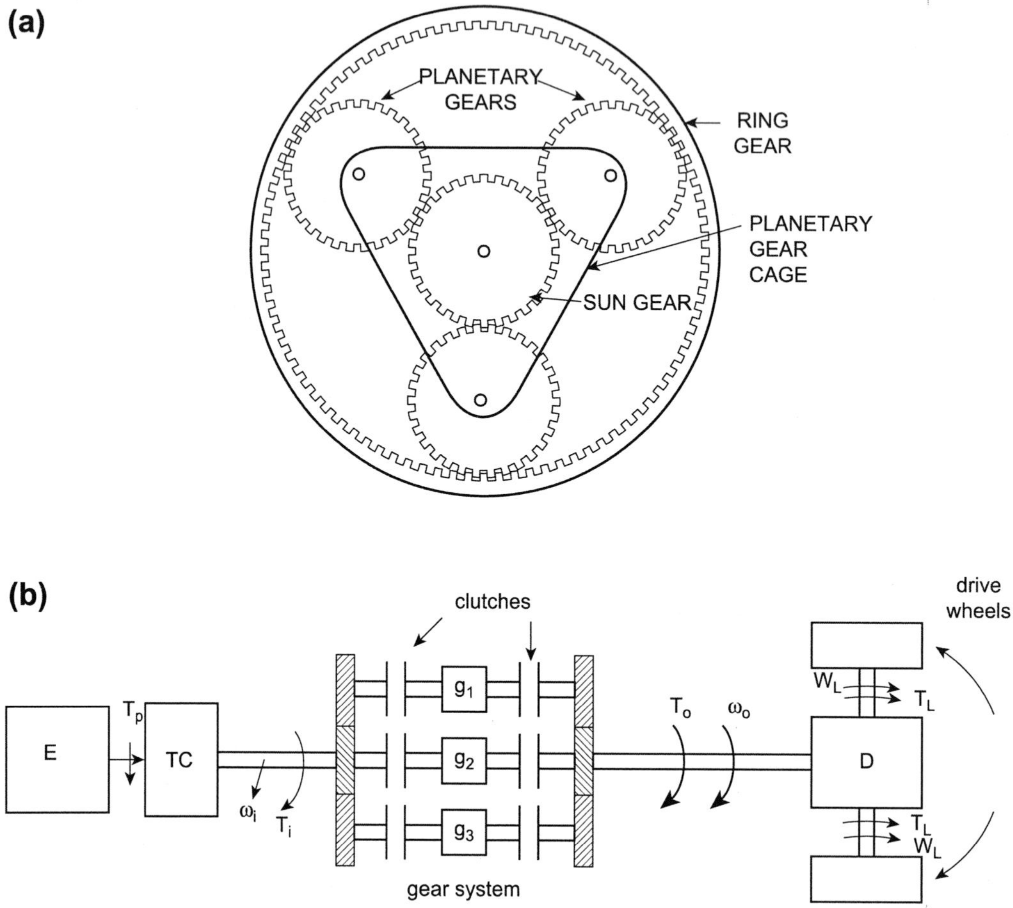

그림 7.25
자동변속기의 구성

그림 7.25b는 개략적인 파워트레인이며, 엔진 E, 토크 컨버터 TC, 기어시스템, (g_D 기어비를 갖는) 차동기어 D, (앞 또는 뒤) 구동 바퀴가 연결된 차축을 표시한다. 차동 기어 동작 원리는 이 장의 뒷부분에서 설명한다. 좌우 양쪽 바퀴(또는 사륜 구동을 위한 4개의 구동 바퀴 모두)가 동일하다고 가정하고 구동축의 부하 토크를 T_L라 한다. 이 경우 변속기 출력 토크 T_o는 다음과 같다.

$$T_o = T_L/g_D$$

기어 시스템은 각각 기어비 $g_n(n = 1, 2, ..., N)$을 갖는 유성 기어 장치들로 구성되어 있다. 제어 시스템은 적절한 기어를 선택하고, 이 기어는 전기유압식 액추에이터(예를 들어, 스프라그 클러치(sprag clutches) 세트로 높은 압력의 변속기 오일을 공급하는 솔레노이드 밸브)를 통하여 클러치 세트를 보정한다. 직렬로 연결된 기어 시스템의 경우, 부하의 토크 컨버터 출력에서 총 기어비 g는 다음 식으로 주어진다.

$$g_T = g_D \prod_{n=1}^{N} g_n \tag{60}$$

반면, 그림 7.25b와 같이 병렬로 연결된 기어 시스템의 경우, 기어비는 다음과 같다.

$$g_T = g_D g_n \tag{61}$$

차량의 운전 조건이나 운전자의 지령에 따라 여러 가지 파워 트레인 제어 모드가 있지만, 예제 모드는 주어진 엔진 브레이크 파워($P_b = T_b\omega_e$)에 대해 부하(구동 바퀴)에 전달된 파워를 최대화시킨다. 예를 들어, 특정 파워 트레인의 동작 조건($P_L = T_L\omega_L$)에서, 이 부하 동력으로의 엔진 동력 전달을 최대화시키는 기어비 g^*는 다음과 같다.

$$g^* = \sqrt{\frac{T_b/\omega_e}{T_L\omega_L}}$$

제어기는 가능한 경우들 중에서 가장 적절한 기어비를 선택한다.

다른 변속 제어 모드는 구동축 토크를 최대화시켜서 운전자가 스로틀을 많이 개방할 때마다 차량의 가속을 최대화시킨다. 이 모드는 엔진 RPM이 최대 브레이크 토크 지점을 유지하는 상태에서 가능한 최대 기어비를 만든다.

클러치들은 피스톤 모양의 기구에 작용하는 변속기 오일의 압력에 의해 활성화된다. 높은 압력의 자동변속기 오일은 솔레노이드 밸브를 통하여 적절한 클러치에 작용한다. 솔레노이드는 제6장에서 설명한 바와 같이 파워트레인 제어 시스템으로부터 전기 신호를 받는 액추에이터이다.

일반 주행 시, 전자 변속 제어기는 변속기 출력 축 RPM뿐만 아니라 엔진 부하와 RPM의 측정으로부터 요구 기어비를 결정한다. 일단 이 요구 기어비가 결정되면, 활성화할 클러치 세트들이 결정되며, 제어 신호가 해당 클러치에 보내진다.

높은 기어비(출력축 속도에 대한 입력축 속도의 비)는 차량이 정지 상태로부터 가속하는 상황과 같이 주로 낮은 속도 영역에 있을 때 요구된다. 차량의 속도가 가속되면 그 다음 기어비가 선택될 스위칭 레벨에 도달한다. 기어를 바꾸는 스위칭 임계값은 MAF 또는 MAP 센서로부터 측정되는 부하의 증가 함수이다.

가끔(특히 정상 차속 조건에서), 운전자는 엔진 동력 증가(즉, 급가속) 지령을 내린다. 이 경우, 이전 기어 설정에서 가능한 것보다 더 높은 가속을 요구하기 때문에 제어기는 더 높은 기어비로 변환한다. 정상-주행 상태에서 변속기 기어비는 1이므로 엔진으로부터 구동 바퀴까지의 전체 기어비는 차동 기어비인 g_D 이다. 기어비와 동작 조건 사이의 기능적 관계는 ROM에 프로그램되어 있으며 "shift schedule"이라고 불린다.

토크 컨버터 록업 제어

이상 설명한 바와 같이, 자동변속기는 바퀴에 엔진 동력을 전달하기 위하여 유압 또는 유체 커플링을 사용한다. 유체 커플링은 TC에서 일부 동력 손실로 인하여 수동변속기에서 사용되는 압력 플레이트 수동 클러치의 슬립 없는 커플링보다는 덜 효율적이다. 그러므로 연비는 보통 표준 변속기에서보다 자동변속기에서 더 낮다. 이 문제는 자동변속기의 토크 컨버터 내에 압력 플레이트 클러치와 비슷한 클러치를 기능적으로 배치시키고 정상 주행 기간 동안에는 이를 맞물리게 함으로써 일부 개선되었다. 이것은 자동변속기가 수동변속기와 비슷한 연비를 갖게 함과 동시에 여전히 자동변속기의 클러치 이동 편리성을 유지하는 것을 가능하도록 한다.

토크 컨버터 록킹 클러치(torque converter locking clutch, TCC)는 엔진 제어 시스템에 의해 제어된 록업 솔레노이드(lock-up solenoid)에 의해 활성화된다. 컴퓨터는 스로틀 포지션으로부터의 정상 주행 기간과 차속 변화 시점을 결정한다. 컴퓨터는 분리 조건을 감지할 때까지 록킹 클러치를 당겨 클러치를 연결 상태로 유지한다. 이 조건은 "토크 컨버터 록업(torque converter lock-up)"이라고 알려져 있다.

차동 및 트랙션 컨트롤

변속기 출력축은 차동장치(differential)를 통하여 구동축과 결합되어 있다. 차량이 곡선 도로를 주행할 때마다 좌우 구동축이 다른 속도로 회전하기 때문에 차동장치는 드라이브트레인의 필수 요소이다. 차량이 회전할 때마다, 바깥쪽의 구동 바퀴는 안쪽의 바퀴보다 더 높은 각속도로 회전한다. 차동장치는 두 바퀴 모두가 차량을 추진시킬 수 있도록 허용하는 역할을 한다. 그림 7.26은 차동장치의 구성을 나타내고 있다. 왼쪽과 오른쪽의 타이어/도로 노면 마찰력 차이가 클 때, 차동장치는 낮은 마찰 노면의 바퀴 쪽을 스핀시키는 경향이 있다. 극단적인 예로, 한쪽 구동 바퀴가 빙판 위에 있고 다른 쪽은 건조한 도로에 있을 때, 건조한 도로 위의 바퀴는 스핀하지 않는 반면 빙판 위의 바퀴는 심하게 스핀하고 차량은 움직이지 않을 것이다.

특정 자동차는 이러한 단점을 극복할 수 있는 소위 트랙션 제어 장치를 갖추고 있다. 이러한 자동차는 자동변속기에 사용되는 것과 유사한 전자 유압식 솔레노이드 클러치가 장착되어 있는 차동장치를 가지고 있어서, 모든 구동 바퀴에 동력 전달을 허용하면서 차동장치를 "잠금(lock)"할 수 있다. 이것은 특정 조건에서는 이러한 클러치를 활성화시켜서 차동 기능을 없애고 정상 운전 시에는 비

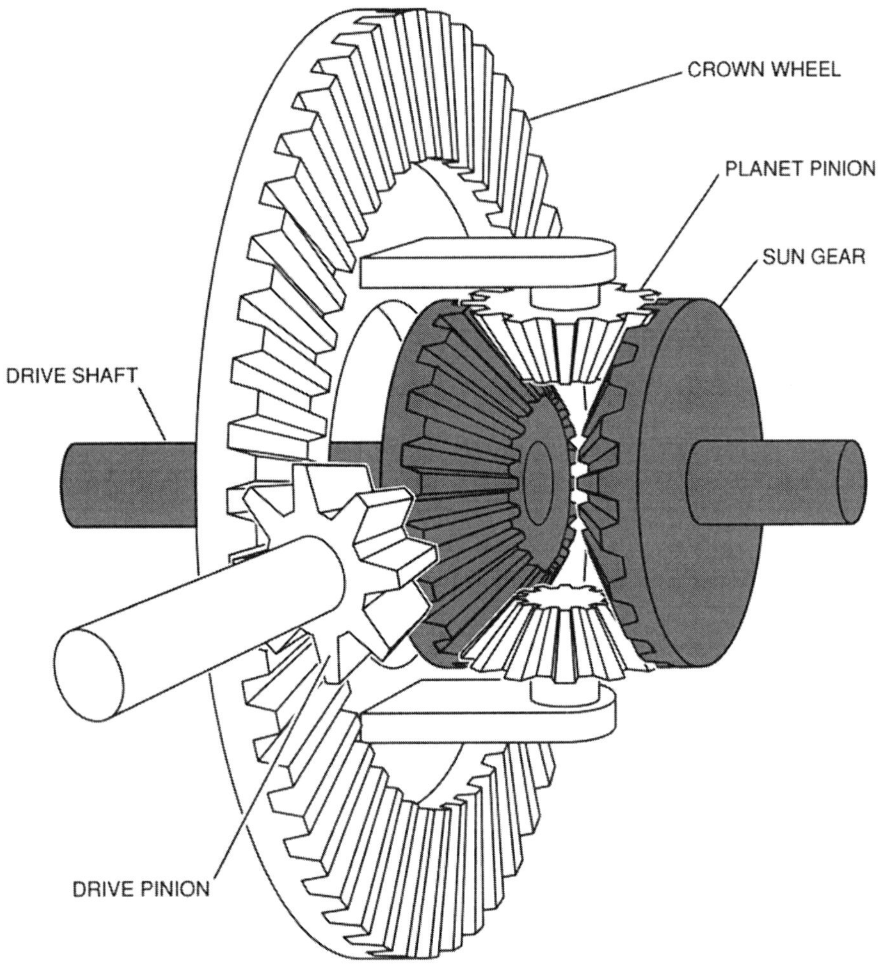

그림 7.26
차동장치 구성

활성화시켜서 차동 기능을 유지한다.

트랙션 제어 시스템은 바퀴 속도를 측정하는 센서와 센서들 사이 상대 속도 기반의 바퀴 슬립 조건을 결정하는 제어기로 구성된다. 바퀴가 스핀할 조건이 감지될 때마다 제어기는 솔레노이드에 전기 신호를 보내서 바퀴의 슬립을 방지하도록 클러치를 활성화시킨다.

하이브리드 전기자동차 파워 트레인 제어

엔진(ICE)과 전기 모터(EM) 모두로부터 구동력이 나오는 하이브리드 전기자동차(HEV)는 엔진에 의해서만 구동되는 기존의 차량에 비해 연비 면에서 이점이 있다. 제5장에서 설명한 바와 같이, 하이브리드 자동차는 전기자동차의 낮은(거의 0에 가까운) 배기가스와 IC 엔진 동력 차량의 성능을 겸비한 차량이다. 그러나 배기가스, 성능, 연비를 최적화하는 것은 어려운 제어 문제이다.

HEV 자동차에는 하이브리드화 정도에 따라 여러 가지 종류가 있다. 엔진 단독이나 전기 모터 단독, 또는 두 시스템의 결합방식으로 움직일 수 있는 차량은 "풀 하이브리드(full hybrid)"라고 불린다. 전기 추진력만을 이용하여 구동할 때 매우 큰 용량의 적절한 배터리 팩을 차량에 탑재해야 한다. 이 배터리 팩은 기존의 엔진 전용 배터리보다 훨씬 더 많은 에너지를 저장한다.

한편, 하이브리드 차량 중에는 전기 동력만을 추진력으로 쓰는 것이 불가능한(즉, EV 모드가 없는) 종류가 있다. 이러한 차량들은 소위 "마일드 하이브리드(mild hybrids)"라고 불리며, 추진력의 일부로 항상 엔진을 필요로 한다. 마일드 하이브리드의 경우 엔진 시동, 엔진에 부스트 파워 추가, 감속 기간 동안 제동 에너지를 회생하고 저장하는 회생 제동 기능과 같은 몇 가지 기능을 모터가 제공한다. 회생 제동에서 전기 모터는 차량의 모멘텀으로부터 기계적 구동 파워를 받아 전기 동력을 출력하여 배터리 팩에 전달하는 발전기의 역할을 한다. 제6장의 모터에 대한 논의에서 발전기의 역할을 하는 모터의 동작을 설명했다.

동작 조건의 함수로써 IC 엔진과 전기 모터의 효율 문제를 비롯하여 하이브리드 자동차 파워트레인 제어에 관한 이슈와 고려할 사항들이 많다. 이들 고려할 사항들에는 차량의 사이즈와 IC 엔진 및 전기 모터 파워 용량, 배터리 팩의 저장용량과 충전상태, 차량의 부속품 부하 특성, 그리고 운전자의 운전 성향 등이 있다. 주행이 시작되기 전에 차속, 가속, 감속, 경사, 바람 특성 등 정확한 경로를 사전에 알고 제어할 수 있다면, 차량의 배기가스와 성능의 최적화가 가능하다. 그러나 실시간 차량 제어에서는 이와 같은 제어 방법이 불가능하므로 차량의 각종 상태와 동작을 모니터링하여 최적은 아니지만 상대적으로 좋은 차량 성능과 배기가스를 얻을 수 있도록 제어한다.

풀 하이브리드 제어기는 순수 전기 차량 동작모드, 순수 IC 엔진 동작모드 또는 둘의 조합을 결정한다. IC 엔진이 작동할 때마다 제어기는 해당 모드에서 엔진의 최고 효율을 유지해야 한다.

또한, 특수한 동작 조건도 유의해야 하는데, 예를 들어, 차량이 멈출 때마다 IC 엔진을 정지시키면(idle stop) 차량 연비와 배기가스를 향상시킬 수 있다.

엔진과 전기 모터를 결합하는 메커니즘에 따라 몇 가지 종류의 하이브리드 자동차가 있다. 그림 7.27은 직렬 하이브리드 자동차(series HEV)로 알려진 하이브리드 자동차 구성의 개략도이다.

이 직렬형에서 엔진은 발전기를 구동하고 구동 차축에 직접 기계적으로 연결되어 있지 않다. 차량은 전기 모터에 의해 구동되고, 이것은 고전압 버스로부터 전기 동력을 받는다. 전기 모터는 엔진 구동식 발전기나 배터리 팩으로부터, 또는 이 둘의 조합으로부터 전기에너지를 받는다. 이 그림에서, 기계적인 동력은 MP로, 전기적인 동력은 EP로 표시된다. 전기 모터로부터 트랜스 액슬(T/A)까지의 기계적인 연결은 구동 바퀴에 구동력을 제공한다. 여기서 트랜스 액슬은 전기 모터로부터 구동 바퀴까지 전체 드라이브 시스템을 의미한다.

그림 7.28은 병렬형 하이브리드의 자동차(parallel HEV) 개략도이다. 이 그림에서 전기 모터 양단의 두 솔레노이드 클러치를 연결시킴으로써 엔진 하나만으로 동작이 가능하다. 이 하이브리드 자동차는 엔진을 끄고 클러치 C_1을 분리, 클러치 C_2를 연결하면 전기 모터만으로 주행이 가능하다. 물론, 엔진과 모터 모두 구동력을 만드는 경우, 두 클러치는 모두 연결된다. 모터의 독립적인 제어기는 그림 7.28에 도시되어 있지 않다. 이 그림에는 나타나 있지 않지만 전체 차량의

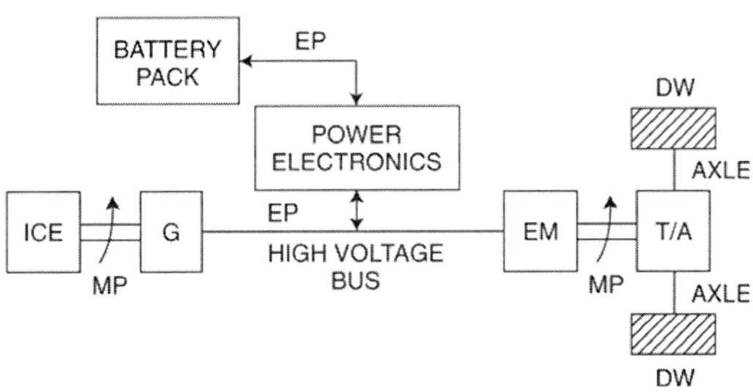

그림 7.27
직렬 HEV 구성도

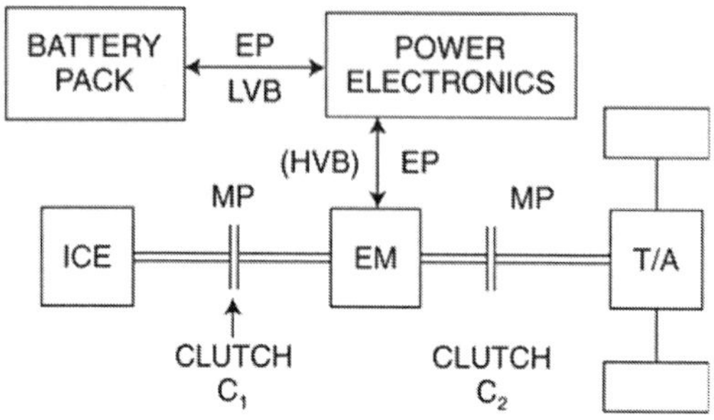

그림 7.28
병렬 하이브리드 구성도

성능과 배기가스를 최적화하고 필요에 따라 클러치를 분리/연결하는 파워트레인 제어기는 이 섹션의 뒷부분에서 논의될 것이다.

그림 7.29의 HEV는 엔진과 모터로부터 나오는 기계적 동력이 커플러라는 메커니즘에서 결합된다는 점을 제외하고 그림 7.28의 HEV와 비슷하게 동작한다. 그림 7.29의 시스템에서, 순수 엔진 추진은 클러치 C_1을 연결, 클러치 C_2를 분리하고 전기 모터에 전기 동력을 공급하지 않음으로써 구현된다. 반대로, 순수 전기 모터 추진은 클러치 C_1 분리, 엔진 off, 클러치 C_2 연결, 그리고 고전압 버스(HVB)를 통하여 전기 모터에 전기 동력을 공급함으로써 구현된다. 엔진과 모터가 동시에 추진력을 내는 것은 엔진 작동, 모터로의 전기 동력 공급, 그리고 두 클러치 모두 연결됨으로써 가능하다.

원칙적으로는 모든 종류의 전동기는 하이브리드 차량의 전기적 추진을 제공하기 위해 사용될 수 있다. 하지만 오늘날에는 주로 두 가지 유형이 사용되고 있다. BLDC(좀 더 정확하게는 permanent magnet synchronous motor, PMSM) 모터와 유도 전동기(induction motor)이다. 두 유형 모두 제6장에서 모델링하고 설

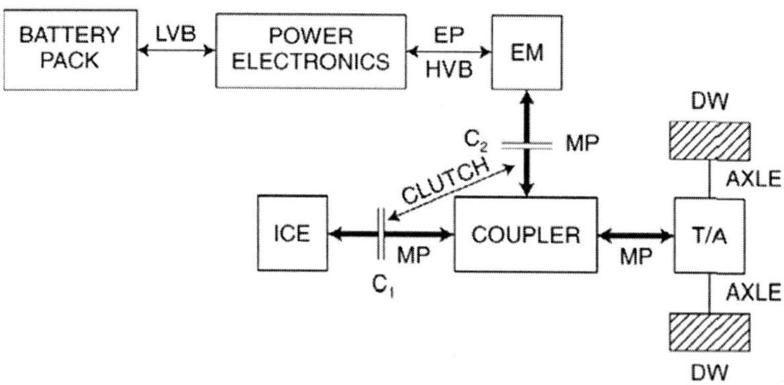

그림 7.29
기계적 커플러가 있는 HEV

명하였다. BLDC 모터는 보통 다수의 폴을 갖는 영구 자석 회전자와 AC 전류에 의해 구동되는 복수의 권선이 있는 고정자로 구성되어 있다. 일반적으로, 고정자 권선은 3상으로 배치되어 있다.

그러나 하이브리드 차량에 저장되는 전력은(배터리 팩으로부터 오는) DC 전류이다. 이 유형의 모터에 대한 주파수 조건은 회전자 여자가 $\omega_r = 0$에 있기 때문에, 회전 주파수 ω_m가 고정자 여자 주파수 ω_s과 동일해야 한다는 것이다.

전기적 추진을 할 때, 하이브리드 차량에서 브러시리스 DC모터의 작동은 전기적 시스템이 DC 전력을 3상의 AC 전력으로 변환시키는 것을 필요로 한다. 이 변환은(일반적으로 고전력 스위칭 트랜지스터를 통해 구현된) 전력 스위칭 회로와 ω_s 주파수에서 전기 제어 신호를 생성하는 모터 제어 시스템에서 수행된다. 이상적으로 고정자 여자는 다음과 같은 페이저(phasor)로 표기된 동일한 진폭의 세 개의 사인파 전압이어야 한다.

$$\begin{aligned} V_A &= Ve^{j\omega_s t} \\ V_B &= Ve^{j(\omega_s t + 2\pi/3)} \\ V_C &= Ve^{j(\omega_s t + 4\pi/3)} \end{aligned} \tag{62}$$

그러나 실제로 여자 파형은 사인파가 아니다. 오히려, 정사각형이나 사다리꼴 파형이다. 모터 제어는 회전자의 방향에 대해 상대적으로 정확한 위상을 필요로 한다. 이러한 위상은 비접촉 각도 센서를 필요로 한다(예를 들면 홀효과 센서, 제6장 참조).

하이브리드 자동차 동작에 필요한 토크 및 전력을 제공하기 위하여 브러시리스 DC 모터는 이른바 희토류 원소를 가진 매우 강력한 자석으로 만들어진다. 하이브리드 차량 PMSM 모터의 자석은 전형적으로 철, 붕소, 그리고 상대적으로 비싼 희토류 원소인 네오디뮴(neodynium)의 합금으로 만들어진다(NdFeB).

브러시리스 DC 모터는 또한 교류 발전기의 기능을 한다. 회전자의 움직임은 고정자 회전을 쇄교하는 시변 자속 Φ_A, Φ_B, Φ_C를 생성한다. 이와 같이 시간적으로 변화하는 쇄교 자속은 차례로 각 권선에서 전압 V_A, V_B, V_C를 생성한다.

$$V_A = \frac{d\Phi_A}{dt}$$

$$V_B = V_A e^{j(2\pi/3)}$$

$$V_C = V_A e^{j(4\pi/3)}$$

제로 위상은 Φ_A가 최대가 되는 회전자의 회전각에 대응한다.

이러한 전압은 (정확한 전압 레벨을 얻기 위하여) 변압기와 정류자 회로(제3장 참조)를 이용하여 DC로 변환될 수 있다. 변환된 DC 파워는 충전 상태를 증가시키기 위하여 배터리 팩에 공급된다. 이러한 방식으로, 모터가 발전기 역할을 할 때 차량의 기계적 에너지가 감소되는데, 이는 차량을 감속시키기 위한 제동 토크를 생성시킴으로써 브레이크에 의해 소진되는 운동 에너지를 회생시킬 수 있다. 이러한 발전기 작용은 회생 제동으로 알려져 있다.

하이브리드 차량을 추진시키는 모터는 다른 종류들도 있다. 제6장에서는 유도 전동기에 대하여 설명하였다. 유도 전동기는 희토류 자성 재료가 필요없다. 유도 전동기 모델은 제6장에서 평균 토크 발전을 위한 주파수 조건이 자동적으로 만족되는 부분에서 제시하였다.

하이브리드 차량용 유도 전동기는 보통 3상이며, 이는 고정자에 3개(각 위상에 대하여 하나)의 독립적인 권선이 필요하다는 것을 의미한다. 제6장에서(여자 전류 진폭 I_s의) 유도 전동기에 의해 발생하는 토크를 다음과 같이 구하였다.

$$T_e = \frac{(\omega_s - \omega_m)M^2R_r^2I_s^2}{R_r^2 + (\omega_s - \omega_m)^2L_r^2} \tag{63}$$

여기서, ω_s는 여자 주파수이며, ω_m은 모터 회전 주파수이다.

T_e 모델의 모든 파라미터는 제6장에서 정의되었다. 또한, 주어진 여자에 대한 정상상태 모터 (각)속도는 모터 토크 $T_e(\omega_o)$와 부하 토크 T_L가 균형을 이루는 지점에서의 모터 각속도 ω_o임을 제6장에서 설명하였다.

$$T_e(\omega_o) = T_L(\omega_o) \tag{64}$$

이 점은 유도 전동기에 의하여 독립적으로 추진되는 가상의 하이브리드 차량을 위하여 도시되었다. 모터 출력에서 부하 토크는 지령된 속도로 차량을 이동시키는데 필요한 힘 F_V에 비례한다.

먼저, 직진 평탄로를 일정한 속도로 달리는 하이브리드 자동차를 고려한다. F_V에는 두 가지 주요한 기여요소가 있다: 구름저항 F_{rr}와 공기저항 D이다. 구름저항은 차속에 독립적이지만 차량 중량에 비례하고 타이어 압력에 따라 변한다. 만약 모든 타이어의 공기압이 균등하다고 가정하면 전체 구름저항력은 다음과 같다.

$$F_{rr} = \mu_{rr}W_V$$

여기서, W_V은 차량 무게이며, μ_{rr}은 타이어의 구름저항 계수이다. 계수 μ_{rr}의 범위는 $0.02 \leq \mu_{rr} \leq 0.04$이 일반적이다.

공기저항 D는 다음 식으로 주어진다.

$$D = \frac{\rho}{2} C_D S_{\text{ref}} V^2$$

여기서, ρ는 국소 공기 밀도(kg/m^3 또는 slug/ft^3)이며, C_D는 드래그 계수(drag coefficient), S_{ref}는 기준 단면적(reference area)(m^2 또는 ft^2), 그리고 V는 차속(m/s 또는 ft/s)이다.

기준 단면적은 궁극적으로 C_D 값을 결정하는 임의의 선택 면적이다. 일정 속도 V에서 직선 평탄로를 따라 차량을 움직이게 하는 데 필요한 힘은 다음과 같다.

$$F_V = \mu_{rr} W_V + (1/2)\rho C_D S_{\text{ref}} V^2$$

위의 F_V 식은 평탄로에서만 유효하다. 차량이 각도가 0이 아닌 경사로에 있을 때 이 힘은 차량의 무게와 언덕의 경사에 비례한다. θ 각도의 경사로를 주행하는 차량의 경우, 총 힘 F_V는 다음과 같다.

$$F_V = \mu_{rr} W_V + (1/2)\rho C_D S_{\text{ref}} V^2 + W_V \sin\theta \tag{66}$$

따라서 경사가 있는 도로는 모터의 부하 토크를 각도 θ의 부호가 + 또는 − 인지의 여부에 따라 증가하거나 감소하도록 변화시킬 수 있다.

전동기는 ω_m이 V에 비례하도록 변속기와 차동장치를 통하여 차량의 바퀴를 구동한다. 모터 출력에서 부하 토크 T_V는 힘 F_V에 비례한다:

$$T_V = r_T F_V / g_{\text{v}} \tag{67}$$

여기서, g_V는 모터로부터 구동 바퀴까지의 기어비이며, r_T는 타이어 유효 반경이다.

그림 7.30은 비율 ω_m/ω_s에 대한(최대 모터 토크 $T_{\max}$에 대하여) 정규화된 모터 토크 T_m과 부하 토크 T_L의 그래프이다. 여기서, $T_m = \dfrac{T_e}{T_{\max}}$, $T_L = \dfrac{T_V}{T_{\max}}$이다.

여기서 주어진 여자에 대하여 $T_{\max}$는 다음과 같이 정의된다.

$$T_{\max} = \max_{\omega} \ (T_e)$$

정상상태 동작 모터 속도는 이 두 곡선의 교점(즉, $\omega_m/\omega_s \simeq 0.92$)이다. 경사로로 인한 부하 토크의 변화는 부하 곡선을 새로운 모터 동작점으로 옮기도록 한다. 시스템은 다음이 성립하면 안정하다.

$$T_L/T_{\max} < 1$$

유도 전동기의 효율은 부분적으로 정상상태 동작점에 의하여 영향을 받는다. 일반적으로, 정상상태 동작점(즉, $\omega_m = \omega_s$)이 $T_e(\omega_m)$의 음의 경사 영역에 있는 한, 모터는 슬립 s에 따라 비례하여 변하는 토크를 발생시킨다. 그러나 모터 효율은 슬립에 반비례한다.

유도 전동기 제어기는 구동 주파수(excitation frequency, ω_s)와 전류 진폭 I_s 또는 모터 전압 V_s을 통하여 $T_e(\omega_m)$를 조절할 수 있다. 하나의 가상 제어 전략은 모터 효율을 최적화시키기 위하여 동기 구동 주파수(ω_s)를 변화시키는 것이다. 그러나 엔진 종류, 모터 종류, 배터리 상태, 차량 작동 조건과 운전 패턴(예를 들어, 도심지 또는 고속도로) 등과 같이 전체 차량 효율에 영향을 끼치는 많은 다른 요인들이 있다.

유도 전동기 구동 전류 I_s(excitation current)는 전압 V_s와 모터 임피던스에 의하여 결정된다. 보통, 모터 제어는 I_s를 통해서 보다 직접 V_s의 조절을 통해서 이

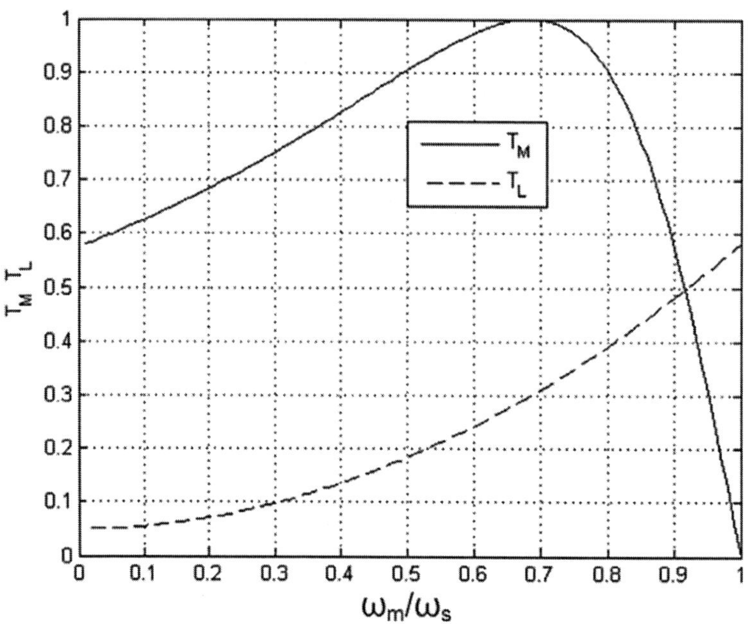

그림 7.30
정규화된 모터 토크 T_m vs 정규화된 부하 토크 T_L

루어지는 것을 선호한다. 우리는 다음에서 구동 전압 V_s에 따른 모터 토크의 모델을 검토한다.

고정자 전류의 크기 I_s는 복소 단자 전압 진폭 V_s와 관련이 있다. 정현파 구동과 제6장에서 유도 전동기의 매개변수 표기법을 사용하면, V_s과 I_s의 관계는 다음 식으로 주어진다.

$$\mathrm{V}_s = j\omega_s L_s I_s + \frac{\omega_s^2 M^2 I_s (R_s/s)}{(R_s/s)^2 + \omega_s^2 L_r^2} - j\frac{\omega_s^3 M^2 L_r I_s}{(R_r/s)^2 + \omega_s^2 L_s^2} \tag{68}$$

이 식은 각 위상의 전압/전류의 관계를 보여준다. 모든 매개변수의 정의는 제6장에서 언급하였다. I_s를 위한 위의 식을 풀고 모터 토크 식에 이것을 대입하면,

$$T_e = \frac{(M^2/\omega_s L_s L_r)\ (L_v/L_s)\ (R_r/s)\ V_s^2}{\left[\omega_s\left(1-\frac{M^2}{L_r L_s}\right)L_r\right]^2 + (R_r/s)^2} \tag{69}$$

위의 식은 하이브리드 자동차 애플리케이션의 모터 토크 제어를 위한 기초를 제공한다.

일정 공급 전압 진폭 V_s에서의 유도 전동기에 대하여 슬립 s는 모터 토크가 부하 토크 T_L와 같아질 때까지 변할 것이다:

$$T_e(s) = T_L$$

주어진 구동 전류와 비슷한 형태의 각 구동 전압에 대한 $T_e(s)$의 곡선이 있다(그림 7.30 참조). 유도 전동기의 정상 동작은 다음의 영역 내에 있다.

$$\frac{\mathrm{d}T_e}{\mathrm{d}\omega_s} < 0$$

슬립이 상대적으로 작은 영역에서 모터 토크는 대략 다음과 같다.

$$T_e \cong \left(\frac{M^2}{\omega_s L_s^2}\right)\ \frac{s}{R_r}\mathrm{V}_s^2 \tag{70}$$

한편, 슬립이 비교적 클 때 토크는 다음과 같다.

$$T_e \cong \frac{M^2 R_r V_s^2}{(L_r L_s)^2 \omega_s^3 \left(1 - \frac{M^2}{L_r L_s}\right) s} \tag{71}$$

상기 근사식은 두 가지 독립적인 동작 영역에 대하여 모터 토크를 제어하는 데 사용된다. 이 장의 뒷부분에서 설명하겠지만, 어떠한 경우에서도 모터 제어는 구동 전압뿐만 아니라 주파수 ω_s를 제어함으로써 토크를 조절할 수 있다.

직렬이든 병렬이든 하이브리드 자동차에 대하여, 회생제동은 발전기 역할을 하는 전기 모터와 함께 차량 감속 기간 동안 가능하다. 전기 모터/발전기는 전력 전자 서브시스템에 의하여 저전압 버스(LVB) 전압 레벨로 변환된 고전압 버스에 전력을 공급한다. 이 감속 상황에서, 차량 운동에너지는 발전기 역할을 하는 모터에 의해 회생되고 배터리 팩에 저장된다.

오늘날 일반적으로 사용되는 납 축전지 이외에, 니켈 수소(NiMH) 전지, 리튬(lithium) 전지와 울트라 캡(ultra capacitor)이라고 불리는 특수 축전기를 포함한 새로운 에너지 저장 장치들이 있다. 이러한 각 전기에너지 저장 기술은 하이브리드 자동차에 적용할 때 각기 장점과 단점이 있다.

배터리 팩은 그 용량에 의해 고정된 최대 SOC가 있고, 각 배터리에는 제작에 의해 결정된 최대 정격 충전 전하(rated stored charge) q_r이 있다. 배터리 SOC는 일반적으로 q_r의 일부분인 순간전하 q로 표시된다. 배터리는 사실상 개방 회로 전압 V_{oc}가 저장된 전하 q의 함수인(비선형 소스 저항이 있는) 비선형 커패시터의 한 종류이다:

$$V_{oc} = f(q)$$

전압레벨 V_1에서 전압레벨 V_2까지의 전력 변환은 이 전력이 교류인 경우 변압기(transformer)를 이용하여 간단히 구현할 수 있다. 그림 7.31은 변압기 구조를 개략적으로 나타내고 한 레벨로부터 다른 레벨로 전압 변환을 보여준다.

변압기는 투자성 재료(magnetically permeable material, 일반적으로 강자성 재료)의 코어 주위에 촘촘하게 감겨진 코일들로 구성된다. 한 코일(1차 코일)은 N_1번의 권선이 감겨 있고, 다른 코일(2차 코일)은 N_2의 권선으로 이루어져 있다. 잘 설계된 변압기에는 기본적으로 코어의 모든 자속이 두 코일의 모든 턴에 연결된다.

AC 전력이 피크 전압 V_1에서 전원(예를 들면, AC 발전기)으로부터 나온다고 (임의로) 가정하면, 변압기 2차 코일로부터 부하로 흐르는 전력은 피크 전압 V_2

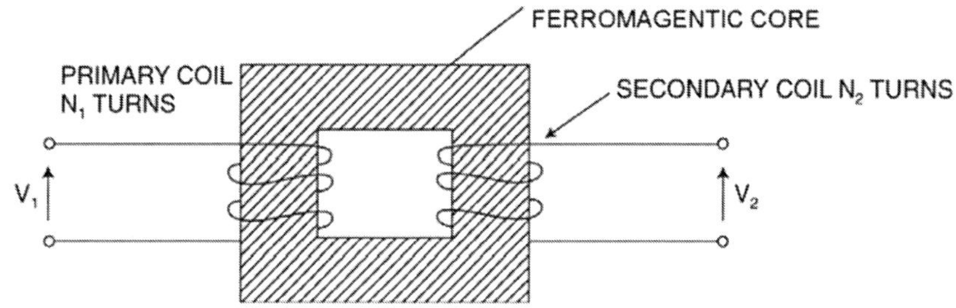

그림 7.31
변압기 구성

일 것이다. 여기서,

$$V_2 = (N_2/N_1)V_1$$

한 전압으로부터 다른 전압으로의 DC 전력 변환은 DC 전력이 우선 AC 전력으로 변환된 후 다시 DC 전력으로 변환될 때에만 변압기를 이용하여 수행된다. 그림 7.32a는 DC 입력을 다른 전압의 DC 출력으로 변환하는 DC-DC 컨버터의 매우 단순화된 개략도이다(HEV 차량에서 14VDC를 만들기 위한 회로이다).

전자 제어 회로는 맥동 신호(pulsating signal)를 트랜지스터 Q_1의 베이스 B로 공급하여 트랜지스터 스위치 온, 오프를 반복하도록 한다. 트랜지스터 Q_1이 켜질 때(즉, 전도 상태일 때), 전압 V_1은 1차 코일(즉, N_1)에 인가된다. 트랜지스터 Q_1이 꺼질 때(즉, 전도 상태가 아닐 때), 1차 코일 전압은 0이다. 이 경우, 1차 코일에 인가된 V_1 또는 0으로 바뀌는 AC 맥동 전압은 1차 전압 N_2/N_1의 배인 2차 AC 전압을 발생시킨다. 이 2차 전압은 다이오드 D_1에 의해 정류되고 커패시터 C에 의해 필터링되어 DC로 변환된다(제3장 참조).

그림 7.32a 회로는 배터리 팩과 엔진 구동 발전기 및 모터 드라이버 사이의 변환을 위한 전력 전자 모듈을 나타낸다. 사용하는 모터의 종류가 무엇이든 모터 구동 전압(즉, 3상 모터를 위한 V_A, V_B, V_C)을 제공하는 발전은 그림 7.32b의 회로 구성을 사용하여 구현될 수 있다. 비록 이 그림이 단상(즉, V_A)을 표현하지만, Q_1과 같은 독립적인 드라이버 트랜지스터와 변압기가 각 위상에 필요하다. 제어기는 남아 있는 3상의 위상(즉 0, $2\pi/3$, $4\pi/3$)을 제어하는 신호를 내부에서 계산한다. 이 제어는 일반적으로 파워트레인에서 제어 시스템에 적용된다. 물론, 관련 전력 전자의 구체적인 내용은 하이브리드 자동차 제조업체에 따라 다르다.

하이브리드 자동차의 파워트레인은 멀티모드 디지털 제어 시스템을 사용하여 제어된다. 이것은 엔진뿐 아니라 전기 모터도 제어해야 한다는 점에서 이 장의

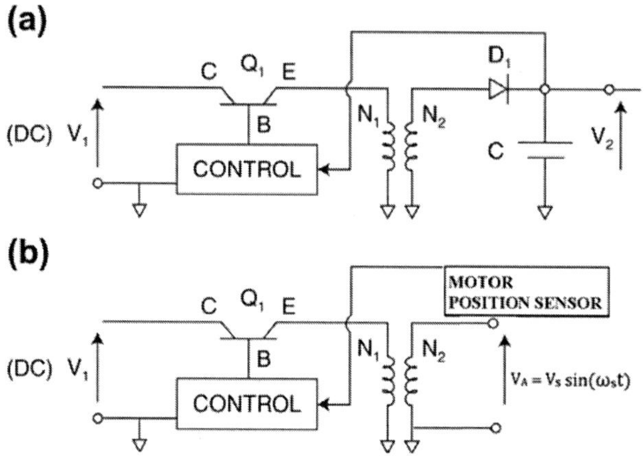

그림 7.32
전압 변환 회로

앞부분에서 논의되었던 디지털 엔진 제어 시스템보다 다소 더 복잡하다. 또한, 엔진과 모터 전력 사이의 균형을 유지해야 하며, 솔레노이드 동작 클러치가 있다면 이것도 제어해야 한다.

다음을 측정하는 센서들로부터 제어기의 입력이 결정된다:

- 운전자로부터의 파워 요구량(가속 페달)
- 배터리 팩의 충전 상태
- 차량 속도
- 엔진 RPM과 부하
- 전기 모터 전압과 전류
- 전기 모터(BLDC 모터의) 각도
- 전력 흐름 및 전압 조절

제어 신호를 포함한 시스템 출력은

- 엔진 스로틀 위치
- 전기 모터 제어 입력(예: V_A, V_B, V_C)
- 클러치 연결/분리
- 엔진 점화 스위치 온/오프

HEV에 사용되는 ETC(electronic throttle control) 엔진의 경우 가속 페달로부터 스로틀까지의 직접적인 기계적 링크가 존재하지 않는다. 스로틀 각도는 스로틀을 회전시키는 액추에이터(모터)에 의해 제어된다.

제어 시스템은 위에 나열한 입력 및 출력을 사용하는 디지털 제어기이며, 다양한 모드에서 하이브리드 파워트레인을 제어하는 능력이 있다. 이 모드는 아이들 스탑, 정상 주행, 회생제동, 배터리 팩 재충전 등 특정 차량 구성과 관련된 다른 많은 모드들을 포함한다.

차량이 정지한 상태에서 IC 엔진을 작동시키는 것은 연료 낭비 및 배기가스를 배출하므로 엔진은 차량 정지 시에는 꺼지는 것이 거의 모든 상황에서 바람직하다.

이 규칙이 예외인 경우는 추운 날씨에서 엔진이 동작하는 경우 촉매 변환기가 적절한 온도에서 작동하기 위하여 정지된 차량에 대해서도 제한된 엔진 작동이 요구되는 경우나 배터리 SOC가 낮아 배터리 팩에 충전을 하기 위하여 특정 정지 상태에서도 엔진이 동작해야 하는 경우 등이다.

정지 상태에서 출발할 때, 일반적으로 전기 모터는 배터리가 충분히 충전되어 있다는 가정 하에 차량을 요구 속도까지 가속시키기 위하여 사용된다. 만약 충전상태가 낮다면, 제어기는 엔진에 클러치를 연결시켜서 전기 모터가 가속을 시작하고 동시에 엔진이 시동이 걸리도록 크랭크시킬 수 있다. 차량이 움직이는 시간에 따라 엔진은 추진력과 배터리 충전을 제공할 수 있다. 만약 엔진을 최적 동작점 근처에서 동작하도록 하기 위해 낮은 배터리 SOC 상태에서 정상 주행해야 한다면, 제어 전략은 전기 모터의 전기동력을 해제시키고 엔진으로 배터리 팩을 재충전시켜야 한다. 다른 주행 조건에서 제어기는 전체 연비를 최대화시키는 방향으로 엔진과 모터 사이의 동력 균형을 취할 수 있다.

빈번하게 정지하는 도심 주행의 경우, SOC가 충분하다면 제어 전략은 전기 모터 만으로 동작하는 것을 선호한다. 이 동작 모드에서 회생 제동이(차량 감속에 의해 흡수된 에너지) 사용될 것이며 회생된 에너지는 SOC 증가로 나타난다.

다양한 동작 모드와 HEV 제어 전략은 차량 중량, 엔진과 모터의 상대적 크기, 파워 용량, 배기가스 등을 포함한 많은 요인과 엔진의 연비에 기반한다. 모든 HEV 구성에 대해 모든 가능한 동작 모드를 다루는 것은 이 책의 범위를 넘는다. 그러나 이 논의는 어떤 특정 HEV 구성의 동작모드와 제어 전략을 이해할 수 있는 범위 내에서 배경을 제공하고 있다.

HEV 이외에 엔진이 없는 순수 전기자동차(EV)도 존재한다. 이 차량은 전기 모터, 전기에너지를 저장하는 배터리 팩과 전자 제어기 등을 포함하는 HEV의 구성요소를 많이 포함하고 있다. EV가 구동되면 배터리 SOC가 저하된다.

EV의 모터 제어는 HEV의 모터 제어와 비슷한 방법으로 이루어진다. 이 제어는 구동 전압 또는 전류뿐만 아니라 구동 주파수(어떤 모터라도 만족시켜야 하는 주파수 조건)를 조정함으로써 이루어진다. 어떤 시점에서, 배터리 팩은 재충전을 필요로 한다. 이 재충전을 위한 전력은 전기 동력 그리드에서 나온다. 비록 EV가 배기가스를 배출하지 않는다 하더라도, 배터리를 재충전시키기 위한 전기 동력은 전력 회사에서 공급하는데, 전력 회사의 전력 생산 타입에 따라 화력발전인 경우는 EV 배터리 팩을 재충전시키기 위한 전력 수요를 만족시키기 위해 그 발전소에서 나오는 배기가스가 증가할 수도 있다. 이러한 의미에서 EV가 항상 순수한 제로 배기가스 차량인 것은 아니다.

제 8 장 자동차 움직임 제어

순항 제어 시스템 396
- 디지털 순항 제어 405
- 하드웨어 구현 문제 409
- 스로틀 액추에이터 411

순항 제어 전자장치 415
- 스텝모터 기반의 액추에이터 전자회로 416
- 진공 작동 액추에이터 418
- 고급 순항 제어 421

잠김 방지 제동 시스템 425
- 타이어 슬립 제어기 435

전자 현가 시스템 436
- 가변 스트럿 유체점성을 통한 가변 감쇠 459
- 가변 스프링 비 459
- 전자 서스펜션 제어 시스템 460

전자조향제어 463

4륜 조향 466

요약 474

자동차 움직임이라는 용어는 세 축(즉, 종방향, 횡방향, 수직방향)에 대한 위치 이동과 회전을 의미한다. 종방향 축은 차량의 길이 방향(차량이 움직이지 않을 때)을 따라 지면과 평행한 축을 의미한다. 횡방향 축은 종방향 축과 수직이고, 또한 지면과 평행을 이룬다. 세로축은 두 횡·종방향 축과 수직을 이룬다.

세 축을 둘러싼 차량의 회전은 롤(roll), 요(yaw), 피치(pitch)라고 표현한다. 롤은 종방향 축을 중심으로 한 각 변화이고; 요는 수직방향 축을 중심으로 한 각 변화; 그리고 피치는 횡방향 축을 중심으로 한 각 변화를 의미한다.

차량 움직임의 특성을 표현할 때 x축이 종방향 축의 양의 방향인 체심(body-centered) 직교좌표계로 정의하는 것이 일반적이다. y축은 횡방향 축이고, x축으로부터 오른손 좌표계의 순서를 따른다. 수직축은 z축으로 간주하고 위쪽이 양의 방향이다.

차량 동역학은 차량에 작용하는 힘에 대해 반응하는 변위, 속도와 가속도값으로써 대표된다. 이 물리량들은 지구중심 지구고정(Earth-centered earth-fixed, ECEF) 직교좌표계로써 표현된다.

전자 제어는 위에 설명한 세 축에 대해 차량을 제어하기 위해 개발되어 왔다. 각 차량 모델에는 이런 제어기능이 다양한 조합으로 사용된다. 이 장에서는 차량의 종방향 축을 따라 움직임을 제어하는 순항 제어 시스템부터 시작하여 차량의 전자 제어 장치에 대해 설명한다.

차량의 종방향 축에 작용하는 힘과 모멘트, 토크에는 파워트레인 추력, 브레이크, 공기저항, 타이어 구름저항과 차량이 비탈길을 주행할 때 작용하는 중력에 의한 영향이 포함된다. 전통적인 순항 제어 시스템에서 파워트레인에 의한 추력은 일정한 속력을 유지하는 데 걸리는 모든 저항들과 평형을 이루게 된다. 최근 개선된 순항 제어 시스템에서는 차량이 내리막길을 주행할 경우 일정한 속력을 유지하기 위하여 브레이크를 작동시키기도 한다. 차량의 종방향 운동은 지구중심 지구고정 좌표계에서 y축과 z축이 이루는 평면상의 변위를 의미한다.

순항 제어 시스템

자동차 순항 제어는 제1장에서 일반적인 용어들로 설명한 전자 제어 피드백시스템 종류의 훌륭한 예이다. 챕터 1에서 설명한 바와 같이 컨트롤 시스템은 제어대상인 플랜트와 플랜트 제어변수를 측정하기 위한 센서들로 구성된다. 또한, 컨트롤 시스템은 센서로부터 측정값을 입력받고 제어변수의 목표값을 입력받아

시스템을 제어하는 전자 제어기를 포함한다. 제어 시스템은 제어변수들의 목표값과 실제값 사이에서 오차값을 계산한다. 그런 후에 이 오차값으로부터 액추에이터를 구동하는 출력을 생성한다. 액추에이터는 플랜트의 제어 변수가 목표값을 향해 이동할 수 있도록 플랜트 입력값을 제어한다.

그러면 직선 도로(ECEF 좌표계에서 x축 방향을 따르는)를 따라 주행하는 차량을 위해 만들어진 간단한 순항 제어 시스템을 살펴보도록 하자. 순항 제어의 제어변수는 차량의 속력이다.

$$V = \frac{\mathrm{d}x}{\mathrm{d}t}$$

여기서, x는 ECEF 좌표계에서 차량의 변위이다.

운전자는 가속 페달을 통해서 수동으로 차량의 목표 속도를 설정할 수 있다. 목표 속도(V_d)에 도달하면 운전자는 현재 속도를 제어 시스템에 목표값이 되도록 스위치를 작동시킨다.

그 시점부터 순항 제어 시스템은 자동으로 목표 속도를 추종할 수 있도록 스로틀 액추에이터를 동작한다.

정상운전 조건에서 일정한 차량 속도를 유지하기 위해서는 차량에 작용하는 외력을 극복하기 위한 양의 견인력이 파워트레인으로부터 요구된다. 차량에 작용하는 외력은 타이어의 구름저항, 공기 저항, 차량이 경사로를 주행할 때 중력의 영향과 같은 요소들이 있다. 그러나 자동차가 내리막 경사도로를 내려가고 있을 경우, 드래그와 타이어의 구름 저항은 차량의 가속을 막기에 충분하지 않고, 일정한 속도를 유지하기 위해서는 역방향 견인력이 필요하다. 이 경우 차량의 브레이크가 작동하지 않으면 차량은 가속할 수밖에 없다. 이 장에서는 우선 후자의 경우는 일어나지 않고 제동이 필요하지 않은 것으로 가정한다. 더 나아가 차량의 파워트레인은 오르막길에서 일정한 차량 속도를 유지하는 충분한 추진력을 가진다고 가정한다.

종방향 차량 모델은 구동축을 통해서 차량을 나아가게 하는 파워트레인(즉, 엔진과 드라이브트레인)과 바퀴로 구성된다. 위에서 서술한 바와 같이 이 플랜트에 걸리는 부하는 공기 저항뿐만 아니라 오르막이나 내리막을 갈 때 차량 일부의 중량을 포함한다.

순항 제어의 동적 성능을 이해하기 위해서는 종방향 차량의 운동 모델을 개발하는 것이 필요하다. 순항 제어의 기본 성능은 몇 가지 간단한 가정이 주어진다. 안전에 대한 문제 때문에 일반적인 순항 제어는 일정 속도 이하에서는 동작할 수 없다(예를 들어 40 시속 60 km/h). 예제로 다룰 단순화된 모델을 제시하기 위해서 이 장에서는 차량이 직선도로에서 일정한 속도로 주행 중이며 자동변속기의 변속 모드는 토크 컨버터가 잠겨 있는 모드에서 주행하는 것으로 가정하였다(제7장 참조). 이 가정을 통해 자동변속기 내부의 동역학을 포함하지 않아도 종방향 모델링을 할 수 있다. 더 나아가 변속기는 기어비가 1이 되도록 가정하였다. 전체 기어비는 일반적으로 $2.8 \leq g_A \leq 4.0$인 차동/구동 기어비 g_A에 의해 주어진다. 이 가정을 통해 구동바퀴에 적용되는 토크 T_w는 다음과 같이 주어진다.

$$T_w = g_A T_b \tag{1}$$

여기서, T_b는 엔진 브레이크에 의한 토크이다.

순항 제어 시스템은 제어신호의 반응으로 스로틀 벨브를 움직이는 액추에이터를 사용한다. 물론 순항 제어가 해제되었을 때, 스로틀 액추에이터는 운전자가 스로틀의 각 위치를 가속 페달을 통해서 제어할 수 있도록 스로틀 제어를 해제할 것이다. 비교적 가파른 경사로를 제외하고 일반적으로 선택된 차량의 속도를 유지하기 위해서는 스로틀 밸브의 적은 변화량만으로도 차량의 속도를 유지할 수 있다.

이런 간단한 모델을 위해서 T_b가 순항 제어의 전기적 출력 신호 u에 의해서 선형으로 변한다고 가정한다.

$$T_b = K_a u \tag{2}$$

여기서, K_a는 엔진/스로틀 액추에이터의 상수이다. 이 가정은 엄격히 유효하지는 않지만, 심각한 일반성의 손실 없이 제1장의 선형 제어 이론을 사용해서 시스템의 성능을 분석할 수 있도록 허용한다.

V의 속도로 직선 도로를 따라 주행하는 차량은 휠 토크 T_w, 공기 저항 D, 타이어 구름 저항 F_{rr} 그리고 관성력 때문에 저항을 받게 된다. 이에 따라 차량의 종방향 동역학 모델은 다음과 같이 주어진다.

$$M\dot{V} + D + F_{rr} = \frac{g_A T_b}{r} - W_V \sin\theta \tag{3}$$

여기서,

$M =$ 차량 질량

$W_V =$ 차량 무게(gM)

$r_w =$ 구동 휠 유효반경

$F_{rr} = \mu_r W_V$

$\mu_r =$ 타이어 구름 저항 계수

일반적으로 $0.05 \leq \mu_r \leq 0.04$

$\theta =$ 수평평면에 대한 도로평면의 각도

$D = \frac{\rho}{2} C_D S_{\text{ref}} (V + V_w)^2$

$\rho =$ 공기 밀도

$C_D =$ 항력계수

$S_{\text{ref}} =$ 기준면적

$V_w =$ 종방향 축에 따르는 바람의 성분

(차량 앞쪽으로 부는 바람은 양, 뒤쪽으로 부는 바람은 음)

차량에 대한 항력계수를 정하기 위해서는, 기준 면적을 지정하는 것이 필요하다. S_{ref}는 일반적으로 y, z평면에 투영된 차량의 가장 큰 단면적을 의미한다. 위의 비선형 등식에서 우변의 첫 번째 항은 타이어와 도로면 사이의 접촉에 의해 도로로부터 적용되는 토크에 T_w로부터 차량이 받는 영향력이다. 우변의 두 번째 항은 차량의 무게와 도로경사 θ로 인해 발생하는 차량 종방향 힘성분이다.

바람이 없고 경사각이 없는($\theta = 0$) 도로에서 일정한 순항 속도 $V_C(\dot{V} = 0)$로 차량을 운행할 때, 위의 식 (3)은 엔진토크 및 속도 V의 대수함수로 변형시킬 수 있다.

$$\rho \frac{C_D S_{\text{ref}}}{2} V_C^2 + \mu_r W_V = g_a \frac{T_b}{r_w} \tag{4}$$

이 식은 평탄한 도로에서의 필요한 엔진 토크와 순항속도의 관계를 보여준다.

만일 차량이 경사각 θ의 도로를 일정한 속도로 주행한다면 T_b는 다음의 방정식으로부터 결정된다.

$$g_A \frac{T_b}{r_w} = \rho \frac{C_D S_{\text{ref}} V_C^2}{2} + \mu_r W_V + Mg \sin\theta \tag{5}$$

순항 제어 시스템의 설계를 위해서는 위의 비선형 미분방정식을 선형화시켜 구한 선형 미분방정식을 차량 동적모델로 사용하기로 한다. 저항 성분은 차량의 순간 속도($V(t)$)를 기준으로 선형화시킬 수 있으며 그때의 풍속은 0으로 가정할 수 있다($V_W = 0$). 따라서 다음과 같이 선형화시키도록 한다.

$$D = D_C + \delta D \tag{6}$$
$$V(t) = V_C + \delta V$$

여기서, D_C는 속도 V_C일 때 저항이다.

$$\begin{aligned}\delta D &= \left.\frac{\mathrm{d}D}{\mathrm{d}V}\right|_{V_C} \delta V \\ &= \rho C_D S_{\mathrm{ref}} V_C \delta V \\ &= K_D \delta_{\mathrm{V}}\end{aligned}$$

여기서, K_D는 초기의 일정한 순항속도 V_C와 공기밀도 ρ 등에 의해 결정되는 상수이다.

차량에 경사도 센서가 별도로 없는 순항 제어 시스템 설계인 경우로 가정하여 도로의 경사(θ)의 영향은 외란으로 고려하도록 한다. 이 외란은 경사도가 크지 않은 가정 하에 다음과 같이 선형화될 수 있다.

$$\sin\theta \approx \theta$$

결과적으로 선형 운동방정식은 다음과 같다.

$$M\delta\dot{\mathrm{V}} + \rho C_D S_{ref} \mathrm{V}_C \delta \mathrm{V} - Mg\theta = g_A \frac{\delta T_b}{r_w} = g_A \frac{K_a u}{r_w} \tag{7}$$

외란이 없는(즉 $\theta = 0$) 경우 위의 선형화된 운동방정식으로부터 얻은 플랜트에 대한 전달함수 $H_p(s)$는 다음과 같이 주어진다.

$$\begin{aligned}H_p(s) &= \frac{\delta \mathrm{V}(s)}{u(\mathrm{s})} \\ &= \frac{K_a g_A/(M r_w)}{s + \rho \dfrac{C_D S_{ref} \mathrm{V}_c}{M}}\end{aligned} \tag{8}$$

대표적인 자동차 순항 제어의 구성은 그림 8.1과 같다.

운전자가 가속페달을 제어하며 차량이 원하는 순항 제어 속도에 도달했을 때 순항 제어 시스템을 작동시키기 위한 스위치를 누르면 순항 제어 시스템은 현재 속도를 목표속도로 설정한다. 이 시점부터 스로틀 밸브의 각도는 순항 제어 액추에이터를 통해 제어한다. 스위치 작동을 통해 목표속도 S_1이 설정되는 순항

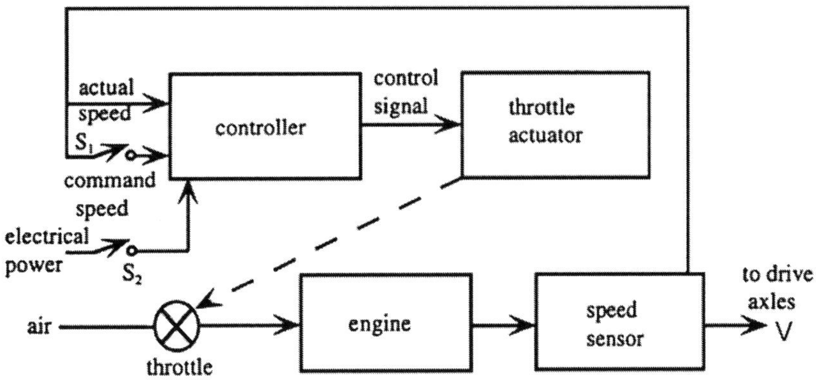

그림 8.1
순항 제어 구성도

제어 시스템의 구성은 그림 8.1과 같다.

또한, 이 그림 8.1에는 스로틀 밸브의 제어권을 가속페달로 되돌리기 위해서 순항 제어 시스템과 전원공급을 차단하는 스위치를 S_2로 표시하였다. 실제 순항 제어 시스템에서, 이와 같은 안전장치는 다양한 방법으로 구현되어 있다. 예를 들면 브레이크 페달이 움직이면 순항 제어 시스템의 제어뿐만 아니라 시스템에 대한 전원공급 역시 차단될 수 있다. 스로틀 액추에이터는 목표속도와 현재속도 사이의 오차에 따라 스로틀을 열고 닫는다. 현재 속도가 목표속도보다 작을 경우, 스로틀 액추에이터에 의해 밸브가 열리고 그에 따라 목표속도와의 오차가 0이 될 때까지 차량 속도가 증가한다. 목표속도와의 차이가 0일 때 스로틀 밸브의 열림량을 유지하고 외란이 발생하거나 운전자가 새로운 목표속도를 입력할 때까지 고정한다.

그림 8.2에서는 순항 제어 시스템의 블록 다이어그램을 보여준다. 이 그림에서 순항 제어 시스템은 비례적분제어(Proportional-Integral Control, PI Control) 기법을 사용하고 있다. 디지털 순항 제어의 출현 이전에, 오직 비례 제어 전략을 사용하는 다양한 아날로그 시스템이 있었다. PI 제어기는 제어 시스템 설계의 대표적인 제어기법인데, 정상상태오차를 0으로 감소시켜주는 장점을 가지고 있다. 이 제어 전략에서 오차 e는 목표속도 V_d와 현재속도 V의 차로 다음과 같이 계산된다.

$$e = V_d - V \tag{9}$$

여기서 V_c 속도의 미분값은 음수오차인 것을 알려준다(즉, $e = -\delta V$). 제어기는 액추에이터 신호를 비례게인(K_p)의 오차와 곱하고, 적분게인(K_I)을 오차의 적분

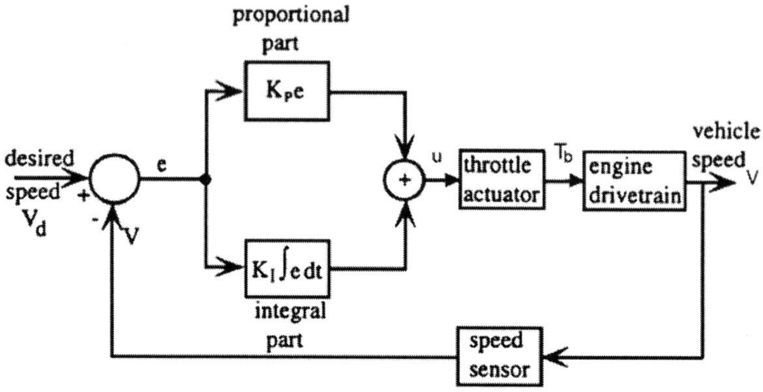

그림 8.2
순항 제어 블록 다이어그램

에 곱해서 전기적으로 발생시킨다.

$$K_1 \int e\mathrm{d}t \tag{10}$$

액추에이터 신호 u는 다음과 같이 주어진다.

$$u = K_p e + K_I \int e\mathrm{d}t \tag{11}$$

시스템의 동작은 PI 제어기의 동작을 고려함으로써 이해할 수 있다. 우리는 다음의 조건을 가정한다. 운전자가 원하는 속도에 도달하고(예를 들어 60 mph) 속도 설정 스위치를 활성화한다. 차량은 초기에 평탄한 도로에서 목표속도로 운행하고, 그리고 어느 시점에서 긴 오르막길을 만나게 된다.

PI 제어기 u의 출력에 대한 제어 신호는 다음과 같이 주어진다.

$$u = K_p e + K_I \int e\mathrm{d}t \tag{12}$$

이전에 설명한 바와 같이 제어신호 U로 인해 발생하는 스로틀 각도의 변화에 대한 브레이크 토크 δT_b의 변화량은 선형으로 모델링할 수 있다.

$$\delta T_b = K_a u$$

여기서, K_a는 스로틀 액추에이터-엔진의 조합에 대한 상수이다. 위의 모델과 식을 통해 얻을 수 있는 차량운동방정식은 다음과 같다.

$$
\begin{aligned}
M\delta\dot{V} + K_D\delta V + Mg\theta &= \frac{g_A K_a u}{r_w} \\
&= g_A \frac{K_a}{r_W}\left[K_p e + K_I \int e\mathrm{d}t\right]
\end{aligned} \tag{13}
$$

라플라스 변환을 위 식에 사용하고, 속도 차이에 대해 풀면 다음과 같다.

$$
\delta V(s) = -\frac{sg\theta(s)}{\left[s^2 + \left(\frac{K_D}{M} + \frac{g_A K_a K_p}{Mr_w}\right)s + \frac{g_A K_a K_I}{Mr_w}\right]} \tag{14}
$$

이 단순화된 순항 제어 시스템의 컴퓨터 시뮬레이션을 다음 매개변수에 대하여 수행하였다. 도로의 등판각은 2초에 $\theta = 0.05$가 되도록 계단입력을 주었다.

$W_V = 3{,}100$ lb
$C_D = 0.3$
$S_{\mathrm{ref}} = 18\ \mathrm{ft}^2$
$\rho = 0.0024\ \mathrm{slug/ft}^3$ (i.e. sea level on a standard day)
$K_A = 10$
$K_p = 10$
$K_I = 50$
$r_w = 1$ ft

PI 제어에 대한 시뮬레이션이 이루어졌지만, 비교를 위하여 $K_I = 0$으로 설정한 비례 제어기의 시뮬레이션 역시 수행하였다. 그림 8.3은 60 mph의 초기속도로 순항 제어 제어기로 운행하는 차량에 대한 응답을 보여준다. $t = 2$초에서 경사도가 5%(즉 $\theta = 0.05$)로 발생한다. 점선은 비례 제어에 대한 응답커브를 나타낸다. 비례제어기의 경우 속도는 53 mph로 감소하여 유지하는 것을 볼 수 있다. 실선은 PI 제어에 의한 차량의 속도를 나타낸다. 짧은 오버슈트를 제외하면 이 제어 방법은 차량의 속도를 60 mph의 설정 목표값으로 몇 초 만에 되돌린다. 비록 비례제어의 성능이 K_p 게인값의 증가로 인해서 향상될 수 있으나 지나치게 높일 경우 안정성에 문제가 생길 수 있다.

PI 제어기의 응답특성은 게인값 K_p와 K_I의 선정에 강하게 의존한다. 시스템이 외란에 응답하는 비율을 증가시키기 위해 이런 변수의 값을 선택하는 것이 가능하다. 그러나 이 비율이 너무 많이 증가한다면, 오버슈트는 증가할 것이고, 안정도는 일반적으로 감소하게 된다. 제1장에서 설명한 것처럼 속도오차가 정상상태 값으로부터 요동하는 폭은 댐핑비(damping ratio)라 불리는 변수의 증가에 의하

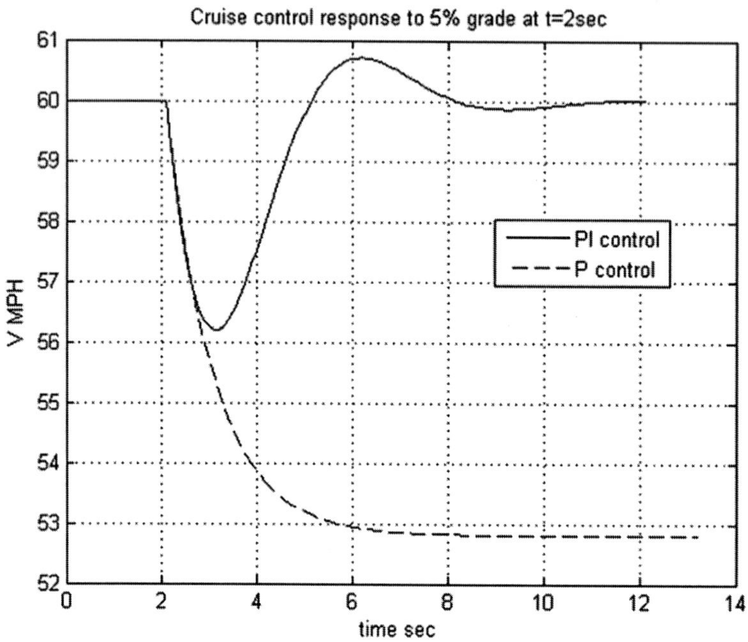

그림 8.3

순항 제어 속도 성능

여 감소할 수 있다. 오버슈트 없이 가장 빠른 응답을 만들어 내는 댐핑비를 임계 댐핑(critical damping)이라 한다.

그림 8.3의 성능 곡선의 중요성은 순항 제어 시스템이 어떻게 제어기 게인에 의해 영향을 받는지를 보여주고 있다는 것이다. 이런 게인들은 제어 시스템에 포함되는 단순한 변수이지만, 이 값들은 오차와, 오차의 적분값과 액추에이터 제어신호 사이의 관계를 결정한다.

일반적으로 제어 시스템 설계자는 시스템이 최적의 댐핑값을 가질 수 있도록 비례게인과 적분 제어게인 사이의 균형을 맞추도록 노력한다. 그러나 많은 경우에 시스템의 특성들 때문에, 최적의 시간 응답을 얻는 것이 비효율적, 비현실적이거나 불가능해지게 된다. 그러므로 또 다른 응답이 나타나게 된다. 제어 시스템은 T_b가 지령속도에 빠르고 정확하게 반응하도록 해야하지만, 그 과정에서 엔진에 과부하를 주는 것은 바람직하지 않다.

따라서 시스템 설계자는 다음의 조건을 만족하는 제어전자장치를 선정해야 한다.

1. 빠른 응답성
2. 안정적인 시스템

3. 작은 정상상태 오차
4. 최적화된 제어입력

디지털 순항 제어

이제까지 순항 제어 주행의 설명은 연속시간영역(continuous time)을 기초로 하고 있다. 이와 같은 접근은 순항 제어의 개념을 아날로그 장치인지 또는 디지털 장치에 의해 작동되는지에 상관없이 정확하게 설명하고 있다. 순항 제어는 대부분 마이크로프로세서 기반의 컨트롤러를 사용하여 디지털로 구현된다. 이런 시스템의 경우, 비례적분(PI) 제어 연산은 컴퓨터에서 수치적으로 수행된다. 디지털 순항 제어는 샘플 주기(T_s)의 정수배로 차량 속도를 측정할 수 있는 이산 시간 시스템이다.

대표적인 디지털 순항 제어에 대한 블록 다이어그램을 그림 8.4에 묘사하고 있다.

제어가 이루어지는 플랜트의 변수는 플랜트의 전진 속도 V라 한다. 제어기에 대한 목표 속도는 V_d로 표시된다. 모델의 전달함수 $H_p(s)$로 표현되는 플랜트에 대한 모델은 순항 제어의 아날로그 버전에 대해 개발한 것과 동일하다. 그러나 ZOH의 출력인 액추에이터의 신호는 $u(t)$는 구분연속신호이다(제2장 참고).

$$\begin{aligned} H_p(s) &= \frac{V(s)}{\bar{u}(s)} \\ &= \frac{g_A K_a}{M r_w (s + K_D/M)} \\ &= \frac{K}{s + s_0} \end{aligned} \tag{15}$$

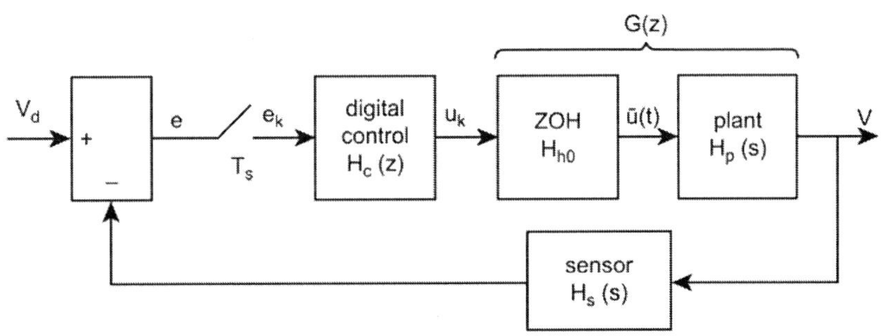

그림 8.4
디지털 속도 제어 블록다이어그램

여기서

$$K = \frac{g_A K_a}{M r_\omega}$$
$$s_o = K_D / M$$

순항 제어의 아날로그 버전에 사용한 것과 동일한 파라미터를 사용하며, 이 모델은 수치적으로 아래의 전달함수로 주어진다.

$$H_p(s) = \frac{0.4129}{(s + 0.0118)} \tag{16}$$

제2장에 설명된 바와 같이, ZOH와 플랜트($G(z)$)의 조합의 z-전달함수는 다음과 같이 주어진다.

$$G(z) = (1 - \mathrm{z}^{-1}) \mathscr{Z}\left(\frac{H_p(s)}{s}\right) \tag{17}$$

제2장의 방법에서, 위의 z-변환은 $H_p(s)/s$를 부분분수로 확장한 후 제2장의 표를 이용하면 얻을 수 있다. 그 다음 샘플 주기 $T_s = 0.01$ s에 대하여 $G(z)$는 다음과 같이 주어진다. $G(z)$에 이르는 유도과정은 연습문제로 주어진다.

$$G(z) = \frac{K}{s_o}\left[\frac{(1 - z_0)(z - 1)}{z^2 - (z_0 + 1)z + z_0^2}\right] \tag{18}$$

여기서,

$$K_1 = .4129$$
$$s_o = .0018$$
$$z_0 = e^{-s_o T}$$

연속시간 PI 제어 법칙은 다음과 같이 주어진다.

$$u(t) = K_p e(t) + K_I \int e\mathrm{d}t \tag{19}$$

제7장의 가변 밸브 위상의 제어에 대해 논의하면서, 적분항의 이산 시간 z-변환은 다음과 같이 주어지는 것을 보여주었다.

$$\mathscr{Z}\left[K_I \int e\mathrm{d}t\right] = \frac{K_I T_s (z + 1)}{2(z - 1)}$$

제어기에 대한 z-운영 전달함수는 다음과 같다.

$$H_c(z) = \frac{u(z)}{e(z)} \tag{20}$$

$$H_c(z) = K_p + \frac{K_I T_s(z+1)}{2(z-1)}$$

$$H_c(z) = \frac{\left(K_p + \frac{K_I T}{2}\right)z - \left(K_p - \frac{K_I T}{2}\right)}{(z-1)} \tag{21}$$

연속 시간 제어에 관해 동일한 게인($K_p = 10$, $K_I = 50$)을 사용하면, 다음과 같은 제어기 전달함수를 얻을 수 있다.

$$H_c(z) = \frac{10.25z - 9.75}{(z-1)} \tag{22}$$

제2장에서는 또한 그림 8.4에서 보여주는 것처럼 이산 시간 제어 시스템에 대한 순방향 z-전달함수 $H_F(z)$가 다음과 같이 주어진다.

$$\begin{aligned} H_F(z) &= \frac{\delta V(z)}{e(z)} \\ &= H_c(z)G(z) \\ &= \frac{0.0423\mathrm{z}^2 - 0.0826\mathrm{z} + .0403}{\mathrm{z}^3 - 2.999\mathrm{z}^2 + 2.998\mathrm{z} - 0.9999} \end{aligned} \tag{23}$$

$H_s(s) = 1$인 이상적인 센서라 가정하면, 폐루프 게인 z-변환 함수 $H_{CL}(z)$는 다음과 같이 주어진다.

$$\begin{aligned} H_{CL}(z) &= \frac{H_F(z)}{1 + H_F(z)} \\ &= \frac{0.0423\mathrm{z}^2 - 0.0826\mathrm{z} + .0403}{\mathrm{z}^3 - 2.9576\mathrm{z}^2 + 2.9172\mathrm{z} - 0.9596} \end{aligned} \tag{24}$$

이 폐루프 전달함수의 폴(poles)은

$$\begin{aligned} \mathrm{z}_1 &= 1.000 \\ \mathrm{z}_2 &= 0.9788 + 0.0402i \\ \mathrm{z}_3 &= 0.9788 - 0.0402i \end{aligned}$$

모든 폴이 단위 원 위에 있거나 안에 존재하기 때문에, 페루프 순항 제어 시스템은 안정한 것으로 판단할 수 있다.

이산 신호 순항 제어 시스템에 대한 동적 응답은 입력의 스텝 변화에 대한 시스템의 응답을 평가함으로써 알 수 있다. 차량이 60 mph로 순항한다고 가정하면, $t = 2$ s(즉, 샘플 k_1의 경우 $k_1 = 200$)일 때, 순항 제어 설정 속도는 10~70 mph로 증가한다. 이 시스템의 설정속도는 다음과 같이 주어진다.

$$\begin{aligned} V_d &= 60 \qquad t < 2 \\ &= 70 \qquad t \geq 2 \end{aligned} \tag{25}$$

이 시스템 입력에 대한 z-변환은 다음과 같다.

$$V_d(z) = 60 + \frac{10z}{z-1} \tag{26}$$

z-변환 출력 $V(z)$는 다음과 같다.

$$V(z) = H_{CL}(z)V_d(z) \tag{27}$$

시간 t_k에서 차량 속도 V_k는 $V(z)$의 z-역변환을 함으로써 알 수 있다. 제2장의 부분분수전개 방법을 사용하면, $t = t_k$에서의 시간응답은 그림 8.5와 같다.

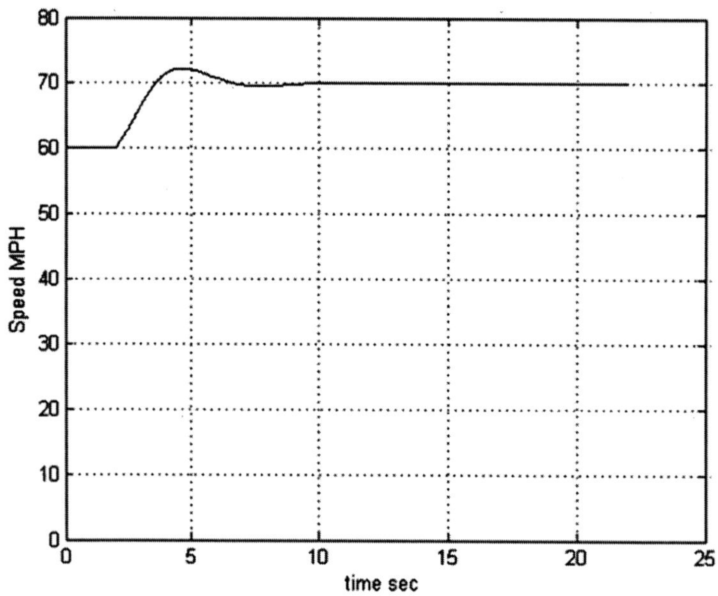

그림 8.5

설정 속도에서 단계 변화에 대한 디지털 순항 제어의 응답

속도는 $t(k_1) = 2$ s일 때까지 $k = k_1$이 될 때까지 일정한 값을 유지하다가 작은 오버슈트를 가지면서 70 mph의 최종 속도값으로 증가한다.

그 다음으로 실제 하드웨어에서 디지털 순항 제어 시스템의 구현을 고려해야 한다. 차속 센서와 액추에이터는 아날로그방식이고 연속 또는 이산 시간 디바이스로써 모델링될 수 있으나 제어 시스템은 디지털방식이다. 차량이 목표속도 V_d에 도달할 때 운전자는 속도 설정 스위치를 작동하게 된다. 이때, 차속 센서의 출력은 샘플이 되고, 디지털 값으로 변환되어, 저장 레지스터로 이동하게 된다. 이것이 제어기에 대한 설정 속도이다.

CHAPTER 08

하드웨어 구현 문제

컴퓨터는 실제 차량 속도(V)를 계속해서 읽고 샘플 시간 t_n마다 오차 e_n을 계산한다.

$$e_n = V_d - V(t_n)$$

제어 신호 u_n은 다음과 같은 식으로 계산할 수 있다.

$$u_n = K_p e_n + K_I \sum_{m=1}^{M} e_{n-m} \tag{28}$$

순항 제어 컴퓨터에서는 제어신호를 만들기 위해 오차의 합에 적분게인 K_I를 곱하고, 비례 게인 K_p를 현재 오차항에 곱하여 서로 더한다. 그런 후에 계산된 이산 시간 제어 신호 u_n은 액추에이터를 동작시키기 위하여 ZOH를 통해 적절한 부분 연속 형태(piecewise continuous form) $u(t)$로 변환되어야 한다. 이렇게 변환된 $u(t)$가 위의 연속시간 선형 순항 제어에 대한 제어신호 u에 해당된다. 이 신호의 정확한 형태는 스로틀 액추에이터 구성과 함께 이후에 논의하기로 하자.

순항 제어 시스템의 작동은 차속 센서와 액추에이터를 자세하게 설명하면서 이해하도록 한다. 그림 8.6a는 차량속도 측정을 위한 적절한 센서의 구성을 묘사하고 있다.

대표적인 차속 측정 시스템에서 차속 정보는 차속과 비례하는 각속도로 회전하는 구동축으로부터 들어오는 케이블에 의해 차속 센서와 기계적으로 연결되어 있다. 이 케이블에 의해 작동되는 속도 센서는 디지털 속도값을 얻기 위해 컴퓨터에 의해 처리되는 전기적 펄스 신호를 생성한다.

속도 센서는 자기적으로나 또는 광학적으로 구현될 수 있다. 자기 속도 센서

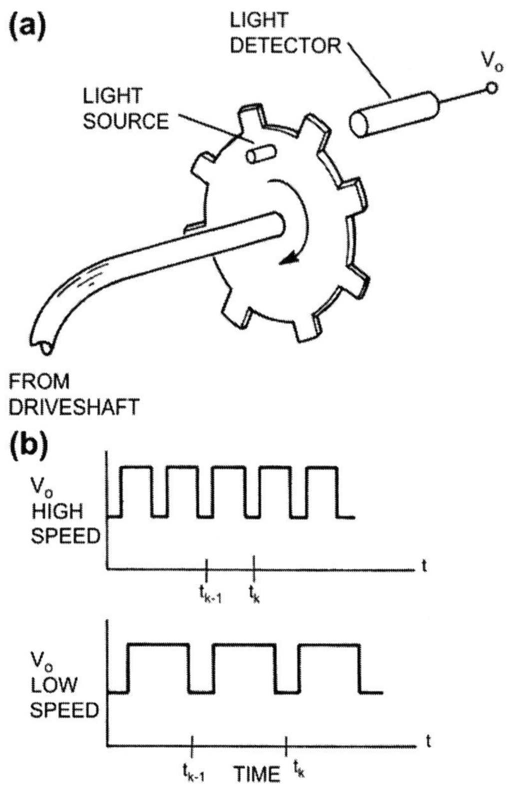

그림 8.6

속도 센서의 구성 예

는 제6장에서 설명하고 있고, 이 장에서 속도 센서는 광학 방식의 센서로 가정한다.

광 센서의 경우, 케이블은 광원과 광 검출기 사이에서 회전하는 홈이 난 디스크를 구동한다. 광원과 디스크 그리고 검출기의 배치는 광원에서 검출기로 빛이 향하는 조준기 선상에 홈이 있는지 또는 없는지에 따라 디스크는 빛이 광원에서 검출기로 가는 것을 통과시키거나 방해한다. 광 검출기는 광원으로부터 나오는 광 펄스가 홈을 통과해 검출기에 도착할 때마다 출력 전압을 생성한다. 초당 생성되는 펄스의 수는 디스크의 홈의 수와 차량의 속도에 비례한다:

$$f = NVK$$

여기서, f는 초당 펄스의 주파수, N은 센서 디스크에 있는 홈의 수, V는 차속, K는 차동기어비와 바퀴의 크기에 대한 비례상수이다.

샘플 펄스 주파수 f_k는 그림 8.6b에서 t_k로 표시된 각각의 낮은 값에서 높은 값으로 변하는 시간을 통하여 다음과 같이 계산된다.

$$f_k = \frac{1}{t_k - t_{k-1}}$$

출력 펄스는 샘플 게이트를 통해 2진 계수기(binary counter)로 전달된다(그림 8.7).

게이트는 스위치의 개폐 여부에 따라 펄스를 카운터에 전달하거나 펄스의 전달을 막는 전기적 스위치이다. 게이트가 폐쇄되는 시간 간격은 컴퓨터에 의해서 정확하게 제어된다. 디지털 카운터는 게이트가 폐쇄된 시간 $t_g(n)$ 동안 광 검출기로부터 펄스의 수를 계산하고, 센서로부터 들어온 펄스들은 n번째 속도 측정 주기 동안 카운터로 보내진다. 디지털 카운터로 계산되는 펄스 $P(n)$의 수는 다음과 같이 주어진다.

$$P(n) = T_g(n)NVK \tag{29}$$

여기서, $P(n)$의 수는 속도 샘플 n에서 차속 V에 비례한다. 2진 계수기(binary counter)에서 전기신호는 순항 제어 계산을 판독하는 데 적절한 디지털 형식으로 되어 있다.

스로틀 액추에이터

스로틀 액추에이터는 제어기(u)로부터 전기적 입력에 응답하여 적절한 기계적 결합을 통해 스로틀을 움직이는 전기기계 장치이다. 일반적으로 스로틀 액추에이터의 두 종류는 매니폴드 진공이나 스텝모터로 작동하는 것이다. 스텝모터의 작동은 제7장에 있는 공회전 제어 액추에이터와 유사하게 동작하고, 기본적으로 디지털 장치이다. 스로틀 개도는 스텝모터에 의하여 열리거나 닫힌다. 스텝모터는 두 개의 권선으로 보내지는 펄스 사이의 상대 위상에 의하여 조절된다.

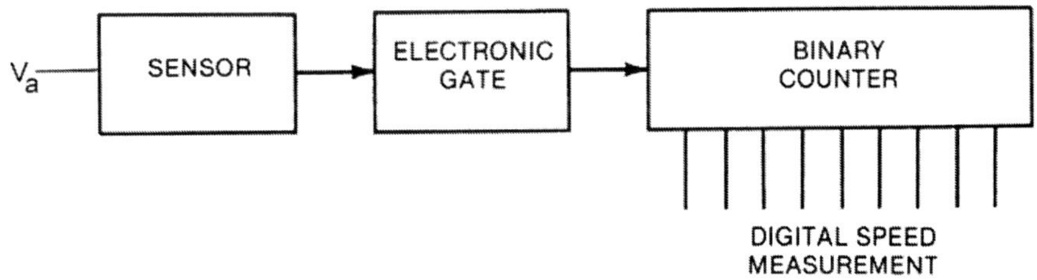

그림 8.7
디지털 속도 측정 시스템

스텝모터형 액추에이터에 대하여, 제어 신호 u는 코일 A와 B를 작동시키기 위해 한 쌍의 펄스 파형으로 변환된다. 스텝모터 변위는 u_n에 대응하여 스로틀 판 각도 $\delta\theta_t(n)$의 변화를 일으킨다. 스텝모터 펄스 쌍에 대한 펄스 주파수를 f_p라고 한다. 일반적으로 펄스 신호는 타이밍 회로(timing circuitry)의 일부로서 디지털 제어 시스템에서 생성된다. 제어기는 펄스가 스텝모터로 보내지는 동안 시간 간격 T_a를 설정해서 스로틀 각도의 변화량을 제한한다. 시간 간격 T_a 동안 스텝모터 액추에이터($N_p(n)$)로 보내진 펄스 쌍의 전체 수는 다음과 같이 주어진다.

$$N_p(n) = f_p T_a(n) \tag{30}$$

여기서, $T_a(n)$은 작동 사이클 동안의 액추에이터 시간이다.

또한, 작동 시간 간격은 u_n에 비례한다.

$$T_a(n) = K_T u_u \tag{31}$$

여기서, K_T는 제어 시스템에 대한 상수이다.

스로틀 판의 각도 변위 $\delta\theta_t(n)$는 $N_p(n)$에 비례한다.

$$\delta\theta_t(n) = K_\theta N_p(n) \tag{32}$$

여기서 K_θ는 스텝모터 펄스 쌍의 각도 변위이다.

스로틀 작동을 위한 시간 간격은 $\delta\theta_t(n)$까지 완전히 개방하도록 충분히 길어야 하지만, 이산 시간 샘플주기보다는 작아야 한다.

선형화된 차량 모델에 대하여, 제동 토크 변화 $\delta T_b(n)$는 $\delta\theta_t(n)$에 선형 비례 근사된다.

$$\begin{aligned}\delta T_b(n) &= K_b \delta\theta_t(n) \\ &= K_b K_\theta K_T f_p u_n\end{aligned} \tag{33}$$

디지털 순항 제어의 성능은 위에서 주어진 $\delta T_b(n)$이 $\delta T_b(t)$의 이산 시간 버전인 이산 시간 모델로 설명된다. 스텝모터 액추에이터를 생성하는 전자장치의 예는 이 장의 뒷부분에서 논의된다.

다음으로 아날로그(continuous time) 스로틀 액추에이터에 대해 생각해 보자. 이 스로틀 액추에이터는 제7장과 이 장 뒷부분에서 설명하고 있는 EGR 밸브와 유사한 솔레노이드 밸브를 이용한 진공 매니폴드에 의해서 작동된다. 순항 제어가 작동하는 동안, 스로틀 위치는 제어 시스템에서 생성된 신호에 의해 동작하는 스로틀 액추에이터에 의해서 자동으로 설정된다. 진공 매니폴드의 동작 방식은 그림 8.8에 설명하고 있다.

공압 피스톤은 흡기 매니폴드(intake manifold) 진공에 의하여 구동된다. 피스톤 커넥팅 로드(piston connecting rod) 어셈블리는 스로틀 레버에 부착되어 있다. 여기에는 또한 스프링이 레버에 부착되어 있다. 만일 피스톤에 의해서 아무 힘도 가해지지 않는다면, 스프링은 스로틀을 닫는다. 액추에이터 입력 신호가 제어 솔레노이드에 있는 전자석에 에너지를 공급하면, 압력 제어 벨브는 아래로 당겨지게 되고 매니폴드 압력 p_m으로 연결되는 통로를 제공함으로써 액추에이터 실린더 압력 p를 변경한다. 매니폴드 압력은 대기압 p_a보다 낮고, 따라서 액추에이터 실린더 압력은 빠르게 떨어지며, 피스톤 스로틀을 열 수 있도록 스로틀 레버를 당긴다.

비록 작동 신호는 이진법 값의 전압이지만, 액추에이터는 펄스 듀티사이클에 비례하여 작동하는 아날로그 장치라 할 수 있다. 피스톤에 의해 가해지는 힘은 실린더 실의 평균 압력 p_{av}를 바꾸면 변화된다. 이 과정은 대기 압력을 전해주는 바깥 쪽 공기포트와 대기압력보다 낮은 매니폴드 압력포트 사이에서 압력제어 밸브를 빠르게 바꾸면서 수행된다. 스로틀 액추에이터가 구현되는 하나의 일례

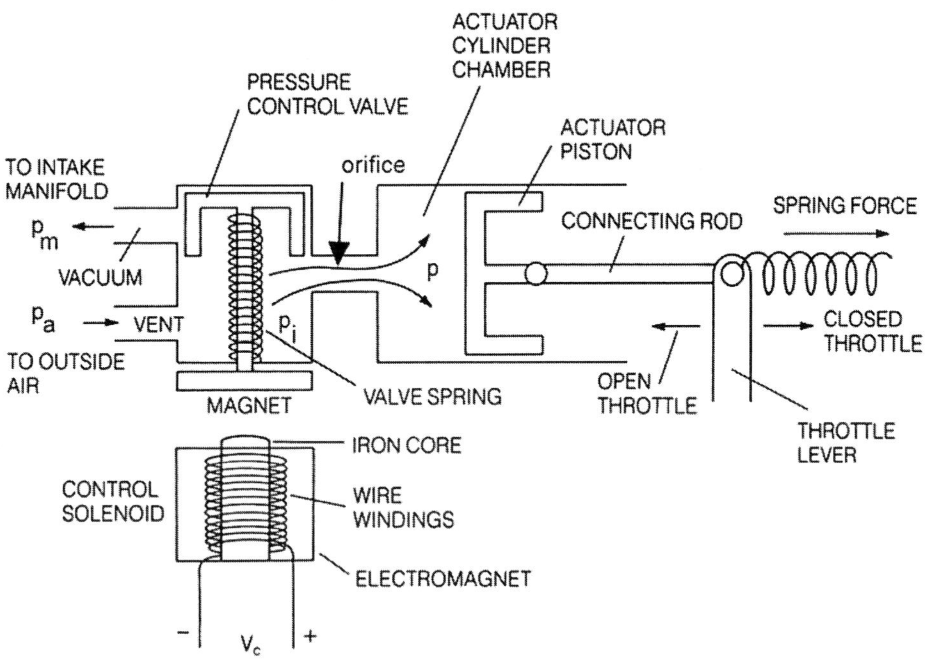

그림 8.8
진공 작동 스로틀 액추에이터

로 액추에이터 제어 신호 V_c는 연료 주입 액추에이터에 대해 설명한 것과 같은 신호인 가변 듀티사이클 타입이다. 높은 V_c신호는 전자석에 전기를 공급한다; $V_c = 0$일 때마다 전자석의 전원이 끊어지게 된다. 두 압력원 사이에서 밸브가 앞뒤로 움직이는 것은 매니폴드 압력과 외기 압력 사이에서 실린더 내부의 평균 압력이 형성하도록 한다.

전형적인 솔레노이드 작동 액추에이터에 대하여, 그림 8.8에서 오리피스의 밸브 쪽 압력 p_i는 다음과 같이 주어진다.

$$\begin{aligned} p_i &= p_m \qquad V_c = V_H \\ &= p_a \qquad V_c = 0 \end{aligned} \tag{34}$$

여기서, p_m은 매니폴드 압력이고, p_a는 대기압력이다.

순항 제어 컴퓨터 액추에이터는 다음과 같은 제어 신호를 생성한다.

$$\begin{aligned} V_c(t) &= V_H \qquad t_k \le t \le t_k + \tau \\ &= 0 \qquad t_k + \tau < t < t_{k+1} \end{aligned}$$

듀티사이클 δ_p는 다음과 같이 주어진다.

$$\delta_p = \frac{\tau}{(t_{k+1} - t_k)} \tag{35}$$

여기서 t_k는 순항 제어 컴퓨터의 속도 제어를 위한 시간이다. 이 듀티사이클(δ_p)은 제어 신호 u_n에 비례한다.

액추에이터 실린더 실에서 여러 사이클 동안(T_{av})의 평균압력(p_{av})은 다음과 같이 주어진다.

$$\begin{aligned} p_{av}(t) &= \frac{1}{T_{av}} \int_{t-T_{av}}^{t} p_i(t')\mathrm{d}t' \\ &= p_a + (p_m - p_a)\delta_p \end{aligned} \tag{36}$$

p_m은 엔진 작동조건의 함수이기 때문에, 제어 시스템은 목표속도 V_d로 순항속도를 유지하기 위해 δ_p를 지속적으로 조정해야 한다. 결과적으로, 평균압력과 피스톤 힘은 밸브 제어 신호 V_c의 듀티사이클에 비례한다. 듀티사이클은(위에서 설명한) 제어 신호 u_n에 차례로 비례하는데, 이것은 샘플링된 오차신호 e_n으로부터 계산된다.

이와 같이 듀티사이클로 제어되는 스로틀 액추에이터의 유형은 이상적으로 디지털 제어 시스템에 적합한 시스템이다. 만일 아날로그 제어 시스템을 사용한다면, 아날로그 제어 신호는 반드시 듀티사이클 제어 신호로 먼저 변환되어야 한다.

순항 제어 전자장치

순항 제어는 마이크로컨트롤러나 특수 목적의 디지털 전자장치 혹은 아날로그 전자장치 등 다양한 전자적 방법으로 구현될 수 있다. 또한 전기기계식 속도조정기를 이용해도(비례 제어 방법으로만) 구현이 가능하다.

디지털, 마이크로프로세서 기반 순항 제어를 위한 시스템 구성은 그림 8.9와 같다. 보통 그림 8.9에 표현된 시스템은 마이크로컨트롤러라고 불리는 디지털 제어기를 갖는다. 마이크로컨트롤러는 내부적으로 마이크로프로세서와 그에 적용된 프로그램을 통해 작동하도록 구현되어 있다. 다양한 계산이 수행되도록 하는 실제 프로그램은 읽기전용 메모리(ROM)에 저장된다. 또한, ROM은 일반적으로 정확한 계산에 필요한 중요한 변수들을 저장한다. 게다가, 시스템은 계산 결과를 저장하기 위해 RAM 메모리를 사용한다. 속도 센서로부터의 입력과 스로틀 액추에이터로의 출력은 I/O 인터페이스에(보통 마이크로프로세서로 확장된 집적 회로)의해 처리된다. 제어기로부터의 출력(즉, 제어 신호)은 I/O(출력 포트들 중의 하나)를 통해서 드라이버 전자장치로 보내진다. 뒷부분의 전자장치는 제어 신호를 받고 액추에이터를 작동시키기 위한 형식과 출력의 전기신호를 발생시킨다.

마이크로프로세서 기반 순항 제어 시스템은 디지털적으로 프로그램 제어에 필요한 모든 계산을 수행한다.

예를 들어, PI 제어 방법은 위에서 설명한 대로 비례항과 적분항의 합을 통해 구현된다. 태스크를 수행하면서 제어기는 속도 에러 e의 샘플들을 연속적으로 받는다. 샘플을 받는 주기는 액추에이터를 통해 작동 상태의 변화나 외란을 보상하기에 충분할 수 있도록 결정된다. 매 샘플마다 제어기는 가장 최근의 에러값을 읽고 제어 계산을 수행함으로써 샘플 시간이 끝나기 전에 액추에이터 신호 u를 발생할 수 있어야 한다. 앞에서 설명했듯이, 에러는 비례게인 K_p를 곱해 제어기 계산에 필요한 비례항을 계산한다. 또한, 이전 M개의 에러 샘플의 합을 계산한 후 적분게인 K_I에 의해 곱해지고 이전에 계산한 비례항을 더해 제어신호를

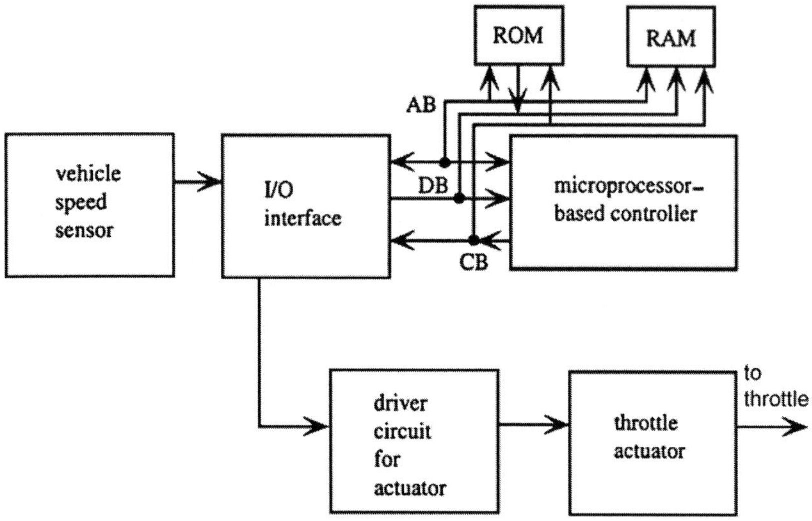

그림 8.9
디지털 순항 제어 구성도

생성한다.

여기서 제어 신호 u_n은 디지털 제어기의 메모리에 저장되는 숫자이다. u_n은 순항제어 시스템의 환경과 시스템에 의해 사용된 액추에이터의 사양에 의해 결정한다.

스텝모터 기반의 액추에이터 전자회로

예를 들어, 스텝모터 액추에이터의 경우에서, 액추에이터 전자 드라이버는 제어 변수 u_n을 읽는다. 그리고 앞에서 설명한 것처럼 주파수 f_p에서 스텝모터가 에러가 0이 되도록 스로틀 밸브 각도를 증가시키거나 감소시키는 펄스열들을 생성하여 모터 권선에 보낸다.

스텝모터 액추에이터에 대한 드라이버 회로의 그림 예제를 그림 8.10에서 볼 수 있다.

드라이버 회로의 목표는 스텝모터를 메모리에 저장되어 있는 제어 신호 u_t에 맞춰서 스로틀을 증진시키거나 지연시키는 방법으로 구동시키는 것이다. 제어기가 주기적으로 액추에이터 제어 신호 u_n을 갱신하는 것처럼, 스텝모터 전자 드라이버는 액추에이터 신호로부터 받은 양만큼 연속적으로 스로틀을 조절한다. 즉, 이 신호는 양수 혹은 음수 부호가 있는 숫자로서 부호에 따라 스로틀의 움직임을 증진 혹은 지연시키고 신호값에 따라 증진 혹은 지연되는 양을 결정한다.

액추에이터 신호의 크기(2진 형식)는 병렬 부하 직렬 다운 카운트 이진 카운

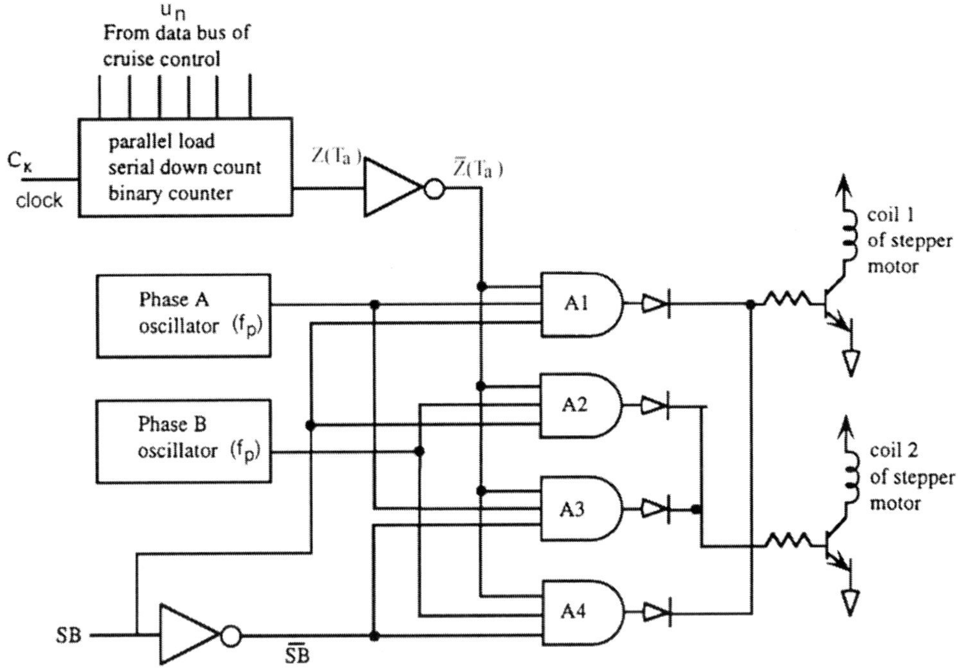

그림 8.10
순항 제어를 위한 스텝모터 액추에이터 전자장치

터(parallel load serial down-countbinary counter)에 전해진다. 움직임의 방향은 비트의 부호(sign bit)에 따라 결정된다(그림 8.10의 SB). 스텝모터는 오실레이터로부터 나오는 한 쌍의 위상 신호에 의하여 작동된다. 여기서 두 신호는 서로 $\pi/2$ 위상차를 갖는다. 스로틀각을 증가시키기 위해서, 위상 A 신호는 코일 1에 그리고 위상 B 신호는 코일 2에 인가된다. 스로틀각을 감소시키기 위해서, 위의 위상 신호들은 각각 반대 코일에 사용된다. 각 방향으로의 움직임의 양은 한 사이클에 한 개씩, 신호 A와 B의 사이클 수 $N_p(n)$에 의해 결정된다.

그림 8.10에서 두 위상 신호의 사이클 수는 논리 신호($Z(T_a)$)에 의해 제어된다. 이 논리 신호가 낮은 값으로 전환되면서 $\bar{Z}(T_a)$는 주기 T_a 동안 높은 값을 갖게 되고 AND 게이트들(세트 A1, A2, A3, A4에서)의 작동을 가능하게 한다. $\bar{Z}$가 high로 전환되는 시간의 길이(T_a)는 사이클 수를 결정하고 따라서 모터의 스텝의 수가 결정된다.

논리 변수 Z는 0이 되는 이진 카운터의 수와 일치한다. Z의 논리 역이 high이기 때문에(즉, $\bar{Z}$), AND 게이트들(A1, A2, A3, A4)은 활성화되고 A와 B 신호들은 스텝모터로 전송된다. 활성화된 게이트들은 부호 비트에 의해 결정된다. 부호 비트가 high일 때, A1과 A2는 활성화되고 스텝모터는 Z가 high가 아닐 때까지 스로틀의 위치를 증진시킨다. 이와 비슷하게, 부호 비트가 low일 때, A3와 A4는 활성화되고 스텝모터는 스로틀의 위치를 지연시킨다. AND 게이트 출력단에 있는 다이오드들은 활성화된 AND 게이트에 의하여 비활성화된 게이트의 값이 영향을 받지 않도록 분리시키는 역할을 수행한다.

스텝모터의 스텝수를 제어하기 위해서, 제어기는 이진수를 이진 카운터에 전달한다. 카운터 내의 값들이 0이 아니면, 0이 아닌 값에 해당되는 AND 게이트들은 활성화된다. 카운터에 입력된 데이터에 따라, 이진 카운터는 클록의 주파수(그림 8.10에서 C_K)에서 값을 하나씩 낮춘다. 값이 0이 되었을 때, 논리 변수 Z는 high로 바뀌고(그리고 $\bar{Z}$는 low로 바뀐다), 게이트들은 비활성화되며 스텝모터는 멈춘다.

0이 되기 위해 필요한 카운트다운 시간은 이진 카운터에 저장된 수치값에 의해 결정된다. 이진 카운터에 필요한 값을 전달하면서, 순항 제어기는 스텝모터 움직임의 방향과 양을 조절함으로써 그에 따라 스로틀의 움직임도 결정된다.

진공 작동 액추에이터

진공 작동 시스템에 기반한 순항 제어를 위한 전자 드라이버는 위에 설명한대로 가변 작동주기 신호를 생성한다. 이러한 시스템에서, 작동 주기는 위에서 설명한 것처럼 제어 신호에 비례한다. 예를 들어, 어느 순간에 명령어와 실제 신호 사이에 큰 양의 오차가 존재한다면, 상대적으로 큰 제어 신호가 생성될 것이다. 이 제어 신호는 큰 작동 주기 신호를 생성하여 전자 드라이버가 대부분의 시간에 액추에이터 원통 캠버의 압력이 거의 진공 매니폴드의 압력 수준에 있도록 할 것이다. 따라서 피스톤은 스프링의 반발력을 이기고 스로틀 개방을 증가시킬 것이다. 그 결과, 엔진은 차량의 속도가 명령어 속도와 일치할 때까지 강한 힘으로 차량을 가속시킬 것이다.

사용된 액추에이터의 종류에 관계없이 마이크로프로세서에 기반한 순항 제어 시스템은 다음의 제어 순서를 따라야 한다.

1. 명령어 속도를 읽는다.
2. 실제 차량 속도를 측정한다.
3. 오차(오차 = 명령어 속도 - 실제 속도)를 계산한다.
4. P, PI, PID 제어법을 사용하여 제어 신호를 계산한다.
5. 전자 드라이버에 제어 신호를 전송한다.
6. 전자 드라이버가 스로틀의 액추에이터에 오차를 감소시킬 수 있는 신호를

보내게 한다.

비록 아날로그 전자장치는 현대 차량에 거의 사용되지 않으나, 제3장에 소개된 원리를 소개하기 위하여 아날로그 시스템의 예제를 설명하고자 한다. dc 발생기의 형태에서 완전한 아날로그 속도 센서라고 가정한다. 출력 전압 V_o는 선형적으로 차량 속도 V에 비례한다:

$$V_o = K_g V \tag{37}$$

여기서, K_g는 센서에 대한 상수이다.

아날로그인 순항 제어 시스템에 대한 전자장치의 예제가 그림 8.11에 제시되어 있다.

그림 8.11a의 차량 속도 센서는 제3장에서 설명했듯이 홀드 회로(hold circuit)에서 목표 속도(V_d)에 맞는 전압을 설정하기 위해 운전자가 조작하는 스위치로 보내지는 출력 V_o를 발생시킨다.

이 전압값은 운전자에 의해 새로운 값으로 갱신될 때까지 유지된다. 또한, 센서 전압은 PI 제어 시스템의 에러 증폭기에게 피드백 신호를 제공한다. 제3장에서 소개했던 것처럼 시스템은 4개의 연산 증폭기(op amps)를 사용하고 각각의 연산 증폭기는 특정한 목적을 위해 사용된다. 연산 증폭기 1은 에러 증폭기로서 사용된다. 연산 증폭기 1의 출력(V_e)는 명령어 속도와 실제 속도 사이의 차이에 비례한다. 출력인 에러 신호는 연산 증폭기 2와 3의 입력으로서 사용된다. 연산 증폭기 2는 $K_P = -R_2/R_1$의 이득을 갖는 비례 증폭기이다. 여기서 R_1은 비례 증폭기 이득을 조정하기 위한 가변 릴럭턴스임을 주의하자. 연산 증폭기 3은 출력 전압 V_I를 발생시키고 $K_1 = -1/R_3C$의 이득을 갖는 적분기이다.

$$V_I = -\frac{1}{R_3C}\int V_e \mathrm{d}t \tag{38}$$

비례와 적분 증폭기의 출력은 가산 연산 증폭기, op amp4를 통해 더해진다. 가산 연산 증폭기는 전압 V_P와 V_I를 더하고 결과를 반전시킨다. 비례와 적분 증폭기는 증폭값을 자신의 입력 신호를 반전시키기 때문에 가산 연산 증폭기가 증폭값을 연산하는 동안 가산 증폭기의 반전이 필요하다. 합을 반전시킴으로써 제어 신호를 위한 원래 부호를 얻을 수 있다.

가산 연산 증폭기의 출력은 V_{out}으로 이 신호는 스로틀 액추에이터를 구동시키기 위한 듀티사이클(duty-cycle) 신호로 전환된다. 전압을 듀티사이클로 변환

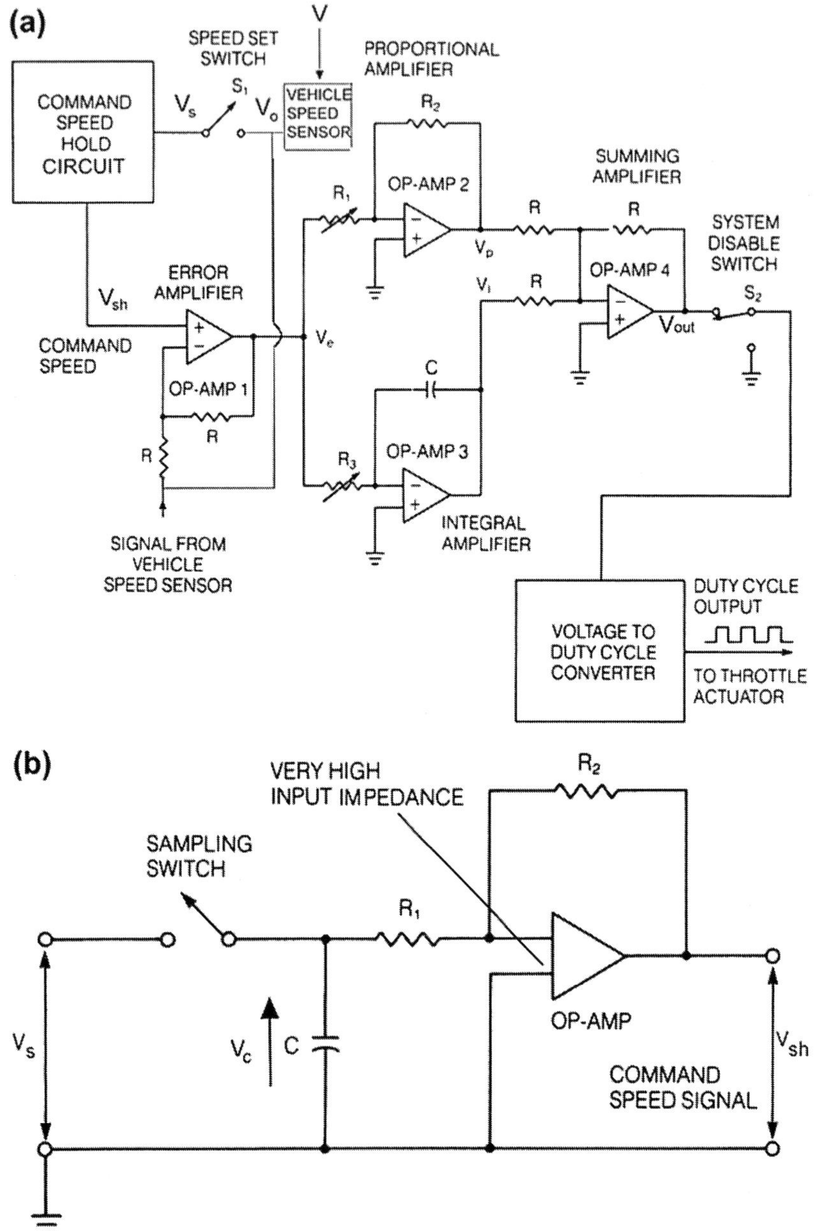

그림 8.11

아날로그 순항 제어 구성도

하는 전압-듀티사이클 변환기의 출력은 직접적으로 스로틀 액추에이터 원통 코일을 구동하기 위해 사용된다. 전압-듀티사이클 변환기는 V_{out}에 비례하는 듀티사이클을 갖고 주파수 f_p에 맞는 출력 파형을 발생시킨다.

그림 8.11a에는 두 개의 스위치 S_1과 S_2를 볼 수 있다. 스위치 S_1은 목표 속도를 설정하기 위해서 운전자에 의해 작동된다. 스위치는 샘플-홀드 회로로(그림 8.11b) 스위치 S_1이 활성화된 현재 시간에서 차량 속도를 샘플링한다. 그리고 운전자가 다시 스위치를 작동시킬 때까지 값을 유지한다. 운전자가 순항 제어기 설정을 위해 바라는 차량 속도를 나타내는 전압 V_c 값에 의하여 콘덴서 C가 충전된다. 매우 높은 입력 임피던스 증폭기는 축전기에 누설하려는 전하의 손실을 방지하며 콘덴서의 전압을 감지한다. 이 증폭기로부터의 출력은 에러 증폭기로 전송되는 속도 명령어에 비례하는 전압 V_{sh}이다.

$$V_{\mathrm{sh}}(t) = V_s(t_a) \tag{39}$$

여기서, t_a는 운전자가 S_1을 활성화시킨 시간이다.

스위치 S_2(그림 8.11a)는 스로틀 액추에이터로의 제어 신호를 차단시키면서 속도 제어기를 비활성화하기 위해 사용된다. 스위치 S_2는 점화 장치나 제어기가 꺼지거나 제동 장치 페달이 눌러질 때마다 시스템을 비활성화한다. 제어기는 운전자가 스위치 S_1을 누를 때 켜진다.

안전상의 이유로, 제동 장치를 이용한 제어기의 비활성화는 종종 두 가지 방법으로 발생된다. 이미 언급했듯이, 제동 장치 페달을 누르는 것은 전자 제어를 끄게 한다. 진공 작동 액추에이터를 사용하는 특정한 순항 제어 환경에서, 제동 장치 페달은 스로틀 액추에이터가 연결된 호스에 위치해 있는 별도의 밸브를 기계적으로 개방한다. 브레이크를 밟음으로써 밸브가 개방되었을 때, 스로틀 액추에이터 실린더로 공기가 흐르게 함으로써 스로틀 판이 급격히 닫히게 된다. 밸브는 브레이크 페달이 비활성화 위치에 있을 때마다 닫힌다. 이는 운전자가 제동 장치 페달을 누를 때마다 속도제어 시스템이 신속하고 완전히 종료될 수 있도록 해준다.

고급 순항 제어

지금까지 설명한 순항 제어 시스템은, 속도 제어에 요구되는 감속이 스로틀 밸브를 닫고 엔진의 파워를 줄임으로써 이루어질 수 있는 경우에 적절하다. 엔진만으로는 스로틀 밸브가 닫힌 상태에서 제동 능력이 제한될 수 있고, 목표하는 속도 제어에 필요한 감속도를 못낼 수도 있다. 예를 들어, 길고 상대적으로 가파른 내리막길을 진입하는 차량은 닫힌 스로틀이라도 중력 때문에 가속할 것이다.

이와 같은 주행 상태에서, 차량 속도는 오로지 브레이크에 의해서만 유지될 수 있다. 전통적인 순항 제어 시스템을 갖춘 차에 있어서, 운전자는 속도를 유지하기 위해 직접 제동을 해야 한다.

고급 순항 제어 시스템(ACC)은 스로틀 감속만으로는 부족할 때, 차량 제동을 할 수 있는 시스템이다. ACC의 단순화된 블록 다이어그램이 그림 8.12에 그려져 있다.

이 시스템은 마스터 실린더(master cylinder), 휠 실린더(wheel cylinder), 진공 부스트(vacuum boost)와 다양한 제동 라인을 가진 평범한 제동 시스템으로 이루어져 있다. 휠 실린더는 실제로는 4개이지만 그림 8.12에서는 한 개만을 보여주고 있다. 그리고 비례식 밸브는 전/후 제동력 비율을 조정하기 위해 존재한다.

보통의 주행에서, 시스템은 평범한 제동 시스템처럼 작동한다. 운전자가 제동 페달을 통해 마스터 실린더로 제동력을 전달할 때, 압력이 가해졌을 때 브레이크액은 포트 A에서 브레이크 라인을 통해 체크밸브 CV_1과 CV_2에 도달한다. 이때 체크밸브 CV_2는 브레이크 액을 막는 반면, CV_1는 유체를 펌프 P를 통해 흐르게 하고 개방된 적용 밸브를 통해 휠 실린더에 압력을 가하게 되며 브레이크가 작동된다.

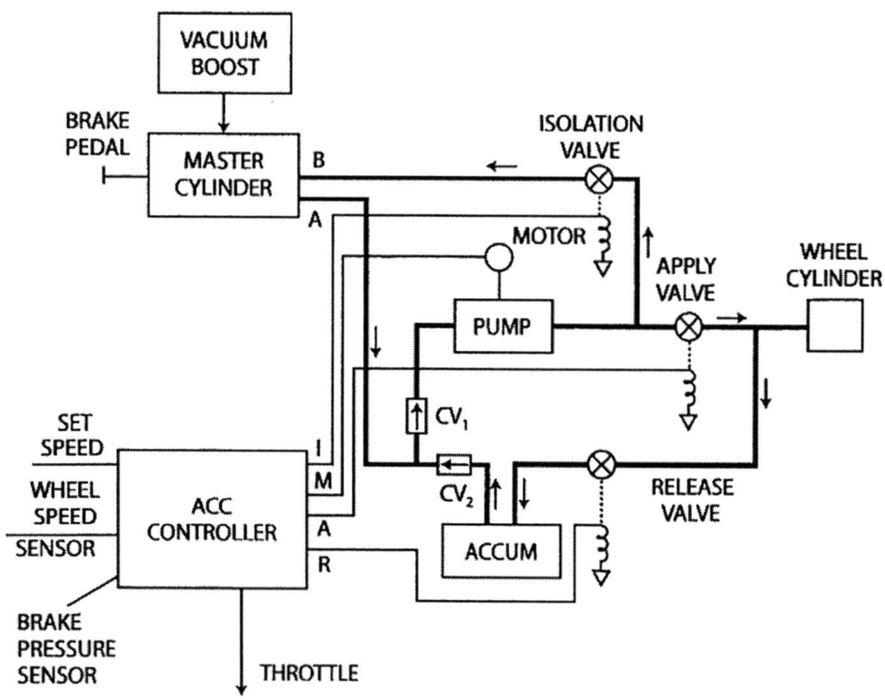

그림 8.12
ACC 시스템 구성

순항 제어가 작동 중일 때, ACC 제어기는 차량 속도 센서와 순항 제어 스위치 설정을 포함하여 전기적 출력 신호와 입력에 반응하여 스로틀과 제동 시스템을 조정한다.

ACC 시스템은 닫힌 스로틀 상태로 최대 가능한 감속까지 일반적인 순항제어 시스템과 같이 작동한다. 최댓값보다 더 큰 감속이 필요할 때마다, ACC는 자동으로 브레이크를 적용한다. 자동 제동 중에는, 펌프가 더 많은 브레이크 액체를 적용 밸브를 통하여 휠 실린더로 보내게 하는 전기적 신호가 제어기의 출력 M (즉, 모터)으로부터 펌프 모터로 보내진다. 동시에, 제동이 이루어질 수 있도록 해제 밸브(release valve)는 닫힌 채로 유지된다.

브레이크 압력은 차단밸브(isolation valve)의 여닫음에 의해 마스터 실린더로 약간의 브레이크액을 보내게 됨에 따라 조절된다. 4개의 휠에 각각 차단 밸브를 작동시킴으로써, 브레이크 비율이 얻어진다. 브레이크는 ACC에서 적용 밸브(apply valve)를 닫고 해제 밸브를 열도록 신호를 보냄에 따라 해제된다. 다음부터는 ACC를 위한 동역학 모델을 알아보자.

ACC를 갖춘 차량 모델은 아래와 같이 주어진다.

$$M\dot{V} + D + Mg\sin\theta = \frac{g_A T_{bo}}{r_w} - \frac{T_B}{r_w} \tag{40}$$

여기서, T_{bo}는 스로틀 밸브가 닫힌 상태에서 엔진 토크이고, T_B는 브레이크 토크이다.

이 브레이크 토크는 보통 일반적인 순항제어 시에는 0이다. ACC 모드에서 목표 순항 속도를 유지하기 위해 필요한 경우에, 브레이크 토크는 0에서부터 상승한다.

일반적 상황에서, 많이 가파른 언덕에서(즉, $\theta < 0$), T_{bo}는 무시할 정도이다. 단순화를 위하여, 브레이크 토크는 선형적으로 브레이크 압력 p_B에 비례한다고 가정한다:

$$T_B = K_B p_B \tag{41}$$

여기서, K_B는 브레이크 구성에 따른 상수이다. 직선 도로에서 속도 $V = V_d + \delta V$를 갖는 차량운동을 위한 선형화된 모델이 아래에 주어져 있다.

$$\begin{aligned} M\delta\dot{V} + K_D\delta V + Mg\theta &= -K_B p_B / r_w \\ &= -K_B K_A u / r_w \end{aligned} \tag{42}$$

여기서, K_A는 브레이크압력 액추에이터 상수이고, V_d는 순항 속도 목표값이고, u는 ACC 제어 신호이다.

만약 PI 제어법이 ACC 차량 제동 방식을 위한 것으로 가정된다면, 제어 신호는 다음과 같다.

$$u = K_p e + K_I \int edt \tag{43}$$

여기서,

$$e = V_d - V = \text{에러 신호} = -\delta V, \ V\text{는 실제 차량 속도이다.}$$

제어 신호 모델을 선형화된 차량 모델로 대체한 후 라플라스 변환을 하면 다음과 같은 결과를 낸다.

$$\left(s + \frac{K_D}{M}\right)\delta V(s) + g\theta = -\frac{K_B K_A}{r_w M}\left[K_p + \frac{K_I}{s}\right]\delta V(s) \tag{44}$$

$\delta V(s)$에 대해 정리하면 다음과 같다.

$$\delta V(s) = \frac{-gs|\theta|}{s^2 + \left(\dfrac{K_D}{M} + \dfrac{K_B K_A K_p}{r_w M}\right)s + \dfrac{K_B K_A K_I}{r_w M}} \tag{45}$$

위 식은 ACC가 브레이크를 제어하지 않고 스로틀 밸브만을 조작하는 모델과 비교적 유사하게 보인다. 식 (45)에서, 내리막길 방향의 경사각 θ를 가진 길에서 θ에 음수를 취하는 대신에 이를 $-|\theta|$로 표시하였다. 직선 수평 도로를 주행하다가 가파른 내리막을 마주치는 ACC 차량의 동역학적 반응을 고려해 보자.

이 ACC의 시뮬레이션은 이전의 예제와 같은 차량 변수를 가지고 수행되었다. 여기서는 차량이 가파른 내리막을 $t = 2$에서 마주친다고 가정했다. 또한, ACC가 즉시 자율적인 브레이크 제어방식으로 전환한다고 가정했다. 그림 8.13은 P 제어를 적용했을 때 차량의 속도와 PI 제어를 적용했을 때의 차량 속도를 보여준다. 같은 계수들이 제어기에 대해 가정되고 K_B는 4가 되도록 한다.

그림 8.13은 초기에 60 mph의 안정된 상태에서 ACC를 가진 차량이 $t = 2$에서 -7%의 가파른 내리막을 만났을 때 ACC 속도 반응의 도표이다. P 제어만을 적용했을 때, 속도는 67 mph로 증가하면서 수렴한다. 수렴하는 동안, 이 속도는 일정한 브레이크 제어값으로 유지된다. 그러나 PI 제어에 있어서, 속도는 초기에

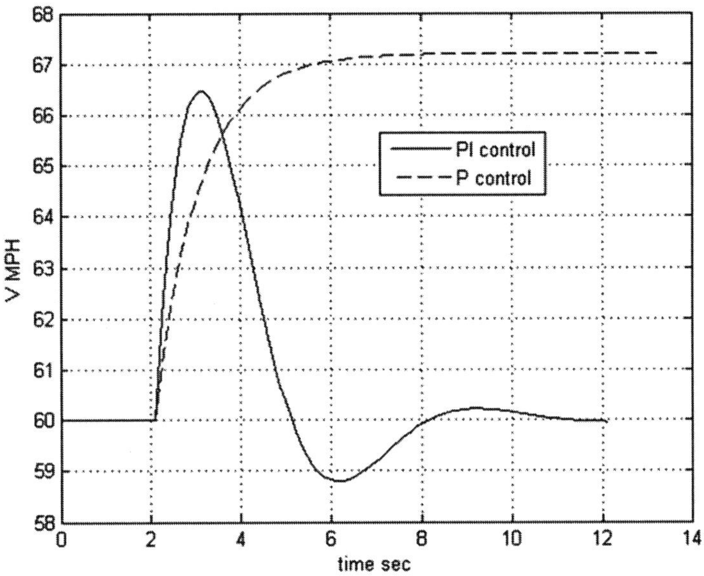

그림 8.13

긴 내리막길에서 ACC로 주행하는 차량의 속도

증가한다. 그리고 제동이 적용되어 속도는 목표 순항 60 mph에 도달하면서 약간의 오버슈트와 함께 수렴한다. P 제어 기법과 PI 제어 기법에 대해서는 제1장에서 설명하였으므로 이를 참조하기 바란다.

브레이크 제어의 또 다른 적용분야는 모든 4개의 휠에 각각 독립적인 브레이크 압력을 조절하는 것이다. 이 독립적인 브레이크 제어는, 예를 들면 커브길에서의 브레이크 적용과 같이 브레이크와 조향이 동시에 적용될 때, 차량 핸들링을 더욱 향상시키기 위해 이용된다. 이 장의 마지막에서, 차량의 횡방향 안정성을 증가시키기 위한 차량 제동기법이 논의될 것이다.

잠김 방지 제동 시스템

가장 널리 퍼진 자동차 전자 제어 적용분야 중의 하나는 잠김방지 제동시스템, Antilock Brake System(ABS)이다. ABS는 젖은 도로나 빙판에서와 같이 제동이 열악한 상태에 있는 차량이 감속하고자 할 때 운전자를 도와주는 안전장치이다. 위와 같은 상태에서, 운전자가 당황한 상태에서 ABS가 장착되지 않은 차량을 급하게 제동시켰을 경우 차량은 제동 효율을 잃거나 최악의 경우 바퀴가 잠김에 따라 조향성을 잃을 수도 있다.

ABS를 갖춘 차량의 경우 자동적으로 바퀴가 제동에 필요한 힘을 최적화할 수 있도록 조절함으로 바퀴의 잠김을 방지할 수 있다. ABS의 실제 배치도를 그림 8.14에서 볼 수 있다. 제동 페달, 마스터 실린더, 진공 부스트, 바퀴 실린더, 디스크 브레이크, 제동 선을 포함한 보통 제동 부품들뿐 아니라, 이 시스템은 각각의 바퀴에 각속도 센서와 전자 제어 모듈, 유압 압력 조절 장치를 갖고 있다. 그림에서는 단지 브레이크 압력 조절장치 한 쌍만이 그려져 있다. 그러나 실제로 각 브레이크에 대해 독립된 조절장치가 있다.

ABS 작동을 이해하기 위해서, 제동하는 동안 발생할 수 있는 바퀴 잠김과 차량의 미끄러짐에 대한 물리적 메커니즘을 이해하는 것이 우선되어야 한다. 자동차는 속도 U로 움직이고 있고, 바퀴는 각속도 ω_w로 회전하고 있다.

$$\omega_w = \frac{\pi \, \text{RPM}_w}{30} \tag{46}$$

여기서, RPM_w는 분당 바퀴 회전수이다. 제동 중이 아닌 바퀴가 굴러갈 때에는 또한 다음과 같은 관계가 성립한다.

$$U = r_w \omega_w \tag{47}$$

여기서, r_w는 실질적인 반지름이다.

브레이크 페달이 눌려졌을 때, 패드는 그림 8.15a에 개략적으로 그려진 것처럼 디스크의 유압에 의해 힘이 가해진다. 그림 8.15b는 제동하는 동안 도로에 의

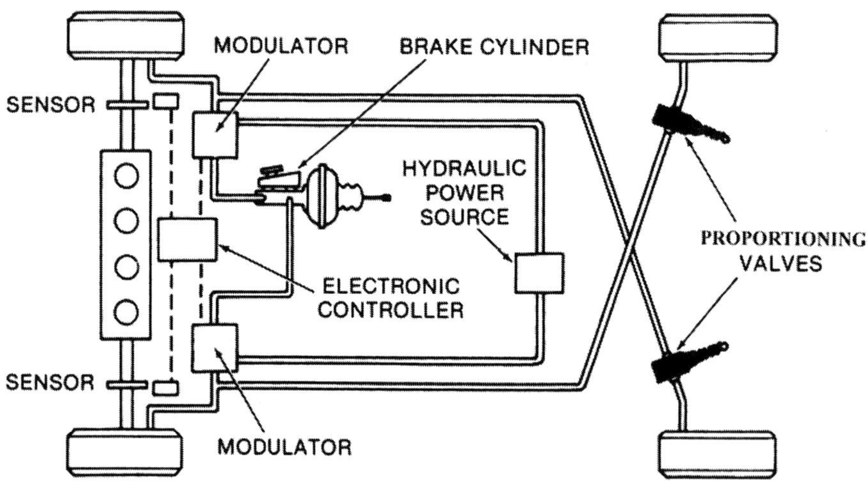

그림 8.14

Antilock braking system

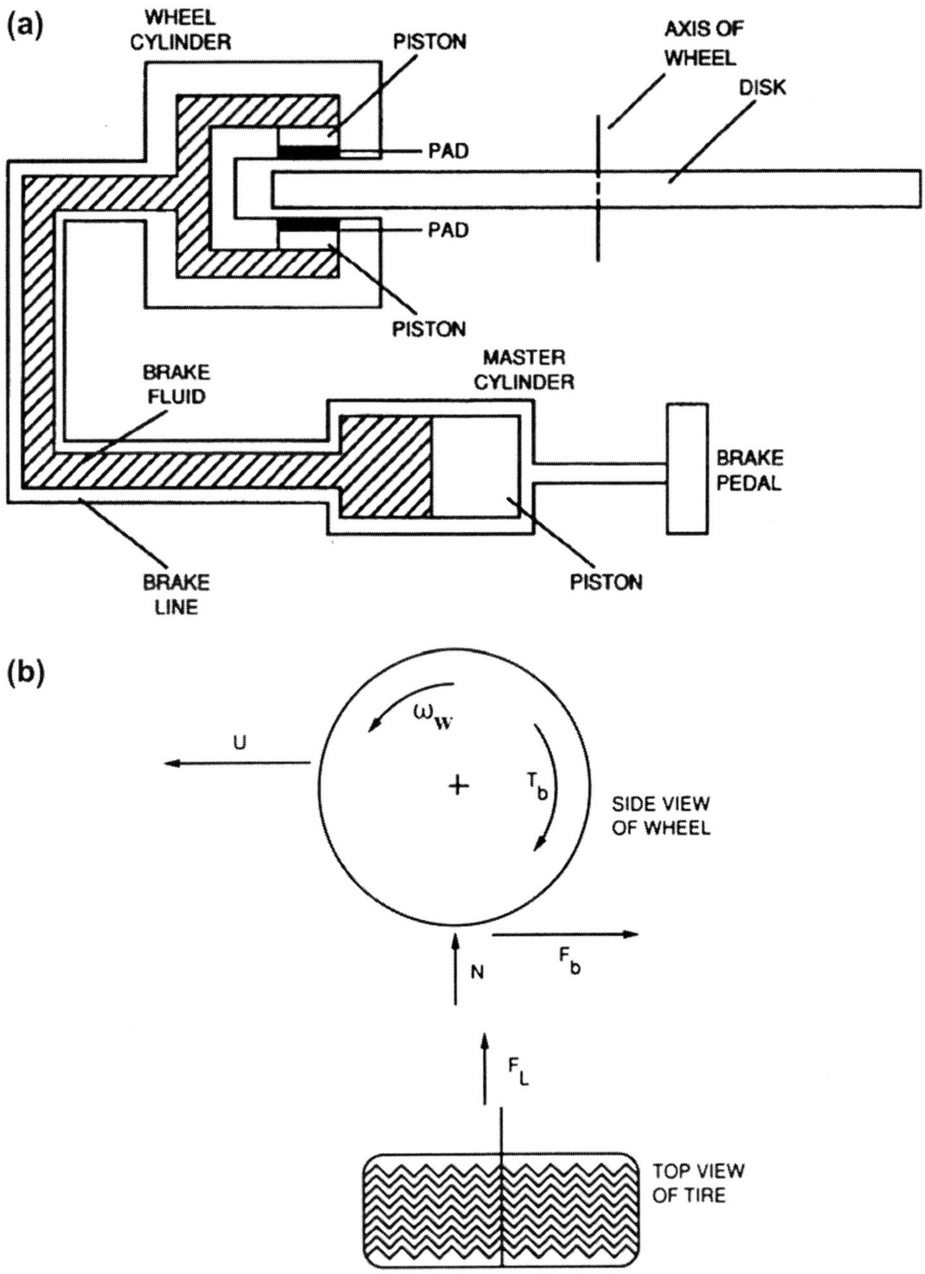

그림 8.15
제동 구성과 바퀴에 작용하는 힘

해 바퀴에 가해진 힘을 묘사한다. 이 압력은 바퀴 회전과 반대방향의 토크 T_b 힘을 유발한다. 차량을 감속시키는 실제 힘은 그림 8.15b의 F_b와 같고, 차량의 제어 방향을 유지시키는 측면힘이 그림 8.15b의 F_L과 같다.

바퀴의 각속도는 차량 속도 U와 도로에 대한 타이어속도($\omega_w r_w$)사이에 차이를 발생시키면서 감속하기 시작한다. 실제로 타이어는 도로 표면에 대하여 미끄러진다. 미끄러짐의 정도 s는 제동력과 측면힘을 결정한다. 차량 속도의 비율로써 미끄러짐은 아래와 같이 주어진다.

$$s = \frac{U - \omega_w r_w}{U}$$

참고 회전하는 타이어는 미끄러짐 $s = 0$을 갖고, 완전히 잠긴 타이어는 미끄러짐 $s = 1$을 갖는다.

제동력과 측면힘은 타이어와 도로의 수직항력(그림 8.15b에서 N)과 제동력(F_b)에 대한 마찰 계수에 비례한다.

$$\begin{aligned} F_b &= N\mu_b \\ F_L &= N\mu_L \end{aligned} \tag{48}$$

여기서, μ_b는 제동 마찰 계수이고, μ_L은 측면힘 마찰계수이다. 이러한 계수들은 주로 그림 8.16에 나타낸 미끄러짐에 의존한다. 실선은 건조한 도로이고, 점선은 도로가 젖거나 빙결 상태의 커브이다. 제동 페달 힘이 0부터 증가할 때, 미끄러

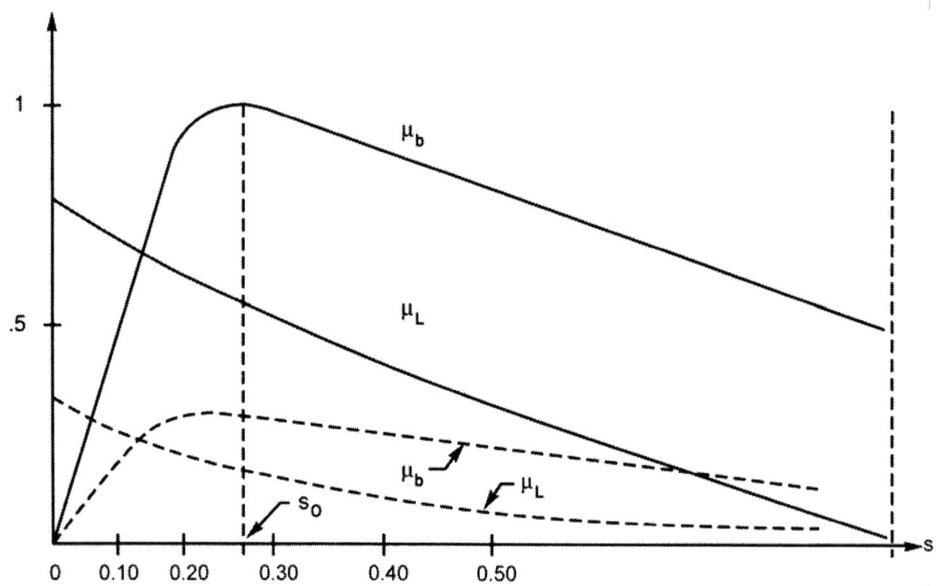

그림 8.16

미끄러짐을 갖는 마찰계수 변화 예시

짐도 0부터 증가한다. 미끄러짐이 커지면서, μ_b는 $s = s_o$까지 증가한다. 미끄러짐을 더욱 증가시키면 실제로 μ_b를 감소시키고 제동 효율을 감소시킨다.

반면에, μ_L은 s가 증가하면서 점차 감소한다. 이에 따라 완전히 잠긴 바퀴에서 측면힘이 가장 작은 값을 갖는다. 젖거나 빙판도로에서, $s = 1$에서 μ_L이 너무 낮아 측면힘이 차량의 방향 제어를 유지하기에 불충분할 수 있다. 하지만 미끄러짐이 잘 제어된다면 횡방향 제어는 어려운 제동 상황에서도 유지될 수 있다.

숙련된 운전자들이 브레이크를 여러 번 나누어 밟는 것처럼 ABS 역시 미끄러짐을 이와 같이 제어한다. ABS를 갖춘 차량에서는 한계제동 상황에서 운전자가 지속적으로 브레이크를 밟더라도 ABS 시스템은 타이어 미끄러짐을 최적값으로 배분하여 조절할 수 있다.

전형적인 ABS 상황에서, 미끄러짐에 대한 제어는 브레이크 유압을 전자적으로 조절하면서 이루어진다. ABS의 구조는 그림 8.14에서 볼 수 있다. 이 ABS는 가능한 한 많은 시간 동안 최적에 가까운 미끄러짐을 유지하기 위해 제동 압력을 조절한다. ABS의 작동은 제동력 F_b에 의해 도로 표면에서 바퀴에 적용되는 토크 T_w를 추정하는 것을 기본으로 한다.

$$T_w = r_w F_b \tag{49}$$

제동 토크 T_b는 제동 압력 p_b에 반응하여 제동 패드에 의해 디스크에 가해지고 p_b의 함수이다.

$$T_b = f(p_b) \tag{50}$$

여기서는 다음과 같이 T_b에 대해 모델을 단순화하는 것이 좋다.

$$T_b \cong k_b p_b \tag{51}$$

여기서, k_b는 브레이크에 주어진 상수이다.

이 두 토크 사이의 차이는 바퀴를 감속시킨다. 뉴턴 역학에 따라, 다음 식에 의해 바퀴 토크 T_w는 제동 토크와 바퀴 감속과 관련된다.

$$T_w = T_b + I_w \dot{\omega}_w$$

여기서, I_w는 바퀴의 관성 모멘트이고, $\dot{\omega}_w$는 바퀴 속도의 변화율인 바퀴 감속도 ($d\omega_w/dt$)이다.

극한의 상황에서 급격한 제동을 하는 동안, 충분한 제동력이 바퀴 잠김을 유발하도록 적용된다(ABS 제어가 없을 때). ABS의 다음 내용에 대해 급격한 제동을 가정하도록 한다. 제동 압력이 적용되면서, 미끄러짐의 증가를 야기하면서 T_b는 증가하고 ω_w는 감소한다. 바퀴 토크는 μ_b에 비례하여 증가하며, μ_b는 미끄러짐 s_o에 최고값에 도달한다. 결과적으로 바퀴 토크는 이 미끄러짐의 수준 영역에서 최고값을 갖고 $s > s_o$에 대해 감소한다. 이 미끄러짐의 영역에서, μ_b의 기울기는 음수이고(즉, $\frac{d\mu_b}{ds} < 0$), 바퀴 감속은 바퀴 잠금 상태를 초래하여 ω_w는 0이 된다. ABS의 기능은 최적의 미끄러짐을 유지하도록 T_b를 조절한다.

그림 8.17은 최대 T_w를 갖는 ABS 작동 구간에서 미끄러짐과 토크 사이의 관계이다. 최대 바퀴 토크가 전자적으로 감지된 이후, 전자 제어 시스템은 제동 압력이 줄어들도록 조절한다. 이 지점은 ABS 미끄러짐의 최대 제한값(upper limit point of slip)으로 그림 8.17에 표시되어 있다. 제동 압력이 줄어들 때, 미끄러짐은 감소되고 바퀴 토크는 최댓값을 지나 점차 줄어든다.

바퀴 토크는 미끄러짐의 최소 제한값(lower limit point of slip)에 도달하고, 이 지점에서 브레이크 압력은 다시 증가한다. ABS 시스템은 브레이크가 적용되는 동안 최적의 값 근처로 미끄러짐을 유지하면서 최대 및 최소 제한값 사이에서 위의 과정을 반복할 것이다.

당연히, ABS 제어 법칙과 알고리즘은 각 제조사의 특징을 가지고 있다. 여기서 이와 같은 이슈들을 다루는 것보다, 이 책 저자의 논문과 실험실에서 성공적인 ABS 작동을 입증한 제어 기법을 설명하도록 하겠다. 이 논의는 제어 알고리즘뿐만 아니라 기계적 동역학의 좋은 예시로 볼 수 있다.

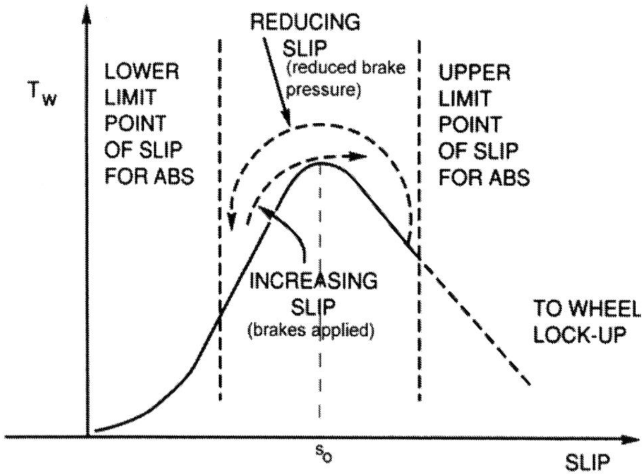

그림 8.17
바퀴 토크대 ABS 작동 상황에서 미끄러짐

이상적인 ABS 제어는 주어진 타이어/도로 조건에서 정확히 최적의 미끄러짐으로(즉, s_o) 유지하기 위하여 제동 힘/토크를 유지할 것이다.

현재 ABS 제어의 좋은 예시는 슬라이딩 모드 관측기(SMO)라는 기기의 사용을 기반으로 한다. SMO는 동역학 시스템의 상태 벡터를 거의 근접하게 추종하는 능력을 갖는 강인한 상태 벡터 추정기이다(상태 벡터의 정의는 제1장에 있다). 현재 논의를 위한 SMO는 상태 벡터로서 바퀴에 적용되는 차동 토크(δT_b)를 예측한다.

$$\begin{aligned}\delta T_b &= T_b - T_w \\ &= -I_w \dot{\omega}_w\end{aligned} \tag{53}$$

식 (53)을 다음과 같이 다시 정리하여 SMO가 손쉽게 산출될 수 있도록 한다.

$$\dot{\omega} = -\frac{\delta T_b}{I_w} \tag{54}$$

이 적용을 위한 SMO의 목표는 차동 토크의 추정치($\delta\hat{T}_b$)를 계산하는 것이다. 다음의 바퀴 각속도의 추정치($\hat{\omega}_w$)를 위해 미분방정식을 풀면서 $\delta\hat{T}_b$를 얻는다.

$$\dot{\hat{\omega}}_w = -m\,\mathrm{sgn}(\hat{\omega}_w - \omega_w) \tag{55}$$

여기서, m은 다음의 부등식을 만족시키는 SMO 이득이다.

$$m \geq \max|\delta T_b| \tag{56}$$

SMO는 정확하고 정교한 바퀴 각속도(ω_w)의 측정을 요구한다. 요구되는 추정치($\delta\hat{T}_b$)는 다음 1차 미분방정식의 해이다.

$$\tau\frac{d\delta\hat{T}_b}{dt} + \delta\hat{T}_b = -m\,\mathrm{sgn}(\hat{\omega}_w - \omega_w) \tag{57}$$

결과적으로 $\delta\hat{T}_b$는 식 (57) 우측 항의 1차 저역 필터 형태이다. 저역 필터(LPF) 대역폭(즉, $1/\tau$)은 바퀴 각속도의 상대적으로 큰 변동을 수용하기에 충분히 커야 한다. 필요에 따라서는 1차 저역 필터보다 더 높은 차수를 사용하는 것도 가능하다. 실제로 실험과 시뮬레이션에 의해 2차 LPF를 사용한 경우 훌륭한 제동 능력이 검증된 바 있다. SMO를 이용한 $\delta\hat{T}_b$의 추정치는 비교적 정확해서 SMO의 추정치($\delta\hat{T}_b$) 극값을 감지하면서 실제 차동 토크에 대한 극값이 발생되는 것을 감지할 수 있다. 이 추정치는 브레이크 압력을 조절하는 제어 알고리즘의 입력으로 사용된다.

브레이크를 작동시키거나 해제시키는 실제 제어 알고리즘은 $\delta\hat{T}_b$의 추정치에 기반한다. $\delta\hat{T}_b$가 증가하거나 감소함에 따라 미끄러짐값은 극한값(s_o)을 갖는다. 이때 제어 기법에서는 $\delta\hat{T}_b$에 적용되는 극값 감지 알고리즘을 이용한다. 브레이크가 작동되는 도중에 극값이 감지될 때마다, 미끄러짐값 s가 s_o를 지나쳤다는 것을 의미한다. 이 극값이 감지된 순간, ABS 제어기는 브레이크 압력을 해제하라는 명령 신호를 발생한다. 반대로 브레이크가 작동하지 않는 도중이나 브레이크 압력이 감소하는 도중에 $\delta\hat{T}_b$의 극값이 감지된 것은 역시 미끄러짐값 s가 s_o를 지나쳤다는 것을 나타낸다. 이 조건을 감지한 순간, 제어 시스템은 브레이크 압력이 다시 작동될 수 있도록 신호를 발생시킨다.

ABS가 작동되는 동안, 제어기는 미끄러짐값이 s_o를 넘어 증가했다는 것을 감지한다. 그리고 s_o와 미끄러짐의 최대 제한지점 사이의 어느 지점에서(그림 8.17), 제어 논리는 바퀴 잠금 상태가 임박했다는 것을 감지하고 브레이크 압력을 급하게 감소시키는 제어 신호를 발생시킨다. 브레이크 압력의 감소와 함께, 그림 8.17에 표현된 것처럼 바퀴는 롤링운동 조건으로 변화하며 미끄러짐은 감소한다. 미끄러짐값이 감소하며 다시 최대토크를 갖는 s_o를 지나칠 때, μ_b는 s_o에서 최댓값까지 증가하고 그 이후 감소한다. s가 s_o를 지나가는 동안 $\delta\hat{T}_b$는 극값을 갖는다. SMO는 $\delta\hat{T}_b$의 극값을 감지하고 나서 브레이크가 다시 작동되도록 알고리즘을 만든다.

실제 ABS에서, 브레이크는 개별 바퀴마다 독립적으로 제어된다. 이는 제동하

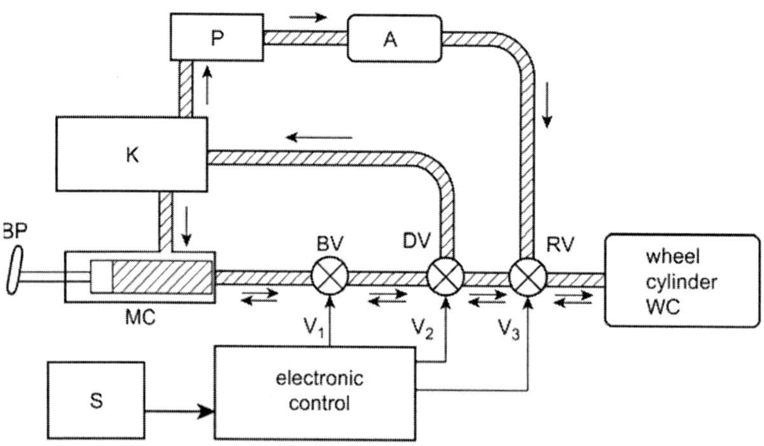

그림 8.18
ABS의 구성도

는 도중 차량의 관성력에 의해 각 바퀴에 서로 다른 수직항력(N)이 적용되기 때문이다. 게다가, 마찰 계수는 각 타이어/도로 접점에 대해 차이가 있을 수 있다.

ABS에 2개의 중요한 이점이 있다. 첫 번째는 각 바퀴에서 최대 마찰 계수를 얻을 수 있다는 것이다. 다른 하나는 정지하는 동안 차량의 방향 제어에 대해 충분한 측면 마찰계수(μ_L)를 유지할 수 있다는 것이다.

브레이크 압력을 조절하는 방법이 그림 8.18에 그려져 있다.

그림 8.18에서 표기법은 다음과 같다.

BP	브레이크 페달
MC	마스터 실린더
K	브레이크 액체 저장소
BV	차단 밸브
DV	압력 배출 밸브
RV	재 압력 밸브
P	펌프
A	축압기
S	바퀴 속도 센서
WC	바퀴 실린더
V_1, V_2, V_3	액추에이터 제어 신호

ABS 제어로 제동되는 동안, 우리는 운전자가 MC와 WC가 연결된 선에 브레이크 압력을 작용하고 유지할 것으로 가정한다. 그림 8.18에서 단일 바퀴에 대한 ABS를 설명하였다. 이는 4개의 바퀴 실린더에 있는 모든 밸브에 동일하게 적용된다.

그림 8.18에 그려진 각 밸브들은 각각 두 개의 분리된 기능을 갖는 이중 솔레노이드 기반의 밸브들이다. $V_1 = 0$의 비활성화 상태에서 차단 밸브는 압력이 가해져 있는 브레이크 액체를 입력선에서 출력선으로 흘려보낸다. ABS가 작동되지 않은 일반적인 제동 상황에서, 배출 밸브($V_2 = 0$)는 이 액체를 입력부에서 재압력 밸브로 연결된 출력선으로 통과시킨다. 마지막 밸브는 압축된 브레이크 액체를 바퀴 실린더로 보내고 브레이크 토크를 바퀴에 적용시킨다.

ABS 제어기가 미끄러짐값을 $s > s_o$의 조건을 만족시킴으로 인해 바퀴가 잠길 가능성이 있음을 감지할 때마다, 제어기는 0이 아닌 제어 신호 V_1, V_2, V_3를 순서대로 생성한다. 예제로 살펴본 ABS 제어기에서, 바퀴 잠금의 가능성이 있을 때 $\delta\hat{T}_b$에서 극값이 감지된다. 제어기는 V_1의 전압을 BC에 인가함으로써 브레이크 압력을 차단한다. 따라서 BV로의 입력부까지만 브레이크 압력이 가해져 있다. BV가 활성화되고 몇 밀리초 이후, 제어는 DV를 두 번째 위치로 이동시키기 위하여 전압 V_2를 인가한다. 이 위치에서 RV와 바퀴 실린더로의 배선은 저장고(reservoir)에 연결되어 있으므로 WC 압력은 급속히 0으로 떨어진다.

펌프(P)는 항상 축압기에 브레이크 압력을 유지한다. 활성화되지 않는 상태(즉, $V_3 = 0$)에서, RV는 WC와 연결된 배관으로부터 축압기를 차단시킨다. A에 가해진 압력은 적절한 시간까지 WC를 다시 압축시키기 위해 사용된다. 적절한 시간은 브레이크가 꺼진 상태에서 제어 시스템이 $\delta\hat{T}_b$의 극값을 감지하는 시간이다. 제어기가 이 상태를 감지했을 때, V_2 전압값을 0으로 변경하고 DV를 비활성화시킨다. V_2가 0이 되고 몇 밀리초 이후, 제어기는 재압력 밸브를 활성화시키는 전압 V_3를 발생시킨다. 활성화되었을 때, RV는 이미 압축되어 있는 A를 WC로 연결한다. 동시에 DV의 출력부에 압력을 가해 BV의 출력 배관에 압력을 전달한다. 압축된 WC는 바퀴에 제동 토크 T_b를 가하도록 요구되는 힘을 가한다.

낮은 μ_b 상태가 유지된다고 가정하면, 미끄러짐이 증가함에 따라 s가 s_o를 지나가면서 $\delta\hat{T}_b$에서 새로운 극값이 감지된다. 그리고 위에서 설명한 압력 배출과 재압력으로 이어지는 전체적인 ABS 제어기의 절차가 반복될 것이다. ABS의 제어는 브레이크가 꺼진 상태에서 바퀴 속도가 미리 설정한 값(예, 1~5 mph) 보다 낮아지거나, 운전자가 브레이크 페달을 개방시킬 때까지 계속된다.

그림 8.19는 실험적 시스템의 시뮬레이션에서 ABS가 동작하는 동안 바퀴의 거동을 보여준다. 이 그림에서 차량은 초기에 55 mph로 움직이고 브레이크가 작동하여 그림 8.19a처럼 속도가 감소하는 것을 보여준다. 그림 8.19a의 실선은 지면에 대한 차량 속도를 나타내고, 점선은 순간적인 바퀴 속도를 나타낸다. 바퀴 속도는 ABS 제어기가 바퀴 잠김을 감지할 때까지 떨어지기 시작한다. 이 지점에서, ABS는 브레이크 압력을 줄이고 바퀴 속도는 제어가 브레이크 압력을 다시 가할 때까지 증가한다. 브레이크 압력이 증가함에 따라, 바퀴는 다시 잠기려하고 ABS는 다시 브레이크 압력을 감소시킨다. 이와 같은 과정은 차속이 충분히 느려질 때까지 반복된다.

그림 8.19b는 순간적인 마찰 계수 $\mu_b(t)$를 보여준다. ABS 작동의 풀림에 따라 μ_b가 최댓값(($\mu_b(s_o)$)에 대해 왔다갔다하는 것을 볼 수 있다. 그림 8.19와 유사한 결과가 장비를 사용한 실험실 시험에서도 얻어질 수 있다.

미끄러짐값을 s_o에 가깝게 유지함에 따라 최대 감속은 주어진 조건들로 얻어진다. 미끄러짐값이 s_o에 가깝게 유지됨에 따라 측면힘은 다소 감소할 수 있다. 그러나 대부분의 경우에 차량 조향성을 유지하기에는 충분한 양의 측면힘은 유지할 수 있다.

일부 ABS 제어기에서, 방향제어를 위하여 미끄러짐값의 평균값을 s_o 이하로 낮추기도 한다. 이 경우 미끄러짐의 상하 한계값을 조절함에 따라 평균값을 낮

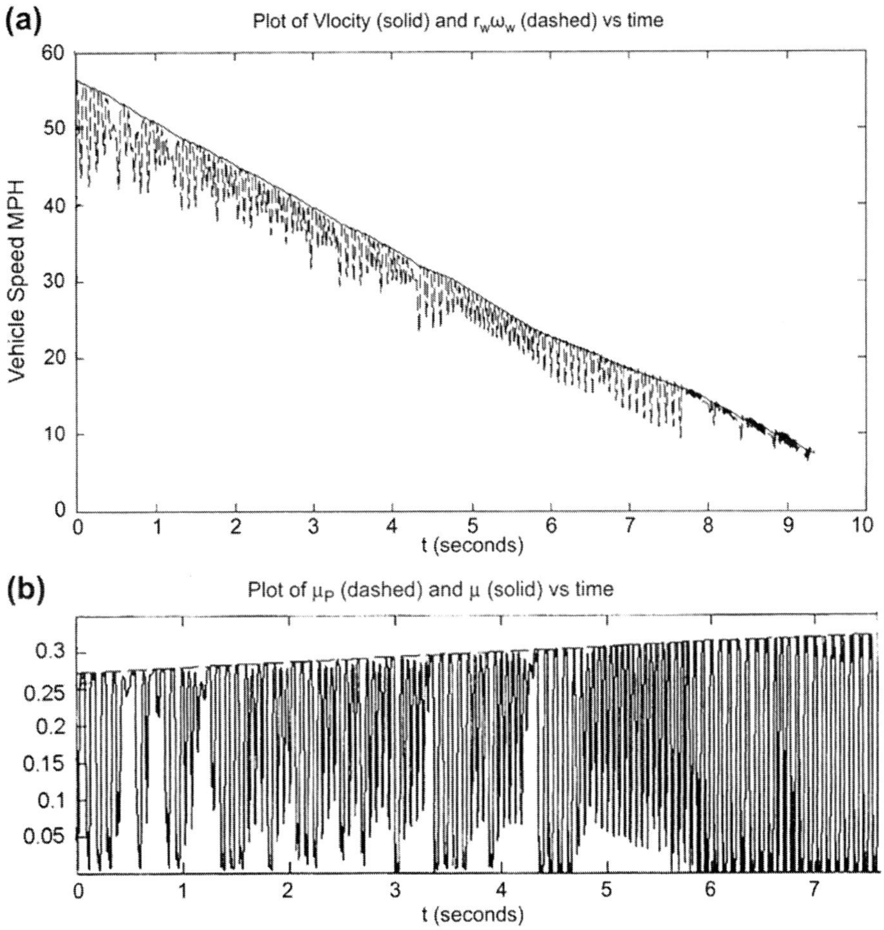

그림 8.19
ABS 동작 과정

출 수 있다.

타이어 슬립 제어기

ABS의 다른 이점은 브레이크 압력 변조기가 이전에 설명한 타이어 미끄러짐 제어를 위한 것뿐만 아니라 ACC를 위해서도 사용될 수 있다. 타이어 미끄러짐은 제동할 때 뿐만 아니라 속도를 높일 때에도 발생한다. 파워트레인 토크가 주행 바퀴에 적용된 일반적인 주행 상황에서, 제동 시 적용되는 미끄러짐값은 음수를 갖는다. 이때, 도로면에 대한 바퀴의 이동속도는 타이어가 미끄러짐 없이 구를 때보다 더 빠르다.

젖거나 얼어 있는 노면에서, 마찰 계수는 매우 낮고 과잉 미끄러짐이 발생할 수 있다. 최악의 경우에, 주행 바퀴들 중 하나는 얼음이나 눈 위에 있는 반면 다른 바퀴는 건조한 노면에 있을 수 있다. 차동기의 동작 때문에(제7장, 그림 7.27 참조) 낮은 마찰의 타이어는 헛돌 것이고, 이 때문에 적은 양의 토크가 마른 바퀴 측면에 적용될 것이다. 이와 같은 상황에서 운전자가 비록 하나의 바퀴가 상대적으로 좋은 마찰 표면에 있을지라도 차를 마음먹은 대로 움직이게 하는 것은 어렵다.

이와 같은 문제점은 제동력을 헛도는 바퀴에 적용함으로써 해결할 수 있다. 이 경우에 차동기의 동작을 통해 건조한 노면 위에 있는 바퀴에 토크를 적용함으로써 차량은 움직일 수 있게 된다. ABS 예제에서처럼, 각각의 주행 바퀴에 각각의 독립적인 조절기가 적용된다고 가정했을 때, 제동력은 유압 브레이크 압력 조절기에 의해서 헛도는 바퀴에 적용될 수 있다. 이 조절기의 제어는 양쪽 주행 바퀴의 회전속도 측정값에 따라 이루어진다. 당연히, ABS는 이전에 논의되었던 바와 같이 바퀴 회전속도 센서를 포함하고 있다. ABS 전자부품은 이 두 개의 바퀴 속도를 비교하고 하나의 주행 바퀴가 헛도는 것을 막도록 제동력을 적용할 수 있다.

잠김방지 제동은 전기유체방식의 브레이크로 제어될 수 있다. 전기유체방식의 브레이크 시스템은 고급 순항 제어(ACC)를 다룬 챕터에서 이미 설명되었다.

되짚어보면, ACC는 모터로 작동되는 펌프가 브레이크 압력을 솔레노이드로 작동되는 브레이크 밸브를 통해 바퀴에 전달한다. ACC에 브레이크를 적용하기 위해서, 작동 밸브와 차단 밸브는 각각 4개 바퀴의 제동력을 독립적으로 제어하게 된다.

전자 현가 시스템

자동차 현가 시스템은 스프링, 쇼크 업소버와 바퀴와 차체를 연결하는 다양한 연결 장치들로 이루어져 있다. 현가 시스템의 목적은 거친 노면에 의한 바퀴의 수직방향 움직임으로부터 차체 움직임을 최대한 격리시키는 것이다. 그림 8.20은 전륜 주행 차량의 앞 부분 바퀴들에 대해 현가 시스템을 간략히 묘사한다. 본질적으로, 현가 시스템은 차체를 연결하는 질량-스프링-댐핑의 조합이다. 여기서 차체 질량은 “스프링 질량”으로 표현하고, 그에 연결된 바퀴/차축 브레이크 부분은 “언스프링” 질량으로 표현하겠다.

운전자/승객 관점에서 두 개의 주요한 성능평가 척도는 승차감(ride)과 핸들링

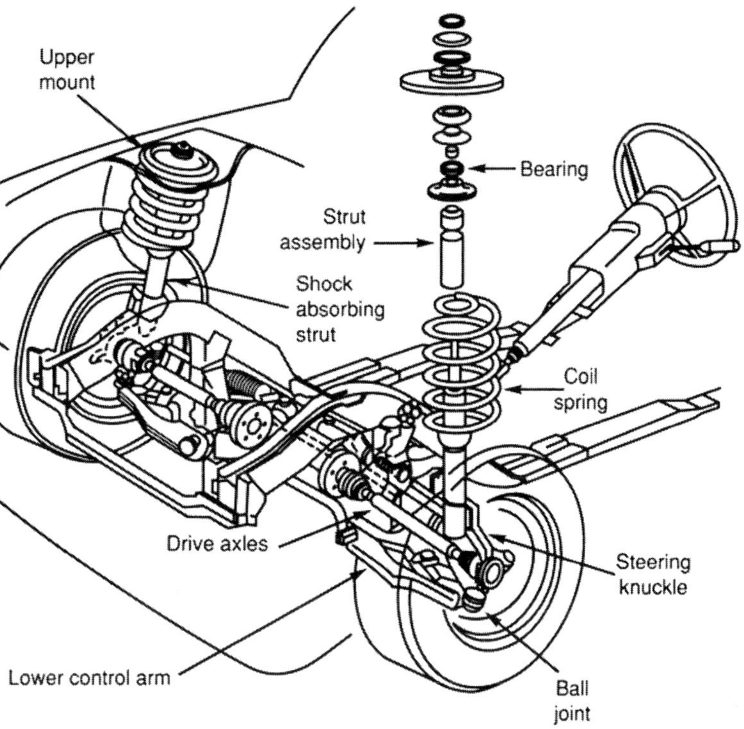

그림 8.20

전륜 현가 시스템 개략도

이다. 승차감은 도로의 요철이나 불규칙적인 부분에 대한 차체의 움직임을 의미한다. 핸들링은 코너링이나 긴급한 제동과 같은 차량의 움직임에 대해 차체가 얼마나 잘 반응하는지를 의미한다.

현가 시스템에서 댐핑은 스트럿(strut)의 쇼크 업소버 부분에 의해 제공된다. 점성댐핑은 스트럿의 피스톤 부분에 있는 구멍을 통한 유체 움직임에 의해 주어진다. 스트럿의 구조와 세부적인 사항들은 이번 단락의 뒷부분에서 소개되지만 관심 있는 독자들은 그림 8.23에서 미리 볼 수 있다. 여기에서는 핸들링과 승차감에서의 스트럿 댐핑의 영향에 대해 알아보고자 한다. 일반적으로 승차감은 쇼크 업소버의 댐핑을 낮추면 개선되는 반면, 핸들링은 댐핑을 증가시킬수록 개선된다. 전통적인 현가 설계에서, 댐핑 변수는 고정되고 승차감과 핸들링을 절충하면서 선택된다.

전자적으로 제어되는 현가 시스템에서, 이 댐핑은 운전 상태와 도로 거칠기 특성에 따라 변할 수 있다. 즉, 현가 시스템은 입력값에 따라 안전과 관련된 핸들링에 대한 제약조건을 만족시키는 범위에서 가능한 최고의 승차감을 유지하도록 조절된다.

전자식 현가 제어 시스템에는 대표적으로 능동 시스템과 준능동 시스템의 두 가지 종류가 있다. 준능동 현가 시스템은 에너지를 흡수하는 방식으로 볼 수 있다. 여기서 충격은 마이크로컨트롤러로 조절되는 쇼크 업소버에 의해 흡수된다. 이 시스템에서, 쇼크 업소버 댐핑값은 운전 상태에 따라 바퀴 움직임의 힘을 적절히 흡수하도록 조절된다.

능동 현가 시스템에서, 에너지는 유압이나 공압 액추에이터에 의하여 발생하여 현가 시스템으로 더해진다. 지금까지 개발된 대부분 현가 시스템의 전자 제어는 주로 준능동 시스템이다. 따라서 우리는 준능동을 먼저 소개하고 나서 능동을 소개할 것이다.

준능동 현가 시스템의 주요한 목적은 핸들링을 희생시키지 않으면서 가능한 좋은 승차감을 제공하는 것이다. 좋은 승차감은 차체가 도로면 높낮이의 변형으로부터 가능한 영향을 받지 않을 때 얻을 수 있다. 수직방향 스프링-질량 운동의 입력은 도로 표면의 높낮이이다. 안정한 속도로 주행 중인 차량에서, 입력은 랜덤 프로세스이다. 도로 표면의 성질에 따라 이 랜덤 프로세스는 정상상태(stationary) 프로세스이거나 비정상상태(nonstationary) 프로세스일 수 있다. 다음 논의에서 우리는 정상상태 랜덤 프로세스를 가정한다. 준능동 현가시스템에서는 핸들링 성능을 희생하지 않으며 가능한 최상의 승차감을 얻기 위해 쇼크 업소버 댐핑을 제어한다.

현가 시스템은 차체의 수직운동과 도로면 사이의 영향을 차단할 뿐만 아니라 또다른 주요한 기능을 갖는다. 이는 도로 거칠기에 의한 바퀴부분의 수직방향 운동에 의한 타이어 수직항력을 일정하게 유지하는 기능이다. ABS 시스템에서 제동력과 횡방향 힘이 타이어의 수직항력에 의해 결정된다는 것을 생각해 보자. 물론, 일반적인 장기적으로, 수직력은 차량 무게와 가속, 감속 혹은 코너링 때문에 발생하는 관성력의 합에 의해 결정된다.

하지만 차량이 도로를 움직이면서, 바퀴는 도로 상황에 반응하여 수직방향으로 운동할 것이다. 이 움직임은 코너링이나 제동력의 변화에 반응하여 수직항력의 변화를 유발한다. 예를 들어, 거친 곡선 도로에서 주행 중일 때, 현가 시스템이 좋은 댐핑 특성을 갖지 못한다면 조종이나 제동 효율의 손실이 발생할 수 있다. 우리는 다음에 전자적으로 제어되는 현가의 역할에 의해서 변화되는 차량 동역학에 대해 고려해 보자.

현가와 관련된 차량 움직임을 설명하는 기하학적 구조가 그림 8.21a와 b에 있다. 이 그림에서 차량의 종방향, 횡방향, 수직방향 축들이 정의되어 있다. 지구고정 관성 좌표 시스템 축들은 x', y', z'로 표시되어 있고, 차체고정 축들은 x, y,

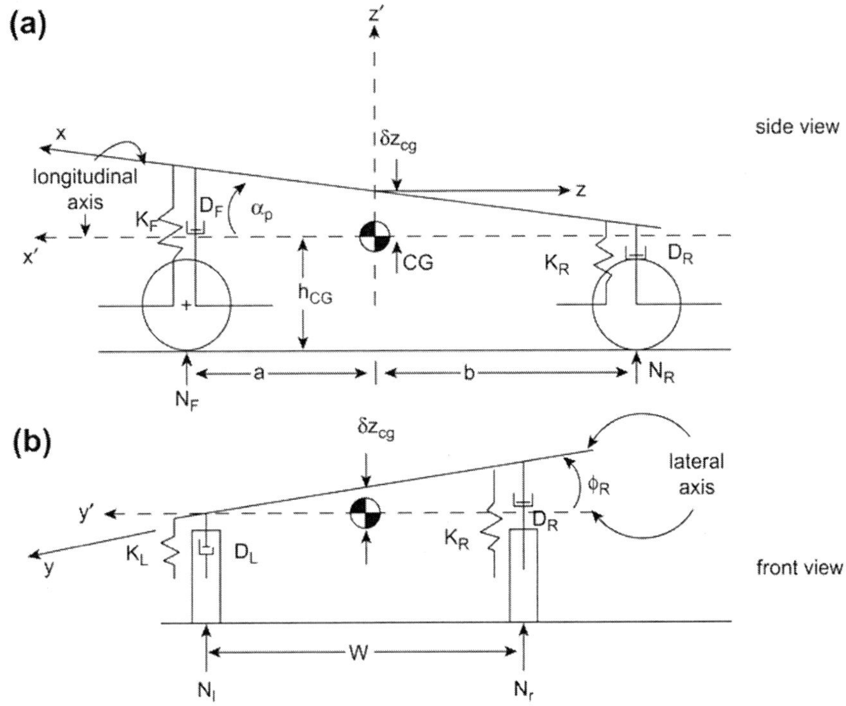

그림 8.21
현가 시스템 개략도

z로 표시되어 있다.

종방향 축은 바닥 지표면과 평행한 무게 중심(CG)을 통과하는 축이다. 지표면은 차량이 정확히 수평면 축 위에 있을 때 바퀴 축들을 관통하는 평면이다. 이 구성에서, 차량 무게 때문에 전 후 스프링의 기울어짐은 종방향 축에 따른 CG의 위치에 의존한다.

그림 8.21은 차체에 고정된 종방향의 x축을 따라 보이는 차량의 측면 모습이다. 그림은 또한 지구고정좌표계를 구성하는 x' 축과 움직이지 않는 차량에 대해 x축을 보여준다. 이 그림에서, x축은 x'축에 대하여 "피치 각" α_p만큼 기울어져 있다. 그림에서 CG의 수직적인 변위는 δz_{cg}로 표현되고 상하운동으로 불린다. 전/후 바퀴의 스프링은 좌/우가 똑같다고 가정한다. 전방 현가 탄성률은 K_F로, 후방은 K_R로 표현된다. 점성 감쇠는 또한 좌/우가 대칭적이라 가정하고 선형 감쇠 계수 D_F와 D_R을 각각 전/후에 대하여 갖는다.

그림 8.21b는 차량을 앞에서 바라보았을 때 차체가 평형상태일 경우 횡방향 축(y)을 실선으로 표현하였고 변형된 상태일 때의 축(y')을 점선으로 표현하였다. 각 ϕ_R은 종방향 방향 축에 대한 "롤(roll)" 각이다. z축은 CG를 관통하여 x,

y 평면에 직교이다. y'과 z'축은 차량 동역학 움직임에 대한 관성좌표계이다.

비선형 미분방정식으로 표현된 차량 동역학의 전체적인 내용을 논의하는 것은 이 책의 범위를 벗어난다. 그보다 목표는 현가의 전자 제어에 초점을 맞추고 대표되는 몇 개의 차량 거동에 따른 차량 동역학을 이해하고자 한다. 이러한 목적에 맞춰 선형 동역학 모델들이 제시되었다. 위와 같이 단순화된 모델에서 차량 스프링 질량에 작용하는 많은 힘들이 있다. 여기에는 파워트레인과 제동 토크/힘, 관성력, 스프렁 질량으로 타이어에 작용하는 언스프렁 질량과 관련된 수직력이 있다.

타이어에 작용하는 수직력은 차량이 이동할 때마다 모든 4개의 바퀴에 대해 다르다. 이러한 힘들은 차량 동역학에 기인한 관성력에 대한 반응력뿐만 아니라 차량의 중력에 의한 성분들을 포함한다. 이 4개의 힘은 다음과 같이 표현하고자 한다.

N_{Fr}	오른쪽 앞 부분
$N_{F\ell}$	왼쪽 앞 부분
N_{Rr}	오른쪽 뒷 부분
$N_{R\ell}$	왼쪽 뒷 부분

우선 비교적 간단한 예제로서 평평한 직선도로에서 제동하는 차량의 거동을 고려해 보자. 타이어로부터 차량에 작용하는 전/후 방향 힘은 각각 F_F와 F_R로 표현된다. 이 힘들은 가속에 대해서는 양수이고, 감속에 대해서는 음수이다. 여기서 다음과 같이 주어진 대로 가정한다.

$$\begin{aligned} F_F &= -(N_{Fr} + N_{F\ell})\mu_F \\ F_R &= -(N_{Rr} + N_{R\ell})\mu_R \end{aligned} \tag{58}$$

여기서, μ_F는 앞 부분 타이어에 대한 마찰 계수이고, μ_R는 뒷 부분 타이어에 대한 마찰 계수이다.

이러한 제동력의 조합은 CG에 대해 T_b로 주어지는 모멘트를 제공한다.

$$T_b = (F_F + F_R)h_{CG} \tag{59}$$

이 모멘트를 보상하는 성분은 다음과 같이 주어진 타이어 수직항력에 의한 CG를 중심으로 하는 모멘트(T_n)이다.

$$T_n = N_F a - N_R b$$

여기서,

$$N_F = N_{Fr} + N_{Fr} \\ N_R = N_{Rr} + N_{R\ell} \tag{60}$$

여기서, a와 b는 차량의 종방향 축에 따라 차량중심 CG로부터 각각 전/후 바퀴 축까지 거리이다.

타이어에 작용하는 수직력은 타이어에서 현가 시스템의 스프링/댐퍼로 전달된다. 지금은 타이어 동역학은 무시된다. 아래 식으로 표현된 N_F와 N_R은 부하를 받지 않는 위치에서부터 현가 스프링에 변형을 발생시킨다.

$$N_F = -\left(K_F\delta z_F + D_F\delta \dot{z}_F\right) \\ N_R = -\left(K_R\delta z_R + D_R\delta \dot{z}_R\right) \tag{61}$$

여기서 δz_F는 앞 부분 스프링의 변형이고 δz_R는 뒷 부분 스프링의 변형이다.

$$\begin{aligned} K_R &= K_{Rr} + K_{R\ell} = \text{rear spring rate} \\ K_F &= K_{Fr} + K_{F\ell} = \text{front spring rate} \\ D_F &= D_{Fr} + D_{F\ell} = \text{front damping coefficient} \\ D_R &= R_{Rr} + D_{R\ell} = \text{rear damping coefficient} \end{aligned} \tag{62}$$

CG의 어떠한 수직적인 움직임도 존재하지 않을 경우(즉 여기서 $\delta\ddot{z}_g = 0$), 수직력들을 더하면 차량 무게(W_V)와 같다.

$$N_F + N_R = W_V \tag{63}$$

여기서 전/후 타이어는 같은 마찰 계수를 갖는다고 가정한다.

$$\mu_R = \mu_F$$

제동 때문에 차량에 작용하는 전체 힘은 다음과 같이 주어진다.

$$F = F_F + F_R \\ = -\mu W_V$$

제동(T_b) 때문에 CG주변에 작용하는 모멘트는 다음과 같이 주어진다.

$$T_b = -W_V\mu h_{CG}$$

차체 질량에 작용하는 전체 힘들의 모멘트 합은 y축에 대한 피치각($\ddot{\alpha}_p$)의 각

가속도를 발생하며, 이는 다음 모델로 제시할 수 있다.

$$I_{yy}\ddot{\alpha}_p = -\mu W_V h_{CG} + T_n \tag{64}$$

여기서

I_{yy} = CG를 관통하는 측방향 축에 대한 차체질량의 관성 모멘트

$T_n = aN_F - bN_R$

충분히 작은 피치각 변화에 대해서 전/후 변위와 수직적인 속도는 다음과 같이 주어진다.

$$\begin{array}{ll} \delta z_F = \mathrm{a}\alpha_p & \text{(front displacement)} \\ \delta z_R = -\mathrm{b}\alpha_p & \text{(rear displacement)} \\ \delta \dot{z}_F = \mathrm{a}\dot{\alpha}_p & \text{(front vertical velocity)} \\ \delta \dot{z}_R = -\mathrm{b}\dot{\alpha}_p & \text{(rear vertical velocity)} \end{array} \tag{65}$$

위 관계들을 피치 동역학 식 (64)로 대체하는 것은 다음 식을 산출한다.

$$I_{yy}\ddot{\alpha}_p = (F_F + F_R)h_{CG} - \left[\mathrm{a}(K_F\mathrm{a}\alpha_p + D_F\mathrm{a}\dot{\alpha}_p) + \mathrm{b}(K_R\mathrm{b}\alpha_p + D_R\mathrm{b}\dot{\alpha}_p)\right] \tag{66}$$

이 식에서 항들을 단순화하고 재배열하는 것은 $\ddot{\alpha}_p$에 관한 다음 이차 미분방정식을 산출한다.

$$I_{yy}\ddot{\alpha}_p + D\dot{\alpha}_p + K\alpha_p = Fh_{CG} \tag{67}$$

여기서,

$$D = \mathrm{a}^2 D_F + \mathrm{b}^2 D_R$$
$$K = \mathrm{a}^2 K_F + \mathrm{b}^2 K_R$$

따라서 제동력과 피치각에 대한 전달함수($H_\alpha(s)$)는 다음과 같이 주어진다.

$$\begin{aligned} H_\alpha(s) &= \frac{\alpha_p(s)}{F(s)} \\ &= \frac{h_{CG}}{I_{yy}s^2 + Ds + K} = \frac{h_{CG}}{I_{yy}}\left[\frac{1}{s^2 + 2\zeta\omega_n s + \omega_n^2}\right] \end{aligned} \tag{68}$$

여기서,

$$F(s) = F_F(s) + F_R(s)$$

$$\omega_n = \sqrt{\frac{K}{I_{yy}}}$$

$$\zeta = D(2I_{yy}\omega_n) = \text{damping ratio}$$

임의의 제동력 함수 $F(t)$에 의한 피치 동역학에 대한 이 식의 솔루션은 제1장의 방법을 사용하면서 찾거나 시뮬레이션을 통해 찾을 수 있다. 예를 들어, 브레이크 힘을 F_o의 폭으로 순간적으로 증가시켰을 때 피치 각은 $\alpha_p = 0$, $\dot{\alpha}_p = 0$의 조건에서부터 시작하여 값(α_{pss})으로 수렴한다고 생각하자. 이때 α_{pss}는 다음과 같이 주어진다.

$$\alpha_{pss} = -\frac{h_{CG}F_0}{K} \tag{69}$$

댐핑비 ζ에 따라 α_p는 α_{pss}로 안정화되기 전에 오버슈트가 있을 수도 있다. 그림 8.21a에서 부호 규약은 $\alpha_{pss} < 0$로 설정하였다.

제동에 의한 피치 동역학의 주파수응답 $H_\alpha(j\omega)$는 다음과 같이 주어진다.

$$H_\alpha(j\omega) = \frac{h_{CG}/I_{yy}}{(\omega_n^2 - \omega^2) + 2j\zeta\omega_n\omega} \tag{70}$$

피크값은 $\omega = \omega_n$에서 발생하고, 다음의 크기를 갖는다.

$$|H_\alpha(j\omega_n)| = \frac{h_{CG}}{2\zeta K} \tag{71}$$

그리고 $F(j\omega)$에서 $\alpha_p(j\omega)$로의 90°의 주파수 천이가 있다. 이 주파수 응답으로부터 피치 동역학의 공진응답을 결정하는 댐핑값의 중요성을 명확하게 확인할 수 있다.

이전 장에서 ABS가 작동하였을 때 제동력은 시간에 따라 급격히 변화하고 주기를 갖는다는 것을 확인하였다. ABS의 반복적인 동작에 대한 피치 동역학은 승차감 측면에서 비록 그 주기가 공진주파수와 거리가 있더라도 나쁜 영향을 끼칠 수 있다. 그럼에도 불구하고 후에 논의되는 전자적인 댐핑제어는 승차감을 개선시킬 수 있을 것이다.

지금까지 피치 동역학에 대한 주파수 응답을 알아보았고 현가 스프링값과 댐핑에 의해 결정되는 것을 확인하였다.

유사한 방정식들은 수직변위(즉, 상하운동)의 동역학을 설명하는 데 사용될 수 있다. 또한, 유사한 주파수 응답이 상하운동에 대하여 얻어진다. 그러나 이러한 논의는 휠과 타이어의 동역학을 포함하는 수직 역학모델 부분에서 다루도록 하겠다. 이 장 후반부에 나오는 모델은 이러한 동역학이 포함되어 설명될 것이다. 지금은 이러한 동역학과 차량 예제를 통하여 정성적인 주파수 응답에 대하여 고려해 보자.

그림 8.22는 대표적인 타이어 수직력 변형에 대한 주파수의 함수를 정성적으로 표현하였다. 주파수 변수는 실제차량에 정현파 가진(제1장에서 논의하였던 정현파 주파수응답)이다. 실선은 상대적으로 감쇠계수가 낮은 쇼크 업소버의 응답이며, 점선은 상대적으로 감쇠계수가 큰 쇼크 업소버의 응답이다.

그림 8.22의 세로좌표는 무게로 인한 평균수직하중에 대한 힘의 변동의 진폭비이다. 이 응답에는 두 개에 상대적인 최고점이 있다. 첫 번째 최고점은 대략적으로 1~2 Hz에 있으며 일반적으로 스프링 질량 진동과 관계가 있다. 2~15 Hz 영역에 있는 두 번째 최고점은 스프링/언스프렁 질량조합의 공진이다.

일반적으로 어떤 서스펜션 시스템이 주어질 때 승차감 및 핸들링은 동시에 최적화될 수 없다. 승차감이 좋은 차량은 거친 노면에 입력에 의한 차체의 운동/가속이 최소화되는 차량이다. 특히, 2~8 Hz 주파수 영역의 차체 운동은 종종 좋은 승차감을 위한 가장 중요한 영역으로 여겨진다. 좋은 승차감은 그림 8.22의 낮

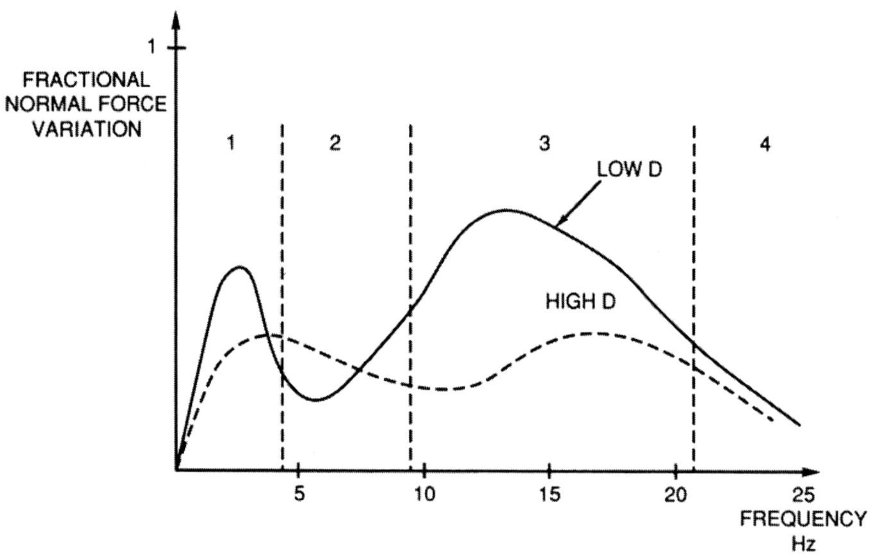

그림 8.22
정현파 가진에 의한 수직력 변화대 주파수

은 감쇠계수로 달성할 수 있다.

저감쇠의 경우 바퀴 부분의 운동은 노면 가진으로 인해 상대적으로 자유롭게 움직이는 반면, 차체의 움직임은 상대적으로 적게 유지된다. 그림 8.22를 보면, 특히 2개의 최고 주파수에서 저감쇠는 상대적으로 수직항력의 높은 변화를 발생시킨다. 즉, 저감쇠는 상대적으로 안 좋은 조종 안정성을 유발한다.

그림 8.22에서 4개의 영역으로 나누어진 주파수에 대하여 각각 바람직한 서스펜션 감쇠 특성은 다음과 같다.

region	Frequency(Hz)	damping
1: Sprung mass mode	1−2	High
2: Intermediate ride	2−8	Low
3: Unsprung mass resonance	8−20	High
4: Harshness	>20	Low

핸들링에 영향을 주는 또 다른 차량의 주요 입력은 코너링과 같은 조향입력이다. 차량이 위와 같은 조종을 할 때마다 횡가속도가 발생한다. 무게 중심에 작용하는 횡가속도는 차량을 조향하는 반대 방향으로 롤(roll)이 발생하도록 한다.

차량동역학의 또 다른 간단한 예제는 평탄한 도로에서 커브길을 만난 차량의 경우이다. 편의상 차량이 $t < 0$동안 직선도로를 이동하며 $t = 0$일 때 커브길을 만났다고 가정하자. 위 예제는 이와 같은 조작 시 차량의 롤운동역학에 미치는 영향(즉 $\phi_R(t)$)을 보여준다. 이 예제에서는 역학모델의 변수로 이전 장에서 소개를 한 요(yaw) 변수 ψ를 사용할 필요가 있다. 요는 차량이 진행하는 직선도로 방향으로부터 커브길에 들어선 이후 차량의 종방향 축의 각도의 변화를 의미한다. 왜냐하면 이 예제에서 $t < 0$일 때 도로가 직선이기 때문에 이때의 좌표계는 지구고정 좌표계 시스템(ECEF) 관성계와 일치하는 것으로 생각한다. ψ의 시간에 대한 변화량은 r로 표현한다.

$$r = \dot{\psi} \tag{72}$$

비슷하게 $\dot{\phi}_R$의 기호는 p로 나타낸다.

$$p = \dot{\phi}_R \tag{73}$$

CG의 횡방향 속도 성분은 v로 나타낸다.

$$v = \dot{y} \tag{74}$$

커브에서 차량의 움직임으로 인한 관성력은 CG를 중심으로 한 롤링모멘트 T_R을 만든다.

$$T_R = -Mh_{CG}(\dot{v} + ru_0) \tag{75}$$

여기서 u_o는 차량의 속도(일정한 값으로 가정)이며, M은 차량의 질량이다.

이 조종에서의 CG에 대한 모멘트의 합은 다음의 근사화된 미분방정식으로 정리할 수 있다.

$$I_{xx}\ddot{\phi} + Mh_{CG}(\dot{v} + ru_0) = -(L_\phi \phi_R + L_p p) \tag{76}$$

I_{xx}는 차체의 종방향축에 대한 차체의 관성 모멘트이다.

$$L_{\phi=}(K_F + K_R)w^2$$

$$L_p = (D_F + D_R)w^2 \tag{77}$$

여기서, w는 그림 8.21b에 있는 좌/우 타이어 사이의 거리이다(그림 8.21a).

이 식에서 관성 $I_{xz}\dot{r}$의 외적에 비례하는 항은 일반적으로 상대적으로 높은 $\dot{r}$를 제외하고는 매우 작으므로 무시할 수 있다. 위의 식은 관성롤링모멘트(T_R)에 대하여 다음과 같이 다시 정리할 수 있다.

$$I_{xx}\ddot{\phi}_R + L_p\dot{\phi}_R + L_\phi \phi = T_R \tag{78}$$

여기서,

$$T_R = -Mh_{cg}(\dot{v} + ru_o)$$

곡선 도로를 일정한 반경을 가진 원의 일부분으로 가정하자. 한쪽 부분이라면 일정한 선회동작 기간 동안의 모멘트 T는 다음과 같이 주어진다.

$$\begin{aligned} T_R(t) &= 0 \qquad && t < 0 \\ &= T_0 \qquad && t \geq 0 \end{aligned} \tag{79}$$

따라서 일정한 속도 u_o로 일정한 반경 R의 커브를 따라 이동하는 차량에 대해 T_0는 다음과 같이 나타남을 확인할 수 있다.

$$T_0 = -Mh_{CG}\, u_o^2/R$$

앞 식들로부터 롤운동역학 $H_\phi(s)$에 대한 동작전달함수는 다음과 같이 정의된다.

$$\begin{aligned} H_\phi(s) &= \frac{\phi_R(s)}{T_R(s)} \\ &= \frac{1}{I_{xx}\left(s^2 + \dfrac{sL_p}{I_{xx}} + \dfrac{L_\phi}{I_{xx}}\right)} \end{aligned} \tag{80}$$

$t = 0$에서 커브를 진입하는 단계에서의 롤 동적응답 $\phi_R(t)$은 브레이크가 작동된 단계에서의 피치 응답과 유사한 형태와 같다. 스트럿 감쇠계수가 피치각 $\alpha_p(t)$에 영향을 미치는 것처럼 롤 감쇠계수 L_p는 롤각도 $\phi_R(t)$에 영향을 준다. 과도응답이 쇠퇴한 이후에 정상상태 롤각(ϕ_{RSS})은 다음과 같다.

$$\phi_{RSS} = \frac{T_0}{L_\phi} \tag{81}$$

즉, 서스펜션의 스프링비는 주어진 정상상태 선회 시의 롤을 결정한다. 정상 운전조건의 승용차에서 롤 주파수 응답은 일반적으로 피치나 상하운동 역학보다는 덜 중요하다. 예를 들어 사인함수 형태의 롤 모멘트를 가진 입력은 좌우로 요동하는(oscillatory) 조향입력으로부터 발생할 수 있다. 그러나 이는 일반 승용차 운전에서 잘 발생하지 않는다.

어떠한 주어진 주행에 대해 롤의 양이 감소된다면 자동차 핸들링은 일반적으로 향상된다. 주어진 차량과 주행에서 롤의 변화량은 스프링 계수와 쇼크 업소버 감쇠값이 증가하면 향상된다.

제1장에서, 우리는 스프링/질량/감쇠 시스템의 운동에 대해 논의했다. 공진주파수와 감쇠계수 D_c(즉, $\zeta = 1$)는 다음과 같이 확인할 수 있다.

$$D_c = 2\sqrt{KM}$$

좋은 승차감을 위해 감쇠는 가능한 한 낮아야 한다. 실제 설계 고려 사항에서 최소 감쇠는 $0.1 < D/D_c < 0.2$ 영역이 일반적이다. 그러나 최적의 핸들링을 얻을 수 있는 감쇠영역은 $0.6 < D/D_c < 0.8$이어야 한다.

최근 차량이 주행하는 동안 승차감 및 핸들링 특성을 변화시킬 수 있도록 쇼크 업소버/스트럿 어셈블리를 전기적으로 제어하는 기술이 발전되고 있다. 전자제어 서스펜션의 동작의 이해를 위해 그림 8.23을 참조하여 스트럿(쇼크 업소

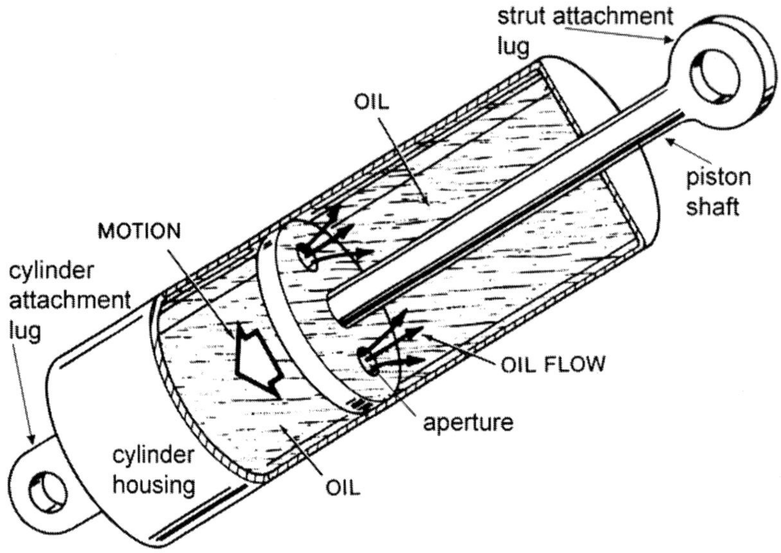

그림 8.23
스트럿 물리적 구성

버)의 동작원리를 알아보도록 하자.

물리적으로 스트럿은 움직이는 피스톤과 밀폐된 실린더로 구성된다. 이 스트럿의 한쪽 끝부분은 차체(스프렁 질량)와 연결되어 있고 다른 쪽은 휠의 차축 어셈블리에 부착된다. 스트럿은 오일로 채워져 있으며 오일은 피스톤이 움직일 때마다 좁은 통로를 통과할 수 있도록 되어 있다. 이렇게 함으로써 양끝단 사이의 상대운동이 가능하다. 스트럿은 피스톤이 움직일 때마다 상대적 피스톤/실린더 속도, 통로의 크기, 그리고 유체의 점성에 비례하여 점성 감쇠력을 제공한다. 비록 힘과 속도 사이의 관계가 비선형이지만, 다음의 분석에서 이 관계를 선형 모델로 근사화하였다.

정상 순항 조건에서 좋은 승차감을 내는 감쇠는 상대적으로 오일이 통과하는 통로를 넓힘으로써 낮게 설정한다. 그러나 코너링과 같은 동적인 주행 조건에서는 좋은 핸들링을 위하여 상대적으로 통로 반경을 좁힘으로써 댐핑값을 높일 수 있다. 위에서 보았던 간단한 예제와 같이 일반적으로 높은 감쇠는 코너링 또는 방향전환할 때 차량의 롤을 감소시키며, 증가하는 코너링 힘에 대해 노면의 타이어 힘을 유지하는 경향을 보인다. 특히, 상대적으로 높은 무게 중심의 차량(예를 들어 SUV)의 안전을 가변 감쇠 서스펜션 시스템을 사용하여 향상시킬 수 있다. 전자적으로 제어되는 스트럿의 감쇠에 대한 논의를 진행하기 전에 차량동적 모델에 타이어 동역학을 포함할 필요가 있다.

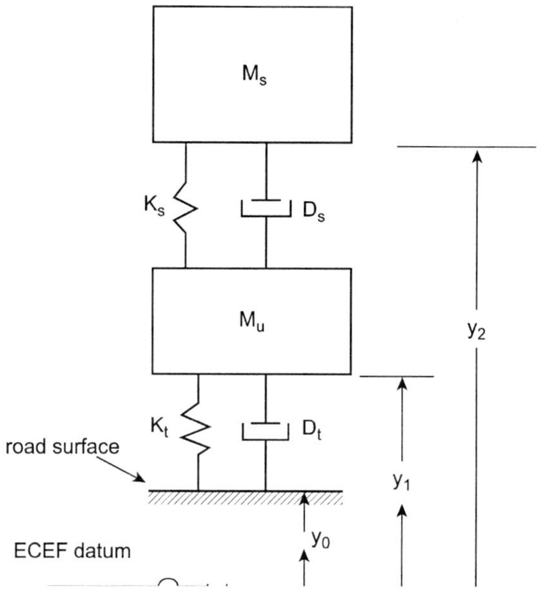

그림 8.24

쿼터 카 모델 서스펜션 구성

전자 제어 서스펜션 시스템을 알아보기 위하여 단일 스트럿을 고려한 차량동적 모델의 타이어 동역학을 포함시키도록 하자. 이러한 모델은 추후에 네 개의 서스펜션 어셈블리에 적용이 가능하다. 이와 같은 모델을 "쿼터 카 모델(QCM)"이라고 하며, 또는 외바퀴 모델이라고 부르기도 한다. QCM을 고려한 배치는 그림 8.24에 묘사되어 있다.

그림 8.24에서는 다음과 같은 기호가 사용된다.

y_0 = 지구고정좌표계 기준으로부터 도로의 높이

y_1 = 바퀴부분까지의 높이

y_2 = 차체의 높이

M_s = 스프링 질량

M_u = 언스프링 질량

K_s = 스트럿 스프링 비

D_s = 스트럿 감쇠 계수

K_t = 타이어 스프링 비

D_t = 타이어 감쇠 계수

전형적으로 타이어 감쇠는 스트럿 감쇠에 비해 매우 작아서 여기서는 무시된다고 가정하자.

다음의 미분방정식은 스프렁 질량과 언스프렁 질량이 작용하는 힘의 합산을 나눠서 나타낸다. 언스프렁 질량과 스프렁 질량에 대한 동적모델은 다음과 같다.

$$M_u\ddot{y}_1 + D_s(\dot{y}_1 - \dot{y}_2) + K_t(y_1 - y_0) + K_s(y_1 - y_2) = 0 \quad (82)$$

$$M_s\ddot{y}_2 + D_s(\dot{y}_2 - \dot{y}_1) + K_s(y_2 - y_1) = 0 \quad (83)$$

식 (84)의 해는 두 가지 방법으로 찾을 수 있다. 우리가 고려하는 첫 번째 방법은 해석적 방법에 의한 해법을 찾는 것이다. 두 번째 방법으로 수치해석을 통해 가장 적합한 해를 구하는 방법으로 위의 식을 네 개의 상태 변수에 의한 상태변수방정식을 사용하는 것이다. 여기서 상태 벡터 x는 다음과 같다.

$$x = [v_1, v_2, y_1, y_2]^T$$

여기서,

$$v_1 = \dot{y}_1$$
$$v_2 = \dot{y}_2$$

이다.

식 (82)와 식 (83)에 라플라스 변환을 적용하면(여기서 초기조건을 0으로 가정함) 다음과 같은 복수변수 s의 함수인 한 쌍의 대수방정식으로 나타난다.

$$\left[M_u s^2 + D_s s + (K_t + K_s)\right] y_1(s) - (D_s s + K_s) y_2 = K_t y_0(s) \quad (84)$$

$$(M_s s^2 + D_s s + K_s) y_2(s) - (D_s s + K_s) y_1(s) = 0$$

행렬 형태로 이 한 쌍의 방정식을 다음과 같이 나타낼 수 있다.

$$A\begin{bmatrix} y_1 \\ y_2 \end{bmatrix} = K_t \begin{bmatrix} y_0 \\ 0 \end{bmatrix} \quad (85)$$

여기서,

$$A = \begin{bmatrix} M_u s^2 + D_s s + (K_s + K_t) & -(D_s s + K_s) \\ -(D_s s + K_s) & M_s s^2 + D_s s + K_s \end{bmatrix} \quad (86)$$

이차원상태벡터 $[y_1, y_2]^T$는 행렬을 이용하여 다음과 같이 나타낸다.

$$\begin{bmatrix} y_1 \\ y_2 \end{bmatrix} = K_t A^{-1} \begin{bmatrix} y_0 \\ 0 \end{bmatrix} \tag{87}$$

행렬대수방정식을 이용한 2×2행렬 A는 쉽게 역행렬을 구할 수 있고, y_1과 y_2의 해석 해를 알 수 있다. 임의의 $y_0(t)$의 시간응답은 제1장에서의 역 라플라스 방법을 이용하여 구할 수 있다. 그러나 승차감과 핸들링을 평가하기 위해서는 주파수 응답 특성이 가장 의미 있는 정량적 표현방법이다.

여기서 우리의 주된 관심사는 '승차감' 성능에 직접적으로 영향을 주는 스프링 질량의 움직임을 찾는 것이다. 승차감은 어떠한 주어진 도로 상태 $y_0(x)$에 대한 스프링 질량의 가속도(a_s)로 특징을 가장 잘 나타낼 수 있다.

$$a_s = \ddot{y}_2 \tag{88}$$

$a_s(s)$와 $y_0(s)$ 사이에 관련된 전달함수는 식 (89)로 표현할 수 있다.

$$\begin{aligned} H_a(s) &= \frac{a_s(s)}{y_o(s)} \\ &= \frac{s^2 y_2(s)}{y_o(s)} \\ &= \frac{2\zeta\omega_1^2\omega_2 s^3 + \omega_1^2\omega_2^2 s^2}{s^4 + 2\mu\zeta\omega_2 s^3 + (\omega_1^2 + \mu\omega_2^2)s^2 + 2\zeta\omega_1^2\omega_2 s + \omega_1^2\omega_2^2} \end{aligned} \tag{89}$$

여기서,

$$\omega_1^2 = \frac{K_t}{M_u}$$
$$\omega_2^2 = \frac{K_s}{M_s}$$
$$\mu = \frac{M_s + M_u}{M_u}$$
$$\zeta = \frac{D_s}{2\sqrt{M_s K_s}}$$

핸들링은 타이어의 수직력 변동 δN에 강하게 영향을 받는다. 이 수직력은 상대적 변위 $d = y_0 - y_1$에 비례한다.

$$\delta N = K_t d$$

전달함수 $H_H(s)$는 다음과 같이 정의된다.

$$\begin{aligned} H_H(s) &= \frac{d(s)}{y_0(s)} \\ &= 1 - \frac{y_1(S)}{y_0(S)} \end{aligned} \tag{90}$$

행렬 방정식에서 $y_1(s)$의 해를 구하면 다음과 같다.

$$H_H(s) = \frac{s^4 + 2\mu\zeta\omega_2 s^3 + \mu\omega_2^2 s^2}{s^4 + 2\mu\zeta\omega_2 s^3 + (\omega_1^2 + \mu\omega_2^2)s^2 + 2\zeta\omega_1^2\omega_2 s + \omega_1^2\omega_2^2} \tag{91}$$

주파수와 도로 변위(y_0)와 상대변위(d)의 변화를 그림 8.25와 같이 $H_H(j\omega)$에 대한 정현파 주파수 응답으로 나타낸다. 이 그림의 경우 대표 쿼터 카 모델은 영국단위로 다음의 변수가 사용된다.

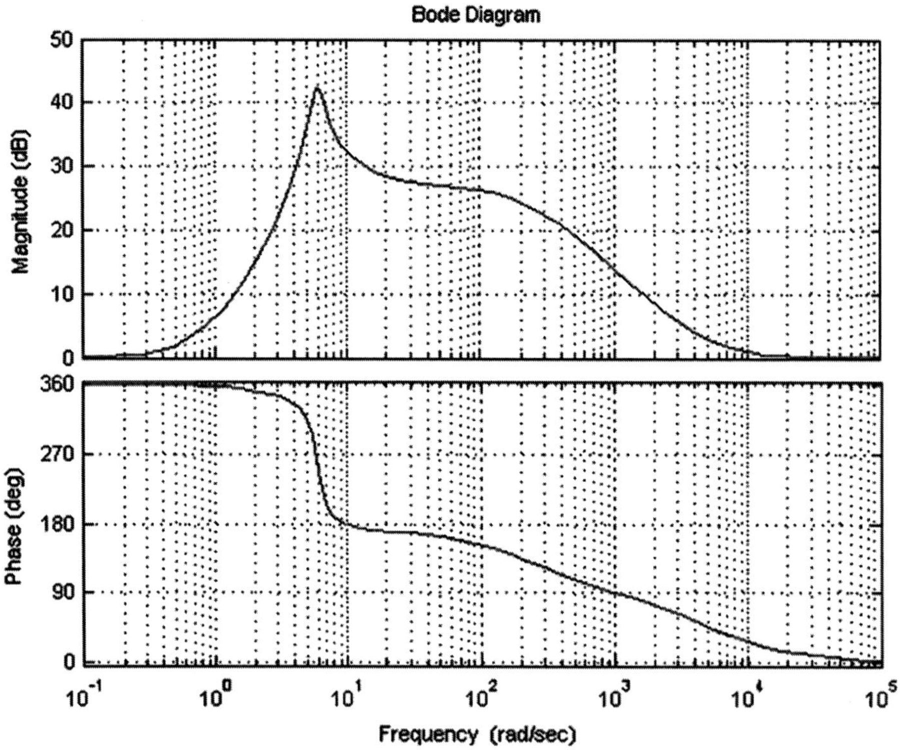

그림 8.25
$H_H(s)$에 주파수 응답

$$K_t = 1700 \text{ lb/ft}$$
$$K_s = 8000 \text{ lb/ft}$$
$$M_u = 2.34 \text{ slugs}$$
$$M_s = 100 \text{ slugs}$$
$$\zeta = 0.8$$

그림 8.25는 $20 \log |H_H(j\omega)|$와 $H_H(j\omega)$의 위상을 $\log(\omega)$를 수평축으로 하여 보여준다. 이 쿼터 카 모델은 $\omega \cong 7$ rad/s 또는 1.1 Hz에서 상대적으로 급격한 공진을 가지는 것을 이 그림으로 확인할 수 있다. 이 공진은 주로 언스프렁 질량의 동적응답에 의해 발생한다.

승차감과 핸들링에 서스펜션 시스템 변수의 영향을 평가할 때 반드시 노면형상을 모델링해야 한다. 여기서 노면형상은 랜덤 프로세스로 널리 알려져 있다. 랜덤 프로세스는 진폭 통계와 스펙트럼 통계에 의해 정량적으로 표현된다. 진폭 통계는 확률분포함수 $P_y(Y) = p(y \le Y)$로 나타낼 수 있다. 스펙트럼 통계는 $W_o(f)$로 표시하며 y_o에 대한 파워 스펙트럼 밀도로 나타낸다.

$$W_o = |Y_o(j\omega)|^2 \tag{92}$$

여기서,

$$Y_o(j\omega) = \lim_{T \to \infty} \int_{-T}^{T} y_o(t) e^{j\omega t} \mathrm{d}t \tag{93}$$

그러나 노면형상은 도로표면(즉 $y_o(x)$)에 따른 거리의 함수이다. 이 노면형상의 랜덤 프로세스는 일정한 속력 u_o에서 움직임을 고려한 시간의 함수로 변환될 수 있다.

$$u_0 = \frac{\mathrm{d}x}{\mathrm{d}t}$$

시간함수 $y_o(t)$는 다음과 같이 나타낸다.

$$y_o(t) = y_o\left(\frac{x}{u_o}\right)$$

국제표준화기구(ISO)는 대략 주파수 f의 역함수인 $W_o(f)$에 대한 표준모델을 수립하였다.

승차감은 스프렁 질량 가속도 $\tilde{a}_s$의 RMS(근 평균 제곱) 값으로 가장 정량적으로 특징지을 수 있다.

$$\tilde{a}_s = \left[\underset{T \to \infty}{Lim} \left(\frac{1}{\mathrm{T}} \int_0^T a_s^2(t)\mathrm{d}t \right) \right]^{\frac{1}{2}}$$

또한 이 제곱평균 값은 a_s에 대한 파워 스펙트럼 밀도 ($W_a(f)$)에서 찾을 수 있다. 노면형상이 정상 랜덤 프로세스(또는 준 정상과정, 즉 stationary over large segments)라고 가정하면, a_s에 대한 제곱평균 값은 다음과 같이 나타낼 수 있다.

$$\tilde{a}_s^2 = \int_0^\infty W_a(f)\mathrm{d}f$$

정상 랜덤 프로세스에 대한 파워 스펙트럼 밀도 $W_a(f)$는 다음과 같다.

$$W_a(f) = |H_a(j2\pi f)|^2 W_o(f) \tag{94}$$

따라서 승차감은 다음과 같은 적분 형태로 표현할 수 있다.

$$\tilde{a}_s = \left[\int_0^\infty |H_a(j2\pi f)|^2 W_o(f) df \right]^{\frac{1}{2}} \tag{95}$$

a_s에 대한 위의 식은 노면 가진에 대한 스프렁 질량 주파수 응답의 중요성을 나타낸다. $H_a(j\omega)$에서 중요 서스펜션 변수는 스프렁 질량과 언스프렁 질량비 $\left(\frac{M_s}{M_u}\right)$, 그리고 스트럿과 타이어 스프링비값, 스트럿 감쇠 변수이다.

마찬가지로 핸들링은 타이어의 처짐(d)의 제곱 평균값으로 정량적으로 나타낸다. 타이어 처짐에 대한 제곱 평균값(즉 $\tilde{d}$)는 다음과 같다.

$$\tilde{d} = \left[\int_0^\infty |H_H(j2\pi f)| W_o(f)\mathrm{d}f \right]^{\frac{1}{2}} \tag{96}$$

물론 승차감과 핸들링 모두 서스펜션 변수뿐만 아니라 M_s와 M_u에도 영향을 받는다.

최적의 스트럿 감쇠를 정하는 데 수년을 거쳐 상당한 연구와 개발이 이루어져 왔다. 표 8.1은 이러한 일부 연구의 결과대 주행상태, 제어 목표, 최적 조건뿐만 아니라 최적의 ζ와 대표적인 소형차 값을 요약한 것이다.

스트럿 감쇠값을 변화시킴에 따라 얻을 수 있는 승차감과 핸들링 개선은 많은 연구를 통해 증명되었다. 지금부터는 감쇠값을 변화시키기 위한 액추에이터 조작 전략에 대해 고려해 보자. 서스펜션 시스템의 감쇠는 쇼크 업소버/스트럿 안에 있는 유체의 점성계수와 바퀴가 차체에 상대적으로 움직일 때 흐르는 통로크기(그림 8.23)로 결정된다.

일반적인 스트럿 감쇠에 대한 스트럿 내의 유체의 점성은 유체 종류와 유체의 온도에 의해 결정된다. 주어진 점성에 대한 감쇠력은 통로 면적에 역함수에 따라 변한다. 따라서 원칙적으로는 기계적으로 스트럿 구멍을 변화시키거나 스트럿 유체점도를 변화시킴으로써 감쇠를 변화시킬 수 있다. 우리는 기계적 접근방식을 먼저 고려하도록 한다.

통로를 변경하기 위한 다양한 기계적 메커니즘이 사용되고 있지만 그 중 우리는 가상적인 구성을 먼저 고려해 보자. 이 구성에서 그 외축 피스톤 축과 같은 방향으로 놓인 비교적 얇은 관이 피스톤에서 스트럿 외부로 연장되어 있다. 이런 어셈블리는 스트럿 유체의 손실을 막기 위해 실린더에서 돌출된 곳을 밀봉하여야 한다. 이 축은 피스톤과 유사한 직경의 구멍이 뚫린 판과 연결되어 피스톤 부품을 구성하고 있다. 슬리브의 회전에 따라 피스톤과 판 사이의 통로의 오버랩에 변화를 주며 스트럿 유체가 흐르는 통로를 효과적으로 조절한다. 슬리브는 피스톤 축의 전체 길이만큼 뻗을 수 있도록 되어 있다. 기계적으로 연결된 슬리브 끝부분에는 기어가 연결되어 있다. 이 기어는 스트럿 통로 조절 액추에이터 기능을 하는 모터(예를 들어 스텝모터)에 의해 구동되는 다른 기어와 맞물린다. 모터는 스트럿이 부착되는 구조에 장착된다. 스트럿 통로 사이즈는 상대적으로 피스톤에 대한 판의 각도 위치로 결정된다. 서스펜션 제어 시스템의 전기 신호는 스트럿의 통로를 결정하는 액추에이터를 작동시킨다. 이 가상의 전자 제어 스트럿은 서스펜션 감쇠를 조절하는 메커니즘을 제공한다. 이 메커니즘은 전에 솔레노이드나 두 위치 사이에 전환을 시키거나 스텝모터를 통해 연속적으로 변화할 수 있도록 설계되어 있다. 전기적으로 조절되는 스트럿 감쇠가 효과적이기 위해서는 반드시 액추에이터 전기신호를 발생하는 전자 제어 시스템이 필요하다.

쇼크 업소버 감쇠를 조절하기 위한 많은 제어 전략이 있지만 먼저 우리의 예제에서는 두 가지 감쇠값 사이의 전환에 의한 시스템을 고려하고자 한다. 이러한 시스템에서 횡가속도가 미리 결정된 임계값을 초과할 때마다 쇼크 업소버 감

표 8.1 최적의 서스펜션 시스템 파라미터 요약

Running Condition	Control Objective	Optimum Condition	Optimum Damping Ratio: Theoretical Value ζ	Optimum Damping Ratio: For Compact Car
Ordinary driving	Ride improvement	To minimize sprung overall acceleration	$\frac{D_2}{2\sqrt{M_s K_s}} = \frac{1}{2}\sqrt{\frac{\mu(K_s/K_t)}{\mu-1}}$	0.16
Roll	Roll reduction when turning	To suppress dynamic roll angle to a level below static roll angle	$\frac{(L_\phi/I_{xx})D}{4\sqrt{KI_{xx}}} = \frac{1}{\sqrt{2}}$	0.71
Pitch	Pitch reduction when accelerating, decelerating and braking	To suppress dynamic pitch angle to a level below static pitch angle	$\frac{a^2 D_F + b^2 D_R}{\sqrt{2I_{yy}(a^2 K_F + b^2 K_R)}} = \frac{1}{\sqrt{2}}$	0.71
Bouncing	Reduction of bouncy feeling and ride improvement	To suppress light bouncy vibrations within a range where ride quality does not deteriorate	$\frac{D_s}{2\sqrt{M_s K_s}} = \frac{\sqrt{2}}{\mu} + \frac{1}{\mu}\sqrt{\frac{\mu(K_s/K_t)}{\mu-1}}$	0.43
Tough road	Road holdability improvement	To minimize the root-mean-square value of unsprung relative displacement	$\frac{D_s}{2\sqrt{M_s K_s}} = \frac{1}{2}\left[\frac{\mu^3 r_K^2 - 2\mu(\mu-1)r_K + (\mu-1)^2}{\mu^2(\mu-1)r_k}\right]^{1/2}$	0.44
			where $r_K = K_s/K_t$, $D = D_F + D_R$	

쇠는 높은 값으로 전환된다. 그림 8.26은 단단한 감쇠(즉, 높은 감쇠)로 전환을 위한 임계값이 0.35 g인 시스템을 나타낸다. 핸들각도와 차량 속도에 따르는 감쇠값 전환 경계를 보여주는 커브가 각각의 횡가속도 임계값에 대하여 존재할 수 있다. 일정한 횡가속도를 갖는 차량의 움직임에 대한 간단한 가속도 모델은 이 장의 뒷부분에 제공될 예정이다. 핸들각대 속도는 다음에 주어지는 식으로 나타낸다.

$$\delta_F = \frac{K}{u_o} \tag{97}$$

여기서, K는 횡가속도에 비례한다. 따라서 $\delta_F(u_o)$의 각각의 곡선은 그림 8.26의 곡선과 같은 형태를 갖는다. 스트럿 감쇠는 임계값을 넘어갈 때마다(예를 들어 이전 예제에서의 0.35 g). 단단한 감쇠 영역에서 정상적인 운전을 위해 부드러운 감쇠 영역(즉, 상대적으로 큰 스트럿 통로)으로 전환된다.

이 예에서 횡가속도를 측정하기 위한 가속도계 센서는 비교적 저가로 시판되고 있다. 감쇠값을 결정하는 통로 설정을 변화시키기 위하여 가속도 센서의 신호출력을 임계 가속도 값과 비교해서 적절한 액추에이터 신호를 발생한다. 그림 8.27은 가변 통로를 가지는 쇼크 업소버의 힘/상태속도 특성의 그래프이다. 이 그림은 가변 통로 영역의 두 한계값에서의 특징을 보여준다. 이러한 한계값들 사이에서 유사한 힘과 속도 관계의 프로파일들은 이러한 두 한계값 사이에서 통로의 크기가 변함에 따른 스트럿의 특성을 나타낸다.

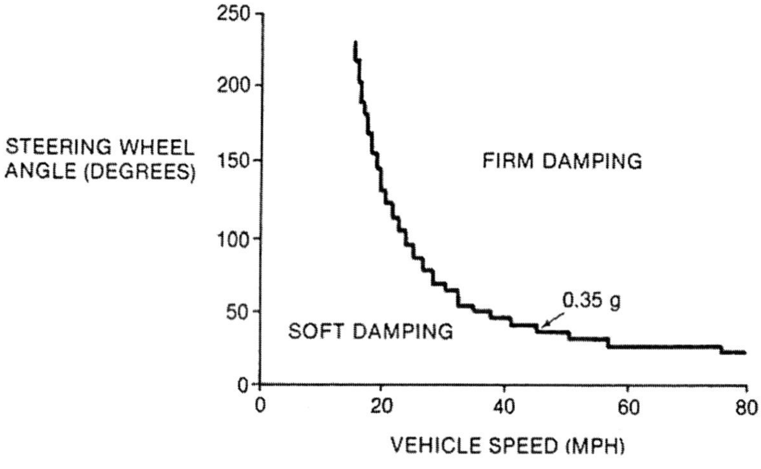

그림 8.26

스위치 타입의 가변 스트럿 댐핑에 임계값 전환 그림

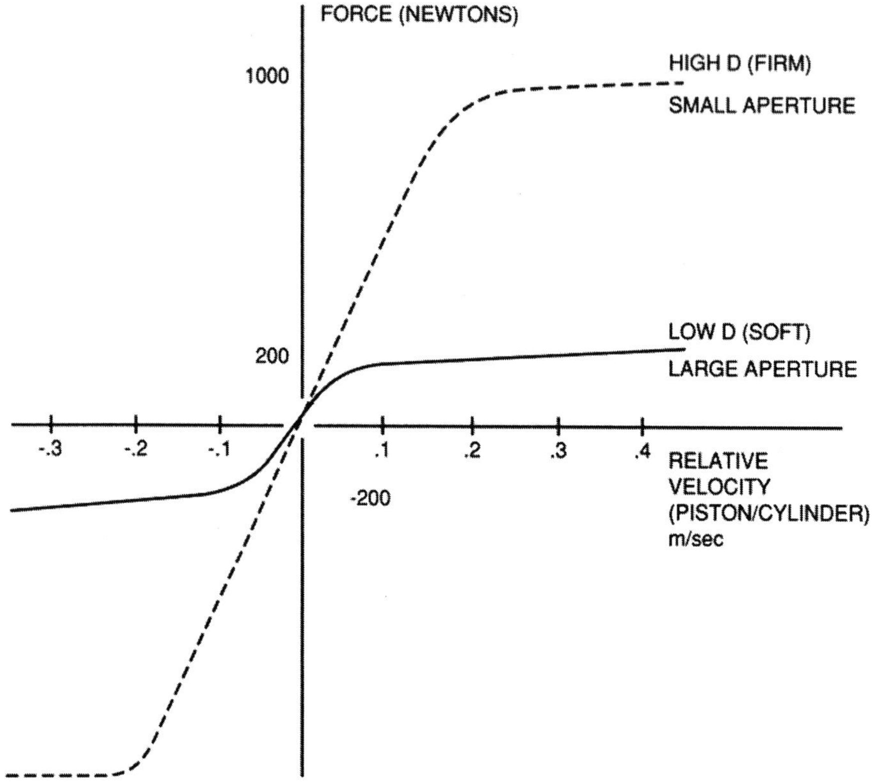

그림 8.27

가변 통로 스트럿에 스트럿 힘 속도 관계

스트럿 감쇠는 모터 액추에이터를 사용한 가상의 메커니즘을 이용하여 연속적으로도 변화될 수 있다. 이 구성에서 힘/속도 관계는 그림 8.27의 고체 실선 및 점선 커브 사이의 곡선일 것이다. 가변 스트럿 감쇠에서 적용할 수 있는 하나의 제어 방식은 차량 운전 조건 모니터링에 따른 방식이다. 이 방식으로 연속적으로 차량 작동조건을 모니터하기 위하여 센서가 필요하다. 횡가속도 센서뿐 아니라 고체 상태 가속도계를 차체에서 편리한 위치에 배치하여 스프링 질량 가속도($a_s(t)$)를 측정할 수 있다. $\tilde{a}_s$ 제곱 평균값의 계산은 승차감을 나타내기 위한 척도로 사용될 수 있다. $\tilde{a}_s$가 주어진 수준을 초과할 때마다 제어 시스템은 가속도를 낮추기 위한 스트럿 통로작동 신호를 생성할 수 있다. 또 다른 가속도계는 예를 들어 그 언스프렁 매스의 가속도($a_u(t)$)를 모니터할 수 있는 휠 축에 장착할 수 있다. 시간에 대해 두 번 적분함에 따라 변위에 대한 계측값을 얻을 수 있다.

$$d = \int_{o}^{t} \int_{o}^{\tau} a_u(t')\mathrm{d}t'\mathrm{d}\tau \tag{98}$$

d의 제곱 평균값을 통해 핸들링이 나빠질 가능성이 나타날 때마다 스트럿 감쇠를 조절해 핸들링을 개선할 수 있다. 안전성 측면에서 승차감보다는 핸들링에 더 높은 우선순위를 두어 서스펜션 감쇠의 최적화 값을 정하는 다양한 알고리즘을 잠재적으로 이용 가능하다. 반면에 안전이 손상되지 않는 한 승차감을 우선사항으로 최적화할 수 있다.

가변 스트럿 유체점성을 통한 가변 감쇠

가변 서스펜션 감쇠는 통로크기는 고정하고 그 대신에 유체 점성을 변화시켜 얻을 수도 있다. 이러한 시스템에 유체는 합성 탄화수소와 부유철 입자로 구성되어 있으며 자기유변(magneto-rheological, MR)유체라고 한다. 전자석은 코일에 흐르는 전류에 비례하는 자기장을 생성하도록 위치한다. 이 자기장은 MR 유체를 통과하도록 되어 있다. 자계가 없을 경우 철 입자는 무작위로 분포하고 MR 유체는 낮은 감쇠에 대응하는 상대적으로 낮은 점성을 가지게 된다. 자기장이 0에서부터 증가함에 따라 철 입자는 장과 조정하기 시작하며 점성은 장의 강도에 비례하여 증가한다(전자석 코일에 흐르는 전류에 비례한다).

즉, 자기유변(MR)유체를 포함하는 쇼크 업소버/스트럿과 연관된 감쇠는 전자석 코일 전류를 연속하여 변하게 한다. 감쇠는 스트럿 통로와 점성값에 따라 정해지기 때문에 가변의 점성을 단독 또는 가변 통로와 조합하여 감쇠를 최적화하는데 사용된다. 그러나 실제로는 스트럿 감쇠 변화를 유용한 범위까지 얻기 위해서는 자기장의 큰 변화가 필요하다. 전체 스트럿 구조는 실질적으로 생성될 수 있는 전류레벨 안에서 그와 같은 자기장을 얻을 수 있도록 설계되어야 한다.

가변 스프링 비

서스펜션 시스템의 주파수 응답 특성은 쇼크 업소버 감쇠뿐만 아니라 에도 스프링 상수에 의해서도 영향을 받는다. 기존의 스프링(즉, 코일 또는 판 스프링)은 고정된 스프링 비(즉, 힘-처짐 특성)를 가지고 있다. 어떤 주어진 서스펜션 스프링 세트에 대해 지면 위로의 차량의 높이는 차량의 수하물(즉, 승객, 화물, 연료) 중량에 의해 결정된다. 전자적으로 서스펜션을 제어하는 일부 차량은 철제 스프링을 대체하여 공압 스프링이 장착되어 있다. 공압 스프링은 어셈블리에 장착된 고무주머니와 일정 압력으로 가득찬 공기로 구성되어 있다. 이러한 메커니즘을 일반적으로 공기 현가 시스템이라고 한다.

금속 스프링과는 달리 공압스프링의 힘 처짐 관계는 비선형이다. 공압 스프링은 가스(피스톤의 끝부분과 밀봉된 실린더 사이의 공기 또는 질소)를 넣은 실린더/피스톤 어셈블리로 구성되어 있다. 압력 p에서 가스는 단열기체 법칙에 따르는 공간에 부피 V에 따라 달라진다.

$$pV^{\gamma} = K \tag{99}$$

여기서, K는 상수이며, γ는 일정한 부피, 일정 압력에 비열(比熱)의 비이다(공기에서 $\gamma = 1.4$).

공압 스프링의 부피 V는 다음과 같다

$$V = A_p(\ell - x) \tag{100}$$

여기서, A_p는 피스톤의 단면적, ℓ은 피스톤의 상면에서 실린더의 끝이 최대로 길어졌을 때 거리이고, x는 외력으로 인한 변위이다($0 \le x \le \ell$).

힘대 변위의 함수는 다음과 같이 나타낸다.

$$\begin{aligned} F &= pA_p \\ &= \frac{KA_p}{\left[A_p(\ell - x)\right]^{\gamma}} \end{aligned} \tag{101}$$

휠 어셈블리에 수직력이 증가하게 되어 실린더의 끝으로 피스톤이 움직이면 x가 증가한다. 스트럿 힘이 x에 대해 비선형으로 증가한다. 이러한 가스 스프링의 유형은 비선형 힘/변위가 착륙 중에 수직하중을 흡수하는 데 도움이 되기 때문에 오래전부터 항공기 착륙장치 구조에서 사용되고 있다. 공압스프링에 힘대 변위는 고무주머니의 압력에 비례한다. 자동차 서스펜션 스프링에서는 일반적으로 모터 구동 펌프를 통하여 고무주머니의 압력을 변화시켜 가변 스프링의 특성을 띤 서스펜션을 제공한다. 적절한 제어 시스템을 통하여 공압 스프링은 스프링 '강성'을 증가시킬 뿐만 아니라 다양한 차량 하중을 상대할 수 있도록 차량 높이를 자동으로 조절한다.

전자 서스펜션 제어 시스템

대표적인 전자 서스펜션 시스템의 제어기의 구성은 그림 8.28에 블록도로 나타

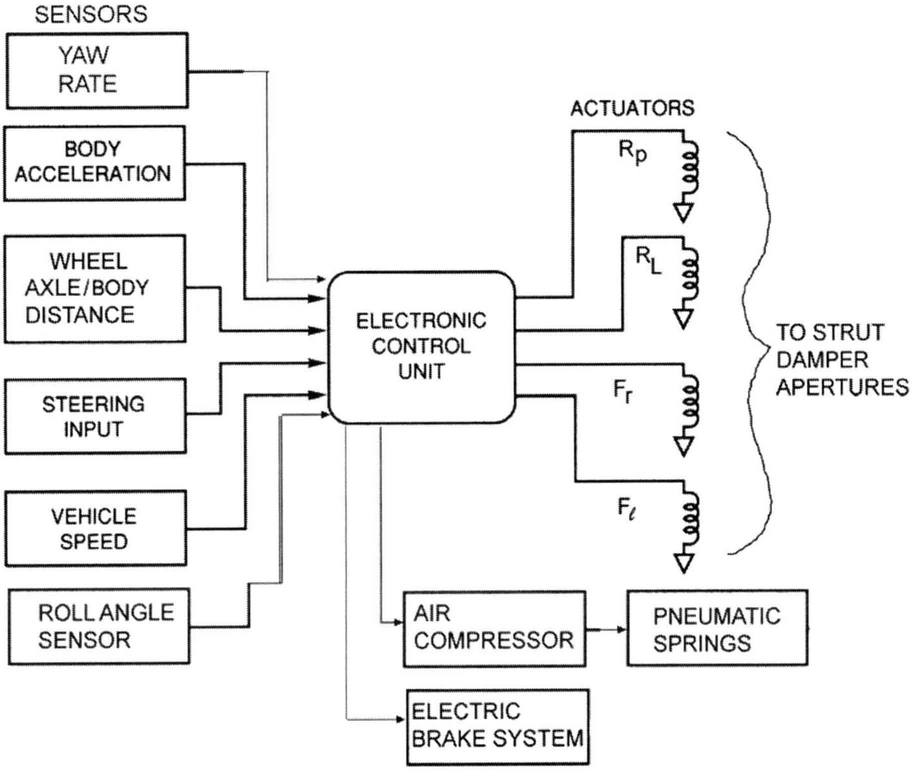

그림 8.28
전자 서스펜션 구성 예

낸다.

그림 8.28은 일반적인 제어기의 구성이며 특정한 양산 차량의 시스템을 의미하지는 않는다. 이 시스템은 차량의 속도, 조향 입력(운전대 휠의 각도 변이), 휠 어셈블리와 차량의 차체/섀시의 상대 변위, 횡가속도, 그리고 요 각속도를 측정하는 센서들을 포함하고 있다. 출력은 쇼크 업소버/스트럿 액추에이터와 공압 스프링을 가압하는 모터/압축기(해당하는 경우)의 전기 신호들이다. 액추에이터는 솔레노이드로 동작하는 오리피스와 모터로 동작하는 가변 오리피스 그리고 RH 유체 타입의 가변 점성 스트럿이 될 수 있다. 일부 차량은 제동 안정성 향상을 위해 자동 전동 브레이크를 장착할 수 있다.

일반적으로 제어 시스템은 마이크로컨트롤러 또는 마이크로프로세서 기반에 디지털 컨트롤러 형태이다. 각 센서로부터의 입력은 샘플링 후 디지털형태로 변환되어 메모리에 저장된다. 위에서 설명한 바와 같이 차체 가속도 측정은 승차감을 평가하는 데 사용된다. 컨트롤러는 $\tilde{a}_s$, 또는 차체 움직임에 대한 유사한 측정값을 기준으로 평가한다. 상대 도로/휠 축 변위 d는 타이어 수직력을 측정하는 데 이용될 수 있고, 이 수직력을 최적화하도록 감쇠계수를 조정하는 데 사용된다.

차체 롤 각(ϕ_R) 또는 요 각속도 센서(r)는 속도와 조향 입력 측정값과 함께 차량의 선회성 평가에 이용되는 데이터를 제공한다. 특정 차량에서 이러한 측정값은 차량이 극한 상황에서 주행할 때 전자유압 브레이크를 작동시켜 안정성을 강화하기 위해 사용되는 알고리즘에 사용된다. 차량의 안정성 향상에 대한 세부 사항은 이 책의 범위를 벗어나지만 관심 있는 독자는 미국자동차공학회(SAE) 출판물을 참조하기를 바란다.

제어 전략에 따르는 프로그램 제어에서 전자 제어 시스템은 각종 액추에이터에 전기신호 출력을 생성한다. 가변 감쇠 액추에이터는 각 바퀴의 감쇠를 원하는 값으로 변화시키기 위하여 오일 통로인 오리피스를 변화시키거나 또는 RH 유체 점성을 독립적으로 변화시킨다.

액추에이터를 위한 여러 가지 제어방법이 있으며 이것들 대부분은 실제로 생산차량에 사용되고 있다. 이 책의 독자들을 위해서는 생산 시스템들의 특성에 따른 대표적인 제어 전략을 제공하는 것이 바람직 할 것으로 생각된다.

차량 서스펜션 제어 시스템에 중요한 입력은 도로 거칠기에서 유도된 힘과 차량 선회 또는 조향 시 발생하는 관성력, 조향 입력, 차량속도로부터 온다. 가상의 단순화된 제어 전략에서 이러한 입력들은 별도로 고려된다. 차량이 직선도로를 운행 중일 때에는 조향 입력값이 작으므로 제어 시스템에는 대부분 도로 입력이 중요한 영향을 미친다. 이 경우 제어는 상대운동의 주파수 스펙트럼 성분에 영향을 받는다. 프로그램 제어를 하는 제어기는 $\tilde{a}_s$ 또는 $\tilde{d}$와 같은 변수를 계산한다. 최대치를 갖는 주파수 성분의 진폭이 임계값을 초과할 때마다 감쇠값을 증가함으로써 단단한 승차감을 갖게 되며 조향안정성은 개선된다. 그렇지 않으면 감쇠는 낮게(부드러운 서스펜션) 유지된다.

만일 차량의 무게 중심 근처 차체에 장착하는 가속도계와 모터 구동 가변 통로 쇼크 업소버가 장착되어 있다면 추가적인 제어 전략이 가능하다. 후자의 제어 전략에서 쇼크 업소버 통로는 2~8 Hz 주파수 영역에서 스프링 질량 가속도를 최소화하도록 조정하여 최적의 승차감 제어를 제공한다. 그러나 안전을 위해 항상 휠 수직력의 변화를 가능한 낮은 수준으로 유지할 수 있도록 언스프렁 질량 움직임을 제어하기 위하여 감쇠값을 조정한다. 차량 선회 시 상대적으로 큰 조향 입력이 감지될 때마다 딱딱한 서스펜션과 향상된 핸들링 성능을 얻기 위해 제어기는 감쇠유체 통로를 더 작게 조절한다. 특히 상대적으로 거친 도로에서의 급격한 선회조향 시에는 타이어 수직력을 최적화할 수 있는 감쇠값을 유지함으로써 선회력을 최대화한다.

전자조향제어

차량의 조향장치는 조향 휠 각도의 변화에 따라 수직 조향축을 중심으로 자동차의 전륜을 회전시키기 위한 메커니즘으로 구성된다. 이러한 기본적인 메커니즘은 그림 8.29와 같다.

조향 휠의 힘/토크는 상대적인 차체의 수직축에 대한 피봇축의 상대 각도에 영향을 받는다. 이 각은 앞/뒤 캠버각으로 알려져 있다. 수직에 상대적인 캠버각

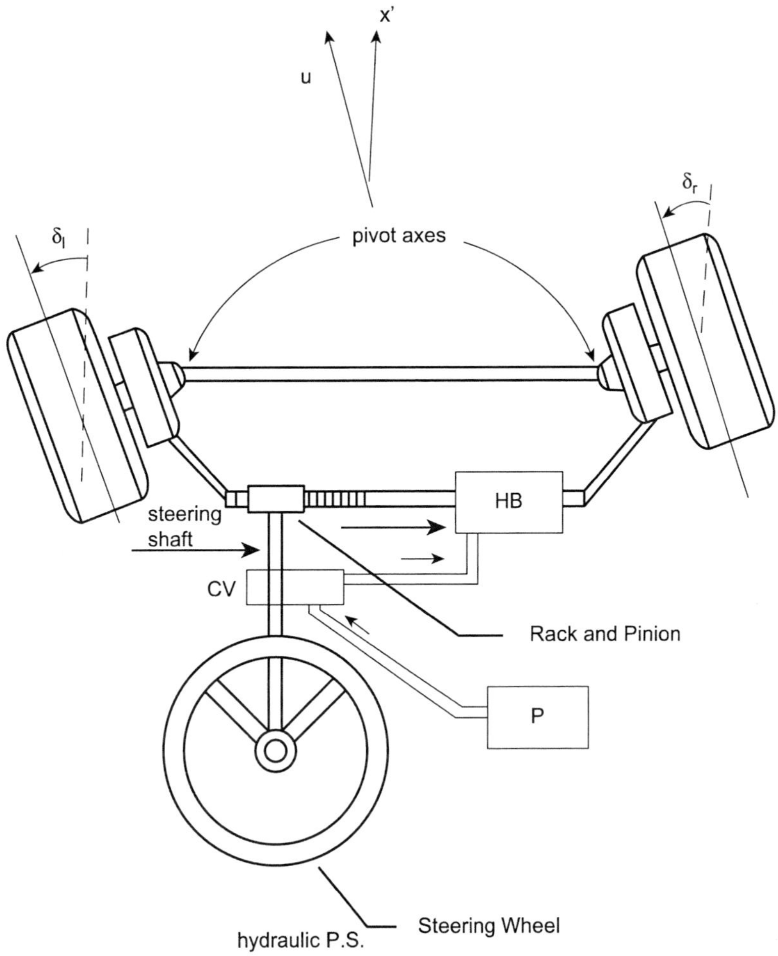

그림 8.29
파워 어시스트가 있는 기본적인 스티어링 메커니즘

증가는 조향 토크를 증가시키며 또한 회전이 완료된 후 차체대칭평면으로 휠을 복귀시켜주는 복원 토크를 증가시킨다. 통상적으로 캠버각이 단지 몇도 안 될지라도 캐스터 각도와 함께 조향 안정성에 도움이 된다. 이러한 각도를 잘 조정하면 중립 조향 토크 시 차량이 직선도로를 따라가는 데에 도움이 된다.

이와 같은 휠 얼라인먼트의 부정적인 점은 제로 캠버와 캐스터에 비해 운전자가 휠을 돌리는 데 많은 노력이 필요한 점이다. 낮은 조타력을 얻기 위해 캠버각 및 캐스터 각을 줄이는 것보다는 그림 8.29와 같이 유압 시스템을 통해 좋은 부하보조를 제공하는 것이 바람직하다. 엔진 구동 펌프 P는 유압 유체 또는 파워 스티어링 유체에 압력을 가한다. 이 유체는 조향 샤프트 어느 부분에 장착된 제어 밸브(CV)에 유압라인을 통해 전달된다. 이 제어 밸브는 가압 유체를 조향 휠과 같은 방향에 토크를 더해주는 유압 실린더를 향해 보낸다.

이러한 시스템에서의 기본적인 문제는 파워 스티어링 펌프로부터 얻을 수 있는 유압을 원하는 힘/토크의 증폭값과 일치시키는 것이다. 그림 8.30은 차량 속도에 따른 증폭값의 감소를 나타낸다. 불행히도 초기 파워 스티어링 시스템에서 사용 가능한 증폭치는 차속과 변속비의 함수인 엔진 속도(엔진 회전수와 펌프 속도의 증가로 인해)에 따라 증가하였다.

차량 속도에 대해 일정한 부스트를 내는 압력 조절 밸브를 통해 엔진 RPM에 대해 일정한 부스트를 구하는 것이 가능하지만 원하는 부스트를 얻는 것은 기계 시스템만으로는 달성하기 어렵다. 반면 전자 제어기법을 사용하면 원하는 결과

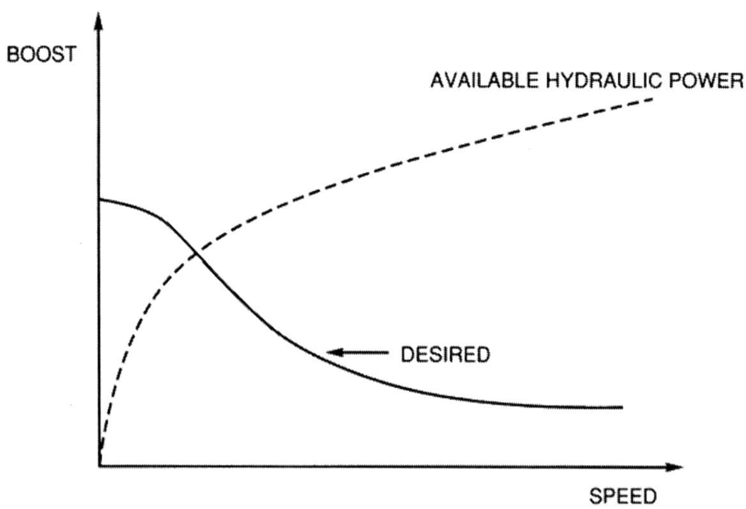

그림 8.30
파워 스티어링 부스트 vs 속도

를 얻기 위해 부스트를 비교적 손쉽게 조절할 수 있다. 더욱이 디지털 파워 스티어링 제어 시스템은 소프트웨어 변경을 통해 속도 프로파일대 부스트 변화를 가능하도록 한다. 그 외 운전 조건에 자동적으로 적응하는 제어를 비용대비 효과적으로 얻을 수 있다. 전자 유압식 파워 스티어링 시스템이 있어서 과급 실린더에 공급되는 유체 압력은 압력해제밸브를 통해 변경할 수 있다. 이러한 시스템의 액추에이터는 가변 듀티사이클 제어 신호에 의해(제6장 참조) 구동되는 모터 또는 솔레노이드가 될 수 있다.

파워 스티어링의 또 다른 방식은 유압 부스트 대신 그림 8.31과 같이 필요한 부스트를 제공하는 특별한 전기 모터를 사용한다.

이 그림에서 모터기어 시스템은 토크 부스트를 제공하기 위하여 조향 장치에 결합된다. 디지털 제어 시스템 C는 속도 센서를 통하여 차량 속도값을 수신 받으며 원하는 속도/부스트의 프로파일을 달성하기 위한 모터 제어 신호를 생성한다.

전기 부스트 파워 스티어링은 기존 유압식 파워 스티어링에 비해 몇 가지 장점을 가지고 있다. 전기 부스트 시스템의 전자 제어는 직관적이며 전력으로부터 기계구동장치로의 어떠한 에너지 변환 없이 수행할 수 있다. 또한, 전자 제어 시스템은 구동환경에 적응할 수 있는 매우 정교한 적응 제어기법을 적용할 수 있다. 전기 모터 스티어링 부스트의 근본적인 문제는 전기 모터가 일정 회전수에

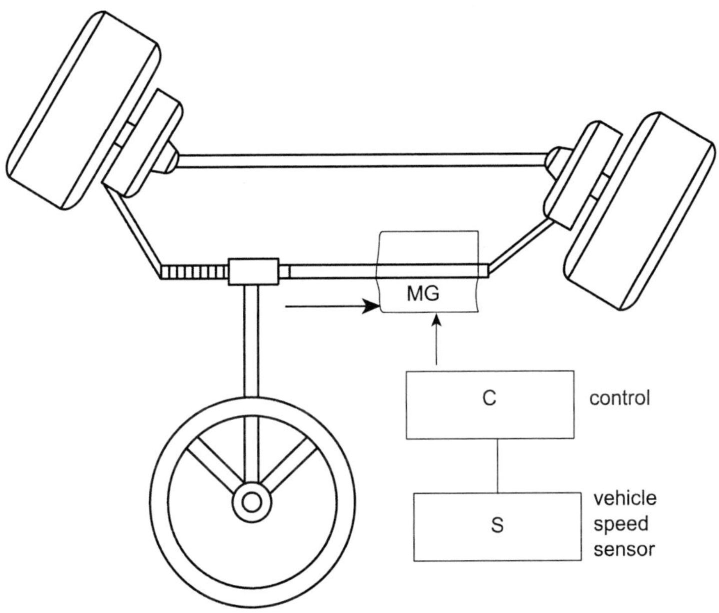

그림 8.31
전기 부스트 파워 스티어링

이르러야 충분한 토크를 발생시킬 수 있다는 것이다. 예를 들어 일정한 곡률 반경을 따라 이동하는 차량과 같이 일정한 조향각 입력을 요구하는 임의의 운전 상황에서 모터는 회전하지 않으면서 모터 부스트를 생성해야 할 것이다. 전기 부스트 방식의 대안은 전기 유압식 파워 스티어링 시스템의 일부로 유압펌프를 직접 구동하는 전기 모터를 사용하는 것이다.

4륜 조향

전자 제어 파워 스티어링은 또한 4바퀴조향(4WS)기능을 가지고 있다. 4WS는 도로에 평행주차 시 유용할 뿐만 아니라 조향성능을 높일 수 있는 가능성을 가지고 있다. 양산화된 전자 제어 조향 장치 시스템의 대표적인 예는 네바퀴 조향 시스템(4WS)이다. 4WS가 장착된 차량의 전륜은 전통적인 차량과 같이 스티어링 휠에 기계적으로 연결되어 있다. 일반적인 2륜 조향 시스템에서와 같이 전륜에 파워 스티어링 부스트가 있다. 후륜은 액추에이터를 통한 마이크로컨트롤러의 제어로 조향된다. 그림 8.32는 4WS 구성의 그림이다.

그림 8.32의 기호는 다음과 같다.

x' = 차량 종축

x = 관성(ECEF)기준 축(즉 x의 초기 방향)

$\psi = x$와 x'사이의 각도

$\delta_F = x'$와 전륜 대칭축 사이의 각도

$\delta_R = x'$와 후륜 대칭축 사이의 각도

$\delta_u = x'$와 u_o사이의 각도

u_o = 차량 순간 속도 벡터

a = CG에서 전륜 중심까지 종축 거리

b = CG에서 후륜 중심까지 종축 거리

v = 차량 횡속도

$r = \dot{\psi}$

v_F = 도로 표면에 상대적인 전륜 횡 속도

v_R = 도로 표면에 상대적인 후륜 횡 속도

일반적인 승용차 주행 시 차량의 종축 방향과 순간 속도 벡터(δ_u) 사이의 각

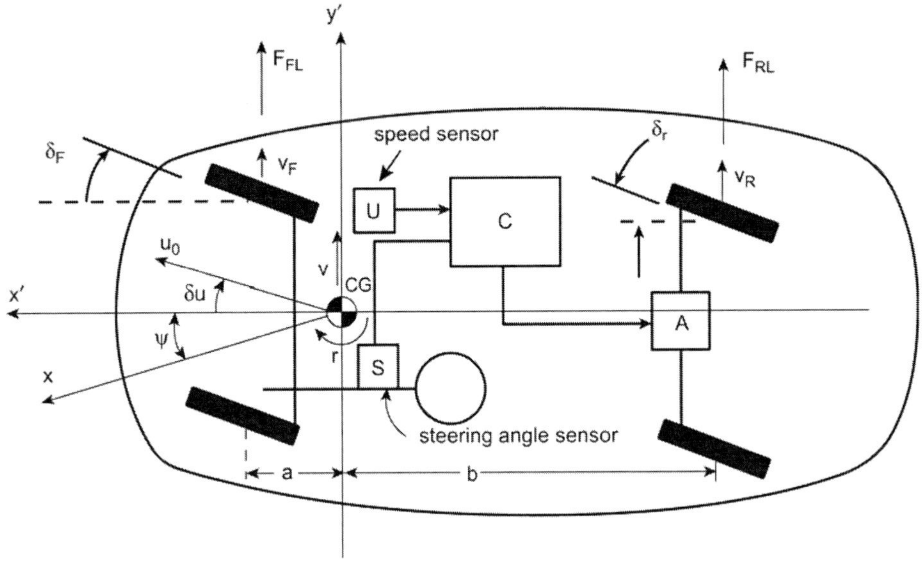

그림 8.32
4WS 기본 구성

도는 작으므로 $\cos(\delta_u) \cong 1$, $\sin(\delta_u) \cong \delta_u$이다.

이러한 조건에서 전륜과 후륜의 횡속도는 다음과 같이 나타낸다.

$$\begin{aligned} v_F &= v + ra \\ v_R &= v - br \end{aligned} \tag{102}$$

전륜 및 후륜 타이어 F_{FL}과 F_{RL}에서 타이어의 횡 방향 힘에 대한 각각의 모델은 각각 타이어 슬립각 α_F와 α_R에의 함수로 정의된다. 작은 각 δ_u를 무시하면 타이어의 구름방향 벡터와 도로와 타이어의 접촉 지점의 순간속도 벡터 사이의 각도는 다음과 같이 주어진다.

$$\begin{aligned} \alpha_F &= \delta_F - \tan^{-1}\left(\frac{v + ra}{u_o}\right) \\ \alpha_R &= \delta_R - \tan^{-1}\left(\frac{v - br}{u_o}\right) \end{aligned} \tag{103}$$

위 식에서 차량은 좌우가 대칭인 것으로 가정하였고, 일반적으로 차량 속도가 비교적 빠른 상황에서 상대적으로 작은 δ_R, δ_F 값을 유지하고 있는 것으로 가정한다. 이와 같은 가정 하에 다음의 식이 근사적으로 성립할 수 있다.

$$\alpha_F \cong \delta_F - \left(\frac{v+ar}{u_o}\right)$$
$$\alpha_R \cong \delta_R - \frac{v-br}{u_0} \tag{104}$$

기존의 전륜 차량의 경우, $\delta_R = 0$이다. 전륜 차량의 경우 타이어 측면 또는 코너링 힘이라 불리우는 (작은 각도에서) F_{FL}(전륜)과 F_{RL}(후륜)은 다음과 같이 나타난다.

$$F_{FL} = 2C_F\left[\delta_F - \left(\frac{v+ar}{u_o}\right)\right]$$
$$F_{RL} = 2C_R\left[-\left(\frac{v-br}{u_o}\right)\right] \tag{105}$$

여기서, C_F는 앞 타이어 코너링 강성계수, C_R은 후륜 타이어 코너링 강성계수를 의미하며 좌우 타이어는 대칭인 것으로 가정한다.

코너링 강성계수는 타이어 특성과 노면상태에 의해 결정되며 조향성에 중요한 파라미터이다. 또한, 순간 타이어 수직항력(즉, N_F, N_R)의 함수이다. 그러나 이 논의에서는 일정한 값으로 단순화하기로 한다.

횡방향 병진운동모델은 y' 방향으로 작용하는 힘들을 합산하여 구할 수 있다.

$$M(\dot{v} + u_o r) = 2C_F\left[\delta_F - \left(\frac{v+ar}{u_o}\right)\right] - 2C_R\left(\frac{v-br}{u_o}\right) \tag{106}$$

여기서, M은 차량의 질량이다.

마찬가지로, CG에 대한 회전운동모델은 CG에서의 모든 모멘트를 합산하여 구하며, 다음과 같이 나타낸다.

$$I_{zz}\dot{r} = 2aC_F\left[\delta_F - \left(\frac{v+ar}{u_o}\right)\right] - 2bC_R\left(\frac{v-br}{u_o}\right) \tag{107}$$

여기서, I_{zz}은 CG를 통과하는 수직축에 대한 회전관성모멘트이다.

조향 입력 $\delta_F(t)$에 대한 응답하는 차량의 움직임은 위의 식을 풀어서 구할 수 있다. 제1장에서 설명한 바와 같이 선형1차방정식의 해는 상태변수 방법을 사용하여 구하게 된다. 이 경우 독립 변수 v, r은 상태 벡터(x)에 포함되어 다음과 같이 나타낸다.

$$x = \begin{bmatrix} v \\ r \end{bmatrix} \tag{108}$$

그에 따른 상태변수 방정식은 다음과 같다.

$$\dot{x} = Ax + Bu \tag{109}$$

여기서 상태천이 행렬 A는 다음과 같이 나타낸다.

$$A = \begin{bmatrix} -2\dfrac{(C_F + C_R)}{Mu_o} & -2\dfrac{(\mathrm{a}C_F - bC_R)}{Mu_o} - \dfrac{u_o}{M} \\ -2\dfrac{(\mathrm{a}C_F + bC_R)}{I_{zz}u_o} & -2\dfrac{(\mathrm{a}^2 C_F - b^2 C_R)}{I_{zz}u_o} \end{bmatrix}$$

그리고, 입력 행렬 $\boldsymbol{B}$는 다음과 같이 나타낸다.

$$B = \begin{bmatrix} \dfrac{2C_F}{M} \\ \dfrac{-2\mathrm{a}C_F}{I_{zz}} \end{bmatrix} \tag{110}$$

전륜 조향에 대한 입력 u는 다음과 같다.

$$u = \delta_F \tag{111}$$

상태변수 방정식 식 (109)에 대해 라플라스 변환을 하고, $x(s)$에 대해 풀이를 하면, 다음과 같이 구할 수 있다.

$$x(s) = (sI - A)^{-1} Bu(s) \tag{112}$$

여기서, I는 2차원 벡터의 단위 행렬이며, 다음과 같이 주어진다.

$$I = \begin{bmatrix} 1 & 0 \\ 0 & 1 \end{bmatrix}$$

주어진 차량에 대한 값과 타이어 상수들을 통해 A와 B 행렬이 정해지고 조향 입력이 주어지면 $x(s)$에 대한 방정식의 해는 위의 식들로부터 구할 수 있다. 이를 통해 제1장에서 다룬 것과 같이 시간 영역 상태 벡터는 역 라플라스 방법을 이용하여 쉽게 구할 수 있다.

위에서 설명된 전륜조향 차량에 대한 조향 모델은 차량의 롤방향 운동을 무시하고 있다. 이 장에서는 롤방향 운동을 포함하는 4WS(전자 제어와 δ_R이 영이 아니게 되는)에 대한 모델을 유도해 보자. 롤을 포함하는 방정식을 구하기 위해서는 언스프렁 질량(M_u)과 스프렁 질량(M_s)의 총 차량 질량(M)을 다음과 같이 구별할 필요가 있다.

$$M = M_s + M_u$$

CG를 통과하는 y' 방향으로 작용하는 힘을 합산하면, 다음의 방정식을 구할 수 있다.

$$M(\dot{\mathrm{v}} + u_o r) + M_s h_{CG}\dot{p} = 2C_F\left[\delta_F - \left(\frac{\mathrm{v} + ar}{u_o}\right)\right] + 2C_R\left[\delta_R - \left(\frac{\mathrm{v} - br}{u_o}\right)\right] \quad (113)$$

여기서 4WS시스템이므로 δ_R은 0이 아닌 값을 갖는다. CG를 통과하는 수직축에 대한 모멘트를 합산하면 다음의 식을 구할 수 있다.

$$I_{zz}\dot{r} - I_{zx}\dot{p} = 2aC_F\left[\delta_F - \left(\frac{\mathrm{v} + ar}{u_o}\right)\right] - 2bC_R\left[\delta_R - \left(\frac{\mathrm{v} - br}{u_o}\right)\right] \quad (114)$$

여기서 관성의 크로스모멘트 I_{zx} 역시 고려되었다. 마지막으로 CG를 통과하는 종축에 대한 모멘트를 합하면, 다음의 식을 구할 수 있다.

$$I_{xx}\dot{p} - I_{xz}\dot{r} + M_s h_{CG}(\dot{\mathrm{v}} + u_o r) = -(L_{PF} + L_{PR})p - (L_{\phi F} + L_{\phi R})\phi_R \quad (115)$$

여기서, $p = \dot{\phi}_R$이다.

그리고

$I_{xx} = x$축에 대한 관성 모멘트

$I_{xz} = I_{zx} = x$와 z의 관성에 곱

결합된 선형 미분방정식의 집합은 4개 차원의 상태 벡터의 상태변수 형태로 작성될 수 있다.

$$x = \begin{bmatrix} \mathrm{v} \\ r \\ p \\ \phi_R \end{bmatrix} \quad (116)$$

그리고 입력 벡터는 다음과 같다.

$$u = \begin{bmatrix} \delta_F \\ \delta_R \end{bmatrix}$$

이 식은 4개의 상태변수를 갖는 미분방정식이다. 위에 주어진 세 개의 방정식 이외에 네 번째 미분방정식은 다음과 같다.

$$p = \dot{\phi}_R$$

상태방정식은 다음과 같다.

$$G\dot{x} = Hx + Du \tag{117}$$

행렬 G는 다음과 같다.

$$\begin{bmatrix} M & 0 & M_s h_{CG} & 0 \\ 0 & I_{zz} & -I_{zx} & 0 \\ M_s h_{CG} & -I_{xz} & I_{xx} & 0 \\ 0 & 0 & 1 & 0 \end{bmatrix} \tag{118}$$

행렬 H는 다음과 같다.

$$\begin{bmatrix} -2(C_F + C_R)/u_o & -2(C_F a - C_R b)/u_o - M u_o & 0 & 0 \\ -2(C_F a - C_R b)/u_o & -2(a^2 C_F + b^2 C_R)/u_o & 0 & 0 \\ 0 & -M_s h_{CG} u_o & -(L_{PF} + L_{PR}) & -(L_{\phi F} + L_{\phi R}) \\ 0 & 0 & 1 & 0 \end{bmatrix}$$

행렬 D는 다음과 같다.

$$D = \begin{bmatrix} 2C_F & 2C_R \\ 2aC_F & -2bC_R \\ 0 & 0 \\ 0 & 0 \end{bmatrix}$$

위의 상태변수 방정식은 G의 역으로 식 (117)을 곱하여 표준형태로 할 수 있다.

$$\begin{aligned} \dot{x} &= G^{-1}Hx + G^{-1}Du \\ &= Ax + Bu \end{aligned}$$

여기서,

$$A = G^{-1}H$$
$$B = G^{-1}D$$

그림 8.32에서 전륜은 운전자의 조향 휠 입력에 의해 δ_F로 조향된다. 센서(S)가 조향각을 측정하고 다른 센서(U)는 차량의 속도를 측정한다. 마이크로컨트롤러(C)는 액추에이터 A를 통해 속도와 전륜 조향각의 함수로서 프로그램 제어하에서 원하는 후륜 조향각 δ_R을 구한다. 예를 들면 16 km/h 이하의 속도의 4WS 제어 전략에서 후륜 조향각은 전륜 조향각과 반대 방향이다. 이 제어 전략은 전륜 휠 조향만의 값에서 차량의 회전 반경을 30%만큼 감소시키는 효과가 있다. 따라서 저속에서 주차하는 차량의 조종 능력을 강화시킨다.

중간속도(예를 들어 16 km/h $< U <$ 48 mph)에서는 전륜만으로 조향할 수 있다. 고속도로에서와 같은 높은 속도에서 전륜과 후륜은 같은 방향으로 조향된다. 일부 자동차 회사는 고속주행에 대한 흥미로운 전략을 제시하고 있다. 이 전략에서 후륜은 매우 짧은 기간 동안(1초~수초 정도) 전륜에 반대 방향으로 회전하고, 그 후 전륜과 동일한 방향으로 회전한다. 이러한 전략은 고속도로에서 차선 변경 시 주행에 긍정적인 영향을 준다.

차량 주행에 대한 전자식 4WS의 영향을 보여주기 위하여 다음과 같은 파라미터를 갖는 가상의 차량으로 시뮬레이션을 실행하였다.

$$M = 1000 \text{ kg}$$
$$M_s = 890 \text{ kg}$$
$$I_{xx} = 300 \text{ kg} \cdot \text{m}^2$$
$$I_{zz} = 1200 \text{ kg} \cdot \text{m}^2$$
$$I_{xz} = I_{zx} = -11.25 \text{ kg} \cdot \text{m}^2$$
$$a = 1.28 \text{ m}$$
$$b = 0.92 \text{ m}$$
$$h_{CG} = 0.3 \text{ m}$$
$$L_{PF} = L_{PR} = 1045 \text{ N} \cdot \text{m} \cdot \text{s/rad}$$
$$L_{\phi F} = L_{\phi R} = 15450 \text{ N} \cdot \text{m} \cdot \text{sec}^2$$
$$C_F = 2 \times 10^4 \text{ N/rad}$$
$$C_R = 2.9 \times 10^4 \text{ N/rad}$$
$$u_o = 30 \text{ m/s}$$

그림 8.33은 2WS와 4WS에 대한 차선 변경 주행에 대한 위치를 나타낸 그림이다.

그림 8.34는 차선 변경 주행 동안 차량의 조향 휠 라디안 각뿐만 아니라 차량 CG의 횡방향 움직임을 나타내는 $y(t)$를 보여준다. 이 시뮬레이션에서의 후륜의

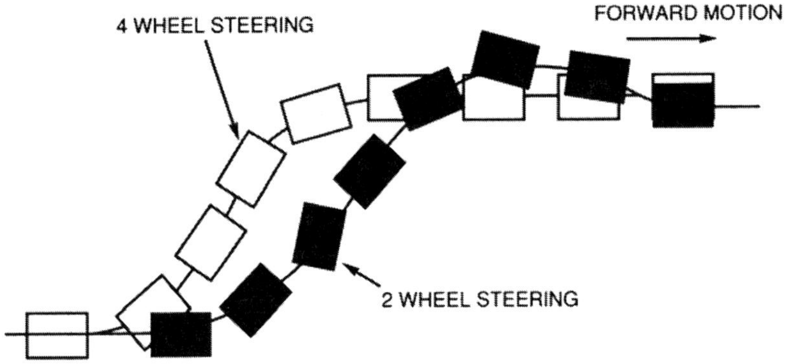

그림 8.33

차선변경 움직임

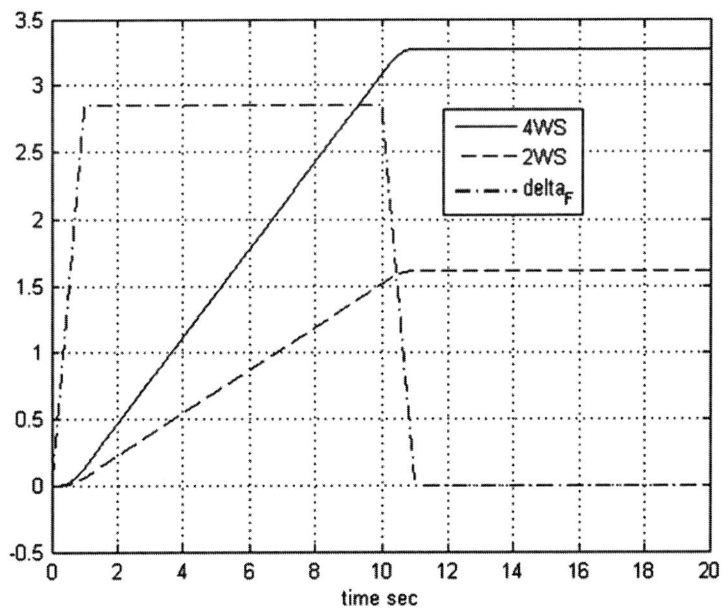

그림 8.34

시뮬레이션에서 4WS vs 2WS 차선변경 움직임

제어 전략은 $\delta_R = -0.1\delta_F$이다. 실선의 곡선은 4WS 응답을 나타내며, 점선의 곡선은 2WS의 응답을 나타낸다. 조향 입력시간 간격 동안 4WS의 차선 변경양은 2WS의 약 2배가 되는 것을 주목해야 한다. 다른 측면에서 해석하면, 횡방향으로 같은 거리를 이동하기 위해 4WS은 2WS에 절반의 시간만 걸린다는 것을 알 수 있다.

반대 방향으로 후륜을 조향하는 차선변경 시뮬레이션은 2WS에 대한 4WS에 주행의 확연한 차이를 나타내기 위한 것이다. 사실 이러한 제어 전략은 전자적으로 제어되는 4WS 승용차에는 바람직하지 않고 오히려 경주용 자동차에 더 적합할 수 있다.

일반 승용차의 경우, 고속도로 주행 시 후륜 조향은 전륜과 같은 방향으로 조향폭을 줄이는 방법을 취할 가능성이 크다. 또 다른 승용차 제어 전략은 짧은 시간 동안 후륜을 전륜과 반대 방향으로 하고 난 다음 전륜과 후륜을 같은 방향으로 조향하는 것이다. 많은 제어전략들은 위에서 제시한 것 같은 모델을 사용하거나 또는 비선형성과 더 자세한 모델을 이용한 시뮬레이션으로 평가한다.

주행속도에서 전륜과 후륜바퀴를 같은 방향으로 조향하는 전략은 트레일러를 견인하는 차량에 있어서 이로운 점이 있다. 커브길에서 전륜과 후륜이 같은 방향으로 조향하는 차량의 종방향축과 트레일러의 종방향축이 이루는 각도는 전륜 조향만 하는 차량 트레일러와 이루는 각보다 더 작다. 이와 같은 각도의 감소는 커브에서 트레일러에 의해 후륜에 작용하는 횡방향 힘이 전륜 조향만 하는 차량보다 작다는 것을 의미한다. 이러한 횡력 감소는 전륜 조향만 하는 차량에 비해 차량 또는 트럭/트레일러조합의 안정성을 향상시킨다.

요약

이 장에서는 차량 운동 제어를 위한 몇 가지 기본 이론을 검토하였다. 여기에서 제시되는 모델이 실제로 생산되는 차량의 제어 시스템 개발에는 적합하지 않을 수 있다. 하지만 이러한 실제 모델들은 이 책에서 의도된 범위를 넘는 복잡한 비선형, 연립미분방정식을 포함한다. 반면에 여기에서 제시한 단순화된 모델은 복잡한 전자 시스템의 이론을 설명한다. 차량 움직임 제어의 고급 이론을 원하는 독자들은 미국자동차공학회(SAE)와 출판 서비스를 통해 풍부한 자료를 사용할 수 있다. 이번 장의 내용이 독자들에게 이와 같은 자료들을 이해할 수 있는 배경지식을 제공할 수 있었으면 한다.

제 9 장

차량 계측과 텔레매틱스

현대적 차량 계측 477
입력과 출력 신호 변환 480
　다중화 482
　다중 속도 샘플링 485
컴퓨터 기반 계측의 장점 487
표시장치 487
LED 491
LCD 493
　투과형 LCD 497
VFD 497
　평판 디스플레이 500
연료량 측정 508
냉각수 온도 측정 514
오일 압력 측정 515
차속 측정 518
High Speed Digital Communications(CAN) 519
　CAN 네트워크 521
트립 컴퓨터 525
텔레매틱스 528
GPS 내비게이션 529
GPS 시스템 구조 534
차량 진단 537

이 장은 전자식 계측과 상대적으로 새로운 분야인 텔레매틱스를 다룬다. 차량을 제어하거나 차량의 상태를 운전자에게 보여주기 위하여 엔진과 차량의 변수를 측정하는 행위인 계측이라는 용어를 이 장에서 사용하였다. 텔레매틱스라는 용어는 차량이 외부와 주고받는 통신뿐만 아니라 차량 내부에서 일어나는 모든 형태의 통신을 의미한다. 차량 내부의 통신은 다양한 전자 서브시스템 간의 디지털 데이터 링크를 통하여 이루어진다. 차량이 송수신하는 내용은 셀룰러 또는 위성 전화를 통한 음성과 디지털 데이터부터 지상 중계소 또는 위성이 보낸 디지털 데이터를 망라한다. 차량에 탑재된 온보드 PC로 연결된 인터넷도 위의 범주에 포함된다. 이 장은 전자식 계측에 관한 내용으로 시작하며 텔레매틱스로 마무리된다.

대략 1920년대 후반부터 1950년대 후반까지 자동차에 설치된 표준적인 계측기는 속도계, 오일 압력계, 냉각수 온도계, 배터리 충전율 계측기, 연료계이다. 엄격히 말하면 마지막 두 가지만 전기적 계측기이다. 사실 이러한 전기적인 계측은 일반적으로 차량 전기 시스템의 사소한 부분으로 간주되었다. 하지만 1950년대 후반에 이르러 오일 압력계, 냉각수 온도계, 배터리 충전율 계측기가 특정 한도를 초과하면 점등되는 경고등으로 대체되었다. 이는 주로 원가를 절감하기 위한 것이었고 많은 사람들이 이러한 계측기들을 규칙적으로 관찰하지 않을 것이라는 생각 때문이었다.

1970년대까지는 차량용 계측기가 정말로 전자적인 것이 아니었다. 그때 상대적으로 저가의 반도체가 나타남으로써 차량용 계측에 커다란 변화를 가져왔는데, 저렴한 전자회로가 해를 거듭할수록 늘어났다. 이 장에서는 전형적인 차량용 전자 계측에 대한 일반적인 내용을 살펴보기로 한다.

계측 결과를 표시하는 것과 더불어 최근의 차량용 계측은 다양한 서브시스템의 문제를 제한적으로 진단하는 역할도 맡고 있다. 문제가 발견될 때마다 경고등을 통하여 운전자에게 문제를 알리고 문제와 관련된 서브시스템을 알려준다. 예를 들면 센서 신호가 잡히지 않는 것과 같은 문제를 엔진 제어 시스템이 자기진단을 통해서 검출하면 계기판에 “엔진 점검” 램프를 켠다. 이러한 경고 메시지는 운전자로 하여금 필요한 정비에 관한 전문지식과 장비를 갖춘 정비담당자를 찾아서 수리할 수 있도록 알려주는 역할을 한다.

현대적 차량 계측

차량 계측의 진화는 이미 논의되었던 엔진 제어 시스템과 마찬가지로 전자기술의 발전에 영향을 받아왔다. 특히, 마이크로프로세서, 반도체 표시장치와 반도체 센서의 출현이 중요한 역할을 하였다. 이러한 발전을 큰 관점에서 바라보기 위해서는 계측 시스템의 일반적인 블록선도를 상기할 필요가 있는데, 제1장의 그림을 그림 9.1에 다시 보여주고 있다. 그림에서 보면 계측기는 세 가지 기능적 구성품을 갖고 있는데, 센서(sensor), 신호처리(electronic signal processor), 그리고 표시장치(display)이다.

전자식 계측에서는 센서가 비전자적인 신호를 그에 상응하는 전압이나 전류로 바꿔주어야 한다. 그러면 전자적으로 센서 출력을 신호처리하여 표시장치를 구동할 수 있는 전기적인 신호를 생성하고 최종적으로 운전자가 표시장치를 읽게 된다. 측정할 대상이 이미 전기적인 형식이라면(배터리 충전 전류와 같은) 그 신호를 직접 사용할 수 있으며 추가적인 센서가 필요하지 않다.

제1장에서 설명한 것처럼 신호처리의 역할은 센서 출력 전압을 적절히 변환하여 표시장치로 보낼 신호를 발생시키는 것이다. 이렇게 하여 표시장치에 올바른 형식으로 원하는 측정 결과를 나타내게 된다. 일반적으로 물리적인 변수 x를 측정하기 위한 센서의 출력 전압은 다음과 같은 형태를 갖는다.

$$v_0 = f(x) \tag{1}$$

제6장에서 설명한 것과 같이 $f(x)$는 여러 가지 형태를 가질 수 있다. 가장 단순하고 흔히 가장 바람직한 형태는 선형적인 변환인데 센서 모델이 다음과 같이 표시될 수 있다.

$$v_0 = K_s x \tag{2}$$

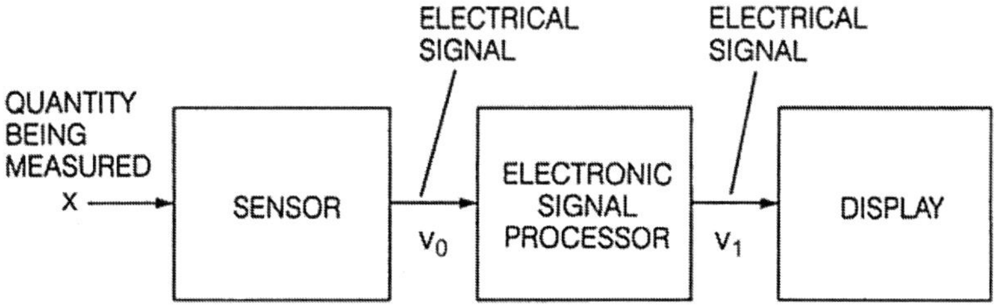

그림 9.1
계측기의 일반적인 블록선도

하지만 다른 선형 또는 비선형 함수 형태도 흔히 사용된다. 예를 들면 아래와 같은 모델을 갖는 센서도 있을 수 있다.

$$v_0 = K_s \frac{dx}{dt} \tag{3}$$

신호처리는 $x(t)$를 얻기 위해서 센서 전압을 적분하는 것을 포함할 수 있다.

$$x(t) = \frac{1}{K_s} \int_0^t \mathrm{v}_0(\tau) d\tau \tag{4}$$

모든 계측 시스템은 원하는 표시 값을 얻기 위해 특별한 신호처리 및 변환 기능을 필요로 한다. 센서가 선형적인 아날로그 장치라면 신호처리 작업은 전달함수 $H_{sp}(s)$로 표시될 수 있는데, 전달함수는

$$H_{sp}(s) = \frac{v_1(s)}{v_0(s)} \tag{5}$$

로 주어지고, 여기서 v_0는 센서의 출력, v_1는 출력부의 입력 신호이다(그림 9.1 참조).

최근의 차량 계측을 위해 사용되는 신호처리는 프로그램의 통제 하에서 디지털 방식으로 수행된다. 이 경우 센서 입력은 이산 시간 t_k에 샘플되고 신호처리의 결과는 이산 시간 시퀀스 $\{y_n\}$이다. 대표적인 선형 신호처리 작업은 제2장에서 설명된 반복 알고리즘으로 표현될 수 있다.

$$y_n = \sum_{k=0}^{K} a_k \mathrm{v}_0(t_{n-k}) - \sum_{i=1}^{L} b_i y_{n-i} \tag{6}$$

디지털 시퀀스 $\{y_n\}$은 이제 출력장치를 구동하기에 적절한 형태의 신호(v_1)로 변환된다. 특정한 측정을 위한 디지털 신호처리의 사례들이 이 장에서 제시될 것이다. 또한, 다양한 종류의 표시장치들이 이 장의 후반부에 논의된다.

요즈음의 차량 계측에서 하나의 마이크로컴퓨터(또는 관련된 디지털 서브시스템)가 여러 측정값의 모든 신호처리를 담당한다. 계기판을 설계하는 과정에서 큰 유연성을 가질 수 있다는 점이 컴퓨터를 이용하여 계측하는 주된 이유이다. 이러한 계측 시스템의 블록선도는 그림 9.2와 같다.

다양한 센서와 스위치로부터 얻어지는 모든 측정값은 계측 컴퓨터(instrumen-

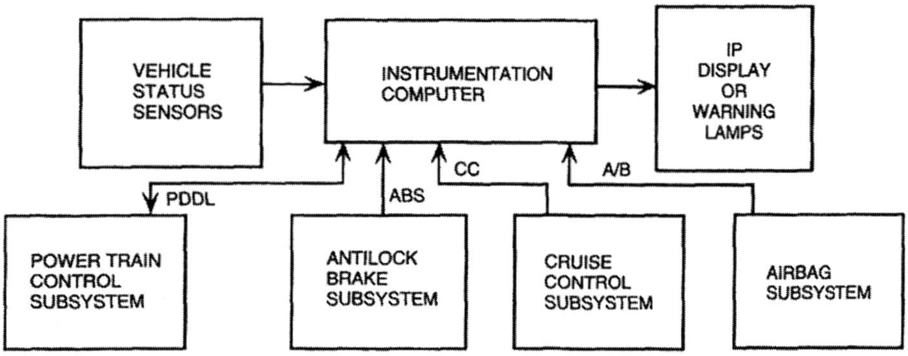

그림 9.2
컴퓨터 기반 계측 시스템

tation computer)라고 불리는 특수 목적의 디지털 컴퓨터에 의해 처리된다. 처리된 신호는 적절한 표시장치나 경고 메시지로 전달된다. 현대적인 차량 계측 시스템에서 표시장치와 경고를 흔히 하나의 모듈로 통합하는데, 이 모듈은 반도체 문자/숫자 표시장치, 특정 메시지를 알리기 위한 램프, 그리고 전통적인 전기기계적인 계기로 구성된다. 편리를 위해 이 표시장치를 계기판(instrument panel, IP)이라고 지칭할 것이다.

계측 컴퓨터의 입력에는 중요한 전자 서브시스템으로부터 얻어지는 진단에 관련된 입력뿐만 아니라 차량의 다양한 변수를 측정(또는 감지)하는 센서(또는 스위치) 신호도 포함되어 있다. 차량의 상태를 감지하기 위한 센서는 다음과 같은 것을 포함할 수 있다.

1. 연료량
2. 연료 펌프 압력
3. 연료 유량
4. 차량 속도
5. 오일 압력
6. 오일의 양
7. 냉각수 온도
8. 외기 온도
9. 앞유리 워셔액의 양
10. 브레이크 오일의 양

이러한 변수에 추가하여 기어 레버의 위치, 브레이크 작동 여부, 문과 트렁크 개폐 상태 등을 감지하기 위한 스위치가 입력에 포함될 수 있다. 또한, 계기판 모드 스위치도 포함될 수 있는데, 이 스위치는 운전자가 계기판의 다양한 표시 방식 또는 단위를 선택할 수 있게 해준다. 예를 들면 운전자가 차량의 속도 표시 단위를 시간당 마일(miles per hour, mph) 또는 킬로미터(kilometers per hour, kph) 중 하나를 선택할 수 있다.

현대적인 계측 시스템의 중요한 기능은 몇몇 서브시스템으로부터 진단 정보를 수신하고 적절한 경고 메시지를 운전자에게 보여주는 것이다. 한 사례는 파워트레인 제어 시스템이 지속적으로 자가진단을 수행하는 것인데(제10장 참조), 문제가 검출되면 오류의 성질과 위치를 나타내는 오류 코드를 발생시킨다. 이 코드가 파워트레인 디지털 데이터 라인(그림 9.2의 PDDL)을 통해 계측 시스템으로 전송된다. 계측 컴퓨터는 이 코드를 해석해서 엔진을 점검하라는 경고 메시지를 표시한다. 운전자를 경고하는 것이 필요한 다른 서브시스템(예, ABS, 에어백, 정속주행제어)에서도 이와 비슷한 경고 메시지를 계측 시스템으로 전송한다. 오류를 감지하는 방법은 제10장에 자세히 설명되어 있다.

입력과 출력 신호 변환

센서에 사용된 기술에 따라 어떤 하나의 입력이 디지털이거나, 스위칭되었거나 아날로그일 수 있다는 점을 잊지 않아야 한다. 전형적인 계측 컴퓨터는 이 모든 입력 형태를 받아들일 수 있도록 설계된 하나의 통합된 서브시스템이다. 이런 시스템은 센서나 스위치로부터 각각의 입력을 고려하여 설계된다. 아날로그 입력의 한 예는 연료량 센서인데, 이 장의 후반부에 설명되겠지만 부표에 설치된 전위차계일 수 있다. 제8장에서 논의된 차량 속도의 계측에는 제6장에서 설명한 센서가 사용되는데, 이것은 센서가 이미 디지털 형식인 계측의 한 사례이다.

모든 아날로그 입력은 제4장에서 설명된 그림 9.3과 같은 아날로그-디지털(A/D) 변환기를 사용하여 디지털 형식으로 변환되어야 한다. 그림 9.3을 보면 x를 측정하기 위하여 출력 전압이 $v_o(x)$인 아날로그 센서를 사용한다. 계측 컴퓨터는 샘플 및 홀드 회로(SH)를 통하여 시간 t_k에 v_o를 샘플하도록 한다. 이렇게 샘플된 전압 $v_o(t_k)$는 아날로그-디지털 변환기에 의하여 디지털 입력 v_k로 변환되고(제4장 참조) 디지털 형식으로 CPU에 입력된다.

물론 디지털 입력은 이미 우리가 바라는 형식이다. 변환 절차는 시간을 필요로 하는데, 이 시간은 아날로그-디지털 변환기에 주로 영향을 받는다. 변환된

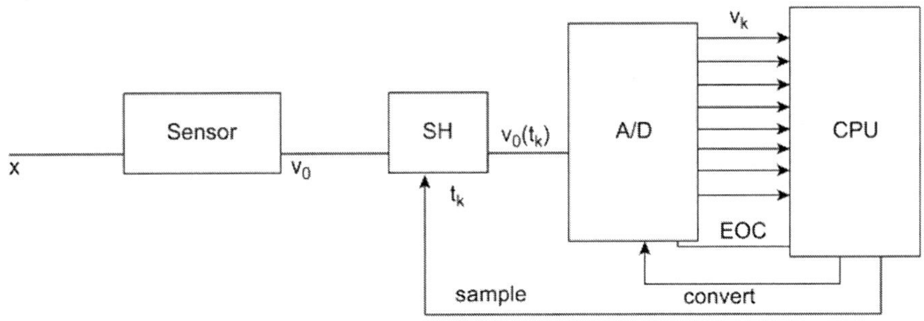

그림 9.3
디지털 계측 입력 시스템

A/D 변환기의 디지털 출력은 *M*비트 이진수로 표현되는데, 이는 아날로그 전압의 최대 근사값이다(여기서 *M*은 설계자에 의해 정해지는데, 예를 들면 8 이상 32이하의 정수일 수 있다). A/D 변환기는 컴퓨터에 연결된 하나의 리드선(그림 9.3의 EOC, end of conversion)의 논리 상태를 바꾸는 방법으로 컴퓨터에 신호를 보낸다(제4장에서 이런 목적으로 인터럽트를 사용한 것을 참조). 컴퓨터가 신호를 처리해야 하는 모든 아날로그 센서의 출력 전압이 이런 방식으로 변환되어야 한다. 변환과 신호처리가 완료되면 디지털 출력은 컴퓨터의 레지스터로 이동된다. 만일 출력이 디지털 표시장치를 구동시키는 것이라면 이런 출력은 직접적으로 사용될 수 있다. 하지만 아날로그 표시장치가 사용되는 경우에는 디지털-아날로그(D/A) 변환기를 사용하여 이진수를 적절한 아날로그 신호로 변환시켜야 한다(제4장 참조).

그림 9.4는 디지털 컴퓨터의 출력을 아날로그 신호로 변환하는 데 사용되는

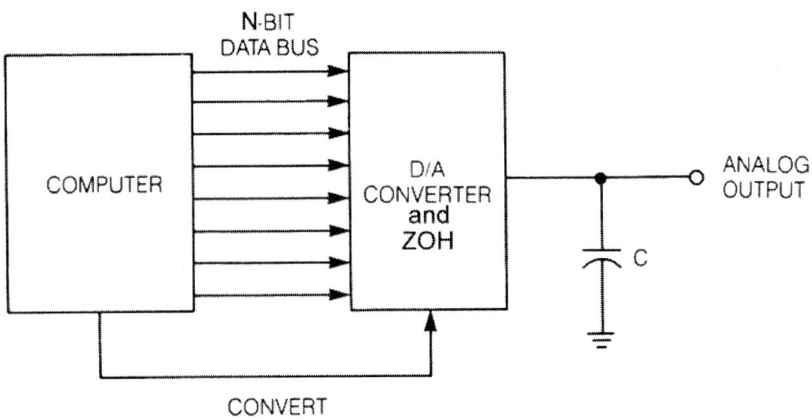

그림 9.4
디지털 계측의 아날로그 출력

D/A 변환기의 전형적인 구조를 보여준다.

그림을 보면 N개의 출력 리드가 신호처리의 결과를 D/A 변환기에 전달한다. 전달이 완료되면 컴퓨터는 D/A 변환기가 변환을 시작하도록 신호를 전송하고 D/A 변환기는 컴퓨터의 출력에 담겨 있는 이진수에 비례하는 전압을 발생시킨다. 제2장에서 설명한 것과 같이 D/A 변환에 흔히 영차 홀드(ZOH) 회로가 사용된다. 샘플 사이의 아날로그 출력을 부드럽게 하기 위하여 (축전기와 같이 단순할 수도 있는) 저역 통과 필터를 D/A 출력단에 연결하는 경우가 많다. 센서 출력의 샘플링, A/D 변환, 디지털 신호처리, D/A 변환이 그 변수를 측정하기 위해 할당된 샘플링 시간 슬롯 동안(시간 지연이 발생할 수 있지만) 처리되는 것이 보통이다.

다중화

물론 컴퓨터는 한 순간에 한 가지 양만을 측정할 수 있다. 그래서 컴퓨터의 입력은 어느 순간이든 오직 하나의 센서에 연결되어야만 한다. 그리고 컴퓨터의 출력도 해당하는 표시장치에만 연결되어야 한다. 컴퓨터는 하나의 센서 신호에 대해서 필요한 모든 신호처리를 한 후 적절한 표시장치에 보낼 출력 신호를 생성한다.

선택적이고 순차적으로 여러 개의 입력을 하나의 디지털 신호처리 시스템으로 보내는 과정을 다중화라고 한다. N개의 아날로그 센서가 디지털 시스템에 연결된 계측 시스템을 생각해 보자. 시간 시퀀스 상에서 이를 성취하는 방법은 시간영역 다중화(time-domain multiplexing, TDM)로 알려져 있다. N개의 신호를 TDM 하는 한 가지 구성 방법이 그림 9.5에 도식적으로 나타나있다.

그림 9.5에는 N개의 아날로그 센서가 출력 전압 $v_n(t)$를 발생시킨다. 각각의 출력은 MUX로 표시된 모듈 안의 전자적 스위치(S_n)에 연결되어 있으며, 이 스위치는 제3, 4장에서 설명한 트랜지스터로 구현될 수 있다. MUX는 샘플링 기능뿐만 아니라 다중화 기능도 수행한다. 이 그림에는 평상시에 열린 스위치를 활성화시키는(즉, 닫는) 전기적인 연결을 나타내지 않았다. 그림 9.5의 구성을 보면 디지털 시스템이 디코더에 디지털 데이터를 보내서 각각의 스위치(N개 중 하나)를 활성화시키는 것을 알 수 있다. 스위치 S_n에 해당하는 데이터가 디코더로 보내지면 이 데이터가 그 스위치를 활성화시키는 신호를 발생시켜서 결과적으로 전압 v_n을 A/D 변환기에 연결하게 된다. 변환이 완료되면 A/D 변환기가 EOC 선에 신호를 생성하고 이 신호가 디지털 시스템에게 A/D 출력을 읽으라고

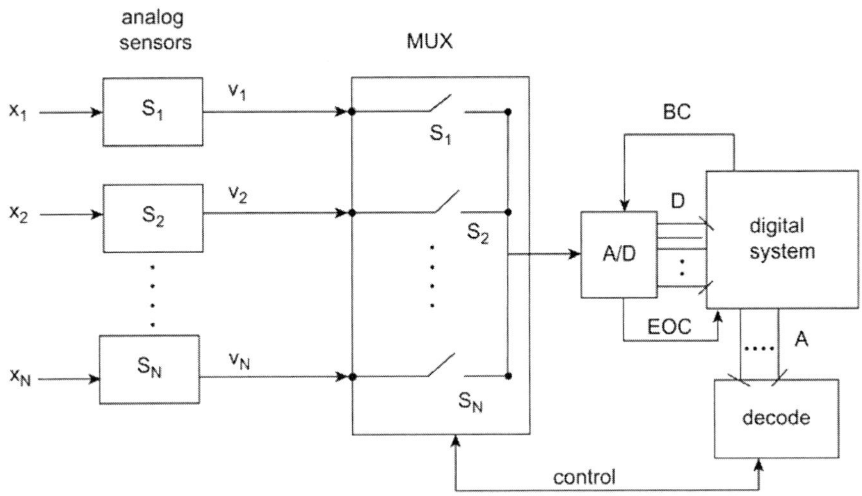

그림 9.5
아날로그 다중화 시스템

알려주는 역할을 한다. A/D 변환기는 EOC 신호가 있는 동안 전압 v_n을 유지한다. 따라서 이 구성에서 MUX는 다중화 기능만 하는 것이 아니라 샘플링 기능도 수행하는 것이다(샘플링에 관해서는 제4장 참조).

그림 9.5에서는 하나의 긴 주기 안에서 각각의 센서 신호들에 시간 구간이 할당되어 있다고 가정하였다. 이 경우, k번째 MUX 주기 안에서 센서 n을 샘플한 시간 t_{nk}는

$$t_{nk} = T_k + n\delta T \qquad n = 1, 2, \cdots, N$$
$$\delta T = \frac{T_c}{N}$$
$$T_c = T_{k+1} - T_k = \text{cycle period} \tag{7}$$

으로 주어지며, 여기서 N은 T_c 동안 샘플되는 입력의 수이다.

이 구성은 MUX 기능을 수행하는 많은 것 중의 하나이다. 다중화는 디지털 신호에 대해서도 수행될 수 있다. 이런 신호는(제8장에서 언급된 속도 센서와 같은) 디지털 센서에서 올 수도 있고, 자신만의 A/D 변환기를 가진 아날로그 센서에서 올 수도 있다. 그림 9.6은 디지털 MUX 구성에 대한 사례를 보여주고 있다.

예를 들기 위해 여기서는(네 개의 센서에서 얻어지는 디지털 데이터를 위해) MUX에 네 개의 입력이 있다고 가정하였다. 또한, 데이터는 8비트 디지털 형식으로 제공된다고 간주하였다. 하지만 현대적 차량의 계측에서 한 측정 변수를

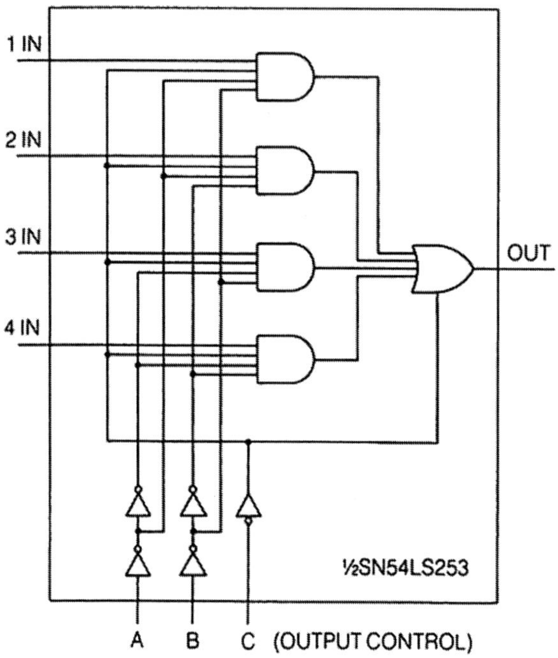

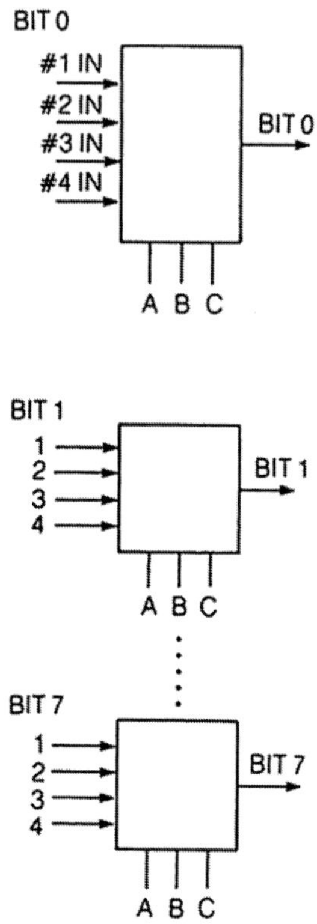

DATA SELECT BITS			DATA INPUT SELECTED
A	B	C	
X	X	1	HIGH Z
0	0	0	1
0	1	0	2
1	0	0	3
1	1	0	4

그림 9.6
디지털 데이터 다중화 장치

위해 더 많은 수의 비트를 사용하고 있다. 각각의 다중화 장치는 네 입력 중 하나의 비트를 선택한다. 그래서 한 비트에 하나씩 모두 여덟 개의 다중화 장치가 있어야 한다. MUX의 출력선들은 디지털 컴퓨터의 각각 해당하는 데이터 버스 라인에 연결된다(제4장 참조). 그림 9.6과 같이 데이터 선택 라인 신호를 생성하여 디지털 시스템이 순서를 통제한다. 이런 선택은 샘플 시간 t_{nk}에 따른 순서로 이루어지는데, 이것은 k번째 샘플의 n번째 입력에 대한 아날로그 MUX와 같은 방법이다.

신호처리를 완료하고 샘플 시간 t_{nk}에서 센서 n의 출력 신호 y_n을 계산한 후

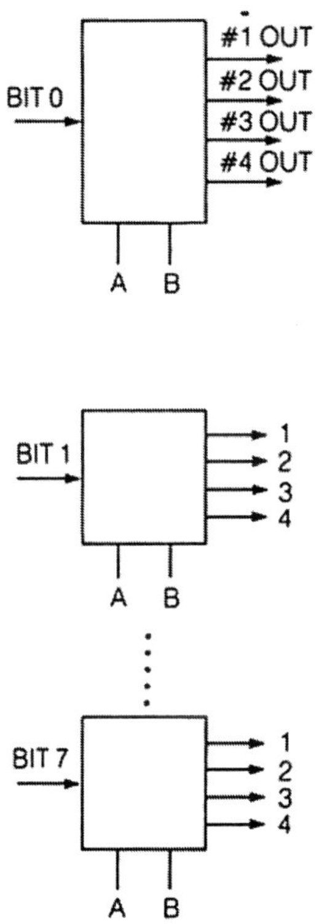

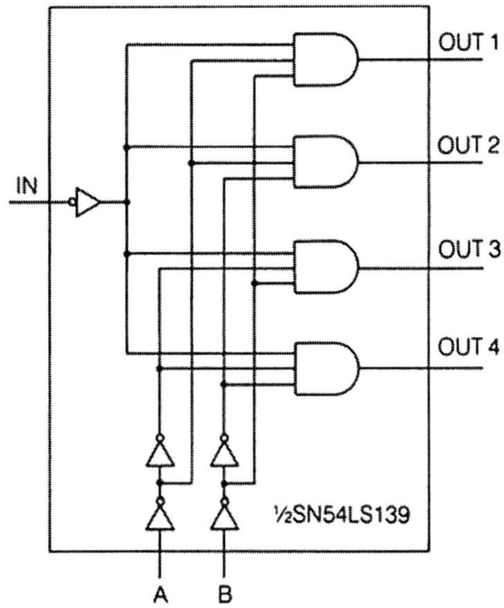

DATA SELECT BITS		DATA OUTPUT SELECTED
A	B	
0	0	1
0	1	2
1	0	3
1	1	4

그림 9.7
디지털 데이터 역다중화 장치

그 변수를 표시할 장치로 올바른 신호를 보내야 한다. 그림 9.5의 센서 구성이 아날로그로 되어 있지만 표시장치는 디지털이라고 가정하자. 또한, 디지털 출력이 입력 데이터와 유사한 시간 시퀀스로 출력 데이터 라인을 따라 출력된다고 가정하자. 즉, 그림 9.7의 A와 B 같은 데이터 선택 비트의 쌍마다 시간이 부여되는데, 데이터 y_n이 각각의 역다중화 회로로부터 한 비트씩 8비트 디지털 표시 장치로 전송된다. 각각의 표시장치는 8비트 데이터를 문자로 변환한다.

다중 속도 샘플링

그림 9.5의 구성과 관련하여 설명한 것과 같이 이러한 절차로 다수의 변수를 측정하는 한 가지 가능한 방법은 각각을 순차적으로 샘플하는 것이다. 즉, 그림

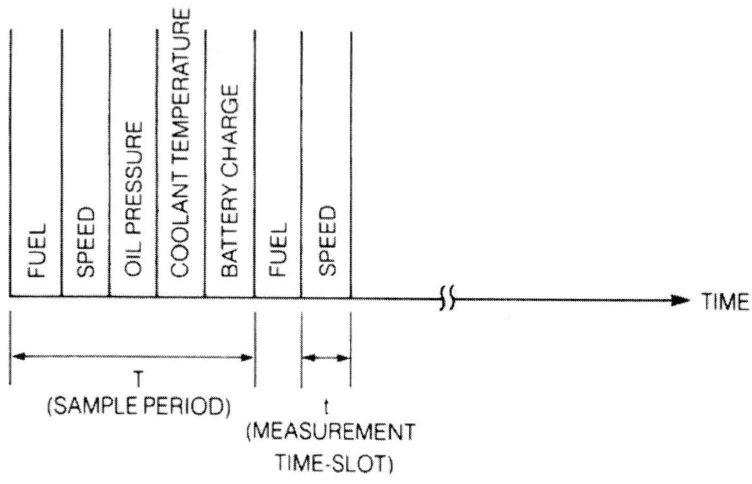

그림 9.8
순차적 샘플링

9.8에 보인 것과 같이 전체 사이클 주기 T_c 중 고정된 시간 구간 t_{nk}를 각각의 측정값에 할당하는 것이다.

이 방법은 계측 대상이 변화하는 데 필요한 시간에 비해서 샘플 주기가 상대적으로 짧기만 하면 문제가 없다. 냉각수 온도나 연료량 같은 측정값은 시간에 대해 천천히 변화한다. 이런 변수들을 위해서는 수초 또는 그 이상의 샘플 주기면 충분하다.

하지만 차량 속도, 배터리 충전, 연료 소비율과 같은 변수는 상대적으로 빠르게 변화하고 1초마다 또는 수 1/10초와 같은 짧은 샘플 주기를 필요로 한다. 차량 내에서 측정할 변수들마다 변화하는 속도가 달라서 변수마다 측정 주기가 다르게 된다. 몇몇 변수의 부분 집합마다 서로 다른 샘플 주기를 갖도록 하는 것을 다중 속도 샘플링이라고 한다. 가장 빨리 변화하는 변수는 매우 짧은 샘플 주기로 샘플되는 한편 천천히 변화하는 것은 긴 샘플 주기마다 샘플된다.

다중 속도 샘플링을 구현하기 위해서는 한 샘플 빈도를 공유하는 변수의 부분 집합마다 각각 독립적인 그림 9.5의 회로를 갖게 하는 것이 가능하다. 하지만 요구되는 가장 빠른 샘플링을 할 수 있는 하나의 MUX를 이용해서 다중 속도 샘플링을 구현하는 것도 가능하다. 이 경우에는 천천히 변화하는 변수를 매 샘플마다 저장하고 처리하지 않고 솎아내는 과정을 통해 낮은 속도의 샘플링이 가능하다. 이 과정에서 길이가 T_c인 주기가 M번 반복될 때마다 하나의 샘플 데이터를 저장하여 M개의 데이터 중 $M-1$개를 솎아내게 된다. 결과적으로 이 과정은 최고 샘플 속도를 $1/M$로 낮추는 결과를 가져온다.

컴퓨터 기반 계측의 장점

컴퓨터 기반 계측의 대표적인 장점은 유연성이다. 한 차량 또는 모델에서 다른 것으로 계측 시스템을 변경하려면 단지 컴퓨터 프로그램을 바꾸기만 하면 된다. 이 변경은 ROM을 교체하는 것으로 끝날 수 있다. 프로그램은 하나의 IC로 구성된 ROM에 영구히 저장되어 있다는 점을 기억할 필요가 있다(제4장 참조).

다른 이점은 전통적인 계측에 비해 향상된 성능이다. 예를 들면 전통적인 전기기계 방식 연료계는 오차를 갖고 있는데, 관련된 원인은 1) 연료 탱크의 기계적, 기하학적 특성의 비선형성, 2) 계측기의 전압 안정화 회로, 3) 표시장치의 동적인 응답이다. 그런데 전자적인 계측 시스템은 불완전한 전압 안정화 회로로 인한 오류를 제거할 수 있다. 일반적으로 전자식 연료량 측정 시스템은 차량의 거의 모든 작동 조건에 대한 보정 정보를 갖고 있다. 더구나 전기기계적인 검류계를 이용한 표시장치를 전자적인 디지털 표시장치로 대체하여 표시할 수 있는 정확도를 크게 개선한다.

표시장치

계측기의 중요한 요소 중 하나는 표시장치이다. 차량 계측에서는 표시장치가 계측 결과를 읽고 이해하기 쉬운 형태로 운전자에게 제공해야 한다. 속도계, 전류계, 연료계는 원래 전기기계적인 장치였다. 그 후에 자동차 회사가 비용을 절감하기 위하여 몇몇 변수(예: 윤활유 압력)에 대해서 계측기 대신 경고등을 사용하기 시작하였다. 경고등은 전자광학적 표시장치의 한 종류로 생각할 수 있다. 최근의 차량에는 전자광학적 문자 표시장치가 흔히 사용되고 있다.

최근의 차량에도 아날로그 표시장치가 사용되고 있다(예: 연료량, 냉각수 온도, 오일 압력, 엔진 회전수). 가장 흔한 아날로그 전기기계식 표시장치는 검류계이다. 검류계의 구조는 그림 9.9와 같다.

이 표시장치는 눈금(scale)에 따라 움직이는 바늘로 표시하려는 양의 수치적인 값을 나타낸다. 눈금은 바늘의 중심으로부터 방사형으로 배열된 짧은 선분으로 표시되어 있다. 대개 수치가 긴 눈금 표시에만 표시되는 경우가 많다.

바늘은 가늘고 긴 축에 연결되어 있는데, 이 축은 기계식 시계의 축을 지지하는 데 사용되는 작은 베어링으로 양쪽 끝이 지지되어 있다. 이 축은 한 개 이상

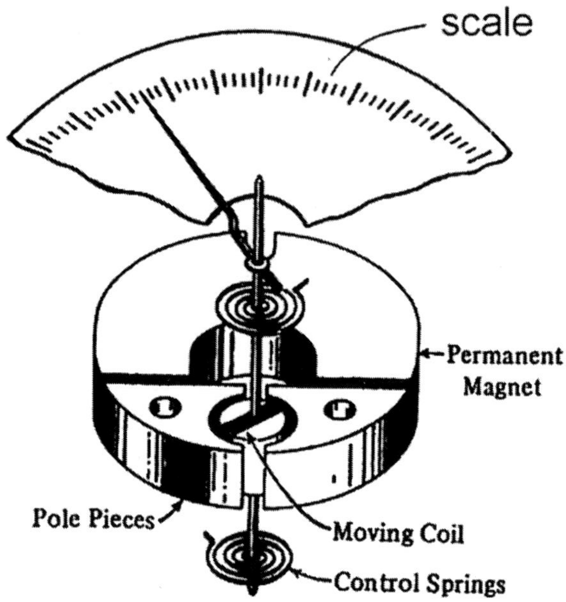

그림 9.9
검류계의 구조

의 스프링(control spring)뿐만 아니라 N번 감긴 와이어로 구성된 코일(moving coil)에 연결되어 있다. 영구자석(permanent magnet)은 강자성체인 폴 피스와 고정된 원통형 코어에 흐르는 자기장을 발생시킨다. 코일은 폴 피스(pole piece)와 원통형 코어로부터 작은 간극으로 분리되어 있고, 이 간극 내에서 회전축을 중심으로 회전할 수 있다.

폴 피스와 원통형 코어는 자속밀도 벡터 $\overline{\boldsymbol{B}}$가 회전축으로부터 방사형으로, 좌측에서는 안쪽으로, 우측에서는 바깥쪽으로 향하도록 설계되어 있다. 이 자속밀도의 절댓값 B_r은 그림 9.10에 보인 코일이 움직이는 전체 범위에 걸쳐 대략적으로 일정하다.

기초적인 자기장 이론(제6장 참조)에 따라 움직일 수 있는 코일에 전류가 흐르면 토크 T_c가 코일에 작용하는 것이 알려져 있다. 토크는

$$T_c = K_c N B_r i \tag{8}$$

으로 주어지는데, 여기서 K_c는 비례상수이며, N은 코일 감은 횟수, i는 코일에 흐르는 전류이다.

스프링은 자기장의 토크와 반대로 작용하는 토크를 바늘의 축에 발생시켜서 바늘을 $\theta = 0$ 위치로 가도록 만들어 준다.

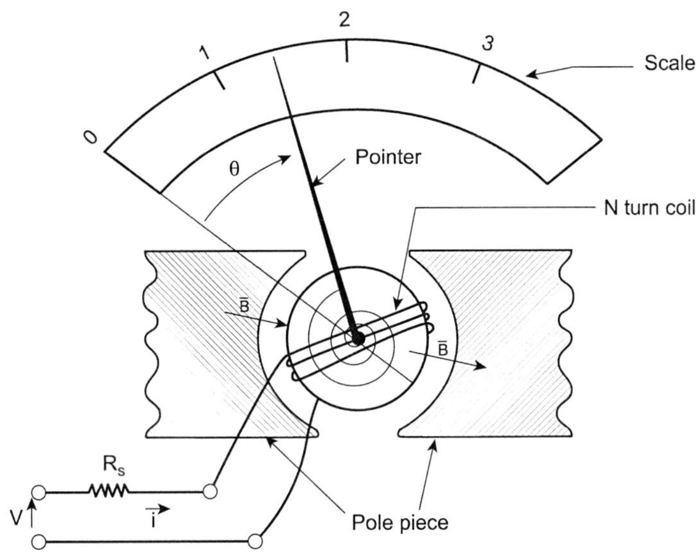

그림 9.10
검류계의 자기장 배열

검류계 운동을 묘사하는 동적인 방정식은 다음과 같다.

$$
\begin{aligned}
J\ddot{\theta} + D\dot{\theta} + K\theta &= T_c \\
&= K_c N B_r i
\end{aligned}
\tag{9}
$$

여기서, J는 움직이는 부품의 바늘의 축에 대한 관성모멘트, D는 점성감쇠 상수이며, K는 비틀림 스프링의 스프링 상수이다.

제1장을 따르면 위 모델의 전달함수($H_i(s)$)는 다음과 같다.

$$
\begin{aligned}
H_i(s) &= \frac{\theta(s)}{i(s)} \\
&= \frac{K_c N B_r}{Js^2 + Ds + K}
\end{aligned}
\tag{10}
$$

검류계의 전기적 입력을 단말 전압과 임피던스 R_s로 표시할 수 있고, 검류계의 회로도는 그림 9.11과 같다.

코일은 저항 R_c와 인덕턴스 L_c로 구성된 회로로 표현되었고 코일에 흐르는 전류의 동적 모델은 다음과 같다.

$$
v_s = (R_s + R_c)\, i + L_c \frac{di}{dt} \tag{11}
$$

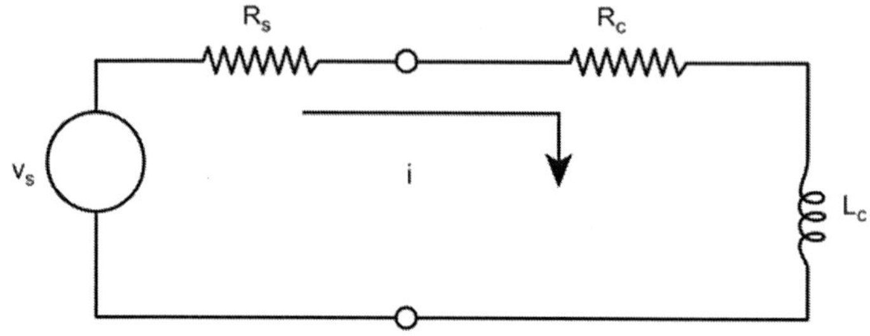

그림 9.11

검류계 회로도

제1장의 라플라스 변환을 이용하면 검류계의 전달함수 $H_g(s)$는 다음과 같이 주어진다.

$$
\begin{aligned}
H_g(s) &= \frac{\theta(s)}{v_s(s)} \\
&= \frac{K_c B_r N}{(Js^2 + Ds + K)[(R_s + R_c) + sL_c]}
\end{aligned}
\tag{12}
$$

차량용 표시장치로 사용되기 위해서 검류계가 가져야 할 중요한 성능 중의 하나는 검류계의 동적 응답이다. 상대적으로 천천히 변화하는(연료량과 같은) 변수를 표시하기 위해서는 동적 응답이 느려야 한다. 즉, 응답이 상대적으로 낮은 대역폭(예를 들면 0.1 rad/sec)을 가져야 한다. 이렇게 낮은 대역폭을 갖게 되면 연료량 표시계는 센서 신호의 시간 평균을 보여줄 것이다. 이 경우 센서 출력의 빠른 변동(연료의 출렁거림과 같은 현상에 기인하는)을 걸러낼 수 있다. R_s를 적절히 선택함으로써 연료계가 낮은 대역폭을 갖도록 할 수 있다. 한편, 상대적으로 빠르게 변화하는(차량 속도와 같은) 변수를 표시하기 위해서는 검류계가 연료량을 측정할 때보다 더 큰 대역폭을 가져야 한다. 차량용 계기로 사용된 검류계의 최적 대역폭을 $H_g(s)$의 매개변수들을 선택함으로써 찾을 수 있다.

광전자 분야의 반도체 기술 발달로 인하여 문자 또는 그림문자를 표시할 수 있는 복잡한 전자-광학 표시장치가 개발되었다. 이는 숫자와 문자를 이용해서 차량의 변수나 매개변수의 측정 결과를 표시할 수 있다는 것을 의미한다. 이러한 능력은 운전자에게 영어 또는 다른 언어로 메시지를 전달할 수 있게 해준다. 이런 장치들의 입력은 전자적인 디지털 신호인데, 이 때문에 컴퓨터 기반 계측 시스템에서 쉽게 사용할 수 있다. 이는 D/A 변환기를 필요로 하고 눈금의 값을 가리키기만 하는 전기기계적인 표시장치와는 대조적이다.

자동차 제조업체에서는 차량 계측을 위한 많은 종류의 전자적 표시장치를 고려하고 있다. 여기서 우리는 세 가지 대표적인 기술, 즉 발광 다이오드(light-emitting diode, LED), 액정 표시장치(liquid crystal display), 진공 형광 표시장치(vacuum-fluorescent display, VFD)를 고려할 것이다. 각각의 기술들은 문자를 표시할 수 있는 능력을 가졌는데, 표시장치를 적절히 기하학적으로 배열하고 특정한 패턴으로 점등함으로써 문자를 표시할 수 있다. 이러한 전자광학적인 장치들의 최종 응용 목표는 이른바 평판 표시장치인데, 개개의 장치를 사각형 모양으로 배열한 것이다. 이 정교한 장치와 작동원리를 전자광학 기술을 설명한 후에 소개할 것이다. 이어지는 절에서 각각의 기술들이 따로따로 소개되는데, 차량용으로 어떻게 사용되는지도 포함되어 있다. 먼저 다양한 장치들의 물리적 특성을 논의하고 문자를 표시하기 위해서 디지털 처리기의 출력을 변환시키는 데 필요한 인터페이스에 대해서도 설명할 것이다.

LED

발광 다이오드는 전류가 통과하면 빛을 발하도록 적절한 재료로 구성된 반도체 다이오드이다. 붉은색 LED에 흔히 사용되는 반도체 재료는 갈륨비소인이다. 양전하 운반체가 음전하 운반체와 pn 접합부(junction region)에서 결합하면 이 접합부에서 빛이 발생한다(pn 접합부에 대해서는 제3장 참조). 접합부에서 발생한 빛이 다이오드 밖으로 방출될 수 있도록 다이오드가 설계되어 있다. 발생한 빛은 상대적으로 좁은 스펙트럼을 갖고 있어서 특정한 색을 띠게 된다. 이 스펙트럼은 접합부에서 운반체의 에너지 격차와 관계가 있다.

물리적으로 LED는 그림 9.12와 같이 pn 접합부를 만들기 위해 불순물이 첨가된 반도체 재료로 구성되어 있다. 이 그림에 LED의 구성과 구동 전압(V_{ex})도 나타나 있다. 이 전압의 극성은 전류가 흐를 수 있는 순바이어스 방향이다. 다수 전하 캐리어가 접합부를 건너 쉽게 흐르게 되는데, 이 접합부는 자유 전자가 정공과 결합할 확률이 높은 크기를 갖고 있다. 이 과정에서 전자 에너지가 감소하는데, 그 차이는 대략 밴드 갭(band gap) 에너지 ΔE_g와 같다. 이 에너지 감소가 주파수 ν의 광자가 방출되게 한다. 광자의 주파수는 전자의 에너지 변화에 비례한다.

$$\nu = \frac{\Delta E_g}{h} \tag{13}$$

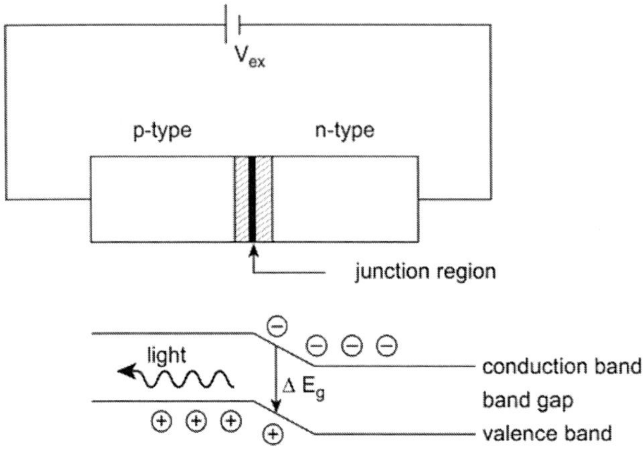

그림 9.12
LED의 구성과 에너지 밴드

여기서, h는 플랑크 상수이다. 광자의 파장(λ)은

$$\lambda = \frac{c}{\nu} = \frac{ch}{\Delta E_g} \tag{14}$$

으로 주어지는데, 여기서 c는 빛의 속도이다.

방출된 빛의 색은 파장에 의해 결정되고 파장은 ΔE_g에 의해 결정된다. 에너지 밴드갭(곧 방출된 빛의 색)은 불순물 첨가나 제작뿐만 아니라 반도체 재료에 의해서도 결정된다.

LED가 방출하는 빛은 매우 뾰족한 원뿔 영역에 국한되는데, 원뿔의 축이 반도체 칩의 출력 쪽 표면과 수직을 이룬다. 이 원뿔의 각도는 수직 축에서 표면 쪽으로 몇 도밖에 되지 않는데, 이는 반도체 재료의 굴절률이 공기에 비해 매우 크기 때문이다(실리콘의 굴절률은 4.24, 공기는 1.0). 어떤 재료의 굴절률 n은

$$n = \frac{c_o}{c}$$

인데, 여기서 c는 그 재료 속에서의 빛의 속도이고, c_0는 진공에서 빛의 속도이다.

투명한 매체를 통과하는 빛이 표면을 통과하여 밖으로 나오려면 표면에 대한 입사각이 임계각(수직으로부터 표면 쪽으로 측정한) θ_c보다 작아야 한다. 임계각은 규소 내부에서 밖으로 나갈 수 있는 빛의 최대 입사각이다. θ_c보다 큰 입사각으로 표면에 도달한다면 내부로 전반사가 일어나서 빛이 그 물질 밖으로 나올

수 없다. LED의 경우 θ_c는

$$\begin{aligned}\theta_c &= \sin^{-1}(1/n_i)\\ &= \sin^{-1}(1/4.24)\\ &= 13.6^\circ\end{aligned}$$

이다. 이 각보다 큰 각으로 표면에 도달하는 광자는 모두 내부로 반사된다. 이러한 내부 반사를 줄이고 빛의 출력을 높이기 위해서 LED 칩의 표면에 기울어진 좁은 면을 원형으로 배치하기도 한다.

LED 표시장치는 대개 작은 점이나 직사각형 부분으로 구성되는데 점이나 부분의 일부를 선별적으로 켜면 숫자나 문자가 되도록 배열되어 있다. 이러한 부분들이 어떻게 구성되어 있는지에 대해서는 이 장 후반부의 VFD를 설명하는 부분에 자세히 설명되어 있다. 개발 초기 단계에는 LED 하나의 밝기가 낮아서 차량용 표시장치로는 적합하지 않았다. 어둠 속에서는 쉽게 보이지만 밝은 햇빛 아래에서는 보기가 어렵거나 불가능하였다. 하지만 LED 기술은 나날이 발전하여 현재는 충분한 밝기를 제공할 수 있다.

LCD

LCD 표시장치는 전력소모가 적고 구동 전압이 낮기 때문에 전자시계의 표시장치로 널리 사용된다. LCD의 핵심은 트위스티드 네마틱 액정(twisted nematic liquid crystal)이라고 불리는 특수한 액체이다. 이 액체는 평면 편광의 편광축을 회전시킬 수 있다.

LCD의 구조는 그림 9.13과 같다. 액정은 투명하고 전기가 통하는 코팅이 된 유리 두 장 사이에 끼워져 있다. 투명한 도체가 앞 유리(front glass)에 발라져 있는데, 표시하려는 문자 또는 문자의 일부분(세그먼트) 모양(segment pattern)을 띠고 있다. 다음에는(절연성의) 유전체 막이 유리에 코팅되어 있는데, 이는 액정 분자를 우리가 원하는 방향으로 정렬하기 위한 것이다. 분자들의 편광축은 앞 유리에서는 수직방향인데, 이 축이 액정 구조 안에서 점진적으로 회전하여 뒤쪽에서는 수평이 된다. 따라서 액정 분자들이 앞 유리에서 뒷 유리(back glass)까지 90도를 회전하여 전압이 걸리지 않았을 때 액정의 편광축이 앞과 뒤의 편광판(front and rear polarizers)의 방향과 일치하게 된다. LCD의 작동 원리는 근본적으로 빛의 편광 현상이다. LCD의 작동에 대해 설명하기 전에 편광에 대한 내용

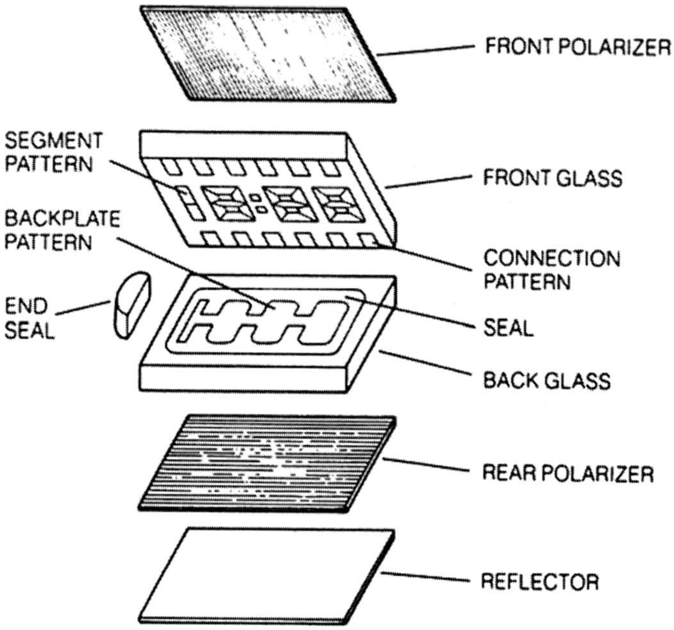

그림 9.13
전형적인 LCD의 구조

을 살펴보는 것이 좋겠다.

(빛을 포함한) 전자기파의 편파는 파장의 전파를 결정짓는 전기장과 자기장의 방향과 관련이 있다. 소스에서 멀리 떨어진 곳에서 단일 주파수 $\omega = 2\pi\nu$의 전자기파(예를 들면 라디오파)는 전파되는 방향(여기서는 z 방향)에 수직인 평면에 일정한 위상의 면이 포함되는 평면파로 표현될 수 있다. 전기장 강도 벡터 $\overline{\boldsymbol{E}}$는 x 방향이라고 가정하면

$$\overline{\boldsymbol{E}}(z,t) = E_x \hat{\boldsymbol{x}} e^{j(\omega t - kz)} \tag{15}$$

여기서,

$$k = \frac{2\pi}{\lambda}$$

$\hat{\boldsymbol{x}}$는 x 방향의 단위 벡터이고, λ는 파장이며, 다음과 같은 관계가 성립한다.

$$\lambda = \frac{c}{\nu}$$

여기서, c는 빛의 속도이며

$$c = \frac{c_o}{n}$$

인데, c_o는 진공에서 빛의 속도이고, n은 매체의 굴절률이다.

자기장 강도 벡터 $\overline{\boldsymbol{H}}$는

$$\overline{\boldsymbol{H}}(z,t) = H\hat{\boldsymbol{y}}e^{j(wt-kz-\pi/2)} \quad (16)$$

로 표현되는데, 여기서 $\hat{\boldsymbol{y}}$는 y 방향의 단위 벡터이다.

위의 전자기파를 직선 편파라고 하는데, 전자기장의 강도 $\overline{\boldsymbol{E}}$와 $\overline{\boldsymbol{H}}$가 각각 $\hat{\boldsymbol{x}}$, $\hat{\boldsymbol{y}}$ 축 방향이기 때문이다. 태양과 대부분의 인공 광원에서 나오는 빛은 편광되어 있지 않아서 강도 벡터의 방향이 무작위적이다.

편광되지 않은 빛을 편광 성질이 있는 물체에 통과시키면 평면 편광을 얻을 수 있다. 예로 빛을 복굴절 물질에 일정 각도로 통과시키면 편광을 얻을 수 있다. 방해석이 결정형 복굴절 물질의 한 예인데, 결정의 축에 대한 수직 편광에 대해 두 개의 서로 다른 굴절률을 가지고 있다. 빛이 나가는 면에서 특정한 한도 내의 각도로 방출되는 빛은 낮은 굴절률을 가지고 있는 편광 요소를 통과한다. 높은 굴절률을 가진 편광 요소는 그 면에서 반사되어서 방출되지 않을 것이다. 따라서 이 물질을 통과해서 나오는 빛은 평면 편광이 된다. 편광을 얻는 다른 물리적 방법도 여러 가지 존재한다.

만일 두 번째 편광판이 첫 번째 편광판의 축과 수직인 방향으로 배치되어 있다면, 첫 편광판을 통과한 빛이 두 번째 편광판을 통과할 수 없을 것이다. 이러한 배치를 교차 편광이라고 한다.

가해진 전압이 없을 때 LCD가 작동하는 방식은 그림 9.14a와 같다. 대기 중의 빛이 첫 편광판(vertical polarizer)을 통과해서 앞 유리판에 도착하는 빛은 수직 방향으로 편광된다. 이 빛이 액정을 통과하면서 편광 방향이 분자의 방향에 따라 변화하게 된다. 빛이 액정의 뒷부분에 도달하면 편광축이 90도 회전하여 수평 방향으로 편광되고 뒷부분의 수평 편광판(horizontal polarizer)을 통과한다. 따라서 사용자는 반사판(reflector)에 반사된 빛을 보고 세그먼트를 볼 수 없다.

전압이 가해지면 빛이 LCD안에서 어떻게 전달되는지를 그림 9.14b에서 살펴볼 수 있다. 디스플레이의 한 세그먼트에 전압이 가해지면 세그먼트의 액정 분자들이 트위스트되어 있다가 한 줄로 정렬된다. 이 경우 액정에 투사된 빛이 편광축이 회전되지 않은 채 액정을 통과할 수 있다. 앞 쪽의 편광판에 의하여 빛이 수직 방향으로 편광되었기 때문에 빛이 수평 방향 편광판에 의하여 차단되고 반

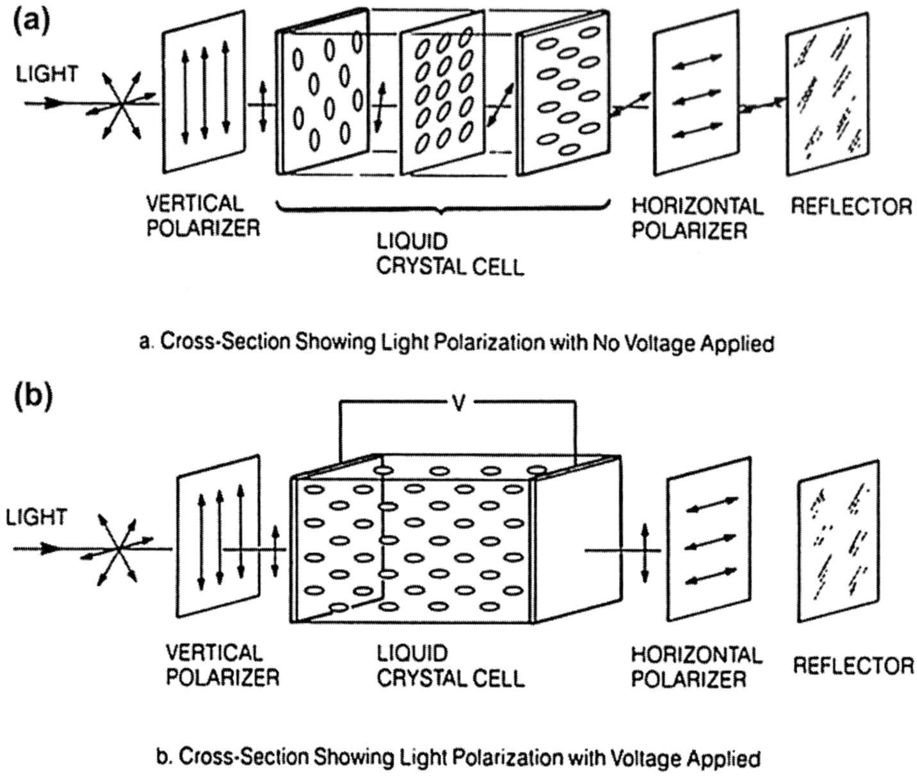

그림 9.14
액정의 편광 작용

사판에 도달할 수 없다. 따라서 전압이 가해진 세그먼트에 투사된 빛이 전면으로 반사될 수 없고 사용자에게 이 세그먼트가 어둡게 보일 것이다. 주변광이 있으면 이 세그먼트의 주변부가 밝기 때문에 이 세그먼트를 사용자가 볼 수 있다. 결국 LCD의 한 세그먼트에 충분한 전압이 가해지면 그 부분이 주변보다 어둡게 된다. 여러 세그먼트를 가진 LCD에 선별적으로 전압을 가함으로써 문자를 표시할 수 있다.

LCD는 전력 소모가 적고 저렴하기 때문에 매우 우수한 표시장치이다. 하지만 차량 응용에서 LCD의 잠재적인 단점은 어두운 곳에서 볼 수 있게 하기 위한 외부 광원이 필요하다는 점이다. 이 특성은 LED의 정반대인데, LCD는 낮에 보기는 쉽지만 밤에는 어렵다는 것이다. 밤에 볼 수 있으려면 디스플레이 내부에 작은 램프로 밝혀주어야 한다. 겨울이 매우 추운 곳의 낮은 온도에서는 이 장치가 잘 작동하지 않는다는 것도 또 다른 단점이다. LCD의 이러한 특성 때문에 차량용 계측에 LCD를 사용하는 것이 제약받고 있다.

투과형 LCD

LCD는 뒤쪽의 광원에서부터 앞면까지 빛을 전달하는 광학적 전달 장치의 기능을 갖기도 한다. 이런 방식의 LCD는 밤과 같이 주변광이 약할 때에도 메시지를 표시할 수 있다. 이런 방식의 LCD에 사용되는 백라이트의 세기는 최적의 밝기를 위해서 자동적으로 조절되는데, 이를 위해서 실내에 설치된 주변광 측정 센서의 신호를 사용한다.

어떤 업체에서는 반사형과 투과형의 구조를 결합한 이른바 투과반사형 LCD를 생산하기도 한다. 이 두 종류를 하나의 제품으로 결합함으로써 맑은 날 낮부터 밤을 포함한 주변광 조건 전체에 대해서 최적의 가시성을 얻을 수 있다.

LCD 기술의 또 다른 진화는 차량용 표시장치를 여러 색으로 제공할 수 있게 한다. 앞에서 설명한 LCD는 흑백 표시장치이다. 반사형 LCD의 반사판 또는 거울 앞 또는 투과형 LCD의 백라이트 앞에 적절한 색 필터를 배치하면 컬러 디스플레이가 되는데 어떤 필터를 쓰느냐에 따라 색이 결정된다.

LCD 기술의 더 큰 발전은 프로그램이 가능하고 여러 색을 표현할 수 있는 표시장치의 대형 어레이이다. 이런 장치는 복잡한 문자 메시지를 운전자에게 보여줄 수 있고 지도와 같은 그림 정보를 표시할 수도 있다. 이 장치는 평판 디스플레이와 기능적으로 유사하기 때문에 자세한 내용을 평판 반도체 디스플레이를 다루는 이 장의 후반부에서 논의한다.

VFD

컬러 LCD가 차량용 표시장치에 많이 쓰이기 시작했지만 이전에는 VFD가 널리 사용되어 왔다. 이 장치는 음극관(초기의 오실로스코프와 TV)과 거의 동일한 방식으로 빛을 생성한다. 즉, 활성화된 전자가 형광체라고 불리는 물질에 부딪히면 빛을 방출하는 것이다. 이 장치에는 필라멘트가 사용되는데, 필라멘트가 가열되면 자유 전자를 방출하는 물질이 필라멘트에 코팅되어 있다. 상대적으로 고전압으로 전자를 양극으로 가속하고 고속의 전자가 양극의 형광체에 충돌할 때 형광체가 빛을 방출한다. 많은 VFD는 청녹색 빛을 발하는 형광체를 사용하는데, 이는 넓은 범위의 주변광 상태에서 가독성이 좋기 때문이다. 하지만 형광체의 종류에 따라 다른 색(붉은색 또는 노란색)을 나타내는 VFD도 제공된다.

숫자를 표시하기 위해서는 양극 세그먼트를 잘 알려진 7세그먼트 표시 형태로 배열한다. 전형적인 VFD의 구조가 그림 9.15에 나타나 있다. 필라멘트(coated filament)는 특별한 종류의 저항선이고 전류를 흘려서 이것을 가열한다. 가열된 필라멘트의 코팅이 자유 전자를 방출하고 가속 그리드(accelerating grid)에 전압을 가해 얻어진 전기장이 전자를 가속한다. 이 그리드는 전자가 통과할 수 있는 전선의 촘촘한 망으로 구성되어 있다. 그리드보다 높은 전압을 가진 양극(anode)으로 전자가 끌리기 때문에 전자가 그리드를 통과하게 된다. 표시하려는 문자를 구성하는 세그먼트의 양극에만 높은 전압이 가해지는데, 계측 컴퓨터가 주어진 메시지를 위해 필요한 세그먼트들을 선정한다. 진공관 기술을 잘 아는 독자에게는 VFD가 실질적으로는 진공관의 한 형태라고 할 수 있다.

차량의 조명 상태가 밝은 대낮부터 밤까지 변화하기 때문에 주변광에 따라 디스플레이의 밝기를 조절하는 것이 바람직하다. 가속 그리드의 전압을 변화시킴으로써 밝기를 조절할 수 있는데, 형광체에 충돌하는 전자의 에너지와 밝기는 가속 그리드 전압이 증가함에 따라 같이 증가한다. 그림 9.16에 전형적인 VFD의 밝기 특성을 나타내었다.

해가 쨍쨍한 날에는 200 fL(foot-Lamberts)의 밝기를 선택할 수도 있는 반면, 밤에는 20 fL이면 충분할 수 있다. 운전자가 수동으로 밝기를 정할 수도 있고, 자동으로 조절할 수도 있다. 후자의 경우 광소자가 사용되는데, 주변 밝기에 따라 가속 그리드의 전압을 조절하는 데 사용된다. 광소자는 들어오는 빛의 양에

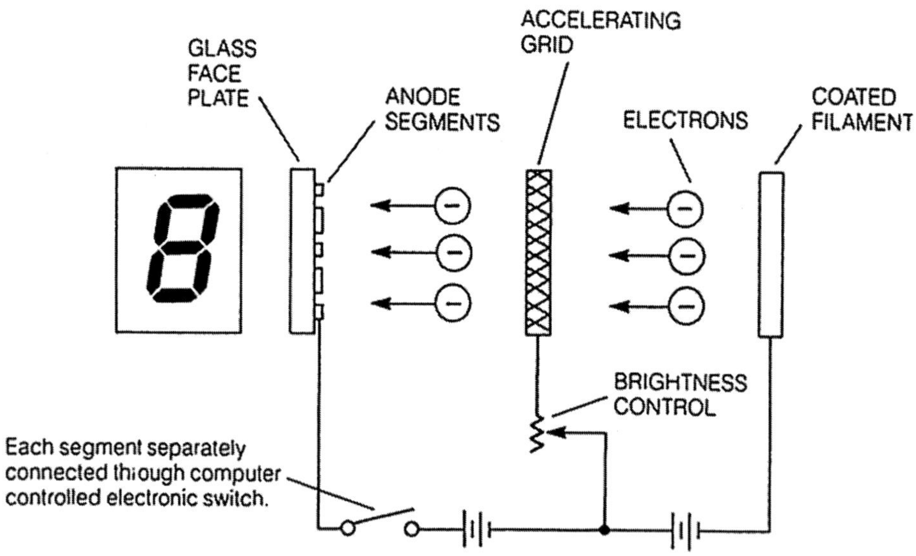

그림 9.15
VFD의 단순화된 구조

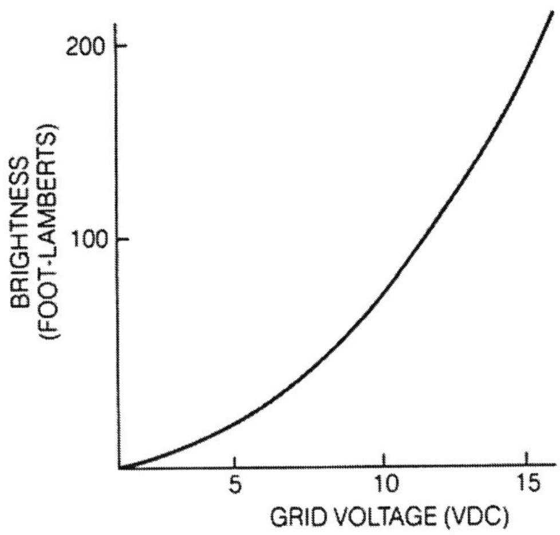

그림 9.16

VFD의 밝기 조절 범위

따라 저항이 변화하는 소자이다(제6장의 광학 센서 참조).

VFD는 전력 소모가 적고 넓은 온도 범위에서 사용할 수 있다. 차량에 응용할 때 가장 심각한 단점은 진동이나 기계적인 충격에 의하여 쉽게 고장날 수 있다는 점이다. 하지만 이 문제는 충격 흡수 거치대에 디스플레이를 설치하면 상당히 해결될 수 있다.

문자를 표시하기 위해서 사용되는 모든 장치에는 디지털 시스템의 출력을 받아들이고 표시하려는 문자에 해당되는 세그먼트를 활성화하는 신호를 발생시키는 인터페이스 회로가 필요하다. 이런 인터페이스가 이른바 디코더 회로라고 알려진 형태로 제공된다. 표준적인 디지털 신호 형태에 대해서 이 디코더가 표시장치의 회로와 함께 한 유닛으로 제공되기도 한다. 각 세그먼트는 독자적인 자신만의 리드선을 가지고 있으며 디코더가 M비트 이진 신호를 특정 문자 표시를 위해 필요한 세그먼트의 리드로 환산하는 기능을 수행한다. 디코더에 대한 자세한 내용은 다음 절에서 다룬다.

지금까지 논의한 표시장치는 제법 심각한 한계를 갖고 있다. 그것은 표시할 수 있는 문자가 세그먼트를 이용해서 비슷하게 나타낼 수 있는 심벌에 국한된다는 것이다. 더구나 "엔진 체크" 또는 "오일 압력"과 같은 경고 메시지는 엔진의 상태에 따라 표시되거나 표시되지 않는 고정된 메시지이다. 이러한 표시장치의 주된 단점은 표시하려는 메시지의 유연성이 제한된다는 것이다.

평판 디스플레이

그림을 포함한 모든 종류의 데이터를 나타낼 수 있는 유연성이 가장 큰 표시장치는 틀림없이 평판 디스플레이(flat panel display, FPD)이다. 이 종류는 항공업계에서 표시장치로 점점 많이 사용되고 있는데, 비행기의(어떤 경우에는 그래픽으로 표현된) 자세한 정보, 엔진과 동체의 변수, 항법 데이터, 경고 메시지 등을 표시하기 위해 사용된다. 이를 항공업계에서는 glass cockpit(디지털 계기 판넬)이라고 한다. 분명히 FPD는 차량 계측용 표시장치로서 큰 잠재력을 가지고 있으며 앞에서 언급한 전자광학적인 기술과 결합하여 구현될 수 있다. 편리를 위하여 LCD 기술이 사용된다고 가정한다.

반도체 LCD 디스플레이는 그림 9.17과 같이 LCD를 행렬 형태로 배열한 것이다. 이 디스플레이의 개별적인 요소를 픽셀(pixel)이라고 하는데, 이러한 구조에서 한 순간에 하나의 LCD만 활성화된다. 활성화된 LCD의 밝기는 미세구조 내부에 연결된 회로에 의해 조절된다. 수평과 수직 조절 회로(horizontal and vertical deflection circuitry)가 특정한 LCD가 활성화되도록 결정한다. FPD에서 각각의 픽셀에 고유한 주소가 있는데, 문자나 그래픽 데이터를 표시하기 위해 관련된 픽셀을 활성화하는 것이 필요하다. 이를 위해 각각의 픽셀의 주소를 지

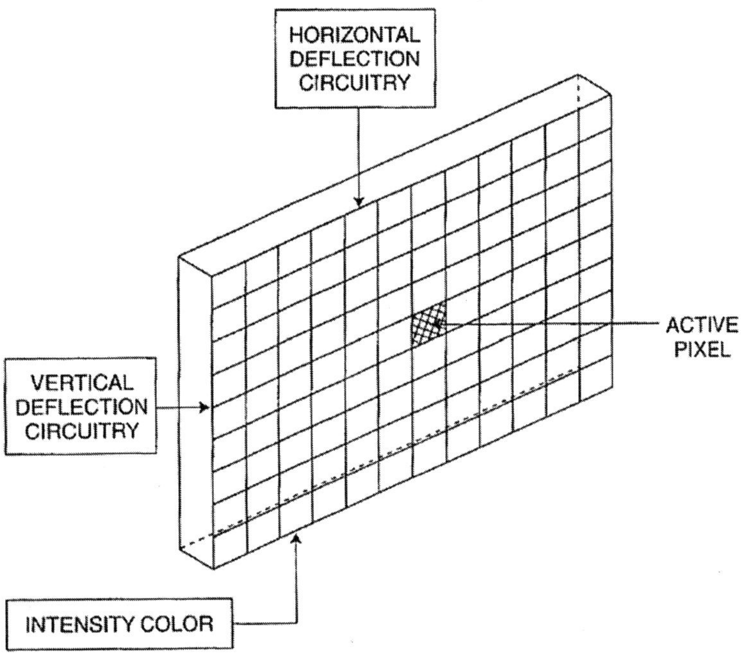

그림 9.17
반도체 어레이 디스플레이

정하고 활성화하는 방식을 사용할 수 있는데, 이는 계측 컴퓨터로서는 매우 비효율적인 방법이다. 보다 효율적인 방법은 래스터 방식 스캔에 대해 설명한 것처럼 독립적인 디스플레이 제어기가 스캐닝 방법으로 픽셀을 표시하는 것이다.

반도체 래스터 스캔 표시장치를 구현하기 위한 한 가지 방법은 실제적으로 LED, VFD 또는 LCD 같은 요소를 그림 9.17과 같이 어레이 형태로 배열하는 것이다. 이 요소들은 수직과 수평 방향인 두 개의 전선에 연결되어 있다. 하나의 수직 방향 전선은 한 열에 속한 모든 요소에 연결되어 있고, 수평 방향 전선은 한 행에 속한 모든 요소에 연결되어 있다.

문자나 그림 데이터를 표시하기 위해서는 표시하려는 형태를 구성하는 개별적인 픽셀들을 활성화시키는 것이 필요하다. 단순한 설명을 위해 흑백 디스플레이만을 고려하지만 컬러 디스플레이도 같은 개념의 연장이다. 한 픽셀의 위치를 xy 행렬 내부의 좌표로 나타낼 수 있다. 디스플레이의 m번째 열을 x좌표 x_m으로 표현한다면

$$x_m = m\Delta X$$

로 나타낼 수 있는데, 여기서 ΔX는 인접한 열 사이의 거리이다.

n번째 행의 수직 위치 y_n은

$$y_n = n\Delta y$$

로 표현할 수 있으며, 여기서 Δy는 인접한 행의 수직 방향 거리이다.

시각적 정보를 표시하는 한 방법은 래스터(아날로그 TV의 스캐닝 방식) 방식의 스캔을 도입하는 것인데, 이 방식에서 표시하려는 픽셀의 위치가 시간에 대한 반복 함수로 표현된다. 즉, 한 행에 있는 픽셀은 순차적으로(예를 들면 좌에서 우로) 표시되고 행도 역시 순차적으로(예: 위에서 아래로) 표시된다. 이런 디스플레이에서 $x_m y_n$에 위치한 픽셀이 선정되는 시간 $t_{m,n}$은

$$t_{m,n} = nT_{py} + mT_{px} \qquad n = 1, 2, \ldots, N, m = 1, 2, \ldots, M \tag{17}$$

으로 표시될 수 있으며, 여기서

$$T_{py} = MT_{px},\ T_c = NT_{py}$$

이고, T_c는 전체 화면을 스캔하기 필요한 주기인데, 다음과 같이 정의될 수 있다.

$$T_c = \frac{1}{f_c}$$

f_c = picture cycle(or refresh rate)

$$T_{px} = \frac{1}{f_x} \qquad (18)$$

f_x = frequency at which columns are scanned

$$T_{py} = \frac{1}{f_y} \qquad (19)$$

f_y = frequency at which rows are scanned

래스터 스캔 디스플레이에서는 매 스캐닝 사이클마다 화면의 가장 윗부분 행부터 좌에서 우로 스캔한다. 시간 nT_{py}일 때, n번째 행에서 m의 값이 1에서부터 M으로 차례로 변화한다. n번째 행을 마치는 시간($nT_{py} + MT_{px}$)에 다음 행($n + 1$)이 활성화되고 수평 스캔이 다시 시작된다. 이 과정이 N개의 모든 행이 스캔될 때까지 반복된다. 모든 행이 스캔될 때($t = NT_{py} + MT_{px}$) 사이클이 완료되고 화면 전체가 표시된다. 이러한 주기들 사이에 특정한 관계가 있는데, $f_y = Nf_c$, $f_x = Mf_y$가 성립한다. 사이클 주기는 운전자에게 끊어짐 없는 화면을 보여주기에 충분히 빨라야 한다(f_c가 30~60 Hz).

이 래스터 스캔을 구현하는 한 가상적인 방법이 그림 9.18에 주어져 있다. 이 구성은 독립적인 카운터(counter)와 하나의 열을 활성화하기 위한 M개 중 하나를 선택하는 디코더(decoder), 그리고 행 한 개를 활성화하기 위한 또 다른 카운터와 N개 중 하나를 선택하는 디코더로 이루어져 있다. 논의를 위해서 m번째 열과 n번째 행의 연결선에 동시에 전압이 걸리면 $x_m y_n$에 위치한 픽셀이 활성화되는 것으로 가정한다. 활성화된다는 의미는 LED 또는 VFD의 경우 그 픽셀이 밝아진다는 것이고, LCD의 경우에는 평상시에는 밝았던 것이 어둡게 변화한다는 것이다. 한 픽셀의 활성화 여부는 논리 신호 E_r과 E_c에 의해 결정된다. 이 논리 신호는 주어진 행이나 열에 대한 신호를 활성화시키는 데 별도의 AND 게이트를 통과한다. 어느 한 픽셀이 활성화되려면 시간 t_{mn}에 논리 신호 E_r과 E_c가

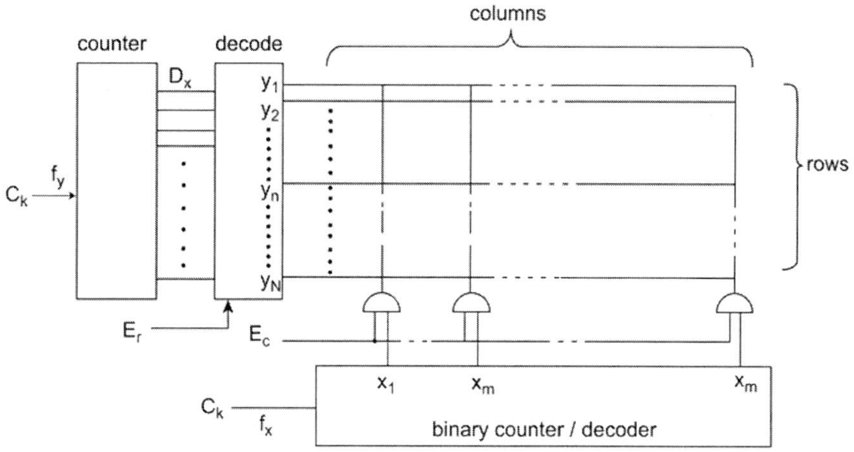

그림 9.18
대표적인 픽셀 구동 회로 개요

high 상태로 되어야 한다.

열(column) 카운터는 클록(C_k)의 신호를 1초에 f_x번 수신한다. 펄스를 받을 때마다 열 카운터가 하나씩 증가하는데, M 이후에는 1로 되돌아간다. 이와 유사하게 행(row) 카운터도 1초에 f_y번 펄스를 받고 카운터를 N을 주기로 하나씩 증가시킨다. 적절한 논리 회로를 이용해서 이러한 카운터를 쉽게 만들 수 있다(제4장 참조). 디코더 회로는 M 또는 N 중 하나를 선택하는 논리 회로인데, 카운터의 병렬 출력 신호를 받는다. 이 회로는 카운터가 지정하는 행 또는 열에 전압을 걸어준다.

여기서 열 선택 주기 T_{px}가 픽셀을 활성화시키기에 충분히 길다고 가정한다. 또한 화면 갱신 주기 T_c가 충분히 짧아서 운전자가 디스플레이 화면 전체를 보고 있다는 느낌을 줄 수 있다고 가정한다. 이러한 인식은 활성화되는 주기뿐만 아니라 인간의 잔상에도 영향을 받는다. 아날로그 TV 때부터 60 Hz의 화면 갱신 빈도가 충분하다고 알려져 있다.

지금까지 설명한 평판 디스플레이의 래스터 방식 스캔에서 카운터와 클록들이 디지털 디스플레이 제어기에 내장되어 있다. 이런 구성에서 행과 열 카운터들이 E_r과 E_c 신호에 대한 픽셀 활성화 이진값의 주소를 제공할 수 있다. 한 픽셀을 활성화하려면 각각의 열과 행 선택 AND 게이트로 가는 디지털 시스템의 출력이 high 상태로 설정되어야 한다. 픽셀을 비활성화하려면 이 신호가 논리적 low로 설정되어야 하고 이에 따라 열 또는 행 선택 신호선에 전압이 걸리지 않게 된다.

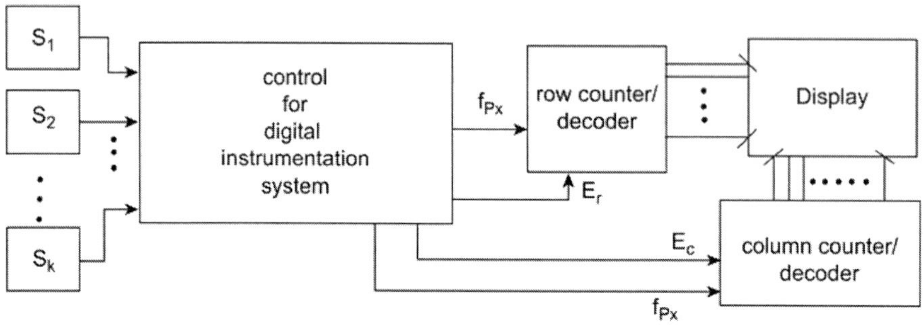

그림 9.19
평판 디스플레이 제어기의 블록선도

가상적인 평판 디스플레이의 전체적인 블록선도는 그림 9.19와 같다. 이 시스템에서 마이크로프로세서를 사용하여 프로그램으로 통제되는 디지털 계측 시스템(control for digital instrumentation system)은 모든 필요한 센서(S_1, ⋯, S_k)로부터 입력 신호를 수신한다. 이러한 입력은 아날로그일 수도, 디지털 형식일 수도 있는데, 아날로그 신호는 A/D 변환기에 의하여 디지털 형식으로 변환된다. 디지털 제어 시스템은 모든 신호처리와 계산을 수행하여 측정하려는 변수를 적절히 표시할 수 있는 출력을 생성하고 그 값을 RAM에 저장한다.

하나의 픽셀에 대한 논리적 값, 즉 활성(on) 또는 비활성(off)인지를 결정해서 원하는 표시 패턴을 만들어야 한다. 복잡한 그림, (차속 표시를 위한) 시뮬레이션된 아날로그, 그림으로 표시된 심벌 등을 나타내기 위한 패턴을 생성하는 소프트웨어에 대하여 설명하는 것은 이 책의 범위를 벗어난 것이다. 하지만 표시할 것이 특정 위치에 있는 문자라면 그 패턴을 위한 각 픽셀의 값이 미리 알려져 있고 ROM에 쉽게 저장될 수 있다. 이렇게 하면 표시를 변화시키기 위해서 원하는 문자의 픽셀 논리값을 선택하는 것으로 충분하다.

래스터 방식의 평판 표시의 대안은 랜덤 액세스 표시라는 것이다. 이 표시 방식은 상대적으로 천천히 바뀌거나 주기적이 아니라 무작위로 변화하는 패턴을 표시하기에 적합하다.

이 방식에서는 매 표시 주기마다 픽셀을 제어하는 대신, 디지털 계측 시스템이 비디오 RAM이라는 RAM을 제어기와 표시장치 사이에 두고 사용한다. 여기서 랜덤 액세스란 용어는 제어기가 비디오 RAM에 액세스하는 것을 의미한다. 비디오 RAM은 표시장치의 픽셀 하나하나에 대응하는 논리값을 저장하고 있는데, 디지털 시스템은 표시할 패턴에 변화가 있을 때에만 변화된 내용만을 전송한다. 디지털 시스템의 프로그램이 $x_m y_n$에 위치한 픽셀의 논리값 E_{mn}을 결정한다.

가상적인 랜덤 액세스 방식 표시장치의 블록선도는 그림 9.20과 같다. 이 그

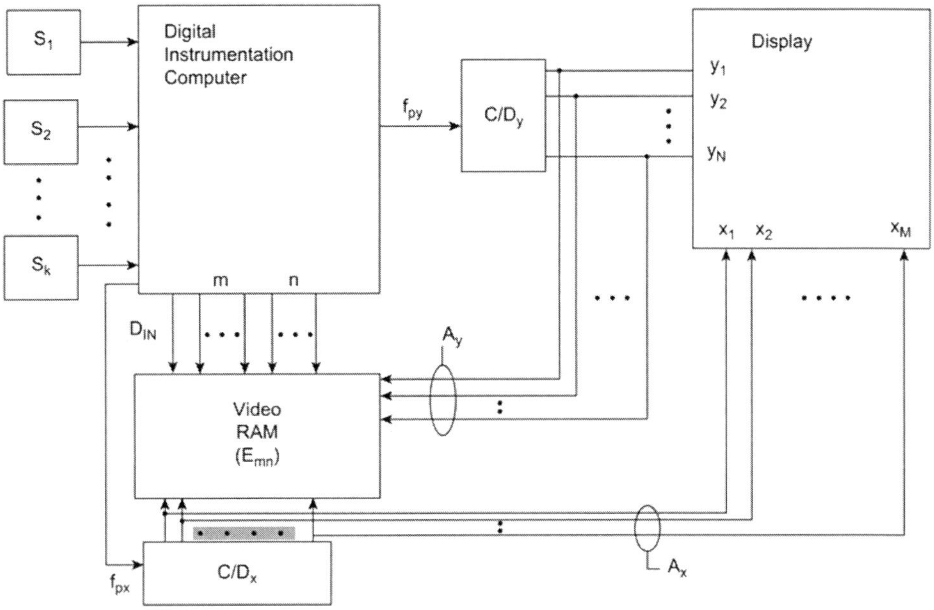

그림 9.20

랜덤 액세스 표시장치의 블록선도

림에서 위치 x_m과 y_n에 각각 상응하는 주소 m과 n을 전달하는 주소 버스를 통하여 픽셀 위치 $x_m y_n$에 해당하는 메모리 위치에 각 픽셀의 논리값 E_{mn}이 저장되어 있다. 데이터를 쓰는 과정에서 D_{IN}을 통해 컴퓨터가 픽셀의 논리값을 제공한다. x와 y에 대한 카운터 디코더인 C/D_x와 C/D_y는 각 논리값의 주소로 사용되는 M과 N 비트 이진수를 갖고 있다. 그림 9.20의 시스템에서 x와 y 카운터 디코더가 래스터 패턴으로 각 픽셀의 주소를 순차적으로 스캔한다. 이러한 패턴은 디스플레이가 연속적으로 갱신되는 사이클 주기 f_c마다 반복된다.

디스플레이가 스캔 패턴 중 데이터를 읽어 들이지 않을 때 디지털 시스템이 비디오 RAM의 메모리 위치에 데이터를 기록할 수 있다(제4장 참조).

지금까지 논의한 두 가지 방식의 가상 평판 표시장치의 구성은 차량에서 사용할 수 있는 디스플레이 기술의 넓은 범위 중 대표적인 것이다. 하지만 사용된 디스플레이 기술과 상관없고 심지어는 디스플레이가 변화하지 않은 경우에도 운전자가 디스플레이를 인식하고 읽을 수 있도록 인간의 시각적 잔상 시간 내에 화면을 갱신하는 것이 필요하다.

다음으로 계측 컴퓨터와 같이 작동해서 스캔 화면을 생성하는 FPD 제어기의 구조와 작동 방식을 고려한다. 관련된 제어기를 포함한 평판 디스플레이 시스템의 단순화된 블록선도는 그림 9.21에 있다.

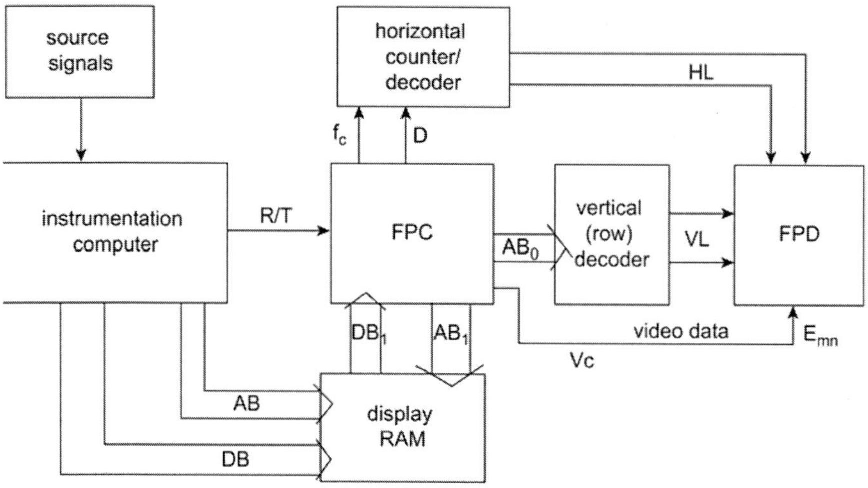

그림 9.21
평판 디스플레이를 사용한 차량용 계측 시스템의 블록선도

그림 왼쪽의 표시해야 할(센서로부터 온) 소스 신호(source signal)와 마이크로프로세서로 구성된 계측 컴퓨터(instrumentation computer)는 그림 9.2에 표시된 시스템의 해당 구성요소와 동일한 기능을 갖고 있다. 계측 컴퓨터의 출력이 평판 표시장치의 제어기(flat panel display controller, FPC)를 통해 평판 표시장치를 통제한다.

그림 9.21의 예시적인 구조에서 계측 컴퓨터가 데이터와 주소 버스(DB와 AB)를 통해 FPC와 통신하며 R/T(receiver/transmitter)로 표시된 직렬 링크를 통하여 FPC의 동작을 제어한다고 가정한다. 하지만 다른 방식의 데이터 링크도 가능하다. DB를 통해 전송되는 데이터는 디스플레이 RAM이라는 특별한 기억소자에 저장된다. 이 기억소자는 FPD에 표시될 문자 또는 그림 패턴인 디지털 데이터를 저장한다. FPC는 비디오 RAM으로부터 데이터를 받고 이를 적절한 비디오 신호 V_c로 변환한다. 동시에 제어기는 비디오 신호와 동기를 맞추어 각 픽셀의 수평과 수직 라인을 활성화시킨다.

그림 9.21의 FPC는 FPD를 제어하기 위하여 MPU를 사용한다. 표시할 데이터는 계측 컴퓨터의 통제 하에 있는 시스템 버스를 통해서 디스플레이 RAM에 저장된다. MPU의 동작은 디스플레이 ROM(DROM)에 저장된 프로그램에 의하여 제어된다. 이 ROM은 특별한 문자를 생성하기 위해 필요한 데이터를 저장하기도 한다. 디스플레이 제어기(FPC)의 다양한 구성요소들은 계측 컴퓨터에 사용된 것과 비슷한 데이터와 주소 버스를 통해서 내부적으로 연결되어 있다.

디스플레이 제어기는 계측 컴퓨터의 통제에 따라 작동한다. 이 컴퓨터는 주소와 데이터 버스 AB와 DB를 사용해서 표시할 데이터를 비디오 RAM으로 전달하고 R/T를 통하여 디스플레이 제어기에 신호를 보낸다. FPC는 클록 신호를 1초에 f_c회 생성해서 수평 카운터/디코더로 보내고 그림 9.21의 제어입력 D를 통하여 카운팅을 시작하게 한다. 이 예제에서 계측 컴퓨터가 한 번에 한 행에 해당하는 데이터를 전송한다고 가정한다. FPC가 표시할 행의 주소를 수직방향 디코더 회로에 보내면 디코더가 해당 행의 연결선을 활성화시킨다. 그리고 FPC가 활성화된 픽셀이 정확하게 작동하도록 수평 디코더와 동기를 맞춰 디스플레이 비디오 신호를 출력한다.

데이터를 비디오 발생기로 전송하는 것과 비디오 시그널을 생성하는 세부적인 방식은 시스템에 따라 달라진다. 그림 9.21의 가상적인 시스템에서는 표시장치가 LED, VFD, 또는 LCD로 구성된 240 × 480의 행렬이라고 가정한다. 그림 9.22는 문자 F와 P가 표시된 디스플레이의 일부분을 보여준다. 이진 주소 $[x_m, y_n]$에 해당하는 픽셀의 논리값 E_{mn}을 읽고 $E_{mn} = 1$인 픽셀을 활성화하거나 $E_{mn} = 0$인 픽셀을 비활성화된 상태로 유지함으로써 원하는 위치의 요소를 활성화시켜서 점들을 표시할 수 있다.

평판 디스플레이가 갖는 엄청난 유연성 때문에 이런 디스플레이는 매우 복잡한 차량 계측 시스템을 구현할 수 있는 잠재력을 지니고 있다. 지금까지 통상적으로 운전자에게 제공되어 왔던 변수를 표시하는 것 외에 평판 디스플레이는 진

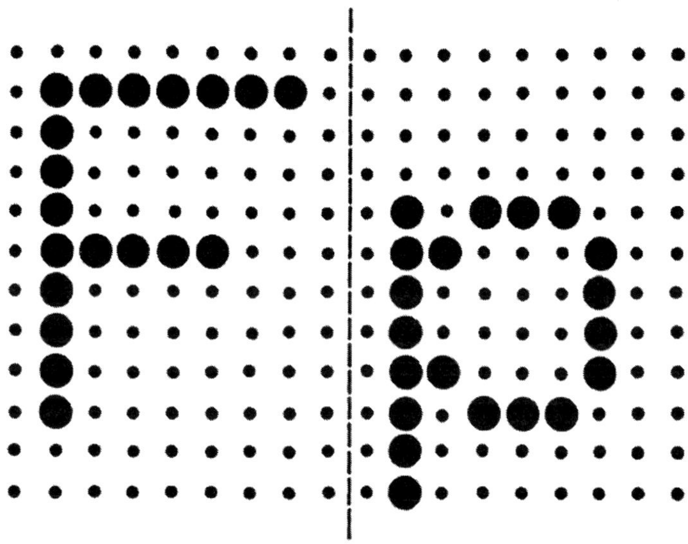

그림 9.22
문자 F와 p의 표시

단 목적의 엔진 데이터(제10장 참조), 차량 편의 제어 시스템의 변수, 엔터테인먼트 시스템의 변수 등을 표시할 수 있다. 차량 제조사나 차량 모델에 따라 계기판의 구성이 크게 다르기 때문에 여기서 다룬 것은 하나의 사례에 불과하다는 점을 고려할 필요가 있다.

연료량 측정

차량 계측 시스템을 구성하는 다양한 요소와 구현 방법에 대한 설명이 되었기 때문에 이제는 특정한 측정 사례를 제시하고자 한다. 연료량을 측정하는 과정에서 그림 9.23과 같이 MUX 스위치가 연료량 센서와 컴퓨터를 연결하는 기능을 담당한다. 이 센서 출력은 디지털 형식으로 변환된 후 신호처리를 위하여 컴퓨터로 보내진다(일부 차량에서는 아날로그 센서 출력이 계측 서브시스템으로 보내져서 A/D 변환을 거친다).

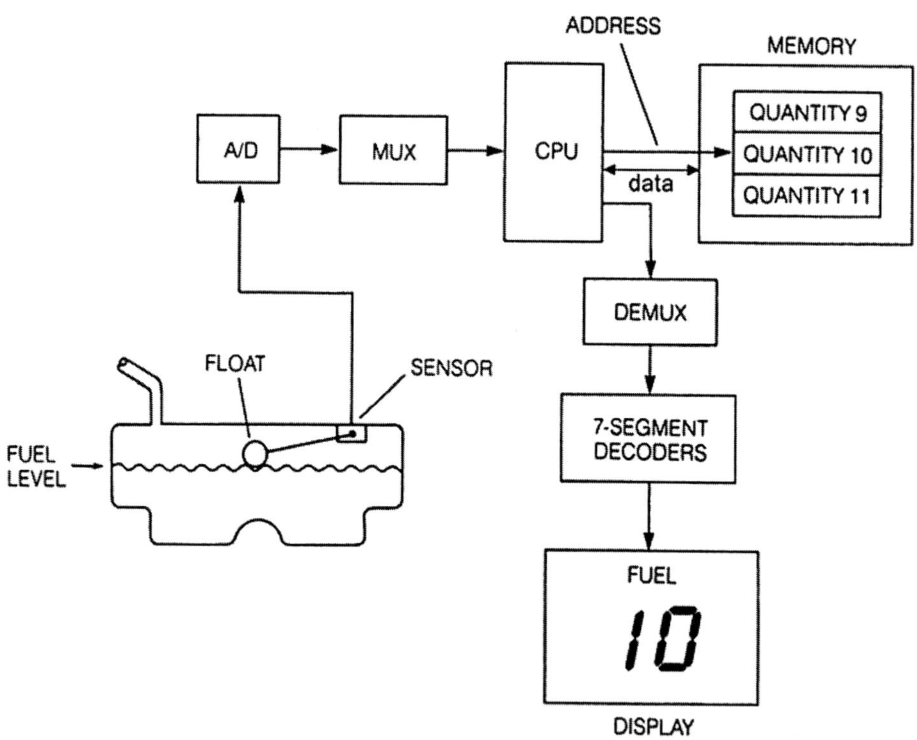

그림 9.23
연료량 계측시스템

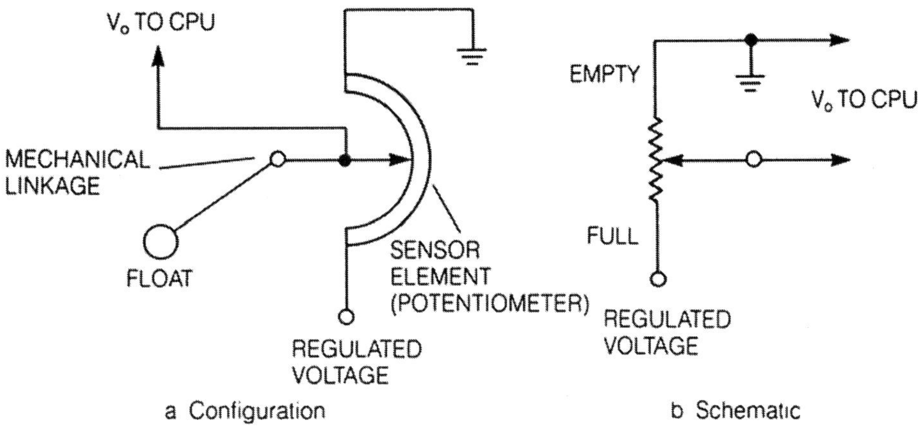

그림 9.24
연료량 센서의 구성

연료량 센서는 다양한 방식으로 구성될 수 있다. 그림 9.24에 본문에서 설명하려는 방식을 나타내었는데, 이러한 방식은 플로트(float, 부표)에 기계적 링크(mechanical linkage)로 연결된 검류계를 사용한다. 제6장에서 스로틀 각도 측정을 위한 센서로 검류계가 소개되었는데, 연료량 계측을 위해서도 사용된다. 일반적으로 모든 연료량에 대해서 플로트가 탱크의 중앙 부근에 위치하도록 센서가 설치된다. 검류계가 전압 소스에 직접 연결되어 있기 때문에 검류계에 일정한 전류가 흐른다. 검류계는 전압을 배분하는 장치로 사용되는데, 와이퍼 암의 전압이 연료량에 따른 플로트의 위치에 의해 정해지도록 구성되어 있다.

센서 출력 전압은 연료량과 직접적인 비례관계가 아닌데, 이는 연료 탱크의 형상이 복잡하기 때문이다. 따라서 장착된 특정 연료 탱크에 따른 센서 전압과 연료량의 함수 관계가 컴퓨터 메모리에 저장되어 있다.

컴퓨터는 센서 전압에 상응하는 이진수를 A/D 변환기로부터 읽어 들이고 이를 특정 메모리 위치를 지정하는 데 사용한다. 센서 전압에 대해 실질적인 연료의 양을 나타내는 또 다른 이진수를 그 메모리 위치에 저장한다. 그후, 컴퓨터는 메모리의 숫자에 따라 적절한 디스플레이 신호(디스플레이 종류에 따라 아날로그 또는 디지털)를 생성하고 DEMUX를 통하여 신호를 디스플레이로 전송한다.

컴퓨터 기반 신호처리가 연료가 출렁거리는 현상 때문에 나타나는 신호의 변동을 줄일 수 있다. 차량이 도로를 주행하면 연료가 출렁거리고 플로트가 평균 위치를 중심으로 상하 운동을 한다. 이 평균 위치가 정지된 차량의 정확한 수준이다. 컴퓨터를 이용해 연료 센서 전압(그림 9.24의 $v_0(t)$)의 이동평균을 계산하면 이러한 출렁임의 영향을 줄일 수 있다. 이를 수행하는 방법은 수초간의 샘플

몇 개를 저장하고 이의 산술 평균을 계산하거나 센서 전압이 저역 통과 필터를 지나도록 하는 것이다. 가장 오래된 샘플은 새로운 샘플이 들어옴에 따라 지속적으로 삭제된다. 이렇게 얻은 평균 출력이 디스플레이를 구동하는 신호가 된다. 이런 방법이 실질적으로 디지털 필터링의 한 형태인 것이다.

$v_n = v_0(t_n)$가 n번째 샘플링 타임의 연료 센서 전압이라고 하자. 실제적인 연료의 양을 F로 표시하면 센서 전압 v_0는 주어진 연료/각도 센서 조합에 대해 F의 함수이고, 센서 단말 전압은 다음과 같다.

$$v_0 = f_F(F) \tag{20}$$

(프로그램이 통제하는) 계측 컴퓨터는 v_n으로부터 샘플된 계측 값 F_n을 다음과 같이 계산할 수 있다.

$$F_n = f_F^{-1}(v_n) \tag{21}$$

연료량의 단기 시간 평균 F_{av}는

$$F_{av}(n) = \frac{1}{N}\sum_{m=1}^{N} F_{n-m} = \frac{1}{N}\sum_{m=1}^{N} f_F^{-1}(v_{n-m}) \tag{22}$$

으로 계산할 수 있다.

연료가 출렁거리는 것 때문에 연료계의 지시값이 변화하는 것을 센서 출력을 필터링하는 방법으로도 감소시킬 수 있다. 이러한 연료량 계측 시스템의 블록선도는 그림 9.25와 같다.

이 그림에서 센서 출력 전압은 식 (20)으로 주어진다. 디지털 신호처리(digital signal processing, DSP)는 계측 컴퓨터에 구현되어 있는데, 식 (21)에 주어진 것과 같이 샘플된 센서 전압으로부터 연료량 F를 계산하는 비선형 보정 블록(nonlinear correction block, NLC)을 포함하고 있다. DSP에는 z 전달함수 $H_{sp}(z)$로 표현되는 저역 통과 필터(LPF)가 포함되어 있다. 저역 통과 필터의 계산은 재귀적인 알고리즘으로서 독립된 서브루틴에서 수행된다. 연료량의 단기 시간

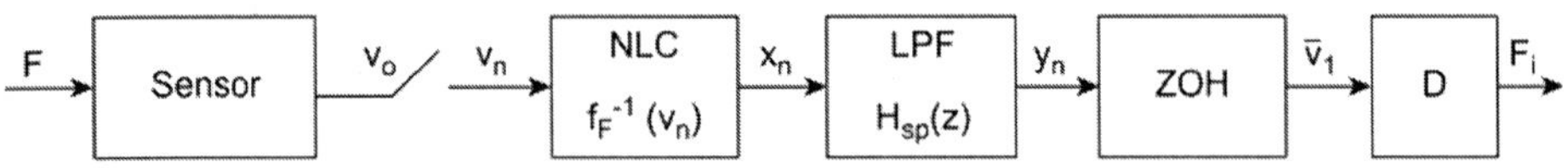

그림 9.25
연료 센서 신호의 필터링

평균도 결과적으로는 LPF의 한 형태라는 점을 기억할 필요가 있다.

예시를 위해서 표시장치가 이 장에서 설명된 검류계 방식의 아날로그 계기라고 가정한다. 또한, 연료량 F는 탱크 최대 용량에 대한 분수로 표시되고 탱크가 완전히 비었을 때 계기 바늘의 각 θ가 0이고 꽉 찼을 때 θ의 최댓값을 갖는다고 가정한다. 이런 종류의 디스플레이의 연속적인 전달함수 $H_0(s)$를 이미 식(12)에 보였는데, 다음과 같이 주어진다.

$$\begin{aligned} H_D(s) &= \frac{\theta(s)}{v_1(s)} \\ &= \frac{K_c N B_r}{(Js^2 + sD + K)[(R_c + R_s) + sL_c]} \end{aligned} \tag{23}$$

여기서, v_1은 그림 9.25의 신호처리 출력이며, 검류계 디스플레이의 전원 전압이다.

전형적인 검류계 디스플레이는 관성모멘트에 비례하는 토크 성분이 감쇠나 스프링 토크에 비해 아주 작게 설계된다. 따라서 전달함수를 지배적인 폴로 근사하면 다음과 같다.

$$H_0(s) \cong \frac{K_c N B_r}{DL_C(s + s_0)(s + s_L)} \tag{24}$$

여기서,

$$s_0 = \frac{K}{D}$$

$$s_L = \frac{R_s + R_c}{L_c}$$

자동차에 쓰이는 대표적인 아날로그 연료계의 특성 수치를 사용하면 이들 주파수 매개변수들은 대략 다음의 범위에 속한다.

$$\begin{aligned} s_0 &\cong 0.5 \sim 2.0 \\ s_L &\cong 10^5 \sim 10^6 \end{aligned}$$

폴의 위치가 크게 떨어져 있기 때문에 s_0에 있는 폴이 지배적인 폴이 되며, s_L은 무시 가능한 폴이 된다. 이러한 차이의 결과는 전달함수를 근사적으로 나타내면

$$H_D(s) \cong \frac{K_c N B_r}{D(R_s + R_c)(s + s_0)} = \frac{K_D}{s + s_0} \tag{25}$$

이고, 여기서 K_D는 디스플레이에 대한 상수인데, 다음과 같이 주어진다.

$$K_D = \frac{K_c N B_r}{D(R_s + R_c)} \tag{26}$$

제2장에서 소개한 방법을 사용하면 ZOH와 디스플레이가 결합된 시스템의 z 전달함수 $H_D(z)$는 다음과 같다.

$$H_D(z) = (1 - z^{-1})\mathscr{Z}\left(\frac{H_D(s)}{s}\right) \tag{27}$$

K_D와 S_0의 대표적인 값은

$$K_D = 0.5$$
$$s_0 = 0.5$$

이고, 샘플 주기 $T = 0.001$초에 대해서 z전달함수는 다음과 같다.

$$H_D(z) = \frac{(1 - z_1)}{(z - z_1)} \tag{28}$$

여기서, $z_1 = e^{-s_0 T} = 0.9995$이다.

디지털 필터로는 $\Omega_c = 0.001$의 절점주파수를 갖는 2차 버터워스 필터를 사용한다면, 이 필터의 z전달함수는 다음과 같다.

$$H_{sp}(z) = 10^{-5}\frac{[0.2462z^2 + 0.4924z + 0.2462]}{z^2 - 1.9956z + 0.9956} \tag{29}$$

이러한 디지털 연료 계측 시스템의 동적 성능은 시뮬레이션을 통해서 쉽게 볼 수 있다. SIMULINK 시뮬레이션 모델의 블록선도는 그림 9.26과 같다. 연료 탱크가 절반만큼 채워져 있다($F = 0.5$)고 가정하고 MATLAB/SIMULINK에서 필터된 백색 노이즈를 이용해서 연료의 출렁거림을 시뮬레이션하였다.

이 블록선도에서 난수발생기(random number) 출력을 필터로 통과시켜서 얻은 대역이 제한된 정적 랜덤 프로세스를 이용하여 연료의 출렁거림을 묘사하였다.

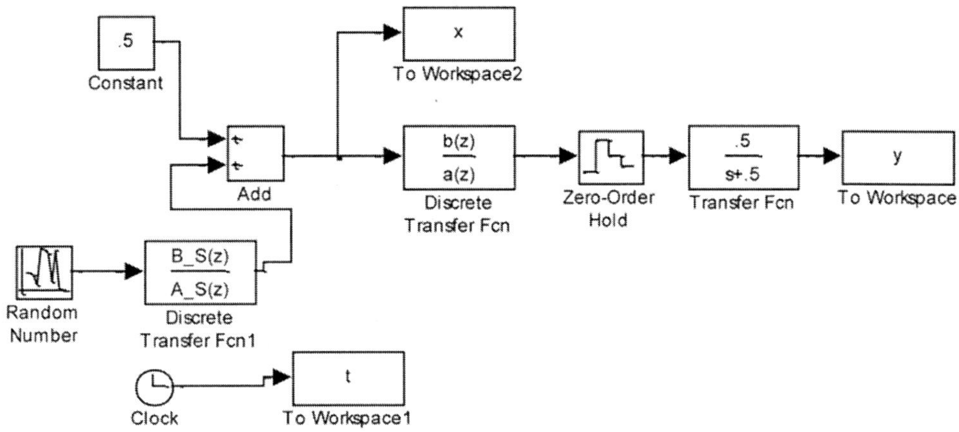

그림 9.26

연료량계측 서브시스템의 SIMULINK 모델

이 랜덤 프로세스는 절반이 찬 탱크를 의미하는 상수 0.5와 합쳐진다. 비연속 전달함수라고 표시된 블록은 2차 버터워스 디지털 필터로 식 (29)의 전달함수 $H_{sp}(z)$를 갖는다. 끝부분의 연속적 전달함수는 게인 $K_D = 0.5$와 밴드폭 $s_0 = 0.5$를 갖는 디스플레이의 동적 응답을 나타낸다.

시스템 응답의 한 예는 그림 9.27에 있다. 그림에서 점선은 필터를 거치지 않

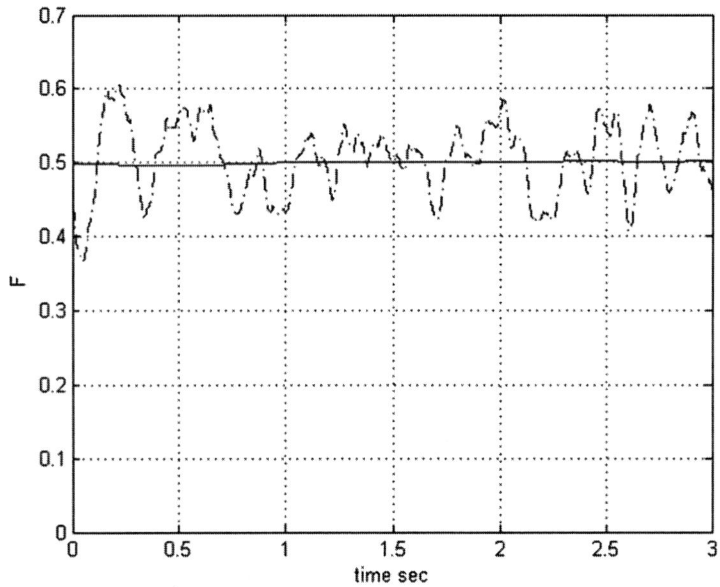

그림 9.27

연료량 F(실선)와 필터를 거치지 않은 연료량(점선)

은 연료량 계측 결과이고 실선은 표시된 값을 나타낸다. 필터된 표시값은 참값인 $F = 0.5$에서 약간(1% 미만) 벗어나 있지만 연료의 출렁거림으로 인한 무작위적인 변동은 완전히 배제되었다.

냉각수 온도 측정

계측 시스템이 측정하는 또 하나의 중요한 변수는 냉각수의 온도이다. 이 측정은 연료량 측정과는 다른 면이 있는데, 그것은 운전자가 늘 실제적인 온도를 아는 것이 중요하지 않다는 점이다. 엔진의 안전한 동작을 위해서 운전자는 냉각수 온도가 어떤 한계값 미만이라는 점만을 아는 것이 필요하다. 냉각수 온도 측정 시스템의 블록선도는 그림 9.28과 같다.

많은 차량에 사용되는 냉각수 온도 센서는 서미스터라고 알려진 반도체 센서이다. 제6장에서 이런 종류의 센서에 대해 소개했는데, 온도가 올라감에 따라 센

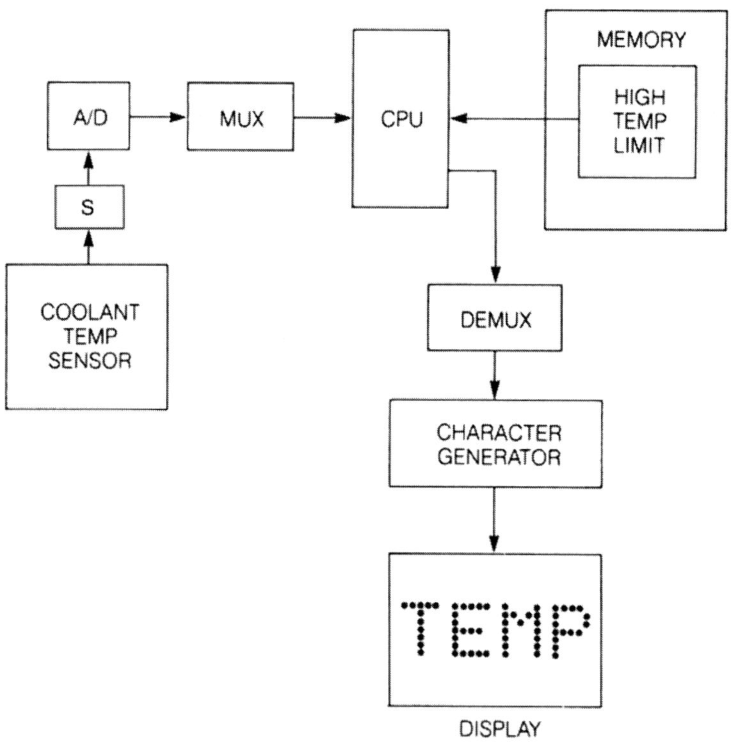

그림 9.28
냉각수 온도 측정

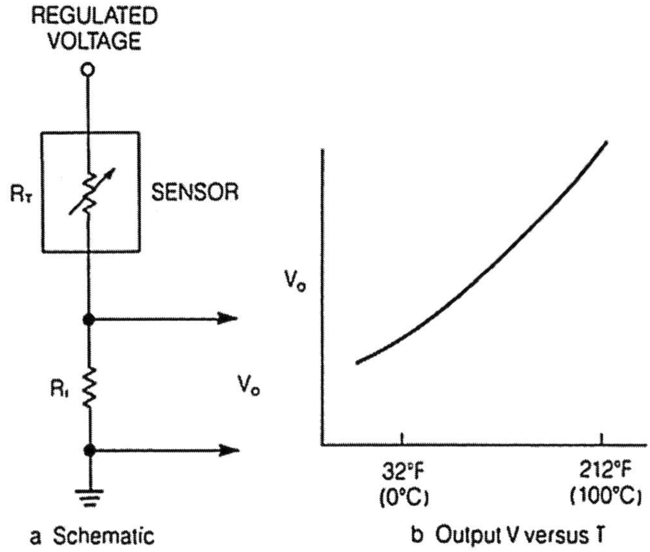

그림 9.29
냉각수 온도 센서 회로

서의 저항이 감소하는 성질이 있다. 그림 9.29에는 센서 회로와 온도 T에 대한 센서 출력 전압 v_o의 관계를 보여준다.

센서 출력 전압은 적절한 시간 구간 동안 샘플되고 샘플된 값(S)은 A/D 변환기에 의하여 이진수로 변환된다. 컴퓨터가 이 이진수를 메모리에 기억된 값과 비교하는 데 기억된 값이 냉각수 최고 한계 온도(high temp limit)와 상응하는 것이다. 만일 냉각수 온도가 이 한도를 초과하면 출력 신호를 생성하여 경고등을 활성화한다. 한도를 넘지 않았다면 출력 신호가 생성되지 않고 따라서 경고등도 활성화되지 않는다. 메모리에 연료량 계측에서 사용된 것과 유사한 센서 출력 전압과 온도에 대한 대조표가 저장되어 있다면 실제적인 온도에 비례적인 디스플레이를 사용할 수 있다.

오일 압력 측정

엔진 오일 압력 측정은 실제적인 수치보다 경고 메시지를 자주 사용한다는 점에서 냉각수 온도 측정과 유사한 면이 있다. 하지만 어떤 고성능 차량에서는 아날로그 오일 압력계를 시뮬레이션하는 디스플레이를 쓰거나 검류계형 디스플레이를 사용하기도 한다. 오일 압력이 허용된 한도를 벗어나면 경고 메시지가 운전자에게 표시된다. 오일 압력의 경우 최저 한도 아래로 떨어진 것을 운전자에게 알리는 것이 중요하다. 오일 압력이 최고 한도를 초과하는 경우도 가능하지만 많은 제조사는 이 경우에 대한 경고를 사용하지 않고 있다.

가장 단순한 오일 압력 경고 시스템은 다이어프램과 연결되어 있는 스위치인데, 스위치에는 스프링이 내장되어 있다. 이 스위치는 다이어프램이 오일 압력에 직접적으로 노출될 수 있는 오일 경로 중 한 곳에 설치된다. 오일의 압력으로 다이어프램에 작용하는 힘은 스프링의 힘보다 충분히 커서 오일 압력이 최저 한도보다 큰 경우에 스위치를 열린 상태로 유지할 수 있다. 오일 압력이 한도 밑으로 떨어지면 스프링의 힘이 더 커져서 스위치를 닫게 된다. 이 스위치의 닫힘이 낮은 오일 압력 경고 메시지 램프를 켜는 데 사용된다.

이 단순한 스위치 기반 오일 압력 경고 시스템의 단점 중 하나는 고정된 최저 한도 한 값만을 사용한다는 것이다. 사실 안전한 작동을 위한 오일 압력의 한계값은 엔진의 부하에 따라 변화한다. 부하가 낮을 때는(공회전 같은 상황) 상대적으로 낮은 오일 압력으로도 베어링의 표면을 보호할 수 있는 반면에 부하가 증가함에 따라(출력과 회전수가 증가하는 상황) 부하에 비례하여 높은 오일 압력 한계값이 필요하다.

부하나 속도에 따라 변화하는 한계값에 따라 작동하는 오일 압력 계측을 위해서는 스위치가 아니라 오일 압력 센서가 필요하다. 이러한 오일 압력 경고 시스템은 그림 9.30과 같다. 이 시스템은 그림 9.31에 보인 압전 저항(piezo resistor)과 같은 가변저항 오일 압력 센서를 사용한다. 이 형식의 센서가 제6장에서 논의되었는데, 오일 압력의 함수인 전압이 센서와 직렬로 연결된 고정 저항에 생성된다. 이런 압력 센서는 단지 가상적인 것이고 설명을 위해서 사용되었다는 점을 기억하기 바란다.

적절한 시간 구간 동안 오일 압력 센서 전압이 아날로그 MUX 스위치를 통해 샘플되고 A/D 변환기에서 이진수로 변환된다. 컴퓨터가 이 이진수를 읽고 메모리에 저장된 오일 압력 허용 한도와 비교한다. 이미 엔진 제어 시스템에서 측정된 부하 또는 크랭크축 속도를 고려하여 오일 압력 한도를 결정한다. 이 측정 데이터는 그림 9.5에서 묘사된 MUX 시스템을 통하여 계측 서브시스템으로 전송될 수 있다. 이 측정치가 오일 압력 한계를 찾기 위하여 ROM에 저장된 대조표의 주소로 사용된다. 만일 오일 압력이 하한 미만이거나 상한 이상인 경우 출력 신호가 생성돼서 DEMUX(그림 9.7 참조)를 통해서 오일 압력 경고등을 점등한다.

실제적인 오일 압력을 표시할 수 있는 비례적인 디스플레이를 사용할 수도 있다. 디지털 디스플레이는 컴퓨터에 의해 직접 구동될 수도 있는 반면 검류계와

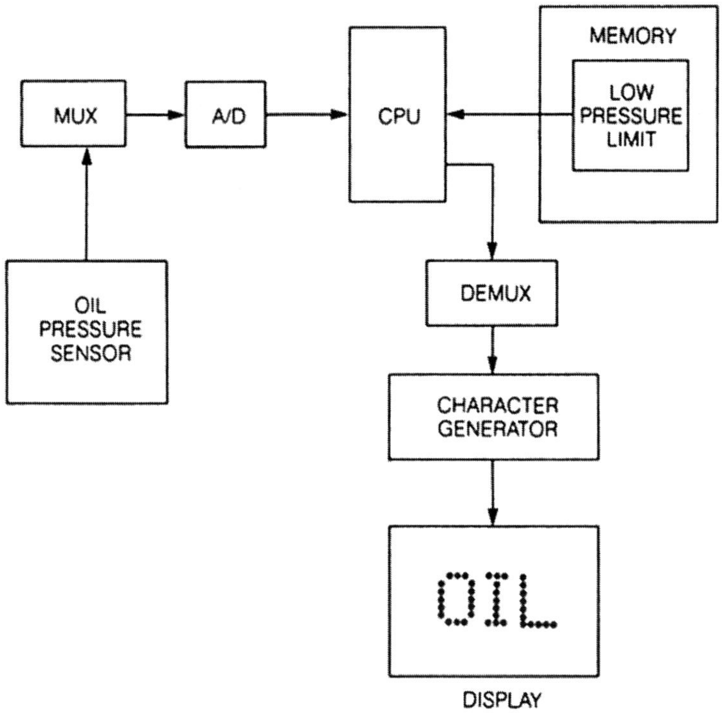

그림 9.30

오일 압력 계측

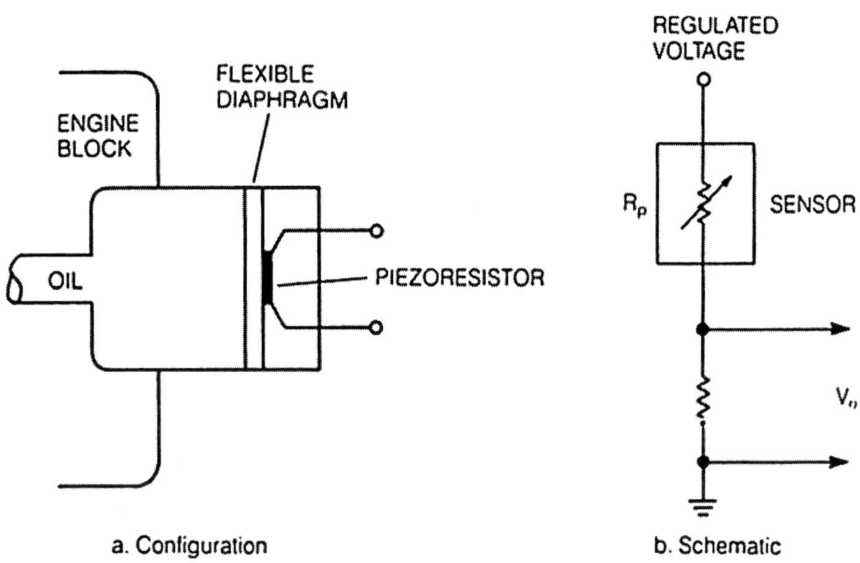

그림 9.31

오일 압력 센서

같은 아날로그 디스플레이는 D/A 변환기를 필요로 한다.

차속 측정

순항 제어 시스템에서 사용되는 디지털 속도 센서의 한 사례가 이미 제8장에서 논의되었다. 속도 센서의 구조가 그림 6.10 또는 그림 6.13의 형태를 갖는다고 가정하자. 어떤 형태이던 디스크의 돌기 하나가 통과할 때마다 하나의 펄스가 생성된다. 이런 종류의 센서들이 차속을 측정하기 위해 사용된다고 가정한다. 차속 센서의 출력은 차량 속도 V에 비례한 주파수 f_p로 발생하는 펄스 시퀀스이다.

$$f_p = k_s V \tag{30}$$

여기서 k_s는 센서 시스템의 상수이다.

그림 9.32는 속도 센서로부터 차속을 결정하는(계측 컴퓨터를 포함한) 디지털 시스템의 블록선도이다. 센서 출력의 주파수가 차속에 비례하기 때문에 주어진 시간 구간(τ) 동안 펄스의 수를 셈으로써 속도를 디지털 방식으로 측정할 수 있다. 펄스를 세는 것은 이진 카운터(binary counter)를 사용하면 가능하다(제4장 참조). 센서 출력 펄스를 세는 시간 구간은 계측 제어 시스템(instrumentation control system, ICS)의 제어 신호 G에 의해서 결정된다.

그림 9.32의 전자식 게이트(electronic gate)는 기능적으로는 전자식 제어를 받는 스위치(FET로 구현되는, 제3장 참조)이다. 게이트의 상태(즉, 열림 또는 닫힘)는 논리적 변수인 G로 표시되는 이진값 신호로 제어된다.

ICS는 주기적으로 이 논리적 제어 신호를 출력하는데, 다음의 식과 같이 $G = 1$은 센서 펄스가 카운터로 전송되도록 게이트가 닫힌 상태이며, $G = 0$는 카운팅이 일어나지 않도록 게이트를 연 상태를 의미한다.

$$\begin{aligned} G &= 1 \qquad & t_k \le t \le t_k + \tau \\ &= 0 \qquad & t_k + \tau < t < t_{k+1} \\ t_{k+1} - t_k &= T_s = \text{sample period} \end{aligned} \tag{31}$$

$G = 1$인 기간 동안 하나의 센서 펄스는 카운터를 하나씩 증가시킨다. 따라서 시간 $t_k + \tau$에 카운터는 P를 가리키는데,

$$P = \left\{ \lfloor f_p \tau \rfloor \right\} \tag{32}$$

이고, 여기서 아래꺽쇠 괄호는 $f_p\tau$를 넘지 않는 가장 큰 정수를 의미한다. 카운팅 구간 후의 어떤 시점($t_k + \tau < t < t_k + 1$)에 디지털 시스템은 카운터의 값을 메

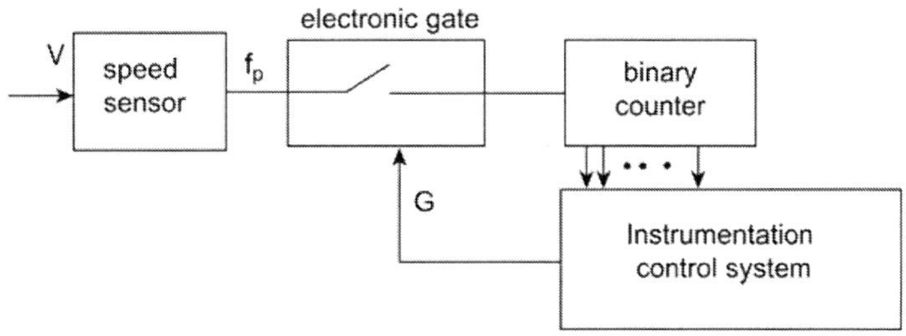

그림 9.32

차속 계측 서브시스템

모리로 이동하는 데 필요한 신호를 생성한다.

프로그램의 통제에 따라 차속은 카운터 값으로부터 다음과 같이 계산된다.

$$V = \frac{P}{k_s \tau} \tag{33}$$

여기서 k_s는 식 (30)에서 정의한 차속 센서의 상수이다.

컴퓨터가 이진 카운터의 숫자 P를 읽은 후 다음 카운트를 위해 0로 리셋한다. 계산과 필터링을 수행한 후 컴퓨터는 디스플레이가 차속을 표시할 수 있도록 신호를 생성한다. 차속을 숫자로 디스플레이할 수는 있지만 많은 경우에 검류계 형식의 아날로그 디스플레이나 아날로그 눈금과 바늘을 시뮬레이션하는 디스플레이(예: FPD)를 사용하는 것이 바람직하다. 디지털 디스플레이는 컴퓨터를 이용하여 직접 구동하는 것이 가능하다. mph 또는 kph 중 하나를 선택할 수 있다. 아날로그 디스플레이가 사용된다면 D/A 변환기가 디스플레이를 구동하여야 한다. 대개 mph와 kph가 모두 아날로그 스케일에 표시되어 있다. 요즈음에는 평판 디스플레이가 이런 측정값을 표시하기 위해서 흔히 사용된다. 이 디스플레이는 충분한 유연성과 상세한 해상도를 갖고 있어서 운전자에게 그림 또는 지도를 보여줄 수 있다.

이런 디스플레이를 위해 필요한 데이터는 다양한 온보드 전자 시스템 간에, 예를 들면 고속 디지털 데이터 링크를 통하여 전송될 수 있다. 다음 절에 모듈 간 고속 디지털 통신 시스템에 대하여 논의한다.

High-Speed Digital Communications(CAN)

앞에서 설명한 것처럼 차량에는 다수의 전자 서브시스템이 탑재된다. 그리고 이런 다양한 서브시스템들이 동일한 변수를 사용하는 경우가 많다. 예를 들어 측정된 차속은 계측과 파워트레인 제어 서브시스템, 그리고 아마도 차량 서스펜션과 조향 서브시스템에서 사용된다. 이러한 측정값을 공유하거나 (서브시스템의 상태와 같은) 다른 데이터를 교환하기 위해서 전송 속도가 높은 디지털 통신이 필요하게 되었고, 차량의 고속 디지털 데이터 링크를 흔히 HSDD(high-speed digital data)라고 표기한다.

그림 9.33은 차량에 탑재된 모든 전자 시스템이 HSDD 링크로 연결된 통합형 차량 계측 시스템의 블록선도이다.

이 시스템은 운전자의 입력을 위해 키보드(KB) 또는 유사한 입력장치(예: 터치패드)를 필요로 한다. 예를 들면, 운전자가 엔터테인먼트 시스템의 작동상태를 표시하도록 선택할 수 있고, 이 모드에서 운전자가 라디오, 테이프, CD 등을 선택하고 특정한 방송국에 라디오를 맞추고 볼륨을 조절할 수 있다. 차량 진단 모드에서는 정비 담당자가 탑재된 전자 시스템의 진단을 위해 필요한 변수를 표시하도록 평판 디스플레이를 구성할 수도 있다(제10장 참조).

그림 9.33과 같이 여러 전자 서브시스템은 디지털 데이터 링크로 연결되어 있다. 시스템을 이런 방식으로 묶음으로써 차량의 기능적 장점을 가져올 수 있다.

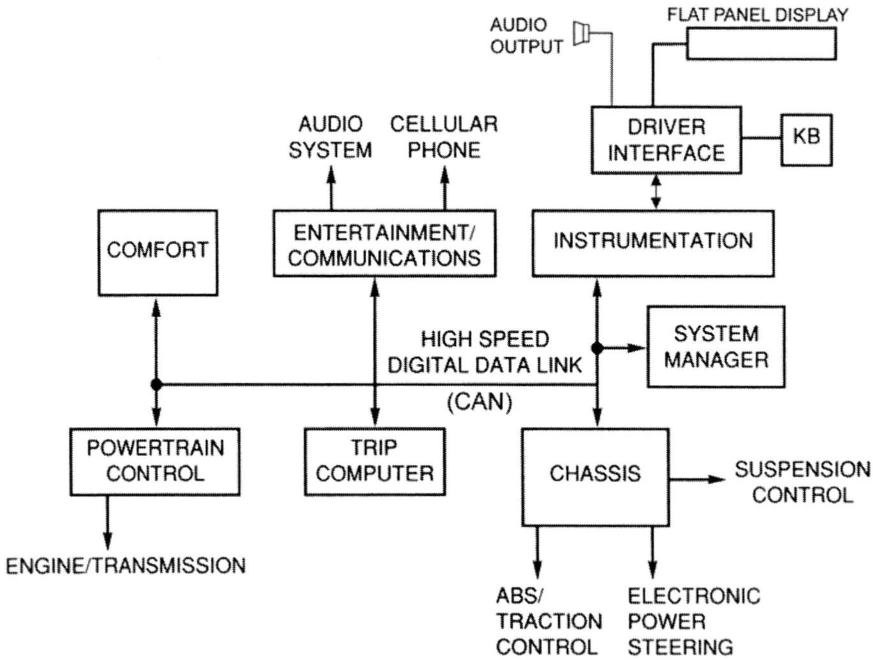

그림 9.33

차량 디지털 데이터 시스템의 블록선도

각 서브시스템은 센서를 통해 측정한 고유의 중요 변수를 갖고 있는데, 한 서브시스템의 중요 변수는 다른 시스템의 부수적인 변수일 수도 있다. 독립적인 서브시스템의 최고 성능을 얻기 위해서 부수적인 변수를 측정하는 센서를 추가하는 것은 비용 면에서 효율적이지 못할 수 있다. 대신 측정 데이터가 디지털 데이터 링크를 통해서 공유될 수 있다면 성능을 최적화하기 위하여 별도의 센서 없이도 부수적인 변수의 값을 얻는 것이 가능하다. 또한, 차량의 통합형 전자 시스템을 통하여 주요 변수를 측정하는 중복적인 센서를 없앨 수도 있다. 예를 들면, ABS 시스템에서 바퀴 속도가 주요 변수인데, 전자식 변속기 제어에서도 유용한 정보이다.

그림 9.33의 다양한 서브시스템들은 시스템 매니저(system manager)를 제외하고 모두 이 책의 여러 부분에서 다루어지기 때문에 여기서는 더 자세히 다루지 않는다. 시스템 매니저는 데이터 전송을 조율하고 데이터 버스의 사용을 통제하여 두 개의 시스템이 동시에 전송하는 것을 방지하는 역할을 수행한다.

CAN 네트워크

실질적으로 디지털 데이터 링크는 다양한 서브시스템 간의 복잡한 통신 시스템을 제공한다. 이러한 통신 시스템의 중요한 문제 중에 프로토콜과 메시지 형식이 포함된다. 모든 차량에서 표준 프로토콜을 사용하면 이로운 점이 많이 있다. 미국 자동차공학회(Society of Automobile Engineers, SAE)는 Controller Area Network(CAN)이라는 고속 통신을 위한 표준 규격을 개발하였다. 이 CAN은 500 kilobits/sec(kbps)의 전송속도로 동작하고 구리선 또는 광섬유를 이용하여 구현 가능하다. 처음에는 승용차용으로 개발되었는데, 데이터를 공유할 수 있는 지역통신망(local area network, LAN)의 형태를 갖는다.

네트워크를 사용하는 과정에서 서브시스템 사이에 상충되는 요구가 생기면 링크를 사용하는 우선순위를 결정해 주는 네트워크의 갈등해소가 어떤 형식으로든 요구된다. 이런 기능은 흔히 시스템 매니저 서브시스템에 의해 처리된다(그림 9.33 참조).

기본적인 메시지의 구조는 대부분의 데이터가 규칙적으로 전송된다는 가정하에 구성되었다. 이것은 (실제적인 데이터만 변화하고) 각 메시지의 내용이 미리 알려져 있다는 것을 의미한다. CAN 네트워크의 표준과 규격은 J-2284-3의 명칭으로 SAE가 발간하였다.

CAN의 개념은 CAN에 연결된 각각의 전자 서브시스템(J-2284-3에서는 ECU

로 통칭)이 통신용 하드웨어와 소프트웨어를 갖추고 있어서 서브시스템이 게이트웨이라고 불리는 통신 모듈로서 작동한다는 것이다. CAN은 브로드캐스트 통신 방식을 사용하는데, 한 서브시스템이 전송하는 메시지를 다른 모든 서브시스템이 원하면 수신할 수 있는 방식을 말한다. 각각의 메시지는 메시지의 식별자(identifier, ID)를 포함한 특정 형식을 따른다. 메시지 ID는 메시지의 내용과 우선순위를 정의한다. 데이터와 식별자 외에 오류 검출 비트뿐만 아니라 메시지의 시작과 끝을 표시하는 비트도 메시지에 포함되어 있다. J-2284-3의 최근 버전에는 메시지 ID가 29비트로 정의되어 있다.

추가하려는 서브시스템이 수신 기능만 있는 것이라면 아무런 수정 없이 기존 시스템에 새로운 서브시스템을 추가할 수 있을 정도로 CAN 통신 시스템은 매우 큰 유연성을 갖고 있다. 차가 공장에서 출고되거나 판매상에서 팔린 후에도 CAN 서브시스템의 하드웨어와 소프트웨어가 업그레이드될 수 있다. 개방형 구조를 가진 CAN의 개념은 새로운 텔레매틱 응용의 개발 과정을 차량 모델 개발 사이클로부터 실질적으로 분리시켰다. 더구나 애프터마켓에서 새로운 서브시스템을 추가할 수 있는 가능성도 제공한다.

SAE J-2284-3 표준은 CAN의 물리 계층과 데이터 링크 계층의 일부를 정의하는 권장 실행 문서이다. 이 표준은 차량 제조사가 CAN 네트워크를 구현할 때 지켜야 하는 최소한의 표준 수준에 주로 초점을 맞추고 있다. 통신에 관련된 ECU의 모든 부분들이 부품 수준의 요구사항을 만족시켜야 하고 이로써 시스템 수준의 성능 요구도 보장된다.

물리적으로 CAN은 CAN_H와 CAN_L로 알려진 한 쌍의 전선으로 구성된다. 이 두 전선의 전압은 네트워크의 두 상태, 즉 도미넌트 상태와 리세시브 상태에 따라 정의된다. CAN_H 전선은 리세시브 상태에는 평균 전압 레벨로 고정되고, 도미넌트 상태 동안에는 +전압이 된다. CAN_L 전선은 리세시브 상태 동안 평균 전압 레벨에 고정되고, 도미넌트 상태 동안에는 − 전압이 걸리게 된다.

리세시브 상태는 CAN_H와 CAN_L 사이의 전압 차이가 없어서 거의 0인 상태로 정의된다. 이 리세시브 상태는 논리적 값으로 1을 의미한다. 도미넌트 상태는 CAN_H와 CAN_L 사이의 전압 차이가 있어서 어떤 최소 한계값보다 큰 상태로 정의된다. 도미넌트 상태는 리세시브 상태를 덮어쓸 수 있으며 논리적으로 0을 의미한다.

SAE J-2284-3 표준은 CAN의 작동을 이해할 수 있게 해주는 용어 정의를 포함하고 있다. 미디어라는 용어는 네트워크에 연결된 ECU들 사이에 전기적인 송신이 전달될 수 있게 해주는 물리적인 구조 또는 구성을 의미한다. 예를 들면 차폐되지 않은 꼬임 쌍선(unshielded twisted pair)일 수도 있다. 물리 계층이라는 용어는 물리적인 미디어에 연속된 비트를 전송하는 기능을 담당하는 부분을 의미하며, 미디어를 사용하기 위해서 필요한 전기적, 기계적, 기능적, 절차적 특성을 다룬다. 프로토콜은 네트워크에 연결된 ECU들이 정보를 교환하기 위해서 필요한 약속들의 집합을 지칭한다. 프로토콜에는 프레임의 관리, 전달, 물리계층에 대한 상세한 사양이 포함되어 있다. 이런 맥락에서 프레임은 메시지를 표현하기 위한 특정 시간 구간 동안 나타나는 비트의 시퀀스를 의미한다.

메시지 포맷에는 (11 비트이었다가 29 비트로 추후에 확장된) 메시지의 식별자가 포함되어 있다. 이 ID를 어떻게 정해서 사용하는지는 제조사에 달려있는데, ID는 메시지에 포함된 데이터가 무엇을 의미하는지를 알려주는 것과 동시에 우선순위를 결정한다. 메시지에는 전송하려는 정보를 최대 8 바이트로 표현하는 필드가 포함된다. 또한, 오류를 검출하기 위한 여러 비트도 포함되어 있다.

CAN은 둘 이상 24개 이하의 ECU 사이의 데이터 교환을 지원할 수 있다. 그림 9.34에 N개의 ECU를 연결하는 CAN의 토폴로지가 나타나 있다.

그림 9.34에 보인 CAN 버스의 구성은 데이터 링크 커넥터(DLC)로 연결된 오프보드 진단 장치(ECU_{N-2})를 포함하고 있다. 각각의 ECU는 길이 L_1의 선로를 통하여 CAN 네트워크에 연결되어 있는데, 길이는 다음의 범위 안에 있어야 한다.

$$0 < L_1 \le 1\,\mathrm{m}$$

DLC가 연결된 선로 길이 L_2도 L_1과 동일한 조건을 만족시켜야 하고, 오프보드 선로 길이 L_3는 다음을 만족시켜야 한다.

$$0 < L_3 \le 5\,\mathrm{m}$$

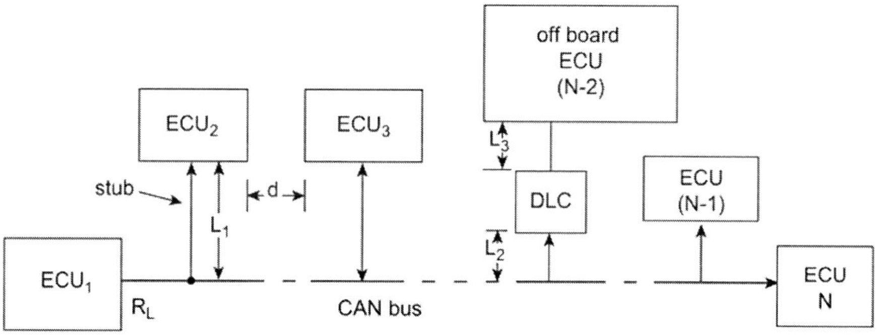

그림 9.34
CAN 버스 아키텍처

연결선로를 포함한 두 ECU 사이의 거리 d는 아래의 범위 안에 있어야 한다.

$$0.1 \leq d \leq 33\,\text{m}$$

CAN 네트워크의 양 끝에는 단말 저항 R_L이 설치되어야 하는데, 저항값의 범위는

$$118 \leq R_L \leq 132\,\Omega$$

이며, 공칭값은 120 Ω이다. 이 저항은 CAN_H와 CAN_L 사이에 연결되어 있다. 또한, 각각의 ECU는 접지에 대해 100 pF 이하, 상호 간에는 50 pF 이하의 커패시턴스를 가져야 한다.

비차폐 꼬임쌍선에 대한 물리적 미디어의 변수도 SAE J-2284-3에 규정되어 있는데, 꼬임쌍선의 특성 임피던스 z_o의 범위는

$$108 \leq z_0 \leq 132\,\Omega$$

이고, 단위 길이당 저항은 0.070 Ω/m 이하여야 하며, 미디어의 전파지연은 5.5 ns/m 이하여야 한다.

CAN은 여러 ECU의 네트워크 사용 시도를 중재하는 프로토콜인데, 이를 위해서는 ECU 간의 정보 교환 과정에서 다양한 사건의 타이밍을 정확히 통제하는 것이 필요하다. 따라서 항상 모듈 간의 동기화를 유지하는 것이 필수적이다. 하지만 ECU의 송수신기와 논리 연산에 관련된 지연을 포함하여 고려해야 할 여러 종류의 시간 지연이 존재한다. 모듈 간의 전파지연도 고려되어야만 하는데, 이것은 신호가 한 모듈에서 다른 모듈로 전파되는 시간을 의미한다.

또한, CAN의 기본적인 비트 타임에 대한 규정도 매우 중요하다. SAE J-2284-3에서는 비트 타임(t_{bit})이 $1990 \leq t_{bit} \leq 2010$ nsec을 만족해야 한다. 추가적으로 공칭 비트 타임이 시스템 클록의 배수로 프로그램 가능해야 한다는 것도 요구하고 있다. 정밀한 타이밍 세부사항에 대해서는 SAE J-2284-3을 참조하라.

SAE J-2284-3는 전자기적 호환성에 관한 요구사항도 가지고 있다. CAN의 전자기파 방출뿐만 아니라 다른 CAN 시스템의 간섭에 대한 취약성도 표준에 규정되어 있다. 이 표준을 포함한 SAE 표준 문서들은 기술의 진보나 정부 규제 변화에 따른 변경 사항들을 반영하기 위하여 시간이 지남에 따라 변경되는 것이 일반적이다. 하지만 이러한 변경에 관계없이 CAN 네트워크의 기본적 개념은 변하지 않을 것이다.

트립 컴퓨터

가장 많이 장착되는 차량 계측 시스템 중 하나는 트립 컴퓨터이다. 이 시스템은 흥미로운 기능을 많이 가지고 있으며, 다음을 포함하는 많은 유용한 정보를 표시할 수 있다.

1. 현재 순간 연비
2. 평균 연비
3. 평균 속도
4. 현재 차량 위치 (전체 트립 거리에 대한)
5. 총 경과 시간
6. 연료량
7. 현재 연료량으로 주행가능한 거리
8. 도착 예정 시간
9. 시간
10. 엔진 회전수
11. 엔진 온도
12. 마일 또는 킬로미터당 평균 연료비

트립 컴퓨터는 연료 유량, 차속, 연료량을 분석해서 주행가능 거리, 평균 연비, 도착 예정 시간 등을 계산한다. 이 장에서는 미국에서 사용하는 단위를 사용한다.

앞으로 개발될 추가적인 기능을 트립 컴퓨터가 수행할 수 있겠지만 현재 시판되고 있는 차량에서 제공되는 대표적인 시스템에 대해서 논의한다.

그림 9.35는 이 시스템의 블록선도이다. 흔히 컴퓨터 기반 계측에 사용되는 MUX, DEMUX, A/D 변환기 등은 그림에서 생략되었다.

이 시스템은 차량 계측 시스템의 특수한 기능을 모은 형태로 구현될 수도 있고 자체 컴퓨터를 이용한 독립적인 시스템일 수도 있다.

이 시스템에 입력되는 차량의 정보는 아래의 변수를 측정하는 세 개의 센서로부터 온다.

1. 연료 탱크에 남아 있는 연료의 양(fuel quantity)
2. 연료의 순간 유량(fuel flow)
3. 차속(car speed)

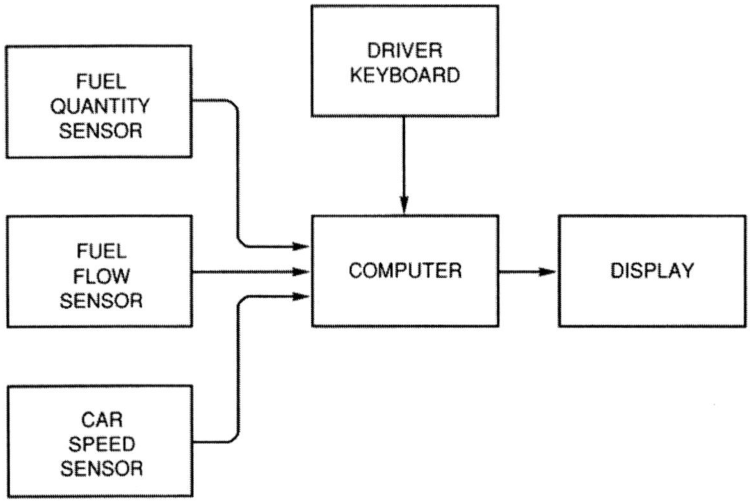

그림 9.35

트립 정보시스템의 블록선도

제어 시스템의 다른 부분으로부터 얻을 수 있는 입력은

1. 차량 주행거리
2. 시간 (컴퓨터의 클록으로부터)

이다.

운전자는 키보드(keyboard)를 이용하여 시스템에 입력을 제공하는데, 출발할 때 운전자가 시스템을 초기화하고 총 여행 거리와 연료 가격을 입력한다. 여행 중에 운전자가 키보드를 이용하여 특정한 정보가 표시되도록 조작할 수 있다.

입력된 데이터로부터 시스템이 특정한 여행 변수를 계산한다. 예를 들면 순간 연비를 갤런당 마일(miles per gallon, MPG)로 계산할 수 있는데, 다음의 식을 이용한다.

$$\text{MPG} = V/\dot{F} \tag{34}$$

여기서 V는 시간당 마일(mph)로 표현된 차속이고, $\dot{F}$은 시간당 갤런으로 표시된 연료 소모율이다.

물론, 이 계산은 차량의 작동 조건에 따라 크게 변화한다. 바람의 방향과 풍속이 일정한 평평한 고속도로에서 일정한 속도로 주행한다면 연비는 일정할 것이다. 만일 운전자가 추월을 위해 가속페달을 밟으면 연료 소모율은 일시적으로 차속보다 빨리 증가할 것이고 MPG는 그동안 감소된다. 순간 연비, 단기 평균 연비, 장기 평균 연비 등 다양한 평균들이 계산되어 표시될 수 있다.

트립 컴퓨터가 제공할 수 있는 또 하나의 중요한 정보는 현재 연료로 주행할 수 있는 거리 D인데, 다음과 같이 계산된다.

$$D = \mathrm{MPG} \times Q \tag{35}$$

여기서, Q는 현재 연료량을 갤런으로 표시한 것이다. D가 MPG와 관계있으므로 차량의 운전 조건이 변화하면 (예를 들면 빠른 가속) D가 같이 변화한다. 이 경우에 위의 식으로 계산한다면 결과가 크게 벗어날 것이다. 운행 조건에 변화가 있는 (예: 시내 운전) 상황에서 D를 추정하기 위해서 단기 평균 연비를 사용한다면 식(35)에 비해 보다 정확한 결과를 얻을 수 있다. 이와는 대조적으로 작동 조건이 일정한 고속도로 정속 주행을 위해서는 식 (35)가 정확한 추정값을 제공한다.

이 시스템이 계산해서 표시할 수 있는 또 다른 정보는 목적지까지 남은 거리 D_d와 도착 예정 시간 ETA이다. 이는

$$D_d = D_T - D_P \tag{36}$$

$$\mathrm{ETA} = T_1 + (D_d/V) \tag{37}$$

으로 계산될 수 있는데, 여기서 D_T는 (운전자가 입력한) 전체 여행 거리, D_P는 (출발지로부터 주행한 거리인) 현재 위치, V는 현재 차속이며, T_1은 출발시간이다.

(운전자가 트립 컴퓨터를 초기화했을 때의 주행거리를 저장한) 초기 주행거리 D_1을 현재 주행거리에서 뺌으로써 컴퓨터가 현재의 위치 D_P를 계산할 수 있다. 아니면 이 변수들을 이 장의 뒷부분에서 소개되는 GPS를 통하여 자동으로 얻을 수도 있다.

마일당 평균 연료비 C는 다음과 같이 계산된다.

$$C = (D_P/\mathrm{MPG}) \cdot \text{fuel price per gallon}$$

현재 장착되고 있는 다양한 시스템은 유용하고 흥미로운 기능을 다수 제공하고 있다. 실제로 이러한 기능의 수는 주로 가격에 의해 제한되며 필요한 변수를 측정할 적절한 센서의 존재 여부에 따라서도 제한을 받는다.

텔레매틱스

휴대전화와 위성 기술의 결과로 차량에서 송수신하는 통신이 일상적인 것이 되었다. 게다가 라디오 방속국의 부반송파를 통하여 도로 상황을 지역적으로 방송할 수 있도록 기술이 진화하고 있다. 또한, 휴대전화를 통해 인터넷에 연결하는 것이 가능해져서 자동차를 사실상 하나의 인터넷 노드로 만들었다. 차량에서 인터넷을 접속하게 하는 것은 온라인 내비게이션에서부터 기계적 문제의 온라인 진단과 응급 서비스를 망라하는 운전자를 위한 서비스의 범위를 무한히 확장하였다.

텔레매틱스의 중요한 문제 중 하나는 어떻게 하면 운전자의 주의를 분산시키지 않으면서 정보와 서비스를 전달하느냐 하는 것이다. 물론, 동승자에게는 운전자의 주의를 방해하지 않으면서 다양한 서비스를 제공할 수 있다. 예를 들면 뒷좌석의 비디오 모니터는 엔터테인먼트와 휴대전화나 위성을 통해 무선으로 연결된 표준 컴퓨터 또는 온보드 DVD의 게임 등을 제공할 수 있다.

한편, 위에서 언급한 정보를 제공하는 서브시스템은 잠재적으로 운전자의 주의를 분산시킬 수 있다. 휴대전화를 거는 단순한 동작을 위해서도 최소한 한 손을 사용하여야 하며 일시적으로 휴대전화를 봐야 한다. 어떤 주에서는 운전 중에 휴대전화의 사용을 금지하는 법안을 처리하고 있다.

휴대전화로 인한 운전자의 주의분산 문제는 음성인식 기능으로 일부 완화될 수 있는데, 운전자가 전화번호를 한 자리씩 말해서 전화를 거는 방법이다. 이를 위해서 휴대전화에 음성을 인식하는 복잡한 알고리즘이 포함되어 있다. 음성인식 소프트웨어는 사용자가 말한 단어나 숫자를 파형의 패턴에 기초하여 인식한다. 특정화자형과 화자독립형의 두 가지 부류가 있다.

특정화자형 소프트웨어는 시스템을 사용하는 특정 개인의 말을 인식한다. 소프트웨어가 사용자와 관련된 파형을 충분히 파악할 때까지 사용자는 특정 숫자를 여러 번 말하도록 요청받는다. 이 과정을 통해 시스템은 개별 사용자에 대해서 훈련을 받게 된다. 훈련받지 않은 다른 사용자는 인식하지 못할 수 있다.

화자독립형 음성 인식 소프트웨어는 사용자와 상관없이 숫자를 인식할 수 있다. 이 방식은 일반적으로 앞의 방식보다 더 복잡한 편이다. 불행히도 이 방식은 특정화자형보다 더 많은 인식 오류를 발생시킨다.

온라인 내비게이션이나 콜센터를 통해 받을 수 있는 서비스를 위해 휴대전화를 사용할 수 있다. 아니면 휴대전화를 통해 인터넷에 연결하여 온라인 내비게이션에 접속하여 수신한 데이터를 지도에 표시할 수도 있다.

텔레매틱스 기술은 현재 태동기에 있으며 기능과 유연성이 놀랄 만큼 확대될 것이 분명하여 곧 운전자에게 거의 무제한의 서비스를 제공할 것이다. 텔레매틱스 기능은 기술에 의해 제한받는 것보다 아마도 우리의 상상력과 운전자의 주의 분산 문제에 의하여 제한받을 것이다.

차량에서 위성 통신을 이용하면 다양한 중요 응용을 구현할 수 있다. 여기에는 위성 라디오, 내비게이션과 안전에 관련된 응용이 포함된다. 위성 통신은 마이크로파의 일부를 이용해서 이루어지는데, 이 주파수 대역에 맞는 특수한 차량용 안테나가 차량 지붕에 흔히 장착된다. 위성은 원래 지표 상의 수신기로부터 멀리 떨어져 있기 때문에 신호 강도가 상대적으로 약하고 고감도의 수신기를 필요로 하며 매우 복잡한 신호처리가 필요하다.

"온스타"와 같은 위성 시스템은 완전한 핸즈프리 전화 연결이 가능하다. 운전자(또는 탑승자)는 버튼 하나만 누름으로써 온스타에 신호를 보낼 수 있다. 사용자는 전화해야 할 번호를 구두로 전달받고 전화를 걸 수 있는데, 운전자의 주의를 다른 곳으로 돌리지 않고도 전화 연결이 가능하다.

사고가 일어났을 때 GPS 내비게이션을 장착한 차량은 위성 통신 콜센터에 사고가 발생했음을 알리고 차의 위치를 전달할 수 있다. 이로써 자동적으로 또는 탑승자와 통화하지 않고도 구급차가 사고현장으로 출동할 수 있다. 충돌을 감지하기 위해서는 에어백 전개를 위해 사용하는 센서나 독립적인 충돌 센서를 이용할 수 있다.

GPS 내비게이션

GPS(global positioning system)는 상대적으로 발달된 차량 내비게이션 시스템의 핵심 기술이다. 원래 비행기의 위치 측정과 내비게이션을 위해 개발되었지만 차량에 성공적으로 응용되었다. 다음에 설명한 것과 같이 GPS를 장착한 차량은 자신의 위치를 비교적 정확하게 알 수 있다. 전자 지도와 결합된 이 위치정보는 종이 지도 없이 두 지점 사이에 최적의 경로를 찾게 해 주었다.

GPS 시스템은 24개의 위성으로 구성되어 있는데, 네 개가 하나의 그룹으로 묶여서 경도 60도씩 떨어져 있고 55도 기울어진 여섯 개의 궤도면을 따라 공칭 고도 11,000 노티컬 마일(궤도 장축의 반지름이 약 26,600 km)로 회전하고 있다. 어느 순간이라도 한 수신기는 위성의 부분집합을 사용할 수 있다.

각각의 위성은 정확한 원자 시계를 갖고 있으며 반복적으로 자신의 위치와 시간(위치추산 데이터)을 전송한다. 사용자의 장비는 수신기와 정확한 시계로 구성되어 있다. 신호가 전송될 때와 수신될 때의 시간 차이 δt를 측정하면 위성으로부터 수신기까지의 거리 R을

$$R = c\delta t = \sqrt{(x - x_s)^2 + (y - y_s)^2 + (z - z_s)^2} \tag{38}$$

와 같이 구할 수 있는데, 여기서 c는 위성이 전송한 신호의 전파 속도이고, x, y, z와 x_s, y_s, z_s는 각각 수신기와 위성의 좌표이다. 수신기와 위성의 좌표는 모두 ECEF 좌표이다(제8장 참조). 위성과 수신기의 시계가 완벽하게 동기화되었다면 이론적으로는 δt를 측정함으로써 알려진 위성 위치로부터 떨어진 거리를 계산할 수 있다. 또한, 세 위성으로부터의 거리를 알면 사용자의 위치(x, y, z)를 얻을 수 있다. 하지만 실제적으로는 이들 두 개의 시계를 정확히 동기화한다는 것이 불가능하다. 따라서 위성 $i(i = 1, 2, ..., I)$와 수신기의 시간 차이는 R의 추정값, 즉 추정거리 R_i를 얻게 해줄 뿐이다. 수신기 시계의 불확실성 때문에 위치와 수신기 시계의 오차를 추정하기 위하여 최소 네 개의 위성으로부터의 거리가 필요하다. 추정거리는 다음과 같이 계산되는데,

$$R_i = \sqrt{(x - x_i)^2 + (y - y_i)^2 + (z - z_i)^2} + B \tag{39}$$

여기서, B는 수신기 시계의 오차 Δt_c로 인한 편차이고, 다음과 같이 표현된다.

$$B = c\Delta t_c$$

즉, Δt_c는 위성 신호에 담겨 있는 정확한 GPS 시간과 수신기 시간과의 차이이고, c는 GPS 신호의 전파 속도이다.

사용자의 위치를 최소한 네 개의 위성까지 추정거리를 이용해서 삼각 또는 삼변 측량을 함으로써 구할 수 있다. 하지만 이 위치의 정확도는 사용자에 대한 위성들의 기하학적 배치 등 여러 오차 원인들에 의해 영향을 받는다. 이러한 오차는 비우호적인 사용자들에게 낮은 정확도를 제공하려는 미국 국방성의 의도적 잡음(2000년에 크게 감소됨), 전파 오류, 클록 오류, 궤도의 변동, 위성 위치추정 오류 등을 포함한다. 결과적으로 오류를 줄이기 위해서 네 번보다 훨씬 많은 측정이 이루어진다.

위치와 클록의 편차를 추정하는 것에 추가하여 GPS 수신기는 사용자의 속도와 클록의 표류율(drift rate)을 추정한다. 이 추가적인 추정은 GPS 수신기가 움

직이고 있고 추정거리를 구하는 동안에도 위치가 변동되기 때문이다.

차량의 위치와 클록의 편차를 추정하는 절차는 수신기의 최초 위치와 클록 편차(x_0, y_0, z_0, B_0)의 값을 가정하고 시간 t_k($t_k = kT$, $k = 1, 2, \ldots$)일 때의 차량의 추정위치를 찾는 것이다.

차량위치와 속도 추정값의 모델에서 시간 t_k의 차량의 벡터 위치와 클록의 편차를 4차원 벡터 X_k로 표현하고 이와 유사한 4차원 벡터로 최초의 추정값(X_o)을 나타낸다. 최초 추정 위치의 오차를 δX_k로 표시하면

$$\delta X_k = [\delta x,\ \ \delta y,\ \ \delta z,\ \ \delta B]^T$$

이고, 여기서 $\delta X_k = X_k - X_0$

$$X_k = [x_k,\ \ y_k,\ \ z_k,\ \ B_k]^T$$

$$X_0 = [x_o,\ \ y_o,\ \ z_o,\ \ B_o]^T$$

이다. 마지막으로 위치 벡터의 변화율 $\dot{X}$을 다음과 같이 표현할 수 있다.

$$\dot{X} = [\dot{x},\ \ \dot{y},\ \ \dot{z},\ \ \dot{B}]^T$$

이들 4차원 벡터에서 윗첨자 T는 로우 벡터를 트랜스포즈하는 것을 나타낸다.

4차원 벡터에 대한 모델은

$$X_k = \begin{bmatrix} x_k \\ y_k \\ z_z \\ B_k \end{bmatrix} = \begin{bmatrix} x_o \\ y_o \\ z_o \\ B_o \end{bmatrix} + \begin{bmatrix} \delta x \\ \delta y \\ \delta z \\ \delta B \end{bmatrix} + (k-1)T \begin{bmatrix} \dot{x} \\ \dot{y} \\ \dot{z} \\ \dot{B} \end{bmatrix} \tag{40}$$

이고, 여기서 δx, δy, δz, δB는 최초 추정값의 오차이고, ($\dot{x}$, $\dot{y}$, $\dot{z}$)은 추정된 사용자 속도의 벡터성분이며, $\dot{B}$은 사용자 클록의 표류율이다.

GPS 내비게이션 문제는 이제 8차원 상태 벡터 $\boldsymbol{X}$를 추정하는 문제로 정의될 수 있는데, 상태 벡터는 다음과 같다.

$$\boldsymbol{X} = [\delta x, \delta y, \delta z, \delta B, \dot{x}, \dot{y}, \dot{z}, \dot{B}]^T$$

이 문제를 푸는 표준적인 방법은 추정거리 식을 선형화하는 것이다.

$$R_i = R_{io} + \alpha_{i1}\delta x + \alpha_{i2}\delta y + \alpha_{i3}\delta z + \delta B \tag{41}$$

여기서 R_{i0}는 위성 $i(i = 1,\ 2,\ \ldots\ I)$로부터의 첫 번째 추정거리이며, 즉

$$R_{io} = \sqrt{(x_0 - x_i)^2 + (y_0 - y_i)^2 + (z_0 - z_i)^2} + B_0 \tag{42}$$

그리고 여기서

$$\alpha_{i1} = \left.\frac{\partial R_i}{\partial x}\right|_{R_{io}} = \frac{x - x_i}{R_{io} - B_o}$$

$$\alpha_{i2} = \left.\frac{\partial R_i}{\partial y}\right|_{R_{io}} = \frac{y - y_i}{R_{io} - B_o}$$

$$\alpha_{i3} = \left.\frac{\partial R_i}{\partial z}\right|_{R_{io}} = \frac{z - z_i}{R_{io} - B_o} \tag{43}$$

매개변수 α_{i1}, α_{i2}, α_{i3}는 사용자와 위성 i를 연결한 선과 좌표축 사이각의 방향 코사인이다. 선형화된 추정거리 식은 다음과 같이 정리될 수 있다.

$$\delta R_i = R_i - R_{i0} = \alpha_{i1}\delta x + \alpha_{i2}\delta y + \alpha_{i3}\delta z + \delta B \tag{44}$$

그림 9.36은 참 위치 x_T, y_T에서 시작하여 일정한 속도로 움직이는 차량의 사례를 단순화하여 보여준다. 그림에서 S_1과 S_2는 각각 위성 1, 2를 나타내며, x_0, y_0는 추정거리 R_{01}, R_{02}를 이용하여 얻은 초기 추정위치이다.

차량 GPS의 기본을 이해하기 위해서는 차량이 일정한 속도로 움직인다는 것을 가정하여 내비게이션 문제를 단순화하는 것이 편리하다. 네 개의 위성을 이용해서 추정된 최초 위치(x_0, y_0, z_0)로부터 일정한 속도로 움직이는 차량의 계측 모델은

$$\delta R = HX + e$$

인데, 여기서

$$\delta R = \begin{bmatrix} [\delta R_{11} & \delta R_{21} & \delta R_{31} & \delta R_{41}]^T \\ & \vdots & & \\ [\delta R_{n1} & \delta R_{n2} & \delta R_{n3} & \delta R_{n4}]^T \end{bmatrix} \tag{45}$$

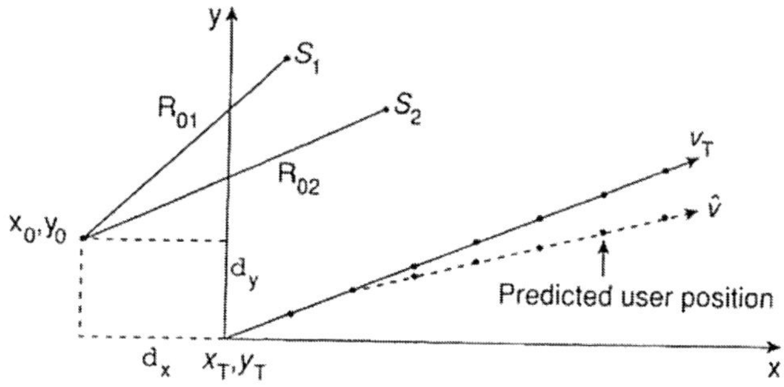

그림 9.36
GPS 내비게이션의 단순화된 기하학적 표현

여기서 n은 한 위성에 대해 측정한 횟수를 의미하며, 행렬 H는

$$H = \begin{bmatrix} H_1 \\ H_2 \\ \vdots \\ H_{n-1} \end{bmatrix}$$

이다. 여기서

$$H_k = \begin{bmatrix} \alpha_{11} & \alpha_{12} & \alpha_{13} & 1 & kT\alpha_{11} & kT\alpha_{12} & kT\alpha_{13} & kT \\ \alpha_{21} & \alpha_{22} & \alpha_{23} & 1 & kT\alpha_{21} & kT\alpha_{22} & kT\alpha_{23} & kT \\ \alpha_{31} & \alpha_{32} & \alpha_{33} & 1 & kT\alpha_{31} & kT\alpha_{32} & kT\alpha_{33} & kT \\ \alpha_{41} & \alpha_{42} & \alpha_{43} & 1 & kT\alpha_{41} & kT\alpha_{42} & kT\alpha_{43} & kT \end{bmatrix} \in R^{4n\times 8} \quad (46)$$
$$K = 1, \ldots, n$$

상태 벡터 X는

$$X = [\,\delta x \quad \delta y \quad \delta z \quad \delta B \quad \dot{x} \quad \dot{y} \quad \dot{z} \quad \dot{B}\,]^T$$

으로 주어지고 δR과 e는 $4n \times 1$의 오차 벡터이다.

X를 구하는 이 문제의 해는 일괄처리 방식으로 구할 수 있다. 일괄처리 방식이란 n개의 샘플 데이터를 수집하여 일반적인 최소자승법(ordinary least-squares, OLS)을 이용하거나 반복적인 방법을 이용하는 것이다. 다음과 같이 H의 의사역행렬을 이용해서 OLS 해를 구할 수 있다.

$$X = (H^T H)^{-1} H^T \delta R \quad (47)$$

X에 대한 해가 얻어지면 일정한 속도 벡터 $v = [\dot{x}, \dot{y}, \dot{z}]^T$를 가지고 움직이는

차량의 위치는

$$\begin{bmatrix} x_k \\ y_k \\ z_k \\ B_k \end{bmatrix} = \begin{bmatrix} x_o \\ y_o \\ z_o \\ B_o \end{bmatrix} + \begin{bmatrix} \delta_x \\ \delta_y \\ \delta_z \\ \delta_B \end{bmatrix} + (k-1)T \begin{bmatrix} \dot{x} \\ \dot{y} \\ \dot{z} \\ \dot{B} \end{bmatrix} \tag{48}$$

으로 구해진다. 일정한 속도가 아닌 경우에는 시간에 따라 변화하는 v의 추정값을 고려해서 해를 구해야 한다.

GPS 내비게이션 문제에 대한 반복적인 해는 X를 계속해서 추정하는 칼만 필터이다. X의 k번째 추정값 X_k는 k개의 사전 측정 및 추정에 근거한 것이며, 다음과 같은 형식을 갖는다.

$$X_k = X_{k-1} + K_k(\delta R_k - H_k X_{k-1}) \tag{49}$$

여기서 K_k는 칼만 필터 이득이고, δR_k, H_k는 위에서 정의한 δR과 H의 시간 t_k에서의 샘플이다. 칼만 필터 이득은 여러 단계를 걸쳐서 계산되는데, 프로세스와 계측 노이즈의 알려진 통계적 특성, 차량 움직임의 기본적인 동역학, 잡음이 없는 이상적인 상황에서의 상태변수와 계측 간의 관계 등으로부터 얻어진다. 이런 세부적인 관계들은 이 책의 범위를 넘어서는 것이지만 GPS 이론뿐만 아니라 최적 필터링에 관한 책에서도 다루고 있다.

GPS 시스템 구조

GPS 내비게이션 시스템의 구조는 세 가지 중요 부분으로 구성되어 있는데, (1) 우주 부분 (위성), (2) 제어 부분, (3) 사용자 수신기 시스템이다. 위성은 자신의 위치와 정확한 GPS 시간을 지속적으로 전송할 수 있어야 한다. 제어 부분의 중요한 기능은 위치를 계산하는 데 사용되는 데이터를 위성에 주기적으로 업로드하는 것이다. 이러한 위치추산 데이터를 주기적으로 업로드하는 이유는 태양 섭동, 공기 저항, 지구 중력장이 완벽한 구의 형태가 아닌 점, 궤도 상의 자기, 정전기 힘 등에 의해 위성 궤도의 변화가 있기 때문이다.

제어 부분의 구성은 그림 9.37과 같다. 모니터 스테이션(monitor station)은 사용자와 마찬가지로 GPS 신호를 수신한다. 위치추산과 위성 클록의 오차를 평가하는 데 이 신호를 사용할 수 있다. 이 스테이션은 콜로라도 스프링스, 콰절린

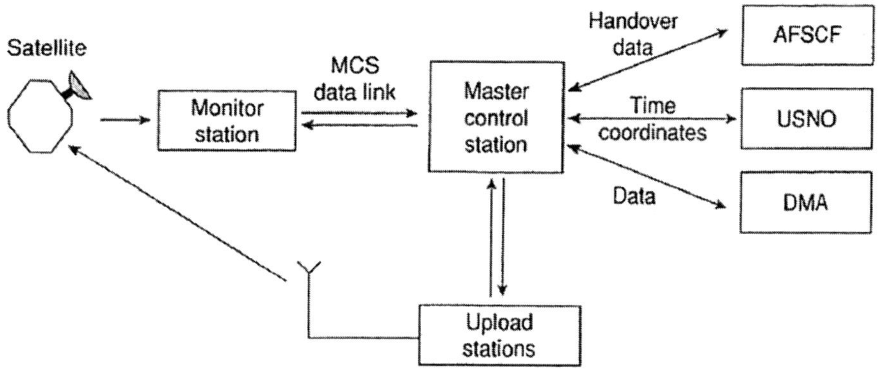

그림 9.37
제어 부분의 구성

(Kwajalein) 환초, 디에고가르시아 섬(Diego Garcia), 어센션 섬, 그리고 하와이에 위치하고 있다. 이 스테이션에서는 위성이 지나갈 때 거리를 측정하고 이를 이용하여 위치추산과 클록 오차를 계산한다. 그리고 대류권 지연을 보정하는 데 유용한 기상학적인 데이터를 모니터한다. 이들 모니터 스테이션들이 구한 데이터와 보정값은 마스터 컨트롤(master control)로 보내진다.

마스터는 어센션 섬, 디에고가르시아, 콰절린 환초를 통해서 내비게이션 메시지를 위성에 업로드한다. 제어 기능이 없다면 발생할 수 있는 누적 오차를 방지하기 위해서 마스터 컨트롤이 위성들을 지속적으로 제어한다.

GPS 내비게이션 문제의 해에는 위성의 위치추산 오차, 전파 오차 및 불확실성, 클록 오차 등 많은 오차의 원인이 존재한다. 이러한 오차는 위치에 대한 불확실성을 증가시키는 위성과 수신기의 바람직하지 않은 상대적인 배열에 의하여 더욱 가중된다. 이러한 불확실성을 GDOP(geometric dilution of precision)라는 매개변수를 이용하여 정량적으로 표시한다.

위치추산 오차는 위성 위치를 정확하게 예측하지 못하는 것에 기인한다. 전파 오차와 불확실성은 전리층과 대류권 굴절의 변동 때문에 발생한다. 전리층의 굴절은 대부분 자유 전자 밀도와 캐리어 주파수에 의해 결정된다. 전리층에서의 전파에 대한 굴절률 n은

$$n = \frac{c_0}{v_\phi} \tag{50}$$

으로 정의되며, 여기서 v_ϕ는 위상 속도이다.

캐리어 주파수 f에 대해서 굴절률은

$$n = \sqrt{1 - \left(\frac{f_c}{f}\right)^2} \tag{52}$$

이고, f_c는 플라스마 주파수

$$f_c = \frac{1}{2\pi}\sqrt{\frac{N_c e^2}{m\varepsilon_0}} \cong 9\sqrt{N_e} \tag{53}$$

이다. 여기서 N_e는 전자 밀도(개/m^3), e는 전자의 전하, m은 전자의 질량, ε_0는 진공상태의 유전율이다.

한편, 대류권의 굴절률 n은 캐리어 주파수와는 관계가 없지만 수증기의 분압에 영향을 받는데, 다음과 같은 근사식으로 표현될 수 있다.

$$n \cong 1 + \frac{K_1}{T}\left(p + \frac{K_2 p_w}{T}\right) \tag{53}$$

여기서 p는 대기압, T는 절대온도, p_w는 물의 분압, $K_{1,2}$는 상수이다.

굴절에 의한 경로 길이의 변화 ΔL은

$$\Delta L = \int_0^R (n-1)ds \tag{54}$$

이고, 여기서

$R =$ distance to the satellite

$\cong$ pseudo-range

$s =$ coordinate along the propagation path

로 표현된다. 이 식을 수신기의 고도 h_0와 위성을 향한 앙각 ϕ_0를 이용하여 근사적으로 다시 쓰면

$$\Delta L = \int_{h_0}^{H} \frac{n-1}{\sin\phi_0}dh \tag{55}$$

으로 정리할 수 있는데, 여기서 H는 지표로부터 측정한 위성의 고도이다. 만일

고도와 압력이 지수적인 관계를 갖는다면

$$n - 1 \cong (n_0 - 1)e^{-bh} \tag{56}$$

여기서,

$$n_0 \cong 1.00032$$
$$b \cong 0.000145/\mathrm{m}$$

이다.

대표적인 값은 아래와 같다.

$$\Delta L \cong 2.2\,\mathrm{m} \quad \text{for} \quad \phi_0 = 90^\circ$$
$$\cong 25\,\mathrm{m} \quad \text{for} \quad \phi_0 = 5^\circ$$

위성의 배열에 따른 영향은 GDOP로 표현되는데, 위성을 향한 방향 코사인의 행렬 H_i로부터 계산될 수 있다. H의 i번째 행 H_i는

$$H_i = [\alpha_{i1}, \alpha_{i2}, \alpha_{i3}, -1] \tag{57}$$

$$\mathrm{GDOP} = \sqrt{\mathrm{trace}\left\{\left[H_i^T H_i\right]^{-1}\right\}} \tag{58}$$

이다.

주어진 GDOP 값에 대하여 평균제곱근 오차는

$$\sigma = \mathrm{GDOP}\sigma_0 \tag{59}$$

인데, 여기서 σ_0는 위에서 언급한 원인 때문에 발생하는 오차 중 최적 위성 배열일 때의 최소 위치 오차이다. 이 장에서 살펴본 GPS 이론은 개략적인 것에 불과하고 실질적인 이론은 이 책에서 다룰 수 있는 것보다 훨씬 더 복잡하다. 하지만 관심 있는 독자를 위해 GPS 이론을 심도 있게 다룬 많은 책들이 존재한다.

차량 진단

어떤 차량 모델에서는 계측 컴퓨터가 다른 서브시스템뿐만 아니라 엔진 전자 제

어 시스템의 진단 기능을 수행하기도 한다. 이러한 진단은 여러 다른 단계에서 수행된다. 시스템을 테스트하기 위해서 제조 과정 중에서 진단 기능이 수행되기도 하고 정비담당자 또는 흥미를 가진 차주가 엔진 제어 시스템의 문제 원인을 밝히기 위해서도 수행된다. 어떤 경우에는 늘 진단 기능이 작동하기도 하지만 정비담당자가 차량의 데이터 링크에 연결한 외부 장비가 요청할 때만 작동하는 진단 기능도 있다. 이 응용에 대해서는 다음 장에서 다루고 있다.

제 10 장 진단과 탑승자 보호

전자 제어 시스템의 진단 540
서비스 베이 진단 장치 543
온보드 진단 543
모델 기반 센서고장 검출 545
진단 오류 코드 549
온보드 진단(OBD II) 563
모델 기반 실화 감지 시스템 564
차량진단 분야의 전문가 시스템 576
탑승자 보호 시스템 582

자동차가 상업적으로 판매되기 시작된 이래로 차량이 제대로 작동하도록 관리하기 위해서는 유지보수가 필요하다는 것이 잘 알려진 사실이다. 물론, 차량 판매상과 독립적인 정비소가 이런 서비스를 오랫동안 제공해왔다. 1970년대 초반까지 차량 소유주가 저렴한 도구와 장비를 이용하여 대부분의 일상적인 정비와 수리를 직접 했었다. 그러나 대기오염방지법(Clean Air Act)은 차량의 배기가스에 영향을 미친 것뿐만 아니라 엔진 제어 시스템의 복잡성에도 영향을 미쳤고 그 결과 차량의 정비 및 수리의 복잡성도 따라 증가하였다. 이 결과, 차량 소유주는 자기 차량의 특정 시스템(특히 엔진)의 정비와 수리를 더 이상 할 수 없게 되었다. 사실 차량 수리를 위해 정비공들이 오랫동안 사용해온 전통적인 정비 지침서는 빠르게 쓸모없게 되어가고 있으며 전자적인 정비 지원 도구들로 대체되고 있다.

이 장의 후반부에 언급하겠지만, 제조회사가 수리 절차뿐만 아니라 부품 리스트(그림과 함께)를 포함한 모든 문서를 위성과 같은 전용 통신 링크를 통하거나 또는 정비소에 공급되는 CD를 통한 전자적 포맷으로 배포하는 것이 차량 정비의 추세이다. 그리고 수리에 필요한 정보가 정비소의 PC와 비슷한 장치를 통해 작업자에게 제공된다.

고장이 발생하면 차량의 부품이나 서브시스템이 완전히 또는 부분적으로 작동을 멈춘 장소에 상관없이 온보드 디지털 시스템이 진단 정보를 일차적으로 저장할 수 있다. 그리고 차의 시동을 꺼도 정보를 유지할 수 있는 RAM과 같은 저장 장치에 관련된 정보가 옮겨질 수 있으며 차량이 정비소에 도착하면 작업자가 진단 정보를 전자적으로 회수할 수 있다.

유공압으로 엔진을 제어하는 방식에서 마이크로프로세서를 이용한 전자 엔진 제어 방식으로 변화한 것은 차량 배기가스 제어가 필요했기 때문이고 이러한 변화가 이 책을 통해서 기록되어 있다. 하지만 전자 제어 엔진의 진단 문제에 대해서는 논의된 바가 거의 없다. 이런 종류의 진단은 전통적인 제어 방식의 엔진과는 근본적으로 다른 접근 방식이 필요하다. 그 이유는 배기가스 규제가 심하지 않았을 때보다 훨씬 더 복잡한 장비가 필요하기 때문이다. 사실 최상의 진단 방법은 마이크로프로세서로 구성된 특수목적 컴퓨터를 사용하는 것이다.

전자 제어 시스템의 진단

모든 마이크로프로세서 기반 시스템들은 어느 정도 한정된 자체 진단 기능을 갖고 있다. 예를 들어, 어떤 시스템은 몇 가지 고장뿐만 아니라 센서의 신호가 사라지거나 구동기의 회로가 끊어진 것을 감지할 수 있다. 또한, 시스템의 컴퓨터가 작동하는 한 감지된 고장의 오류 코드를 저장할 수 있다. 시스템 내의 이러한 진단 기능을 온보드 진단(onboard diagnosis)이라고 한다.

마이크로프로세서 기반 제어 시스템이 도입된 초기부터 파워트레인 제어 부분에는 제한된 자체 진단 기능이 제공되어 왔다. 하지만 미국 환경청(Environmental Protection Agency, EPA)은 완전 또는 일부 고장 상태에서 배기가스에 악영향을 미칠 수 있는 부품이나 시스템의 엄격한 진단을 강제하는 규제를 만들었다. 이러한 규제는 "On-Board Diagnostics II"(OBD II)로 알려져 있으며 차량의 전자 제어 및 계측 시스템이 배기가스 제어 시스템의 성능을 항상 추적 관찰할 수 있는 능력을 요구하고 있다. 이 규제와 구체적인 구현 방법의 세부사항이 이 장의 후반부에 논의된다.

부품 또는 시스템의 오류가 감지되면 고장 또는 저하된 기능에 부여된 오류 코드가 메모리에 저장된다. 만일 어떤 오류가 배기가스 제어 시스템의 성능을 허용할 수 있는 범위보다 더 악화시킬 가능성이 있다면 OBD II는 계기판에 "check engine"이라는 경고를 통해서 운전자의 주의를 환기해야 한다고 요구하고 있다.

그러나 차량에 장착된 것보다 더 높은 수준의 진단을 위해서는 흔히 정비소가 갖고 있는 별도의 컴퓨터 기반 시스템을 사용한다. 물론 차량에 장착된 시스템의 메모리에 저장된 데이터를 이용하지만 훨씬 정교한 진단이 가능하다. 이러한 진단을 오프보드 진단(off-board diagnosis)이라고 하며, 대개 특수하게 제작된 컴퓨터를 사용한다.

저장된 오류 코드를 오프보드 진단 컴퓨터가 사용하려면 차량의 특정 시스템과 오프보드 진단 컴퓨터 사이에 통신 링크가 필요하다. 이러한 통신 시스템은 흔히 시리얼 디지털 데이터 링크(serial digital data link)를 사용한다. 어떤 시리얼 데이터 링크는 디지털 데이터를 한 쌍의 전선을 통해 순차적으로 전송하기도 한다. 온보드 또는 오프보드 진단의 세부 내용을 논의하기 전에 차량의 디지털 통신을 간략히 논의하는 것이 좋을 것 같다.

앞 장에서 본 것과 같이 요즈음의 차량에 설치된 다양한 전자 서브시스템(ECU)은 CAN 네트워크를 통해서 서로 연결되어 있다. 예를 들면 그림 9.34와 같이 CAN 버스 연결은 차량에서 오프보드 진단 시스템으로 연결하는 데이터 링크(DLC, data link connector)이다. 지정 정비소에서 유지 및 보수를 위해 이 진단 시스템과 차량을 연결할 수 있다.

그림 10.1은 흔히 스캐너(diagnostic scan tool)라고 불리는 장비가 차량의 DLC에 연결된 모습을 보여주고 있다. 이 그림의 스캐너는 휴대용으로, 뒤에서 설명한 것과 같이 정비담당자가 차량에 싣고 시험 운전을 할 수 있다.

이 스캐너는 오류 코드가 저장된 시스템의 주소와 데이터 버스에 접근할 수 있다. 스캐너는 오류 코드가 저장된 모든 메모리 위치로 주소를 전송할 수 있으며 모든 메모리의 오류 코드를 회수할 수 있다. 또한, 스캐너는 오류 코드를 보여줄 수 있는 디스플레이 장치를 가지고 있으며, 어떤 스캐너는 오류 발생 시간을 기록할 수 있는 기능을 갖고 있기도 하다. 이런 시스템은 간헐적 오류(갑자기 발생했다 사라져서 진단하기 어려운 오류)를 진단하는 데 유용하다. 이러한 휴대용 스캔 진단 장치(portable scan diagnosis tool, PSDT)뿐만 아니라 서비스 베이 진단 장비(service bay diagnosis tool, SBDT)도 있는데, 흔히 쉽게 움직일 수 있도록 바퀴가 달려 있지만 시험 운전을 위해서 차에 실을 수는 없다.

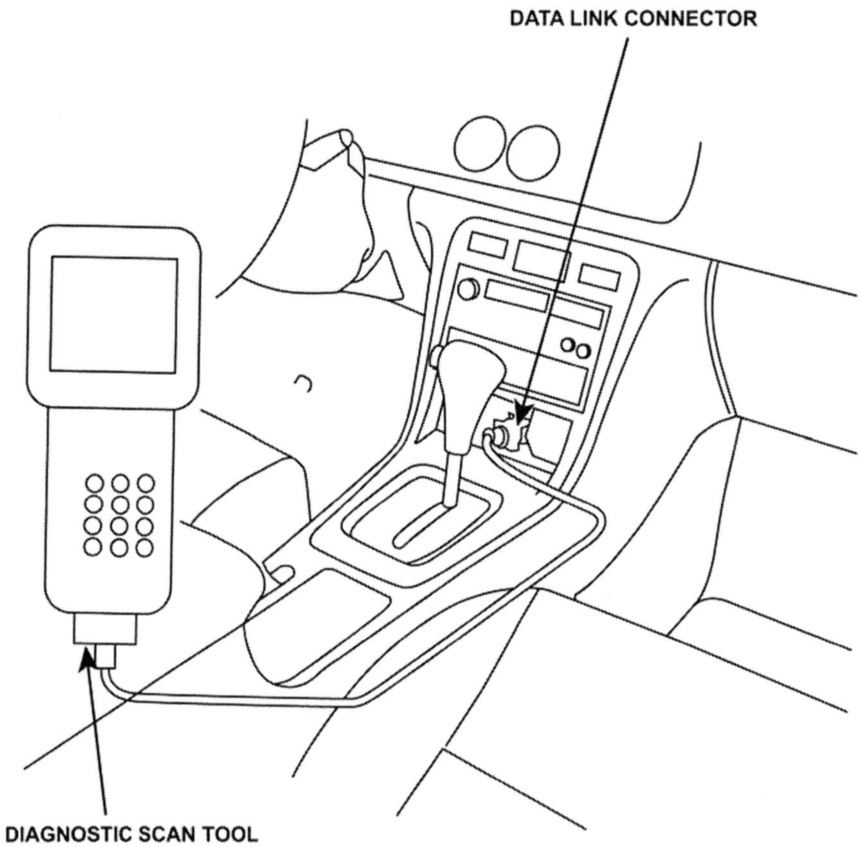

그림 10.1
진단 스캔 장치와 차량의 연결 사례

서비스 베이 진단 장치

온보드 진단에 대한 대안으로는 서비스 베이 진단 시스템이 있다. 이 시스템은 차량에 설치된 시스템보다 훨씬 우수한 진단 기능을 가진 컴퓨터를 사용하는데, 컴퓨터의 처리 능력이 훨씬 크고 진단을 위한 전용 장치이다.

서비스 베이 진단 시스템은 온보드 진단 시스템이 저장한 오류 코드를 (예를 들면 제9장에서 설명한 DLC를 통해서) 읽을 수 있는 기능을 가진 컴퓨터 기반 장치이다. 추가적으로, 이 시스템은 전자적 형태의 정비 지침서를 갖고 있는 것뿐만 아니라 운전자가 제공한 문제에 대한 정보와 설명 그리고 저장된 오류 코드로부터 어떤 문제가 있는지를 진단하기 위한 절차를 추천할 수 있다.

어떤 경우에는 오류 코드 자체로는 주어진 문제를 완전히 진단하기 어려울 수 있다. 이런 경우에는 문제의 진단을 완료하기 위하여 정비담당자가 취해야 할 일련의 행동을 오프보드 진단 시스템이 제시할 수 있다. 물론, 오류 코드는 전기 또는 전자 부품을 가진 차량의 시스템 또는 서브시스템에만 적용 가능하다는 점을 기억해야 한다. 다른 시스템의 진단과 수리를 위해서는 정비담당자의 지식과 경험이 필요하다. 예를 들면, 휠 베어링이 완전히 고장 나거나 일부분 파손된 경우에는 오류 코드가 저장되지 않는다. 차량에 발생한 문제의 진단과 수리를 위해서는 언제나 능숙하고 지식이 있으며 잘 훈련된 정비담당자가 필요하다.

한편으로는, 새로운 차종이 나올 때마다 요즈음의 차량에 포함된 전자 부품의 비중은 지속적으로 증가하고 있다. 그렇기 때문에 전자적 진단 방법의 사용이 계속 늘어날 것이라는 것이 자명하다.

정비지침서와 절차를 저장하고 보여 주는 것에 추가하여 컴퓨터 기반 서비스 베이 진단 시스템은 이론적으로 진단 과정 자체를 자동화할 수 있는 능력을 갖고 있다. 이 목표를 달성하기 위해서 정비담당자의 터미널은 흔히 전문가 시스템으로 알려져 있는 소프트웨어를 포함할 수 있는 기능을 갖고 있다. 이에 대한 설명은 이 장의 후반에 포함되어 있다.

온보드 진단

온보드 진단은 각 차량이 OBD II 규제를 충족시킬 필요에 의해 주로 좌우된다. 이미 언급된 것처럼, 배기가스에 악영향을 미칠 수 있는 부품이나 서브시스템의 성능이 평가될 수 있어야 한다. 추가적으로 파워트레인 시스템의 수준에서는 엔진의 실화(misfire)를 반드시 감지할 수 있어야 한다. 실화란 어느 실린더에서라도 발생할 수 있는 고장 중 정상적인 연소에 미치지 못하게 하는 경우를 의미한다. 여기에는 점화가 제대로 이루어지지 않아서 연소가 일어나지 않는 완전 실화가 포함될 수 있다. 또한, OBD II 표준에 따르면 연료와 공기의 혼합가스가 일부만 연소되는 부분적 연소도 실화로 간주된다. 이런 실화는 촉매변환기의 성능을 떨어뜨릴 수 있는데, 이는 배기가스의 성분과 구성비가 촉매변환기가 작동하도록 설계된 범위를 벗어나기 때문이다.

어떤 엔진에서도 간헐적인 의사(擬似) 실화(또는 부분적 실화)가 나타날 수 있다. 하지만 이런 경우의 발생 건수나 심각성이 어떤 허용 한계를 넘게 되면 촉매변환기의 성능이 저하되고 EPA가 강제하는 한도를 초과한 배기가스가 발생할 수 있다. 이런 상황에서는 경고 메시지가 표시되어야 하고 차량소유자가 차의 수리를 의뢰해야만 한다. 경고 메시지의 방식은 차량마다 다를 수 있지만 흔히 "check engine" 표시에 불이 들어오는 방식을 취하고 있다. 이 장에서는 편의를 위해서 이런 경고 메시지를 "오류 지시등(fault indication lamp, FIL)"이라는 용어로 대신하려고 하는데, 이는 오류 지시등이 부품이나 시스템의 오류 때문에 작동하기 때문이다. 실화를 감지하는 대표적인 방법이 이 장의 후반부에 기술되어 있다.

부품의 수준에서 보면 성능이 저하된 상황에서 배기가스에 악영향을 미치는 많은 개별적인 부품이 있다. 예를 들면 폐루프 연료 제어를 위해 사용되는 가열된 배기가스 산소농도 센서(HEGO, 제6장)가 완전히 또는 일부 고장을 일으킬 수 있다. 폐루프 연료 제어 방식을 사용하는 엔진이 충분히 데워졌을 때 정상적인 HEGO 센서는 특정한 전압 파형을 보여준다. 이 전압 파형은 정상적인 고압 수준(약 1 V)과 저압 수준(약 0.1 V) 사이를 순환해야 한다. 더구나 센서의 평균 전압은 두 수준의 중간쯤에 위치한 상대적으로 좁은 범위 안에 있어야 한다.

HEGO 센서의 전압 파형이 정상 출력과 차이를 보인다면 이는 HEGO 센서의 잠재적인 고장이나 저하된 성능을 의미하는 것이다. 하지만 전압 파형의 변수들을 예상된 한계 밖으로 나가게 하는 잠재적 요인이 매우 많다. 예로 연료 제어 시스템이 고장을 일으켜서 엔진에 너무 휘발유 농도가 높거나 낮은 혼합 가스를 의도하지 않게 공급할 수도 있다.

OBD II는 이 순간에 FIL 경고가 켜져야 한다고 요구하고 있으며 적절한 오류 코드가 생성될 것도 요구한다. 오류 코드는 다음과 같은 별도의 코드들을 포함할 수 있다: (1) 지속적으로 높은 HEGO 센서 전압 또는 (2) 지속적으로 낮은 전압, (3) 패턴에 따라 순환하지 않는 HEGO 센서 전압, (4) 한계를 초과한 HEGO

센서 평균 전압 또는 (5) 한계보다 낮은 평균 전압이다.

차량이 정비소에 도착했을 때 정비담당자는 대개 적절한 오프보드 시스템을 DLC에 연결하고(그림 9.34 참조) 온보드 메모리에 저장된 모든 오류 코드를 진단 장비로 옮긴다. 모든 오류 코드를 이용해서 정비담당자는 고장의 원인을 밝힐 절차를 따를 수 있다.

고장 때문에 배기가스에 영향을 미칠 수 있는 또 다른 부품은 연료 분사기이다. 모든 연료 분사기의 고장이 온보드 진단으로 감지될 수는 없지만 파워트레인 제어 시스템은 연료 분사기의 전류와 단말 전압을 모니터할 수 있다. 이런 변수를 측정하는 것으로 분사기 솔레노이드 코일 회로의 개방 또는 단락 상태를 감지할 수 있다. 물론 이런 상태가 감지된다면 OBD II는 운전자 경고 메시지가 표시되는 것뿐만 아니라 적절한 코드와 어느 실린더에 문제가 발생했는지를 저장할 것을 요구한다.

지속적인 모니터링이 필요한 또 하나의 부품은 촉매변환기이다. 앞에서 언급된 것처럼, 차량에 탑재할 수 있으면서 규제된 배기가스의 농도를 측정하는 비용 효율적인 방법이 없는 형편이다. 한편으로는 촉매변환기의 바깥쪽에 HEGO 센서를 하나 더 추가하는 방식으로 촉매변환기의 변환 효율을 어느 정도 평가하는 것이 가능하다. 참고로 주된 HEGO 센서는 촉매변환기의 상류 쪽에 설치되어 있다. 제7장 내용을 상기하면 페루프 방식에서 연료 제어가 화학량론적으로 농후한 상태에서 희박한 상태로 그리고 희박에서 농후로 계속적으로 순환한다는 것을 기억할 수 있을 것이다. 상대적으로 농후한 혼합 가스가 공급되는 동안에는 배기가스의 산소 농도가 낮다. 이런 배기가스가 낮은 산소 농도를 가진 채 촉매변환기에 들어가면 변환기가 산화 장치의 역할을 한다. 희박한 혼합 가스에 대한 반대 경우도 역시 가능하다. 따라서 두 HEGO 센서 전압을 비교함으로써 촉매변환기의 상대적인 효율을 반영하는 지표로 사용할 수 있다.

모델 기반 센서고장 검출

특정한 센서의 성능을 다른 센서의 측정값에 기초한 모델 기반 계산을 통해서 평가할 수 있다. 예를 들면 MAF는 연료분사기의 기본 펄스 길이를 결정하는 데 중요한 센서이다(제7장 참조). MAF 센서의 보정 변화는, 특히 연료 제어의 개루프 방식에서(화학량론적으로) 잘못된 연료 공급을 초래할 수 있다. 제어기의 동작 방식과 무관하게 적절한 연료와 공기의 혼합 비율을 유지하는 것이 중요하다.

MAP 센서와 흡기 공기 온도 센서를 가진 모든 엔진에 대해서 MAF의 보정을 독립적으로 검사하는 것이 (이론적으로) 가능하다. 이들 센서가 정확하게 작동한다고 가정하면, 흡기 시스템으로 들어오는 질량 흐름률(mass flow rate) $\dot{M}_a$는

$$\dot{M}_a = \dot{V}_a \delta_i \tag{1}$$

이고, 여기서

$\dot{V}_a$ = volume flow rate
δ_i = intake air density

이다.

스로틀 밸브 각도와 엔진 회전수의 함수로 표시되는 엔진의 체적율(η_V)의 표를 사용하면 체적흐름률 $\dot{V}_a$는

$$\dot{V}_a = \frac{D_e n \eta_V(\theta_t, R)}{2} \tag{2}$$

이다. 여기서

D_e = engine displacement
$n = R/60$
R = RPM
θ_t = throttle angle

이다.

흡기 공기 밀도는

$$\delta_i = \frac{\delta_0 p_i T_0}{p_0 T_i} \tag{3}$$

이며, 여기서

δ_0 = sea-level standard day air density
p_0 = sea-level standard day air pressure
T_0 = sea-level standard day air temperature
p_i = intake manifold air pressure

T_i = intake manifold air temperature

이다.

원칙적으로는 MAF 센서 보정은 측정된 $\dot{M}_a$ 값과 온도와 압력 측정에서 계산된 값을 비교함으로써 평가할 수 있다. 불행하게도 추가적인 센서가 다른 제어 목적으로 설치된 것이 아니라면 추가적인 센서의 비용 때문에 차량 제조사에게는 이 방법이 그다지 매력적인 방법이 아니다. 어쨌든 이런 가상적인 예가 다양한 센서의 성능을 비교 검증할 수 있는 잠재력을 보여준다.

제7장에서와 같이 파워트레인 제어를 위해서 다양한 각속도 센서가 사용되는 것을 알 수 있다. 제6장에서는 이러한 센서 중 많은 것들이 다수의 돌기가 있는 원판을 가진 자기적 또는 광학적 센서라고 설명되어 있다. 이런 센서들이 여러 가지 방식으로 고장을 일으킬 수 있다. 예를 들면 영구 자석과 코일로 구성된 자기 속도 센서에는 코일의 일부분이 단락되는 현상이 나타날 수 있다. 이런 고장은 어느 속도에서든 정상적인 출력 전압보다 낮은 출력을 초래한다. 이런 종류의 센서를 이용해서 속도를 측정하는 것은 시간당 검출된 펄스의 수에 따르지만 한 회전 동안 생성되는 일부 (또는 모든) 펄스의 출력 전압이 신호처리 부분이 감지하지 못할 정도로 떨어지는 방식으로도 고장이 발생할 수 있다. 또한, 디스크의 돌기가 (생산 공정의 불량으로) 떨어져 나갈 수도 있다. 이런 모든 경우에 신호처리 부분은 부정확한 각속도를 산출할 것이다.

한 엔진 사이클 동안 입력되는 일련의 펄스의 발생 시간 $t_k(k = 1, 2, \cdots, K)$를 제어기의 클록을 이용하여 기록함으로써 펄스가 감지되지 않은 것을 알아낼 수 있는데, 여기서 K는 디스크의 돌기 수이다. 또한, 제어기는 연속된 펄스의 시간 차이를 다음과 같이 계산할 수 있다.

$$\delta t_k = t_k - t_{k-1}, \quad k = 1, 2, \cdots, K$$

위에서 설명한 종류의 고장이 발생한다면 한 엔진 사이클 동안 발생하는 연속적인 시간 차이 중에서 다른 것과 크게 다른 시간 차이가 최소한 한 번은 있을 것이다. 이 특정한 시간 차이로부터 각속도를 측정한 결과를 국외자(아웃라이어)라고 한다. 작동 사이클마다 생성되는 데이터에서 이렇게 잘못된 측정값을 감지하고 제거하는 것뿐만 아니라 오류 코드를 발생시키는 표준 알고리즘이 몇 가지 존재한다.

냉각수 온도 센서와 같은 다양한 온도 센서도 파워트레인 제어에 사용되는데, 이 센서들의 정확성이 배기가스 제어에 영향을 미친다. 차량이 작동하는 매우 넓은 범위의 온도 때문에 이런 센서들의 보정 정확도를 검증하는 실질적이고 신뢰성 있는 방법이 없는 실정이다. 한편으로는 센서의 단말 전압을 관찰함으로써 회로가 개방되거나 단락되는 것을 감지할 수 있다. 그러나 설계에 따라서, 표시된 온도의 가능한 범위를 설정하는 것이 가능할 수 있다. 이 경우에는 범위 밖의 측정값을 오류라고 판단할 수 있다.

OBD II 요구조건에 따라 관찰해야 하는 센서들뿐만 아니라 안전하고 신뢰성 있는 차량의 동작을 위해서 중요한 센서들도 있다. 예를 들면 엔진 오일 압력을 측정하는 것은 엔진의 모든 회전 부품이 적절하게 윤활되고 있다는 것을 보장하기 위해 매우 중요하다. 이런 센서들의 회로가 개방되었는지 단락되었는지에 대해서 관찰할 수 있다.

또한, 전기 시스템이 올바로 작동하는 것도 중요하다. 알터네이터를 통해 배터리가 정상적으로 충전되고 있는지를 단말 전압과 전류를 통해 관찰 가능하다. 특히, 엔진의 정상 작동 조건보다 너무 높거나 낮은 알터네이터의 전압 수준은 알터네이터에 문제가 있다는 것을 알려준다.

아래에 설명된 것처럼 요즈음의 마이크로프로세서 기반 전자 제어 시스템이 갖고 있는 진단 기능은 (제한적이기는 하지만) 정비담당자에게 값진 도움이 될 수 있다. 이러한 진단 기능은 저장된 프로그램의 통제 하에서 마이크로프로세서에 의해 수행되며 마이크로프로세서가 정상적인 제어 연산에 전적으로 매달리지 않을 때 수행되는 것이 일반적이다. 이런 진단에 관련된 실질적인 소프트웨어를 살펴보는 것은 이 책의 범위를 벗어나지만 진단 절차와 온보드 진단 기능의 설명을 사례를 통해서 살펴볼 수 있다.

차량이 정상적으로 작동하는 동안 차량의 계측 시스템을 통해서 다양한 전기 및 전자 부품의 성능을 관찰하는 시간 구간이 있다(제9장 참조). 오류가 감지되면 특정한 오류 코드를 사용해서 데이터가 메모리에 항상 저장된다. 만일 오류가 배기가스 제어 또는 안전에 영향을 미친다면 제어기가 계기판에 정비가 필요하다는 것을 알리는 FIL 경보(또는 이와 비슷한 표시)를 생성하거나 작동시킨다.

온보드 진단 기능은 한 가지 중요한 한계가 있다. 간헐적인 고장을 신뢰성 있게 감지할 수 없다는 것이다. 고장을 감지하고 분리하기 위해서는 고장이 비가역적이며 지속적이어야 한다. 만일 온보드 진단 시스템에서 오류 없이 엔진이 몇 회전 이상 작동하는 경우에 저장된 오류 코드를 자동적으로 삭제한다면, 간헐적인 고장의 검출이 불가능하다. 하지만 어떤 차량에서는 시스템을 오류 기록 모드로 작동할 수 있는데, 많은 경우에 이 방법으로 간헐적인 고장을 감지할 수 있다.

진단 오류 코드

미국 자동차공학회(Society of Automobile Engineers, SAE)는 모든 차량 모델에 공통된 부품과 시스템의 진단 오류 코드를 제공하는 표준적 방법을 권고하고 있다. 오류 코드를 표준화함으로써 자격을 갖춘 독립적인 정비담당자가 모든 차량에 쓸 수 있는 스캔 도구를 이용하여 모든 차량의 문제를 진단할 수 있다. 완성차 업체는 표준 세트에 포함되지 않은 부품이나 시스템에 대한 그 회사만의 오류 코드를 정의할 수 있다.

미국 자동차공학회의 코드는 P0xxx의 형식을 취하고 있다. 그 일부를 나열한 것이 표 10.1에 예로서 나타나 있다. 표 10.1과 같이 완성차 업체가 정의한 코드는 P1xxx의 형식을 취한다.

표 10.1 오류 코드 사례

FIL Indication	Affected Component
P0106 (5)	Manifold Absolute Pressure Circuit Range/Performance
P0107 (3)	Manifold Absolute Pressure Circuit Low Input
P0108 (3)	Manifold Absolute Pressure Circuit High Input
P0112 (10)	Intake Air Temperature Circuit Low Input
P0113 (10)	Intake Air Temperature Circuit High Input
P0116 (86)	Engine Coolant Temperature Circuit Range/Performance
P0117 (6)	Engine Coolant Temperature Circuit Low Input
P0118 (6)	Engine Coolant Temperature Circuit High Input
P0122 (7)	Throttle Position Circuit Low Input

표 10.1 오류 코드 사례(계속)

FIL Indication	Affected Component
P0123 (7)	Throttle Position Circuit High Input
P0131 (1)	Primary Heated Oxygen Sensor Circuit Low Voltage (Sensor 1)
P0132 (1)	Primary Heated Oxygen Sensor Circuit High Voltage (Sensor 1)
P0133 (61)	Primary Heated Oxygen Slow Response (Sensor 1)
P0135 (41)	Primary Heated Oxygen Sensor Heater Circuit Malfunction (Sensor 1)
P0137 (63)	Secondary Heated Oxygen Sensor Circuit Low Voltage (Sensor 2)
P0138 (63)	*Secondary Heated Oxygen* Sensor Circuit High Voltage (Sensor 2)
P0139 (63)	Secondary Heated Oxygen Sensor Slow Response (Sensor 2)
P0141 (65)	Secondary Heated Oxygen Sensor Heater Circuit Malfunction (Sensor 2)
P0171 (45)	System Too Lean
P0172 (45)	System Too Rich
P1300 or *same of* P0301 (71) P0302 (72) P0303 (73) P0304 (74) P0305 (75) P0306 (76)	*Misfire of Multiple Cylinders* Detected
P0301 (71) P0302 (72) P0303 (73) P0304 (74) P0305 (75) P0306 (76)	Misfire Detected —Cylinder 1 —Cylinder 2 —Cylinder 3 —Cylinder 4 —Cylinder 5 —Cylinder 6

표 10.1 오류 코드 사례(계속)

FIL Indication	Affected Component
P0335 (4)	Crankshaft Position Sensor Circuit Low Input
P0336 (4)	Crankshaft Position Sensor Range/Performance
P0401 (80)	Exhaust Gas Recirculation Insufficient Flow Detected
P0420 (67)	Catalyst System Efficiency Below Threshold
P0441 (92)	Evaporative Emission Control System Incorrect Purge Flow
P0500 (17)	Vehicle Speed Sensor Circuit Malfunction
P0505 (14)	Idle Control System Malfunction
P0715 P0720 P0725 P0730 (70) P0740 P0753 P0758	Automatic Transaxle
P1107 (13)	Barometric Pressure Circuit Low Input
P1108 (13)	Barometric Pressure Circuit High Input
P1297 (20)	Electrical Load Detector Circuit Low Input
P1298 (20)	Electrical Load Detector Circuit High Input
P1361 (8)	Top dead Center Sensor Intermittent Interruption
P1362 (8)	Top Dead Center Sensor No Signal EGR - exhaust gas recirculation
P1381 (9)	Cylinder Position Sensor Intermittent Interruption

표 10.1 오류 코드 사례(계속)

FIL Indication	Affected Component
P1382 (9)	Cylinder Position Sensor No Signal
P1459 (92)	Evaporative Emission Purge Flow Switch Malfunction
P1491 (12)	EGR Valve Lift Insufficient Detected
P1498 (12)	EGR Valve Lift Sensor High Voltage
P1508 (14)	Idle Air Control Valve Circuit Failure
P1607 (—)	Engine Control Module Internal Circuit Failure A

차량의 유지/보수 중 하나 이상의 문제의 원인을 파악하는 절차는 정비담당자가 DLC에 오프보드 진단 스캔 장치를 연결하는 것으로 시작된다. 시동 키가 on 상태이고 진단 장치가 연결되면 모든 오류에 관련된 데이터가 진단 장치로 자동적으로 옮겨진다. 저장된 개별적인 오류 코드에 추가해서 엔진과 엔진에 관련된 부품/시스템의 작동 상태를 알려주는 데이터도 또한 전송될 수 있다(차량 제조사와 모델에 따라서 다를 수 있지만).

대개의 경우 가장 진보된 진단 장치는 진단과 보수 절차에 관련된 대용량의 데이터베이스를 가진 컴퓨터 기반 장치이다. 흔히 이런 절차들은 (컴퓨터 알고리즘을 나타내는 순서도와 다르지 않은) 순서도의 형태로 정비담당자에게 제공된다. 이런 순서도는 진단 장치의 디스플레이에 그래픽 또는 그림 형태로 표시된다. 순서도에 나타난 절차가 특정한 오류에 따라 다르겠지만 대표적인 예를 가지고 이런 절차를 설명하는 것이 가능하다. 여기서 예로 사용된 것은 메인 HEGO 센서의 고장인데, 폐루프 연료 제어에 사용되는 이 중요한 센서의 역할에 대해서는 제7장을 참고하기를 바란다.

차량이 공인된 정비소에 도착하면 정비담당자가 DLC에 진단 장치를 연결하는 것으로 진단이 시작된다. 만일 온보드 진단 서브시스템이 HEGO 센서의 전압이 낮은 오류를 이미 감지했다면, 메모리에 오류 코드 P0131을 저장했을 것이다(표 10.1 참조). 적절히 연결되었다면 스캔 장치(PSDT 또는 SBDT) 중 하나가

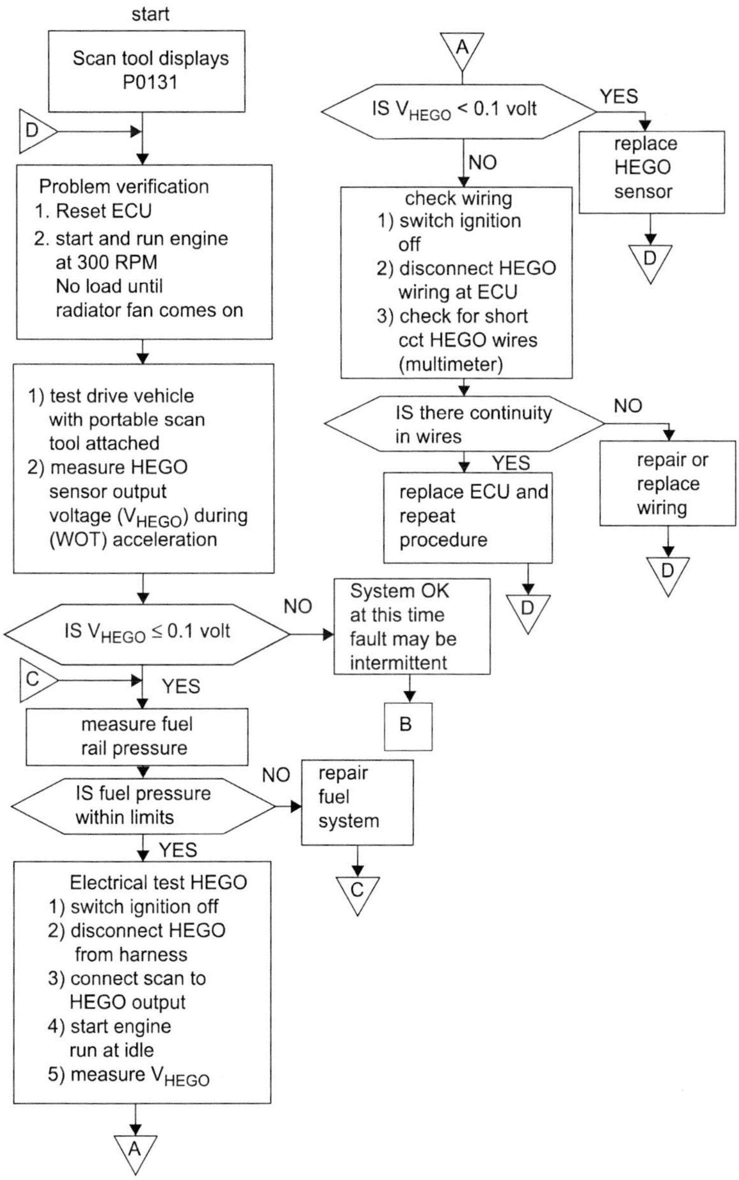

그림 10.2

메인 HEGO 센서의 오류 진단 순서도

이 코드를 정비담당자에게 보여줄 것이다. 우리의 예에서는 서비스 베이 진단 장비가 관련된 진단 순서도를 가지고 있고 (자동적으로 또는 정비담당자의 명령에 따라) 그림 10.2와 같이 순서도를 표시할 것이라고 상정하였다.

이 순서도에 나타난 절차의 첫 단계는 오류가 실제로 발생했는지, 계속 지속되고 있는지를 확인하는 것과 관련되어 있다. 이 확인 절차는 충분히 예열된 상태에서 시험 주행을 통해서 이루어지는데, 이때 PSDT가 메인 HEGO 센서의 단말 전압(V_{HEGO})을 측정하고 표시할 수 있도록 하여 차량에 연결된 상태에서 진행한다. 만일 이 전압이 0.1 V보다 높다면 현상태에서는 정상적으로 작동한다고 판단하고 FIL은 간헐적인 것으로 간주한다(system OK at this time, fault may be intermittent). 이런 결과에 대해서는 별도의 절차(그림 10.2의 B)를 따르게 된다. 이 절차에는 끊어지거나 느슨한 전선이나 커넥터가 있는지 정비담당자가 HEGO 센서와 관련된 배선을 검사하는 것이 포함되어 있다. 만일 배선에 문제가 없는데도 또 다시 FIL 경보가 나타나면 차량에 특수한 기록장치를 설치하고 정비소에 가서 시험 주행을 반복하라는 지침이 역시 포함될 수 있다.

한편으로 $V_{HEGO} \leq 0.1$ V라면 순서도는 정비담당자에게 연료 압력을 측정하라고 알려준다(measure fuel rail pressure). 이 압력이 정비지침서에 나온 범위 밖이라면 연료시스템이 수리되어야 한다. 수리가 완료된 후 C 단계로 되돌아가게 된다.

연료 압력이 정상 범위 내라면 정비담당자는 HEGO의 전기적인 테스트를 수행하도록 순서도가 알려준다(Electrical test HEGO). 시동 키가 off인 상태에서 HEGO를 배선과 분리시킨다. 진단 스캔 장치를 HEGO 센서 단말에 클립을 통해 연결한다(주의: HEGO에는 가열 장치를 위한 커넥터도 있다. 제6장 참조). 그리고 나선 엔진의 시동을 걸고 공회전하게 두면 스캔 장치가 HEGO 전압을 측정하게 된다. 순서도에서 보면 이 순간이 A 단계에 도달하는 시점이고 그림의 우측상단에서 계속된다.

아직도 $V_{HEGO} \leq 0.1$ V라면 고장난 부분은 HEGO 센서 자체이며 교체되어야 한다(replace HEGO sensor). 문제가 해결된 것을 확인하기 위해 정비담당자는 D 스텝으로 돌아가게 된다. 문제가 해결되었다고 가정하면 이번에는 절차가 B에서 종료될 것이고 여기서 문제가 해결되었다고 결론짓게 된다. 하지만 $V_{HEGO} >$ 0.1 V라면 센서는 정상적으로 작동하는 것이고 HEGO 센서 전압이 낮은 문제는 배선 때문일 수 있다.

순서도의 다음 단계(check wiring)는 HEGO로부터 엔진제어기(ECU)를 연결하는 배선을 점검하는 것이다. ECU로부터 HEGO 센서 배선을 제거하고 배선이 끊어지지 않았는지를 스캔 장치나 멀티미터를 사용하여 검사한다. 센서 배선이 간헐적으로 연결된 것으로 보이거나 또는 완전히 단절된 경우, 센서의 두 연결선 사이 또는 한 연결선과 접지 사이에 단락된 회로가 감지된 경우에는 배선에 문제가 있다고 판단하고 (가능한 경우) 보수하거나 교체하여야 한다(repair or replace wiring). 이 절차는 다시 D 스텝에서부터 반복되는데, 문제가 해결된 경우 시스템이 수리되었다는 결론과 함께 모든 절차가 B 스텝에서 종결된다.

배선에 문제가 없다면 문제의 원인은 ECU 자체일 수밖에 없다. 이 경우 정비 담당자에게 정상적으로 작동하는 것이 확인된 ECU로 교체하라는 지시를 받게 된다(replace ECU). 문제가 더 이상 나타나지 않으면 영구적으로 교체할 ECU를 설치한다. 그리고 나서 D 스텝으로 돌아가게 되고 문제가 해결되었다면 B 스텝에서 절차가 종결된다.

차량이 정비를 위해 돌아온 후에 FIL이 켜지고 스캔 장치가 P0131 오류를 다시 검출한다면 문제는 간헐적인 오류이다. 취할 수 있는 몇 가지 방법 중의 하나는 간헐적 오류가 발생하는 것을 확인할 수 있는 데이터를 장기간에 걸쳐 수집하는 기록 장치를 설치하는 것이다. 또한, HEGO 센서와 배선을 교체하고 시험 운전을 계속하는 것도 한 방법이다.

HEGO 센서의 응답이 느린 것을 나타내는 오류 코드 P0133에 대한 진단 절차를 따라가는 것을 또 다른 예로 들 수 있다. 제6장에 논의된 내용을 되돌아 보면 혼합가스가 매우 희박한 상태와 매우 진한 상태 사이로 왔다 갔다 하면 HEGO 센서가 약 0.1과 1 V 사이에서 움직이게 되는 것을 알 수 있다. 또한, HEGO 센서 온도가 200°C 이상이어야 이러한 전압의 변화가 나타난다는 것을 알 수 있다. 오류 코드 P0133은 HEGO 센서가 약 0.5 V인 냉각 상태 전압 위나 아래로 변화할 수 없고 전자 제어 시스템이 폐루프 동작으로 전환되지 않거나 (제5, 7장 참조) 이런 변화가 폐루프 제어가 작동하기에는 너무 느린 것을 의미한다. 오류 코드 P0133의 가능한 원인은 다음과 같다.

- HEGO 센서가 정상적으로 작동하지 않는다.
- 연결선 또는 유도선이 불량이다.
- 제어기가 HEGO 센서 신호를 처리하지 않고 있다.

특정한 원인을 밝히기 위해서는 추가적인 조사가 필요하다.

HEGO 센서의 작동을 검사하기 위해서는 스캔 장치(또는 멀티미터)를 이용해서 출력 전압의 평균값을 측정해야 한다. 적절한 전압이 스캔 장치에 표시되는 경우도 있다.

이 전압을 이용해서 정비담당자는 그림 10.3과 그림 10.4에 요약된 절차를 따를 수 있다. 전압이 0.37 V보다 낮거나 0.57 V보다 크면 정비담당자가 배선 불량을 찾아야 한다(check circuit A 또는 check circuit B).

HEGO 센서 전압이 0.36과 0.57 V 사이라면 HEGO 센서와 제어기 중 어느 것이 고장의 원인인지 밝히는 테스트가 필요하다. 센서의 단락을 모사하기 위해

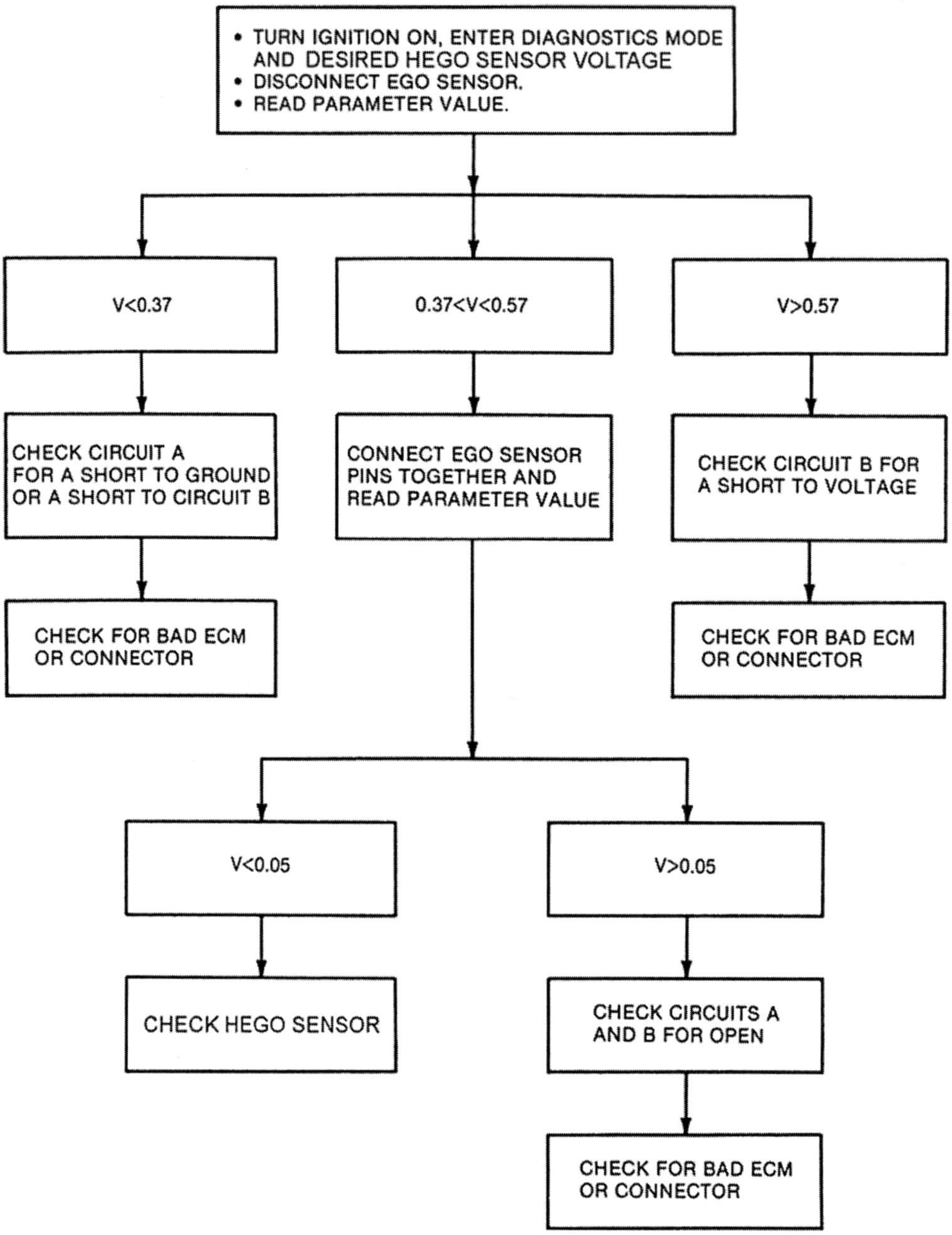

그림 10.3

HEGO 센서 출력 전압 문제의 진단 순서도

제어기 입력단의 HEGO 센서 유도선을 함께 연결하고 PSDT(또는 적절한 멀티미터)를 이용해서 센서의 전압값을 읽어야 한다. 이 전압이 0.05 V 미만이라면 제어기는 정상 작동하는 것이고 HEGO 센서에 불량이 있는지 찾아봐야 한다.

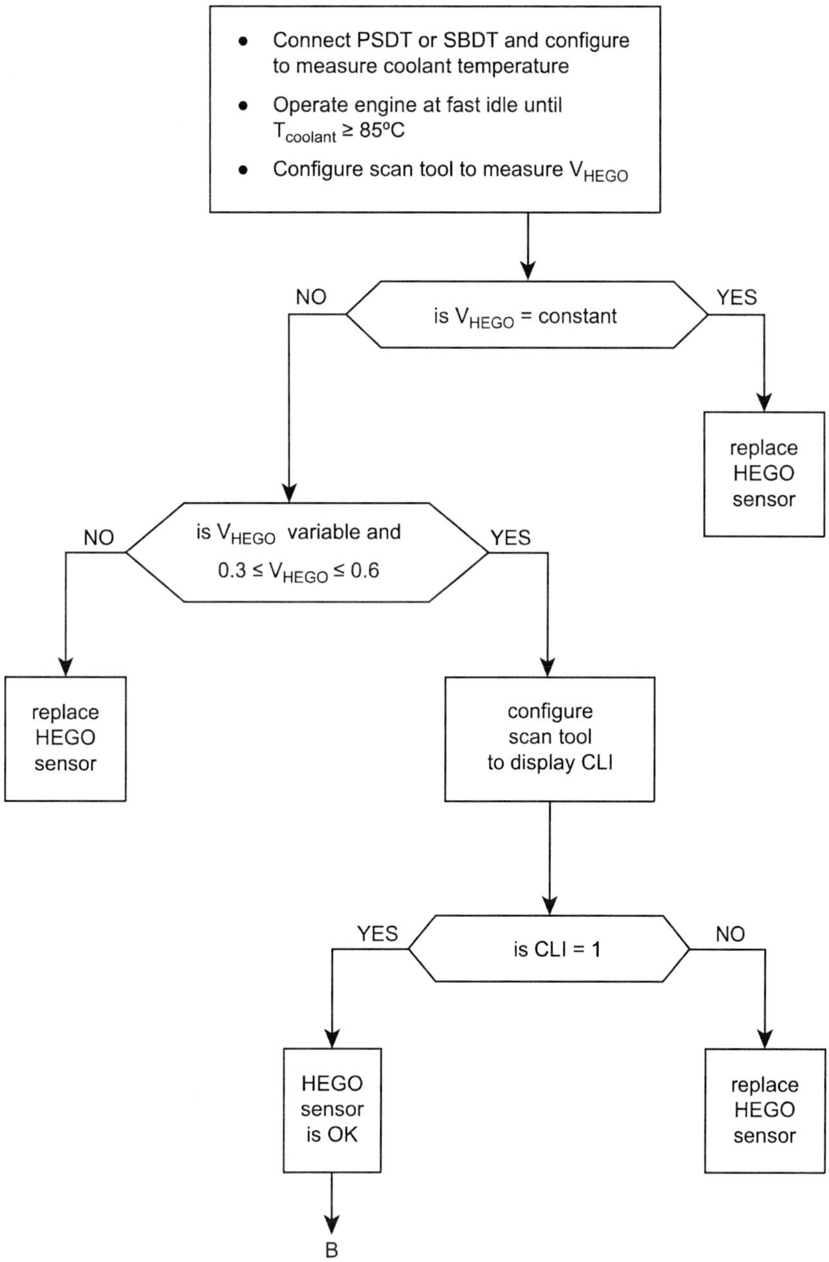

그림 10.4

HEGO 센서 전환 테스트 순서도

반대로 전압이 0.05 V 이상이면 제어기에 오류가 있는 것이고 교체되어야 한다.

엔진 제어의 일부로서 HEGO 센서의 적절한 전환(switching) 작동을 검증하는 방법이 그림 10.4의 순서도로 표시되어 있다. 이 진단 과정의 목표는 HEGO 센서가 정상적으로 작동하여 엔진 제어가 폐루프 모드로 진입하는지를 확인하는 것이다. 제7장에서 설명한 것처럼 폐루프 모드로 작동하려면 엔진이 충분히 데워져야 한다. 순서도의 첫 단계는 엔진을 작동시키고 냉각수 온도를 관찰하는 것이다. 이 온도가 주어진 한계를 넘으면 가열장치가 고장났다 해도 HEGO 센서가 정상적으로 작동하여야 한다. 정비담당자는 엔진을 빠르게 공회전시키고 HEGO 센서 전압을 관찰하라고 요구받을 것이다. 이 조건에서 센서의 출력 전압이 전환되어야 한다. 만일 전압이 일정하다면 센서가 고장을 일으킨 것이고 교체되어야 한다.

센서 전압이 변화한다면 출력값이 0.3 V 미만의 값에서 0.6 V 이상의 값으로 바뀌어야 한다. 그렇지 않다면 센서를 교체하여야 한다. 이런 조건을 만족시키지 않는다면 정비담당자는 폐루프 모드가 활성화되었는지를 파악하여야 한다. 이를 위해 PSDT를 폐루프 지시값(closed-loop indicator, CLI)으로 불리는 이진 변수를 읽도록 설정하여야 한다. CLI = 0이면 HEGO 센서의 전환이 폐루프 모드 작동을 일으키기에 충분하지 않다는 것이고 센서를 교체하여야 한다. CLI = 1이라면 센서에 문제가 없으며 진단 절차가 완료된다. 이 경우에서 ECU가 역시 고장을 일으켰을 수도 있지만 이 문제의 진단은 다른 순서도를 따르게 된다.

HEGO 센서를 검증하는 것 외에도 위에서 언급한 것처럼 다른 변수들을 측정하기 위해 스캔 도구를 사용할 수 있다. 예를 들면 제5, 6, 7장에서 설명된 바와 같이 전자식 엔진 제어의 중요한 입력을 제공하는 스로틀 위치 센서를 고려해 볼 수 있다. 온보드 진단 시스템은 이 센서의 한계 밖 출력을 감지하고 이에 해당하는 오류 코드(하한값 이하일 때 P0122, 상한값 이상일 때 P0123)를 표시할 수 있다. 그러나 온보드 진단 시스템이 감지하지 못한 스로틀 위치 센서의 다른 오류도 진단 가능하다. 이 센서의 보정값이 변하면 대개 연료 분사기의 기본 펄스 길이를 잘못 계산하게 된다(제7장 참조). 이런 보정 오류는 센서에 공급되는 전압이 변화하는 것 때문에 발생할 수도 있다(우리의 가상적인 예에서). 이런 오류에 대해서 아무런 오류 코드가 생성되지 않을지라도 운전자가 특정한 운전 조건 하에서 성능이 눈에 띄게 저하한 것을 얘기한다면 충분한 경험과 지식을 가진 정비담당자는 이런 보정 오류를 의심해 볼 수 있다. 그렇다면 정비담당자는 스로틀 위치 센서 전압을 측정할 수 있도록 스캔 장치를 설정하고 시동 키가 on 위치에 있지만 엔진은 정지 상태일 때 스로틀을 누르면서 센서 전압을 측정할 수 있다. 스로틀 각도 θ_t를 다른 방법으로 측정하는 것과 센서전압 $V_t(\theta_t)$의 그래프를 그리는 것이 이론적으로 가능하기는 하지만 대개의 경우 스로틀이 변화함에 따라 전압이 변화하는 것을 확인하는 것만으로도 충분히 진단할 수 있다. 이 센서 전압은 부드럽게 그리고 대략적으로 θ_t에 따라 선형적으로 변화하여야 한다. 이와 유사한 방법으로 온보드 진단 시스템이 감지하지 못하는 부분적인 고장(예로 잘못된 보정)을 일으킬 수 있는 다른 센서의 출력을 측정할 수 있다.

변수의 측정뿐만 아니라 다양한 스위치와 관련된 문제의 진단이 많은 경우에 바람직하며 심지어는 꼭 필요하기도 하다. 책의 앞부분에서 특정 스위치들의 중요한 기능을 설명한 사례가 있었다. 예를 들면 정속주행 제어 시스템에서 브레이크 페달 스위치는 운전자가 브레이크를 밟았을 때 정속주행 제어 시스템의 기구부에서 스로틀 액추에이터를 분리시키는 중요한 안전 기능을 수행한다(제8장 참조). 하지만 브레이크를 밟았다는 것을 감지하는 브레이크 압력 센서와 같은 독립적인 방법이 없다면 온보드 진단 시스템은 브레이크 페달 스위치의 고장을 감지할 수 없다. 온보드 진단 시스템이 원래부터 갖고 있는 잠재적인 한계 때문에 차량의 정기 점검에서 일련의 스위치 검사를 수행하는 것이 바람직하다. 정비담당자가 진단 장치를 통해서 다양한 스위치를 평가하는 것을 자동적으로 구현할 수도 있다. 이런 자동 스위치 테스트 절차가 양산차에 적용된 사례가 있다.

위에서 예로 든 시스템에서 스캔 장치가 두 자리의 진단 코드를 보여줄 수 있도록 설정된 경우 스위치 테스트 절차를 설명하면 다음과 같다. 두 자리 코드와 관련된 회로는 그림 10.5와 같으며, 관련된 진단 코드가 스캔 도구에 두 자리 AA로 표시된다.

이 예에서 스위치 테스트는 진단 코드 71-80에 해당하며, 그림 10.5에 표시된 스위치의 검사 결과를 제공한다.

스위치 테스트를 시작하기 위해서 정비담당자는 브레이크 페달을 밟았다가 풀어주어야 한다. 브레이크 스위치가 정상이면 코드가 71로 변화할 것이다. 만일 그대로 있다면 제어기가 브레이크 스위치 신호를 처리하고 있지 않으며 추가적인 진단이 필요하다. 이런 고장에 대해서 정비담당자는 그림 10.6과 같은 특정 스위치의 고장 진단을 위한 순서도를 확보하고 거기에서 지시된 절차를 PSDT 또는 멀티미터를 사용하면서 따르게 된다. 그림 10.7은 정속주행 제어 브레이크 회로도를 보여주고 있다.

한 스위치가 테스트를 통과하지 못하면 진단을 위한 순서도가 불려오게 되고 스캔 장비에 나타난 순서에 따라 절차를 따르게 된다. 순서에 따라 각 스위치의 테스트를 위해 유사한 절차를 따르게 된다. 이런 절차는 다음과 같다.

(1) 코드 71이 표시된 상태에서 브레이크 페달을 밟았다가 뗀다. 정상 작동이면 표시가 변화한다.

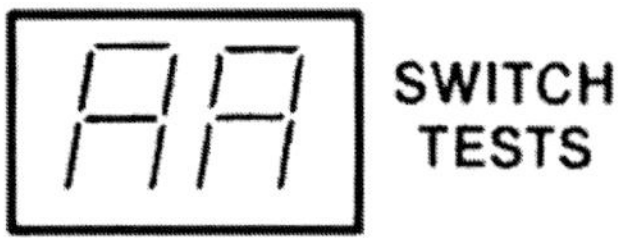

TWO DIGIT DISPLAY CODE

CODE AA	CIRCUIT BEING TESTED
71	CRUISE CONTROL BRAKE SWITCH
72	THROTTLE SWITCH
73	DRIVE CIRCUIT
74	REVERSE CIRCUIT
75	CRUISE ON/OFF
76	SET/COAST
77	RESUME/ACCELERATION
78	INSTANT/AVERAGE
79	RESET
80	AIR CONDITIONING CLUTCH

그림 10.5
스위치 테스트 순서

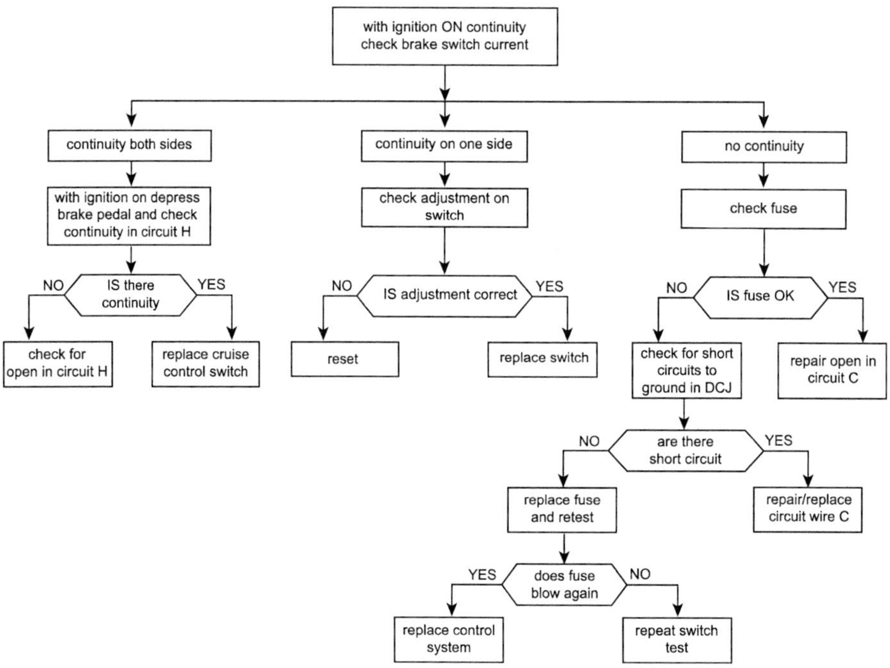

그림 10.6
브레이크 페달 스위치 테스트 순서도

(2) 코드 72가 표시된 상태에서 스로틀을 공회전 위치에서 최대 개방 위치로 변화시킨다. 제어기가 스로틀 스위치를 테스트하고 정상으로 작동하면 디

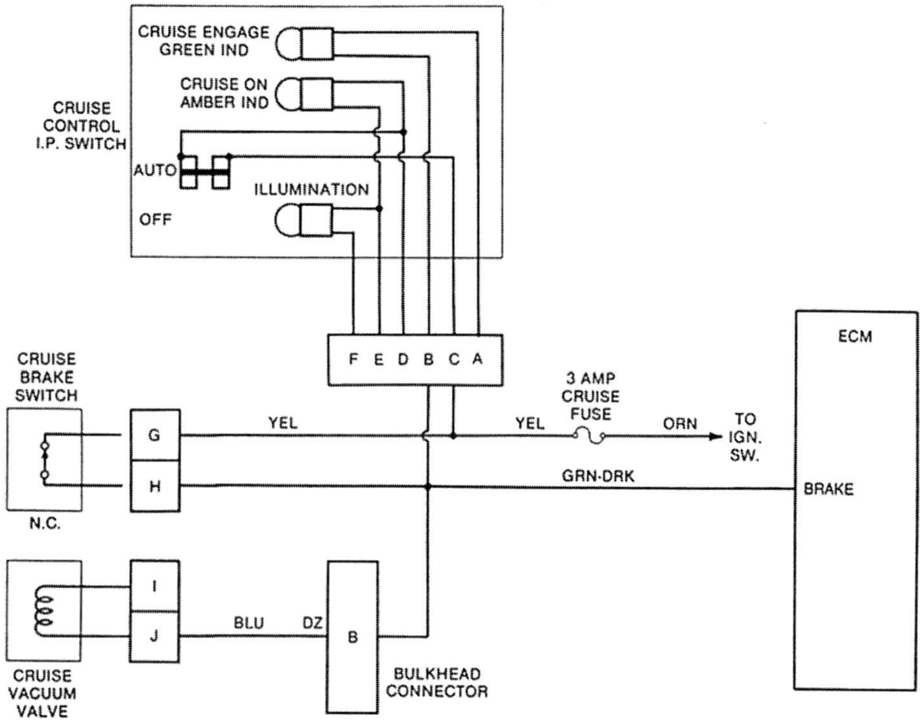

그림 10.7
정속주행 제어 브레이크 회로도

스플레이가 코드 73으로 변화한다.

(3) 코드 73이 표시된 상태에서 변속기 레버를 드라이브에서 중립으로 옮긴다. 이 동작이 드라이브 스위치를 테스트하고, 정상이면 코드 74로 디스플레이가 바뀐다.

(4) 코드 74가 표시된 상태에서 변속기 레버를 후진으로 하고 주차 위치로 옮긴다. 이것이 후진 스위치의 동작을 테스트하는 것이고, 정상이면 코드 75로 디스플레이가 변화한다.

(5) 코드 75가 표시된 상태에서 정속주행 제어 스위치를 off에서 on으로, 그리고 다시 off로 바꾸면서 정속주행 제어 스위치를 테스트한다. 정상이면 디스플레이가 코드 76으로 바뀐다.

(6) 코드 76이 표시되고 정속주행 제어 스위치가 on인 상태에서 set/coast 버튼을 눌렀다가 뗀다. 버튼이 정상이면 디스플레이가 코드 77로 변화한다.

(7) 코드 77이 표시되고 정속주행 제어 스위치가 on인 상태에서 resume/acceleration 스위치를 눌렀다가 뗀다. 정상이면 코드 78로 바뀐다.

(8) 코드 78이 표시된 상태에서 여행 정보 컴퓨터(trip information computer,

TIC)의 instant/average 버튼을 눌렀다가 뗀다. 버튼이 정상으로 작동하면 코드가 79로 바뀐다.

(9) 코드 79가 표시된 상태에서 TIC 패널의 reset 버튼을 눌렀다가 뗀다. 정상으로 작동한다면 코드가 80으로 변화한다.

(10) 코드 80이 표시된 상태에서 실내 기후 제어 장치의 후방 서리제거 버튼을 눌렀다 뗀다. 정상으로 작동하면 코드가 70으로 바뀌면서 스위치 테스트를 완료한다.

이런 예시적인 진단 도구는 엔진이 회전하는 상태(정비소 내 또는 시험 주행 중)에서 특정한 엔진 변수를 표시하는 데 사용될 수도 있다. 진단 장치가 측정값을 보여주는 것뿐만 아니라 변수의 정상적인 범위를 보여주기도 한다.

그림 10.8은 이 예시적인 차량의 변수들의 값을 순서대로 보여준다. 변수 01은 공회전 위치를 기준으로 스로틀 변화 각도를 나타낸다.

변수 02는 kPa로 표현된 매니폴드의 절대 압력이다. 이 변수의 범위는 14~99이며, 14는 매니폴드의 최대 진공 상태를 나타낸다. 변수 03은 kPa로 표시된 절대 대기압이다. 해수면에서 일반적인 대기압은 대략 90~100 kPa이다. 변수 04는 냉각수 온도이고, 변수 05는 매니폴드의 공기 온도이다.

변수 06은 밀리세컨드로 표시된 연료분사기 펄스의 길이이다. 분사기 펄스 폭에 대한 설명과 혼합 가스에 대한 펄스의 영향에 대해서는 제5, 6, 7장을 참고하기를 바란다.

변수 07은 HEGO 센서의 평균 출력 전압이다. 이 장에서 이 값이 진단에 어떻게 사용되는지에 대하여 이미 설명했었는데 혼합 가스가 희박에서 농후 사이를 오가면 센서 출력이 0.1과 1 V 사이를 오간다는 점을 상기할 수 있다. 표시된 값은 이러한 전압의 시간 평균값이며 혼합 가스의 변화에 따라 변동된다.

변수 08은 TDC에 비해 몇 도 앞선 위치에서 점화가 일어나는지를 의미한다. 이 값은 엔진 분석 모드로 설정된 SBDT를 이용해서 얻어진 값과 일치하여야 한다. 그림 10.8에 나타나 있지는 않지만 변수 09는 고장 코드가 메모리에 저장된 이후 발생한 점화 사이클의 수를 나타낸다. 오류 없이 20사이클이 진행되면 이 변수는 0으로 설정되고 모든 오류 코드가 삭제된다.

변수 10(그림 10.8에 없음)은 엔진 제어 시스템이 개루프 또는 폐루프 방식 중 어느 방식인지를 표시하는(CLI와 같은) 논리적인(이진수의) 변수이다. 1은 폐루프 방식을 나타내는데 HEGO 센서의 데이터가 제어기로 피드백되어 분사기 펄스의 길이를 결정하는 데 사용되는 것을 의미한다. 0의 값은 제6장과 제7장에

PARAMETER NUMBER	PARAMETER	NORMAL RANGE
01	THROTTLE POSITION	0-31
02	MANIFOLD PRESSURE	14-99
03	BAROMETRIC PRESSURE	80-99
04	COOLANT TEMPERATURE	0-99
05	MANIFOLD AIR TEMPERATURE	9-99
06	INJECTOR PULSE DURATION	0-9.9
07	HEGO SENSOR VOLTAGE	0.5-0.6
08	SPARK ADVANCE (DEGREES)	0-25

그림 10.8

엔진 변수와 정상 범위 사례

서 설명한 것과 같이 개루프 방식의 동작을 의미한다. 변수 11은 배터리의 전압을 표시한다.

온보드 진단(OBD II)

차량의 고장이 배기가스 제어 시스템에 피해를 줄 수 있는 경우에는 온보드 진단 기능이 장착되도록 정부가 규제하고 있다. 온보드 진단에 대한 상대적으로 엄격한 이 요구는 OBD II로 알려져 있다. 이 규제는 배기가스 제어 시스템이 의도된 대로 작동하는 것을 보장하기 위한 것이다. 제5장과 제7장에서 논의되었던 차량의 배기가스 제어 시스템은 EGR, 2차적인 공기 분사, 증발 가스에 대한 통제뿐만 아니라 3원 촉매 변환기를 위한 연료와 점화 제어를 포함하고 있다. OBD II는 배가가스 제어 시스템을 구성한 부품의 성능을 실시간으로 감시할 것을 요구한다. 예로, 촉매 변환기의 온도 센서와 변환기 앞뒤로 하나씩 있는 두 개의 HEGO 센서를 이용하여 촉매 변환기의 성능을 감시하여야 한다.

OBD II의 또 하나의 요구조건은 실화 감지 시스템이다(혼합 가스에 점화가 일어나지 않는). 실화 조건에서는 배기가스가 증가한다고 알려져 있다. 심각한 경우에는 수리가 불가능할 정도의 고장이 촉매 변환기에 일어날 수 있다.

OBD II의 요구조건을 만족시킬 수 있는 유일한 합리적인 방법은 전자적인 계측이다. 지적 재산권 문제 때문에 특정 완성차 업체가 실제로 사용하고 있는 실화 감지 시스템을 여기서 다룰 수는 없다. 하지만 실험실 환경뿐만 아니라 실질적인 도로에서도 시험된 수학적 모델에 근거한 가상적인 실화 감지 시스템을 논의한다.

모델 기반 실화 감지 시스템

엔진의 실화를 감지하는 모델 기반 방법은 순간 토크의 변동과 그에 상응하는 크랭크축 순간 각속도 $\omega_e(t)$의 변동 관계를 표현하기에 충분히 상세하고 정확한 파워트레인의 동적 모델을 요구한다. 이 절의 후반부에서 설명되겠지만 측정된 $\omega_e(t)$의 값이 아래 모델을 통하여 실화를 감지할 수 있는 근거로 사용될 수 있다. 플라이휠에 가해지는 순간 순 토크는 다음과 같이 주어진다.

$$T_n\left[\theta_e(t)\right] = T_i\left[\theta_e(t)\right] + T_R\left[\theta_e(t)\right] + T_{Fp}\left[\theta_e(t)\right] - T_l\left[\theta_e(t)\right] \tag{4}$$

여기서

$\theta_e(t)$ = crankshaft instantaneous angular position

$T_i[\theta_e(t)]$ = indicated torque

$T_R[\theta_e(t)]$ = torque due to inertial forces of reciprocating components

$T_{Fp}[\theta_e(t)]$ = friction and pumping loss torque

$T_l[\theta_e(t)]$ = load torque from transmission.

지시 토크(indicated torque)는 커넥팅 로드와 크랭크축의 구조가 만드는 순간적인 팔 길이를 통해서 피스톤 단면적(A_p)에 작용하는 압력에 의한 실린더 압력으로 발생하는 토크를 의미한다(제5장 참조). T_{Fp}의 마찰 요소는 모든 이동면의 마찰에 의한 것이며, T_{Fp}의 펌핑 요소는 혼합 가스를 각 실린더에 펌프하고 배기 가스를 배기 시스템을 통해 엔진에서 내보내는 데 필요한 토크이다.

왕복 토크(reciprocating torque)는 피스톤, 커넥팅 로드, 크랭크축의 왕복운동과 관계된 관성력에 의하여 크랭크축에 가해지는 토크이다. 이 토크의 크기는 RPM에 따라 이차함수적으로 증가하지만 알려진 기하학적 조건과 부품의 질량으로부터 주어진 엔진의 형상에 대하여 매우 정확하게 계산될 수 있다.

실화 감지를 위한 개념을 설명하기 위해서 문제를 단순화하는 몇 가지 가정을 사용한다. 모델의 정밀성을 크게 해치지 않기 때문에 크랭크축은 무한한 강성을 가지고 있으며 토크 변동에 의한 비틀림 운동도 무시할 수 있다고 가정한다. 또한, 크랭크축의 스로우(R_C, 커넥팅 로드가 연결된 위치로부터 크랭크축 중심까지의 거리)에 비하여 커넥팅 로드가 충분히 길고 피스톤 핀의 오프셋이 무시할 만큼 작아서 m번째 실린더의 동력 스트로크로 인한 지시 토크가 다음과 같이 주어진다.

$$T_m(\theta_e) = A_p R_c (p_c - p_o) f_m(\theta_e) \tag{5}$$

여기서,

$$f_m(\theta_e) = \sin(\theta_e - \theta_m)\left[1 + \frac{(R_c/L_c)\cos(\theta - \theta_m)}{\sqrt{1 - (R_c/L_c)^2 \sin^2(\theta_e - \theta_w)}}\right]$$

$L_c =$ connecting rod length

$R_c =$ crankshaft throw

$p_c =$ cylinder pressure

$p_o =$ atmospheric pressure

$\theta_m = \theta_e$ at TDC for cylinder m

θ_e의 원점은 1번 실린더가 압축 및 연소 행정에서 상사점(TDC)에 다다랐을 때의 크랭크축 각도를 기준으로 삼는다. 지시 토크는 M 기통 엔진의 모든 실린더의 지시 토크를 합한 것이다.

$$T_i(\theta_e) = \sum_{m=1}^{M} T_m(\theta_e)$$

m번째 실린더와 관련된 왕복 토크는 다음과 같이 주어진다.

$$T_{Rm}(\theta_e) \cong M_{eq} R_c^2 f_T(\theta_e)\left[f_T(\theta_e)\dot{\omega}_e + f_B(\theta)\omega_e^2\right] \tag{6}$$

여기서, $\omega_e = \dfrac{\pi\,\text{RPM}}{30}$

$$f_T(\theta_e) = \sin(\theta_e - \theta_m) + \frac{(R_c/L_c)\sin[2(\theta_e - \theta_m)]}{2\sqrt{1 - (R_c/L_c)^2 \sin^2(\theta_e - \theta_m)}}$$

$$f_B(\theta_e) = \frac{R_c}{L_c}\left\{\frac{\cos[2(\theta_e - \theta_m)]}{\sqrt{1 - (R_c/L_c)^2 \sin^2(\theta_e - \theta_m)}}\right\}$$

$$+ \left(\frac{R_c}{L_c}\right)^3 \frac{\sin^2(\theta_e - \theta_m)}{4\sqrt{[(1 - R_c/L_c)^2 \sin^2(\theta_e - \theta_m)]^3}} \tag{7}$$

$$+\cos(\theta_e - \theta_m)$$

그리고,

M_{eq} = 피스톤과 피스톤 핀의 질량 그리고 커넥팅 로드의 질량의 1/3 의 합이다.

모든 실린더의 왕복 토크는 다음과 같다.

$$T_R(\theta_e) = \sum_{m=1}^{M} T_{Rm}(\theta_e) \tag{8}$$

실화 감지를 위한 엔진 모델링 목적으로는 $T_{Fp}(\theta_e)$를 아래의 선형화된 모델로 근사하는 것이 가능하다.

$$T_{Fp}(\theta_e) \cong R_e \omega_e$$

여기서, R_e는 선형화된 마찰 계수이다.

크랭크축에 가해지는 순 토크는 이러한 항들의 합이다.

$$T_n(\theta_e) = T_i(\theta_e) + T_R(\theta_e) \tag{9}$$

엔진의 실화를 감지하려는 이 방법은 토크가 발생할 때의 토크의 비균일성(δT_k)에 대한 어떤 척도에 근거한 것이다. 각각의 실린더가 한 엔진 사이클 동안 정확하게 동일한 토크를 발생시킨다면 δT_k의 변동성은 동일한 극한값(상대적 최댓값과 최솟값)을 가질 것이다. 하지만 이런 상황은 연료 공급뿐만 아니라 연소 과정의 변동성 때문에 현실에서는 일어날 수 없다. 그렇다 해도 이런 극한값은 엔진이 정상적으로 작동된다면 거의 동일하다.

한편으로 하나 이상의 실화(또는 부분 실화)가 일어나면 이 극한값이 크게 달라진다. 즉, δT_k의 비균일성은 정상적일 때는 작고, 실화가 발생하면 크게 증가한다. 논의하고 있는 이 실화 감지 방법은 M기통 엔진의 한 사이클에 대한 토크의 비균일성을 나타내는 어떤 척도에 근거한 것이고, 이 비균일성을 $\bar{n}$로 나타내면

$$\bar{n} = \delta\bar{T} - \delta T_{av}\bar{u} \tag{10}$$

이고, 여기서

$$\overline{T} = [T_1, T_1', \cdots, T_M, T_M']^T \in R^{2M}$$

$$T_m = T_m(\theta_e^m)$$

$$= \text{relative maximum of } T_m$$

$$\theta_e^m = \text{crankshaft angle at which } T_m \text{ occurs}$$

$$T_m' = T_m(\theta_{em})$$

$$= \text{relative minimum of } T_m$$

$$\theta_{em} = \theta_e \text{ at which } T_m' \text{ occurs}$$

즉, δT의 극한값은 다음과 같은 특징을 갖는다.

$$\left.\begin{array}{l} \dfrac{dT_n}{d\theta_e}|_{\theta_e^m} = 0 \\ \dfrac{d^2T_n}{d\theta_e^2}|_{\theta_e^m} < 0 \\ \dfrac{dT_n}{d\theta_e}|_{\theta_{em}} = 0 \\ \dfrac{d^2T_n}{d\theta_e^2}|_{\theta_{em}} > 0 \end{array}\right. \quad , \quad m = 1, 2, \ldots, M \tag{11}$$

이고, 여기서

$$T_{av} = \frac{1}{2M}\sum_{m=1}^{M}\left[T_m + T_m'\right] \quad \text{average of extrema per cycle} \tag{12}$$

$$\delta\overline{T} = \left[\delta T_1 \delta T_1' \cdots \delta T_m \delta T_m' \cdots \delta T_M \delta T_M'\right]^T$$

$$\delta T_m = T_m - T_{av}$$

$$\delta T_m' = T_m' - T_{av}$$

$$\delta T_{av} = \frac{1}{2M}\sum_{m=1}^{M}\left[\delta T_m - \delta T_m'\right] \quad (\textit{average torque deviation})$$

여기서 $\overline{u}$는 $2M$ 차원의 벡터인데 다음과 같다.

$$\overline{u} = [1,\ -1,\ 1,\ -1,\ \ldots 1,\ -1]^T \qquad \in R^{2M}$$

그림 10.9는 가상의 토크 파형의 비균일성 벡터 사례를 (개념적으로) 보여주고 있다. 완벽하게 균일한 토크 파형에 대해서는 $\delta T_m' = \delta T_m$이 성립하고 결과적

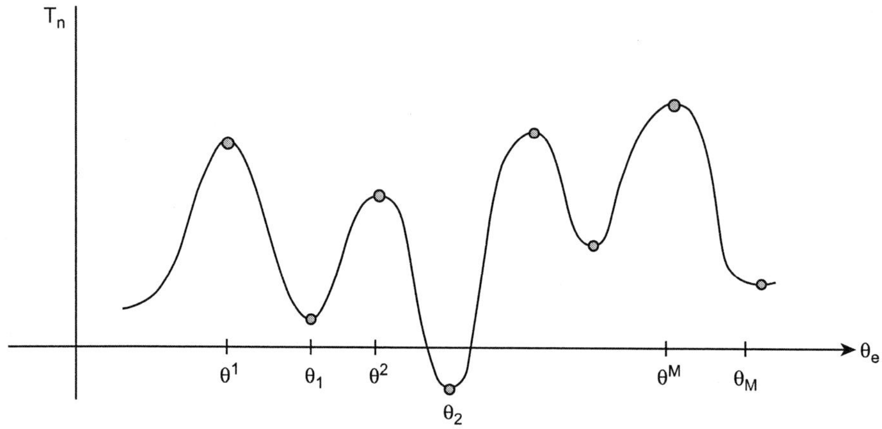

그림 10.9

토크 파형과 극한값의 예시

으로 $\bar{n}$는 모든 요소가 0인 $2M$ 차원의 벡터가 된다.

실화가 발생했다는 것을 벡터 $\bar{n}$의 놈(norm)에서 유도된 스칼라 n을 통하여 쉽게 검출할 수 있다.

$$
\begin{aligned}
n &= \| \bar{n} \|_1 \qquad \ell_1 \text{ norm} \\
&\qquad \text{or} \\
&= \| \bar{n} \|_2 \qquad \ell_2 \text{ norm}
\end{aligned}
\tag{13}
$$

실제적인 실화 감지는 통계적인 가설의 검증을 통하여 이루어진다. 실화 감지 방법을 실험적으로 테스트할 때 가설 H_0, H_1, H_2로 표현되는 세 가지 상태를 고려하는데, 이것은

$H_0 \rightarrow$ 엔진의 정상적인 작동

$H_1 \rightarrow$ 한 사이클 중 한 실린더에서 실화 발생

$H_2 \rightarrow$ 한 사이클 중 두 개의 실린더에서 실화 발생

이 테스트는 각 실린더에 연료를 분사하는 4기통 엔진에 대하여 수행되었다. 엔진 제어 시스템은 모든 실린더에 연료를 분사하거나 하나 또는 두 실린더에 연료 분사를 중지시키도록 프로그램되었다. 수천 엔진 사이클에 대해 각각 $\bar{n}$의 ℓ_1 놈(n_1)이(추후에 설명되는 방법으로) 측정되었다. 그림 10.10은 이 데이터의 히스토그램을 보여주고 있는데, $n_1 \cong 10$을 중심으로 분포되어 있는 것이 H_0에 해당된다. $n_1 \cong 40$을 중심으로 분포된 것이 H_1을 나타내며, H_2는 $n_1 \cong 80$ 부근에 분포되어 있다. 그림에 나타난 $N(n_1, H_i)(i = 0, 1, 2)$는 각각의 가설 H_i에 대

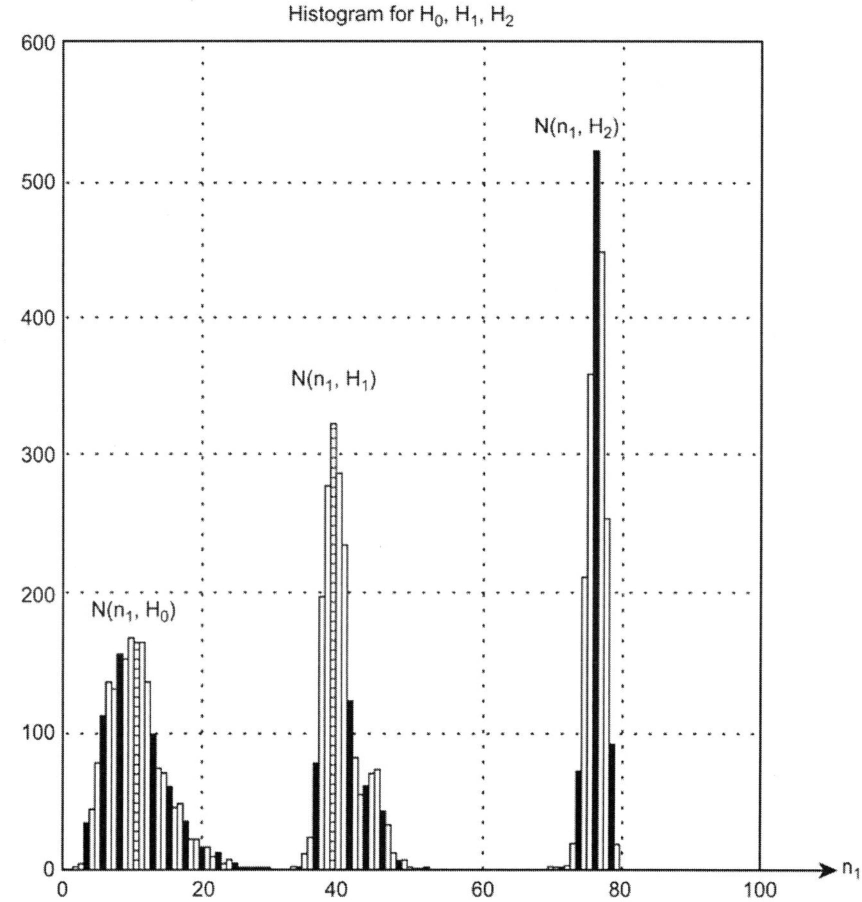

그림 10.10

비균일성 지표의 히스토그램

하여 비균일성 지표 n_1의 값들이 관찰된 횟수를 의미한다. 테스트에 사용된 특정한 가설은 실화가 발생한 실린더의 수에 의해 결정된다(즉, 0, 1, 2개의 실화 발생 실린더).

실화는 다양한 기준에 기초해 검출될 수 있다. 예로 단순한 통계적 테스트는 한계값 비교가 될 수 있다. H_0와 H_1 하에서의 n_1의 평균값을 각각 $N_{av}(H_0)$와 $N_{av}(H_1)$이라고 하면, 한계값 n_t는 다음과 같이 선정될 수 있다.

$$n_t = [N_{av}(H_0) + N_{av}(H_1)]/2 \tag{14}$$

실화에 대한 기준은 다음과 같다.

$n_1 > n_t \rightarrow$ 실화

$n_1 < n_t \rightarrow$ 실화 아님

위의 실화 판단 기준과 관련된 두 가지의 오류가 있을 수 있다.

실화가 있어났음에도 $n_1 < n_t$인 경우(실화 미감지)
실화가 없음에도 $n_1 > n_t$ 인 경우(오경보)

다른 한계값을 이용해서 유사한 통계적인 분석이 진행되었었는데, 위와 같이 한계값을 선정하는 것은 미감지 실화와 오경보에 대해 대략 비슷한 대가를 치르게 된다.

실화를 감지하는 위의 방법만으로는 어느 실린더에서 실화가 일어났는지를 확인할 수 없다. 실화를 일으킨 실린더를 알아내기 위하여 정비담당자를 도울 수 있는 추가적인 온보드 진단 도구로서 비균일성 지표 벡터 $\bar{n}$가 사용될 수 있다. 별다른 이상없이 정상적으로 작동하는 엔진에 대해서 고유한 벡터($\bar{n}$)는 각 실린더의 실화에 밀접한 연관이 있는 경향이 있다. 일단 위의 실화 감지가 하나의 실린더에서만 실화가 일어난 것을 알려준다고 가정하자.

m번째 실린더에서 지속적인 실화가 일어나는 경우에 대해서 사람의 지문처럼 고유한 비균일성 지표는 비균일성 벡터 $\bar{n}(m)$을 가질 것이다. 이 특징은 m번째 실린더를 (연료 또는 점화를 통해서) 의도적으로 작동하지 않도록 만든 상태에서 엔진을 작동시킴으로써 얻을 수 있다. 비균일성 벡터 $\bar{n}(m)$의 데이터는 K 회의 엔진 사이클 동안 수집된 $\bar{n}$의 통계적 평균으로 구할 수 있다.

$$\bar{n}\,(m) = \frac{1}{K}\sum_{k=1}^{K}\bar{n}_k, \qquad m = 1, 2, \ldots, M \tag{15}$$

여기서

$\bar{n}_k$ = nonuniformity vector for the kth engine cycle

이러한 M개의 벡터들은 각각 $2M$ 차원 공간의 한 점을 향하고 있다. 비균일성 벡터 $\bar{n}$로부터 이들 벡터까지 가장 짧은 "거리"를 찾음으로써 실화가 발생한 실린더를 찾아낼 수 있다. k번째 엔진 사이클에 대한 $2M$ 차원 공간에서의 이 거리 벡터 $\bar{\delta}_k(m)$는

$$\bar{\delta}_k(m) = \bar{n}(m) - \bar{n}_k \tag{16}$$

와 같이 주어지는데, 여기서 $\bar{n}_k$는 한 실린더에서 실화가 감지된 엔진 사이클에서 측정된 비균일성 벡터이다. 실화 발생 실린더를 찾는 문제는 거리 벡터의 가장 작은 ℓ_2 놈에 해당하는 실린더 번호 m_o를 찾는 문제로 단순화된다.

$$\min_m(\|\bar{\delta}_k(m)\|_2) = \|\bar{\delta}_k(m_o)\|_2 \tag{17}$$

즉, m_o번째 실린더가 최솟값 $\|\bar{\delta}_k(m_o)\|_2$을 가지며 실화가 발생한 실린더로 확인된다는 것이다.

만일 실린더 m_o가 (무작위가 아니라) 지속적으로 실화를 일으킨다면 진단 메모리에 적절한 플래그를 설정함으로써 정비담당자가 어느 실린더를 분석해야 하는지를 알 수 있다. 이런 유형의 정보가 오프보드 진단과 유지에 드는 노력을 크게 줄여준다. 흔히 차량이 간헐적인 고장을 일으키는 데 상대적으로 단순한 온보드 분석 프로그램이 간헐적으로 실화를 일으키는 실린더의 실화 빈도와 지속성을 평가할 수 있다.

위의 방법은 실화 문제를 감지하고 진단하는 데 큰 잠재력을 갖고 있지만 토크를 측정하는 비용 효과적인 방법이 없기 때문에 직접적으로 구현될 수 없다. 하지만 토크의 변동 δT_n은 크랭크축 속도의 변동과 직접적으로 관련이 있고, 속도 변동은 간단하고 저렴한 비접촉 센서로 측정될 수 있다. 아래에 토크와 크랭크축 각속도 변동 간의 관계에 대하여 설명하였는데, 이 관계는 다음에 설명된 파워트레인의 동적 모델로부터 유도될 수 있다.

크랭크축 각속도(ω_e)를 측정하는 상대적으로 단순한 시스템에 기초한 슬라이딩 모드 관측기(sliding mode observer, SMO)로부터 실화감지 목적을 위해서 충분히 상세한 δT_n의 추정값을 얻을 수 있다. 결속되지 않은 토크 컨버터를 가진 자동변속 차량의 SMO에 기초한 모델은 다음과 같이 주어진다.

$$J\dot{\omega}_e = T_i(\theta_e) - T_R(\theta_e) - R_e\omega_e - T_l(\theta_e) \tag{18}$$

여기서,

J = moment of inertia of engine rotating parts

T_l = load torque on the engine output

예를 들기 위해서 T_l이 일정한 정상상태 하에서 차량이 달리는 특별한 경우를 생각해 보자. 이 경우에 토크의 변동을 계산할 때 이 항을 (여기서 한 것처럼) 무시할 수 있다.

식 (4) ~ 식 (8)을 식 (18)과 결합시키면, 다음과 같은 $\dot{\omega}_e$의 모델을 얻는다.

$$\dot{\omega}_e = \frac{1}{J + M_{eq}R_c^2 f_T^2(\theta_e)}\{(p_c - p_o)A_p R_c f_T(\theta_e)$$
$$- M_{eq}R_c^2 f_T(\theta_e) f_B(\theta_e)\omega_e^2 - R_e\omega_e\} \tag{19}$$

T_i와 T_R의 식은 앞에서 이미 주어졌고 위의 식을 다음과 같은 상태 벡터 x에 대한 식으로 다시 쓰면

$$x = [x_1\ x_2]^T, \quad x_1 = \theta_e \quad x_2 = \omega_e$$

이고, $\dot{x}_1 = x_2$

$$\dot{x}_2 = \frac{1}{J + M_{eq}R_c^2 f_T^2(x_1)} \times$$
$$\{(p_c - p_o)A_p R_c f_T(x_1) - M_{eq}R_c^2 f_T(x_1) f_B(x_1) x_2^2 - R_e x_2\} \tag{20}$$

이다.

다음과 같이 x_1과 x_2는 저렴한 비접촉 센서로 측정이 가능하다. 상태변수 x_1의 측정값을 y_1, x_2의 측정값을 y_2라고 하면, x_2의 추정값 $\hat{x}_2$는 다음과 같이 주어진다.

$$\hat{x}_2 = \frac{1}{J + M_{eq}R_c^2 f_T^2(y_1)}\{-A_{SMO}\mathrm{sgn}\ [f_T(y_1)(\hat{x}_2 - y_2)]A_p R_c f_T(y_1)$$
$$-{M_{eq}}^2 R_c^2 f_T(y_1) f_R(y_1) y_2^2 - R_e y_2\} \tag{21}$$

여기서

A_{SMO} = SMO gain
sng( ) = sing function of argument

SMO 게인은 $(P_C - P_o)$가 가질 수 있는 최댓값보다 커야한다. 즉,

$$A_{SMO} > \max\ (P_c - P_o)$$

지시 토크의 추정값은 1차 필터의 출력으로 얻어진다.

$$\tau \dot{v} + v = -A_{\mathrm{SMO}}\mathrm{sgn}\left[f_T(y_1)(\hat{x}_2 - y_2)\right]A_p R_c f_T(y_1) \tag{22}$$

$$\hat{T}_n = v$$

$\hat{T}_n$을 추정하기 위해 SMO를 사용함으로써 δT_n과 $\overline{T}$를 구성할 수 있고 이를 기반으로 실화를 감지할 수 있다.

그림 10.11과 제6장에서 설명한 것과 같이 비접촉 센서를 사용하여 크랭크축의 각도와 각속도를 어렵지 않게 측정할 수 있다. 그림 10.11을 보면 (돌기가 있는) 강자성체 디스크가 크랭크축에 부착되어 있다. 그러나 θ_e의 측정 정밀도와 SMO 방식의 토크 추정 정밀도를 위해서 필요한 디스크의 최소 돌기의 수가 있다. 실험을 통해서 20~50개의 치차를 가진 시동에 사용되는 링기어라면 충분하다는 것이 알려져 있다.

설명을 위해서 이러한 측정이 RPM이 상대적으로 천천히 변화하는 상황에서 이루어지는 것을 고려하는 것이 편리하다. 이 경우, 크랭크축 각속도 $\omega_e(t)$는

$$\omega_e(t) = \Omega_e + \delta\,\omega_e(t) \tag{23}$$

이고, 여기서 $\Omega_e = \dfrac{\pi\,\mathrm{RPM}}{30} = \omega_e$의 단기 시간 평균,

$\delta\omega_e(t) = \delta T_n$로 인한 ω_e의 변동

이다. 이 각속도는 실제적으로 주파수 변조 방식의 반송 주파수 형태인데, Ω_e가

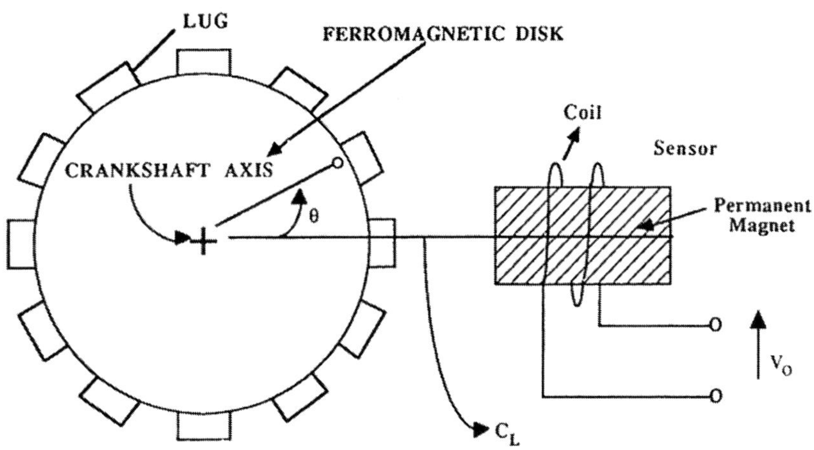

그림 10.11
비접촉식 크랭크축 각속도 센서

반송 주파수이고, $\delta\omega_e$가 변조이다. 그리고 $\Omega_e \gg \max(\delta\omega_e)$이다.

크랭크축의 순간 각도 $\theta_e(t)$는

$$\theta_e(t) = \theta_o + \int_o^t \omega_e\left(t^{'}\right)\mathrm{d}t^{'} \tag{24}$$

이고, 여기서 $\theta_o = \theta_e(0)$ = 위상 기준이다.

이 위상 기준은 캠축의 회전당 한 번 신호를 보내는 비접촉 센서를 통하여 엔진 사이클에 대해 상대적으로 정립될 수 있다(제7장 참조).

센서의 출력신호 $v_0(t)$는

$$v_0(t) = f[M_d\theta_e(t) + \psi] \tag{25}$$

로 표현될 수 있는데 여기서

M_d = 디스크의 돌기 개수
$\psi(t)$ = (센서 출력의 오차를 표현하는) 랜덤 프로세스이다.

위의 함수 f는 센서 설정과 관련된 파형이다. 다행히도 $\omega_e(t)$를 측정하는 데 필요한 전자적인 신호처리는 아날로그 또는 디지털 신호처리를 사용하면 해결될 수 있다. 그림 10.12는 아날로그 신호처리를 위한 블록 선도를 보여준다.

주파수-전압 변환기(frequency to voltage converter)는 실질적으로 FM 복조기인 셈이고 위상동기 루프(phase-locked loop, PLL)로 알려진 회로로 구현될 수 있다. 이 PLL은 전자적인 페루프 시스템이다. 이 회로의 출력 전압 $v_p(t)$는 다음과 같이 표현될 수 있다.

$$v_p = K_p\left(M_d\omega_e\left(t\right) + \dot{\psi}\right)$$

저역통과 필터(low-pass filter, LPF)는 첫 항을 통과시키고 $\dot{\psi}$의 스펙트럼 중 LPF 통과 대역 밖에 있는 부분을 억제한다. 이를 통하여 SMO가 $\hat{T}_n$를 계산하는

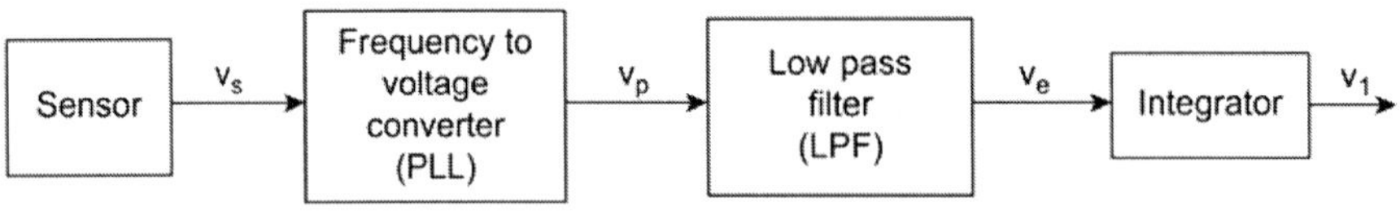

그림 10.12
ω_e 측정을 위한 블록 선도

데 필요한 ω_e를 측정할 수 있게 된다. 우리의 논의에서는 $\dot{\psi}$의 억제된 부분을 무시할 수 있다고 가정한다. 크랭크축의 각도는 LPF의 출력 전압을 적분함으로써 구할 수 있다. 제3장에서 설명한 적분 회로를 이용하면 적분기의 출력 전압 V_1는

$$V_1 = \frac{1}{\tau_i}\int_0^t V_e(t')\mathrm{d}t'$$

$$= \frac{K_p M_d}{\tau_i}[\theta_e(t) + \theta_o] \tag{26}$$

이고, 여기서 τ_i = 적분기의 시간상수이다.

물론 이미 설명한 디지털 적분(제8장 참조)도 V_1를 구하기 위하여 사용될 수 있다. $\theta_e(t)$를 측정하기 위한 위상각의 원점은 1회전당 신호를 한 번 내보내는 캠축 센서를 이용하여 설정할 수 있다. 또한, θ_e의 측정은 비균일성 지표 $\bar{n}$를 계산하기 위한 일부로서 꼭 필요하다.

$\omega_e(t)$를 측정하는 최근의 구현방식은 연속된 $v_o(t)$의 샘플에 기초하여 이산 시간 방식을 취하고 있다. 제6장에서 설명한 것처럼 그림 10.12와 유사한 센서가 출력 파형을 생성하는데, 디스크의 돌기가 디스크 센서 축인 중심선(C_L)과 일치할 때마다 출력 파형의 값이 0을 취한다. t_k를 센서 출력 전압이 0을 k번째 통과한 시간이라 하고, δt_k를 다음과 같이 정의한다.

$$\delta t_k = t_k - t_{k-1}$$

$\omega_e(t)$의 k번째 샘플을 $\omega_e(k)$로 나타내면 다음과 같다.

$$\omega_e(k) = \frac{1}{M_d \delta t_k} \tag{27}$$

만일 M_d가 충분히 크다면 계열 $\{\omega_e(k)\}$는 $\omega_e(k)$의 에일리어싱되지 않은 샘플일 것이다.

순간적인 크랭크축의 각 위치 $\theta_e(k)$는 다음과 같이 표현된다.

$$\theta_e(k) = \theta_e(t_k), \quad k = 1, 2, \cdots, 2M_d \tag{28}$$

제6장에서 설명한 것과 같이 센서 출력을 시간축 교차 검출기(zero crossing detector, ZCD)에 통과시키고 이진 카운터(제4장의 카운터에 대한 설명을 참조)

를 이용해서 출력 펄스의 수를 셈으로써 크랭크축의 샘플된 각 위치를 곧바로 얻을 수 있다. 이 카운터는 크랭크축의 1회전을 감지하는 센서의 출력에 따라 리셋되어야 한다. 또한, 이 신호는 ZCD로 보내진 후 이진 카운터의 리셋 입력으로 보내진다. 이러한 설정은 그림 10.12의 크랭크축 센서가 0을 통과하는 횟수를 $2M_d$ 주기로 자동적으로 셀 것이다.

ω_e와 θ_e를 측정하기 위한 위의 측정 방식을 사용하면 SMO를 사용한 $\hat{T}_n$ 계산을 위해 필요한 값뿐만 아니라 비균일성 지표 $\bar{n}$도 구할 수 있다. 먼저 설명한 절차에 따라 T_n의 추정값을 이용해서 실화 감지를 진행할 수 있다.

실험실 환경과 실제적인 도로 주행시험에서 위의 가상적인 실화 감지 방법이 신뢰성 있게 실화를 감지할 수 있었다. 자동변속기를 장착한 시험 차량으로 실제 도로 주행시험을 한 결과 실화 감지 오류가 1% 미만이었다. 지적 재산권 문제 때문에 완성차 업체의 실질적인 실화 감시 방법을 논의할 수 없지만 이 가상적인 시스템의 많은 구성품들을 완성차 업체의 시스템에서 찾아볼 수 있다.

차량진단 분야의 전문가 시스템

전문가 시스템이란 인간의 전문지식을 요구하는 문제를 풀기 위해서 인간의 지식을 이용하는 컴퓨터 프로그램이다. 전문가 시스템의 이론은 인공지능(Artificial Intelligence, AI)으로 알려진 컴퓨터 과학의 한 분야이다. 전문가 시스템 기술의 주된 장점은 의사결정 기준이나 문제해결 전략을 일관되고, 균일하며 효율적으로 적용할 수 있다는 점이다. 차량 진단을 목적으로 만들어진 가상의 전문가 시스템을 고려하기로 하자.

전문가 시스템에 의한 엔진 전자 제어 시스템의 고장 진단은 정비 지침서의 진단 차트와 비슷한 단계를 표현하는 법칙의 집합을 따르며 진행된다. 우선 진단 시스템은 온보드 진단으로부터 오류 코드를 받을 수 있다. 진단 시스템은 내부에 저장된 법칙에 따라서 코드를 논리적으로 처리한다. 하지만 위에서 설명한 것처럼 모든 오류가 온보드 진단 시스템에 감지되는 것은 아니다. 그래서 전문가 시스템의 지시에 따라 정비 담당자가 다양한 시스템과 부품들을 테스트하는 것이 문제의 원인을 파악하는 데 큰 도움이 된다. 가상적인 전문가 시스템 기반 진단 절차도 이러한 테스트를 통해 정비 담당자의 입력을 받도록 설계되어 있다. 컴퓨터 원용 진단의 최종 결과는 문제의 평가와 수리 절차의 추천이다. 진단을 위해 전문가 시스템을 사용하는 것은 진단 절차의 효율성을 향상시킬 수 있는 잠재력을 갖고 있고 따라서 정비 시간과 비용을 절감할 수 있다.

전문가 시스템을 개발하기 위해서는 AI 분야에서 지식 엔지니어라고 알려진 컴퓨터 전문가가 필요하다. 지식 엔지니어는 해당 분야의 전문가를 인터뷰하여 전문가 시스템의 전문지식을 확보하여야 한다. 차량의 전자 엔진 제어 분야의 경우에는 제어 시스템의 개발과 연관된 설계, 시험 엔지니어와 기술자들이 전문가에 포함된다. 또한, 이 시스템을 현장에서 지속적으로 수리해온 정비담당자도 전문지식의 개발에 필요하다. 이 그룹의 전문지식은 전문가 시스템의 진화적인 개선에 포함될 수 있다. 전문가로부터 지식을 획득하는 다양한 단계가 그림 10.13에 요약되어 있다.

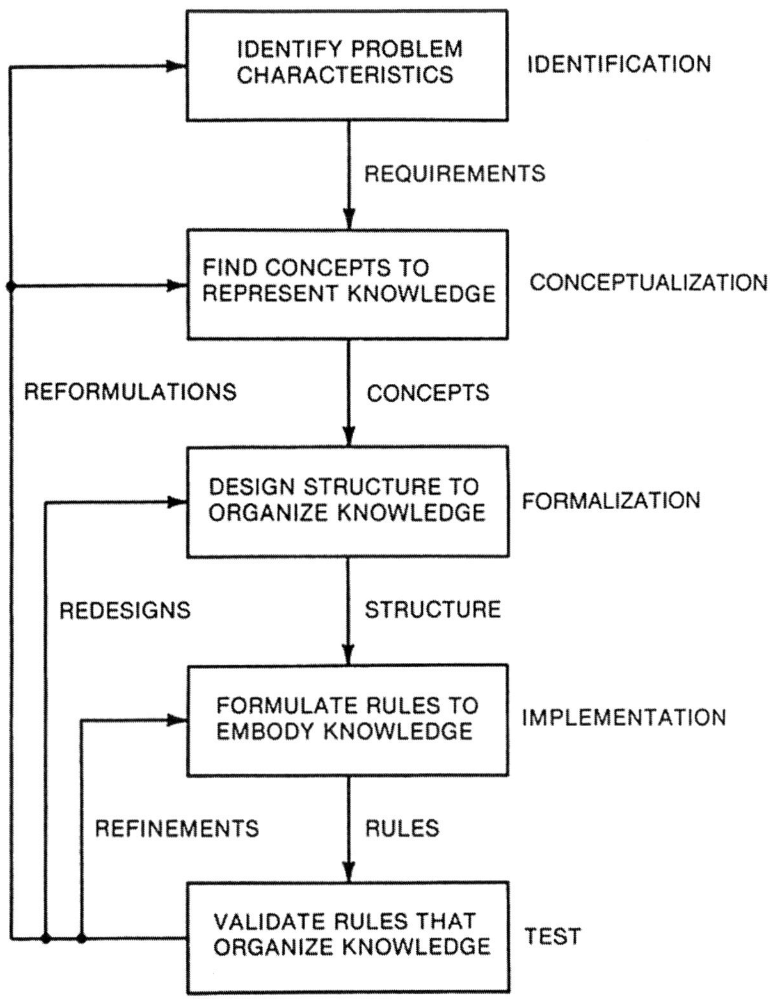

그림 10.13
전문가 시스템의 개발 절차

이 그림에서 보면 지식을 확보하기 위하여 몇 번의 반복 수행이 필요함을 알 수 있고, 이 때문에 전문가를 인터뷰하는 과정은 지속적으로 계속되어야 한다는 것을 알 수 있다.

전문가 시스템의 개발에서 간과하지 말아야 할 것은 전문가와 지식 엔지니어 사이의 개인적인 관계이다. 전문가 시스템이 성공적으로 개발되기 위해서는 전문가가 지식 엔지니어와 협력하고 그들의 전문지식을 설명하는 것에 적극적이어야 한다는 것이다. 때로는 지식 엔지니어와 전문가의 성격이 전문가 시스템 개발의 성패를 가르는 요인이 될 수도 있다.

그림 10.14는 전문가 시스템이 점차적으로 개발되는 환경을 보여주고 있다. 물론 이를 위해서 충분한 용량을 가진 디지털 컴퓨터가 필요하다. 과거에 메인프레임 컴퓨터에 사용되었던 전문가 시스템 개발 도구가 표 10.2에 요약되어 있다.

전문가 시스템이 두 개의 주요 부분으로 구성된다고 생각하는 것이 일반적이다. 논리적인 연산이 수행되는 부분은 추론 엔진으로 알려져 있고 기본적인 지식과 다양한 관계가 저장된 부분을 지식 베이스라고 한다.

전문가 시스템이 적용될 수 있는 진단 분야는 전문가가 사용하는 절차가 법칙이나 논리적 관계로 표현될 수 있는 분야이다. 차량 진단 분야가 바로 이러한 분

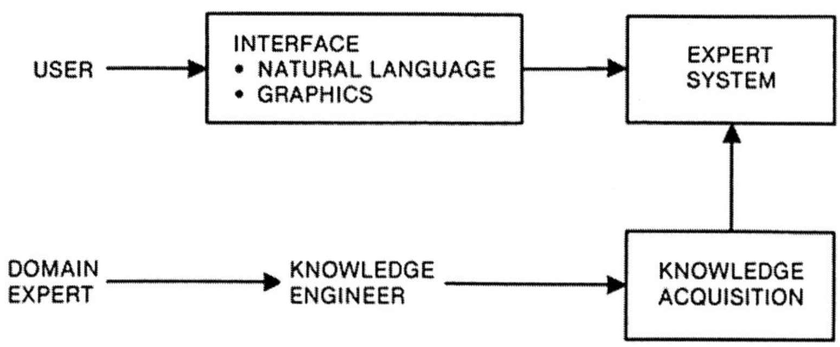

그림 10.14
전문가 시스템의 개발 환경

표 10.2 메인프레임 컴퓨터를 위한 전문가 시스템 개발 도구

Name	Company	Machine
Ops5	Carnegie Mellon University	VAX
S.1	Teknowledge	VAX Xerox 1198
Loops	Xerox 1108	
Kee	Intelligenetics	Xerox 1198
Art	Inference	Symbolics

야에 명확히 속하는데(이 장의 앞부분에서 설명된), 수리 절차를 요약하는 진단 차트가 이러한 법칙의 좋은 사례이다.

전문가 시스템에 내재된 아이디어를 명확히 하기 위해서 다음의 차량 고장 진단 예제를 고려해 보자. 이 예제에서는 차의 시동이 걸리지 않는 문제를 다루고 있는데, 결함의 범위가 매우 제한적이라고 가정하였다. 이 예제가 흔히 접하는 문제가 아닐지 몰라도 전문가 시스템과 관련된 원리를 설명할 수 있다.

이 예제에 사용된 근본적인 개념은 IF-THEN 규칙의 형태를 갖고 있는 조건-행동 조합이다. 이 법칙들은 (경험이 많은 정비담당자나 자동차 엔지니어와 같은) 전문가의 경험과 노하우로부터 나온 지식을 표현하고 있다.

전형적인 전문가 시스템은 IF-THEN 규칙을 이용하여 전문 지식을 표현한다. 이 예제의 전문가 시스템은 아래의 세 가지로 구성되어 있다.

(1) IF-THEN 형식의 규칙 베이스
(2) 사실에 대한 데이터베이스
(3) 통제 메커니즘

규칙 베이스의 각 규칙은 "조건 A가 참이면, B 방식의 조치를 수행하여야 한다"라는 형식을 취한다. 한 규칙을 적용하려면 IF 부분이 만족되어야 한다. THEN 부분은 규칙이 활성화될 때마다 취해야 할 행동을 명기하고 있다.

데이터베이스는 진단하려고 하는 문제와 관련하여 참이라고 알려진 모든 사실과 정보를 담고 있다. 적용 가능한 규칙이 무엇인지 확인하기 위하여 규칙 베이스의 규칙들과 지식 베이스가 서로 비교된다. 그리고 어떤 규칙이 적용되면 그 규칙의 결론부에 데이터베이스의 사실을 수정하는 것이 대개 포함되어 있다.

전문가 시스템의 통제 메커니즘은 어떤 행동을 취할 것인지와 언제 수행되어야 하는지를 결정한다. 이러한 동작은 기본적인 4단계를 따른다:

(1) 어떤 규칙의 IF 부분이 만족되었고 실행될 수 있는지를 판단하기 위하여 규칙과 데이터베이스를 대조한다. 인공지능 분야에서 이 그룹을 모순 집합(conflict set)이라고 한다.
(2) 모순 집합에 둘 이상의 규칙이 포함되어 있다면 가장 우선순위가 높은 규칙을 선택함으로써 상충되는 부분을 해소한다. 모순 집합에 아무런 규칙이 없다면 절차를 종료한다.
(3) 선택된 규칙의 THEN 부분에 명시된 행동을 취함으로써 규칙을 실행하고 필요에 따라 데이터베이스를 수정한다.

(4) 1단계로 되돌아가서 모순 집합에 아무런 규칙이 없을 때까지 이 과정을 반복한다.

다루고 있는 단순화된 예제에서 시동 문제를 진단하기 위한 규칙 베이스가 그림 10.15와 같다고 가정한다.

규칙 R2~R7은 의심되는 문제에 대한 결론을 이끌어내고 규칙 R1은 조사할 필요가 있는 문제 영역을 밝히는 역할을 한다. THEN 부분에 명기된 행동에는 "이 사실을 데이터베이스에 추가하라"는 것도 포함하고 있다고 가정한다. 그리고 명기된 행동 중 일부는 행동에 관련된 소수가 병기되어 있다. 이 값은 주어진 조건에 대해 이 행동이 옳다는 전문가의 신뢰를 나타낸다.

추가로 그림 10.16에 보인 사실들이 참이라고 가정한다.

통제 메커니즘이 1단계를 따라 수행되고 R1만이 모순 집합에 속한다는 것을 발견한다. 이 규칙이 실행돼서 2, 3단계를 수행하는 과정에서 다음과 같은 추가적인 사실을 도출한다.

- 스파크가 없는지 의심할 것
- 엔진에 너무 많은 연료가 공급되는 것이 아닌지 의심할 것

4단계에 따라 시스템이 1단계로 복귀하게 되고 모순 집합에 규칙 R1, R4, R6가 포함된다는 것을 알게 된다. 그런데 규칙 R1이 이미 수행되었기 때문에 모순 규칙에서 삭제된다. 이 단순화된 예제에서 낮은 번호의 규칙을 선택함으로써(이 경우에는 R4) 모순을 해소한다고 가정하자. 2, 3단계를 수행하면 규칙 R4가 연료 공급선이 끊어졌다는 추가적인 사실을 이끌어낸다(0.65). 0.65라는 값은 이 결론의 신뢰 수준을 의미한다.

이러한 절차는 R6의 모순 집합에 대해서도 반복된다. R6를 실행한 후에 시스템이 1단계로 복귀하는데, 더 이상 적용할 규칙이 없는 것을 발견하고 실행을 정지시킨다. 최종적인 사실 집합은 그림 10.17과 같다. 이 진단 절차가 두 가지 고장원인을 발견한 것을 알 수 있는데, 하나는 연료 공급선이 끊어졌다는 것과(신뢰 수준 0.65) 연료 혼합기가 너무 진하다는 것이다(신뢰 수준 0.70).

이 예제는 단지 차량의 고장 진단과 수리를 위해서 인공지능이 어떻게 응용되는지를 설명하기 위한 것이다. 전문가 시스템을 이용해서 특정 차량의 고장진단을 수행하려면 정비담당자가 엔진 유형을 포함한 모든 관련 특성을 정비담당자의 단말기에 입력하여야 한다. 그리고 온보드 진단 시스템과 단말기를 데이터 링크로 연결한 후에야 진단이 시작될 수 있다. 단말기는 진단을 완료하기 위하

```
R1: IF starter turns engine but it fails to start
    THEN suspect no fuel reaches engine OR
        suspect there is no spark OR
        suspect too much fuel is reaching engine

R2: IF suspect no fuel reaches engine AND
      gas gauge works AND
      gas gauge is on empty
    THEN gas tank is empty (0.95)

R3: IF suspect no fuel reaches engine AND
      gas gauge is not on empty AND
      temperature is less than 32 degrees Fahrenheit
    THEN fuel line is frozen (0.75)

R4: IF suspect no fuel reaches engine AND
      can smell gas
    THEN break in fuel line (0.65)

R5: IF suspect no fuel reaches engine AND
      gas gauge is not on empty AND
      do not smell gas
    THEN water in gas tank (0.5) OR
      gas gauge broken (0.6)

R6: IF suspect too much fuel is reaching engine AND
      can smell gas
    THEN mixture is too rich (0.7)

R7: IF suspect there is no spark AND
      gas gauge not on empty AND
      (weather is damp OR weather is rainy)
    THEN spark plug wires are wet (0.6)
```

그림 10.15

단순한 차량 진단 규칙 베이스

```
gas gauge works
starter turns engine but it fails to start
gas gauge is not on empty
can smell gas
```

그림 10.16

알려진 사실로 구성된 초기 데이터베이스

```
gas gauge works
starter turns engine but it fails to start
gas gauge is not on empty
can smell gas
suspect no fuel reaching engine
suspect there is no spark
suspect too much fuel is reaching engine
break in fuel line (0.65)
mixture too rich (0.7)
```

그림 10.17

알려진 사실의 최종 데이터베이스

여 정비담당자에게 엔진의 시동을 걸거나 정지시키는 것을 포함한 여러 작업을 수행하도록 요청할 수 있다.

전문가 시스템은 상호작용하는 프로그램이고 이 때문에 흥미로운 특징을 많이 갖고 있다. 예를 들면, 전문가 시스템이 정비담당자에게 특정한 작업을 하도록 요구했을 때, 왜 이 작업을 해야 하는지 또는 왜 이 질문을 했는지를 물을 수 있다. 그러면 전문가 시스템은 사람이 정비담당자를 가르치는 것처럼 왜 그 작업이 필요한가를 설명한다. 전문가 시스템은 전문가가 오랜 경험을 통해 축적한 원칙에 기초하여 개발되는 경우가 많다. 전문가 시스템의 개발을 이끈 규칙과 경험에 입각하여 요청한 작업이 왜 필요한지 설명을 요구하는 것은 정비담당자의 능력을 향상시키는 데 도움이 된다.

전문가 시스템에 관한 과학적인 영역은 너무 넓어서 이 책에서 다룰 수는 없다. 관심 있는 독자는 이 흥미로운 분야에 대한 추가 자료를 공학 도서관에서 찾아 볼 수 있을 것이다. 또한 미국 자동차공학회(SAE)에서도 전문가 시스템이 차량 진단에 적용된 사례를 보여주는 많은 문헌을 발간하였다.

때때로 전문가 시스템에 포함되지 않은 지식에 관련된 차량 유지 문제가 발생할 것이다. 이런 경우에는 정비전문가를 직접 접촉하여 차량 진단 시스템을 보완할 필요가 있다. 모든 완성차 업체는 회사 내부 네트워크나 전자우편을 통하여 기술적인 지원을 정비담당자에게 제공하고 있다.

다양한 시스템에 대한 경험이 축적되고, 진단 데이터베이스가 확장되며, 추가적인 소프트웨어가 개발됨에 따라 오프보드 차량 진단 시스템은 (전문가 시스템이건 아니건 간에) 지속적으로 개발되고 개선되어 가고 있다. 이러한 진단 시스템의 진화는 현대적 디지털 제어 시스템을 갖춘 차량의 문제를 완전히 자동으로 빠르고 효율적으로 진단하는 방향으로 진행되고 있는지도 모르겠다.

탑승자 보호 시스템

충돌 상황에서 탑승자를 보호하는 방법은 1970년대에서부터 극적으로 변화해 왔다. 정부의 규제와 시장의 수요에 따라 2점식 안전벨트를 시작으로 탑승자 보호 시스템은 수동적 안전장치와 에어백으로 발전하였다. 우리는 여기서 에어백만을 다룰 것인데, 이는 다른 것들은 대개 기계적인 것인 데 반해 에어백 시스템은 전자적으로 구현되기 때문이다. 초기의 에어백 시스템은 차량의 종방향 충돌에서 탑승자를 보호하기 위한 것이었지만 요즘의 차량에는 측면 충돌을 위한 에어백도 장착되어 있다.

에어백을 이용한 탑승자 보호는 개념적으로 매우 단순하다. 에어백 시스템이 충돌을 감지하는 방법은 차량 축방향 감속이 예외적인 경우를 감지하는 것이다. 정상적인 운전에서 가속/감속도는 1 g(중력 가속도) 이내인 반면 탑승자가 부상할 정도의 심각한 충돌은 수십 또는 수백 g에 해당하는 감속도를 발생시킨다.

충돌이 감지되면 화학적 합성물질을 전기적으로 점화하여 가스가 용기로부터 방출되고 이것이 유연한 백을 채워서 팽창하게 한다. 운전자(또는 승객)가 충돌로 인하여 앞이나 옆으로 쏠리게 될 때 탑승자를 보호하는 쿠션 역할을 하기 위해서 충분히 짧은 시간 (대개 50 ms 이하) 안에 에어백이 팽창하는 것이 이상적이다.

하지만 에어백을 실용적으로 구현하는 것은 기술적으로 매우 도전적인 과제이다. 앞 범퍼가 장애물에 접촉하는 순간부터 모든 부품들이 전진하는 것을 멈추는 순간까지 견고한 장애물에 충돌하는 시간은 탑승자가 상해를 입을 정도의 속도에서 1초 단위 정도이다. 표 10.3에 다양한 충돌 조건에 따른 에어백의 전개 시간이 나열되어 있다.

전형적인 에어백은 팽창하기 위하여 약 30 ms가 필요한데, 이것은 충돌이 20 ms 안에 감지되어야 한다는 것을 의미한다. 최근의 디지털 전자 회로의 속도를 기준으로 한다면 20 ms의 시간이 짧다고 할 수는 없다. 충돌을 감지하는 데 있어서 복잡하게 만드는 요소는 충돌과 비슷한 많은 가속/감속 상황이다. 에어백의 전자 회로가 충돌이라고 판단할 수 있는 흔한 사례는 크게 움푹 패인 도로 위로 지나가는 것과 차도와 인도의 경계인 도로 경계석 위로 운전하는 것들이다.

에어백 시스템의 구성 또한 (스위치를 사용하는) 전자기계적인 구현에서 복잡한 신호처리를 사용한 전자 시스템으로 변화되어 왔다. 종방향 감속으로부터 탑승자를 보호하기 위해 만들어진 초기의 구성은 그림 10.18과 같이 두 개의 가속 스위치 SW1과 SW2를 사용하였다. 이 스위치는 각각 차의 종방향 축과 평행하게 정렬된 튜브 안에 매달린 질량의 형식을 띠고 있다. 그림 10.18b는 에어백 시스템의 회로도이다.

평상시에는 열려 있는 두 스위치 모두 닫혀야 에어백을 전개하는 회로가 작동하게 된다. 회로가 완성되면 화약을 활성화시키는 점화기에 전류가 흐르고 에어백을 팽창시키는 가스가 (폭발적으로) 생성된다.

두 스위치 SW1과 SW2는 차량의 서로 다른 두 곳에 설치된다. 흔히 하나는 차량의 앞 부분에, 다른 하나는 탑승자 공간의 앞부분에 설치된다(어떤 완성차

표 10.3 에어백 전개 시간

Test Library Event	Required Deployment Time(ms)
9 mph frontal barrier	ND
9 mph frontal barrier	ND
15 mph frontal barrier	50.0
30 mph frontal barrier	24.0
35 mph frontal barrier	18.0
12 mph left angle barrier	ND
30 mph right angle barrier	36.0
30 mph left angle barrier	36.0
10 mph center high pole	ND
14 mph center high pole	ND
18 mph center high pole	ND
30 mph center high pole	43.0
25 mph offset low pole	56.0
25 mph car to car	50.0
30 mph car to car	50.0
30 mph 550 hop road, panic stop	ND
30 mph 629 hop road, panic stop	ND
30 mph 550 tramp road, panic stop	ND
30 mph 629 tramp road, panic stop	ND
30 mph square block road, panic stop	ND
40 mph washboard road, medium braking	ND
25 mph left-side pothole	ND
25 mph right-side pothole	ND
60 mph chatter bumps, panic stop	ND
45 mph massoit bump	ND
5 mph curb impact	ND
20 mph curb drop-off	ND
35 mph Belgian blocks	ND

업체는 운전석 밑의 차량 바닥에 스위치를 설치하기도 한다).

그림 10.18의 스케치를 보면 가속에 민감한 스위치의 작동을 이해할 수 있다. 일상적인 운전 상태에서는 스프링이 움직일 수 있는 질량을 붙들어서 스위치의 접점이 열려있게 한다. 충돌 과정에서는 질량에 작용하는 가속으로 인해 발생한 힘(실제는 차량의 감속)이 스프링의 힘을 극복할 만큼 크게 되고 질량을 앞으로 움직이게 된다. 차량의 감속이 충분히 크다면 질량은 스위치 접점에 가깝게 움직이게 된다. 충분히 빠른 속도에서 충돌이 일어난다면 두 스위치의 질량이 접점으로 움직이게 되고 이것이 회로를 구성하여 에어백을 팽창시키는 화합물을 점화하게 된다.

기계적인 충돌 센서의 근사된 동적 모델은 다음과 같다.

$$M\ddot{x} + D\dot{x} + F_c + Kx = 0 \tag{29}$$

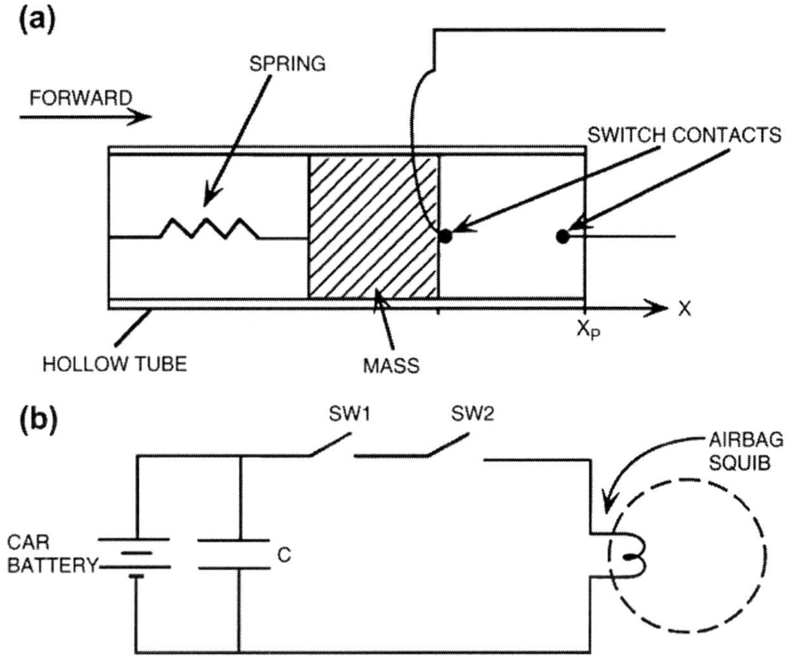

그림 10.18
에어백 전개 시스템

여기서,

M = mass of the movable element
D = viscous friction coefficient
F_c = coulomb friction force(stiction)
K = spring constant
x = mass displacement of M from stop

질량의 가속도 $\ddot{x}$는 차량의 가속 a 또는 감속 $-a$로 다음과 같이 표현된다.

$$\ddot{x} = -a$$

움직일 수 있는 질량의 운동은 아래의 식을 풀어서 얻을 수 있다.

$$D\dot{x} + F_c + Kx = Ma \tag{30}$$

질량의 변위가 스위치 접점까지의 간격(x_p)을 넘으면(즉, $x = x_p$) 언제나 접점이 닫히게 되고 위에서 묘사한 작동이 진행된다.

그림 10.18에는 배터리와 병렬로 연결된 축전기가 나타나 있는데, 이것은 흔히 탑승자 공간에 설치된다. 이 축전기는 충돌로 인하여 배터리가 파괴되는 경우에도 점화 장치에 전류를 공급할 수 있는 충분한 용량을 갖고 있다.

최근에는 전자식 에어백 시스템을 설치하는 것이 추세이다. 이런 시스템에서 가속도 민감 스위치의 역할은 전자식 신호 처리, 임계값 감지, 점화 장치 구동 회로와 같이 사용되는 아날로그 가속도 센서로 대체된다. 그림 10.19에 이러한 시스템의 블록선도가 나타나 있다.

가속도계 A1과 A2는 앞에서 설명한 SW1과 SW2가 위치한 곳과 유사한 곳에 설치된다. 각각의 가속도계는 각자의 축 방향과 평행한 가속 또는 감속에 비례한 신호를 발생시킨다. 가속도계의 특징적인 파형의 예로서 공차 중량이 3200 lb인 차량을 고정된 장애물에 시속 20 mph로 충돌시켰을 때 얻은 측정 결과를 그림 10.20에 나타내었다.

정상적인 운전 상태에서 가속도계가 설치된 위치의 가속도는 1 g 이내이다. 하지만 충분히 빠른 속도로 충돌하게 되면 신호가 빠르게 증가한다. 정상 운전 상태의 신호와 대비되도록 충돌 신호를 뚜렷하게 만들기 위해서 신호처리 기법을 사용할 수도 있다. 이러한 신호처리는 충돌 시의 감속 신호와 비교하여 신호처리 출력의 시간적 지연을 최소화할 수 있도록 주의하여 설계되어야 한다. 그림 10.20의 감속 프로파일과 표 10.3의 에어백 전개 요구조건을 비교해보면 에어백을 적절히 전개하기 위해 필요한 신호처리의 복잡성을 알 수 있다.

처리된 감속 신호를 한계값과 비교하는 데 처리된 신호가 한계값 이하이면 구동회로가 작동하지 않는 상태로 유지된다. 하지만 이 신호가 한계값을 초과하면 에어백의 화학물질을 활성화하여 에어백을 전개시키기에 충분한 강도의 전류를 구동회로가 보내게 된다.

흔히 특정한 속도 또는 그 이상의 속도에서 일어난 충돌에 대해서 에어백이 전개되도록 한계값이 설정되어 있다. 시스템의 설계에 따라 이 속도는 8~12

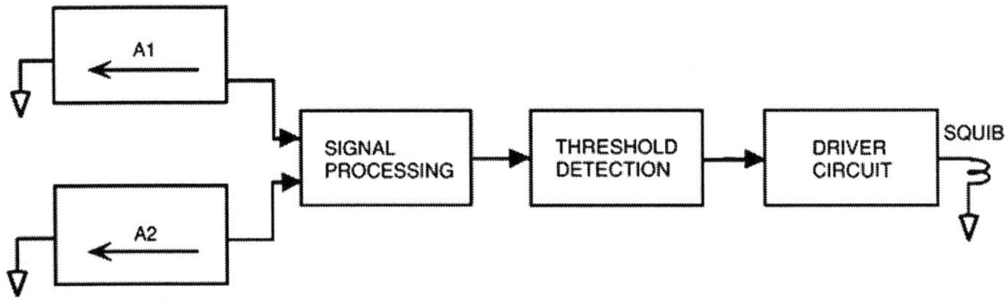

그림 10.19
가속도계 기반 에어백 시스템

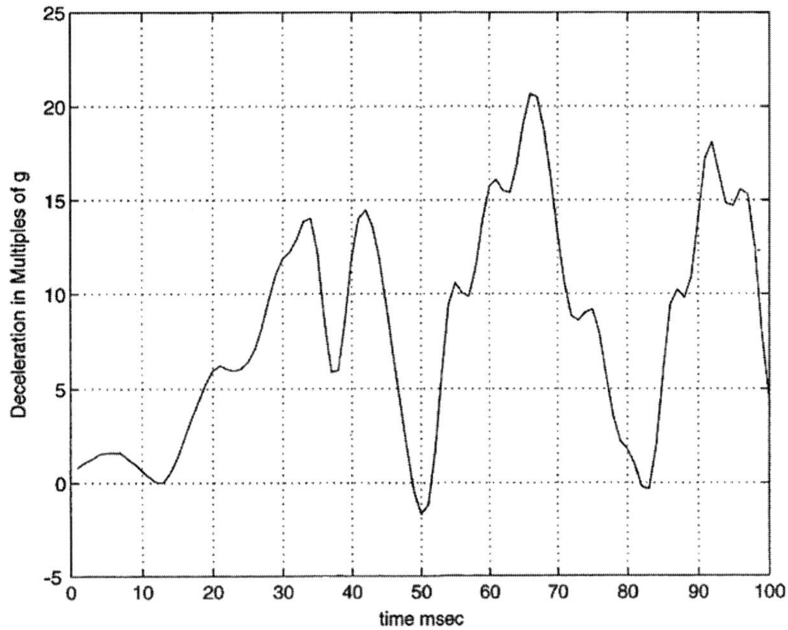

그림 10.20

시속 30마일 충돌 시의 가속도 데이터

mph 사이로 설정되어 있다. 자동차 회사가 선정한 이 속도 범위는 불필요한 에어백의 전개(충돌이 없음에도 전개되는 경우)를 최소화(또는 완전히 배제)하면서 탑승자 보호를 최적화할 수 있도록 선택된다.

정면 충돌 상황에서 운전자와 앞좌석 탑승자를 보호하기 위한 에어백과 더불어 다른 형태의 충돌 상황에서 탑승자를 보호하기 위한 에어백도 장착되고 있다. 한 예가 측면 충돌 시 탑승자 보호를 위한 에어백이다. 개념적으로 보면 이러한 탑승자 보호시스템도 위에서 설명한 종류와 비슷한 방식으로 작동한다.

에어백의 성능 향상을 위해 관련된 새로운 기술이 꾸준히 개발될 것이다. 이 개발이 어려운 요인은 충돌 상황과 차량 설계에 따라 신호 형태가 달라진다는 사실이다. 예를 들면 딱딱한 장애물(움직이지 않고 압축되지 않는 물체)과 충돌할 때 얻어지는 신호와 두 차량(특히 공차 중량이 다른)이 충돌할 때 얻어지는 신호가 다르다. 구현에 관련된 기술적 어려움에도 불구하고 에어백이 탑승자 보호를 위하여 많은 경우에 대하여 적용되고 있으며 운전자로부터 잘 받아들여지고 있다.

에어백에 추가하여 최근의 차량에는 허리와 어깨 벨트로 구성된 수동적 구속 시스템이 제공되고 있다. 에어백과 결합된 이러한 수동적 시스템은 탑승자를 잘 보호할 수 있다. 전자적 시스템은 아니지만 탑승자 보호의 또 다른 면은 차량의 최적화된 구조적 설계이다. 최근의 차량들은 탑승자 공간에 미치는 피해를 최소화하는 방식으로 충돌 에너지를 흡수할 수 있는 구조를 갖고 있다.

용어 사전

어큐뮬레이터(Accumulator) : 컴퓨터의 기본 작업 레지스터

액추에이터(Actuator) : 전기 신호에 응답하여 동작하는 장치

A/D Converter(Analog-to-digital converter) : 아날로그 - 디지털 변환기; 아날로그 입력 전압에 비례하는 이진 또는 이진 코드된 디지털 출력을 생성하는 전자 회로 장치

A/F(Air/Fuel) : 공기/연료 비율

아날로그 회로(Analog Circuits) : 전압이 몇 가지 물리량에 비례하는 연속 시간 선형 전자 회로

어셈블리 언어(Assembly Language) : 기본적인 컴퓨터 명령어와 주소가 니모닉 알파벳 기호군에 의해 표현되는 단축 컴퓨터 언어

BDC(Bottom dead center) : 하사점; 스트로크 동안 피스톤의 극단적인 최저 위치

비트(Bit) : 진수; 이진법의 한 자리 수

블록 다이어그램(Block Diagram) : 일반적으로 각 구성요소의 분석 모델을 포함한 주요 부품 간의 상호 연결이 표시되는 시스템도

BSCO(Brake specific CO) : 브레이크 마력당 배기 파이프를 통해 배출되는 일산화탄소 비율

BSFC(Brake specific fuel consumption) : 브레이크 마력당 연료 소비의 비율

BSHC(Brake specific HC) : 브레이크 마력당 배기 파이프를 통해 배출되는 미연 탄화수소 비율

BSNOx(Brake specific NOx) : 브레이크 마력당 배기 파이프를 통해 배출되는 질소 산화물 비율

바이트(Byte) : 8비트 2진수

CAFE(Corporate-Average-Fuel-Economy) : 기업 - 평균 연비. 하나의 차량 제조업체의 연간 생산량을 고려한 차량 1대당 평균 연비

커패시터(Capacitor) : 전하를 축적하고 축적된 전하에 비례한 단자 전압을 갖는 2단자 회로

촉매 변환기(Catalytic Converter) : 엔진의 배기구에서 배기가스를 줄이기 위해 특정 화학반응을 강화하는 장치

폐루프 제어(Closed-Loop Control) : 플랜트 출력을 조절하는 제어 신호가 출력 신호의 원하는 값과 실제 값과의 차이의 함수인 제어 시스템

폐루프 연료 제어(Closed-Loop Fuel Control) : 입력 공기/연료비를 배기가스 산소센서의 산소농도 측정값에 기반하여 제어하는 연료 제어 모드

CO(Carbon monoxide) : 일산화탄소; 불완전 연소로 인한 발생하는 화학 연소 생성물

조합 논리(Combinational Logic) : 출력값이 현재의 로직 입력에만 의존하는 논리 회로

연소(Combustion) : 실린더 내의 공기/연료 혼합기의 연소

비교기, 아날로그(Comparator, Analog) : 출력 전압의 이진값이 그 두 입력 전압의 상대적 크기에 의해 결정되는 전자 회로

압축비(Compression Ratio) : TDC에서의 실린더 체적과 BDC에서의 실린더 체적의 비율

제어 변수(Control Variable) : 제어 법칙에 따라 출력 변수를 조절하기 위해 플랜트에 입력되는 제어기의 출력

변환 효율(Conversion Efficiency, 촉매 변환기) : 변환기 배기가스 입력 유량에 대한 출력 배기가스의 유량 비율

CPU(Central processing unit) : 중앙 처리 장치; 모든 산술, 논리, 데이터 전송 작업을 실행하는 컴퓨터의 한 부분

컷오프(Cutoff) : 베이스 전류가 0이고 적절한 공급 전압이 인가되었을 때 콜렉터와 에미터 사이에 아주 적은(이상적으로는 0) 전류가 흐르는 트랜지스터 동작 모드

D/A(Digital–to–analog convert) : 디지털-아날로그 변환기; 디지털 입력에 비례하는 전압을 생성하는 장치

감쇠 계수(Damping Coefficient) : 2차 시스템의 선형 미분방정식 모델에서 일차 미분항의 계수

DEMUX(Demultiplexer) : 디멀티플렉서; 여러 입력 중 하나의 출력을 선택하는 데 사용하는 전자 스위치

디젤(Diesel) : 연소가 압축행정 중 실린더 내 압축된 공기/연료 혼합물의 고온에 의해 점화가 시작되는(또한 압축 점화 엔진이라고도 불리는) 내연기관

미분 게인(Differential Gain) : PID 제어법칙에서 오차의 시간 미분항의 계수

디지털 회로(Digital Circuits) : 출력 전압이 이진값 1과 0의 두 레벨 사이에서 스위치하는 개별 회로의 조합으로 구성된 전자 회로

다이오드(Diode) : 그 상태가 가해진 전압의 극성의 함수로 전자 스위치의 기능을 하는 2개 단자를 가진 회로 부품

디스플레이(Display) : 인간이 읽을 수 있는 형식으로 몇 가지 변수를 측정한 결과를 나타내는 장치

구동장치(Drivetrain) : 변속기, 드라이브 샤프트 및 차동장치 등 엔진을 구동 바퀴에 연결하는 메커니즘의 조합

드웰(Dwell) : 스파크를 일으키기 위해 점화 코일의 일차 회로를 통해 전류가 흐르는 동안의 엔진 사이클 일부

동력계(Dynamometer) : 엔진 성능을 측정하기 위해 엔진 출력단에 기계적 부하를 인가하는 장치

효율성(Efficiency) : 시스템 또는 부품이 원하는 결과를 달성하는 성능에 대한 지표로 작용하는 매개변수

EGO(Exhaust gas oxygen) : 배기가스 산소; 엔진 배기가스 중의 산소 농도

EGO 센서(Sensor) : 공기/연료비의 농도(린/리치 표시)를 측정하여 폐루프 연료 제어 시

스템에 사용되는 센서

EGR(Exhaust gas recirculation) : 배기가스 재순환; 배기가스의 일부를 엔진의 흡기에 재유입시키는 기구

전자 기화기(Electronic Carburetor) : 전자 제어신호에 응답하여 rod 위치의 연속적인 변화에 의해 공기/연료비를 제어하는 연료 액추에이터(이제는 사용되지 않음)

엔진 캘리브레이션(Engine Calibration) : 모든 동작 조건에서 공기/연료비, 스파크 어드밴스, EGR의 값들

엔진의 크랭크축 위치(Engine Crankshaft Position) : 기준점에 대하여 상대적인 크랭크축 각도의 위치

엔진 매핑(Engine Mapping) : 선택된 동작점들에서 엔진의 성능을 실험적으로 결정하고 그 결과를 기록하는 방법

당량비(Equivalence Ratio) : 실질적 공기/연료비를 이론 공기/연료비로 나눈 값

증발 배출(Evaporative Emissions) : 서브시스템에 의해 수집되지 않으면 주위의 공기와 섞여 공기 오염을 유발할 수 있는 연료 시스템에서의 증발 연료

풋 파운드(Foot-Pound) : 1피트 레버 암에 1파운드의 힘을 가할 때 발생하는 토크의 단위

주파수 특성(Frequency Response) : 주파수의 함수로 사인파 입력에 대한 시스템 전달 함수의 크기와 위상 그래프

게인(Gain) : 입력 크기에 대한 시스템 출력 크기의 비

가솔린(Gasoline) : 수소와 탄소의 다양한 화학적 혼합물로 이루어진 스파크 점화식 내연기관의 연료(각종 첨가제 포함)

하드웨어(Hardware) : 컴퓨터의 물리적 구조를 구성하는 전자 디지털 회로와 주변장치

하네스(Harness) : 자동차 내 모든 전기·전자 부품과 시스템을 서로 연결하는 와이어와 커넥터들

HC(Hydrocarbon Chemicals) : 탄소와 수소의 결합에 의해 형성된 가솔린 등의 탄화수소 계 화학물질의 약자

점화 타이밍(Ignition Timing) : 점화의 발생 시간을 TDC를 기준으로 크랭크축 회전의 상대 각도로 측정

인덕터(Inductor) : 자체에 흐르는 전류에 의해 생성되는 자기장에 에너지를 저장하고, 그 전류의 시간 변화율에 비례한 단자 전압을 가지는 자기 회로 부품

계기(Instrumentation) : 측정, 제어, 또는 측정값이나 상태를 표시하기 위해 사용되는 장치(일반적인 전자 장치)

적분 게인(Integral Gain) : PI 또는 PID 제어 법칙에서 오차 적분항의 계수

적분기(Integrator) : 출력이 입력의 적분인 전자 회로나 컴퓨터의 기능

집적 회로(Integrated Circuits) : 높은 수준의 기능을 수행하도록 단일 칩에 많은 회로 기능을 포함하는 반도체 장치

인터럽트(Interrupts) : 특정 외부 이벤트가 발생하였을 때 컴퓨터 명령 시퀀스의 정상적 실행을 중단시키고 특정 이벤트 신호를 빨리 제공하기 위해 마이크로프로세서에

가하는 입력

리드/래그(Lead/Lag Term) : 제어법칙에 위상 지상(리드) 또는 지연(래그)을 제공하는 제어 시스템의 위상 보상

리밋 사이클(Limit Cycle) : 제어되는 변수가 원하는 값 근처에서 평균을 갖는 한 쌍의 리밋 사이에서 스위치하는 제어 시스템 동작의 한 모드

선형 영역(Linear Region) : 콜렉터 전류가 베이스 전류에 비례하는 트랜지스터의 동작 모드

논리 회로(Logic Circuits) : NOT, AND, OR 및 이들의 조합. 같은 논리 연산을 수행하는 디지털 전자 회로

룩업 테이블(Lookup Table) : 보간에 의해 종속 변수의 값을 독립변수 값들의 중간에서 계산할 수 있도록 독립 변수의 선택된 데이터 포인트에 대응하는 종속 변수의 데이터 포인트를 컴퓨터 메모리에 저장한 테이블

MAP(Manifold absolute pressure) : 매니폴드 절대 압력; 엔진의 흡기 매니폴드 내의 절대 압력

수학적 모델(Mathematical Model) : 다양한 입력에 대해 시스템 출력의 동적 응답이 계산되도록 주어진 시스템 변수 간의 함수 관계를 표현하는 방정식

마이크로컨트롤러(Microcontroller) : 집적 회로 마이크로프로세서와 관련 구성요소를 사용하여 이산 시간 제어 응용이 가능한 소형 컴퓨터

MUX(Multiplexer) : 멀티플렉서; 여러 입력선 중 하나를 선택하고 그 입력을 기능적으로 MUX 출력에 연결하는 데 사용되는 일종의 전자 스위치

NOx(Nitrogen Oxides.) : 각종 질소 산화물

작동 코드(Op Code) : 명령 디코드 회로를 통과할 때 특정 마이크로프로세서의 동작을 발생시키는 이진수 코드

개루프 제어(Open Loop Control) : 컨트롤 또는 액추에이터 신호가 입력값의 함수로 계산되는 제어모드

개루프 연료 제어(Open Loop Fuel Control) : 엔진에 유입되는 공기/연료비가 입력 공기의 질량유량을 측정하고 원하는 공기/연료 비율을 얻기 위해 연료의 적절한 질량 유량을 첨가함으로써 제어되는 모드

Op 앰프(Operational Amplifier) : 2개의 입력과 1개의 출력을 가지고, 두 입력 차이와 출력 사이에 매우 높은 전압 이득을 갖는 표준 아날로그 빌딩 블록

최적 댐핑(Optimal Damping) : 오버슈트 없이 가장 빠른 시간 응답을 생성하는 2차 시스템의 감쇠

주변 장치(Peripheral) : CPU에 연결된 외부 입출력 장치

위상 시프트(Phase Shift) : 사인파 주기의 분수로 표현된 시스템의 출력과 사인파 입력 사이의 지연 시간(degree나 radian으로 표시됨)

플랜트(Plant) : 제어되는 대상 시스템

포트 연료 분사(Port Fuel Injection) : 인젝터로부터 바로 실린더의 흡기장치로 연료를 분사하는 연료 분사 시스템

비례 게인(Proportional Gain) : 폐루프 제어 시스템의 원하는 출력값과 실제 출력값 사이의 차이에 비례하는 제어 신호 성분

정성 분석(Qualitative Analysis) : 직관적으로 시스템의 동작을 밝히는 연구

정량 분석(Quantitative Analysis) : 시스템의 해석적 성능 분석

RAM(Random access memory) : 랜덤 액세스 메모리, 읽고/쓰는 메모리

랜덤 오류(Random Error) : 확률에 의해 특성 지어지는 통계적 측정 오차

기준 입력(Reference Input) : 원하는 플랜트 출력에 대응하는 제어 시스템의 입력

저항(Resister) : 단자 전압이 그것을 통과하는 전류에 비례하는 회로 소자

ROM(Read only memory) : 프로그램과 매개변수 저장에 사용되는 영구 메모리

회전수(RPM) : 분당 회전수로 표현되는 회전축의 회전 각속도

샘플 앤 홀드(Sample and Hold) : 특정 시간에 전압을 측정하고 새로운 샘플을 취하기 전까지 그 전압을 저장하는 행위

샘플링(Sampling) : 이산 시간에서 시간적으로 변화하는 전압의 측정값을 얻는 행위(주로 주기적으로 실시)

포화(Saturation) : 콜렉터-에미터 사이의 전류가 주어진 전원전압에 대해 가능한 최댓값인 트랜지스터의 작동 모드(콜렉터-에미터 사이의 닫힌 스위치와 기능적으로 동등)

반도체(Semiconductor) : 도체와 절연체 중간 정도의 전기 전도성을 갖는 재료

센서(Sensor) : 어떤 물리량을 측정하여 전기량(예를 들어, 전압)으로 변환하는 에너지 변환 장치

순차 논리(Sequential Logic) : 출력이 종종 타이밍(클록) 입력을 필요로 하는 입력 로직 신호의 특정 시퀀스에 의존하는 논리 회로

SI 엔진 : 스파크 점화식 가솔린 연료 피스톤 형 내연기관의 약어

신호 처리(Signal Processing) : 원하는 결과를 달성하기 위해 전자회로에 의한 전기신호의 변경(예를 들어, 필터링)

스키드(Skid) : 타이어가 노면 위를 구르지 않고 미끄러지는 상태; 일반적으로 제동과 관련

슬립(Slip) : 타이어의 직진 속도와 회전 속도를 반경으로 곱한 수치 차이의 비율

소프트웨어(Software) : 원하는 작업을 수행하기 위한 컴퓨터 프로그램 명령

스파크 어드밴스(Spark Advance) : TDC로부터 스파크 플러그가 점화되는 시점의 크랭크축 회전 각도(점화시기 참조)

스파크 타이밍(Spark Timing) : 엔진 실린더 내의 가연성 혼합물에 점화하기 위해 적절한 순간에 스파크 플러그를 점화하는 과정

화학량론(Stoichiometry) : 연료 중의 모든 수소와 탄소를 H_2O와 CO_2로 완전연소시키는 공기/연료 비율(이론 공연비)

시스템(System) : 상호 작용하는 부품의 집합체

계통 오차(Systematic Error) : 예측 가능하고 수정 가능한 계측 시스템의 측정 오차

TBFI(Throttle-body-fuel-injector) : 스로틀 바디의 연료 분사 장치; 흡기 매니폴드에 들어

가는 공기 흐름에 연료를 정확하게 제어하며 분사하여 공기/연료비를 제어하는 연료 분사 액추에이터

TDC(Top dead center) : 상사점; 스트로크 중 피스톤의 최고점

스로틀 각도(Throttle Angle) : 스로틀 판과 기준선 사이의 각도

토크 컨버터(Torque Converter) : 입력축과 출력축 사이의 결합이 입력축과 출력축 사이 유체의 운동량 이동에 의해 이루어지는 자동변속기에 사용되는 유체 커플링

토크(Torque) : 크랭크축 혹은 기타 구동축의 비틀림 힘

전달함수(Transfer Function) : 복소 주파수 s가 독립 변수이고, 초기 조건이 0인 선형 시스템의 입력과 출력의 비율로 표현된 라플라스 변환

변압기(Transformer) : 교류 전압 레벨을 변환하는 유도 결합회로의 기능을 가진 전기회로 소자

트랜지스터(Transistor) : 전류 또는 전압을 증폭할 수 있는 3단자 능동 반도체 회로

전달 지연(Transport Delay) : 주어진 공기와 연료의 질량이 흡기 매니폴드에서 엔진을 통해 배기 매니폴드에 있는 EGO 센서까지 도달하는 데 필요한 시간

체적 효율(Volumetric Efficiency) : 공기가 실린더로 유입될 때의 엔진 펌핑 효율

퀴즈

제1장

1 아래 시스템의 목적을 설명하라.

a) 제어 시스템

b) 계측 시스템

c) 통신 시스템

2 다음 미분방정식으로 표현된 입력 $x(t)$와 출력 $y(t)$을 가진 시스템에 대해

$$2\frac{\mathrm{d}^2y}{\mathrm{d}t^2}+1.7\frac{\mathrm{d}y}{\mathrm{d}t}+4.3y=1\frac{\mathrm{d}x}{\mathrm{d}t}+10x$$

a) 이 시스템 전달함수를 정의하라.

b) 전달함수 $H(s)$를 찾아라.

3 문제 2 시스템의 극점과 영점을 찾아라.

4 어떤 시스템의 입력 $x(t)$는 단위 스텝(unit step)이다. 즉,

$$\begin{aligned} x(t) &= 0 \qquad t<0 \\ &= 1 \qquad t \geq 0 \end{aligned}$$

이 시스템에 대한 라플라스 변환 $x(s)$는 다음과 같음을 보여라:

$$x(s)=\frac{1}{s}$$

5 초기값을 $x(0)=0$, $y(0)=0$라고 가정할 때, 문제 2 시스템 unit response를 구하라.

6 기능 블록으로 구성된 다음 시스템에서

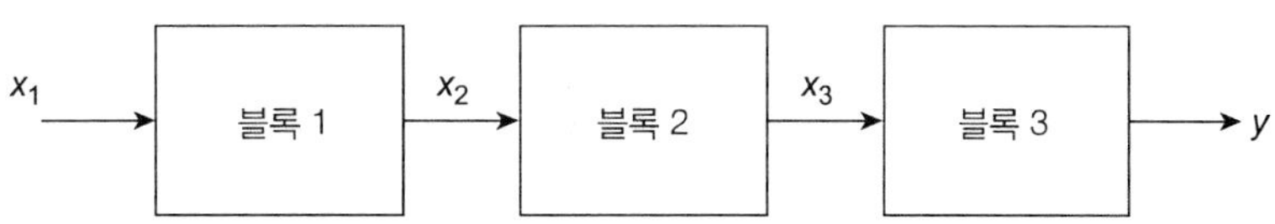

이 블록들이 다음의 식에 의해 모델링되었다고 가정하자.

a) $3\frac{\mathrm{d}x_1}{\mathrm{d}t}+x_1=x_2$

b) $0.5\frac{d^2x_2}{dt^2}+2.1\frac{dx_2}{dt}+\dot{v}yx_2=\frac{dx_3}{dt}+1.1x_3$

c) $\frac{dy}{dt}+0.1y=2x_3$

초기 조건을 0이라고 가정하고, 이 시스템의 사인파 주파수 응답을 구하라.

7 2차원 상태 벡터 $x=[x, x_2]^T$, 일차원 입력 $U(t)$, 일차원 출력으로 이루어진 시스템이 다음과 같이 표현된다.

$$\begin{aligned}\dot{x}_1 &= -3x_1+x_2+u\\ -\dot{x}_2 &= -2x_1\\ y &= 2x_1\end{aligned}$$

a) 아래 형태의 방정식에서 시스템 행렬 A, 입력 행렬 B, 출력 행렬 C를 찾아라.

$$\begin{aligned}\dot{x} &= Ax + Bu\\ y &= Cx\end{aligned}$$

b) 전달함수 $H(s)$를 구하라.

$$H(s)=\frac{y(s)}{U(s)}$$

8 다음과 같이 PI 제어 시스템의 모델을 가정하자.

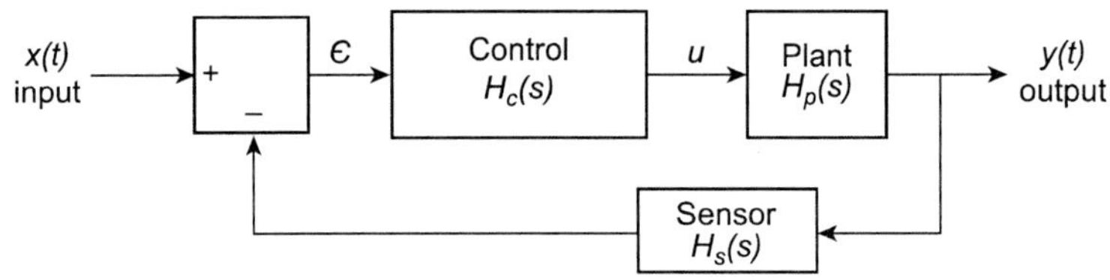

$$\text{control: } H_c(s)=\frac{u(s)}{\in(s)}=K_p+\frac{K_I}{s}$$

$$\text{plant: } H_p(s)=\frac{0.04}{s^2+2s+0.75}$$

$$\text{sensor: } H_s(s)=1$$

a) 에러 $\in(s)=Y(s)/H_c(s)H_p(s)$임을 보여라.

b) $K_I/K_p=3.15$라 하고, K_p는 변수라 할 때, 제어 시스템에 대한 폐루프 전달 함수를 구하라.

c) MATLAB의 근궤적법을 사용하여, 폐루프 시스템에서 K_p가 충분히 클 때 불안정함을 보여라.

d) $K_p=1.32$일 때, 스텝 응답의 오버 슈트(%)가 얼마인지 구하라(힌트, MATLAB을 사용).

e) 게인마진과 위상마진을 구하라.

9 a) 전달함수 $H_P(s)$을 갖는 플랜트와

$$H_p(s) = \frac{10}{s(s+0.5)}$$

이상적 센서(즉, $H_s(s) = 1$)에 대해 비례제어는 어떠한 게인에 대해서도 안정함을 증명하라.

b) 만약 센서의 동적 응답이 아래의 일차 전달함수에 의해 모델링될 경우:

$$H_s(s) = \frac{1}{s+2}$$

폐루프 시스템은 큰 게인을 갖는 비례제어의 경우에는 불안정해짐을 증명하라.

c) 시스템이 불안정하게 되는 비례제어 게인 값을 구하라.

10 계측 시스템의 계통 오차에 대한 센서 동역학의 역할을 설명하라.

11 저항성 임피던스 $R = 10\,\text{k}\Omega$를 갖는 센서가 아래의 전달함수 $H_{sp}(s)$을 갖는 신호처리 필터에 연결되어 있다.

$$H_{sp}(s) = \frac{1000}{s+1000}$$

만약 센서가 온도 $T = 400°\text{K}$에서 작동한다면, 필터 출력의 RMS 랜덤 오차 전압 $\tilde{v}$을 구하라. 참고 : $k = 1.4 \times 10^{-23}$joule/°K는 Boltzman 상수이다.

제2장

1 전압 $v(t)$가 다음과 같이 주어진다.

$$v(t) = 100(1 - \cos(2\pi t))$$

이 전압은 주기 $T = 0.01$마다 샘플링되었다.

a) 15번째 샘플의 값을 찾아라(즉 $v(k)|_{k=15}$, 여기서 $v(k) = v(t_k)$이고, $t_k = kT$).

b) 이산 시간 시스템의 입력 x_k는 $v(t_k)$의 가장 가까운 이진 정수로 반올림된 8비트 표현이다(즉, $x_k = \{\lfloor v(t_k) \rfloor\}$). x_{15}의 이진 8비트 표현을 구하라.

c) 이 전압을 샘플링하는 가장 낮은 이론적 샘플 속도(즉, Nyquist rate)는 얼마인가?

2 아래 형태의 시간 함수 $f(t)$는

$$f(t) = \begin{cases} 0 & t < 0 \\ e^{-at} & t > 0 \end{cases}$$

주기 T_s로 샘플링된다.

a) $f(t_k)$의 z-변환 $F(z)$을 구하라.

$$t_k = k\,T_s$$

b) $F(z)$에 대한 수렴영역은 무엇인가?

c) $F(z)$의 극점을 찾아라.

3 $Y(z)$가 아래와 같이 주어질 때, $Y(z)$ 함수의 역 z-변환(즉, y_k)을 구하라.

$$Y(z) = \frac{1}{14.3z^{-1} - 0.4z^{-2}}$$

4 다음의 설계 파라미터를 갖는 3차 버터워스 저역 통과 필터(Butterworth low-pass filter)에 대한 z 전달함수와 재귀 알고리즘을 구하라.

샘플주파수: $F_s = 20$ kHz

코너주파수: $F_c = 3.5$ kHz

5 그림 2.6의 개루프 제어 시스템에 대해 다음을 가정한다.

디지털 제어: $U_k = K_p x_k$

플랜트 전달함수 : $H_p(s) = Y(z)/U(z) = \dfrac{K_a}{s + s_0}$

매개변수 $K_P = 10$, $K_a = 50$, $s_0 = 2.5$, 샘플주기 $T = 0.01$ sec

a) z 전달 함수 $H(z)$를 구하라.

$$H(z) = \frac{Y(z)}{X(z)}$$

b) 폐루프 시스템은 안정한가?

c) 만약 시스템이 안정하다면, 단위 스텝 응답을 구하라

6 그림 2.9의 폐루프 피드백 제어 시스템의 경우, 예제의 파라미터가 주어진다고 가정하면 폐루프 z 전달함수 $H_{Cl}(z)$가 다음과 같이 주어지는 것을 보여라.

$$H_{Cl}(z) = \frac{0.029z + 0.0257}{z^2 - 1.668z + 0.7226}$$

7 디지털 제어 시스템의 성능 분석에 있어서 샘플주기는 이산 시간 모델의 정확도에 어떤 영향을 주는가?

8 이산 시간 디지털 시스템의 동적 응답에 ZOH의 영향은 무엇인가?

9 연속 시간 신호를 샘플링하는 것이 그 신호의 스펙트럼에 끼치는 영향(즉, 원래 신호와 샘플링된 신호의 스펙트럼 비교)은 무엇인가?

10 어떻게 원래 신호가 샘플링된 신호로부터 재구성될 수 있는가? 재구성할 때 정확도의 한계는 무엇인가?

제3장

1 홀이 반도체 재료의 전기 전도에 어떻게 기여하고 있는가?

2 pn 반도체 다이오드 접합 전위의 소스는 무엇인가?

3 다음 다이오드 회로에 대한 전압 $v_l(t)$ 파형을 스케치하라.

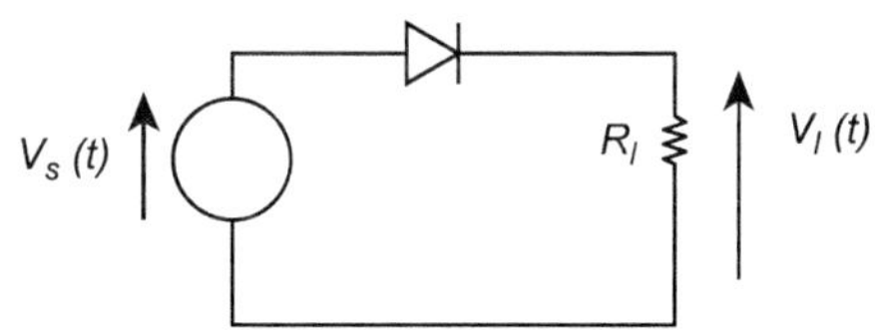

$V_s(t)$는 다음과 같은 모델을 가지는 대칭형 사각파(square wave)이다.

$$V_s(t) = 5 \qquad t_n \le t \le t_n + \frac{T}{2}$$
$$= -5 \quad t_n + \frac{T}{2} < t < t_{n+1}$$
$$t_n = nT \qquad n = 1,\ 2,\ \ldots$$

4 다음과 같은 단일 스테이지(single stage) NPN 트랜지스터 증폭회로가 주어져 있다. $V_s(t)$가 다음과 같이 주어진다고 하고

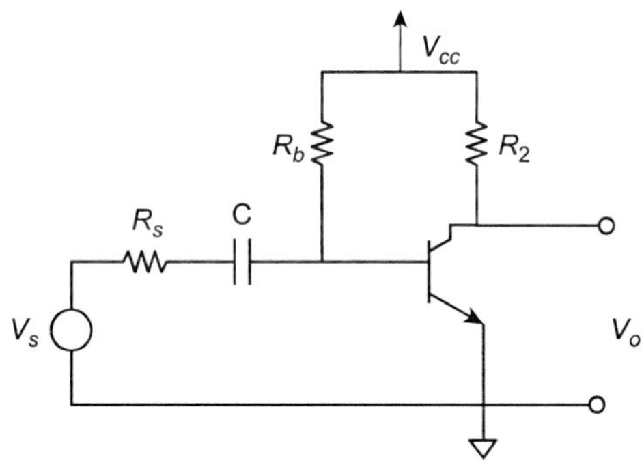

$$V_s(t) = V_s \sin \omega_s t$$

다음을 가정하자.

a) 트랜지스터는 선형 범위에 R_b를 통해 바이어스 되었다.

b) $R_s \gg 1/\omega_s c$

c) $V_{cc} > V_s$

d) $V_o(t) = V_{co} + V_o \sin \omega_s t$

이 회로의 전압 이득 A를 구하라($A = \frac{V_o}{V_s}$).

5 아래의 op amp 회로에 대해서

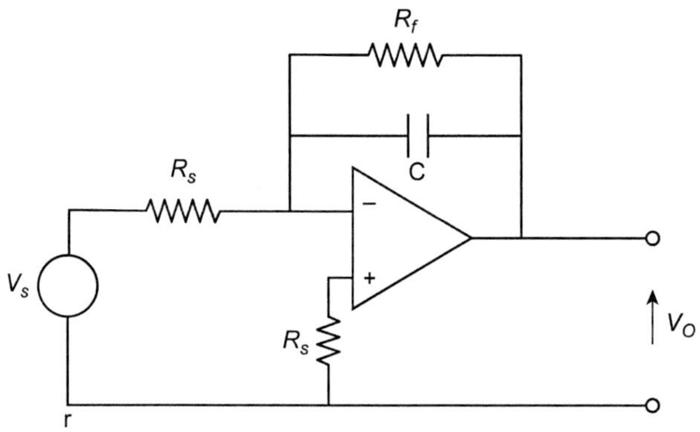

$$R_s = 1\ \mathrm{K\Omega}$$

$$R_f = 10\ \mathrm{K\Omega}$$

$$C = 1\ \mu\mathrm{F}$$

a) 전달함수의 형태로 폐회로 게인 $A_{c\ell}$을 구하라.

b) 복소 정현파 주파수 응답으로 $A_{c\ell}$을 구하라.

6 10진수 74에 해당하는 8비트 2진수를 구하라.

7 그림 3.17a의 XOR회로의 진리표를 이용하여 그림 3.17b의 half adder의 진리표를 증명하고 이 회로 구성에 의해 2개의 1비트 2진수의 합이 구해짐을 증명하라.

8 그림 3.17c의 회로가 full adder임을 진리표를 이용하여 증명하라.

제4장

1 a) 27과 15를 2진수로 변환한 후 2진수 곱셈법에 의해 두 수의 곱을 구하라.

b) 이 곱셈을 표현하기 위해 얼마나 많은 비트수가 필요한가?

2 그림 4.17의 D/A 변환기회로에서, $D_n = 2.5000\ A_n(n = 1, 2, \cdots, 8)$이고 입력 디지털 데이터를 $A_8 \cdots A_1 = 01101001$이라고 가정하면 이 입력에 대한 출력 전압 V_{out}을 구하라.

3 시간 t_1에서 8비트 left shift register가 아래와 같다면

$$C = 10100110$$

t_2, t_7, t_8에서 shift register 값을 구하라.

4 right shift register에 대하여 3번 문제를 반복하라.

5 rotate left register에 대하여 3번 문제를 반복하라.

6 메모리 위치 $M(B) = 10000001$에 있는 4비트 이진 숫자 $B_4B_3B_2B_1$는 메모리 위치 $M(C) = 10000010$에 있는 또 다른 4비트 이진 숫자 $C_4C_3C_2C_1$에 8비트 마이크로프로세서를 이용하여 곱해진다.
표 4.1의 어셈블리 언어 니모닉을 사용하여 곱 D가 메모리 위치 $M(D) = 10000011$에 저장되도록 이 연산의 어셈블리 언어 프로그램을 작성하라.

7 수냉식 엔진은 엔진의 열을 제거하고 냉각수 온도가 소정의 임계값 온도(T_{th})를 초과하지 않도록 하기 위해, 라디에이터를 통해 냉각이 필요하다. 주위 온도에 따라 라디에이터 열을 제거하기 위해 팬이 필요한데, 요즘의 자동차는 전기 모터로 냉각팬을 구동한다. 열에 의해 작동하는 비교적 간단한 스위치가 모터의 전원을 켜고 끄기 위해 사용할 수 있지만, 이 문제에서는 엔진 제어 마이크로프로세서에 의해 냉각팬이 제어된다고 가정한다. 냉각수 온도 센서를 사용할 수 있고 센서의 출력 전압은 $V_0 = K_s(T_c - T_{ref})$, 냉각수 온도는 T_c이며, T_{ref}와 K_s는 센서 상수라고 가정하자. $T_c \geq T_{th}$일 때 항상 냉각팬을 켜는 서브시스템의 블록 다이어그램을 스케치하라(마이크로프로세서 블록 포함).
메모리 매핑 I/O를 가정하고 입력 메모리 주소는 M_I, 출력 메모리 주소는 M_o이라고 표시할 때, 필요한 블록을 모두 표시하고 이진 출력 신호로 팬 스위치를 작동시킨다고 가정하라.

8 표 4.1의 어셈블리 언어 니모닉을 사용하여 문제 7의 냉각수 팬 제어 프로그램을 작성하라.

9 입력 전압 범위가 $0 \leq v_{in} \leq 5$볼트이고 0 볼트를 이진수 0에 대응시킬 때 그림

4.18과 같은 8비트 A/D 변환기를 사용한다면

a) 이 A/D 변환기의 볼트/비트 분해능을 구하라.

b) 1.47 볼트 입력에 대한 이진수 출력을 구하라.

c) 최대 변환 시간이 10 msec(즉 0.01 sec)일 때 최소 클록 주파수(그림 4.19의 f_c)를 구하라.

제5장

1 4기통 엔진의 체적변위가 V_D일 때, 각 실린더의 틈새 체적(clearance volume, 상사점에서 헤드부에 남겨진 체적)은 실린더 체적 V_C의 10%이다. 이상적인 단열 사이클을 가정하고, 연료/공기 혼합물의 이론적인 최대 압축비를 구하라.

2 2,000 RPM에서 엔진의 브레이크 파워가 25 HP일 때, 브레이크 토크를 lb-ft 단위로 계산하라.

3 해수면 표준 밀도 P_0^- 대비 흡기 매니폴드 공기 밀도를 영국 단위로 구하라. 단, T_0 = 518.7°F일 때, T_0보다 100°F 높은 온도에서 흡입 공기 압력은 해수면 표준의 압력의 30%(영국 단위)이다.

4 270 in^3의 변위를 가진 엔진이 2,400 rpm에서 스로틀이 일부 열려 있다. 만약 흡기 밀도가 0.018 slug/ft^3이고, 체적 효율이 62%일 때, 혼합기 질량유량(mass flow rate, slugs/sec)은 얼마인가?

5 문제 3과 같은 엔진 운전 조건의 경우 화학식 C_8H_{18}를 가진 순수한 이소-옥탄 연료의 화학량론적 혼합물로 엔진이 운전된다고 가정하고 건조 공기에 대한 수증기의 질량비는 0.05으로 가정한다. 엔진에 유입되는 건조 공기의 질량유량(slugs/sec)은 얼마인가?

6 이 장의 공회전 속도 제어 시스템 예제에서, 식 (41)과 (46)을 사용하여 식 (47)을 유도하라.

7 엔진이 화학량론비에서 동작하는 동안 연료 2.6 gal/hr을 소비하고 50 HP를 만들고 있다.

a) 가솔린 밀도를 6 lb/gal로 가정하고 브레이크 특정 연료 소비(brake specific fuel consumption)를 계산하라.

b) 엔진에 유입되는 공기의 질량유량을 구하라.

8 270 in^3의 체적변위를 갖는 4실린더 포트 연료 분사 엔진이 2,400 RPM으로 일정 속도로 동작하고 있다. 체적 효율은 37%이고, 유입 공기의 밀도는 $1\,d \times 10^{-3}$ slug/ft^3이다. 각각의 연료 분사 장치가 활성화되었을 때 0.2 in^3/sec의 연료를 분사할 수 있다. 연료 분사 장치는 펄스 모드에서 동작된다. 연료 분사기에 대한 듀티 사이클을 구하라.

9 점화 코일 회로는 아래 그림과 같다:

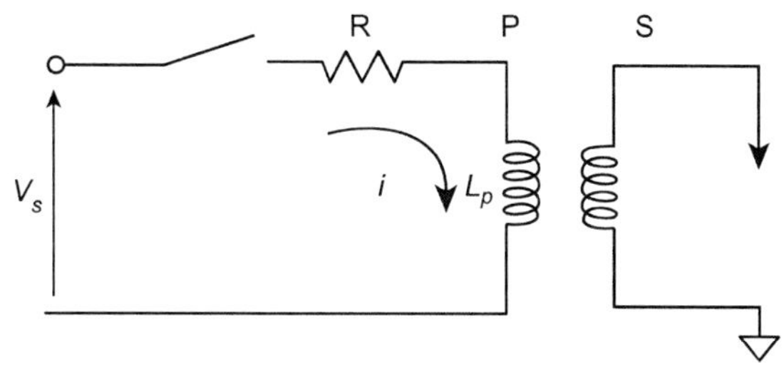

드웰 기간(dwell period) 동안의 전류를 시간의 함수로 구하라(Note: 스파크 간격 동안 회로 모델은 매우 비선형이고 이 책에서 다루는 이론을 사용하여 분석할 수 없다). 다음을 가정한다:

$$V_s = 12.8 \text{ volt}$$
$$R = 2.2\ \Omega$$
$$L_p = .018 \text{ henry}$$

제6장

1 식 (3)으로 시작하는 주어진 모델을 사용하여, 식 (15)를 유도하라.

2 2200 RPM에서 정상상태 부하로 작동하는 6기통 엔진에 그림 6.4와 같이 도시되어 있는 압전저항 방식 흡기 MAP 센서가 장착되어 있다. 압력 센서가 그림 6.5a에 나타낸 회로에 연결되어 있다. MAP에서 측정되는 압력은 영국 단위 psi로 다음과 같은 센서 소자 저항 $R_n(n = 1,\ 3)$ 모델로 구할 수 있다.

$$R(\mathrm{p}) = 1{,}000 + 1.4\ \mathrm{p}$$

순간적인 MAP은 다음과 같이 주어진다:

$$P(t) = P_M + \delta p \sin\left(\frac{M_d.W_e\ t}{z}\right)$$

여기서, P_M = 시간 평균 MAP, δ_P = 흡기 혼합물의 동적 펌핑에 의한 MAP 변동의 진폭, $P_M = .65\ P_o$, P_o = 해수면 기준 기압계 압력, $\delta_P = .1\ P_M$, $V_S = 5$ volt,

G_A = 10일 때 순간적인 센서 회로의 출력 전압 $V_o(t)$를 구하라.

3 그림 6.7에 나타낸 것과 같이 크랭크축에 자기 센서가 장착된 엔진이 있다. 디스크에는 M_d개의 돌기가 있다. 이 센서의 자기 회로는 이 장의 내용에 설명된 대로 횡방향 차원 h_c 및 w_c로 그림 6.9에 묘사되어 있다. N번 감긴 코일의 각 턴의 자속이 다음과 같다고 하자:

$$\Phi(\theta) = \Phi_o\left\{1 + \gamma\cos\left[\frac{2\pi\,(\theta_m - \theta)}{\Delta\theta_L}\right]\right\} \qquad |\theta_m - \theta| \le \frac{\Delta\theta_2}{2}$$

$$= \Phi_o \qquad |\theta_m - \theta| > \frac{\Delta\theta_2}{2}$$

여기서, θ = 크랭크축의 각도이다.

$$\theta_M = \frac{2\pi m}{M_d} \qquad m = 1,\ 2 \ldots M_d$$

M_d = 디스크 위의 탭의 개수

$\Delta\theta_L$ = 각 돌기의 각도 폭, $2\pi/M_d$와 비교해 볼 때 작다.

a) 센서 개방 회로 단자 전압 $V_o(t)$을 구하라

b) 아래와 같은 조건일 때 θ의 값을 구하라.

$$V_o(t) = 0$$

$$\text{and}\ \frac{dV_o(t)}{dt} \ne 0$$

c) 제로 크로싱 검출기 회로가 존재한다고 가정하고, 이 센서가 크랭크축의 위치 측정을 위해 어떻게 사용될 수 있는지를 설명하라.

4 그림 6.15a에 도시된 바와 같은 광 크랭크축 위치 센서는 디스크에 4개의 구멍이 있다. 구멍 중심을 통과하는 원의 반지름은 1.5인치이며, 각 구멍은 ¼인치 직경을 갖는다. 광섬유 광 파이프의 직경은 구멍 직경에 비해 매우 작다고 가정하고 그것의 끝은 구멍 중심의 원을 따라 위치하고 있다.
구멍이 광섬유에 맞춰질 때마다 포토트랜지스터에 의해 수신된 광 파워를 Po라 하자. 그림 6.15b 회로의 출력 전압 V_L에 대한 피스와이즈(piecewise) 연속 모델을 구하라.

5 서미스터 저항 모델을 사용하여 V_s 온도 식 (59)와 식 (60)이 옳다면 교재에 주어진 온도 T에 대한 식이 옳음을 증명하라.

6 엔진은 정상상태의 부하와 각 속도로 작동하고 있고 폐루프제어로 제어되고 있다. EGO 센서는, 그림 6.23에 도시된 바와 같이 린한 경우에서 리치한 경우로 바

꿜 때 배기 당량비(λ_o)가 1.000이고, 리치한 경우에서 린한 경우로 바뀔 때 배기 당량비 $\lambda_o = 1.035$로, 이상적 스위칭 특성을 가진다고 가정한다. 높은 출력 전압이 1.00볼트이고 낮은 출력은 0.10볼트라고 하자.
다음 그림과 같이 배기 당량비 $\lambda_o(t)$는 T_{EGO} 주기로 주기적으로 변한다고 하자.

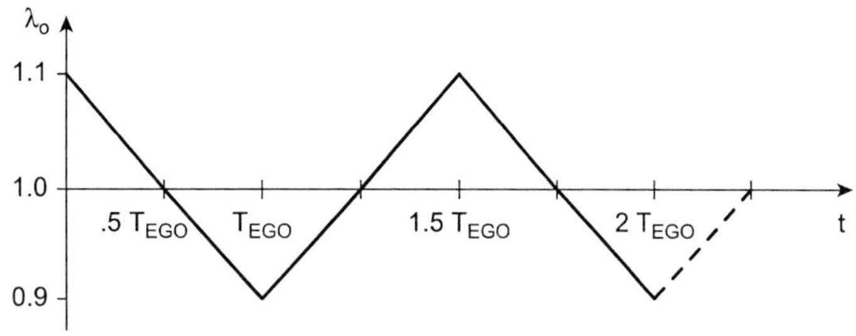

EGO 센서 출력 전압의 파장을 그리고, 모든 점들을 labeling하라.

7 본문에서 설명된 바와 같이, 솔레노이드 액추에이터에 대한 동적 모델은 비선형이지만, 이동 가능한 요소들의 움직임(즉, $x(t)$)에 대해서 선형화된 모델이 존재할 수 있는 특정 상황이 있다. 이러한 상황의 일례는 솔레노이드가 작동시키는 진공 액추에이터이다. 이 구성의 경우, 솔레노이드는 점성 감쇠력이 움직이는 요소에 대해서 지배적인 기계적 힘이 되도록 설계되어 있다. 그림 6.29의 솔레노이드 구성에 대하여, 이동 가능 요소의 기계적 근사 모델은 다음과 같이 주어진다 :

$$Fe = -B_s\left(\frac{dx}{dt}\right)^2$$

또한 이 상황에서 움직이는 요소의 속도는 회로부의 속도 항이 무시될 수 있어서 속도 모델은 다음과 같다.

$$V_s = R_s i + \left(\frac{L_o}{1 + x_o/g}\right)\frac{di}{dt}$$

여기서 x_o는 상부 기계 정지점에 대한 이동 가능 요소의 위치이다.
여기에서 전압을 계단 함수라 하자.

$$\begin{aligned} V_s(t) &= 0 \qquad t < 0 \\ &= V_s \qquad t \geq 0 \end{aligned}$$

T_s는 이동 가능 요소가 중앙 포스트에 도달하는 시간을 나타낸다고 하자.

$$X(T_s) = 0$$

이동 가능한 요소의(프레임에 상대적으로) 속도가 다음과 같음을 증명하라.

$$\frac{dx}{dt} = -\frac{V\sqrt{L_o/(2\,g\,B_s)}}{R(1 + x/g)} \qquad 0 \leq x \leq x_o$$

$0 \le t \le T_s(0 \le x \le x_o$에 대응하는)에 대하여 이동 가능한 요소의 위치 $x(t)$를 구하라.

제7장

1 이산 시간 엔진 제어가 정상상태의 속도와 부하에서 폐루프 리밋 사이클 모드에서 작동되고 있다. 이상적인 EGO 센서는 배기가스의 당량비 $\lambda_o = 1$일 경우 린한 상태에서 리치한 상태로 변환하고, $\lambda_o = 1.03$일 경우 리치한 상태에서 린한 상태로 변환한다고 가정하자. 이 정상 작동 상태에서 λ_o는 주기적이고 다음과 같이 주어진다.

$$
\begin{aligned}
\lambda_o(k) &= 1.05 \qquad\qquad k = 1,\ 2 \ldots 10 \\
&= 0.97 \qquad\qquad k = 11,\ \ 12 \ldots 20 \\
\lambda_o(k+20) &= \lambda_o(k) \\
\lambda_o(k) &= \lambda_o(t_k)
\end{aligned}
$$

여기서, t_k는 k번째 샘플의 시간이다.
$I(0) = 0$ 가정할 때, 리밋 사이클 제어의 적분과 유사한 항 $I(k)$에 대한 파형을 스케치하라.

2 리밋 사이클 연료 제어에 대해 연료 분사 펄스 지속 시간에 대한 방정식($I_F(k)$)에서 $I(k)$ 항이 어떻게 PID 제어의 적분 항과 유사한지를 설명하라.

3 이산 시간 제어 시스템에서 엔진은 MAF 센서(제6장에서 설명하는)를 포함한다. MAP 센서 단자 전압 $v_o(k)$으로부터 $\dot{M}_a(k)$을 계산하기 위한 알고리즘을 작성하라. 여기서 $\dot{M}_a(k) = \dot{M}_a(t_k)$, $v_o(k) = v_o(t_k)$, $t_k = k$번째 샘플 시간이다.

4 그림 7.7과 같은 이산 시간 아이들 속도 제어 시스템을 갖는 엔진과 제7장의 식 (25)로 주어진 연속시간 전달함수를 갖는 플랜트에 대해

a) 이산 시간 포워드 전달함수 $H_F(z)$에 대한 식 (35)를 유도하라.
b) 식 (37)의 폐루프 전달함수 $H_{CL}(z)$를 유도하라.
c) 아이들 속도 명령이 스텝으로 변할 때, 이산 시간 시스템 동적 응답의 수치적 값 y_k를 구하라

5 그림 7.10과 같이 VVP 이산 시간 제어 시스템의 경우, 식 (51)의 폐루프 제어 전달함수 $H_{cl}(z)$를 유도하라.

6 엔진에는 제6장에서 설명한 바와 같이 노크 센서를 이용하여 노크가 제한되도록

점화를 제어하는 이산 시간 엔진 제어가 장착되어 있다. 이러한 유형의 점화시기 제어에 대해 블록 다이어그램을 그리고 작동원리를 상세히 설명하라.

7 제6장에서 점화 회로에 대한 모델이 제시되었고 드웰기간 동안, 코일 전류가 0에서 기하급수적으로 증가하여 포화 전류 $I_s = V_s/(R_c + R_{on})$(R_c는 코일 저항, R_{on}은 베이스 전류가 트랜지스터를 포화상태로 보낼 때의 에미터-콜렉터 사이 저항)에 접근한다고 기술되어 있다.
이 코일 전류가 혼합물을 점화시키기에 충분한 에너지의 스파크를 생성하기 위해 $0.9I_s$에 도달해야 한다는 것을 경험적으로 알려져 있다고 가정하자. 드웰 구간은 크랭크 각 위치의 측정에 기초하여 엔진 제어에 의해 시작된다. $R_c = 2.7\,\Omega$, $R_{on} = 1.5\,\Omega$이고, 코일 인덕턴스 $L_c = 0.018$ 헨리이다.

a) 5,000 RPM에서 작동되는 엔진에 대해 신뢰성있는 스파크를 발생시키기 위해 스파크가 발생하는 각도에 상대적인 코일의 상대 각도를 구하라(즉, 드웰 크랭크축 각도).

b) 이 드웰 각은 RPM의 함수로서 어떻게 변화하는가?

8 그림 7.28에 나타낸 것과 같은 병렬 하이브리드 차량이 유도 전동기에 의해 구동되고 있다. 모터는 $\frac{dT_e}{d\omega_s} < 0$인 구역에서, 그리고 작은 $_s$에 대하여 이 장에서 주어진 $T_e(s)$의 근사식이 성립하는 상대적으로 작은 슬립상태에서 구동되고 있다.
차량이 평평한 커브를 따라 60 MHP로 정속 운전되고 있다고 가정하자. 차량 중량은 2,800파운드, 구름 저항 계수는 0.021, 대기 밀도는 0.0021 slug/ft^3, 항력 계수는 0.30, 기준 면적은 10ft^2, 모터로부터 휠축으로의 기어비는 3.8이고, 바람이 없다고 가정하자. 모터 구동 전압의 진폭은 $V_s = 150$V이다.

a) 슬립이 $s = 0.075$가 되는 모터 구동 주파수를 구하라.

b) 차량이 최대 5°의 기울기를 갖는 언덕을 만났을 때, 언덕의 경사면을 따라 60 mph의 정상상태로 운전한다고 가정한다. 무시 가능한 짧은 과도 기간 후 언덕에서 속도를 60 mph로 유지하기 위한 구동 전압의 진폭을 구하라.

제8장

1 무게 2,850 lb이고 수동변속기인 차량이 55 mph 정속으로 +5°(즉, 상향 기울기)의 기울기인 길을 주행한다. 다음 매개 변수를 가정하자.

$$\mu_r = 0.017 \text{ rolling resistance coefficient}$$

$$C_D = 0.31 = \text{drag coefficient}$$

$$S_{ref} = 21\ \text{ft}^2 = \text{reference area}$$

공기 밀도 = 0.0021 slug/ft^3
기어비 = 4.1
휠 유효 반경 r_w = 1.2 ft
이 속도를 유지하는 데 필요한 엔진 브레이크 토크를 구하라.

2 문제 1과 같은 차량의 경우, 평탄로 상에서 차량 속도의 변화(δV)에 대한 선형화된 플랜트의 전달함수를 구하라(즉, θ = 0).

$$H_p(s) = \frac{\delta V(s)}{u(s)}$$

3 a) 문제 2의 플랜트에 대해, PID 제어기가 적용된 폐루프 전달함수 $H_{CL}(s)$를 구하라. 원하는 속도가 V_d인 PID 제어 시스템의 PID 게인은 다음과 같다.

$$H_{CL}(s) = \frac{V(s)}{V_d(s)}$$

$$K_p = 10$$

$$K_I = 50$$

$$K_D = 25$$

b) 폐루프 시스템은 이러한 제어 게인에 대해 안정한가?

4 그림 8.4의 블록도에 도시된 디지털 속도 제어 시스템의 경우, 스텝 5를 채워서 식 (18)과 (24)를 유도하라

5 그림 8.8의 진공 작동식 크루즈제어 스로틀 액추에이터에 대해, 다음을 가정한다. 기압 = 14.0 psi, 매니폴드 압력은 대기압의 50%, 액추에이터 피스톤 면적은 1.7 in^2, 스로틀 각도(θ_t, 라디안)는 피스톤에 작용하는 힘의 0.4배(힘 = 압력 × 면적), 최대 스로틀 각도는 60도이다. 제어 신호의 듀티사이클 δp 대비 쓰로틀 각도를 구하라.

6 ACC(advanced cruise control, 차량 속도 유지와 길고 가파른 내리막 길을 위해 자동으로 제동하는 기능이 있는 정속주행 시스템)가 장착된 차량에 대해, 차량이 내리막 길에 있을 때 시스템의 블록 다이어그램을 작성하라. 제어의 모든 구성요소를 표시하고 D/A 변환은 ZOH를 통해 구현된다고 가정하라.

7 문제 6의 ACC에 대해, 시스템 변수가 그림 8.2에 주어진 예제에서 사용된 값이고 K_B = 15라고 가정하자. 폐루프 z-전달함수 $H_{CL}(z)$를 식 (24)에 주어진 형태로 구하라.

8 그림 8.21에 도시된 현가장치를 갖는 차량이 긴 직선 수평 도로를 70 mph로 주행한다. 시간 원점을 제동력 F가 되도록 주어진 지점으로 두면 제동력은 다음과 같다.

$$F = 0 \qquad t < 0$$
$$= F_o \qquad t \geq 0$$

a) 스프링 계수 $K = 2 \times 10^4$에 대해 natural frequency는 $\omega_A = 7.9$ rad/sec라 가정할 때, 가변 댐핑비율 Z에 대한 동적 피치 각도 $\alpha_p(t)$를 구하라(매개변수 Z가 답에 나타나야 한다).

b) 전자 제어 스트럿의 댐핑이 어떻게 $\alpha_{p(t)}$의 동적 응답에 영향을 미치는지에 대해 설명하라.

9 전자 현가장치를 장착한 차량에 대해 그림 8.24와 같이 1/4 자동차 모델(quarter car model, QCM)을 가정하자.

a) 전달함수 $H_a(s)$에 대한 식 (89)와 전달함수 $H_a(s)$에 대한 식 (91)이 맞는지를 보여라.

b) 453쪽에 주어진 매개변수를 사용하여 이 QCM의 정현파 주파수 응답 $H_H(j\omega)$를 구하라.

10 그림 8.32에 보인 4WS 시스템에 대해, 표준 상태 변수 방정식의 행렬 A와 B를 계산하라.

$$\dot{x} = Ax + Bu$$

472쪽에 주어진 매개변수를 사용하라.

제9장

1 그림 9.5에 보인 것과 같이 자동 계측 시스템은, 8 비트 A/D 변환기에 연결된 멀티플렉스 입력을 사용한다. A/D 변환기는 0볼트 입력에 대해서는 모든 출력 비트가 0이고, 5 V 입력에 대해서는 모든 출력 비트가 1이 되도록 설계되어 있다.

a) 아날로그에서 디지털로의 변환이 완벽하게 선형이라고 가정하고, 비트당 볼트로 A/D의 전압 분해능을 구하라. 즉, A/D 출력에서 1비트의 변화에 대한 입력 전압의 변화는 얼마인가?

b) A/D 변환기가 연속 아날로그 입력을 변환할 때 가장 가까운 8비트 이진수로 반올림한다고 가정하자. 다음의 전압에 대한 A/D 출력이 얼마인지를 구하라: (i) 2.43볼트, (ii) 3.17볼트, (iii) 4.05볼트, (iv) 0.09볼트.

2 문제 1의 멀티플렉스 입력이 N=10 센서들과 함께 사용될 때, 만약 각 입력 변수

가 100 샘플/초의 속도로 측정되고, 시스템이 한 사이클 동안 각 센서를 읽고, 연속된 사이클 사이에서 대기시간 없이 주기적으로 샘플링한다면, A/D의 최대 변환 시간은 얼마인가?

3 그림 9.10에서와 같이 검류계(galvanometer)는 주행 속도를 표시하는 데 사용된다. 동적 모델의 관성 항은 무시할 수 있고, 전기 구동 회로가 그림 9.11과 같이 표현되고, v_s와 R_s는 아날로그 출력의 개방 회로 전압과 소스 임피던스라고 가정하면,

a) 이 디스플레이의 전달함수 $H_g(s)$를 구하라.

$$H_g(s) = \frac{\theta(s)}{v(s)}$$

이 전달함수를 유도할 때 모든 관련 파라미터에 대해 텍스트와 동일한 기호를 사용하라.

b) 주어진 파라미터 표기를 이용하여 전달함수의 극점을 구하라.

4 자동차 평판 디스플레이는 128X256의 LED 소자로 구성되어 있다. 이것은 50 Hz 주파수(재생 빈도)에서 래스터 스캔 패턴으로 작동되고 있다. 57행과 101열에 있는 요소를 활성화하려고 할 때 래스터 사이클의 시작으로부터 얼마 후에 이 소자가 활성화되는지 계산하라.

5 자동차 연료량 측정기를 그림 9.24의 전위차계로 구현하려고 한다. 여기서 센서 전압 $V_o(F)$는 다음과 같다:

$$V_o = 5\sqrt{F} \qquad 0 \le F \le 1$$

이 연료 계측기의 블록도는 그림 9.25와 같다. 신호 처리 블록(LPF)은 식 (29)에 의해 주어진 z-전달함수를 갖는 2차 Butterworth 필터이다.

a) 입력 x_n이 다음과 같이 주어질 때, LPF의 출력 y_n을 구하라.

$$x = \mathrm{V_o}(t_n)$$
$$t_n = nT$$
$$T = 0.001 \text{ sec}$$

b) 제2장의 방법을 사용하여 식 (29)가 정규화된 코너 주파수 $\Omega_c = 0.001$의 2차 Butterworth 디지털 필터의 z변환임을 보여라.

6 샘플링 주기 $T = 0.001$초, $K_D = 0.5$, $s_0 = 0.5$ rad/sec라고 가정하면, 연속 시간 모델이 식 (25)에서 주어진 전달함수 $H_D(s)$인 디스플레이에 대한 z변환의 전달함수가 식 (28)임을 보여라.

7 그림 9.32와 같은 블록 다이어그램을 갖는 디지털 속도계에서 속도 센서는 차량 속도 V(ft/sec)에 대해 펄스 주파수 F_p의 시퀀스를 생성한다.

$$F_p = 100\ V$$

전자식 게이트는 각 샘플마다 $t = 10$ msec동안 닫혀 있다. 샘플 시간 t_k에서 차량은 72 mph로 주행하고 있다. 아래 구간 동안 이진 카운터 P(이진법으로 표현된)의 구성요소를 구하라.

$$t_k + \tau \leq t \leq t_{k+1}$$

8 고급 차량 내비게이션 시스템에는 차속 V, GPS 내비게이션과 전자 지도와 연료 소비율 측정이 결합되어 있다. 전자 지도에는 각 도로 구획에 대한 거리뿐만 아니라 각 구간의 법정 제한 속도가 포함되어 있다. 어떤 계획되지 않은 정지(예를 들어, 교통 정체, 교통 신호등 등으로 인한)에 소비되는 시간을 무시하고 차량이 정확하게 법정 제한 속도로 주행한다고 가정한다.

a) 이러한 시스템은 어떻게 전체 연료 소비를 추정하는 데 사용될 수 있는지를 설명하라.

b) 연료 소비율($\dot{\mathrm{f}}$)이 차량 속도 V의 다항 함수의 형태라고 하자.

$$\dot{\mathrm{f}} = \sum_{m=0}^{M} \mathrm{a}_m V^m$$

각각이 법정 속도 제한 V_n과 거리 $D_n(n = 1, 2, ..., N)$을 가지는 N개의 구획으로 구성되었다고 하면 이 주행에 대해 추정되는 전체 연료 사용량을 구하라.

9 문제 8의 주행에 대해 실제 차량 속도는 법적 제한 속도의 ±5% 범위 내에서 달라질 수 있다. 이 같은 경우 실제 연료 소비량을 f_T라 할 때, 연료 소비 E_F에 대한 최대 오차 식을 찾아라. E_F에 대한 상한과 하한을 찾아라.

$$E_F = F - F_T$$

제10장

1 만약 센서들이 매니폴드 압력(p_m)과 흡기 온도(T_i)를 측정한다면 공기유량(MAF) 센서가 포함된 모델 기반 진단 방법이 어떻게 가능한지를 설명하라. 이 진단을 위해 어떤 추가적인 센서와 어떤 데이터 테이블(엔진 매핑 중 얻어진)이 필요한가?

2 문제 1에서 그림 6.2에 주어진 MAF 센서, 그림 6.4에 주어진 피에조 저항, 그림 6.21에 주어진 서미스터 흡기 온도 센서가 엔진 제어 시스템에 사용된다고 가정

하자. MAF 센서 모델에 근거한 진단을 위해 필요한 추가 센서를 사용할 수 있고 필요한 데이터가 ROM에 저장되어 있다고 가정하자.

제6장과 제7장에서 주어진 것처럼, 필요한 각 센서에 대해 개발된 모델을 사용하여 MAF 센서가 제대로 작동하기 위한 MAF 센서, MAP과 T_i 센서의 양단 전압 사이의 관계식을 구하라.

3 차량이 정속주행 제어를 이용하여 직선의 평탄로를 주행한다. 크루즈 컨트롤은 그림 8.6과 같이 차속 센서(VSS)를 포함하는 디지털 시스템이다. 25개의 돌기로 만들어진 VSS 디스크는 변속기 출력 샤프트에 의해 구동된다. 주행하는 동안, 돌기 중 하나가 제조 결함으로 인해 갑자기 분리되어 누락되었다.

a) 다른 모든 차량 부품이 정상적으로 기능한다면, 이 오류로 인한 센서 출력 신호의 변화를 기술하라.
b) 차량 속도에 미치는 영향은 무엇인가?
c) VSS 오류를 감지할 수 있는 온 보드 진단 시스템을 설명하라. 다음과 같은 간단한 가정을 할 수 있다:
   i) 전송은 1:1 기어 비율을 유지한다.
   ii) 자동변속기의 토크 컨버터는 로크 업 모드를 유지한다.

4 그림 6.20에 표시되어 있고, 그림 6.21의 회로로 구성되어 있는 서미스터 냉각수 온도 센서는 보정 변경을 겪는다. 보정 변경으로 인해 실제 온도보다 25°C 낮은 냉각수 온도가 표시된다.

매우 더운 날 지체가 심한 도심을 주행하는 동안 엔진이 과열되어 냉각수 호스가 고장나고 차량이 수리를 위해 견인되었다.

a) 고장 메커니즘을 설명하라.
b) 이 오류가 식별되고 적절한 수리가 이루어질 수 있는 진단 절차를 설명하라.
c) 휴대용 및 서비스 베이 진단 도구를 사용할 수 있다고 가정하면, 진단 절차의 흐름도를 구하라.

참고: 이 문제의 해결책이 유일하지는 않다.

5 4기통 엔진의 디지털 제어 시스템은 제10장의 비균일성 지표 방법(nonuniformity index method)에 따라 실화를 검출하는 시스템을 갖추고 있다. 계산을 단순화하기 위해 어떤 주어진 기관 사이클(즉, $0 \leq \theta_e \leq 4\pi$) 동안 순 토크는 다음 식으로 주어진다고 가정한다.

$$T_n(\theta_e) = T_o + \delta T_m \sin(2m\theta_e) \qquad m = 1, 2, 3, 4$$

여기서 θ_e = 크랭크축의 각 위치이다.

a) 완전 연소(즉 실화가 없는)와 δT_m이 모든 4기통에 걸쳐 동일한 경우 비균일성 벡터 $\bar{n}$은 모든 요소가 0인 8 차원 벡터임을 보여라.

b) 연속적인 연료 분사 장치의 보정 실패로 인해 실린더 3에 부분적인 실화가 존재하고 δT_m은 다음과 같이 모든 엔진 사이클에 대해 동일하다고 하자.

$$\delta T_m = 0.6\,T_o \qquad m = 1,\ 2,\ 4$$
$$= 0.4\,T_o \qquad m = 3$$

이때, 비균일성 벡터(nonuniformity vector) $\bar{n}$와 비균일 지표(nonuniformity index) $n = \|\bar{n}\|_1$을 구하라.

6 세번째 실린더가 아닌 다른 하나의 실린더에서 실화가 발생한다면, 비균일성 벡터 $\bar{n}$이 어떻게 변하고 이것이 어떻게 실화 기통을 찾아내는 방법으로 사용될 수 있는지에 대하여 설명하라.

7 그림 10.18에서와 같이 움직일 수 있는 질량에 의한 스위치 식 충돌 센서가 에어백 시스템에 사용되었다. 충돌 시 차량의 감속도는 절대로 일정하지 않다(예 그림 10.20). 그러나 이 센서에 대한 일부 스펙에서는 원심 테이블로 센서를 얻어지는 일정한 가속 하에서 스위치 동작을 테스트하도록 되어 있다.
다음과 같이 가속도가 임계값을(a_T) 초과할 때에만 스위치가 닫힌다면

$$\text{(open switch) S} = 0 \qquad a < a_T$$
$$\text{(closed switch) S} = 1 \qquad a \geq a_T$$

a) 위의 기준을 만족시킬 수 있는 움직이는 요소의 질량 M과 스프링 계수 K 사이의 관계를 찾아라.

b) a)의 센서의 경우, $M = 8$ oz, $F_c = 6$ oz, $x_p = ½$ inch, 2차 시스템의 감쇠 비율 Z = 0.7, 임계값 가속도 $a_T = 2.7$ g이라고 가정하면, 스위치를 닫기 위한 응답 시간을 구하라.

참고: 이 문제에 대한 해결책은 제1장에서 제시한 방법에 의해 해석적으로 구할 수 있거나 또는 컴퓨터 시뮬레이션(예를 들어, MATLAB/SIMULINK)을 통해 구할 수 있다.

찾아보기

【가】
가변-듀티-사이클 액추에이터 349
가변 밸브 위상 233
  기계적 모델 302
가변 밸브 타이밍 233
  밸브 위상(variable valve phasing VVP) 메커니즘 351
  스풀 밸브 액추에이터 310
  실린더 가스 역학 288
  최적 캠 타이밍 300
  캠 위상 매커니즘 289f
  캠축 이동 289
가산을 위한 연산 증폭기 회로 111-118
가속도계 457
  기반 에어백시스템 586f
가열된 배기가스 산소 센서 287
가전자대 88
강자성체 도메인 249
강화 모드 103
  FET 회로 11
개루프 제어 21
  개루프 이산시간 제어 시스템 70f
  동작 전달함수 473
  동적 운동 방정식 472
  디지털 엔진 제어 시스템 325
  중요한 성능 490
  자기장 배열 489f
  전기적 입력 489
  전자 연료 제어 시스템 219
공핍 영역 96
계기판(IP) 479
계측 35-39, 459-460
  동적 응답 8
  보정 38
  신뢰성 38
  정밀도 38
  정확도 38
  측정에서 발생하는 오차 39
  컴퓨터 기반 487
  표준 크기 38
고장 코드 562
고전압 버스(HVB) 383-384, 390
고체 다이오드 83
  공기 유량률 센서 247
공기 질량유량 센서(MAF) 219
공기 현가 시스템 460
공기/연료비 219, 324, 329-341
공압 스프링 459
공압 피스톤 구성 398
공통 이미터 순방향 전류 이득 97
광전자 490
광학 크랭크축 위치 센서 274
구동 전자 317
근궤적 기법 238-239
금속 산화물 반도체(MOS) 104
기계적 충돌 센서 584
기본적인 설징 56
자동차 엔지니어 579
기업 평균 연비(CAFE) 190-193

【나】
냉각수 온도(CT) 197
노크 센서 288-290, 361-362
노킹 288-291, 361-366
논리적 시프트 159
논리 회로 121, 125f
  AND 게이트 122
  JK 플립플롭 127
  NOT 게이트 122
  OR 게이트 124
  RS 플립플롭 127
  메모리(연속) 129
  조합 121
높은 공기/연료 비율 213
누산기 레지스터 144
누산기 144
  누산기의 8개의 bit 159
니모닉 589
니켈 수소 전지(NiMH) 390

【다】
다수 캐리어 89(p-n 접합 참조)
다이오드 86(p-n 다이오드 참조)
다중 속도 샘플링 485
다중화 482
다지털 필터 58
단열기체 법칙 460
단열 과정 199
당량비 282
대기 압력(AAP) 332
대기 온도(AAT) 332
대류권의 굴절률 536
대용량 집적 회로(VLSI) 194
댐핑(현가시스템) 12
댐핑비 403
데이터 버스 활성화(DBE) 148
도시 파워 206

도핑 86
동기 계수기 128
레지스터 129
시프트 레지스터 130
회로 129f
드라이버/승객 관점의 승차감 431
디지털 데이터 역다중화 485f
디지털 차단 주파수 65
디지털 엔진 제어 시스템 185, 331f
가속/감속 330
가변 밸브 타이밍 제어 350
가속 농후 340
감속 희박 341
개루프 제어 모드 329
증발 가스 캐니스터 퍼지 368
노크 검출 방법 364
EGR 제어 348
시스템 진단 370
아이들 속도 제어 모드 330, 341
엔진 시동 제어 방식 329
엔진 예열 334-349, 371
엔진 크랭크(시동) 모드 332
연료 제어를 위한 제어 모드 328
센서 319
이차 공기 관리 368
자동 변속기 제어 373
자동 시스템 조정 369
전자 점화 제어 357
점화시기를 어드밴싱함 360
차동 및 트랙션 컨트롤 380
토크 컨버터 록업 제어 380
통합형 528
폐루프 점화 시기 360
폐루프 제어 모드 221
디지털 정속주행 제어 시스템 390-394, 390f
ZOH와 플랜트의 조합 406
z-변환 406
z-전달함수 406
블록 다이어그램 402f
z-역변환 408
이산 시간 z-변환 406
이산 시간 제어 시스템 407
적분항 406
전달함수 406
z-운영 전달함수 407
제어기 파라미터 406
차량 속도에 응답 393, 393f
z-변환 출력 408
폐루프 게인 z-변환 함수 407
폐루프 전달함수 407
디지털 정현파 주파수 응답 67
디지털 제어 시스템 322
기능 322-326
전자 엔진 제어의 구성요소 325
디지털 필터 58
디지털 전달 함수 58
아날로그 신호 68
전달 함수 67
정상상태 정현파 주파수 응답 61
정현파 주파수 응답 60-67
디지털 필터의 전달함수 58
디지털 서브시스템 54
디지털 회로 119
디지털 481f
시간영역 다중화 482
디지털/아날로그 변환기 165

【라】
람다 센서 282
랜덤 액세스 메모리(RAM) 139
랜덤 센서 오차 43
반응기 375
실시간 계산 시스템 174
읽기 전용 메모리(ROM) 139, 415
판독 명령 140-147
희토류 385
랜덤 액세스 표시 504
레지스터 129-133
로드 오류 37-38
로렌츠 힘 272
롤(roll) 396
루프 게인 33
RS 플립플롭 127
리밋 사이클 제어기 181
링 기어 377

【마】
명령어(마이크로 명령) 134
마이크로컨트롤러 415
마이크로컴퓨터 136
I/O 병렬 인터페이스 165
계산의 정밀도 및 정확성 138
계측 응용 177-180
구조 146
누산기 레지스터 144
다중 변수 및 다중 작업 시스템 185
디지털 아날로그 변환기 165-166
디지털 전자 시스템 178
디지털 및 아날로그 컴퓨터 136
디코딩 시간 142-143
레지스터 143
메모리 내부 타이밍 142-143
메모리 맵 I/O 143
메모리 137
메인 프레임 컴퓨터 137
명령 판독 140-147
버스 타이밍 신호 143
버퍼 156
부동 소수점 연산(FLOPS) 138
부품 132
분기 명령 151
분기 146
블록 다이어그램 137f
점프 투 서브루틴 명령어 153-155
아날로그/디지털 변환기 168
엔진 제어 시스템 139
연산 코드 149
연산 121
읽기/쓰기(R/W) 141-142, 142f
점프 명령어 152
제어 시스템 180

상태 레지스터 144
주변기기의 주소 지정 143
중앙 처리 장치(CPU) 163
마이크로컴퓨터를 사용 181
마이크로프로세서(MPU) 132
마일드 하이브리드 382
마찰mep(fmep) 207
매니 폴드 압력 센서(MAP) 332
매니폴드 압력포트 413
머무름 시간 306
메모리 내부 타이밍 142
메모리 맵 I/O 143
메모리 163
메인 프로그램 루프 185
모델 기반 센서고장 검출 545
MAF 보정 독립적 검사 545
MAF 센서 보정 547
교정 변화 526
엔진의 체적율 546
전기 시스템 548
펄스 누락 547
흡기 공기 밀도 546
흡입 공기 온도 센서 546
모델 기반 실화 감지 시스템 564
무한 임펄스 응답(IIR) 59
미분 방정식의 라플라스 변환 6
역 라플라스 변환 8

【바】

바이어스가 0에서 공통 에미터 순방향 전류 이득 97
바이트 146
바이폴라 트랜지스터 94
동작 특성 97
반 가산기 회로 124
반도체 소자 86
도핑 후 열 평형에서 농도 89
도핑 86
순수물질의 전도성 86
에너지 레벨 88
전기 전도율 86
전기장 세기 87
전자의 밴드 이론 88
평균 속도 89
반전 107
반파정류회로 92
방해석 495
배기가스 재순환 214
엔진 성능 203
배기 당량비 336
배기가스 산소 센서(EGO) 219
이상적인 센서의 특성 284
스위칭 시간 284
전압 39
배기 촉매 변환장치 216
삼원 촉매 변환장치 218
삼원 촉매(TWC) 217
배기 포트 시스템 199
밸브 오버랩 300
밸브 타이밍 201
버스 133
Butterworth 아날로그 프로토타입 64
버터워스 저역통과 필터 49
버터워스 필터 48-49
버퍼 148
베이스 바이어스 전류 99
베이스-에미터 95
벡터 인터럽트 173
병렬형 하이브리드의 자동차 383
병렬 부하 직렬 다운 카운트 이진 카운터 416
보간 333
복굴절 물질 495
복소 주파수 전달 함수 45
볼츠만 상수 45
부동 소수점 연산(FLOPS) 138
부하 선 100
분기 명령어 146
분기 146
붕소 86
브러시리스 DC모터 314
브레이크 mep 207
브레이크 출력 208
브릿지 회로 249f
비례적분제어(PI) 401
비례 제어 25
비 재귀 59
비트의 수자의 곱셈 126

【사】

4바퀴조향(4WS) 466
산술논리 장치(ALU) 132
삼원 촉매(TWC) 217-219
동작 220
변환 효율 216-219, 219f
평균 공기/연료 비율 218
화학적 설계 217
상보적 금속 산화물 반도체(CMOS) 104
상사점(TDC) 199
상태 레지스터 144
상태 변수 20
상호 컨덕턴스 106
샘플 데이터 시스템 55
샘플 및 영차 홀드 회로 114
샘플 및 홀드 회로 117
샘플링 정리 64
샘플링 주기 69
샘플링 171
서브루틴에서 복귀(RTS) 명령 154
서비스 베이 진단 장치 543
저장된 오류 코드 판독 543
선 기어 376
선형 모드 98
선형 매핑 변환 65
선형 시불변 연속 시간 시스템 55
센서 2, 40-42
밸브 위치 197차량 엔진 제어 센서 참조)
임의 오류 42-44
노이즈의 크기 또는 진폭을 나타내기 위하여 진폭

46
정상상태 정현파 주파수
응답 61
파워스펙트럼 밀도 44
소멸 468-469
소수 캐리어 89(p-n 접합
참조)
속도-밀도 방식 230(공기
질량흐름 측정
참조)
솔레노이드 작동 액추에이터
414
수퍼 차저 엔진 228
순 에너지/사이클 193
순방향 바이어스된 다이오드
90
순방향 바이어스 90
순차 논리 회로 127
스타변환 63
페루프 시스템 72
스택 포인터(SP) 154
스택 154-155
스텝 모터 317
변위 396
형태의 액추에이터 416
스트레인 게이지 MAP 센서
253
센서 253
스프렁 질량 449
슬라이딩 모드 관측기(SMO)
431
슬립 정의 312
시간 영역 다중화(TDM)
482
시스템
block 다이어그램 표현 5
아날로그(연속 시간) 5
개념 2-5
페루프 제어 22
정의, 시스템의 개념 2
전자 2, 3f
1차 시스템 9
계측 37
개루프 제어 21
2차 시스템 12
안정성 30
모델의 상태변수 18
시스템의 정상상태
주파수응답 16
시스템의 1차 시정수 10
시프트 159
어셈블리어 157-158
시프트 레지스터 130
신호 처리 필터 통과 대역
51
신호 처리 46
현대적 차량 계측 477
전자 계측 476
실린더 변위 200
실화 544
십진수 등가 N8 121
M-자리수 8진수 121
십진수 등가 121
쓰로틀 각 센서 277
쓰로틀 액추에이터 411
듀티 사이클 414
진공 작동 스로틀
액추에이터 413f
스텝 모터 변위 412
스텝 모터형 액추에이터
412
쓰로틀 판 각도 변위 412
쓰로틀 위치 센서(TPS)
219, 331

【아】
아날로그(연속시간) 쓰로틀
액추에이터 412
아날로그 다중화 시스템
483f
아날로그 모서리 주파수 60
아날로그 시스템 466f
아날로그 필터링/신호처리
107
아날로그-디지털
변환기(A/D) 62
아닐로그 제어기 전달함수
76
압저항 243
압축비 201
액추에이터 4
아날로그(연속시간) 쓰로틀
412
페루프 제어 시스템 모델
25-26
순항 제어 시스템 396
듀티 사이클로 제어되는
스로틀 액추에이터
415
전형적 솔레노이드 작동
414
배기가스 재순환(EGR) 298
차량 엔진 액추에이터 291
연료 분사기(FI) 296
매니폴더 진공 작동 413f
솔레노이드 작동 414
스텝모터 416
진공 작동 418(차량 엔진
제어 액추에이터
참조)(쓰로틀
액추에이터 참조)
앨리어싱 오차 64
양극 90
어드레스 버스 140
어드레스 오프셋 151
어셈블러 프로그램 158
어셈블리어 157
언스프렁 질량 449f
에미터 접지 출력 특성 97
엔진(ICE) 382
엔진의 실화 544
기준 562
비균일성 지표 569
실린더를 분리하여 식별
550-551
엔진 전체 효율 210
4행정 엔진 202f
4행정 IC 엔진 199
IC 엔진 실린더와 캠 구동
메커니즘 200f
엔진의 단일 실린더 199,
200f
측정값 4
엔진 각속도 센서 268
엔진 수온 센서 219
엔진 맵핑 211
엔진 보정 211
엔진 사이클 시간 338

엔진 사이클 시작점 결정을 위한 캠 축 위치 센서(CS POS/RPM) 331
엔진 위치 센서(EPS) 219
엔진 제어를 위한 센서 245
가변 자기 릴럭턴스 266
가변 자기 릴럭턴스 266
측정 변수 246
공기 유량 247
공기 질량유량 센서(MAF) 325
광학 크랭크축 위치 274-276
노킹 288-291, 361-366
람다 282
배기가스 산소(EGO) 282-286
산소 센서 개선 287-289
EGO 센서의 스위칭 시간 284-286
스트레인 게이지 MAP 253-256, 255f
스로틀 각도 277-279
압력 계측 516
엔진 크랭크축 각도 256
엔진 회전 수 267
온도 284
유도형 가변 자기 릴럭턴스 각도 266
이산화 지르코늄 282
일반적인 냉각수 280
자기 릴럭턴스 위치 센서 273
모범적인 매니폴드 압력 센서 배치 254
점화 및 연료 전달 타이밍 269
차폐 영역 273
피드백 제어 281
홀 효과 위치 센서 270-273 271f
연방 정부의 시험 절차 190
기업 평균 연비(CAFÉ
비용 인센티브 194
미국 연방 드라이빙 사이클 192f
배기와 MPG 요구사항 193t
연비 요구사항 191
정부 규제 충족 194
비메탄 탄화수소 규제(NMHC) 191
반수명주기 193
디지털 전자제어 사용 194
엔진 사이클 201
역 자기변형 288
역다중화 장치 485
역방향 바이어스 다이오드 90
역방향 바이어스 90
연료 레일 296
연료 분사기 296
연료 분사기(FI) 296
액추에이터 398
정의 296
노즐 형상 297
신호 296
연료 소모 198-200
연산 증폭기(op amp) 107
폐루프 이득 109
피드백 기술 101-103
입력과 출력 107, 107f
반전 및 비반전 입력 108
저역 통과 필터 110f
정상상태 정현파 주파수 응답 109
연산코드 디코더 150
연속 동작 138
연속시간 전압함수 114
연속 시간 시스템 이론 5-15
열선 풍속계 248
영국식 단위 39
영전위 검출(ZCD) 269, 575
영차 홀드(ZOH) 62, 117
근사 모델 69
회로 117 118f
이상적 118
출력 69
오류 지시등 544
오프 보드 진단 541
오프 조건 91
온도 보상 저항 250
온도 센서 280
온도계 497
온보드 진단 II(OBD II) 563
온보드 진단 543
왕복 토크 564
M번 째 실린더 관련 565
재구성 필터 178
요우 396
운전자/승객 관점 437
울트라 캡 390
워드 132
위상 고정 루프(PLL) 111, 574
위상 288
추정거리 530
위치의 기하학적 희석(GDOP) 535(GPS 참조)
유도 가변저항 센서 266
유도 전동기 385
하이브리드 자동차 385
유리 조종석 483
유성 기어 376
유압 잠금 상태 302
음극 90
이산 시간 시스템 이론 54-57
자동차 전자 시스템 54
폐루프 제어 72
구성 55f
제어 시스템 68
이산 시간 제어 시스템의 예 77
재귀 모델 55
수치의 시퀀스 56-57
이산시간 제어 시스템 66-67
이산화 지르코늄 282
이상적인 샘플링 신호 60
이상적인 엔진 제어 326
디지털 회로 119
디지털 시스템 119
이진수 전압 398
이차 공기 관리 368
인공 지능(AI) 576(차량 진단 전문가 시스템

참조)
인덕턴스 266
인터럽트 172
프리웨이 시스템 2
임계 댐핑 389
임펄스 응답 9
내부 공기 온도 센서(IAT) 332

【자】
자기 변형 288
자기 유변 유체(MR) 459
자기 릴럭턴스 위치 센서 258-268
자기 릴럭턴스 269
자기장 세기 벡터 259
자기장 이론 488
자동 변속기 제어 322
자동차 시스템 174-175
초기화 149
태스크 131-132
테이블 참조 183-185
프로그래밍 언어 157
프로그램 카운터 150
프로그램 138-139
하드웨어 163
자동차 움직임 제어 395
제어 축 381
순항 제어 시스템 396-413
자속 밀도 벡터 259
자유 전자 88(n-형 반도체 참조)
자코비 타원 함수 50
자화 260
작동시간간격 412
잔류 자화 250
잔류 정리 8
잠김 방지 재동 시스템(ABS) 425
재료의 저항 81
저역 통과 필터 41
순시 위상차 113
이상적 60
저전압 버스(LVB) 390
전 가산기 회로 124, 125, 126f
전계 효과 트랜지스터(FET) 103
상호 컨덕턴스 106
n-채널 또는 p-채널 104
분석 절차 98
입력 임피던스 105
전극 103
증폭기 102
회로도 기호 104
전리층의 굴절 535
진공 형광 표시 장치 497
전달 함수 7
MATLAB 사용 50
검류계 디스플레이 511
디지털 필터 58
디지털 전달함수 58
영차 홀드 62
특성화 모델 22
폴 8
전도대 280
전도도(물질) 86
전도도(순수 반도체) 86
전동기(EM) 384
전리층 535
경로 길이의 변화 536
굴절률 492
대류권 536
전문가 시스템 576
차량 진단 576
가상 576
규칙베이스 579
메인프레임을 위한 도구 558t
인공 지능(AI) 576
제어 메커니즘 559
지식 기반 576 principles involved
지식 베이스 578
참여 원칙 558 rule base
추론 엔진 556
전달 지연 227
전압 제어 발진기(VCO) 112
캡처 범위 113
전위차계 277
전자 104-106
논리 회로 121
다이오드 90
동기 계수기 128
디지털 회로 119
마이크로프로세스 132
반도체 장치 315
ZOH 회로 117
연산 증폭기(op amp) 107
위상 고정 루프 111
장효과 트랜지스터(FET) 103
정류 회로 92
집적 회로(IC) 106
트랜지스터 94
피드백 경로 108
가산 모드 증폭기 111
전자 엔진 제어 시스템 303
엔진 전자 제어 시스템의 개념 194
동기 부여 178
배기가스 배출 요구사항 193
배기가스 촉매 변환장치 197
센서 성능 분석 186
쓰로틀 플레이트 방식 흡기 시스템 185f
공회전 속도 제어 234
엔진 성능 용어의 정의 203
엔진 점화 시스템 239
전자 연료 제어 시스펨 219
연방 정부의 시험 절차 190
연비 189
전자 및 전기 부품의 집합 2
제어 출력 188-193
제어기 입력 197
generic 186f
전자 연료 제어 시스템 219
엔진 제어 시퀀스 222
개루프 제어 모드 222
구성품 259
배기 가스 산소 농도 223
연료 제어기의 주파수와 편차 227-229
작동 210-211
촉매 변환기 323
페루프 제어 223
전자 장치 460-461
동작 전달 함수 477
센서 477
신호 처리 477

표시 장치 477
전자 점화 제어 357
4-실린더 엔진 359
드웰 기간 359
스파크 어드벤스 358
총 스파트 어드벤스 359
최적 스파크 타이밍 358
최적 점화 시기 358
코일 구동 회로 359
타이밍 입력 345
페루프 타이밍 347-353
전자 조향 시스템 425
전자 현가 시스템 436
전자기 이론 262
전자식 에어백 586
가속도 민감 스위치 586
가속도계 기반 586f
전개 시스템 585f
전개 시간 584t
전자의 밴드 이론 88
전형적 솔레노이드 작동 액추에이터 414
절연체 86
점프 명령어 152
점프 투 서브루틴 명령어 152-155
점화 시스템(IGN) 219
점화시기 213-214
접합 장벽 전위 90-91
정규화된 아날로그 차단 주파수 65
정류 회로 92
교류 전류 전압 92
캐패시터 92
정보 전달 신호의 캐리어 주파수 93
기준 입력 73
입력 전압 92
재귀 필터 방정식 67
출력 전압 92
정상상태 작동 모터 속도 374
정속주행 제어 시스템 559
z-동작 전달 함수 406
구성 386f, 387f
동작 전달 함수 477
동적 모델 399-400
디지털 405-410
마이크로프로세서 기반 405-406
비례 적분(PI) 제어 전략 401-403
비례적분(PI) 제어기 401-403
선형 운동 방정식 400
아날로그 버전 405
액추에이터 397-401
어드밴스드 406-409
엔진 토크 및 속도 399
전자 400-409
정상운전 조건 397
비례제어의 성능 403
차량의 속도 398
차량의 운동 모델 397
차량에 작용하는 외력 397
선형 운동 방정식 400
전기적 출력 신호 397-398
파워 트레인 397
동역학 398
하드웨어 구현 문제 409-411
항력 계수 399
정의 2
정지 대역폭 64
정현파 주파수 응답 67 102
제어 버스 140
실제 하드웨어에서 디지털 순항 제어 시스템 409
계산된 이산 시간 제어 신호 409
광 검출기 410-411
디지털 카운터 게이트 411
속도 측정 시스템 411f
자기 속도 센서 409 547
제어 시스템 안정성의 강건성 33
조합 논리 회로 124
주파수 믹싱 93, 93f
중앙 처리 장치(CPU) 163
지식 베이스 578
지구중심 지구고정 직교좌표계 396
직교 좌표계 396
직렬식 하이브리드 차량(SHV) 383
집적 회로(IC) 132
CPU 136-172
직진 주행 차량의 동역학 모델 384
진공 작동 쓰로틀 액추에이터 413, 413f
진공 작동 액추에이터 418
진단 검사 공구 523-524, 523f
진단 539-553
HEGO 센서의 전압이 낮은 오류 552
고장 코드 P0133 562
배선 554
샘플 575
순서도 557-559, 560f
스위치 검사 559
실제적인 실화 감지 568
미국 자동차공학회 549
정속주행 제어 브레이크 회로 559, 561f
완성차 업체가 정의한 코드 549
유지보수 540
진리표 122

【차】

차단 상태 119
차대 동력계 190, 190f
차동 380-382, 381f
차량 계측 477
전자 477
초기 477
현대 477
차량 계측에서는 표시장치 487
검류계 487
경고등 487
극 조각과 원통형 코어 488
발광 다이오드(LED) 491
속도계 487
액정 표시 장치(LCD) 493 494f
연료량 측정 시스템 487

전자광학적 문자 표시 487
전자광학적 487
전류계 470
전자-광학 표시 장치 490
진공 형광 디스플레이(VFD) 497
투과형 LCD 497
평판 디스플레이(flat panel display FPD) 500
차량 속도 409
차량 엔진 액추에이터 291-230
가변 밸브 타이밍 299-302
배기가스 재순환(EGR) 298-230, 299f
스테퍼 모터 317
연료 분사 장치 327
점화 시스템 317-319
차량 진단 539
CAN 네트워크 521
모델 기반 센서고장 검출 545
모델 기반 센서고장 검출 545
모델 기반 실화 감지 시스템 564
배기가스 산소농도 센서(HEGO) 544-560, 553f
서비스 베이 진단 시스템 543
서비스 시설 526
연료 분사기 545
온보드 디지털 시스템 540
온보드 진단 543
전문가 시스템 576-582
전자 서브시스템 519
전자 제어 시스템 555
진단 오류 코드 549
촉매 변환기 544
컴퓨터 기반 장치 543
휴대용 스캔 진단 장치(PSDT) 542
차동 압력 센서 326
차폐 영역 센서 273
체계적 오류 37-39
체비셰프 필터 49
체적 유량 209, 231-232
추론 엔진 578
축 CO 특정 농도 212
축 HC 특정 농도 212
축 NOx 특정 농도 212
축 연료 소비율(BSFC) 208
축 토크 203
충돌 세트(AI) 559
측정 38
시스템 41
오차 39

【카】

카우어 필터 49
칼만 필터 이득 534
캐스터 각도 464
캠축 위치 센서(CPS) 219
캠 축 201
캠버각 463
컨볼루션 정리 9
컴파일러 157
컴퓨터 기반 계측 487
CAN 통신 시스템 522
GPS 네비게이션 시스템 529-535
MUX 기능 482-486
N개의 아날로그 센서 482-483
고속 디지털 통신(CAN) 519
냉각수 온도 측정 514-515
다중 속도 샘플링 485
다중화 482
스위치 2
아날로그 입력 487
여행 정보 컴퓨터 561
연료량 측정 시스템 487 508f
연료량 계측 509-515
오일 압력 측정 515
유연성 측면 487
입력 478
입력과 출력 신호 변환 480
장점 487
차량 상태 센서 463
차량속도 측정 409-411
차량 진단 537
텔레매틱스 528
파워트레인 제어 시스템 321
표시 장치 487-491(차량 계측 표시 장치 참조)
코너링 힘 448
쿼터 카 모델(QCM) 449
현가 시스템 개략도 439f
크기와 위상 49, 50f
클락 593

【타】

타이어 슬립각 467
타이어 슬립 제어기 435
탄화 수소 189
탑승자 보호 시스템 582
토크 컨버터 록킹 클러치 380
토크 컨버터 373, 374f
잠금 제어 366
토크 203-206
통과대역 47
투과형 LCD 497
트랙션 제어 장치 380-382
트랜지스터 전압/전류 특성 98-99 98f
트랜지스터 94-102
양극성 275
NPN 트랜지스터 94
z-변환 함수 407
z-전달 함수 406
교류 콜렉터 전류 101
회로도 기호 95f
동작 특성 97
베이스 전류 97
베이스-에미터 접합 95
선형 증폭 100
소 신호 선형 증분 트랜지스터 모델 101
적용 93
전계 효과(FET) 103-106
종래의 전류 흐름 88
증폭기 이득의 주파수 의존성 102
콜렉터 베이스 다이오드 99
콜렉터-베이스 접합 94-95
회로 전압 이득 102
특성 곡선 97-98(트랜지스터 참조)

틈새 부피 191

【파】
파워스펙트럼 밀도 44-45
파워 206-208
파워트레인 디지털 데이터 라인(PDDL) 480
8진수 시스템 121
펄스 전달함수 70
펌웨어 164
페치 150
P-N 다이오드 90
P-N 접합 90
평균 유효 압력(mep) 207
평균 제곱 에러(MSE) 334
평균 최고 압력 347
폐루프 리밋 사이클 제어 35-37
폐루프 전달함수 74, 75
폐루프 제어 시스템 22-28, 181
  EGO 센서 221
  EGR 제어 시스템 349
  마이크로컴퓨터 177
  안정성 30
  여러 운전 조건에서의 배기와 연비 358
  연료 제어 시스템 219 221-223, 328-332
  연속 시간 모델 76
  오류 545-546
  이산 시간 78f, 82f
  점화 시기 357-363
  특성 방정식 32
폐루프 지시값 558-561
포화 지점 97
폴링 171-172
표면 실장 집적 회로 163-164
표시 토크 193 196
  4행정 엔진 201, 202f
  8 or 4 실린더 엔진 258
  실제 엔진의 지표 다이어그램 203
표시 평균 효과 압력(mep) 207
풀 하이브리드 전기 자동차 368
프로그램 언어 157
  AND 함수 160
  logic 함수 150
  마스킹 161
  서브루틴 사용 162-163
프로그램 카운터 150
프로세스 노이즈 45
프린트 배선판(PCB) 99, 154-155
플라이휠 257
플라이어휠에 가해지는 순간 순 토크 564
플라즈마 주파수 536
피드백 기술 101-103
피치 396
필터 설계 기법 48-51
필터링 47-48
  위치 센서 259-262, 260f

【하】
하드웨어 곱셈 179
하사점(BDC) 199, 300
하이브리드 전기 자동차(HEV) 382-394
한계 317
형광체 497-498
홀 효과 270-272
홀 82(p-형 반도체 참조)
화학양론적 연료 질량 유량 224
화학량론적 혼합물 213
환경보호국(EPA) 541
회생 제동 382
회생 제동 386
회전형 전위차계 278
회전자 전류 311-312(전동기 참조)
휘트스톤 브리지 254
휴대용 스캔 진단 장치 542-543
흡기 시스템 325
희박 공기/연료 혼합 203

【A】
A/D 변환기 114
Active region 93
AND 게이트 122-123

【C】
CAN 네트워크 521-524
CPU 레지스터 143-148

【E】
Early 모델 97
Early전압 97

【F】
FET 103
FM 복조기 574

【G】
GPS 529-537

【I】
IC-엔진 구동 자동차 368

【J】
JK 플립플롭 127-128

【M】
MATLAB 함수 64
MKS 시스템 39
M-비트 이진수 481

【N】
NOT 게이트 122-123
NPN 트랜지스터 회로 119 120f
N-차원 벡터*x* 19
n-형 반도체 86

【O】
OR 게이트 121

【P】

PD 제어기 71-72
PID 제어 법칙 76
PID 제어기 24, 29, 34, 182-183
프로니 브레이크 206
p-형 반도체 94

【R】

RAM 165

【S】

SIMULINK 블록 339

【T】

TN 액정 476-480

【Z】

z-변환 55, 76-77

【숫자】

2의 보수법 146
203(크랭크 축 각도) 256-258(크랭크축 각도)
  크랭크축 각도 위치 및 RPM 센서 331
  각도와 각속도 573
  각속도 267, 573-574
  밸브 개방 시기 233
  속도 센서 573f
  순간 각도 574
  연소실 내 요동 195-196
4-비트 가산기 회로 126f
8-비트 레지스터 145
8-비트 마이크로 컴퓨터 135-136